DIE POLYAMIDE

DIE POLYAMIDE

VON

HEINRICH HOPFF

ALFRED MÜLLER   FRIEDRICH WENGER

MIT 80 ABBILDUNGEN

SPRINGER-VERLAG

BERLIN · GÖTTINGEN · HEIDELBERG

1954

ISBN 978-3-642-49184-9   ISBN 978-3-642-49183-2 (eBook)
DOI 10.1007/ 978-3-642-49183-2

Herrn Prof. Dr. phil., Dr.-Ing. e. h., Dr. rer. nat. h. c.

Hermann Staudinger

dem Schöpfer der Makromolekularen Chemie

in Verehrung gewidmet

Vorwort.

Seit den grundlegenden Arbeiten von W. H. CAROTHERS über die Polyamide hat dieses Gebiet einen einzigartigen Aufschwung genommen. Die Produktion an Polyamiden, deren bekannteste Vertreter Nylon und Perlon[1] sind, nähert sich gegenwärtig der 100000-Jahrestonnen-Grenze. Über die Polyamide sind zahlreiche Veröffentlichungen erschienen, die in der Literatur zerstreut sind; vor allem ist die Zahl der Patente auf dem Polyamidgebiet sehr stark angewachsen.

Eine zusammenfassende Darstellung des Gebietes der Polyamide erschien daher sehr wünschenswert. Die Verfasser haben es unternommen, die bisher erschienenen Arbeiten, soweit dies ermöglicht werden konnte, zu sichten und das gesamte Gebiet der Polyamide zusammenfassend darzustellen. Dabei wurde der Stoff in 3 Teile gegliedert:

1. Chemie der Polyamide.

2. Polyamide als Kunststoff-Rohstoffe.

3. Polyamide als textile Rohstoffe.

Jeder Teil kann als ein für sich abgeschlossenes Ganzes betrachtet werden. Gewisse Überschneidungen ließen sich jedoch nicht ganz vermeiden, so daß mitunter einzelne Punkte in verschiedenen Abschnitten unter verschiedenen Gesichtspunkten behandelt werden.

Die Literatur wurde bis zum Jahre 1950, teilweise auch darüber hinaus, berücksichtigt. Wenn wir auch glauben, daß die für den Leser wichtigsten Literaturstellen angeführt sind, so können doch die Literaturangaben im Hinblick auf die nicht immer leicht gewesene Beschaffungsmöglichkeit in den Nachkriegsjahren und gewisse hierdurch bedingte Lücken keinen Anspruch auf Vollständigkeit erheben. Besonders gilt dies für die Patentliteratur, da vor allem die ausländischen Patente nicht vollständig zugänglich waren. Das jedem Abschnitt angefügte Patentregister umfaßt daher entweder nur die in Deutschland eingereichten Patente und Patentanmeldungen oder nur solche In- und Auslandspatente, deren Beschaffung möglich war. Da die Patentnummer oder das Aktenzeichen dem Leser nur wenig nützt, wurde jeweils der wichtigste Patentanspruch aufgenommen oder der wesentliche Inhalt des Patentes stichwortartig kurz zusammengefaßt. Es sei noch vermerkt, daß von zahlreichen der angeführten Patente gleichlautende

---

[1] Die Namen der angeführten verschiedenen Handelsprodukte sind in der Regel gesetzlich geschützte Warenzeichen der Herstellerfirmen.

Patente in einer Reihe anderer Länder existieren, deren vollständige Aufzählung jedoch zu weit geführt hätte.

Die Verfasser hoffen, durch diesen ersten Versuch einer Gesamtdarstellung des Polyamidgebietes den interessierten Lesern eine einigermaßen vollständige Übersicht vermittelt zu haben. Für Hinweise auf eventuell bestehende Verbesserungswünsche wären wir dankbar.

Abschließend möchten wir nicht versäumen, unseren Mitarbeitern, die uns bei der Ausarbeitung dieses Buches in mancherlei Hinsicht unterstützt haben, unseren Dank auszusprechen.

Ludwigshafen a. Rh. und Zürich,   Die Verfasser.
Januar 1954

Inhaltsverzeichnis.

Erster Teil.

Chemie der Polyamide.

Von Dr. **H. Hopff**

Professor an der Eidgenössischen Technischen Hochschule, Zürich.

Zweiter Teil.

Polyamide als Kunststoff-Rohstoffe.

Von Dr. A. MÜLLER

Chemiker der Badischen Anilin- und Soda-Fabrik, Ludwigshafen a. Rh.

Dritter Teil.

Polyamide als textile Rohstoffe.

Von Dr. F. WENGER

Chemiker der Badischen Anilin- und Soda-Fabrik, Ludwigshafen a. Rh.

Erster Teil.

Chemie der Polyamide.

Einleitung.

Für den Aufbau von synthetischen hochmolekularen Stoffen stehen bekanntlich 3 Methoden zur Verfügung: Die *Polymerisation*, die *Polykondensation* und *Polyaddition*.

Die *Polymerisation* besteht im einfachsten Fall in der Vereinigung einer großen Anzahl monomerer Moleküle von ungesättigtem Charakter, so daß das gebildete Makromolekül die gleiche empirische Zusammensetzung wie das Grundmolekül besitzt, entsprechend der allgemeinen Formel:

$$n \cdot R = (R)_n,$$

wobei n die Zahl der monomeren Grundbausteine R darstellt.

Da die Polymerisationsreaktion zu ihrem Start einen Katalysator verlangt, der beim Kettenabbruch als Endgruppe in das Makromolekül eingebaut wird[1], so stellt letzteres nicht genau ein Polymeres des Grundbausteines dar, doch ist bei großen Molekülen der Einfluß dieser Endgruppen auf die analytische Zusammensetzung des Polymeren nicht allzu groß, kann aber die Eigenschaften der daraus hergestellten Produkte in mancher Hinsicht stark beeinflussen.

Das Wesen der *Polykondensation* besteht in der Vereinigung mehrerer polyfunktioneller niedrig molekularer Verbindungen unter Abspaltung einfacher Molekülbestandteile wie Wasser, HCl, NH_3 usw. Im Falle der Kondensation einer bifunktionellen Verbindung

$$x - R - y,$$

wobei R ein zweiwertiges Radikal, x und y funktionelle Gruppen bedeuten, die miteinander reagieren können, sind zwei verschiedene Reaktionsmöglichkeiten denkbar. Entweder reagieren die funktionellen Gruppen miteinander unter Bildung eines 5- oder 6-Rings, wie Glykokoll zum Diketopiperazin, 4-Aminobuttersäure zum Pyrrolidon, oder 5-Aminovaleriansäure zum Piperidon:

$$
\begin{array}{ccc}
\underset{\underset{NH_2}{HOOC}}{\overset{\overset{NH_2}{H_2C}}{\big|}} \quad \underset{CH_2}{\overset{COOH}{\big|}}
& \longrightarrow &
\underset{\underset{H}{N}}{\overset{\overset{H}{N}}{\underset{\underset{CH_2}{OC}}{\overset{\overset{CO}{H_2C}}{\big|}}}}
\quad + 2\,H_2O
\end{array}
$$

---

[1] KERN, W., u. H. KÄMMERER: J. prakt. Chem. **161**, 85, 289 (1942). — HOPFF, H., S. GOEBEL u. KERN: Makromolekulare Chem. **4**, 240 (1950).

$$H_2C{-}{-}{-}CH_2 \quad\quad H_2C{-}\ {-}CH_2$$
$$H_2C{\diagdown}_{NH_2}\ \ COOH \longrightarrow H_2C{\diagdown}_N{\diagup}CO \quad + H_2O$$
$$\overset{|}{H}$$

$$H_2C{\diagup}^{CH_2}{\diagdown}CH_2 \quad\quad H_2C{\diagup}^{CH_2}{\diagdown}CH_2$$
$$H_2C{\diagdown}_{NH_2}\ \ COOH \longrightarrow H_2C{\diagdown}_{NH}{\diagup}CO \quad + H_2O$$

Hierbei ist als Endprodukt nur ein niedrig molekularer Körper zu
erwarten. Auch die aus α-Aminosäuren, wie Glykokoll und Alanin durch
Erhitzen mit Glycerin auf höhere Temperatur erhältlichen Polypeptide[1]
sind noch ziemlich niedrig molekular.

Bei Verlängerung der Kohlenstoffkette über 6 Glieder werden die
entsprechenden höhergliedrigen Ringe überhaupt nicht oder nur in geringer Menge gebildet; es kommt zur Ausbildung von Makromolekülen,
die fadenförmigen Bau besitzen, entsprechend der allgemeinen Formel

$$-R-z-R-z-R-z-R-z-R-z-,$$

wobei z das unter Wasser-, HCl- oder NH_3-Abspaltung neu entstandene
Brückenglied zwischen den zweiwertigen Radikalen R darstellt.

Ähnlich verläuft die Polykondensation, wenn man zwei verschiedene
bifunktionelle Verbindungen vom Typus

$$x-R-x \quad \text{und} \quad y-R'-y$$

miteinander zur Reaktion bringt. In diesem Fall hat das gebildete
Produkt die allgemeine Formel

$$x-R-z-R'-z-R-z-R'-z-R-\cdots y.$$

Ein Beispiel für eine derartige Polykondensation ist die Polyesterbildung
aus Dicarbonsäuren und Glykolen, die nach folgendem allgemeinen
Schema verläuft:

$$HOOC{-}(CH_2)_n{-}COOH + HO(CH_2)_m\cdot OH \rightarrow$$
$$HOOC{-}(CH_2)_n{-}CO\cdot O(CH_2)_m\cdot O\cdot CO(CH_2)_n\cdot CO\cdot O(CH_2)_m\ldots OH.$$

Bei der Kondensation von Verbindungen mit 3 und mehr funktionellen
Gruppen kann die Reaktion in dreidimensionaler Richtung unter Ver-
netzung verlaufen. Beispiele für solche Polykondensationen sind die
Phenolharzbildung aus Phenolen und Formaldehyd, die Harnstoffharz-
bildung aus Harnstoff und Formaldehyd, die Melaminharzbildung aus
Melamin und Formaldehyd, die Alkydharzbildung aus Glycerin und
Phtalsäure.

Die *Polyaddition* besteht in der Vereinigung polyfunktioneller Verbindungen mit reaktionsfähigen H-Atomen mit einer weiteren poly-

---

[1] BALBINO u. FRASCIATTI: B. **33**, 2324 (1900); **34,** 1502 (1901). — MAILLARD:
C. r. **153**, 1079 (1911). — A. (9) I. **523** (1911).

funktionellen Verbindung von großer Protonenaffinität ohne Abspaltung von Verbindungsbestandteilen. Hierbei findet die Bildung des Makromoleküls durch Wanderung der reaktionsfähigen H-Atome an die ungesättigten Atome der protonenaffinen Verbindung statt. Als Beispiel für eine derartige Polyaddition sei die Anlagerung von Diisocyanaten an Glykole erwähnt, die nach folgendem allgemeinen Schema verläuft:

$$HO(CH_2)_nOH + OC{=}N(CH_2)_mN{=}CO \rightarrow HO(CH_2)_n \cdot O \cdot CO \cdot NH(CH_2)_m \cdot NH \cdot CO{-}.$$

Weitere derartige Umsetzungen sind beispielsweise die Anlagerung von Diolefinoxyden an Glykole oder Diamine und die Anlagerung von Kohlensuboxyd an Diamine oder Glykole usw.

$$H_2C{-}\!{-}CH{-}HC{-}\!{-}CH_2 + HO \cdot (CH_2)_n \cdot OH \rightarrow$$
$$\qquad \backslash O \diagup \qquad \backslash O \diagup$$

$$HO \cdot (CH_2)_n \cdot O \cdot CH_2{-}CH{-}CH{-}CH_2{-}O \cdot (CH_2)_n \cdot O \cdot CH_2{-}CH{-}CH{-}CH_2 \ldots$$
$$\qquad\qquad\qquad\quad |\quad |\qquad\qquad\qquad\qquad\qquad\qquad\qquad |\quad |$$
$$\qquad\qquad\qquad\quad OH\ OH \qquad\qquad\qquad\qquad\qquad\qquad\ OH\ OH$$

Die Polyamide.

Der Aufbau dieser wichtigen Klasse von Kunststoffen entspricht der folgenden allgemeinen Formel:

$$-NH{-}R{-}\underline{CO \cdot NH}{-}R{-}\underline{CO \cdot NH}{-}R{-}$$
$$\text{bzw.} \quad -CO{-}R{-}\underline{CO \cdot NH}{-}R'{-}\underline{NH \cdot CO}{-},$$

wobei R und R' Kohlenwasserstoffketten mit mehreren CH_2-Gruppen darstellen. Die Polyamide können daher als Verbindungen mit alternierenden —CONH-Gruppen zwischen langen Kohlenwasserstoffresten definiert werden. Bei den technisch wichtigen Polyamiden müssen mindestens 4 CH_2-Gruppen zwischen den —CONH-Brückengliedern enthalten sein, um die Ringbildung zurückzudrängen. Für die synthetische Herstellung dieser Konfiguration stehen eine Reihe von Methoden zur Verfügung:

1. Die Kondensation von höheren Aminosäuren mit sich selbst:

$$HOOC{-}(CH_2)_n \cdot NH_2 \rightarrow$$
$$HOOC(CH_2)_nNH \cdot CO(CH_2)_nNH \cdot CO(CH_2)_n \cdot NH \cdot CO{-}(CH_2)_n \ldots NH_2.$$

2. Kondensation von Diaminen mit Dicarbonsäuren entsprechend dem allgemeinen Schema:

$$x\ HOOC{-}(CH_2)_n{-}COOH + x\ H_2N{-}(CH_2)_m{-}NH_2 \rightarrow$$
$$HOOC(CH_2)_n{-}CONH(CH_2)_mNHCO{-}(CH_2)_n{-}CONH(CH_2)_m{-}NH \ldots$$

3. Die Polyaddition von Diisocyanaten an höhere Glykole gemäß der Formel:

$$x\ HO(CH_2)_n \cdot OH + x\ OC{=}N(CH_2)_mN{=}CO \rightarrow$$
$$HO(CH_2)_n \cdot O \cdot CO \cdot NH(CH_2)_m \cdot NH \cdot CO \cdot O(CH_2)_n \cdot O \cdot CO \cdot NH{-}(CH_2)_m{-}NH{-} \ldots$$

Nach ihrer Konstitution sind letztere Verbindungen als *Polyurethane* zu bezeichnen. Sie stellen gewissermaßen ein Verbindungsglied zwischen den Polyestern und den Polyamiden dar, da in ihnen sowohl die Estergruppierung — $CO \cdot O$ — und die Amidgruppierung — $CONH$ — vorkommt.

4. Die Polyaddition von Diisocyanaten an Diamine unter Bildung von Polyharnstoffen:

$$x\,H_2N\!-\!(CH_2)_n \cdot NH_2 + x\,OC\!=\!N(CH_2)_m \cdot N\!=\!CO \rightarrow$$
$$H_2N\!-\!(CH_2)_n \cdot NH \cdot CO \cdot NH(CH_2)_m \cdot NH \cdot CO \ldots$$

Daneben sind noch einige weitere Methoden bekannt, die in den speziellen Kapiteln behandelt werden (Polyhydrazide, Polysulfonamide usw.).

Die wissenschaftliche und technische Erschließung der Superpolyamide verdanken wir in erster Linie den klassischen Arbeiten von WALLACE HUME CAROTHERS, der im Zuge seiner synthetischen Arbeiten über Polymerisations- und Polykondensationsprodukte bei der Du Pont Co. in USA. seit 1930 dieses Gebiet bearbeitet hat. Daneben sind besonders die Forschungen von H. STAUDINGER und seinen Mitarbeitern zu erwähnen, die wervolle Beiträge zur Chemie der Polyamide geleistet haben. Sie sind im Folgenden eingehend behandelt, insbesondere in den Tabellen 1—14 und 17—22.

I. Einheitliche Polyamide.

A. Polyamide vom Aminocarbonsäure-Typus.

1. Darstellung der Polyamide aus Aminocarbonsäuren.

Die erste Arbeit von CAROTHERS über Polyamide aus ε-Aminocapronsäure[1] stellt eine Fortsetzung der Arbeiten von I. v. BRAUN und GABRIEL[2] dar, die bereits früher festgestellt hatten, daß ε-Aminocapronsäure beim Erhitzen für sich 20—30% des entsprechenden 7-gliedrigen Caprolactams neben einem undestillierbaren Rückstand von annähernd der gleichen Zusammensetzung in einer Menge von 70—80% ergab. δ-Aminobuttersäure und ω-Aminovaleriansäure spalten unter diesen Bedingungen leicht Wasser ab und liefern die entsprechenden 5- bis 6-gliedrigen Lactame ohne Bildung von höheren Polymeren. Dagegen gab nach MANASSE[3] die η-Aminoheptansäure beim Erhitzen ausschließlich ein undestillierbares höhermolekulares Produkt.

Erhitzt man ε-Aminocapronsäure über den Schmelzpunkt z.B. auf 210—220°, so wird Wasser abgespalten und das gebildete Lactam läßt sich von dem hochmolekularen Rückstand durch Vakuumdestillation oder Extraktion mit kochendem Alkohol leicht abtrennen. Bei Verwendung des Äthylesters der ε-Aminocapronsäure findet die gleiche Reaktion statt. Dabei steigt die Ausbeute an Lactam auf 38%. Das im Destillationskolben zurückbleibende Polymere ist eine harte graue wachsähnliche Masse, die in den meisten organischen Lösungsmitteln unlöslich ist. Sie löst sich in heißem Formamid, aus welchem sie sich in Form eines mikrokristallinen Pulvers vom Schmelzpunkt 211—214° abscheidet.

Die Analyse stimmt auf die Formel

$$[-NH-(CH_2)_5-CO-]_n.$$

Durch Erhitzen mit konzentrierter Salzsäure läßt sie sich quantitativ zu ε-Aminocapronsäure verseifen, die durch die p-Toluolsulfonylverbindung vom Schmelzpunkt 105—106° charakterisiert werden konnte. Durch kurzes Erhitzen mit konzentrierter Salzsäure findet eine teilweise Hydrolyse statt. CAROTHERS konnte aus dem Reaktionsprodukt nach Abtrennung des unveränderten Polymeren und Nachbehandlung mit p-Toluolsulfochlorid eine Verbindung der Formel

$$C_7H_7-SO_2[NH(CH_2)_5CO]_3-NH(CH_2)_5COOH$$

---

[1] CAROTHERS, W. H., u. G. I. BERCHET: J. Amer. Chem. Soc. **52**, 5289—5291 (1930).

[2] BRAUN, I. v.: B. **40**, 1840 (1907). — GABRIEL u. MAAS: B. **32**, 1266 (1899).

[3] MANASSE: B. **35**, 1367 (1902).

isolieren. Daraus ergibt sich für das gebildete Polymere die allgemeine Formel:

$$NH_2(CH_2)_5CO—[NH(CH_2)_5CO]_x—NH(CH_2)_5—COOH .$$

Da sich Caprolactam unter den gleichen Versuchsbedingungen nicht zu einem hochmolekularen Produkt kondensieren ließ, war die Annahme berechtigt, daß es sich bei dem aus ε-Aminocapronsäure durch Erhitzung erhaltenen Produkt um ein Kondensationsprodukt unter Abspaltung von Wasser handelt. Tatsächlich kann man Lactam lange Zeit zum Sieden erhitzen, ohne daß sich nachweisbare Mengen eines Polymerisationsproduktes bilden. Bei Gegenwart von Wasser oder anderen Katalysatoren wie Fettsäuren, tritt dagegen rasch Polymerisation ein.

Später wurde jedoch von Du Pont gefunden[1], daß Caprolactam durch Erhitzen mit metallischem Natrium — also in Abwesenheit von Wasser— ebenfalls in ein polymeres Produkt übergeführt werden kann. Hierbei dürften metallorganische Verbindungen (Metallketyle) als Zwischenprodukte eine Rolle spielen.

Das Polymere aus ε-Aminocapronsäure enthält in jedem Fall noch etwa 10% Lactam. Es bildet sich also ein Gleichgewicht zwischen dem Monomeren und Polymeren. Daneben lassen sich auch noch geringe Mengen des di- und trimeren Produktes nachweisen. Durch Extraktion des zerkleinerten Polymerisates mit Wasser oder organischen Lösungsmitteln lassen sich die niedrig molekularen Bestandteile entfernen. Beim Wiederaufschmelzen des Polymeren stellt sich das Gleichgewicht unter Rückbildung des Monomeren wieder ein.

Das durch bloßes Erhitzen der monomeren Aminocapronsäure erhaltene Polyamid ist niedrigmolekular. CAROTHERS bestimmte das Molekulargewicht kryoskopisch (in Phenollösung) zu 800—1200, was einem Durchschnitts-Polymerisationsgrad von 10 entspricht. Für technische Zwecke sind derartig niedrigmolekulare Produkte wegen ihrer geringen Festigkeitseigenschaften unbrauchbar. Durch Nachkondensation im Hochvakuum kann der Polymerisationsgrad so stark erhöht werden, daß spinnbare Produkte entstehen. Praktisch verwertbare hochmolekulare Polyamide lassen sich aus Lactam am besten durch Erhitzen in Gegenwart von Wasser gewinnen, wobei man durch Zusatz von Katalysatoren die gewünschte Kettenlänge in einem weiten Bereich einstellen kann (P. SCHLACK, DRP. 748253). In der Praxis benutzt man hierzu meist Carbonsäuren, wie Essigsäure oder Adipinsäure, die als Kettenabbrecher wirken, indem sie die basischen Endgruppen blockieren. Dieses Ergebnis ist sehr überraschend, denn es ist in der Literatur an mehreren Stellen in bestimmter Weise angegeben, daß das Lactam der ε-Aminocapronsäure weder beim Erhitzen für sich noch in Gegenwart von Katalysatoren, die die Polykondensation von Aminocarbonsäuren fördern, in das entsprechende Linearpolymere verwandelt werde[2]. Die Behauptung der Nichtpolymerisierbarkeit der 7-gliedrigen Lactame ist

---

[1] DRP. 756818. HANFORD, W., u. R. JOYCE: J. Polymer. Sci. **3**, 167 (1948). — Kunststoffe **39**, 322 (1949).

[2] CAROTHERS u. BERCHET: J. Amer. Chem. Soc. **52**, 5290 (1930); **56**, 455 (1934). — Chem. Reviews **8**, 370 (1931).

weiterhin durch Versuche an analogen 7-gliedrigen Lactonen noch gestützt worden[1]. Auch bei N-alkylierten Lactamen ist keine Polymerisation beobachtet worden. Dagegen wurde festgestellt, daß diese Stoffe zu Kondensationsreaktionen unter Wasserabspaltung neigen[2]. Nach einer Untersuchung von A. MATTHES[3] ist der unmittelbare Ausgangspunkt für die Perlonbildung „geöffnetes" Lactam, also ein Radikal und die Polyamidbildung erscheint danach als eine Radikaladdition. Das Kettenwachstum wird durch Anlagerung der Katalysatorreste beendet. Zwischen Kettenenden und Katalysator besteht ein Dissoziationsgleichgewicht.

Außer dem unverzweigten Aufbau des aus ε-Aminocapronsäure gebildeten Polyamids waren auch noch Verzweigungen unter Amidinbildung bzw. Bildung tertiärer Stickstoffatome möglich, gemäß folgenden Formeln:

Verzweigung durch Amidinbildung.

$$H_2N(CH_2)_5CO[NH(CH_2)_5CO]_xNH(CH_2)_5C \begin{cases} NH(CH_2)_5CO[NH(CH_2)_5CO]_xNH(CH_2)_5COOH \\ N(CH_2)_5CO[NH(CH_2)_5CO]_xNH(CH_2)_5COOH \end{cases}$$

Verzweigung durch Bildung tertiärer Stickstoffatome.

$$H_2N(CH_2)_5CO[NH(CH_2)_5CO]_xNH(CH_2)_5CON \begin{cases} (CH_2)_5CO[NH(CH_2)_5CO]_xNH(CH_2)_5COOH \\ CO(CH_2)_5NH[CO(CH_2)_5NH]_xCO(CH_2)_5NH_2 \end{cases}$$

Da bei Polyestern von STAUDINGER und H. SCHNELL Verzweigungen mit Ortho-Ester ähnlicher Konstitution nachgewiesen wurden, lag es nahe, auch bei Polyamiden Verzweigungen durch Amidinbildung anzunehmen. Derartige Verzweigungen müssen bei Makromolekülverbindungen einen merklichen Einfluß auf die physikalischen Eigenschaften des Endproduktes ausüben.

2. Der Bau der Polyamide aus ε-Aminocapronsäure.

Durch Bestimmung der NH_2-Endgruppe nach VAN SLYKE an niedermolekularen Polyaminocapronsäuren hat A. MATTHES[4] gezeigt, daß die aus dem Endgruppengehalt errechnete Kettengliederzahl und die in konzentrierter Schwefelsäure bestimmte Viscositätszahl nicht mit den durch das Viscositätsgesetz von H. STAUDINGER[5]

$$\frac{\eta \text{ sp.}}{c} = K_{\text{äqu}} \cdot n$$

errechneten Werten übereinstimmt, sondern daß die $K_{\text{äqu}}$ mit steigender Kettengliederzahl kleiner wird, wie aus folgender Tabelle hervorgeht:

[1] PALOMAA u. TOUKOLA: B. **66**, 1630 (1933).
[2] RUZICKA: Helvet. chim. Acta 4, 475 (1921).
[3] MATTHES, A.: Makromolekulare Chem. **5**, 197 (1951).
[4] MATTHES, A.: J. prakt. Chem. **162**, 251 (1943).
[5] STAUDINGER, H.: B. **67**, 1242 (1934).

Tabelle 1.

Poly-merisations-Nr.	Amino-stickstoff %	Poly-merisations-grad	Ketten-gliederzahl	Mol.-Gew.	$Z\,\eta \cdot 10^3$	$K_{\text{äqu}}$
1	3,35	3,53	24,7	399	6,2	2,510
2	2,70	4,43	31,0	500	7,0	2,26
3	1,96	5,40	37,8	610	10,4	2,75
4	1,47	8,29	57,7	937	10,2	1,77
5	1,60	7,56	52,9	854	10,2	1,93
6	1,06	10,2	71,4	1153	14,5	2,03
7	0,74	16,5	115,5	1854	16,5	1,43
8	0,84	14,6	102,2	1650	18,9	1,85
9	0,54	21,0	148,0	2373	23,9	1,63
10	0,318	38,9	272,3	4396	30,6	1,12
11	0,306	40,4	282,8	4565	33,3	1,18
12	0,284	35,5	304,5	4915	33,7	1,11

MATTHES stellte daher als Beziehung zwischen Viscositätszahl und Polymerisationsgrad die Gleichung

$$[\eta] = K \cdot p^\alpha$$

auf, wobei $[\eta] = 10 \cdot Z\,\eta$ bedeutet. K und α sind Konstanten. Für Polyamide hat α nach MATTHES den Wert 0,660, $K = 0,0281$, $Z\,\eta$ bedeutet die von STAUDINGER eingeführte Viscositätszahl $\dfrac{\eta\,\mathrm{sp.}}{c}$. STAUDINGER und SCHNELL[1] konnten aber zeigen, daß die von A. MATTHES an niedrigmolekularen Polyamiden gewonnenen Ergebnisse nicht auf das hochmolekulare Gebiet übertragen werden können.

Bei Fadenmolekülen bekannten Baues, die durch bekannte analytisch feststellbare Endgruppen abgeschlossen sind, kann das Molekulargewicht aus dem Prozentgehalt der Endgruppen berechnet werden. In diesem Falle müssen die osmotisch und viscosimetrisch ermittelten Molekulargewichte, mit den durch die Endgruppen festgestellten Molekulargewichten übereinstimmen. Die von W. KERN und H. KÄMMERER[2] eingeführte „Methode der gekennzeichneten Endgruppen" erweist sich bei derartigen Bestimmungen von besonderer Bedeutung. STAUDINGER und SCHNELL haben daher geeignete Methoden entwickelt, um die Endgruppen in Polyaminocapronsäuren exakt zu bestimmen. Für die Carboxylgruppe wurde ein Titrationsverfahren, das auf der Löslichkeit der Polyamide in Phenyl-äthyl-alkohol beruht, entwickelt. Durch Methylierung mit Diazomethan wurde die COOH-Gruppe in den Methylester übergeführt, wodurch die Möglichkeit geschaffen wurde, den Methoxylgehalt nach ZEISEL zu bestimmen und dadurch die aus der COOH-Gruppe bestimmten Werte zu kontrollieren. Die Ergebnisse dieser Bestimmungen sind in folgender Tabelle zusammengefaßt:

---

[1] STAUDINGER u. SCHNELL: Makromolekulare Chem. **1**, 43 (1947).

[2] KERN, W., u. H. KÄMMERER: J. prakt. Chem. **161**, 81, 289 (1942).

Tabelle 2.

Präparat Nr.	% COOH	$\bar{M}_{COOH}$	% OCH₃	$\bar{M}$ OCH₃
L_1	2,65	1 700	1,83	1 690
L_2	2,65	1 700	1,72	1 800
L_3	1,73	2 600	1,24	2 500
L_4	1,73	2 600	1,15	2 700
L_5	1,12	4 000	0,89	3 500
L_6	0,86	5 220	0,65	4 800
L_7	0,61	7 400	0,38	8 100
L_8	0,47	9 600	0,32	9 700
L_{11}	0,42	10 600	0,31	10 200
L_{12}	0,41	10 800	0,27	11 300
L_{16}	0,30	15 000	0,21	15 000

Da die Bestimmung der Aminoendgruppe nach VAN SLYKE zur genauen Bestimmung kleiner Prozentgehalte nicht geeignet ist, wurde hierfür die Methode der gekennzeichneten Endgruppen angewandt. Da man bei der Polymerisation des Caprolactams wegen der geringen Polymerisationsgeschwindigkeit ohnehin auf den Zusatz sauerer Katalysatoren angewiesen ist, lag es nahe, die Aminoendgruppe durch gekennzeichnete Carbonsäuren, wie p-Jodbenzoesäure zu blockieren, wobei man durch die Menge des zugesetzten Katalysators den Polymerisationsgrad regeln kann. In der nachfolgenden Tabelle sind die so erhaltenen Werte gegenübergestellt.

Tabelle 3.

Präparat Nr.	Polymerisationsdauer	Polymerisationstemperatur	Katalysatorenmenge[1]		DM viscosimetrisch	% J	$\bar{M}_J$
L_1	5 Tage	200°	1/5 Mol		1 730	9,52	1 330
L_3	5 Tage	200°	1/10 Mol		2 500	6,32	2 000
L_5	5 Tage	200°	1/25 Mol	p-Jod-	3 650	3,04	4 100
L_7	5 Tage	200°	1/50 Mol	benzoe-	7 250	1,54	8 200
L_{11}	5 Tage	200°	1/75 Mol	säure	9 700	1,23	10 300
L_{12}	5 Tage	200°	1/100 Mol		10 200	0,88	14 400

[1] Bezogen auf Lactam = 1.

Wenn das STAUDINGERsche Viscositätsgesetz

$$\lim_{c \to 0} Z\eta = K_{\text{äqu}} \cdot n$$

für die Polyamide Gültigkeit besitzt, so muß der durch Division der Viscositätszahl mit der durch Titration ermittelten Kettengliederzahl errechnete Wert, die $K_{\text{äqu}}$-Konstante, vom Molekulargewicht unabhängig sein. Diese Bedingung wird für die Polyamide aus Aminocapronsäure tatsächlich erfüllt, wie aus nachfolgender Tabelle hervorgeht:

Tabelle 4.

Präparat Nr.	% COOH	$\bar{P}$	Kettengliederzahl	$\bar{M}_{COOH}$	$Z\,\eta \cdot 10^3$	$K_{äqu} \cdot 10^{-4}$
S_1 [1]	3,40	12	83	1 325	12,5	1,51
L_1 [1]	2,65	15	106	1 700	15,3	1,44
L_2	2,65	15	106	1 700	16,9	1,59
L_3	1,73	23	163	2 600	22,4	1,37
L_4	1,73	23	163	2 600	23,7	1,45
S_2	1,71	23	165	2 630	21,8	1,32
L_5	1,12	36	250	4 000	27,4	1,09
S_3	1,22	33	231	3 700	28,0	1,21
L_6	0,86	46	326	5 220	40,7	1,25
S_4	0,64	62	438	7 000	55,0	1,25
L_7	0,61	65	462	7 400	54,4	1,18
L_8	0,47	85	600	9 600	73,2	1,21
L_9	0,45	89	625	10 000	81,2	1,29
L_{10}	$0,43_8$	91	644	10 300	80,0	1,24
L_{11}	$0,42_5$	94	662	10 600	72,7	1,10
L_{12}	$0,41_8$	96	675	10 800	76,4	1,13
L_{13}	$0,40_6$	97	687	11 000	87,2	1,27
L_{14}	$0,38_9$	103	725	11 600	82,5	1,14
L_{15}	$0,42_1$	94	669	10 700	83,2	1,25
L_{16}	$0,29_7$	133	938	15 000	114,0	1,21
S_5	$0,27_3$	146	1031	16 500	112,0	1,09
S_6	$0,21_8$	182	1281	20 500	164,8	1,28

Bei Molekulargewichten unter 4000 zeigt sich mit sinkender Kettengliederzahl ein deutlicher Anstieg der Konstanten, ein Ergebnis, das mit den Befunden von A. MATTHES übereinstimmt (s. Abb. 1).

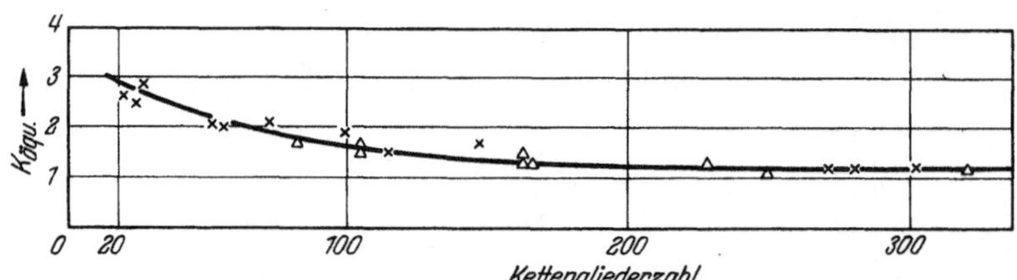

Abb. 1. Änderung der $K_{äqu}$-Konstante mit der Kettengliederzahl.

Der Anstieg der $K_{äqu}$-Werte mit sinkendem Polymerisationsgrad kann durch den bei den niedermolekularen Produkten stark ansteigenden COOH-Gehalt hervorgerufen sein, da die COOH-Gruppe in polaren Lösungsmitteln eine stark viscositätserhöhende Wirkung ausübt, wie Messungen an niedermolekularen Lösungsmitteln gezeigt haben [2]. Die Richtigkeit dieser Annahme wurde von H. STAUDINGER und SCHNELL dadurch gestützt, daß sie die COOH-Endgruppe in niedermolekularen Polyaminocapronsäuren mit Diazomethan in den Methylester über-

---

[1] Die mit L bezeichneten Präparate sind aus Caprolactam, die mit S bezeichneten Präparate aus Aminocapronsäure dargestellt.

[2] STAUDINGER, H.: Z. Elektrochem. **49**, 7 (1943).

führten und das Molekulargewicht aus dem OCH_3-Gehalt bestimmten, wie oben gezeigt wurde. Die Ergebnisse dieser Messungen finden sich in folgender Tabelle:

Tabelle 5.

Präparat Nr.	% OCH_3	$\bar{P}$	Ketten-gliederzahl	$\bar{M}_{OCH_3}$	$Z\eta \cdot 10^3$	$K_{\text{äqu}} \cdot 10^{-4}$
L_{1E}	1,83	15	106	1690	13,0	1,23
L_{2E}	1,72	16	113	1800	13,4	1,19
L_{3E}	1,24	22	156	2500	18,8	1,20
L_{4E}	1,15	24	169	2700	20,5	1,21
L_{6E}	0,65	42	300	4800	36,8	1,22

Ein Vergleich der Viscositätszahlen der freien Aminocapronsäuren und ihrer Ester und der sich daraus ergebenden $K_{\text{äqu}}$-Konstanten ergab folgendes Bild:

Tabelle 6.

Präparat Nr.	$Z\eta \cdot 10^3$ Säure	$\bar{n}_{COOH}$	$K_{\text{äqu}} \cdot 10^4$	$Z\eta \cdot 10^3$ Ester	$\bar{n}_{OCH_3}$	$K_{\text{äqu}} \cdot 10^4$
L_1	15,3	106	1,44	13,0	105	1,23
L_2	16,9	106	1,59	13,4	113	1,19
L_3	22,4	163	1,37	18,8	157	1,20
L_4	23,7	163	1,45	20,5	169	1,21
L_6	40,7	326	1,25	36,8	300	1,22

Die $K_{\text{äqu}}$-Konstante der niedermolekularen Polyaminocapronsäuremethylester ist also tatsächlich im Gegensatz zu den Konstanten der freien Säuren unabhängig von Polymerisationsgrad und von derselben Größenordnung wie bei hochmolekularen Produkten. Das anormale Viscositätsverhalten der niedermolekularen Polyamide ist also tatsächlich durch den viscositätserhöhenden Einfluß der COOH-Gruppe, die stärker solvatisiert ist als die Kette, bedingt. Die $K_{\text{äqu}}$-Konstante ist in dem weiten Molekulargewichtsintervall von 1600—20000 gültig und hat den konstanten Wert von $1{,}2 \cdot 10^{-4}$. Die Konstanz der $K_{\text{äqu}}$-Werte bis zum Molekulargewicht 20000 beweist die Gültigkeit des STAUDINGERschen Viscositätsgesetzes für Polyamide. Die zahlenmäßige Übereinstimmung dieser Werte mit dem an niedermolekularen Tetramiden von STAUDINGER und H. JÖRDER[1] und den leicht löslichen unverzweigten Mischkondensaten ermittelten Wert läßt auf den unverzweigten Bau des Polyamidmoleküls schließen. Der endgültige Beweis für das Vorliegen eines unverzweigten Fadenmoleküls kann aber nur durch Bestimmung beider Endgruppen erbracht werden, die ebenfalls von STAUDINGER und JÖRDER durchgeführt wurde.

Die unter Zusatz von Chlorbenzoesäure hergestellten Polyamide aus Caprolactam sind also nach folgender Formel aufgebaut:

$$ClC_6H_4CO \cdot NH(CH_2)_5CO[NH(CH_2)_5CO]_x \cdot NH \cdot (CH_2)_5COOH.$$

---

[1] STAUDINGER u. H. JÖRDER: J. prakt. Chem. **160**, 185 (1942).

Tabelle 7. *Lactam-Polymerisation mit p-Jodbenzoesäure.*

Präparat Nr.	Polymerisationsdauer	Polymerisationstemperatur	Polymerisation unter Zusatz von		DM viscosimetrisch	$\overline{M}$ Halogen	$\overline{M}$ COOH	$\overline{M}$ OCH₃
L_1	5 Tage	200°	1/5 Mol		1730[1]	1330	1700	1690
L_3	5 Tage	200°	1/10 Mol		2500[1]	2000	2600	2500
L_5	5 Tage	200°	1/25 Mol	p-Jod-	3650	4100	4000	3500
L_7	5 Tage	200°	1/50 Mol	benzoe-	7260	8200	7400	8100
L_{11}	5 Tage	200°	1/75 Mol	säure	9700	10300	10600	10200
L_{12}	5 Tage	200°	1/100 Mol		10200	14400	10800	11300

Tabelle 8. *Lactam-Polymerisation mit p-Chlorbenzoesäure.*

Präparat Nr.	Polymerisationsdauer	Polymerisationstemperatur	Polymerisation unter Zusatz von		DM viscosimetrisch	$\overline{M}$ Halogen	$\overline{M}$ COOH	$\overline{M}$ OCH₃
L_2	5 Tage	200°	1/5 Mol		1790[1]	1500	1700	1800
L_4	5 Tage	200°	1/10 Mol		2750[1]	2500	2600	2700
L_6	5 Tage	200°	1/25 Mol	p-Chlor-	5420	4900	5220	4800
L_8	3 Wochen	150°	1/50 Mol	benzoe-	9760	11000	9600	10000
L_{15}	3 Wochen	150°	1/75 Mol	säure	11100	11400	10800	
L_{16}	3 Wochen	150°	1/150 Mol		15200	18000	15000	15000

Die vorstehend erwähnten Untersuchungen wurden mit Produkten durchgeführt, die bei Temperaturen unter 200° hergestellt wurden, um ein Abspalten von Endgruppen nach Möglichkeit zu vermeiden. Bei höheren Temperaturen liegen die nach der chemischen Methode bestimmten Endgruppenmolekulargewichte wesentlich höher als die viscosimetrisch bestimmten, wie aus folgenden Tabellen hervorgeht:

Tabelle 9.

Präparat Nr.	Polymerisationsdauer	Polymerisationstemperatur	Polymerisation unter Zusatz von		DM viscosimetrisch	$\overline{M}$ Halogen	$\overline{M}$ COOH	$\overline{M}$ OCH₃
L_{17}	5 Tage	250°	1/50 Mol	p-Chlor-	6000	10000	13000	10000
L_{18}	5 Tage	250°	1/120 Mol	benzoe-	7300	22800	26000	22000
L_{19}	5 Tage	250°	1/150 Mol	säure	6400	25000	39000	35000

Tabelle 10.

Präparat Nr.	Kondensationsdauer	Temperatur	Druck	DM viscosimetrisch	$\overline{M}$ COOH
S_7	5 min	220°	760 mm	4100	4000
S_8	30 min	235°	760 mm	7600	11200
S_9	60 min	235°	760 mm	8300	15500
S_{10}	60 min	245°	10 mm	12000	27600

[1] Zur Bestimmung der Viscositätszahl dieser Produkte wurden die Methylester verwendet.

Bei höheren Temperaturen findet also tatsächlich eine Nebenreaktion, nämlich Abspaltung von Endgruppen statt, deren Schicksal noch aufgeklärt werden muß.

Gegen die Berechnung des Polymerisationsgrades von Polyaminocapronsäure aus viscosimetrischen Daten und Endgruppentitration machte MATTHES[1] einige Einwände geltend. Man berechnet darnach bei diesen Methoden gar keine Polymerisationsgrade, sondern den reziproken Wert, den sog. Spaltungsgrad und die Umrechnung in die Polymerisationsgrade bedeutet eine starke Verzerrung der unmittelbaren Meßergebnisse. Durch das Studium der Hydrolyse des Perlons in 40%iger Schwefelsäure kommt man bei einer angenommenen Proportionalität zwischen Polymerisationsgrad und Viscositätskennzahl nach der STAUDINGERschen Formel

$$P = 119\,[\eta]$$

zu einer mangelhaften Konstanz der Reaktionskonstanten. Wesentlich besser läßt sich der Polymerisationsgrad nach MATTHES aus der Perlonhydrolyse unter der Bedingung, daß dabei die mittlere Streuung der Hydrolysekonstanten ein Minimum erreicht, durch den Ausdruck

$$P = 124 \cdot [\eta] - 5$$

ausdrücken, wie aus folgender Tabelle von MATTHES hervorgeht:

Tabelle 11.

Std	$P = 124\,[\eta] - 5$ $k \cdot 10^3$	$P = 119\,[\eta]$ $k \cdot 10^3$	Std	$P = 124\,[\eta] - 5$ $k \cdot 10^3$	$P = 119\,[\eta]$ $k \cdot 10^3$
0	—	—	102	0,501	0,394
6	0,444	0,425	120	0,453	0,346
24	0,472	0,436	126	0,495	0,371
30	0,467	0,425	147	0,466	0,343
48	0,463	0,410	174	0,487	0,289
54	0,492	0,425	195	0,479	0,322
72	0,476	0,397	219	0,463	0,303
96	0,482	0,385	257	0,460	0,285

3. Löslichkeit der Polyamide in Abhängigkeit vom Polymerisationsgrad.

In den meisten unpolaren Lösungsmitteln, in Kohlenwasserstoffen, Estern, Chlorkohlenwasserstoffen sind die Polyamide unlöslich. Sie lösen sich nur in stark polaren Lösungsmitteln. Die Lösungsgeschwindigkeit in der Kälte ist meist sehr gering. Am besten lösen Phenole, Kresole, Xylenole, Ameisensäure, konzentrierte Schwefelsäure, Chloralhydrat, Säureamide usw. In der Hitze hergestellte Lösungen in diesen Lösungsmitteln bleiben beim Abkühlen klar. Bei höheren Temperaturen tritt in Ameisensäure und konzentrierter Schwefelsäure Abbau ein. Aus der warmen Lösung der Polyamide in Eisessig, Acetamid, Formamid,

---

[1] MATTHES: Makromolekulare Chem. **5**, 165 (1950).

Phenyläthylalkohol, Benzylalkohol und Propylalkohol fallen die Polyamide beim Abkühlen ganz oder nur teilweise wieder aus. Die niederen Alkohole lösen in wasserfreiem Zustand Polyamide sehr schlecht. Nach Wasserzusatz sind sie jedoch in der Hitze für die niedermolekularen Polyamide (bis zu einem Molekulargewicht von 4000) gute Lösungsmittel. Die Löslichkeit der Polyamide ändert sich mit dem Polymerisationsgrad nur wenig. Diese geringe Abhängigkeit der Löslichkeit von der Kettenlänge hängt damit zusammen, daß das Lösungsmittel beim Lösen die Nebenvalenzen zwischen den Säureamidgruppen aufzusprengen vermag. Der Einbau von Seitenketten in die Polyamide bewirkt erwartungsgemäß eine Erhöhung der Löslichkeit. Ebenso wird die Löslichkeit durch Mischkondensation stark erhöht. So löst sich das Ultramid 6 A (Igamid 6 A) in 80%igem Alkohol bei höherer Temperatur glatt zu einer 25—30%igen Lösung, die zur Filmherstellung verwendet werden kann. Noch besser ist das Ultramid 1 C (Igamid 1 C), ein Mischkondensat aus gleichen Teilen Caprolactam, Hexamethylendiammoniumadipat und adipinsaurem Diaminodicyclohexylmethan in Alkoholen löslich.

4. Abhängigkeit der Festigkeitseigenschaften der Polyamide vom Polymerisationsgrad.

Die Polymeren der ε-Aminocapronsäure stellen rein weiße Massen dar, deren Festigkeitseigenschaften mit steigendem Molekulargewicht erwartungsgemäß zunehmen. Produkte mit Molekulargewichten über 10000 sind sehr hart und zäh. Höhermolekulare Produkte nehmen in der Festigkeit nur noch wenig zu, so daß es praktisch keinen Sinn hat, mit dem Molekulargewicht über eine gewisse Grenze hinauszugehen, da die Verarbeitbarkeit dann darunter leidet. Aus der folgenden Tabelle sind diese Zusammenhänge ersichtlich.

Tabelle 12.

Präparat Nr.	DP	DM viscosimetrisch	Physikalische Eigenschaften der erstarrten Schmelze
L_1	15	1730	farblose, opake, sehr brüchige Masse
L_3	22	2500	farblose, opake, brüchige, mäßig harte Masse
L_5	33	3650	farblose, opake, mäßig harte, spröde Masse
L_7	64	7200	farblose, opake, mäßig harte, zähe Masse
L_{11}	86	9700	farblose, opake, zähe, harte, schneidbare Masse
L_{15}	93	11100	rein weiße, harte, sehr zähe und schneidbare Masse
L_{16}	141	15200	rein weiße, sehr zähe, harte, schneidbare, außerordentlich widerstandsfähige Masse

Durch Einbau von Alkylgruppen z.B. bei Mischpolymerisation aus Caprolactam und Methylcaprolactam im Verhältnis 3:1, wird die Elastizität der Produkte gesteigert und die Härte herabgesetzt, wie aus nachfolgender Tabelle von STAUDINGER und SCHNELL hervorgeht.

Tabelle 13.

Präparat Nr.	Physikalische Eigenschaften der erstarrten Schmelze	Smp. ungefähr	DM viscosimetrisch	DP
M_1	opake, elastische Masse	181°	5320	46
M_2	opake, zäh elastische Masse	183°	7650	66
M_4	opake, zäh elastische Masse	192°	11300	98

5. Abhängigkeit des Schmelzpunktes von Polyaminocapronsäure vom Polymerisationsgrad.

Die Polyamide haben im Gegensatz zu den meisten anderen hochpolymeren Stoffen einen verhältnismäßig scharfen Schmelzpunkt, der von dem Polymerisationsgrad relativ wenig abhängig ist. (Siehe nachfolgende Tabelle.)

Tabelle 14.

Präparat Nr.	Dn Kettengliederzahl	DP	DM[1] viscosimetrisch	Smp.
S_1	83	12	1325	188
L_2	112	16	1790	197
L_4	171	24	2750	206
S_2	165	23	2630	206
S_3	233	33	3730	212
L_6	339	48	5420	212
L_{17}	372	53	5950	213
L_{19}	398	56	6370	213
L_{18}	456	64	7300	213
S_4	458	65	7325	213
L_9	677	96	10800	215
S_5	933	132	14900	216
L_{16}	950	135	15200	216
S_6	1373	195	22100	217
L_{9a}	329	47	5260	213
L_{9b}	211	30	3380	209
L_{9c}	164	23	2630	206
L_{9d}	155	22	2490	201

Die Schmelzpunkte liegen also nur unbedeutend verschieden von dem Schmelzpunkt der Aminocapronsäure (202°). Nur bei niedermolekularen Produkten ist ein starkes Absinken des Schmelzpunktes zu verzeichnen.

6. Polykondensation der ε-Aminocapronsäure.

Die Polykondensation der ε-Aminocapronsäure verläuft verhältnismäßig rasch. Sie ist abhängig von der Art des angewendeten Katalysators und von der Temperatur. Der Polymerisationsgrad wird durch Art und Menge des Katalysators, die Temperatur und die Reaktionsdauer bestimmt. Niedere Temperaturen, z.B. 150°, führen bei langen

---

[1] Zur Berechnung der Molekulargewichte der Produkte mit einem Molekulargewicht unter 4000 wurden die Viscositätszahlen der Methylester verwendet.

Reaktionszeiten zu sehr hochmolekularen Produkten. Steigende Temperatur erhöht die Polymerisationsgeschwindigkeit bei gleichzeitiger Senkung des Polymerisationsgrades. Zur Erzielung gleichmäßiger und farbloser Endprodukte muß in allen Fällen der Luftsauerstoff peinlichst ausgeschlossen werden. Zweckmäßig arbeitet man in einer Atmosphäre von reinstem Stickstoff. Unter diesen Bedingungen verläuft die Polykondensation von Aminocapronsäure sehr rasch, wie aus folgender Tabelle ersichtlich ist.

Tabelle 15.

Kondensationsdauer	Temperatur	Druck	DM viscosimetrisch
5 min	210°	760 mm	1660
10 min	210°	760 mm	2900
20 min	210°	760 mm	3730
30 min 30 min	210° 210°	760 mm 12 mm	7325
30 min 30 min 60 min	210° 210° 210°	760 mm 12 mm 0,02 mm	14900
30 min 30 min 5 Std	210° 210° 210°	760 mm 12 mm 0,02 mm	22000

7. Bildung von Polyaminocapronsäure aus ε-Caprolactam.

Die Polymerisation des Caprolactams verläuft außerordentlich langsam. Sie kann durch Wasserzusatz stark beschleunigt werden[1]. Die katalytische Wirkung des Wassers führte zu der Schlußfolgerung, daß die Bildung des Polymeren einen echten Kondensationsvorgang darstellt, der erst nach dem Umsatz von Lactam und Wasser zu ε-Aminocapronsäure eingeleitet wird. Die Untersuchungen von A. MATTHES[2] mit sauren Katalysatoren vom Typ der Essigsäure und Benzoesäure führten zu der Annahme, daß das Ausgangsprodukt für die Lactampolymerisation ein „geöffnetes" Lactam, also ein Radikal darstellt und der Vorgang als eine Radikaladdition bezeichnet werden muß. Das Kettenwachstum wird durch Anlagerung von Katalysatorresten beendet und wird durch ein Dissoziationsgleichgewicht zwischen Kettenenden und Katalysator geregelt.

Das reaktionskinetische Studium der Caprolactampolymerisation durch MATTHES hat zu einer Reihe von interessanten Ergebnissen geführt, die im folgenden kurz wiedergegeben werden sollen. Dabei wurde an Stelle des Polymerisationsgrades P der reziproke Wert

$$\alpha = \frac{1}{P}$$

---

[1] MATTHES, A.: Patentanmeldung J 63075 IV/120 (1938).
[2] MATTHES, A.: Makromolekulare Chem. **5**, 198 (1951). — Chem. Technik **1952**, 129.

der sog. Spaltungsgrad eingeführt, der einen stöchiometrischen Ausdruck für die Zahl der Ketten in einem Grundmol (113 g) lactamfreien Polymerisats darstellt und sich zwischen 0 und 1 bewegen kann.

Wenn der Gehalt der Reaktionsmasse an Katalysator so gering ist, daß er vernachlässigt werden kann, so beträgt der Polymerisationsanteil $(1 - \lambda)$, wobei der Lactamanteil mit λ bezeichnet wird. Dieser Ausdruck bedeutet die umgesetzte Substanzmenge. Die Zahl der Ketten im Rohpolymerisat α' wird dann durch den Ausdruck wiedergegeben:

$$\alpha' = \alpha \cdot (1 - \lambda) = \frac{1 - \lambda}{P}.$$

Dieser Ausdruck bedeutet gleichzeitig die Zahl der Wachstumszentren während der Reaktion.

Nach Ansicht von MATTHES stellt die Polymerisation des Lactams keine echte Polymerisation dar, wie etwa die Styrol-Polymerisation, bei der die Kettenenden schließlich durch Anlagerung des Katalysators desaktiviert werden. In diesem Falle müßte der Katalysator restlos verbraucht werden. Tatsächlich läßt sich aber in jedem Endpolymerisat unverbrauchter Katalysator nachweisen. Dies spricht dafür, daß hier noch Rückwärtsreaktionen mitspielen, die sich auf folgende Tatsachen gründen:

1. Ein extrahiertes lactamfreies Polymerisat gewinnt beim Erhitzen annähernd denselben Lactamgehalt wieder, den es vor der Extraktion hatte.

2. Die Zugabe weiterer Katalysatormengen zu einem Endpolymerisat bewirkt bei weiterem Erhitzen die Bildung desselben Polymerisationsgrades und Lactamgehalts, der bei Zugabe der gesamten Katalysatormenge unmittelbar erreicht wird. Zusätzlicher Katalysator vermag also bereits gebildete Ketten zu spalten.

a) Die Aufbaureaktion.

Besonders eingehend wurde der Einfluß von Benzoesäure auf die Lactampolymerisation untersucht. Abb. 2 zeigt den zeitlichen Verlauf des Umsatzes $(1-\lambda)$ bei wechselnder Katalysatormenge.

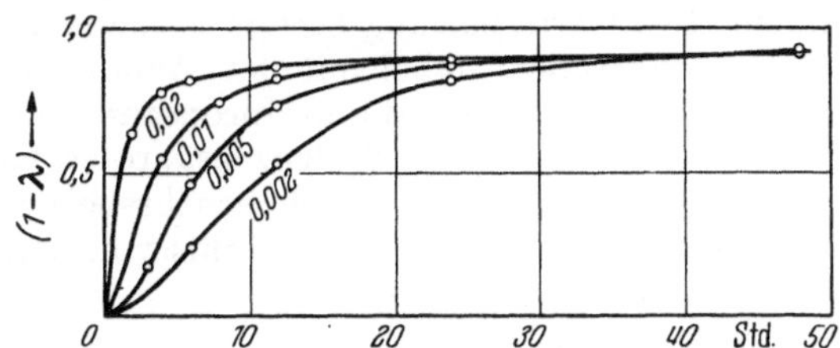

Abb. 2. Umsatzverlauf bei wechselnder Katalysatormenge.

Der zeitliche Verlauf des Polymerisationsgrades bei wechselnder Katalysatormenge (Benzoesäure) ergibt sich nach Abb. 3.

Abb. 3 zeigt folgende Ergebnisse:

1. Der Polymerisationsgrad steigt beim Beginn der Reaktion um so schneller an, je mehr Katalysator verwendet wurde.

2. Der Endwert liegt um so niedriger, je mehr Katalysator vorhanden war, ein Befund, der mit den Beobachtungen an anderen Polymerisationsprodukten übereinstimmt.

Abb. 4 zeigt den Verlauf des Polymerisationsgrades mit steigendem Umsatz. Diese Darstellung bringt die Reaktion des Katalysators mit dem Polymerisat besonders deutlich zum Ausdruck.

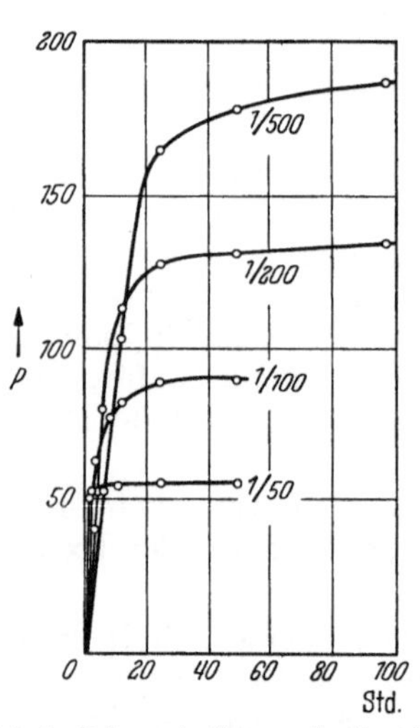

Abb. 3. Polymerisationsgradverlauf bei wechselnder Katalysatormenge.

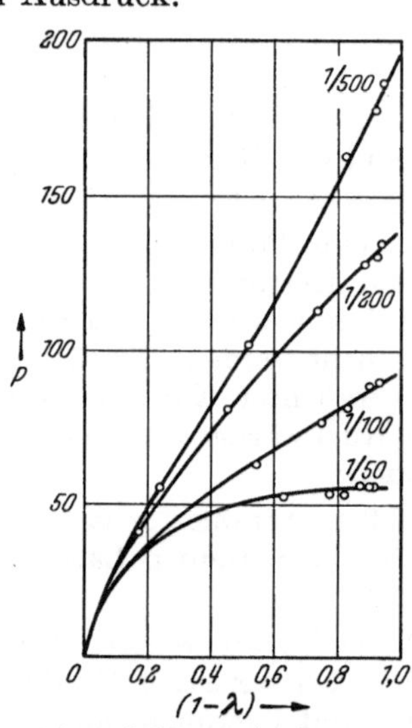

Abb. 4. Polymerisationsgradverlauf mit steigendem Umsatz bei wechselnder Katalysatormenge.

Den zeitlichen Verlauf der Kettenzahl α' bei verschiedenen Katalysatormengen und mit steigendem Umsatz geben die Abb. 5 und 6 wieder.

Die Kettenzahl steigt also zu Beginn der Reaktion in allen Fällen steil an und erreicht nach kurzer Zeit einen konstanten Wert.

Abb. 5 zeigt, daß mit steigender Katalysatormenge eine Vermehrung der Ketten zufolge Rückwärtsspaltung bereits vorhandener Ketten eintritt. Der Katalysator reagiert dabei mit den Amidgruppen des Polymerisats unter Bildung von Benzoylaminocapronsäure, die bei der Polymerisationstemperatur in Lactam und Benzoesäure zerfällt.

Für die Bildung des Lactams im „Gleichgewichtspolymerisat" macht MATTHES außerdem die Abspaltung des Lactams von den Kettenenden her verantwortlich (Einrollungstheorie).

$$\text{—NH—(CH}_2)_5\text{—COOH}$$

Das freie Carbonyl des Kettenendes kommt durch thermische Bewegung in die Nähe des N-Atoms der NH-Gruppe und setzt sich mit dieser unter Lactambildung um. Die OH-Gruppe lagert sich an das so gebildete Kettenende unter Bildung einer neuen COOH-Gruppe an, so daß sich der Vorgang wiederholen kann.

Der Lactamgehalt des Gleichgewichtspolymerisats, der je nach der Polymerisationstemperatur zwischen 7 und 9% schwanken kann, wird demnach durch 2 Reaktionen bedingt:

1. Durch die Rückwärtsspaltung der Lactam-Katalysatorverbindung.

2. Durch die Einrollungsreaktion.

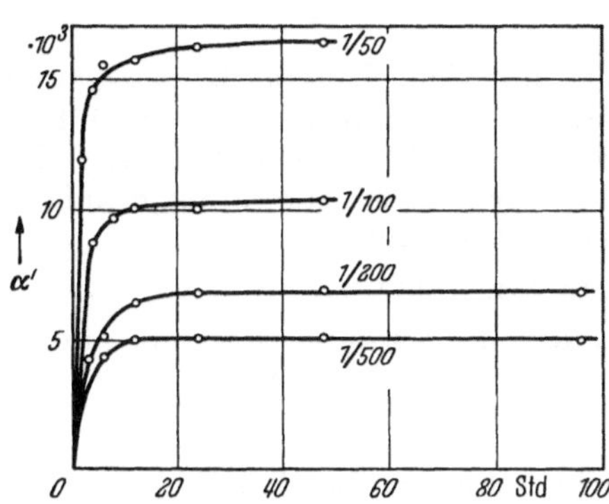

Abb. 5. Verlauf der Kettenzahl bei wechselnder Katalysatormenge.

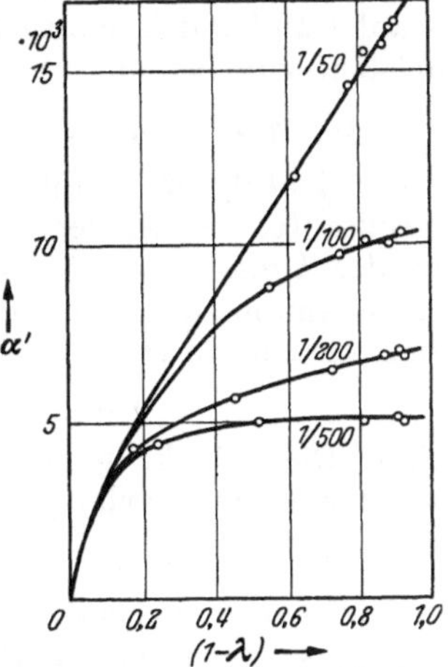

Abb. 6. Verlauf der Kettenzahl mit steigendem Umsatz bei wechselnder Katalysatormenge.

b) Das Gleichgewichtspolymerisat.

Für die Theorie des Gleichgewichtspolymerisats diskutiert MATTHES folgende 4 Gleichgewichtsreaktionen:

1. Das Benzoylaminocapronsäuregleichgewicht.

Aus Lactam und Katalysator bildet sich Benzoylaminocapronsäure, die teilweise wieder in ihre Komponenten zerfällt.

2. Das Kettenzahlgleichgewicht.

Der Katalysator reagiert mit den Amidogruppen des Polymerisats unter Kettenaufspaltung. Der dadurch hervorgerufenen Kettenvermehrung steht der Kettenschwund infolge Einrollung gegenüber.

3. Das Aufbau-Abbau-Gleichgewicht.

Die Lactam-Umsatzgeschwindigkeit der Vorwärtsreaktion ist dem Produkt aus Ketten- und Lactamkonzentration proportional. Diese Geschwindigkeit steht im Gleichgewicht mit den Lactamumsätzen der beiden Rückwärtsreaktionen.

4. Das Kettenendgleichgewicht.

Die Besetzungsgeschwindigkeit der Kettenenden ist der Konzentration der freien Ketten und der des freien Katalysators proportional.

2*

Die Dissoziationsgeschwindigkeit erscheint der Konzentration der besetzten Ketten proportional.

Über das Schicksal des Katalysators im Verlauf der Polymerisation lassen sich 3 Möglichkeiten diskutieren:

1. Die Kondensationstheorie.

Der Katalysator, z. B. Benzoesäure, gibt mit dem Lactam Benzoylaminocapronsäure. Mit fortschreitendem Umsatz wird der Katalysator bis auf 1 Molekül je Kette wieder abgespalten und beginnt dann seinen Kreislauf von neuem.

2. Die Einbautheorie.

Der Katalysator gibt auch hier mit dem Lactam Benzoylaminocapronsäure, die bei der Polymerisationstemperatur wieder zerfällt, so daß der Umsatz selbst nicht über das Additionsprodukt läuft. Die Benzoylaminocapronsäure dient vielmehr lediglich zur Kettengründung, indem sie mit unverändertem Lactam das Dimere

$$C_6H_5CONH(CH_2)_5CONH(CH_2)_5COOH$$

liefert. Diese Reaktion mit unverändertem Lactam setzt sich fort, indem das endständige Carboxyl weitere Lactammoleküle öffnet.

3. Die Radikaladditionstheorie.

Hier geht der Katalysator nicht sofort in das Polymerisat über, sondern wird immer wieder frei und reagiert nachträglich mit dem Polymerisat. In dem Maße, wie das Lactam verbraucht wird, verbindet sich der Katalysator mit dem Polymerisat. In der ersten Hälfte des Umsatzes wird er in Form von Benzoylaminocapronsäure festgelegt, in der zweiten Hälfte des Umsatzes am Polymerisat in Form von Kettenenden eingebaut.

Die experimentelle Nachprüfung dieser Annahmen wurde von MATTHES durch Polymerisation mit Vorpolymerisat zugunsten der Radikaladditionstheorie entschieden. Hierfür waren folgende Befunde maßgebend:

1. Die Umsatzgeschwindigkeit der Wachstumsreaktion läßt sich nicht durch das Produkt: Besetzte Ketten × Katalysator-Lactam-Bindung ausdrücken, wenn man die Gleichgewichtserscheinungen ableiten will.

2. Ein Vorpolymerisat kondensiert auch bei der weiteren Polymerisation nicht weiter, sondern zerfällt in offene Ketten und Katalysator.

3. Die Extraktion des freien Katalysators einschließlich der vorhandenen Lactam-Katalysator-Verbindung aus den zeitigen „Unterwegs-Polymerisaten" liefert Werte, die auf eine starke Unbesetztheit der Kettenenden in diesem Stadium deuten.

4. Die Zugabe der Katalysator-Lactam-Verbindung an Stelle des freien Katalysators ergibt viel geringere Umsatzgeschwindigkeit als die Zugabe des Katalysators selbst.

Auf Grund dieser Befunde scheiden nach MATTHES die Kondensations- und Einbautheorie zur Erklärung der Lactampolymerisation aus.

Die Radikaladditionstheorie hat mit der Kondensationstheorie die Vorstellung gemeinsam, daß der Lactamumsatz zum Polymeren über ein Umwandlungsprodukt des Lactams läuft; bei der Radikaladditionstheorie über das Lactamradikal; bei der Kondensationstheorie über die Lactam-Katalysator-Verbindung, während die Einbautheorie mit der Vorstellung arbeitet, daß das Lactam unmittelbar mit dem Kettenende reagiert.

Bezüglich der katalytischen Wirkung des Wassers gegenüber den sauren Katalysatoren konnte Matthes zeigen, daß die Umsatzgeschwindigkeit der Benzoesäure-Lactam-Polymerisation die Wasser-Lactam-

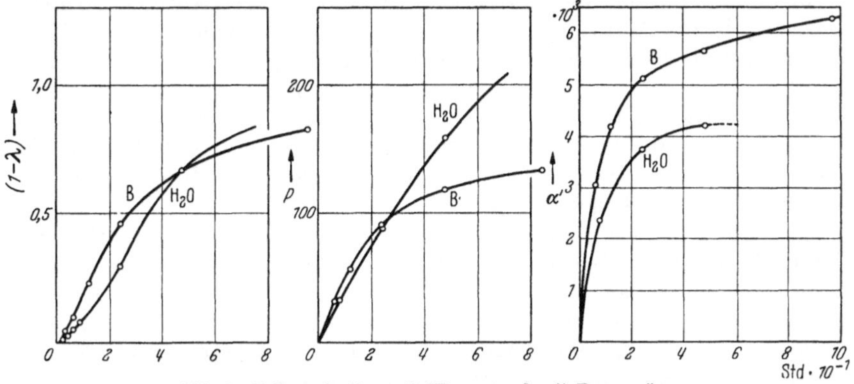

Abb. 7. Polymerisation mit Wasser und mit Benzoesäure.

Polymerisation am Anfang übertrifft. Nach 48 Std tritt eine Umkehrung der Verhältnisse ein. Dieser Befund läßt sich nach der Radikaladditionstheorie dadurch erklären, daß die Reaktionsgeschwindigkeit sowohl des Lactams mit Benzoesäure, wie des Polymerisates mit Benzoesäure größer ist als mit Wasser; ebenso ist auch die Reaktionsgeschwindigkeit des Polymerisats mit Benzoesäure größer als mit Wasser. Beim Wasser-Lactam-Polymerisat erreicht die Blockierung der Endgruppen nicht den gleich starken Grad wie bei der Benzoesäure, so daß im zweiten Teil der Polymerisation die Umsatzausbeute größer wird. Dies ist auch der Grund dafür, weshalb die durchschnittliche Kettenlänge in diesem Falle größer ist, indem im Spätverlauf der Reaktion die Addition der Ketten noch zur Geltung kommt (Abb. 7).

Selbst bei Zugabe von 400% Wasser zum Lactam (23 Mol/Mol Lactam) findet noch ein 12%iger Umsatz zum Polymeren statt. Bei 100% Wasser steigt der Umsatz sogar auf 70%.

Tabelle 16.

Wasserzugabe %	Polymerisationsumsatz bis %	Polymerisationsgrad	Wasserzugabe %	Polymerisationsumsatz bis %	Polymerisationsgrad
10	92	78	100	70	8
25	87	31	400	12	3—4

Die Reaktionsmechanik bei der Polymerisation des Lactams läßt sich demnach wie folgt zusammenfassen:

1. Aus Lactam und Katalysator entsteht ε-Aminocapronsäure oder ein Substitutionsprodukt derselben.

2. Je beständiger diese Lactam-Katalysator-Verbindung ist, desto weniger hängt der Polymerisationsumsatz von dieser Verbindung ab. Vielmehr kommt hierfür ein geöffnetes Lactamradikal in Frage. Dieses Radikal bildet sich einesteils direkt aus dem Lactam in Gegenwart des Katalysators, anderenteils durch Zerfall der Katalysator-Lactam-Verbindung. Es verursacht die gegenseitige Addition zu Ketten. Bei der geringen Lebensdauer dieses Radikals gehen diejenigen Anteile, die keine Gelegenheit zur Addition finden, wieder in gewöhnliches Lactam über. Dieser Anteil ist besonders am Anfang der Polymerisation sehr groß. In dem Maße wie die Zahl der gebildeten Wachstumszentren ansteigt, nimmt die Radikalreserve ab. Das Wechselspiel zwischen der Wachstumreaktion und der Rückwärtsspaltung bereits gebildeter Ketten, die beide durch den Katalysator beschleunigt werden, führt zu einem Polymerisationsgleichgewicht.

3. Freie Aminocapronsäure spielt bei der Lactampolymerisation nur die Rolle eines kurzlebigen Zwischenprodukts. Sie ist im Polymerisat auch dann nicht nachweisbar, wenn sie an Stelle von Lactam als Ausgangsprodukt verwendet wurde. Sie ist bei der Polymerisationstemperatur unbeständig und spaltet sich sofort in Lactam und Wasser.

In letzter Zeit sind von WILOTH (Vereinigte Glanzstoff-Fabriken, Oberbruch) neue Untersuchungen mit sorgfältig gereinigtem Lactam durchgeführt worden, die für die Kondensationstheorie sprechen.

Fraktionierungen verschiedener Caprolactampolymerisate ergaben, daß die Polymerisate unabhängig vom mittleren Polymerisationsgrad und in jedem Stadium des Polymerisationsablaufes eine statistische Normalverteilung der Polymerisationsgrade haben.

Die Lactamumsatz-Zeitkurven zeigen in Gegenwart von Wasser einen Steilanstieg, von dem gezeigt wurde, daß er ausschließlich eine Funktion des Wassers ist. Benzoesäure zeigt in Gegenwart von Spuren Wasser innerhalb 100 Std einen linearen Umsatzverlauf, in absolut wasserfreiem Medium aber keine katalytischen Eigenschaften. Beim Zusammenwirken mit nicht zu wenig Wasser ist Benzoesäure ein ausgesprochener Kokatalysator, der den Lactamumsatz und damit eine offenbar vorliegende Startreaktion stark beschleunigt. Der Polymerisationsgrad nimmt bei Wasser nach einer gewissen Anlaufzeit praktisch linear zu und geht schließlich in den konstanten Wert des Gleichgewichtszustandes über. Bei Benzoesäure wird demgegenüber ein durchweg parabolischer Polymerisationsgradanstieg beobachtet, der wesentlich schneller in den Gleichgewichtszustand einmündet. Die Caprolactampolymerisation mit Wasser läßt sich bezüglich der Entwicklung des Polymerisationsgrades als bimolekulare Kondensation beschreiben, der eine besondere Lactamöffnungsreaktion vorangeht. Der beobachtete zeitliche Umsatzsteilanstieg bedeutet, daß die Lactamöffnungsreaktion mit dem Fortschreiten der Polymerisation eine eigentümliche autokatalytische Beschleunigung erfährt.

Das Perlongleichgewicht ist ein Kondensationsgleichgewicht. Der Lactamgehalt ist eine Funktion der vorhandenen Wassermenge und rührt, wie sich auch theoretisch zeigen läßt, von einem zwischen Aminocapronsäure und Lactam bestehenden Ring-Kettengleichgewicht her.

Darnach kann also die Bildung der Polyaminocapronsäure nach zwei verschiedenen Reaktionsmechanismen gedeutet werden:

1. Als Ionenkettenpolymerisation mit Alkali- bzw. Erdalkalimetallen.

2. Als Polykondensation, sofern in Gegenwart von Wasser gearbeitet wird.

8. Die technische Herstellung von Poly-ε-Aminocapronsäure.

Die Polymeren des Caprolactams sind unter verschiedenen Namen in den Handel gekommen. Für Kunststoffzwecke wurde von der IG. die Sammelbezeichnung *Igamid* für die Polyamide gewählt und das polymere Caprolactam erhielt den Namen *Igamid B*. Nach Auflösung der IG. mußte diese Bezeichnung geändert werden und heute ist das Produkt unter der Bezeichnung *Ultramid B* im Handel. Das entsprechende Produkt für Spinnzwecke war ursprünglich als *Igamid BS* bekannt und wird heute als *Ultramid BS* bezeichnet. Die Spinnfasern aus polymerem Caprolactam kamen unter dem Namen *Perlon L* in den Handel. Vorübergehend wurde dafür auch der Name Perluran gebraucht. Das schweizerische Produkt heißt Grilon (Hovag).

Für die technische Herstellung der verschiedenen B-Ultramide kommt im Prinzip das gleiche Verfahren in Frage:

Das Lactam wird in einer konzentrierten wäßrigen Lösung (etwa 80%) in Gegenwart von geringen Mengen (0,5%) Essigsäure als Kettenstabilisator (Katalysator) in einem Autoklaven aus nichtrostendem Stahl (V 4A) auf 260—270° erhitzt. Nach Erreichen dieser Temperatur wird das Wasser abdestilliert und die klare Schmelze durch eine Schlitzdüse in Form eines breiten Bandes abgedrückt. Zur Vermeidung von Verfärbungen und Oxydation an der Luft wird das Band unmittelbar nach dem Verlassen des Autoklaven in einem Wasserbad abgeschreckt und durch eine rotierende Schneidevorrichtung in kleine Stücke geschnitten. Die erhaltenen Schnitzel werden zur Entfernung des unveränderten Lactams mit destilliertem Wasser solange ausgekocht, bis der Lactamanteil auf etwa 0,1% gesunken ist. Bemerkenswert ist die große Beständigkeit der Schmelze. Unter Ausschluß von Sauerstoff kann sie unbedenklich mehrere Tage auf 250—260° gehalten werden, ohne daß sich die Viscosität ändert. Die Schmelzviscosität des Produktes für Spinnzwecke soll bei der Schmelztemperatur etwa 600 Poisen betragen.

Die Durchführung des Polymerisationsvorganges muß in sauerstofffreiem Stickstoff erfolgen, um Verfärbung zu vermeiden. Man benutzt hierzu einen reinen Stickstoff mit einem Sauerstoffgehalt von unter 0,01%, gewöhnlich 0,005%. Die Erhitzung der Autoklaven kann durch Dowtherm-Heizung oder hochgespanntem Wasserdampf von etwa 60 atü erfolgen.

Für das Ultramid B, das hauptsächlich für Kunststoffe eingesetzt wird, wird ein Produkt von höherem Polymerisationsgrad vorgezogen. Man erreicht diesen durch Anwendung geringerer Mengen an Stabilisator. Die übrige Herstellung deckt sich mit den für Ultramid BS angegebenen Bedingungen. Die verwendete Apparatur geht aus folgender Skizze hervor:

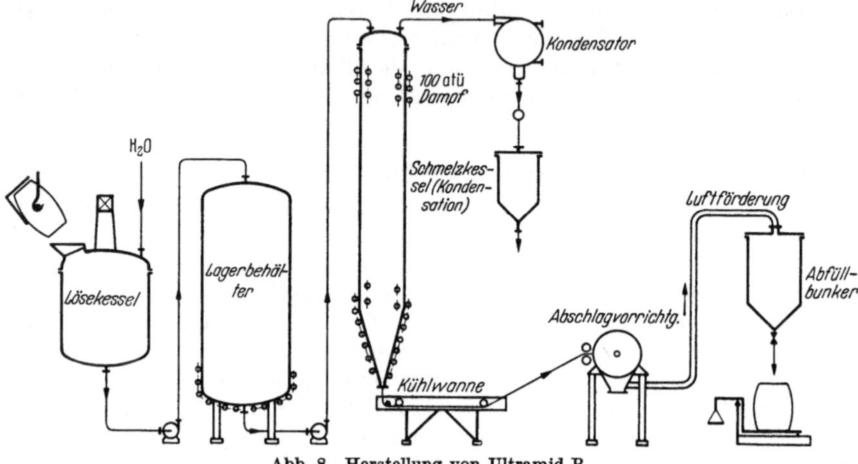

Abb. 8. Herstellung von Ultramid B.

Das nach diesem Verfahren erhaltene Produkt bildet weiße Körner, die bei etwa 215° in eine farblose Schmelze übergehen.

Der Polymerisationsvorgang läßt sich auch kontinuierlich gestalten (VK-Verfahren)[1]. Hierfür wird das Lactam mit geringen Mengen (4%) ε-Aminocapronsäure oder Hexamethylendiammoniumadipat (AH-Salz) versetzt und auf die Reaktionstemperatur erhitzt. Nach beendigter Kondensation läßt man das Material am Boden des Gefäßes in dem Maße austreten, wie neues Material am Kopf des Gefäßes zugeführt wird. Die Möglichkeit der kontinuierlichen Kondensation des Caprolactams bietet erhebliche technische Vorteile.

Die Rolle der erwähnten Zusätze ist eine starke Beschleunigung der Kettengründung (Wachstumszentren). Sie zerfallen bei der Polymerisationstemperatur mit großer Geschwindigkeit, so daß es in der Schmelze zu einer starken Steigerung der Radikalkonzentration kommt. Dadurch wird die plötzliche Umsatzgeschwindigkeit erklärt (Abb. 9). Daß dabei die Kettenzahl α' ein Maximum durchläuft und dann wieder absinkt, erklärt sich durch die Addition der vielen neugebildeten Ketten (Abb. 10).

Die Polymerisation des Caprolactams in wäßriger Lösung stellt technisch die beste Polymerisationsmethode dar[2]. Es sind eine Reihe von Verfahren beschrieben worden, bei denen ω-Monoaminocarbonsäuren mit einer Kettenlänge von mindestens 7 C-Atomen in Gegenwart eines

---

[1] LUDEWIG, SPENKER u. WENGER (IG.).
[2] DRP. 748253 (Erf. P. Schlack).

indifferenten Lösungsmittels erhitzt werden. Hierfür wurden besonders
einwertige Phenole in Vorschlag gebracht. An Stelle der freien Aminosäuren können auch die entsprechenden N-Acylderivate verwendet

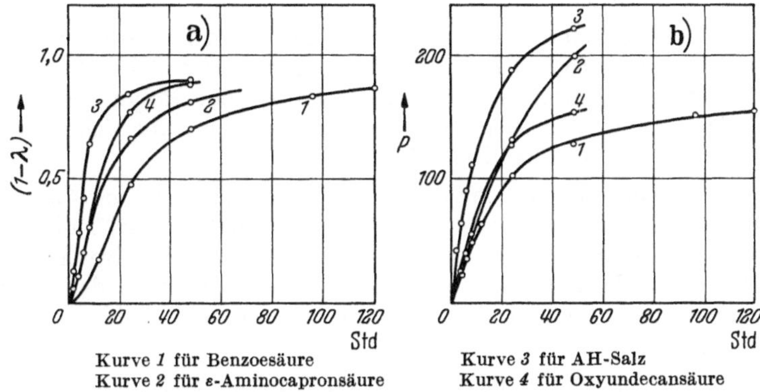

Kurve *1* für Benzoesäure   Kurve *3* für AH-Salz
Kurve *2* für ε-Aminocapronsäure   Kurve *4* für Oxyundecansäure

Abb. 9. Umsatzverlauf bei Polymerisation mit 1/200 Mol Katalysator.

werden[1]. Alle diese Verfahren haben keine praktische Bedeutung erlangt.
Man hat auch vorgeschlagen, die Polymerisation der formylierten
Aminocarbonsäuren in 2 Stufen durchzuführen, indem man zunächst

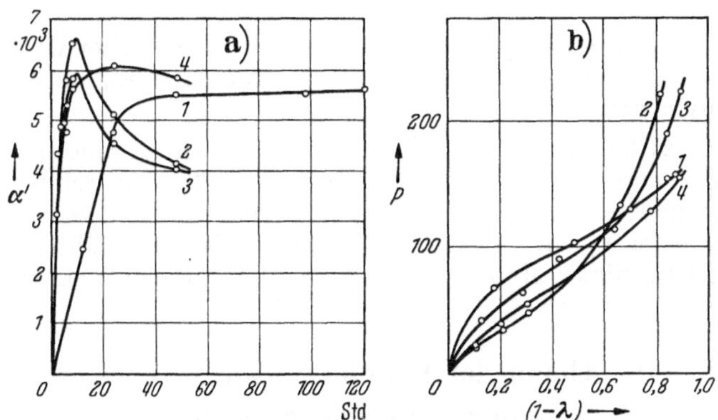

Abb. 10. Kettenzahlverlauf bei Polymerisation mit 1/200 Mol Katalysator.

in Gegenwart von Wasser unter Druck bis zur Bildung eines Halb-
kondensats erhitzt, dieses isoliert, durch Auswaschen reinigt und nachkondensiert.

Für die Einleitung der Lactampolymerisation wurden auch alkalische
Mittel sowie flüchtige nicht primäre Alkohole vorgeschlagen. Besonders
günstig wirken feste Alkalihydroxyde, die man dem siedenden Caprolactam zusetzt, wobei die Polymerisation schon in wenigen Minuten
abläuft (Patentanmeldung J 72107/39c IG. J 73389/39c). Auch

[1] DRP. 745388 J.G.; FP. 885497; FP. 885498, 885534 (Phrix).

Natriumamid wirkt ähnlich, ebenso Alkali- und Erdalkalimetalle (AP. 2251519 Dupont) und deren Alkoholate.

Auch ungesättigte ω-Aminosäuren sind zur Polyamidherstellung herangezogen worden.

An Stelle der freien ω-Aminosäuren oder deren Lactamen sind auch die Halogenwasserstoffsalze dieser Verbindungen kondensiert worden[1]. Alle die letzterwähnten zahlreichen Varianten der Polymerisation des Caprolactams bzw. der ε-Aminocapronsäure stellen reine Schutzpatente dar und haben keine technische Bedeutung erlangt.

Bei der Weiterverarbeitung des Polymerisats ist der Gehalt an monomerem Lactam zuweilen störend. Das Lactam wirkt als Weichmacher, so daß sich daraus hergestellte Fäden auf den Spulen längen und abgleiten. Dieser Nachteil kann durch Extraktion des körnigen Polymerisats mit heißem destilliertem Wasser bzw. mit organischen Lösungsmitteln beseitigt werden[2].

Zahlreiche Versuche zur Polykondensation kurzkettiger Aminosäuren sind beschrieben. So soll sich Aminotrimethylessigsäure[3] zu einem wertvollen Produkt kondensieren lassen. Vorbedingung für die Bildung von Polykondensaten aus kurzkettigen Aminosäuren ist, daß die Carboxylgruppe durch Substituenten in dem benachbarten C-Atom so blockiert wird, daß sie mit der benachbarten Aminogruppe nicht mehr reagieren kann.

Aus N-Carboxyleucinanhydrid soll sich in benzolischer Lösung schon bei Zimmertemperatur in 14 Tagen ein eiweißartiges, optisch klares, zähes Polymer bilden[4].

Besonders hochpolymere Polyamide sollen aus Aminocarbonsäuren oder deren Lactamen durch Erhitzen unterhalb des Schmelzpunktes des Polymeren erhalten werden[5]. Man erhält dabei das Endprodukt direkt in fester Form. Wegen der geringen Wärmeleitfähigkeit solcher Massen dürfte dieser Methode kaum praktische Bedeutung zukommen.

9. Abbau der Polyaminocapronsäuren mit p-Chlorbenzoesäure.

Nach den Untersuchungen von MATTHES vermögen die Kettenstabilisatoren sowohl die Bildung neuer Ketten anzuregen wie auch bereits gebildete Ketten zu spalten. STAUDINGER und H. SCHNELL haben den Abbau der Polyaminocapronsäure mit p-Chlorbenzoesäure untersucht und dabei folgende Ergebnisse erhalten:

---

[1] Siehe Patentzusammenstellung S. 86 ff.
[2] DRP.-Anmeldung J 69859 IVc/39b; FP. 468632.
[3] HALL, A.: Melliand Textilber. **29**, 432 (1948).
[4] WOODWARD, R., u. C. SCHRAMM: J. Amer. Chem. Soc. **69**, 1551 (1947).
[5] DRP. 748023 J.G.

Tabelle 17.

	DM viscosimetrisch	$\overline{M}_{\text{COOH}}$	$\overline{M}_{\text{Cl}}$	$\dfrac{DM \text{ abgebaut}}{DM \text{ Ausgangsmaterial}}$
Ausgangsmaterial .	23 500	24 800	—	—
Zusatz p-Chlor-benzoesäure				
20 mg	10 500	10 550	—	0,45
30 mg	9 700	9 900	—	0,41
300 mg	3 070	2 980	2930	0,18
500 mg	2 450	2 250	2300	0,15

Je 3 g Polyaminocapronsäure wurden mit wechselnden Mengen p-Chlorbenzoesäure unter Stickstoff 12 Std auf 220° erhitzt.

10. Thermischer Abbau der Polyaminocapronsäuren.

Bei längerem Erhitzen von Polyaminocapronsäure auf höhere Temperaturen findet ein allmählicher Abbau zu niedrig molekularen Verbindungen statt, auch wenn man in Gegenwart indifferenter Gase arbeitet. In den nachfolgenden Tabellen sind die von STAUDINGER und SCHNELL ermittelten Werte zusammengestellt.

Tabelle 18.

	DM viscosimetrisch	$\overline{M}_{\text{COOH}}$	$\dfrac{DM \text{ abgebaut}}{DM \text{ Ausgangsmaterial}}$
Ausgangsmaterial . . .	23 500	24 800	—
Erhitzt unter			
Argon Atm.-Druck .	8 900	12 000	0,38
N_2 Atm.-Druck . . .	9 620	12 000	0,41
CO_2 Atm.-Druck . .	9 480	12 500	0,40
Luft Atm.-Druck . .	8 540	13 500	0,44

Je 3 g Polyaminocapronsäure wurden in Gegenwart verschiedener Gase 5 Tage in geschlossenem Rohr auf 250° erhitzt.

Tabelle 19.

	DM viscosimetrisch	$\overline{M}_{\text{COOH}}$	$\dfrac{DM \text{ abgebaut}}{DM \text{ Ausgangsmaterial}}$
Ausgangsmaterial . . .	18 800	20 000	—
Erhitzt unter			
N_2 Atm.-Druck . . .	6 220	30 000	0,33
CO_2 Atm.-Druck . .	4 850	23 700	0,26
Luft Atm.-Druck . .	4 860	19 200	0,26
O_2 Atm.-Druck . . .	3 500	12 300	0,19

Je 3 g Polyaminocapronsäure wurden bei Gegenwart verschiedener Gase in geschlossenem Rohr auf 300° erhitzt.

a) Verhalten der Polyaminocapronsäure gegen Wasser.

Bei längerem Lagern in Wasser wird Polyaminocapronsäure deutlich verändert. Dabei findet ein geringer Abbau und Verfärbung statt. STAUDINGER und SCHNELL haben diese Verhältnisse näher untersucht. Die Ergebnisse sind in nachfolgender Tabelle zusammengestellt:

Tabelle 20.

Vorbehandlung	Eigenschaften	DM viscosimetrisch	$\overline{M}_{COOH}$
Handelsübliches Igamid B	opak, elastisch	15000[1] 13400[1]	22300[1] 12700[1]
2 Jahre in Wasser bei Raumtemperatur	bräunlich verfärbt, elastisch	13850	16350
2 Monate in Wasser bei 70°	leicht bräunlich, elastisch	11850	12900
2 Jahre in Wasser bei 60°	braun verfärbt, spröde, brüchig	10300	18000

Wesentlich rascher wirkt überhitzter Wasserdampf auf Polyamino-capronsäure abbauend. Die von STAUDINGER und SCHNELL durchge-führten Untersuchungen ergeben sich aus den beiden nachfolgenden Tabellen:

b) Einwirkung von überhitztem Wasserdampf auf Polyaminocapronsäure.

Tabelle 21.

	DM viscosimetrisch	$\overline{M}_{COOH}$	$\dfrac{DM \text{ abgebaut}}{DM \text{ Ausgangsmaterial}}$
Ausgangsmaterial . . .	19600	20600	—
Erhitzt unter			
N$_2$ Atm.-Druck . . . 0,2 cm³ H$_2$O.	11450	30000	0,49
N$_2$ Atm.-Druck . . . 0,5 cm³ H$_2$O.	2640	2890	0,13
N$_2$ Atm.-Druck . . . 1 cm³ H$_2$O	1650	1910	0,08

Je 3 g Polyaminocapronsäure wurden in geschlossenem Rohr unter Stickstoff bei Anwesenheit verschiedener Mengen Wasser 5 Tage auf 250° erhitzt.

Tabelle 22.

Ausgangssubstanz	Erhitzungs-zeit	temperatur	Wasserun-löslicher Teil % der Gesamtmenge	DM viscosimetrisch	Wasser-löslicher Teil % der Gesamtmenge
Polyaminocapron-säure DM 18000 . .	24 Std	250°	31%	1735	69%
Aminocapronsäure	24 Std	250°	20%	1700	80%
Polyaminocapron-säure DM 18800 . .	24 Std	300°	10%	1110	90%
Aminocapronsäure	24 Std	300°	3%	980	97%

Je 5 g Polyaminocapronsäure wurden 24 Std im Autoklaven mit Überschuß von Wasser auf 250 und 300° erhitzt.

---

[1] Verschiedene untersuchte technische Produkte zeigten verschiedene Mole-kulargewichte. Ebenso schwankt der COOH-Endgruppengehalt in gewissen Grenzen.

11. Polyamide aus höheren Aminocarbonsäuren.

Die höheren Homologen der ε-Aminocapronsäure sind bis jetzt verhältnismäßig schwer zugänglich und daher sind die entsprechenden Polyamide noch nicht näher bearbeitet worden. Für die Herstellung des nächsthöheren Homologen der ε-Aminocapronsäure, der ω-Aminoheptansäure hat MANASSE[1] folgenden komplizierten Weg eingeschlagen:

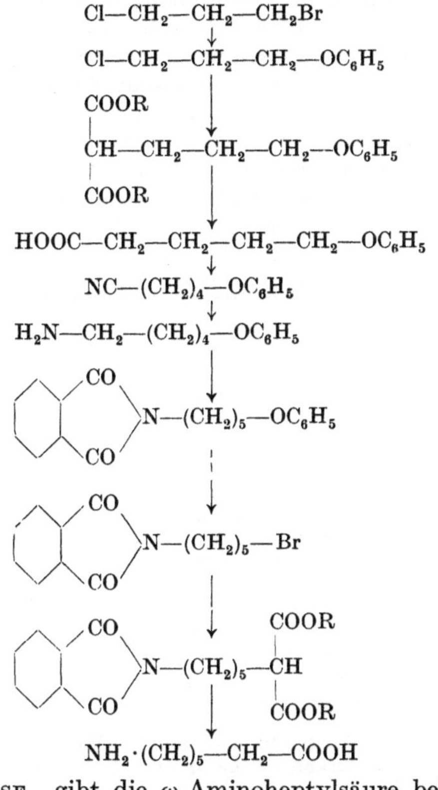

$$Cl-CH_2-CH_2-CH_2Br$$
$$\downarrow$$
$$Cl-CH_2-CH_2-CH_2-OC_6H_5$$

$$\overset{\displaystyle COOR}{\underset{\displaystyle COOR}{|}}CH-CH_2-CH_2-CH_2-OC_6H_5$$

$$\downarrow$$
$$HOOC-CH_2-CH_2-CH_2-CH_2-OC_6H_5$$
$$\downarrow$$
$$NC-(CH_2)_4-OC_6H_5$$
$$\downarrow$$
$$H_2N-CH_2-(CH_2)_4-OC_6H_5$$
$$\downarrow$$

Phthalimido$-(CH_2)_5-OC_6H_5$
$$\downarrow$$
Phthalimido$-(CH_2)_5-Br$
$$\downarrow$$
Phthalimido$-(CH_2)_5-CH(COOR)_2$
$$\downarrow$$
$$NH_2\cdot(CH_2)_5-CH_2-COOH$$

Nach MANASSE „gibt die ω-Aminoheptylsäure beim Erhitzen eine glasklare Schmelze, die noch in der Hitze zu einem spröden Glas erstarrt. Der glasige, harte Rückstand schmilzt bei 212—213° und ist unlöslich in den üblichen Lösungsmitteln. Er wird zwar von heißer Salzsäure gelöst, aber beim Eingießen in Wasser als farbloser, amorpher Schlamm wieder niedergeschlagen. Die Analyse zeigt, daß das Produkt durch Wasseraustritt aus der Aminosäure hervorgegangen ist. Angesichts der Unlöslichkeit in Wasser und dem hohen Schmelzpunkt, dürfte ein Polymeres der Formel $C_7H_{13}ON$ vorliegen".

Aus diesen Angaben geht eindeutig hervor, daß MANASSE bereits 1902 ein einheitliches Polyamid in Händen gehabt hat.

Eine technische Anwendung der von MANASSE benutzten Reaktionsfolge ist aus wirtschaftlichen Gründen unmöglich. Da die höheren Homo-

---

[1] MANASSE, A.: B. **35**, 1367 (1902). — BRAUN, I. v.: B. **40**, 1840 (1907).

logen der ε-Aminocapronsäure quantitativ in das Polymere übergehen, also
die Entfernung des Monomeren aus dem Polymerisat wegfällt, kommt
diesen Produkten bei einem vernünftigen Einstandspreis ein erhebliches
technisches Interesse zu. Es sind eine Reihe von einfachen Synthesen für
die ω-Aminophetansäure denkbar. Das Polymere der ω-Aminoheptansäure
schmilzt bei 213° und läßt sich ähnlich wie Ultramid BS verarbeiten.

Von den höheren Aminocarbonsäuren hat bisher nur das Polymere der
ω-Aminoundecansäure praktische Bedeutung erlangt. Ausgangsbasis hierfür ist das Ricinusöl. Der daraus durch Umesterung mit Methanol hergestellte Methylester liefert durch thermische Spaltung Undecylensäure,
die durch Anlagerung von Bromwasserstoff in die ω-Bromundecansäure
übergeht. Durch Ersatz des Bromatoms durch die NH_2-Gruppe erhält man
die ω-Aminoundecansäure, die sich auf die übliche Weise in das Polymere überführen läßt. Dieses ist eine farblose durchscheinende Masse vom
Schmelzpunkt 185° und nachstehend aufgeführten physikalischen Eigenschaften.

Polymerisat der ω-Aminoundecansäure (Rilsan).

Dichte:	1,10.
Erweichungspunkt:	185° C.
Kältebeständigkeit:	bis — 70° C.
H_2O-Aufnahme:	0,35—1%/72 Std bei 25°.
Lichtbeständigkeit:	sehr gut auch gegen UV.
Chemikalienbeständigkeit:	Rilsan ist vollkommen beständig gegen aliphatische Kohlenwasserstoffe, Öle und Fette, sowie gegen Toluol, Äther, Aceton, Trichloräthylen.
	Außerdem ist das Produkt bemerkenswert gegen folgende Chemikalien beständig: Verdünnte Schwefelsäure, Salzsäure, verdünnte Salpetersäure, Phosphorsäure, Natron- und Kalilauge und Ammoniak. Selbst die stärksten Basen wie 66%ige Natronlauge, Ammoniak von 22° Bé sind sogar bei höherer Temperatur ohne Einfluß.
Gewichtszunahme:	Nach 72stündigem Eintauchen in derartige Lösungsmittel, Gewichtszunahme weniger als 0,5%.
Einwirkung von Oxydationsmitteln:	Wasserstoffsuperoxyd, Hypochlorit, Permanganate wirken bei gewöhnlicher Temperatur nicht ein.
Geruch- und Geschmacklosigkeit:	Das Produkt kann wegen seiner Geruch- und Geschmacklosigkeit zum Auskleiden von Behältern für Nahrungsmittel verwendet werden.
Zerreißfestigkeit:	6—8 kg/mm².
Zugdehnung bei der Zerreißfestigkeit:	90—120%.
Elastizitätsmodul:	100—200 kg/mm².
Druckfestigkeit:	11 kg/mm².

Elektrische Eigenschaften.

Oberflächenwiderstand:	Bei 18° und 80% relative Feuchtigkeit 2—$3 \cdot 10^{14}$ Ω/cm.
Verlustwinkel:	tg δ bei 1000 Hz 0,02—0,03.

Durch Recken tritt eine starke Steigerung der Zugfestigkeit auf
30—45 kg/mm² und eine Verminderung der Dehnung besonders bei
Fäden oder Borsten ein.

Das Produkt ist unter dem Namen Rilsan (Plastique „R") und als Auskleidungsmittel für Metallgefäße unter dem Namen Rilsenite von der Société Anonyme Organico, Paris, in den Handel gekommen. Es wird hauptsächlich nach dem Spritzgußverfahren verarbeitet, kann aber auch verpreßt und zu Fäden versponnen werden. Wegen seiner Wasserbeständigkeit ist es besonders für die Isolation elektrischer Leitungen geeignet.

Die Bearbeitung des Gebietes der Polyamide aus höheren ω-Aminocarbonsäuren erscheint aus verschiedenen Gründen reizvoll. Mit steigender Kettenlänge nimmt die Wasserbeständigkeit der Polymeren zu, während der Erweichungspunkt sinkt. Produkte dieser Art wären daher besonders auf dem Gebiet der Elektrotechnik einsatzfähig, wenn sie zu einem tragbaren Preis hergestellt werden können.

B. Polyamide vom Typus Diamine und Dicarbonsäuren.

Diese Gruppe, deren Erschließung wir den klassischen Arbeiten von W. H. CAROTHERS verdanken, hat ihren wichtigsten Vertreter im Nylon, das aus Adipinsäure und Hexamethylendiamin aufgebaut ist. Daneben wurde eine große Zahl weiterer Kombinationen dargestellt.

Tabelle 23. *Schmelzpunkte der aus den verschiedenen Diaminen und Dicarbonsäuren erhaltenen Polyamide.*

	FP. °C
Äthylendiamin und Sebacinsäure	254
Tetramethylendiamin und Adipinsäure	278
Tetramethylendiamin und Korksäure	250
Tetramethylendiamin und Azelainsäure	223
Tetramethylendiamin und Sebacinsäure	239
Tetramethylendiamin und Undecandisäure	208
Pentamethylendiamin und Malonsäure	191
Pentamethylendiamin und Glutarsäure	198
Pentamethylendiamin und Adipinsäure	223
Pentamethylendiamin und Pimelinsäure	183
Pentamethylendiamin und Korksäure	202
Pentamethylendiamin und Azelainsäure	178
Pentamethylendiamin und Undecandisäure	173
Pentamethylendiamin und Brassylsäure	176
Pentamethylendiamin und Tetradecandicarbonsäure	170
Pentamethylendiamin und Octadecandicarbonsäure	167
Hexamethylendiamin und Sebacinsäure	209
Hexamethylendiamin und Adipinsäure	251
Hexamethylendiamin und β-Methyladipinsäure	216
Hexamethylendiamin und 1,2-Cyclohexandiessigsäure	255
Octamethylendiamin und Adipinsäure	235
Octamethylendiamin und Sebacinsäure	197
Decamethylendiamin und Oxalsäure	229
Decamethylendiamin und Sebacinsäure	194
Decamethylendiamin und p-Phenylendiessigsäure	242
p-Xylylendiamin und Sebacinsäure	268
3-Methylhexamethylendiamin und Adipinsäure	180
Piperazin und Sebacinsäure	153
Hexamethylendiamin und Diphensäure	157

Tabelle 24.

	Äthylendiamin	Tetra-	Penta-	Hexa-	Hepta-	Octa-	Nona-	Deca-	Undeca-	Dodeca-
					methylendiamin					
Adipinsäure . .		278°	223°	250°	226°	235°	204 bis 205°	230°		208 bis 210°.
Pimelinsäure .		233°	183°	202°	196°					
Korksäure. . .		250°	202°	215 bis 220°		200 bis 205°				
Azelainsäure. .		223°	178°	185°			162 bis 165°			
Sebacinsäure .	254°	239°	195°	209°	187°	197°	174 bis 179°	194°	168 bis 169°	171 bis 173°
Undecandisäure		208°	173°					170 bis 175°		
Brassylsäure. .			176°							
Tetradecandicarbonsäure			178°							
Octadecandicarbonsäure			167°							

Tabelle 25.

Polyamid aus Dicarbonsäure	Diamin	Schmelzpunkt	Bemerkung
Adipinsäure. . .	Benzidin		kein spinnbares Polyamid
Adipinsäure. . .	p-Bis-(β-aminoäthyl)-benzol	310—320°	bei Kondensation bereits Zersetzung
Azelainsäure . .	p-Bis-(β-aminoäthyl)-benzol	250°	Polyamid spinnbar
Sebacinsäure . .	p-Bis-(β-aminoäthyl)-benzol	285°	beständig bis 315°
Terephthalsäure .	Hexamethylendiamin		kein spinnbares Polyamid
p-Phenylendiessigsäure. . .	Hexamethylendiamin	320—325°	bei Kondensation bereits Zersetzung
p-Phenylendiessigsäure. . .	Heptamethylendiamin	234—236°	Polyamid spinnbar
p-Phenylendiessigsäure. . .	Decamethylendiamin	245°	Polyamid spinnbar
m-Phenylendiessigsäure. . .	Hexamethylendiamin	182—184°	brüchiges Harz, nicht spinnbar
m-Phenylendiessigsäure. . .	p-Bis-(β-aminoäthyl)-benzol	222—224°	brüchiges Harz, nicht spinnbar

Nach US-Patent 2130948 kann die Umsetzung der Diamine außer mit den freien Dicarbonsäuren auch mit den Dicarbonsäureestern aus flüchtigen einwertigen Alkoholen oder Phenolen durchgeführt werden. An Stelle der diprimären Diamine können auch disekundäre oder primärsekundäre Diamine verwendet werden, jedoch haben die diprimären Diamine die höchsten Schmelzpunkte und reagieren viel leichter. Unter den diprimären Aminen haben die aliphatischen Diamine die größte Bedeutung. Aromatische Diamine geben im allgemeinen sprödere Produkte (Tabelle 25). Dagegen haben einige hydroaromatische Diamine wie das p,p'-Diamino-dicyclohexylmethan (Dicykan) in einigen Fällen für Mischkondensate praktische Anwendung gefunden. Auch Gemische verschiedener Diamine mit einer einzigen Dicarbonsäure sowie Gemische von Diaminen mit Dicarbonsäuregemischen sind miteinander kondensiert worden.

An Stelle der freien Dicarbonsäuren lassen sich auch die entsprechenden Dinitrile in Gegenwart von Wasser mit Diaminen unter Ammoniakabspaltung kondensieren, ebenso wie die polymere Aminocapronsäure auch aus Aminocapronitril entsteht (Holl. Pat. 52489 Dupont). Auch Diisocyanate reagieren mit Dicarbonsäuren unter Polyamidbildung unter gleichzeitiger Abspaltung von CO_2. Allen diesen Verfahren kommt keine praktische Bedeutung zu. Ferner ist die Kondensation von Dicarbonsäuren mit Dinitrilen unter gleichzeitiger Hydrierung beschrieben worden (FP. 893493 der IG. und FP. 879480 Skita). Das Verfahren hat ebenfalls nur theoretische Bedeutung. An Stelle der freien Diamine sind auch deren Acylderivate zur Polyamidherstellung herangezogen worden[1]. Dadurch sollen Diaminverluste bei druckloser Kondensation vermieden werden.

Die breite Variationsmöglichkeit in der Auswahl der Diamine und Dicarbonsäuren erlaubt es, Polyamide von den verschiedensten Eigenschaften herzustellen. Nach CAROTHERS werden die technisch wertvollsten Produkte aus solchen Diaminen und Dicarbonsäuren erhalten, in denen die Zahl der vorhandenen CH_2-Gruppen mindestens 9 beträgt. In derartigen Kombinationen ist die Neigung zur Bildung niedrigmolekularer cyclischer Imide sehr gering und die Löslichkeit und der Schmelzpunkt der Produkte liegt in den praktisch brauchbaren Grenzen. Als Beispiel eines an der unteren Grenze der Kettenlänge liegenden Polyamids wird von CAROTHERS die Kombination aus Kohlensäuredibutylester und Pentamethylendiamin erwähnt. Oxalsäureester lassen sich mit Diaminodialkyläthern zu Polyamiden kondensieren (Patentanmeldung J 69841/39 c = FP. 882841 und FP. 881333, 1941).

Der Einfluß von Alkylseitenketten auf die Eigenschaften der Polyamide ist von BREWSTER[2] und in dem AP. 2378977 beschrieben.

---

[1] DRP. 755428, AP. 2277125.

[2] J. Amer. Chem. Soc. **73**, 366 (1951).

Die Kondensation des Diamins mit der Dicarbonsäure kann durch einfaches Zusammenschmelzen der Komponenten bei Temperaturen zwischen 180—300° bewirkt werden, wobei das bei der Kondensation entstandene Wasser abdestilliert wird. Auf diese Weise gelingt es aber selten, farblose Endprodukte zu erzielen. Die primäre Reaktion zwischen dem Diamin und Dicarbonsäure besteht in der Bildung eines Salzes in äquimolekularem Verhältnis. Es hat sich als vorteilhaft erwiesen, diese Salze getrennt für sich herzustellen und in reiner Form für die Weiterkondensation zu benutzen. Auf diese Weise lassen sich geringe Verunreinigungen der Ausgangsstoffe entfernen.

Die Herstellung der Salze erfolgt durch Vermischen äquimolekularer Mengen des Diamins und der Dicarbonsäure in einem Lösungsmittel, in dem das gebildete Salz schwer löslich ist. Das auskristallisierte Salz kann eventuell durch Umkristallisieren gereinigt werden, wozu sich Alkohole oder Alkoholmischungen am besten eignen. In Aceton, Benzol und Äther sind die Salze gewöhnlich unlöslich.

Die Überführung der Salze in die Polyamide kann durch bloßes Erhitzen in Abwesenheit eines Lösungsmittels bei 180—300° erfolgen, doch hat sich auch hierbei die Anwendung eines indifferenten Lösungsmittels als zweckmäßig erwiesen. Technisch wird fast ausschließlich Wasser als Lösungsmittel benutzt, dessen letzte Reste aus der Schmelze durch Vakuum entfernt werden können. Unter den organischen Verdünnungsmitteln, die für die Kondensation der Salze in Frage kommen, sind besonders Phenole, wie o-, m-, oder p-Kresol, Xylenole, p-Butylphenol, Thymol, Diphenylolpropan und o-Oxydiphenyl vorgeschlagen worden. Auch Zusätze von indifferenten Nichtlösern, wie Kohlenwasserstoffe oder Chlorkohlenwasserstoffe werden in den Patentschriften erwähnt.

Die Isolierung des fertigen Polyamids aus der erhaltenen Lösung kann durch Ausfällen mit einem Nichtlöser wie Alkohol oder Essigester erfolgen.

Die Ester von Dicarbonsäuren, insbesondere die Arylester, reagieren mit den Diaminen bei wesentlich niedrigeren Temperaturen als die freien Carbonsäuren. So läßt sich aus Hexamethylendiamin und Adipinsäuredikresylester bereits bei 155° ein faserbildendes Polyamid darstellen.

Obwohl die Polyamide gegen höhere Temperaturen relativ beständig sind, lassen sich in Gegenwart von Sauerstoff bei den hohen Kondensationstemperaturen geringe Verfärbungen nicht vermeiden. Aus diesem Grunde ist der Ausschluß von Luftsauerstoff bei der Polykondensation notwendig. Technisch wird hierzu meist reiner Stickstoff verwendet. Der Zusatz von Antioxydantien zur Schmelze hat sich praktisch nicht bewährt. Im allgemeinen ist der Zusatz von Katalysatoren bei der Polykondensation nicht notwendig. Zur Regelung der Kettenlänge werden bei der Polykondensation geringe Mengen (0,2—0,5 %) Stabilisatoren, wie Essigsäure, Adipinsäure u. dgl. zugesetzt. CAROTHERS hat den vorteilhaften Einfluß von alkalischen oder sauren Reagenzien erwähnt, wie Metalloxyde oder Carbonate bzw. Zinn-2-chlorid.

Das Gefäßmaterial für die Polykondensation muß natürlich gegen die Reaktionskomponenten und das gebildete Polyamid beständig sein. In dem US-Patent 2130948 wurden verglaste Gefäße, Porzellan, Emaille, Silber, Gold, Tantal, Platin und Platinlegierungen, sowie verchromte Gefäße vorgeschlagen. Praktische Bedeutung haben aber nur die rostfreien Stähle vom Typ V 2 A und besonders V 4 A, sowie in einigen Fällen Emaille.

Die Eigenschaften der so erhaltenen Superpolyamide hängen in erster Linie von dem Durchschnittsmolekulargewicht und teilweise von der Natur der Endgruppen ab. Die technischen Polyamide haben Molekulargewichte, die sich im allgemeinen zwischen 10000—15000 bewegen. Niedrigmolekulare Polyamide lassen sich durch weiteres Erhitzen auf höhere Temperaturen in höhermolekulare Polymere überführen. Mit der Erhöhung des Molekulargewichtes ist eine geringe Erhöhung des Schmelzpunktes und Erniedrigung der Löslichkeit verknüpft. In festem Zustand sind die Polyamide im allgemeinen hornartig getrübte, schwach gelbliche Massen, die farblose Schmelzen liefern. Die Trübung ist auf kristalline Anteile zurückzuführen. Die hochmolekularen Polyamide zeigen im Röntgenbild kristalline Struktur. Die Dichte der Polyamide bewegt sich zwischen 1,0—1,2, ihr Brechungsindex in der Gegend von 1,53.

Die Schmelzpunkte sind relativ scharf und hängen von der Natur der angewandten Dicarbonsäuren und Diamine ab. Mit steigender Länge und Verzweigung der Kohlenstoffkette tritt eine Erniedrigung des Schmelzpunktes ein. Die Löslichkeit nimmt in der gleichen Richtung zu. Als Lösungsmittel haben sich besonders Eisessig, wasserfreie Ameisensäure und Phenol bewährt. Seitenkettensubstituierte Polyamide, z.B. aus 3-Methyl-hexamethylendiamin und β-Methyladipinsäure, sind auch in Alkoholen löslich. Das gleiche trifft für die Mischpolymeren aus verschiedenen Diaminen zu. So ist das Mischpolyamid aus äquimolekularen Mengen Hexamethylendiammoniumadipat und Decamethylendiammoniumsebacat in Äthylalkohol und Butanol löslich.

In feinverteilter Form werden die Polyamide durch starke Mineralsäuren wie HCl oder H_2SO_4 verseift. Starke Alkalien bewirken ebenfalls in der Hitze Verseifung zu den Diaminen und Dicarbonsäuren.

1. Die technische Herstellung von Nylon

(Ultramid A) erfordert folgende Arbeitsgänge: a) Die Herstellung des Salzes aus Adipinsäure und Hexamethylendiamin (AH-Salz); b) die Polykondensation des AH-Salzes in wäßriger Lösung; c) Ausdrücken der Schmelze in Bandform und Zerkleinern des Bandes; d) Trocknen.

a) Die Herstellung des Salzes aus Adipinsäure und Hexamethylendiamin (AH-Salz). Die Arbeitsweise für die Herstellung des Salzes aus Adipinsäure und Hexamethylendiamin, des sog. AH-Salzes, ergibt sich aus folgendem Schema:

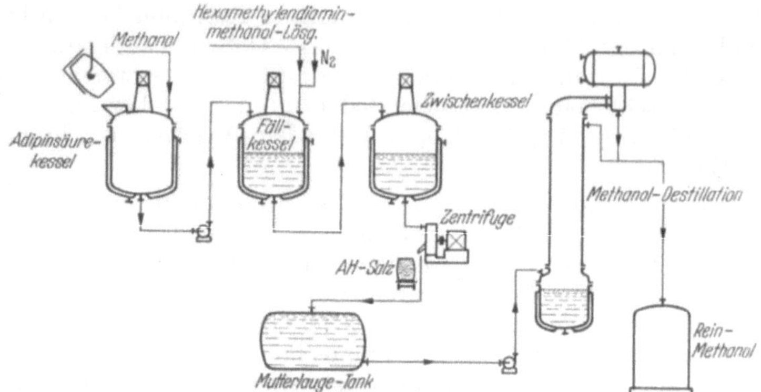

Abb. 11. Herstellung von AH-Salz.

Eine etwa 50%ige Lösung von Hexamethylendiamin in Methanol wird durch Zulaufen einer etwa 20%igen heißen Lösung von Adipinsäure in Methanol neutralisiert. Durch die Neutralisationswärme tritt dabei Sieden des Reaktionsgemisches ein. Das absiedende Methanol wird durch Kühlung kondensiert und sorgt für die Aufrechterhaltung der Temperatur. Die Hauptmenge des AH-Salzes, etwa 95% d. Th. scheidet sich direkt in kristallisierter Form aus und wird nach dem Abkühlen auf Zimmertemperatur auf einer V 4 A-Zentrifuge abgeschleudert. Aus der Mutterlauge kann man durch Eindampfen die restlichen Mengen AH-Salz wiedergewinnen. Sie müssen zur Reinigung in Wasser gelöst und durch Zusatz von Methanol ausgefällt werden. Auf diese Weise läßt sich die Ausbeute an AH-Salz fast quantitativ gestalten.

Das reine AH-Salz bildet ein schneeweißes Kristallmehl, das sich in Wasser bis zu 50% leicht löst. Das pH liegt bei 7,2—7,3. Für die Weiterverarbeitung auf das Polykondensat ist vorherige Trocknung nicht notwendig, da der Gehalt an Methanol von 5—6% nicht stört.

b) Die Polykondensation des AH-Salzes in wäßriger Lösung. Hierzu stellt man sich eine 50—60%ige Lösung des AH-Salzes in reinem destilliertem Wasser her und fügt die notwendige Menge Kettenstabilisator (0,2—0,5% Essigsäure oder Adipinsäure) hinzu. Die so hergestellte Lösung wird dann in das Kondensationsgefäß gedrückt oder gepumpt, das mit rostfreiem Stahl ausgekleidet sein muß und mittelst Hochdruckdampf oder Dowtherm-Heizung auf 260—280° geheizt werden kann. In Deutschland hat man meist Hochdruckdampf von 60—65 atü benutzt, während in USA. und andern Ländern die Dowtherm-Heizung bevorzugt wird.

Das Kondensationsgefäß erreicht während der Kondensation einen Druck von 15—16 Atm. Sobald dieser Druck sich eingestellt hat, beginnt man mit der Entspannung des Dampfes und setzt das Aufheizen solange fort, bis die gesamte Wassermenge abdestilliert ist. Vor der Kondensation wird das Kondensationsgefäß mit reinstem sauerstofffreiem Stickstoff gespült. Gegen Ende der Kondensation treibt man die letzten Reste Wasser im Vakuum über.

c) Nach beendeter Kondensation liegt das Polykondensat in Form einer wasserklaren, dünnflüssigen Schmelze vor, die durch Aufpressen von reinstem Stickstoff durch eine am Boden des Kondensationsgefäßes angebrachte elektrisch geheizte Schlitzdüse in Bandform in eine darunterstehende, mit kaltem Wasser gefüllte Wanne geführt wird, wo sie sofort erstarrt und in einer nachgeschalteten Abschlagvorrichtung in kleine Körner gebrochen wird. Ein nachträgliches Trocknen ist meist nicht erforderlich, da das Material infolge seiner hohen Temperatur von selbst trocknet. Die Apparatur für die AH-Salz-Kondensation entspricht in jeder Weise dem auf S. 24 abgebildeten Schema für die Lactamkondensation.

Falls das Material in Form von Blöcken oder anderen Rohlingen verarbeitet werden soll, so kann man die Schmelze in geeignete Formen gießen, wobei ebenfalls der Luftsauerstoff ausgeschlossen werden muß. Beim Erstarren der Schmelze tritt eine sehr starke Schrumpfung ein, der man durch trichterförmige Ausweitung der Gießform begegnet. Infolge der beim Erstarren eintretenden Schrumpfung, lassen sich die Gießlinge leicht aus den Formen entfernen.

d) Das auf diesem Wege erhaltene Polykondensat stellt eine elfenbeinartig trübe, fast schneeweiße Masse dar oder bildet nach dem Zerkleinern reisartige Körner, die bei 251° in eine farblose Schmelze übergehen. Das Material nimmt aus der Luft Wasser auf und muß daher vor der Weiterverarbeitung, bei der eine bestimmte Schmelzviscosität gefordert wird, also beim Verspinnen und beim Spritzguß, vorher im Vakuum bei niedrigen Temperaturen getrocknet werden.

Nylon (Ultramid A) stellt bezüglich seines hohen Schmelzpunktes und seiner guten mechanischen Eigenschaften das Optimum aus der Reihe der Polyamide vom Typ Dicarbonsäure-Diamin dar. Mit der Verlängerung der Kohlenwasserstoffkette in den Komponenten sinkt der Schmelzpunkt und damit die Wärmefestigkeit der daraus hergestellten Artikel. Die Schmelzpunktskurve in Abhängigkeit von der Kettenlänge zeigt einen zickzackförmigen Verlauf. Gleiche Kettenlänge von Säuren und Aminen ergibt hohe, ungleiche Kettenlänge niedrigere Schmelzpunkte. Dies erklärt sich aus der ungleichmäßigen Anordnung der —NH—CO-Gruppen längs der Kette bei ungleicher Kettenlänge.

Unterhalb einer Kettenlänge von 6 C-Atomen, also bei Bernsteinsäure und Tetramethylendiamin, lassen sich keine brauchbaren Polyamide darstellen, da der Schmelzpunkt dieser Produkte über dem Zersetzungspunkt liegt und die Neigung zur Ringbildung überwiegt. Das Kondensat aus Adipinsäure und Tetramethylendiamin schmilzt bereits über 300° und ist praktisch kaum noch zu verarbeiten.

Die Zahl der zur Herstellung von Polyamiden des Dicarbonsäure-Diamintyps vorgeschlagenen Ausgangsprodukte ist sehr groß und umfaßt außer der Gruppe der einfachen Dicarbonsäuren die Ketocarbonsäuren, Carbonsäuren mit eingeschalteten aromatischen Ringen, wie p-Phenylendipropionsäure, p-Phenylendiessigsäure, Oxadicarbonsäuren, wieDiglykolsäure, Oxadipropionsäure, sowie die entsprechenden Thioverbindungen. Die gleichen Abwandlungen sind bei den entsprechenden Diaminen möglich und in Patenten beschrieben.

Von einfachen Polyamiden des Diamin-Dicarbonsäuretyps hat nur noch das Polykondensat aus Hexamethylendiamin und Sebacinsäure eine gewisse technische Bedeutung erlangt. Es zeichnet sich vor Nylon durch eine bessere Wasserbeständigkeit und bessere elektrische Werte aus. Als Borste und Einzelfaden (Angelschnüre, Tennisbespannung) wird es daher Nylon vorgezogen.

2. Viscositätsmessungen an nylonartigen Polyamiden.

An den Polyamiden aus Dicarbonsäuren und Diaminen wurden von STAUDINGER und JÖRDER Molekulargewichtsbestimmungen in m-Kresol- und 70%iger Chloralhydratlösung sowie in konzentrierter Schwefelsäure durchgeführt. Dabei ergaben sich folgende Resultate:

Tabelle 26. *Viscositätsmessungen in m-Kresol bei 20°.*

Produkt aus	c g/l	η sp.	$Z\,\eta \cdot 10^3$	Dn	*DM*
Adipinsäure und					
Hexamethylendiamin .	0,728	0,1230	169,0	1408	22 700
Nylon	0,768	0,0682	88,8	740	11 900
Methyladipinsäure und					
Hexamethylendiamin .	1,48	0,1029	69,6	582	10 000
Sebacinsäure und					
Hexamethylendiamin .	1,184	0,0644	54,4	453	7 100
Sebacinsäure und					
Hexamethylendiamin .	1,200	0,0423	35,2	290	4 600

Tabelle 27. *Viscositätsmessungen in 70%iger Chloralhydratlösung bei 20°.*

Produkt aus	c g/l	η sp.	$Z\,\eta \cdot 10^3$ Chloralhydrallösung	$Z\,\eta \cdot 10^3$ m-Kresol	$K_{\text{äqu}} \cdot 10^{-4}$
Nylon	0,672	0,878	130,6	164,8	0,95
Methyladipinsäure und					
Hexamethylendiamin .	1,768	0,0964	54,3	69,8	0,93
Sebacinsäure und					
Hexamethylendiamin .	1,200	0,0332	27,7	34,8	0,96

Die Viscositätsbestimmungen in konzentrierter Schwefelsäure sind besonders wichtig, weil sich die Polyamide in diesem Lösungsmittel besonders gut lösen und diese Lösungen in der Technik zu Viscositäts-bestimmungen verwendet werden[1]. Ein Abbau findet dabei nicht statt,

---

[1] MATTHES, A.: J. prakt. Chem. **162**, 245 (1943).

falls Wasser ausgeschlossen und bei mäßigen Temperaturen gearbeitet wird.

Staudinger und Jörder haben untersucht, ob für die Lösungen der Polyamide in konzentrierter Schwefelsäure das Viscositätsgesetz zutrifft. Dies war nicht ohne weiteres anzunehmen, da die Solvatation der Polyamidmoleküle in m-Kresol und Chloralhydratlösung voraussichtlich anders ist als in dem rein anorganischen Lösungsmittel Schwefelsäure. Durch die organischen Lösungsmittel werden nicht nur Säureamidgruppen solvatisiert, sondern auch die organischen Reste. Beim Lösen in konzentrierter Schwefelsäure können dagegen nur die Säureamidgruppen durch das Lösungsmittel solvatisiert werden; die organischen Paraffinketten bleiben unsolvatisiert, da Paraffinkohlenwasserstoffe in Schwefelsäure unlöslich sind. Es war darum möglich, daß m-Kresol und Chloralhydratlösung gute Lösungsmittel für Polyamide darstellen im Vergleich zu der konzentrierten Schwefelsäure. Das Viscositätsgesetz für Fadenmoleküle gilt für gute Lösungsmittel; denn nur in diesen werden nieder- und hochmolekulare Vertreter einer polymerhomologen Reihe gleich solvatisiert. In einem schlechten Lösungsmittel dagegen werden die niedermolekularen Vertreter besser solvatisiert als die hochmolekularen. Darum ist das Verhältnis der Viscositätszahlen in einer polymerhomologen Reihe in einem guten und schlechten Lösungsmittel nicht konstant. Dies geht aus Viscositätsmessungen von polymerhomologen Polystyrolen in den guten Lösungsmitteln, Toluol, Tetrachlorkohlenstoff und dem schlechten Lösungsmittel, Methyläthylketon hervor[1]. In einem schlechten Lösungsmittel ändert sich also die Viscositätszahl nicht proportional mit der Kettengliederzahl, sondern dort besteht eine funktionelle Abhängigkeit entsprechend der Gleichung

$$Z\,\eta = K_{\mathrm{\ddot{a}qu}} \cdot n^x.$$

Zur Prüfung des Viscositätsverhaltens der Polyamide in konzentrierter Schwefelsäure wurde die Viscositätszahl von einer größeren Reihe von Polyamiden verschiedenen Baues und verschiedener Kettenlänge in diesem Lösungsmittel bestimmt. Das Verhältnis der Viscositätszahlen in konzentrierter H_2SO_4 und in m-Kresol ist innerhalb der Versuchsfehler konstant (im Durchschnitt 0,98). Die Viscositätszahlen in konzentrierter Schwefelsäure haben fast den gleichen Wert wie die in m-Kresol. Darauf hat schon A. Matthes[2] hingewiesen.

Für konzentrierte Schwefelsäure ergibt sich dann eine $K_{\mathrm{\ddot{a}qu}}$-Konstante von $1{,}17 \cdot 10^{-4}$.

Es ist auffallend, daß auch in konzentrierter Schwefelsäure das Viscositätsgesetz gilt, wie aus der Konstanz des Verhältnisses der $Z\,\eta$-Werte bei Produkten verschiedener Kettenlänge hervorgeht. Die konzentrierte Schwefelsäure verhält sich wie ein gutes Lösungsmittel für Polyamide.

---

[1] Staudinger, H., u. W. Heuer: Z. physik. Chem., Abt. A **171**, 129 (1934).
[2] Matthes, A.: l. c.

Tabelle 28. *Viscositätsmessungen an Polyamiden in konzentrierter H_2SO_4 bei 20°.*

Produkt	c g/l	η sp.	$Z\eta \cdot 10^3$ H_2SO_4	$Z\eta \cdot 10^3$ m-Kresol	$K_{\text{äqu}} \cdot 10^{-4}$
Adipinsäure und Hexamethylendiamin .	0,656	0,1108	168,9	169	1,20
Nylon	0,92	0,0794	86,3	88,8	1,17
Sebacinsäure und Hexamethylendiamin .	1,209	0,0396	32,8	34,8	1,14
Sebacinsäure und Hexamethylendiamin .	0,92	0,0495	53,8	54,4	1,19

Die Viscositätsmessungen an Polyamiden in m-Kresol, 70%iger Chloralhydratlösung und konzentrierter Schwefelsäure, ergaben, daß das Verhältnis der Viscositätszahlen in zwei verschiedenen Lösungsmitteln über das ganze untersuchte Teilchengrößengebiet hinweg unabhängig von der Kettengliederzahl konstant ist, und daß somit die Viscositätsgleichung für Fadenmoleküle zur Berechnung der Kettenlänge der Polyamide in diesen Lösungsmitteln verwendet werden kann. Für die Kettenäquivalentgewichtskonstante wurde in konzentrierter Schwefelsäure der Wert $1{,}17 \cdot 10^{-4}$ in 70%iger wäßriger Chloralhydratlösung der Wert $0{,}95 \cdot 10^{-4}$ gefunden. Weiter wurde gezeigt, daß die von G. V. Schulz[1] aufgestellte Gleichung zur Berechnung von $Z\eta$ aus Viscositätsmessungen bei höherer Konzentration auch für Polyamide in konzentrierter Schwefelsäure gültig ist:

$$Z\eta = \frac{\dfrac{\eta\,\text{sp.}}{c}}{1 + K \cdot \eta\,\text{sp.}}.$$

3. Polyamide aus ungesättigten Dicarbonsäuren und Diaminen.

Nach der deutschen Patentanmeldung von Dupont P. 78254 vom 23. 11. 1938 können Polyamide auch aus Diaminen und ungesättigten Dicarbonsäuren hergestellt werden. Vor den normalen Polyamiden aus gesättigten Dicarbonsäuren haben sie den Vorzug, in organischen Lösungsmitteln löslich zu sein, so daß sie zur Herstellung von Lacken verwendet werden können. In den Beispielen der erwähnten Patentanmeldung werden Polyamide aus Dekamethylendiamin und Fumarsäure, Maleinsäure, Acetylen-dicarbonsäure, 1,2- und 1,4-Dihydronaphthalin-dicarbonsäure, sowie aus Äthylendiamin und Muconsäure, aus Hexamethylendiamin und Dihydromuconsäure beschrieben. Praktische Bedeutung haben derartige Produkte bis jetzt nicht erlangt.

C. Polythioamide.

Analog der Bildung von Polyamiden aus Caprolactam lassen sich polymere Thioamide aus den entsprechenden Thiolactamen mit min-

---

[1] Schulz, G. V. u. Mitarb.: J. prakt. Chem. 158, 130 (1941); 161, 161 (1943). — Z. physik. Chem. 52, 1 (1942).

destens 7 Ringgliedern herstellen. Nach der Patentanmeldung P. 68765 IV/39c vom 29. 1. 1941 erhält man durch mehrtägiges Erhitzen von ω-Thioheptanonlactam der Formel:

$$\begin{array}{ccc} CH_2\!-\!CH_2\!-\!CH_2 \\ | \qquad\qquad | \\ CH_2 \qquad\quad C\!=\!S \\ | \qquad\qquad | \\ CH_2\!-\!CH_2\!-\!NH \end{array}$$

in Gegenwart von geringen Mengen Wasser auf 180° ein rötlich braunes Polymeres, das bei 235° schmilzt und eine Eigenviscosität über 0,3 in m-Kresol besitzt. Auch durch Erhitzen des Thiolactams mit metallischem Natrium oder Borfluoridtrihydrat läßt sich die Polymerisation durchführen.

Die so erhaltenen Produkte scheinen bis jetzt noch keine technische Verwendung gefunden zu haben.

Thioamide können auch aus den entsprechenden Lactamen durch Einwirkung von Schwefelwasserstoff bei höherer Temperatur erhalten werden (Patentanmeldung P. 68766 IVc/39c vom 29. 1. 1941). Die erhaltenen Produkte sind kautschukelastisch.

D. Polyurethane[1].

Die Reihe der faserbildenden Polyamide erfuhr durch die Erfindung der Polyurethane durch O. BAYER, H. RINKE, W. SIEFKEN, L. ORTHNER und SCHILD (DRP. 728981 vom 11. 11. 1937) eine wesentliche Erweiterung. Auch in USA. wurde in gleicher Richtung gearbeitet (Dupont Ser. 275539 vom Mai 1939, PA. 768130 vom Oktober 1940). Die Herstellung der Polyurethane erfolgt durch Polyaddition von Diisocyanaten an Glykole und geht auf eine schon 1848 von WURTZ beschriebene Reaktion zurück. WURTZ hatte festgestellt, daß sich Monoisocyanate z.B. $C_2H_5N\!=\!C\!=\!0$ glatt an C_2H_5OH zu $C_2H_5NHCOOC_2H_5$ und an Amine vom Typ $RNHR_1$ zu $C_2H_5NHCONRR_1$ unter Verschiebung des Wasserstoffatoms der Hydroxyl- bzw. Aminogruppe an das Stickstoffatom der Isocyanatgruppe addieren und A. W. HOFFMANN zeigte 1849, daß Phenylisocyanat in gleicher Weise reagiert. Zur Herstellung hochmolekularer Polyadditionsprodukte mußte man von polyfunktionellen

---

[1] Eine ausführliche Darstellung dieses Gebiets siehe
1. Mitt. BAYER, O.: A. **549**, 286 (1941).
2. Mitt. BAYER, O.: Angew. Chem. **59**, 257—272 (1947).
3. Mitt. HEBERMEHL, R.: Farben, Lacke, Anstrichstoffe 8, 123 (1948).
4. Mitt. SIEFKEN, W.: A. **562**, 75 (1949).
5. Mitt. PETERSEN, S.: A. **562**, 205 (1949).
6. Mitt. BAYER, O., E. MÜLLER, S. PETERSEN, H.-F. PIEPENBRINK u. E. WINDEMUTH: Angew. Chem. **62**, 57—66 (1950).
7. Mitt. BRENSCHEDE, W.: Z. Elektrochem. **54**, 191—200 (1950).
8. Mitt. HÖCHTLEN, A.: Kunststoffe 40, 221—232 (1950).
9. Mitt. MÜLLER, E., O. BAYER, S. PETERSEN, H.-F. PIEPENBRINK, F. SCHMIDT u. E. WEINBRENNER: Angew. Chem. **64** (1952).
10. Mitt. HÖCHTLEN, A.: Kunststoffe **42**, 303 (1952).

Verbindungen ausgehen, also von Di- oder Polyisocyanaten und diese an Glykole, Diamine, Polyoxy- oder Polyaminoverbindungen addieren.

Als einfachstes Reaktionsschema sei die Umsetzung des Diisocyanats mit einem Glykol erwähnt, die nach folgender Formel verläuft:

$$\text{HO—R—OH} + \text{OC=N—R'—N=CO} + \text{HO—R—OH} + \text{OC=N--R'—N=CO} + \text{HO—R—OH} \rightarrow$$
$$\text{HO—R—O·CO·NH—R'—NH·CO·O—R—O·CO·NH—R'—NH·CO·O—} \ldots$$

Da hier keine Wasserabspaltung erfolgt, liegt bei dieser Reaktion eine gewisse Ähnlichkeit mit der Polymerisationsreaktion vor, mit dem Unterschied, daß die Molekülverknüpfungen nicht über Kohlenstoffatome, sondern über die Heteroatome Sauerstoff und Stickstoff bewirkt werden. Dadurch ergibt sich eine große Variationsmöglichkeit in der Herstellung derartiger Produkte.

Wie ein Blick auf die obige Formel der Polyurethane zeigt, stellen diese Körper keine reinen Polyamide dar, sondern sind als Zwischenglieder von Polyamiden und Polyestern zu betrachten. Daraus erklärt sich das Auftreten von besonderen Eigenschaften, die den Polyurethanen neue Anwendungsgebiete erschließen.

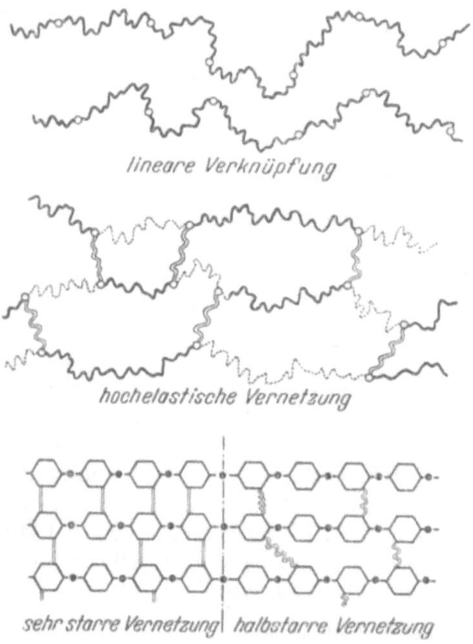

Bei der Verwendung von Glykolen und Diisocyanaten erhält man lineare, schmelzbare Polyurethane, die sich wie Nylon und Perlon verarbeiten lassen. Geht man jedoch von drei- und höherwertigen Alkoholen aus, so erhält man im Endzustand völlig vernetzte und unschmelzbare Massen. Ein ähnlicher Reaktionsmechanismus ist bei Verwendung von Glykolen und Polyisocyanaten mit mehr als zwei Isocyanatgruppen zu beobachten. Diese neue Methode gestattet es, je nach der Verwendung von aromatischen oder kurz- oder langkettigen aliphatischen Komponenten und je nach dem Vernetzungsgrad Kunststoffe mit praktisch beliebigen Eigenschaften und eindeutigem chemischen Aufbau herzustellen, wie aus obiger schematischer Darstellung hervorgeht.

Abb. 12. Vernetzungsgrade des Polyurethans.

1. Lineare Polyurethane.

Die ersten Arbeiten von O. BAYER auf dem Polyurethangebiet waren auf lineare Polyurethane aus Glykolen und Diisocyanaten ausgerichtet mit dem Ziel, patentunabhängige, spinnbare Produkte vom Typ des Nylons und Perlons zu erzielen. Die dabei erhaltenen linearen Polyurethane sind letzteren Produkten in den Eigenschaften sehr ähnlich, zeigen aber infolge ihrer Esternatur spezifische Eigenschaften, insbesondere eine verminderte Wasseraufnahme, die vor allem bei der Verwendung für Spritzgußartikel vorteilhaft ausgewertet werden kann.

Aus der großen Zahl der hergestellten Polyurethane hat sich zunächst als das wertvollste das Polyurethan aus 1,6-Hexandiisocyanat und 1,4-Butylenglykol herausgeschält, das nach folgender Formel entsteht:

$$x \; H \cdot O(CH_2)_4OH + x \; OC=N(CH_2)_6N=CO \rightarrow$$
$$-NHCOO(CH_2)_4OCONH(CH_2) \, CH_2)_6NH \cdot CO \cdot O(CH_2)_4 \cdot O-\,.$$

Die Polyaddition kann sowohl in Gegenwart von Verdünnungsmitteln als auch direkt durch bloßes Vermischen der Komponenten bewirkt werden und verläuft unter starker Wärmetönung (52 Cal/Mol oder 208 Cal/kg Urethan) und ist nach Messungen von H. SCHNELL eine Reaktion zweiter Ordnung.

Erhitzt man 1 Mol Hexandiisocyanat und 1 Mol 1,4-Butylenglykol in Monochlorbenzol als Lösungsmittel, so scheidet sich nach etwa einstündiger Reaktionsdauer in praktisch quantitativer Ausbeute ein Polyurethan vom Molekulargewicht 8000—9000 in Form eines feinen sandigen farblosen Pulvers ab. In Lösung bleiben niedrig molekulare Anteile und eine als Nebenprodukt gebildete 16-gliedrige Verbindung der Formel:

$$(CH_2)_6 \left\langle \begin{array}{c} NH \cdot CO \cdot O \\ \\ NH \cdot CO \cdot O \end{array} \right\rangle (CH_2)_4$$

vom Schmelzpunkt 164°.

Am einfachsten erfolgt aber die Polyadditionsreaktion in der Weise, daß man zu dem vorgelegten Glykol das Diisocyanat ohne Verdünnungsmittel zufließen läßt, wobei man zur Erzielung einer homogenen Schmelze die Temperatur auf 200° ansteigen lassen muß. Das in kurzer Zeit gebildete Polyurethan kann dann in der beim Nylon beschriebenen Weise durch Düsen in Form von Bändern, Strängen, Borsten oder Fasern ausgepreßt werden. Im Gegensatz zur Polyamidkondensation ist bei den Polyurethanen der Ausschluß von Luftsauerstoff nicht notwendig, so daß man in offenen Gefäßen arbeiten kann.

Je nach dem Molverhältnis der Komponenten, der Reaktionsdauer, der Abführung der Reaktionswärme und Verwendung von kettenabbrechenden Mitteln kann das Molekulargewicht des Polyurethans in gewissen Grenzen abgestuft werden. Die technisch verwendbaren Polyurethane haben K-Werte von 53—65, entsprechend einem Durchschnittsmolekulargewicht von 7000—12000. Polyurethane mit Molekulargewichten über 14000 zeigen bereits schwache Vernetzung, sind daher schwer zu verarbeiten. Offenbar findet in geringem Umfang eine Vernetzungsreaktion zwischen den NH-Gruppen bereits gebildeter Polyurethanketten mit dem Diisocynat statt.

Das Polyurethan aus 1,6-Hexandiisocyanat und 1,4-Butylenglykol ist unter dem Namen Perlon U als Fasermaterial und unter dem Namen *Igamid* U als Kunststoff in den Handel gekommen (Ultramid U).

Dieses Polyurethan stellt ähnlich wie Nylon und Perlon eine elfenbeinartig harte und zähe Masse dar, die beim Erwärmen in eine dünnflüssige Schmelze übergeht. Auch die Löslichkeitsverhältnisse sind dem Nylon und Perlon ähnlich; so löst es sich in konzentrierter Schwefelsäure, wasserfreier Ameisensäure und ähnlichen hochpolaren Lösungsmitteln. Für die praktische Verwendung ist die parallele Ausrichtung der verhältnismäßig kurzen Molekülketten während der Verarbeitung sehr wichtig. Die hohen Festigkeitseigenschaften des verarbeiteten Polyurethans dürften wie bei Perlon und Nylon (Perlon T) auf die Wasserstoffbindungen zwischen den CO- und NH-Gruppen nebeneinanderliegender Molekülketten zurückzuführen sein. Dabei scheint die Tatsache eine Rolle zu spielen, daß das Sauerstoffatom in der Kette etwa die gleiche Raumerfüllung zeigt, wie eine CH_2-Gruppe. Im folgenden Schema sind diese Verhältnisse bei den erwähnten 3 Produkten gegenübergestellt.

Gestreckte Ketten.

Perlon U	Perlon L	Perlon T (Nylon)

(Strukturschemata der gestreckten Ketten für Perlon U, Perlon L und Perlon T (Nylon); Darstellung der Wasserstoffbrückenbindungen zwischen den CO- und NH-Gruppen.)

Entsprechend seiner Herstellungsweise ist Perlon U polymer einheitlicher als Nylon und Perlon. Die Verteilung der Polymerhomologen ist je nach der Herstellung im Schmelzfluß oder in Gegenwart von Lösungsmitteln erheblich verschieden.

Von Nylon und Perlon unterscheidet sich das Polyurethan durch den niedrigen Schmelzpunkt von 183°, gegenüber 212° bei Perlon und 251° bei Nylon. Der Erweichungspunkt nach VICAT liegt bei 170° gegenüber etwa 160° bei Perlon. Bei letzterem ist natürlich der Lactamgehalt von erheblichem Einfluß auf den Erweichungspunkt. Die thermische Beständigkeit des Polyurethans ist etwas geringer als bei

Abb. 13. Unorientierte und gestreckte Kettenform der Polyurethanfaser.

den reinen Polyamiden. Oberhalb 220° tritt langsam eine Spaltung in die Komponenten ein, worauf bei der Verarbeitung Rücksicht genommen werden muß.

Zwischen dem orientierten und unorientierten Perlon U besteht ein großer Dichteunterschied (1,18 gegenüber 1,21). Polyurethan besitzt ein sehr hohes Orientierungsvermögen, so daß beim Strecken der Fasern besondere Vorsichtsmaßregeln angewandt werden müssen. Polyurethan-

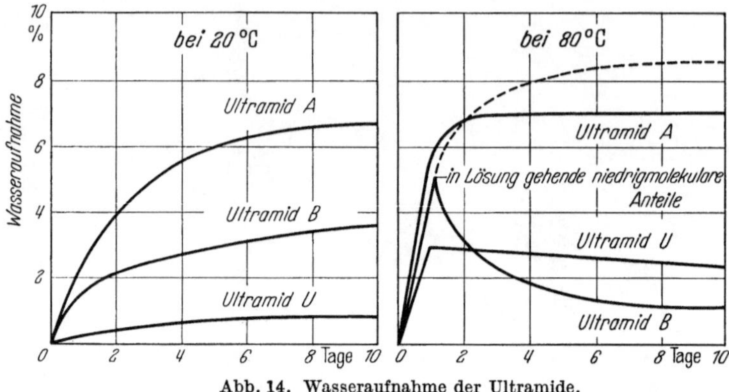

Abb. 14. Wasseraufnahme der Ultramide.

fäden besitzen einen starren und drahtartigen Charakter, der fast an Metalldrähte erinnert.

Aus der Gegenüberstellung der spinnbaren Polyamide geht hervor, daß beim Polyurethan ebenso wie bei Nylon jede Amidgruppe ihre Wasserstoffbindung betätigen kann, während bei Perlon L nur jede zweite Amidgruppe dazu fähig ist. Dadurch findet die leichte Orientierung des Perlon U ihre Erklärung. Das höhere spezifische Gewicht deutet auf ein besonders gutes Einpaßvermögen der Polymethylenketten in das Kristallgitter hin und läßt vermuten, daß vielleicht eine zusätzliche Valenzbetätigung zwischen $-CH_2-$ und Sauerstoff eintritt. Die unorientierte Knäuelform und maximal gestreckte Kette ist in Abb. 13 gegenübergestellt.

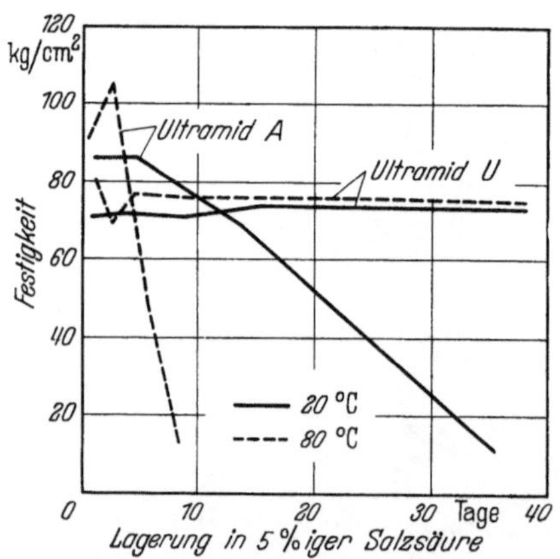

Abb. 15. Säurebeständigkeit der Polyurethane.

Wie bereits erwähnt, sind Ultramid U und alle übrigen Polyurethane durch ihr geringes Wasseraufnahmevermögen ausgezeichnet, für das die Estergruppierung verantwortlich ist. Die beiden obigen Abbildungen geben die Wasseraufnahme der verschiedenen Ultramide gemessen an Spritzkörpern wieder (Abb. 14).

Mit steigender CH_2-Gliederzahl in der Polyurethankette wird das Wasseraufnahmevermögen noch weiter vermindert. Gleichzeitig sinkt

aber die Festigkeit wie auch der Schmelzpunkt, da das Molekül paraffin-
ähnlicher wird.

In den elektrischen Eigenschaften und in der Wetterbeständigkeit
sind die Polyurethane den Polyamiden überlegen. Ebenso sind sie gegen
Säuren wesentlich beständiger, wie aus S. 46, Abb. 15 hervorgeht.

Die spezifischen Eigenschaften der Polyurethane sind für ihren praktischen Einsatz ausschlaggebend. Im Spritzguß zeigen sie den Vorteil,
daß sie nicht vorgetrocknet zu werden brauchen und gegen Luftsauerstoff
ziemlich unempfindlich sind. In folgender Tabelle sind die wesentlichen
Eigenschaften der verschiedenen Polyurethane gegenübergestellt.

Tabelle 29. *Eigenschaften einiger linearer Polyurethane.*

Diisocyanat	Glykol	Fp.	Eigenschaften
$-(CH_2)_4-$	1,4-Butandiol	193°	sehr gut fadenziehend
$-(CH_2)_4-$	1,6-Hexandiol	180°	
$-(CH_2)_4-$	1,10-Dekandiol	171°	
$-(CH_2)_5-$	1,4-Butandiol	159°	
$-(CH_2)_6-$	1,3-Propandiol	167°	
$-(CH_2)_6-$	1,5-Pentandiol	151°	
$-(CH_2)_c-$	1,9-Nonandiol	147°	
$-(CH_2)_6-$	$OH \cdot CH_2CH_2 \cdot O \cdot CH_2CH_2OH$	120°	
$-(CH_2)_6-$	$OH \cdot (CH_2)_4 \cdot O \cdot (CH_2)_4OH$	124°	
$-(CH_2)_6-$	$CH_3 \cdot \underset{OH}{CH} \cdot CH_2CH_2 \cdot \underset{OH}{CH}-CH_3$	104°	
$-(CH_2)_6-$	$OH(CH_2)_3-\langle\bigcirc\rangle-(CH_2)_3OH$	158°	
$-(CH_2)_6-$	$OH \cdot (CH_2)_2 \cdot S \cdot (CH_2)_2OH$	129—134°	
$-(CH_2)_6-$	$OH(CH_2)_4S \cdot (CH_2)_4OH$	120—125°	
$-(CH_2)_8-$	1,4-Butandiol	160°	
$-(CH_2)_8-$	1,3-Butandiol	77—82°	hornartig
$-(CH_2)_8-$	1,6-Hexandiol	153°	sehr gut fadenziehend
$-(CH_2)_8-$	$OH-\langle hy \rangle-OH$ $\frac{cis}{trans}$	215—220°	gut fadenziehend, spröde
$-(CH_2)_8-$	$OH-\langle hy \rangle-OH$ trans	250—255°	zersetzt sich
$-(CH_2)_8-$	$OH \cdot CH_2-\langle\bigcirc\rangle-CH_2OH$	168°	schlecht fadenziehend
$-(CH_2)_8-$	$OH(CH_2)_2 \cdot O-\langle\bigcirc\rangle-O(CH_2)_2OH$	208—212°	Faden elastisch abgleitend
$-(CH_2)_9-$	1,4-Butandiol	136—140°	sehr gut fadenziehend
$-(CH_2)_{11}-$	1,4-Butandiol	143—146°	
$-(CH_2)_{11}-$	1,5-Pentandiol	121—123°	
$-\langle hy \rangle-$	1,4-Butandiol	~260°	zersetzt sich
$-(CH_2)_{12}-$	1,12-Dodekandiol	128°	sehr gut fadenziehend
$\underset{H_3C \qquad CH_3}{\langle\bigcirc\rangle-\langle\bigcirc\rangle}$	1,10-Dekandiol	215—219°	fadenbildend, spröde
$-(CH_2)_3 \cdot S \cdot (CH_2)_3-$	1,4-Butandiol	126—133°	gut fadenziehend und streckbar

Für die Polyurethanherstellung sind außer Äthylenglykol fast alle primären Glykole brauchbar. Sekundäre Hydroxylgruppen geben meist zu niedrig schmelzende thermoinstabile Polyurethane, Glykole mit Seitenketten bewirken eine starke Erhöhung der Löslichkeit neben einem starken Abfall der Festigkeitseigenschaften infolge des größeren Kettenabstandes. Glykole mit tertiären Hydroxylgruppen sind zur Polyurethanbildung ungeeignet, da sie sich schon bei etwa 170° unter Kohlensäureabspaltung zersetzen.

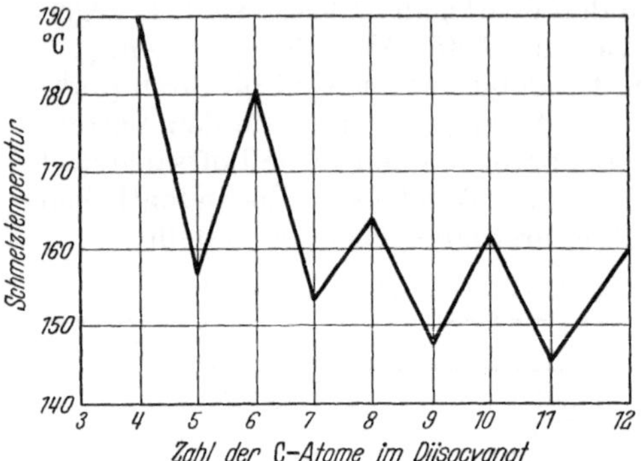

Abb. 16. Schmelzpunkte des Polyurethans bei verschiedener Kettenlänge des Diisocyanats.

Der Einbau von Benzolkernen in die Kette gibt sprödere Endprodukte. Dagegen lassen sich durch längere aliphatische Ketten in Verbindung mit Benzolkernen wieder brauchbare Polyurethane herstellen, z. B. mit $HO(CH_2)_3$—⟨⟩—$(CH_2)_3$—OH.

Zwischen dem Schmelzpunkt der Polyurethane und der Kettenlänge des Diisocyanats besteht ein Zusammenhang in der Art, daß die geradzahligen Verbindungen höher schmelzen als die ungeradzahligen (Abb. 16).

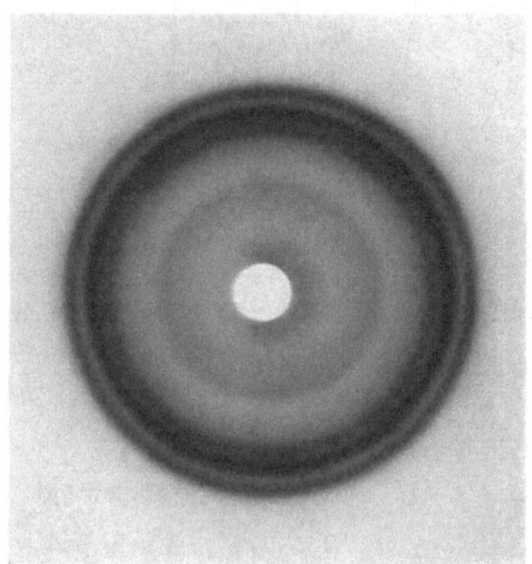

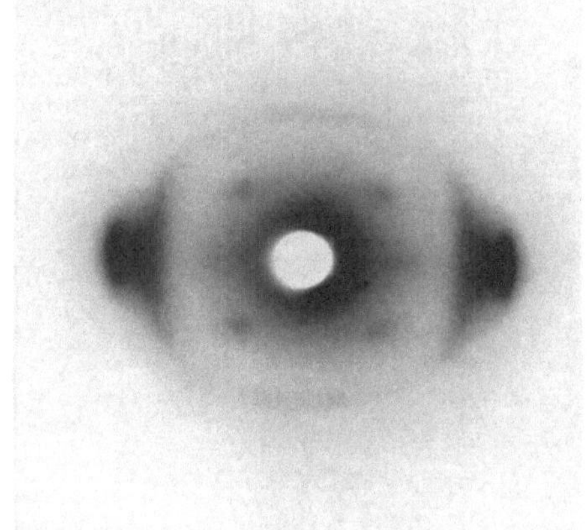

Abb. 17.   Abb. 18.

Abb. 17 u. 18. Molekülorientierung beim Verstrecken der Polyurethanfaser.

Die Orientierung beim Verstrecken des Polyurethans ist wie bei Nylon und Perlon im Röntgendiagramm leicht erkennbar, wie aus den obigen Bildern hervorgeht (Abb. 17 und 18).

Aus ähnlichen Gedankengängen wie O. BAYER und Mitarbeiter, haben TH. LIESER und K. MACURA[1] Polyurethane aus Diacyldiisocyanaten vom

[1] LIESER, TH., u. K. MACURA: A. 548, 226 (1941).

Typus OCNCO(CH$_2$)$_x$CONCO und Glykolen hergestellt. Infolge der leichten Zersetzlichkeit der aus den entsprechenden Säurechloriden und Silberisocyanat hergestellten Diacyldiisocyanate kommt dieser Herstellungsweise aber keine praktische Bedeutung zu.

Dagegen scheint die von L. ORTHNER (PA. I 68699 vom 1. 1941, FP. 892361) gefundene Darstellung von Polyurethanen durch Kondensation des Butandiol-dichlorkohlensäureesters mit Hexamethylendiamin großes praktisches Interesse zu beanspruchen. Die Reaktion verläuft nach der Formel:

$$ClCOO(CH_2)_4OCOCl + NH_2(CH_2)_6NH_2 \rightarrow$$
$$-NHCOO(CH_2)_4OCONH(CH_2)_6NHCOO(CH_2)_4OCONH\ldots .$$

Bestechend an dieser Methode ist die leichte Herstellung des Polyurethans in wäßriger Suspension. Zu der mit der berechneten Menge NaOH als Chlorwasserstoff bindendes Mittel versetzten wäßrigen Lösung von Hexamethylendiamin läßt man unter Rühren die berechnete Menge des Butandioldichlorkohlensäureesters eintropfen, wobei sich das Polyurethan direkt in feinpulvriger Form quantitativ abscheidet. Das nach diesem Verfahren erhaltene Produkt ist verhältnismäßig niedrig molekular und polymer uneinheitlich, wie aus seinem weichen lappigen Charakter hervorgeht. Durch geeignete Maßnahmen, wie Verwendung des Hexamethylendiaminchlorhydrats (BASF.) lassen sich diese Nachteile weitgehend ausschalten und Polyurethane von überlegenen Eigenschaften herstellen. Ähnlich wie Diamine reagiert auch Piperazin mit Butandioldichlorkohlensäureester[1].

Dicarbonsäuren reagieren mit Diisocyanaten unter Abspaltung von CO$_2$, liefern also dieselben Polyamide wie sie aus Diaminen und Dicarbonsäuren entstehen[2]. Aus Hexamethylendiisocyanat und Adipinsäure bildet sich also Nylon. Die Diisocyanate können durch die entsprechenden Biscarbaminsäureester ersetzt werden[3] die beim Erhitzen dissoziieren.

Ähnlich wie die Diisocyanate, wenn auch wesentlich schwerer, reagieren Disenföle mit Glykolen. 1,4-Butandiol setzt sich erst bei 130° mit 1,6-Hexandisenföl unter Bildung von Kohlenoxysulfid um. In wäßrigen Lösungen reagieren Disenföle sehr energisch zu farblosen vernetzten Thioharnstoffen unter Zersetzung.

Die Disenföle sind aus den entsprechenden Diaminchlorhydraten in wäßriger Lösung durch Umsetzung mit Thiophosgen in Gegenwart von CaCO$_3$ herstellbar. Tetramethylendisenföl schmilzt bei 31°, Hexamethylendisenföl bei 2°, 1,3-Phenylendisenföl bei 4—6°.

2. Lineare Mischpolyurethane.

Bei der Umsetzung eines Gemisches verschiedener Glykole mit einem einheitlichen Diisocyanat oder einem Gemisch verschiedener Diisocyanate kann man Mischpolyurethane herstellen, die sich durch

---

[1] Patentanmeldung J 76600.
[2] Patentanmeldung J 76101.
[3] FP. 866821.

niedrigere Erweichungspunkte, bessere Löslichkeit in organischen Lösungsmitteln, größere Weichheit, einen größeren thermoplastischen Bereich
und bessere Verträglichkeit mit Weichmachern auszeichnen. Ein solches
Produkt, das aus 1,4-Butylenglykol unter Zusatz von 10 Mol-% Methyl-
1,6-Hexandiol mit Hexamethylendiisocyanat hergestellt ist, stellt das
Igamid UM dar. Ähnlich kann das Igamid UL aus 1 Mol 1,6-Hexan-
diisocyanat und je $^1/_2$ Mol 1,4-Butylenglykol $+$ $^1/_2$ Mol Methylhexandiol
gewonnen werden. Igamid UL ist in Chloroform-Methanol-Gemischen
leicht löslich und besitzt lederartigen Charakter. Seine Eigenschaften
im Vergleich zu weichgemachtem Igamid 6 A ergeben sich aus folgender Tabelle:

Tabelle 30.

	ULW 15	ULW 25	Ultramid 6 A[1] 33% Weichmacher
Reißfestigkeit (kg/cm²)	440	340	250
Dehnung (%)	400	400	250
Stichausreißfestigkeit (kg/mm) . . .	13	10	10
Weiterreißfestigkeit (kg/mm)	5,5	4	4,5
Kältefestigkeit (Kälteschlag)	—25°	— 25 bis — 30°	— 25°
Steifigkeit (m kg/cm²) $+40°$	3,6	3,6	4,3
$+20°$	9,0	5,9	6,0
$0°$	16,9	8,9	9,6
$— 20°$	33,7	23,0	42,4

Die beigefügten Zahlen geben den Gehalt an Weichmacher Dellatol an
(Gemisch von Benzolsulfomethyl- und -butylamid).

Die technische Herstellung der Mischpolyurethane erfolgt in einem
heizbaren Kneter, in dem das Glykolgemisch vorgelegt und das Diisocyanat allmählich zugesetzt wird. Die zähe Reaktionsmasse kann direkt
mit Weichmacher und Füllstoffen vermischt und heiß aus dem Kneter
entnommen werden. Die Kältefestigkeit der Igamid UL-Typen ist mit
etwa — 25° beschränkt. Mischpolyurethane aus mehr als 3 Komponenten,
besonders solche mit verzweigten Glykolen wie $CH_2OH \cdot C(CH_3)_2CH_2OH$
zeigen kautschukelastische Eigenschaften. Je unregelmäßiger die Struktur ist, desto stärker sinken die Festigkeitswerte ab.

3. Vernetzte Polyurethane.

Bei der Kondensation von Diisocyanaten mit Verbindungen, die
mehr als 2 OH-Gruppen enthalten, wie Glycerin, 1,2,4-Butantriol, Trimethylolpropan, Polyvinylalkohol, Acetylcellulose usw. entstehen vernetzte Makromoleküle, die in organischen Lösungsmitteln unlöslich und
unschmelzbar sind. Derartige Kombinationen sind als Lacke und Preß-
massen verwendbar, wobei man das Gemisch der beiden Komponenten
auf der Unterlage oder in geschlossenen Formen durch Hitzeeinwirkung
zur Reaktion bringt. Die durch Einbrennen derartiger Gemische erhaltenen Lacke zeigen sehr gute mechanische und chemische Eigenschaften.

---

[1] Ultramid 6 A ist ein Mischkondensat aus 40% Caprolactam und 60% AH-Salz.

Ein Nachteil ist die geringe Haltbarkeit derartiger Gemische, die eine sofortige Verarbeitung notwendig machen. Dieser Nachteil kann durch Anwendung der „verkappten Polyisocyanate" überwunden werden. Diisocyanate bilden mit gewissen Verbindungen, wie Phenylmethyl-pyrazolon, Diphenylamin, Oximen, Caprolactam u. dgl., Additionsver-bindungen, die erst bei höherer Temperatur zerfallen. Ähnliche Addukte sind mit Malonsäureestern, Acetessigester und Aceton hergestellt worden. Das Addukt aus 2 Mol Malonsäureester und 1 Mol Hexandiisocyanat vom Schmelzpunkt 121° spaltet sich bei 130—140°. Auch Blausäure bildet ein Addukt, das sich schon bei 120° wieder spaltet.

$$R—NH—CO \cdot CN \rightarrow R—NCO + HCN.$$

Wasserlösliche Addukte können aus Diisocyanaten und Formaldehyd-bisulfit erhalten werden, denen wahrscheinlich folgende Formel zu-kommt:

$$NaSO_3—CONH(CH_2)_6NHCOSO_3Na.$$

Die auf der Basis der vernetzten Polyurethane hergestellten Preß-massen sind unter dem Namen DeDe-Preßmassen bekannt geworden und zeigen sehr gute mechanische Eigenschaften.

Die unter Kohlensäureabspaltung verlaufende Umsetzung der Iso-cyanatgruppe mit der Carboxylgruppe

$$CH_3COOH + OC{=}N \cdot C_2H_5 \rightarrow CH_3 \cdot CO \cdot NH \cdot C_2H_5 + CO_2$$

kann zur Herstellung neuartiger Schaumstoffe („Moltopren") benutzt werden. Durch Vermischen eines Polyesters aus einer Dicarbonsäure und einem dreiwertigen Alkohol mit freien Hydroxyl- und Carboxyl-gruppen (Desmophen) mit einem Diisocyanat (Desmodur) tritt unter Erwärmung und Kohlensäureabspaltung ein Aufschäumen ein, das zu einer starken Volumvergrößerung führt und beim Nachhärten bei höherer Temperatur Schaummassen von großer Festigkeit ergibt. Auf der Basis gewisser Polyisocyanate vor allem des Triisocyanats des Leucorosanilins (Desmodur R) lassen sich ausgezeichnete Klebstoffe (Polystal) herstellen, die sich zur Verbindung der verschiedensten Materialien, insbesondere Kautschuk mit Eisen, hervorragend eignen (Schwingmetall). Die Des-mophen-Desmodur-Kombination ergibt ebenfalls hochwertige und uni-versell anwendbare Klebstoffe. Der Mechanismus der Verklebung be-steht vermutlich in der Reaktion der Isocyanatgruppen mit den auf den Grenzflächen immer vorhandenen Wasserschichten, mit den Oxyd-hydratschichten auf den Metalloberflächen, so daß eine chemische Ver-ankerung der Verbunde erfolgt, der die großen Scherfestigkeiten erklärt.

Trocknende Öle mit freien Hydroxylgruppen liefern beim Vernetzen mit Polyisocyanaten modifizierte Standöle mit hohem Glanz, rascher Trockenzeit, guter Wasserfestigkeit und Elastizität.

Schließlich lassen sich durch Umsetzung von freien OH-Gruppen enthaltenden Polyestern mit geringen Mengen von Polyisocyanaten kautschukartige Mischpolyurethane herstellen (I-Gummi). Ein solches Produkt kann z.B. aus einem linearen Adipinsäure-Glykolpolyester, in

dem jedes 25. Glykolmolekül durch einen dreiwertigen Alkohol ersetzt
ist, mit Diisocyanaten hergestellt werden. Ähnliche Produkte sind von
Dupont auf der Basis eines Mischesters aus Sebacinsäure, Maleinsäure
und Glykolen (Paracon) und von der ICI aus Adipinsäure-Glykol- und
Äthanolamin-Kondensaten mit Hexamethylendiisocyanat hergestellt
worden (Vulcopren).

E. Polyharnstoffe, Polyamidester und Polyguanide.

Ähnlich wie die Diole und Triole setzen sich auch langkettige aliphatische primäre Diamine mit Diisocyanaten um. An Stelle der erwarteten linearen Polyharnstoffe

$$
\begin{array}{l}
\overset{\displaystyle H}{|}\;\;\;\;\;\;\;\;\overset{\displaystyle H}{|}\;\;\overset{\displaystyle O}{\parallel}\;\;\;\;\;\;\;\;\;\;\;\overset{\displaystyle O}{\parallel}\;\overset{\displaystyle H}{|}\;\;\;\;\;\;\;\;\overset{\displaystyle H}{|}\\
NH-(CH_2)_x\cdot NH + C=N-(CH_2)_y\cdot N=C + NH-(CH_2)_x\cdot NH + \ldots\\
\;\;\;\;\;\;\;\;\;\;\;\;\;\;\;\;\;\;\;\underset{\displaystyle H}{|}\;\;\;\;\;\;\;\;\;\;\;\underset{\displaystyle H}{|}\\
\;\;\;\;\;\;\;\to NH-(CH_2)_x\cdot \overset{\displaystyle H}{\underset{\displaystyle |}{N}}-CO-NH(CH_2)_y\,NH\cdot CO\cdot NH-(CH_2)_x\cdot NH \ldots
\end{array}
$$

entstehen aber meist nur unschmelzbare Polymere (DRP. 728981), indem
die Harnstoffgruppe mit Isocyanaten weiter reagiert, z. B.

$$
\begin{array}{c}
\;NH\\
\;(CH_2)_6\\
\;NH\\
\;CO\\
-NH\cdot CO\cdot NH\cdot(CH_2)_6\cdot NH\cdot CO\cdot N(CH_2)_6\cdot NH\cdot CO\cdot NH(CH_2)_6\cdot NH\cdot CO\cdot N(CH_2)_6\cdot NH\cdot CO\cdot NH-\\
\;CO\\
\;NH\\
\;(CH_2)_6\\
\;N\cdot CO\cdot N(CH_2)_6\cdot NH\cdot CO\cdot NH\cdot(CH_2)_6\cdot NH\cdot CO\cdot NH-\\
\;CO\;\;\;\;\;CO\cdot NH(CH_2)_6-\\
-NH\cdot CO\cdot N\cdot(CH_2)_6\cdot NH\cdot CO\cdot N(CH_2)_6\cdot NH\cdot CO\cdot NH(CH_2)_6\cdot NH\cdot CO\cdot NH\cdot(CH_2)_6\cdot N\cdot CO\cdot NH-\\
\;\;\;\;\;\;\;\;\;\;CO\;CO\\
\;\;\;\;\;\;\;\;\;\;NH\;NH\\
\;\;\;\;\;\;\;\;\;(CH_2)_6\;(CH_2)_6\\
\;\;\;\;\;\;\;\;\;\;NH\;NH\\
\;\;\;\;\;\;\;\;\;\;CO\;CO
\end{array}
$$

Läßt man jedoch das Diamin mit dem Diisocyanat bei tiefer Temperatur in Gegenwart von Alkoholen reagieren, so entstehen die erwarteten linearen Polyharnstoffe[1].

Die Reaktionsfähigkeit der NH_2-Gruppe mit Diisocyanaten erlaubt es, aus Casein und Wollfasern vernetzte Umsetzungsprodukte zu erhalten und die Diisocyanate auch zum Gerben tierischer Häute anzuwenden (Gerbstoff H). Bei der großen Reaktionsfähigkeit und der Variabilität der Polyisocyanate sind noch eine große Reihe von Anwendungsmöglichkeiten für diese Körperklasse zu erwarten.

Auch Monoisocyanate vermögen mit der Harnstoffgruppe zu biuretähnlichen Körpern zu reagieren[2]

$$
\begin{array}{ccc}
R & R_1 & \\
| & | & \\
NH{-}CO{-}NH + C_6H_5 \cdot N{=}CO \longrightarrow & N{-}CO \cdot NH \longrightarrow \\
& | \\
& CO \\
& | \\
& N{-}CO \cdot NH{-}C_6H_5 \\
& | \\
& C_6H_5
\end{array}
$$

An den mit dem Pfeil gekennzeichneten NH-Gruppen kann die Reaktion mit weiteren Molekülen Phenylisocyanat weitergehen.

Linear gebaute Polyharnstoffe können also aus Isocyanaten und Aminen nicht erhalten werden. Wie LIESER und GEHLEN[3] gezeigt haben, sind derartige Produkte durch Verkochung von Diaziden höherer Paraffincarbonsäuren darstellbar:

$$-R{-}CON_3 + HOH + N_3 \cdot CO \cdot R{-} \rightarrow {-}R \cdot NH \cdot CO \cdot NH{-}R{-} + CO_2 + 2N_2.$$

Der Polyamidcharakter der so hergestellten Polyhexa-, -hepta- und Oktamethylenharnstoffe folgt aus den hohen Schmelz- bzw. Erweichungspunkten, der Kaltverstreckbarkeit der daraus hergestellten Fäden und hohen Festigkeit. Polyharnstoffe sind auch nach EMIL FISCHER[4] aus höheren Diaminen durch Umsetzung mit CO_2 unter Druck erhältlich. Das aus Tetramethylendiamin erhaltene Produkt war bereits von E. FISCHER als polymerer Tetramethylenharnstoff angesprochen worden.

$$
\begin{array}{c}
NH{-}CH_2{-}CH_2{-}CH_2{-}CH_2{-}NH \\
\underline{\qquad\qquad CO \qquad\qquad}
\end{array}
$$

Auch Kohlenoxyd scheint ähnliche Produkte zu liefern[5]. Über Polyamide

---

[1] Patentanmeldung J 77604, J 74948 (1943); FP. 490735, Patentanmeldung J 75008. O. BAYER: Z. angew. Chem. **59**, 263 (1947). — LIESER, TH., u. NISCHK: A. **569**, 59 (1950).

[2] DRP.-Anmeldung J 77604 (Erf. Nordt u. Delfs).

[3] LIESER u. GEHLEN: A. **556**, 127 (1944).

[4] FISCHER, EMIL: B. **46**, 2504 (1913). Patentanmeldung J 65838 IVc/12p. DRP. 745684.

[5] Patentanmeldung J 65481 IVc/12p.

aus Derivaten der Kohlensäure besteht eine umfangreiche Patentliteratur[1].

Im Gegensatz zu den Polyharnstoffen sind die Polythioharnstoffe aus Diaminen und Schwefelkohlenstoff (EP. 524795, Ital. P. 380058, DRP. 805568) leicht herstellbar. Auch die Umsetzung von Diaminen mit Diisothiocyanaten verläuft normal.

Polyamidester können entweder aus Dicarbonsäuren und Aminoalkoholen oder aus Gemischen von Diolen, Diaminen und Dicarbonsäuren hergestellt werden[2]. Ähnliche Produkte bilden sich beim Erhitzen von Caprolactam und Caprolacton oder von Caprolactam und Hexandiolsebacat[3].

Polyguanide sind noch nicht näher studiert worden. Sie können aus Diaminen durch Umsetzung mit Cyanurhalogeniden, Guanidinen, Guanidosäuren, Dicyanamiden usw. erhalten werden[4].

F. Polysulfonamide.

Vertreter dieser bisher noch wenig untersuchten Gruppe können durch Oxydation von Polythioäthercarbonsäureamiden mittelst Peroxyden in saurer Lösung hergestellt werden[5]. Die Umsetzung von Disulfochloriden mit Diaminen gibt nur niedrig molekulare Produkte [Patentanmeldung J 73621 IG. (1942)]. Dagegen lassen sich die Umsetzungsprodukte von Disulfochloriden mit Aminocarbonsäuren mit Diaminen zu echten Polyamiden kondensieren [AP. 2223916 Du Pont (1940)]. Über die technische Brauchbarkeit dieser Produkte ist bisher nichts bekannt.

G. Polyhydrazide und Polyaminotriazole.

Polyamide mit Hydrazin als dem einfachsten Vertreter der Diamine sind eingehend untersucht worden. Hydrazin liefert schon durch ein-

---

[1] AP. 2130523, s. auch CAROTHERS (Diamine + CO_2); AP. 2145242 Du Pont, Martin, 10. 5. 1938/28. 11. 1939 (Diamine + Harnstoff); AP. 2181663 Du Pont, Martin, 28. 11. 1939 (Diamine + Diurethane); AP. 2325586 Du Pont, Bolton, Coffman, Gilman, 13. 3. 1943 (Polyguanidine); D.Anm. I 72875 IG. (Diurethane + Glykole); Belg. P. 451871/Ig, 13. 8. 1943, D. Prior. 13. 8. 1942 (Carbamidsäurechloride + Glykole); Belg. P. 448195 ZKR, 1. 12. 1942/D. Prior. 8. 12. 1941 (Dithiocarbamidsäureester + Diamin); Belg. P. 448264 ZKR, 7. 12. 1942 (Diharnstoffe + Diisocyanat); Belg. P. 449367 ZKR, 25. 2. 1943, D. Prior. 26. 2. 1942 (Carbonsäurechloride + Glykole); Belg. P. 450876 ZKR, 31. 5. 1943, D. Prior. 1. 6. 1942 (Carbonsäureamidchloride + Glykole); FP. 888700 ZKR, 1. 12. 1942, D. Prior. 1. 8./9. 12. 1941 und 30. 6. 1942 (Disenföle + Dicarbonsäuren); FP. 888701 ZKR, 1. 12. 1942, D. Prior. 3. 12. 1941 (Cyanamidgruppenhaltige Verbindungen + Diamine oder Dicarbonsä uren); D. Anm. T 56981/39i ZKR (Diurethane + Glykole); D. Anm. T 56978/39c ZKR (Bis-Kohlensäureester + Diamine).

D. Anm. I 64839/12o IG., Schlack, 12. 6. 1939 = FP. 879768.

D. Anm. I 76736/12q IG., Schlack, 31. 1. 1944; D. Anm. I 75414/39c IG., Schlack, 3. 7. 1943.

[2] FP. 886426 (Phrix); FP. 52850; FP. 891397 (Phrix); FP. 924990 (Du Pont).

[3] FP. 907478 (Phrix).

[4] Patentanmeldung J 69066. AP. 2325586.

[5] AP. 2534347.

fache Kondensation mit höheren Dicarbonsäuren, Dinitrilen und Di-
hydraziden hochmolekulare, fadenziehende Produkte[1]. Entsprechend
dem von PINNER[2] für die monofunktionellen Verbindungen aufgestellten
Reaktionsschema war die Bildung von Polymethylen-1,2-Dihydrotetra-
zinen zu erwarten:

$$-R-C\underset{OR_1}{\overset{NH}{<}} \quad \xrightarrow{NH_2-NH_2} \quad -R-C\underset{OR_1}{\overset{NH_2}{<}NH-NH_2} \quad \xrightarrow{-R_1OH} \quad -R-C\underset{N-NH_2}{\overset{NH_2}{<}}$$

$$-R-C\underset{N-NH_2}{\overset{NH_2}{<}} + NH_2-NH_2 + \underset{NH_2-N}{\overset{NH_2}{>}}C-R-$$

$$\longrightarrow \quad -R-C\underset{N-NH_2}{\overset{NH-\!\!-\!\!-NH}{<}}\,\underset{NH_2-N}{>}C-R- + 2NH_3$$

$$\longrightarrow \quad -R-C\underset{N-\!\!-\!\!-N}{\overset{NH-NH}{<}}C-R- + NH_2-NH_2$$

Infolge der Unbeständigkeit der 1,2-Dihydrotetrazine bei höheren Temperaturen machen es die Untersuchungen von LIESER sehr wahrscheinlich, daß bei dieser Reaktion Polyalkylen-4-N-amino-1,2,4-Triazole entstehen:

$$-R-C\underset{N-NH}{\overset{NH-N}{<}}C-R- \quad \longrightarrow \quad -R-C\underset{\underset{\underset{NH_2}{|}}{N}}{\overset{N-N}{<}}C-R-$$

Diese Auffassung ist auch in dem USA.-Patent 2512600 vertreten. Die
Produkte sind dem Nylon in jeder Beziehung ähnlich, übertreffen es
aber in der Beständigkeit gegen Säuren und Alkalien. Da bei den Poly-
triazolen keine H-Bindungen mit der Nachbarkette wie bei Nylon auftreten, können letztere für die hohen Festigkeiten nicht verantwortlich
gemacht werden. Ähnliche Verhältnisse liegen beim Piperazoniumse-
bacinat[3] vor. Man könnte eher die Parallellagerung der ringförmigen
Zwischenglieder für die Festigkeitseigenschaften verantwortlich machen.

Außer Hydrazin ist auch das Semicarbazid mit Dicarbonsäuren und
deren Derivaten kondensiert worden[4]. Eine praktische Bedeutung
scheint diesen und ähnlichen Produkten nicht zuzukommen.

---

[1] Patentanmeldung J 64462; Ital. Pat. 385393. LIESER, TH.: Kunststoffe **38**,
188 (1948). — A. **564** (1949).

[2] PINNER: B. **27**, 984, 3273 (1894); **28**, 465 (1895); **30**, 1871. 2010 (1897). — A. **297**,
221 (1897); **298**, 1 (1897).

[3] LIESER u. GEHLEN: A. **556**, 126 (1944).

[4] Ital. Pat. 384746.

II. Mischpolyamide.

Bei der großen Zahl der bekannten Aminocarbonsäuren, Diamine und Dicarbonsäuren besteht die Möglichkeit, die verschiedensten Mischpolyamide darzustellen und dadurch die Eigenschaften der Endprodukte in weiten Grenzen zu variieren. Die technische Bedeutung derartiger Mischkondensate besteht darin, daß es auf diesem Wege möglich ist, die Eigenschaften der Endprodukte in der gewünschten Richtung zu verändern. Dies gilt vor allem für die Löslichkeit in organischen Lösungsmitteln. So zeigen beispielsweise Mischkondensate aus ε-Caprolactam und AH-Salz (Hexamethylendiammoniumadipat) in bestimmten Verhältnissen eine gute Löslichkeit in wäßrigen Alkoholen. Derartige Lösungen erschließen den Polyamiden die Anwendung für das Gebiet der Gießfolien, der Lacke, der Imprägnierungsmittel u. dgl. Unter der großen Zahl der bisher dargestellten Kombinationen haben folgende Mischpolyamide technische Anwendung gefunden:

Ultramid (Igamid) 6A   (66,6% AH-Salz, 33,3% Caprolactam)
Ultramid (Igamid) 7A   (70% AH-Salz, 30% Caprolactam)
Ultramid (Igamid) 40B (36,8% AH-Salz, 2% des Salzes aus Hexamethylendiamin und Bernsteinsäure, 36,8% Lactam, 24% des Salzes aus Hexamethylendiamin und Ketopimelinsäure, 0,4% Adipinsäure)
Ultramid (Igamid) 1C   (33% AH-Salz, 33,3% Caprolactam, 33,3% des Salzes aus 4,4'-Diaminodicyclohexylmethan und Adipinsäure).

Gegenüber den reinen Polyamiden unterscheiden sich die Mischpolyamide meist durch einen größeren plastischen Bereich, der ihre Verarbeitung auf der Walze oder im Kneter ermöglicht.

1. Herstellung der Mischpolyamide.

Die Mischpolyamide aus Caprolactam und Dicarbonsäure-Diamin-Salzen können aus den Komponenten in beliebigen Verhältnissen dargestellt werden. Man benützt dabei zweckmäßig die gleichen Reaktionsbedingungen wie sie bei der Herstellung der einfachen Polymeren im vorstehenden beschrieben wurden: Wäßrige Lösungen der Ausgangsstoffe werden im gewünschten Verhältnis gemischt und bis zur Beendigung der Wasserabspaltung im Autoklaven bei 260—270° in reiner Stickstoffatmosphäre kondensiert. Die Mischkondensate zeigen andere Eigenschaften als die Produkte, die durch Zusammenschmelzen der reinen Polyamide im gleichen Verhältnis entstehen.

Praktische Bedeutung haben vor allem die Mischpolyamide Ultramid 6 A und Ultramid 1 C, die im folgenden näher besprochen werden.

2. Ultramid 6 A.

(Aus 66,6% AH-Salz und 33,3% Caprolactam.)

Die wichtigsten mechanischen und thermischen Eigenschaftswerte von Ultramid 6 A sind in nachstehender Tabelle zusammengestellt:

Tabelle 31.

Wichte	g/cm³	1,12
Zerreißfestigkeit[1]	kg/cm²	450—600
Bruchdehnung[1]	%	330—400
Elastizitätsmodul (Biegung)[1]	kg/cm²	3000—4000
Kugeldruckhärte[1,2]	kg/cm²	350
Formbeständigkeit in der Wärme		
nach MARTENS[3]	°C	40—60°
nach VICAT[3]	°C	140—160°
Lineare Wärmedehnzahl	1/°C	$13 \cdot 10^{-5}$—$14 \cdot 10^{-5}$
Wärmeleitzahl	kcal/m h °C	0,19
Spezifische Wärme	kcal/kg °C	0,54
Wasseraufnahme im Sättigungszustand	Vol.-%	9—10
	Gew.-%	11—13

Ultramid 6 A ist mit den üblicherweise in der Kunststoffindustrie verwendeten Weichmachern nicht verträglich. Hingegen eignen sich eine Reihe spezieller Weichmachungsmittel, wie Weichmacher TS, Weichmacher MMA und Dellatol, zur Kombination mit Ultramid 6 A. Man erhält durch Zusatz von etwa 33—40% Weichmacher zu Ultramid 6 A Massen, die eine erhöhte Weichheit und Elastizität und auch eine verbesserte Kältebeständigkeit aufweisen. Die Zerreißfestigkeit wird durch Weichmacherzusatz erwartungsgemäß herabgesetzt und beträgt z. B. bei Preßplatten aus 2 Teilen Ultramid 6 A und 1 Teil Weichmacher etwa 200—250 kg/cm². Ultramid 6 A ist in 80%igem Alkohol in der Hitze löslich. Die erhaltenen Lösungen neigen aber zum Gelatinieren und müssen daher warm weiterverarbeitet werden.

Außer den Mischpolyamiden mit 2 Komponenten sind auch eine Reihe von Dreierkombinationen beschrieben worden, von denen das Ultramid 1 C technische Anwendung gefunden hat.

3. Ultramid 1 C.

(Aus 33,3% AH-Salz, 33,3% Caprolactam, 33,3% des Salzes aus Diaminodicyclohexylmethan und Adipinsäure.)

Eigenschaften: Ultramid 1 C ist im Gegensatz zu den anderen Ultramidmarken vollkommen transparent und dadurch ausgezeichnet, daß es sehr durchsichtige, glänzende Formkörper liefert, die in dünner Schicht fast glasklar sind.

Ultramid 1 C ist schwer entflammbar; der Schmelzpunkt liegt bei etwa 185° C.

Das Produkt ist beständig gegen die meisten gebräuchlichen Lösungsmittel sowie gegen Öle und Fette. In starken anorganischen und organischen Säuren, in Phenolen, Kresolen und ähnlichen Substanzen ist Ultramid 1 C löslich. Von technischer Bedeutung ist die gute Löslichkeit von Ultramid 1 C in niederen aliphatischen Alkoholen bzw. in Alkohol-Wassergemischen. Die Lösungen bleiben auch beim Abkühlen auf

---

[1] Raumtemperatur 20° C, 65% relative Luftfeuchtigkeit.
[2] Nach DIN 53453 (Kleinstab).
[3] Nach DIN 57302.

Raumtemperatur im allgemeinen über längere Zeit stabil, so daß eine Verarbeitung in der Kälte möglich ist.

Ultramid 1 C hat unter Normalbedingungen einen Wassergehalt von etwa 2—2,5%. Bei der Wasserlagerung nimmt Ultramid 1 C bis zu 16% Wasser auf, die beim Trocknen wieder abgegeben werden, ohne daß hiermit eine merkliche Formänderung verbunden wäre. Bei vollständiger Austrocknung versprödet Ultramid 1 C ähnlich wie die anderen Ultramidmarken. Beim Lagern in normalfeuchter Atmosphäre nimmt das ausgetrocknete Material wieder Feuchtigkeit aus der Luft auf und erhält seine ursprüngliche Weichheit wieder.

Die bei Ultramid 6 A unter bestimmten Bedingungen zu beobachtende Empfindlichkeit gegen Wasser (Wasserbruch) tritt bei Ultramid 1 C nicht in Erscheinung. Die mechanischen Eigenschaften von Ultramid 1 C sind ungefähr auf dem gleichen Niveau wie bei Ultramid 6 A Die Zerreißfestigkeit beträgt etwa 550—600 kg/cm² bei einer Dehnung von etwa 400%. Ultramid 1 C kann gemeinsam mit den zur Weichmachung von Ultramid entwickelten Weichmachungsmitteln, z.B. Weichmacher TS, Dellatol und Weichmacher MMA, verarbeitet werden. Mit anderen Kunststoffen und Lackharzen ist Ultramid 1 C im allgemeinen nur wenig verträglich. Es kann lediglich mit gewissen Kondensationsprodukten beispielsweise mit solchen auf Phenolharzbasis kombiniert werden.

Aufstriche von Ultramid 1 C sind durch besondere Klarheit ausgezeichnet und weisen einen starken Glanz auf, was für manche Anwendungsgebiete (Lackleder) ausgenutzt werden kann.

III. Vernetzte Polyamide.

Verwendet man bei der Polyamidkondensation tri- und höher funktionelle Ausgangsmaterialien wie Tricarbonsäuren, Triamine usw., so erhält man total vernetzte, unschmelzbare Massen, die sich nicht mehr verarbeiten lassen. Die Einkondensation geringer Mengen von polyfunktionellen Verbindungen wie Methylendiadipinsäure und ähnlichen Vernetzungsmitteln bringt aber zuweilen gewisse Vorteile[1]. Insbesondere wird dadurch der gefürchtete Wasserbruch bei Mischpolyamiden und die Neigung zum Aufspleißen bei Polyamidbändern vermindert. Auch Triisocyanate haben ähnliche Wirkung.

Ein beliebtes Vernetzungsmittel bildet der Formaldehyd, der bekanntlich mit freien NH_2- und NH-Gruppen leicht reagiert. Die Einwirkung von Formaldehyd auf Polyamide ist daher eingehend untersucht worden[2]. Dabei bilden sich Methylolverbindungen der Polyamide, die teilweise kautschukelastische Eigenschaften zeigen[3]. Der Formaldehyd wurde dabei in ameisensaurer Lösung oder in Pyridinlösung an-

---

[1] Patentanmeldung J 76406.
[2] WRIGHT u. HARRIS: Kunststoffe **38**, 145 (1948).
[3] CAIRUS u. FOSTER: Kunststoffe **39**, 124, 261 (1949).

gewandt. Bei längerer Einwirkung von Formaldehyd bilden sich unschmelzbare Produkte. Die Reaktion mit Formaldehyd läßt sich auch im Kneter mit weichgemachtem Polyamid durchführen, wobei man zweckmäßig Polyoxymethylen anwendet. Man erhält dabei lederartige Massen, die keinen Wasserbruch mehr zeigen. Über die Einwirkung von Formaldehyd auf Polyamide existiert eine umfangreiche Patentliteratur:

AP. 2393972 Du Pont.
AP. 2424883 ICI.
AP. 2441057 Du Pont.
DRP. 748840 K. Stoeckhert, H. Kuniss.
EPP. 582517, 582518, 582520 ICI.
EP. 596087 Du Pont.
FP. 905566 I. Benecke.
FP. 940819 Etabl. Maréchal SA.
EP. 597285 Du Pont.
EP. 591382 ICI.
FP. 885940 IG.
FP. 52593 zu FP. 885940 IG.
EP. 608335 Du Pont.
EP. 597326 ICI.
Schwz. P. 227133 Kalle & Co.

Ähnlich wie Wolle und das Kollagen der tierischen Haut reagieren die Polyamide auch mit basischen Chromsalzen und Gerbstoffen (GUSTAVSON, K. H., u. B. HOLM: J. Amer. Leather Chem. Assoc. 1952, 700), wie Tannin, Mimosaextrakt usw. In der folgenden Tabelle sind die Daten für die Gerbstoffaufnahme verschiedener Polyamide gegenübergestellt.

Tabelle 32.

Die Bindung von Gerbstoffen durch Polyamide, Hautpulver und verestertes Hautpulver.

Nr.	Gerbstoff	p_H-Wert	g/l Cr_2O_3	Nicht-kationisches Cr auf Gesamt-Cr in %	Auf Gewicht des Proteins gebundenes Cr_2O_3 in % durch:			
					originales Polyamid	hydrolys. Polyamid	Hautpulver	verestertes Hautpulver
1	33% saures Cr-perchlorat	3,4	25,3	71	1,2	7,1	10,5	3,0
2	Phthalato-Cr-sulfat 1 M Cr_2O_3 erhitzt auf 60°C, 3 Monate gealtert	4,6	20,2	65	0,2	4,5	14,6	7,1
					Auf Gewicht des Proteins gebundenes Tannin in % durch:			
3	10%ige Lösung von Gerbsäure .	2,8	—	—	0	191	167	208
4	10%ige Lösung von Mimosaextrakt (6,5% Tannin)	4,5	—	—	3	114	76	133
5	10%ige Lösung von sulfitiertem Quebrachoextrakt (6,5% Tannin)	5,6	—	—	4	87	72	136

IV. Ausgangsprodukte für die Polyamide.
A. Aminocarbonsäure-Typus.
1. Darstellung von Caprolactam.

Die technische Darstellung des Caprolactams stellt eine Weiterbildung der von WALLACH[1] beschriebenen Darstellungsmethode dar und verläuft über folgende Zwischenstufen:

$$\text{Phenol} \longrightarrow \text{Cyclo-Hexanol} \rightarrow \text{Cyclo-Hexanon} \rightarrow \text{Cyclohexanon-Oxim}$$

Phenol $\longrightarrow$

$$H_2C\begin{matrix}CH_2-CH_2\\CH_2-CH_2\end{matrix}CHOH$$

Cyclo-Hexanol

$$H_2C\begin{matrix}CH_2-CH_2\\CH_2-CH_2\end{matrix}C=O$$

Cyclo-Hexanon

$$H_2C\begin{matrix}CH_2-CH_2\\CH_2-CH_2\end{matrix}C=NOH$$

Cyclohexanon-Oxim

BECKMANNsche Umlagerung

$$H_2C\begin{matrix}CH_2-CH_2-NH\\CH_2-CH_2-C=O\end{matrix}$$

ε-Caprolactam

$+H_2O$

$$(-HN\cdot(CH_2)_n\cdot CO)_n$$

$$\text{Polyamid nach W. H. CAROTHERS} = \text{Perlon (IG.) Grilon (Hovag)}$$

Die Hydrierung des Phenols zu Cyclohexanol mit Nickelkatalysator, die Dehydrierung des Cyclohexanols zu Cyclohexanon am Messingkontakt verläuft mit sehr guten Ausbeuten. Die Überführung des Ketons in das Cyclohexanonoxim wird in wäßriger Lösung unter Zugabe von Alkali durchgeführt. An Stelle des freien Hydroxylamins verwendet man das Verfahren von RASCHIG: Einwirkung von SO_2 auf eine wäßrige Lösung von Natriumbisulfit und Natriumnitrit, wobei sich gemäß folgender Gleichung:

$$NaNO_2 + NaHSO_3 + SO_2 \rightarrow HON\begin{matrix}SO_3Na\\SO_3Na\end{matrix}$$

hydroxylamindisulfosaures Natrium bildet.

Nach German Plastics Practice (1946) S. 285, wird gemäß folgender Vorschrift gearbeitet:

[1] WALLACH: A. **312**, 187 (1900).

Festes Natriumnitrit wird in Wasser unter Rühren zu einer 25%igen Lösung gelöst ($d = 1{,}165$) und zu 2000 Liter dieser Lösung unter 10° C 1500 Liter gesättigte $NaHSO_3$-Lösung hinzugefügt. Nach Abkühlen auf 0° wird 7—8%iges Röstgas eingeleitet, bis ein p_H von 3,5 erreicht ist, wobei die Temperatur 3° nicht übersteigen soll.

In die so entstandene 4—5% NH_2OH enthaltende Lösung wird das Cyclohexanon eingerührt und durch Zusatz von 40%iger NaOH ein p_H von 3 eingestellt, wobei sich nach kurzer Zeit das Oxim in kristallisiertem Zustand abscheidet. Läßt man die Temperatur über 40° steigen, so scheidet sich das Oxim als flüssige Schicht auf der konzentrierten Mutterlauge aus und kann durch Dekantieren abgetrennt werden. Die weitere Verarbeitung des Oxims auf Lactam muß aus Sicherheitsgründen in feuchtem Zustande erfolgen. Das Oxim ist sehr leicht entflammbar und verbrennt unter Verpuffung.

Die BECKMANNsche Umlagerung des Cyclohexanonoxims zu Caprolactam nach der Vorschrift von WALLACH mit verdünnter Schwefelsäure liefert nur sehr mäßige Ausbeuten. Dabei wird ein erheblicher Teil des gebildeten Lactams zu ε-Aminocapronsäure verseift, deren Gewinnung aus den salzhaltigen Mutterlaugen unrationell ist. Die technische Herstellung des Lactams ist erst durch die Forschungsarbeiten in der BASF durch H. HOPFF und G. WIEST gelöst worden. Hierfür waren folgende Reaktionsbedingungen entscheidend:

1. Vollständiger Ausschluß von Wasser durch Verwendung von Oleum als Umlagerungsmittel.

2. Ausführung der Umlagerung im gepufferten System, d.h. in einer Lösung von Caprolactam in Oleum. Bei Nichteinhaltung dieser Bedingungen verläuft die Reaktion mit explosionsartiger Heftigkeit und führt zur Verkohlung. Das Verfahren läßt sich nach den Arbeiten von G. WIEST kontinuierlich gestalten und hat sich in der Praxis in jahrelangem Betrieb bewährt. Es ist später von allen anderen Caprolactamherstellern fast unverändert übernommen worden und dürfte an Einfachheit der Ausführung kaum zu übertreffen sein. Die Arbeitsweise ergibt sich aus folgendem Schema:

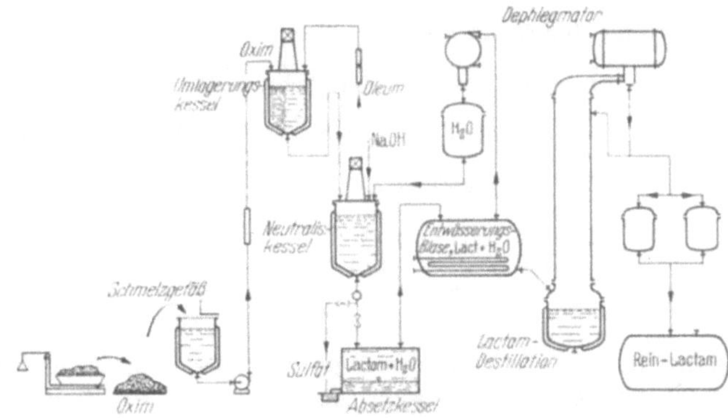

Abb. 19. Herstellung von Caprolactam.

In eine Mischung von 95% Caprolactam mit 5% Oleum läßt man getrennt geschmolzenes Oxim und 23%iges Oleum im Verhältnis 1:1,05 Mol kontinuierlich bei 110—115° einfließen, wobei man die Temperatur durch Kühlung aufrecht erhält. Die Umlagerung erfolgt unter diesen Bedingungen in wenigen Minuten. In dem Maße, als das Material zufließt, wird durch einen am Boden des Gefäßes angebrachten Syphon das Umlagerungsprodukt abgezogen und mit NaOH oder gasförmigem Ammoniak neutralisiert. Das Lactam scheidet sich dabei als 70%iges Rohlactam auf der gesättigten Salzlösung ab und wird nach der Entwässerung im Vakuum destilliert.

Das reine Lactam ist eine schneeweiße Substanz vom Schmelzpunkt 70° C. Es siedet bei 12 mm, bei 139° C, $D^{75} = 1,02$, Brechungsexponent $n^{70°} = 1,4784$, $n^{75°} = 1,4768$, $n^{90°} = 1,4710$! In Wasser ist es sehr leicht löslich. Es können bei gewöhnlicher Temperatur bis zu 80%ige Lösungen hergestellt werden. Auch in organischen Lösungsmitteln wie Alkohol, Benzol, Äther, Chloroform usw. ist es reichlich löslich. Zum Umkristallisieren ist Essigester sehr gut geeignet. Es fällt dann in schneeweißen Kristallen an.

Bei der Verwendung von $NaHSO_3$ und $NaNO_2$ für die Herstellung der Hydroxylaminlösung und der Neutralisation der Lactamsulfatlösung mit NaOH fällt als Nebenprodukt eine erhebliche Menge von Na_2SO_4 an, die nicht immer abgesetzt werden kann. Es ist daher vorteilhafter, die entsprechenden Ammoniumsalze zu verwenden und das entstandene Ammonsulfat als Dünger einzusetzen.

Auf der Suche nach phenolfreien Verfahren zur Herstellung von Caprolactam ist der Weg über Butindiol in Betracht gezogen worden, über den folgendes Schema nähere Angaben bringt:

Polyamid-Bausteine auf Acetylenbasis.

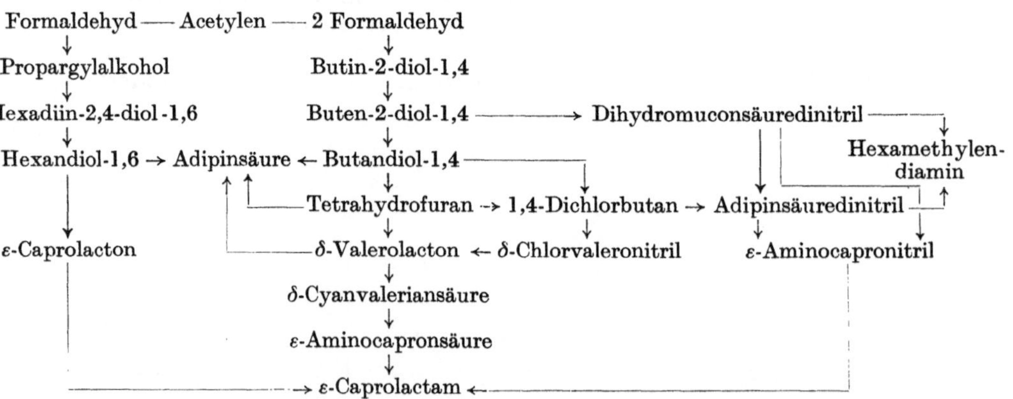

Fast alle diese Verfahren haben noch keine praktische Bedeutung erlangt und dürften in normalen Zeiten mit dem Phenolverfahren nicht konkurrenzfähig sein.

Aussichtsreicher erscheint der Weg über Benzol nach folgendem Reaktionsschema:

Benzol → Cyclohexan → Nitrocyclohexan → Cyclohexanonoxim → Lactam .

Dieses Verfahren ist sowohl bei der BASF wie von GRUNDMANN[1] eingehend bearbeitet worden. Falls sich die in der Literatur angegebenen Höchstausbeuten technisch erreichen lassen, würde dieses Verfahren großes praktisches Interesse beanspruchen, besonders in den Erdölländern, wo billiges Cyclohexan zur Verfügung steht.

Nach GRUNDMANN kann die Nitrierung des Cyclohexans kontinuierlich in einer V 2 A-Apparatur, gemäß folgender Skizze, durchgeführt werden:

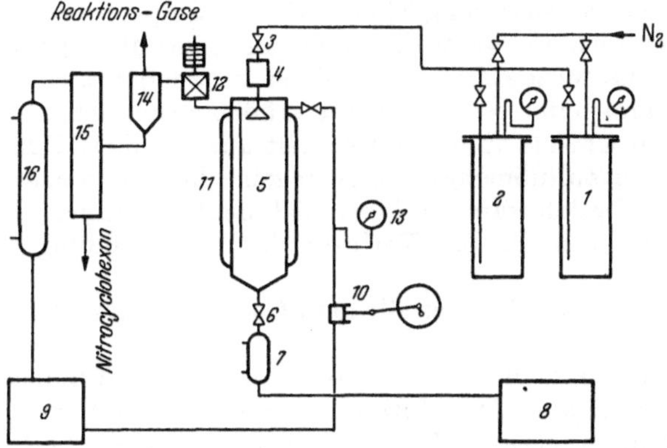

Abb. 20. Nitrierung von Cyclohexan.

1 und *2* sind druckfeste Vorratsbehälter für Salpetersäure, die durch die Füllstutzen abwechselnd gefüllt werden. Durch Eindrücken von Stickstoff wird ihr Inhalt in den Reaktionsturm *5* befördert. Die Säurezufuhr ist durch das Ventil *3* regulierbar und kann außerdem durch das Schauglas *4* kontrolliert werden. Die eintretende Salpetersäure wird durch eine Brause fein verteilt, die verbrauchte Säure verläßt am unteren Ende durch das Ventil *6* den Reaktionsraum, passiert einen Kühler *7* und gelangt in den Abscheider *8*, in welchem die gebildete Adipinsäure auskristallisiert. Dann kehrt die Säure, durch Zugabe von konzentrierter HNO_3 wieder, auf ihre ursprüngliche Stärke gebracht, in die Behälter *1* und *2* zurück.

Das Cyclohexan wird aus dem Vorratsbehälter *9* durch die in ihrer Leistung kontinuierlich regelbare Förderpumpe *10* in den Reaktionsraum *5* gedrückt, den es im Gleichstrom mit der Säure von oben nach unten passiert. Der Reaktionsraum ist mit Raschig-Ringen aus Jenaer Glas oder Porzellan gefüllt und wird mit Druckdampf durch den Mantel *11* auf die erforderliche Temperatur erhitzt. Durch ein Steigrohr wird das in Reaktion getretene Cyclohexan aus dem unteren Teil der Säule in das Überdruckventil *12* gedrückt, dessen Gewichtsbelastung den

---

[1] GRUNDMANN: Angew. Chem. **1950**, 556.

Druck im Reaktionsraum bestimmt. Eine weitere Kontrolle für den Druck bildete das Manometer *13*, das über die Cyclohexanleitung mit dem Reaktionsraum in Verbindung steht.

Das Überdruckventil *12* entläßt die öligen und gasförmigen Reaktionsprodukte in den Gasabscheider *14*, der vor allem die Aufgabe hat, auftretende Druckschwankungen von der folgenden Abtreibesäule *15* fernzuhalten, in die nunmehr die öligen Reaktionsprodukte eintreten. Aus der Säule läuft unten das rohe Nitrierungsprodukt ab, während das unverbrauchte Cyclohexan vom Kopf der Säule über den Kühler *16* in den Vorratsbehälter *8* zurückgelangt.

Die günstigste Reaktionstemperatur liegt bei 120—125°. Hierbei beträgt unter den obwaltenden Verhältnissen der Druck etwa 4—5 atü.

Optimal für die Nitrierung ist eine 35%ige Salpetersäure ($D = 1{,}245$), also interessanterweise wesentlich konzentrierter als sie für die Nitrierung nach KONOWALOFF im allgemeinen verwendet wird. Zusatz von 5—10% Kalium- oder Natriumnitrat erhöht zwar nicht die Ausbeute, wohl aber den Umsatz in der Zeiteinheit auf annähernd das Doppelte. Wichtig ist, die Zuflußmengen so zu regeln, daß das molare Verhältnis Salpetersäure–Cyclohexan den Wert 1,33 nicht wesentlich überschreitet, da sich sonst ebenfalls die Verluste durch Gasbildung (Oxydation) steigern.

An Reaktionsprodukten erhält man Gas, eine wäßrige und eine ölige Phase.

Die abfallende Säure scheidet beim Abkühlen Adipinsäure in der üblichen Reinheit aus. Die Mutterlaugen, die in das Verfahren zurückkehren, enthalten geringe Mengen niedermolekularer Säuren, neben Bernsteinsäure hauptsächlich Oxalsäure, die sich naturgemäß im Laufe des Verfahrens immer mehr anreichern, so daß man von Zeit zu Zeit die Abfallsäure durch Destillation aufarbeiten muß.

Das ölige Reaktionsprodukt enthält außer etwa 80% Nitrocyclohexan eine Reihe von Nebenprodukten, von denen die folgenden isoliert wurden:

C_6-Verbindungen.

1. Niedriger siedend als Nitrocyclohexan:

a) Cyclohexanon;   c) Cyclohexyl-nitrit;
b) Cyclohexanol;   d) Cyclohexyl-nitrat.

2. Höher siedend als Nitrocyclohexan:

a) Δ 1,2-Nitro-cyclohexen, das sich großenteils wohl erst während der Aufarbeitung bildet aus den sehr labilen Dinitrocyclohexanen;

b) Dinitro-cyclohexane, wahrscheinlich einem Gemisch von Isomeren, aus welchem unverändert nur 1,1-Dinitrocyclohexan isoliert wurde;

c) höher nitrierte Verbindungen, Trinitrocyclohexane enthaltend, die jedoch wegen ihrer Zersetzlichkeit in der Wärme nicht rein abgetrennt wurden. Als ein weiteres Umwandlungsprodukt solcher und ähnlicher Verbindungen ist Pikrinsäure anzusehen, die in sehr geringer Menge aus der wäßrigen salpetersauren Phase isoliert werden konnte.

Die partielle Reduktion von Nitrocyclohexan zum Cyclohexanonoxim gemäß der Formel

$$C_6H_{11}NO_2 + H_2 \rightarrow C_6H_{10}{=}NOH$$

ist an sich längst bekannt[1]. Sie wurde mit Sn-II-chlorid durchgeführt. Technisch kommt aber nur die katalytische Reduktion oder ein billigeres Reduktionsmittel in Frage. GRUNDMANN[2] konnte durch Verwendung von Ag—Zn—Cr-Katalysatoren Ausbeuten bis 64% Oxim erreichen. Nach dem AP. 2 634 269 von Dupont soll Nitrocyclohexan durch Borphosphatkatalysatoren bei 250—450° direkt in Lactam übergehen. Da die Lactambildung aus Nitrocyclohexan aber einen Reduktionsvorgang darstellt, kann dieses Verfahren kaum glatt verlaufen.

2. Darstellung höherer Aminocarbonsäuren.

Wie bereits auf S. 29 erwähnt, sind die höheren Homologen der ε-Aminocapronsäure bis jetzt schwer zugänglich. Die von MANASSE[3] und I. v. BRAUN[4] angegebenen Darstellungsmethoden für ω-Aminoheptansäure sind technisch undiskutabel. Die einzige höhere Aminocarbonsäure, die bereits praktisch eingesetzt wird, ist die ω-Aminoundecansäure, die durch thermische Spaltung von Ricinusöl, gemäß dem auf S. 68 angegebenen Schema VI und VII, erhalten sind. Die bei diesem Verfahren gebildete Undecylensäure liefert durch Anlagerung von Bromwasserstoff die ω-Bromundecansäure, die durch Umsetzung mit wäßrigem Ammoniak in ω-Aminoundecansäure übergeht. Diese bildet farblose Kristalle vom Schmelzpunkt 185° und läßt sich durch Erhitzen in ein wertvolles Polykondensat überführen (Rilsan, s. S. 30).

B. Dicarbonsäure-Diamin-Typus.

Die niederen Dicarbonsäuren, wie Oxalsäure, Malonsäure, Bernsteinsäure spielen in der Polyamidherstellung keine Rolle. Erst die höheren Glieder, beginnend mit der Adipinsäure, haben technische Bedeutung. Von diesen ist die Adipinsäure selbst weitaus die wichtigste.

1. Darstellung der Dicarbonsäuren.
a) Adipinsäure.

Adipinsäure wird großtechnisch durch Oxydation von Cyclohexanol mit 50%iger HNO_3 hergestellt. Man arbeitet dabei nach folgender Vorschrift:

In einem mit Kühlschlange und Mantelkühlung versehenen Behälter aus V 2A-Stahl werden 2,5 m³ 54%ige Salpetersäure und 3,5 m³ Mutterlauge (vom vorhergehenden Ansatz mit etwa 54% HNO_3 Gehalt) gemischt und bei 45° 1025 kg Cyclohexanol in 3 Portionen unter Rühren

---

[1] KONOWALOW: B. 1, 597 (1899).
[2] GRUNDMANN: Angew. Chem. 1950, 559.
[3] MANASSE: B. 35, 1367 (1902).
[4] BRAUN, I. v.: B. 40, 1840 (1907).

zugegeben: In der 1. Stunde 500 kg bei 65—68°, in der 2. Stunde 375 kg bei 68°, in der 3. Stunde 150 kg bei 68—70°. Nach weiterem $^1/_2$stündigem Rühren wird auf 20° abgekühlt und die ausgeschiedene Rohsäure auf einer V 2 A-Nutsche abgesaugt. Man erhält 1600—1700 kg Säure neben 4600 Liter Mutterlauge. Die Adipinsäure wird mit 1200 Litern kaltem Kondenswasser gewaschen, die Mutterlauge im Vakuum auf 3500 Liter eingedampft, mit konzentrierter Salpetersäure auf 54% HNO_3 eingestellt und wieder eingesetzt.

Zur Reinigung wird die Rohsäure (1600 kg) in 2000 Liter Waschwasser + 1500 Liter Kondenswasser bei 80° gelöst und nach Filtration im Vakuumkühler auf 20° herunter gekühlt. Die ausgeschiedene Säure wird mit 400 Liter Kondenswasser gewaschen und bei 80° getrocknet. Man erhält 1200 kg Reinsäure. Die Waschwässer werden wieder eingesetzt.

Die reine Säure schmilzt bei 153°. Sie muß sich farblos in Wasser lösen und eine farblose Schmelze geben. Anwesende Nitrokörper bewirken Verfärbung. Die nach diesem Verfahren erhaltene Säure entspricht den gestellten Anforderungen, falls der Stickstoffgehalt nicht über 0,1% liegt. Für die praktische Prüfung auf Brauchbarkeit muß die Säure einstündiges Erhitzen ohne Verfärbung ertragen. In USA. hat man zeitweise nach dem Verfahren der IG. [DRP. 597973 IG. (1933), AP. 2005183] Adipinsäure durch Oxydation von Cyclohexanon mit Luftsauerstoff in Eisessiglösung unter Verwendung von Cobaltacetat als Katalysator hergestellt. Dabei fällt eine sehr reine Adipinsäure an, doch ist das Verfahren infolge der auftretenden Korrosionsprobleme in Deutschland nie zu praktischer Bedeutung gelangt.

Der hohe Preis des Phenols hat viele Unternehmen veranlaßt, Verfahren zur Adipinsäureherstellung auf anderer Basis zu suchen. Als Ausgangsprodukt kommt dabei in erster Linie das Cyclohexan in Frage, das durch Hydrierung von Benzol leicht zugänglich ist. Nach der Patentanmeldung D 4397/12 b der Dehydag (Belg. Pat. 445813, Franz. Pat. 874369) läßt sich Adipinsäure aus Cyclohexan in einem Kreislaufverfahren bei Temperaturen über 50° gegebenenfalls unter Druck und in Gegenwart von Oxydationskatalysatoren herstellen. Das Verfahren liefert Ausbeuten von über 90° an reiner Adipinsäure.

Ähnlich wie Cyclohexan läßt sich auch Cyclohexen mit Salpetersäure zu Adipinsäure oxydieren. Da Cyclohexen aber durch Wasserabspaltung aus Cyclohexanol oder durch HCl-Abspaltung aus Cyclohexylchlorid hergestellt werden muß, kommt diesem Verfahren keine größere Bedeutung zu.

Unter den phenolfreien Verfahren zur Herstellung von Adipinsäure erscheint die Anlagerung von Kohlenoxyd an Tetrahydrofuran unter dem katalytischen Einfluß von Nickelkarbonyl und Nickeljodid interessant, die nach folgendem Schema in 2 Stufen erfolgt:

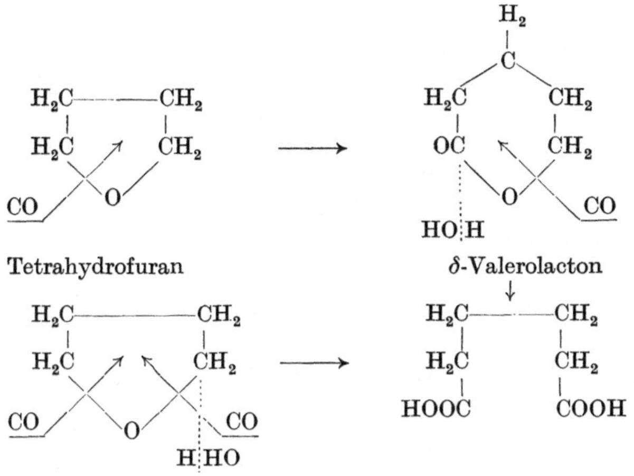

$$H_2C{-}{-}CH_2,\ H_2C{-}CH_2,\ CO{-}O \longrightarrow$$

Tetrahydrofuran

$$H_2{-}C,\ H_2C{-}CH_2,\ OC{-}CH_2,\ HO{:}H{-}O{-}CO$$

δ-Valerolacton

$$H_2C{-}{-}CH_2,\ H_2C{-}CH_2,\ CO{-}O{-}CO,\ H{:}HO \longrightarrow$$

Tetrahydrofuran

$$H_2C{-}{-}CH_2,\ H_2C{-}CH_2,\ HOOC{-}COOH$$

Adipinsäure

Die Reaktion verläuft praktisch aber nicht so glatt wie aus dem Schema hervorgeht. Neben der Adipinsäure entsteht noch n- und Iso-Valeriansäure, α-Methylglutarsäure, Dimethyl- und Äthylbernsteinsäure, α-, γ-Methylbutyrolacton[1].

Bei dieser Reaktion spielt freier Jodwasserstoff als Katalysator die entscheidende Rolle. Nach diesem Verfahren sollen Adipinsäureausbeuten von 70—80% der Theorie erreicht werden. Die freiwerdende Jodwasserstoffsäure verursacht starke Korrosion der Reaktionsgefäße und kann bisher nur in platinierten oder mit Tantal ausgekleideten Gefäßen durchgeführt werden. Technische Bedeutung dürfte diesem Verfahren kaum zukommen, nachdem die direkte Oxydation von Cyclohexan bessere Ergebnisse liefert und vom wirtschaftlichen Standpunkt weit überlegen ist[2].

b) Pimelinsäure.

Diese kann durch Aufspaltung von Salicylsäure oder durch Alkalischmelze von Tetrahydrobenzonitril, das aus Butadien und Acrylnitril nach der DIELS-ALDERschen Synthese leicht zugänglich ist, erhalten werden.

Für Korksäure und Azelainsäure sind noch keine technisch brauchbaren Verfahren bekannt. Die Darstellung von Korksäure aus Cyclooctatetraen nach REPPE [Neue Entwicklungen auf dem Gebiet der Chemie des Acetylens und Kohlenoxyds, S. 73 (1949)] ist vorläufig noch zu teuer. Das gleiche gilt für die jenseits der Sebacinsäure liegenden Dicarbonsäuren mit längerer Kohlenstoffkette. Für Spezialzwecke könnten diese Säuren von Interesse sein.

---

[1] Patentanmeldung I 68810 (IG.) vom 5. 2. 1941; Patentanmeldung I 72605 (IG.) vom 26. 6. 1942.

[2] Eine ausführliche Darstellung der technischen Verfahren zur Herstellung von Adipinsäure. KÜRZINGER, S. A.: Ullmanns Encyclopädie der Technischen Chemie, Bd. 3, S. 92. 1953.

c) Sebacinsäure.

Von den höheren Dicarbonsäuren wird nur noch Sebacinsäure für die Herstellung von Polyamiden in technischem Maßstabe herangezogen. Ausgangsprodukt ist das Ricinusöl, das durch Alkalischmelze in Sebacinsäure und Oktanol-2 gespalten wird. Das Verfahren erlaubt die Herstellung von Sebacinsäure zu einem Preis, der in normalen Zeiten mit dem der Adipinsäure durchaus konkurrieren kann.

Der Mechanismus der Ricinusölspaltung ist erst in den letzten Jahren aufgeklärt worden und verläuft in 2 Stufen[1]:

$$CH_3(CH_2)_5CH(OH)CH_2 \cdot CH : CH(CH_2)_7COOH$$
$$(I)$$

$$A. \quad CH_3(CH_2)_5CO \cdot CH_3 + CH_2(OH)(CH_2)_8COOH$$
$$(II) \qquad\qquad (III)$$

$$B. \quad CH_3(CH_2)_5CH(OH){-}CH_3 + COOH(CH_2)_8COOH + H_2$$
$$(IV) \qquad\qquad (V)$$

Die Reaktion A verläuft bei Temperaturen unter 200° C und führt zur Bildung von Methylhexylketon (II) und zu ω-Oxydecansäure (III). Bei höheren Temperaturen führt die Umsetzung dieser beiden Verbindungen zu Caprylalkohol (Oktanol-2 = IV) und zu Sebacinsäure. Offenbar wird die Oxydecansäure durch das Keton unter Entwicklung von Wasserstoff oxydiert.

Andere Darstellungsmethoden von Sebacinsäure sind bekannt, haben jedoch keine praktische Bedeutung erlangt, wie z.B. die Trockendestillation von Ricinolsäure bzw. ihres Glycerids, die nach folgendem Schema verläuft:

$$CH_3(CH_2)_5CH(OH)CH_2{-}CH{=}CH(CH_2)_7COOH$$
$$CH_3(CH_2)_5CHO + CH_2 : CH(CH_2)_8COOH$$
$$(VI) \qquad\qquad (VII)$$

Die Reaktion zwischen Heptylaldehyd VI und Undecylensäure VII verläuft anders als die zwischen Methylhexylketon und ω-Oxydecansäure, so daß für die Überführung der Undecylensäure VII in Sebacinsäure eine Nachoxydation mit Salpetersäure oder Bichromat notwendig ist[2]. Die Undecylensäure selbst ist für die Polyamidherstellung von praktischem Interesse, da sie durch Anlagerung von Bromwasserstoff in ω-Bromundecansäure und nachfolgende Behandlung mit Ammoniak in ω-Aminoundecansäure übergeht, die als Ausgangsprodukt für das Polyamid Rilsan dient[3].

Für die technische Herstellung der Sebacinsäure durch alkalische Spaltung von Ricinusöl sind folgende Bedingungen als vorteilhaft angegeben worden:

---

[1] HARGREAVES, G. H., u. L. N. OWEN: J. Chem. Soc. **1947**, 753—756.

[2] BUSSY u. LECANU: C. R. Acad. Sci., Paris **21**, 84. — J. Pharmac. Chim. **8**, 321 (1845). — BUIS: Ann. Chim. Phys. **44**, 77 (1855). — KRAFFT, F.: B. **10**, 2034 (1877); **11**, 2218 (1878). — NEISON, E.: J. Chem. Soc. **27**, 507, 837 (1874).

[3] FP. 958178.

1. Anwendung von konzentrierten Alkalilösungen bei Temperaturen über 240° und höherem Druck[1].

2. Langsame Alkalizugabe zur Verhinderung des Schäumens[2].

3. Ausführung der Reaktion in 2 Stufen: a) zu ω-Oxydecansäure; b) Oxydation der letzteren zu Sebacinsäure.

4. Zusatz von Schaumverhütungsmitteln[3].

Die nach der Alkalispaltung des Ricinusöls erhaltene Lösung wird durch Zugabe von Mineralsäure auf ein p_H von 5,5—6 gestellt, wobei sich unveränderte Fettsäuren abscheiden. Durch Filtration und Behandlung der Lösung mit Tierkohle erhält man eine farblose Lösung, die beim Ansäuern eine 98—99%ige Sebacinsäure liefert. Diese schmilzt bei 131° und bildet weiße Kristalle. Der Siedepunkt liegt bei 294,5° bei 100 mm.

Die Herstellung von Sebacinsäure durch Elektrolyse des Halbesters der Adipinsäure ist eingehend studiert worden[4], kann aber mit der Ricinusölspaltung nicht konkurrieren. Diese Synthese verläuft nach folgender Formel:

$$2\,C_2H_5OOC(CH_2)_4COO— \;\rightarrow\; C_2H_5OOC(CH_2)_8COOC_2H_5 + 2\,CO_2.$$

2. Darstellung der Diamine.

Hierfür ist die weitaus beste Darstellungsmethode die katalytische Hydrierung der entsprechenden Dinitrile, die nach dem allgemeinen Schema

$$CN—R—CN + 4\,H_2 \rightarrow NH_2CH_2—R—CH_2NH_2$$

verläuft. Die Umsetzung von Dichloriden mit Ammoniak nach der Gleichung:

$$Cl—R—Cl + 4\,NH_3 \rightarrow NH_2—R—NH_2 + 2\,NH_4Cl$$

verläuft mit nur unbefriedigenden Ausbeuten.

Unter den für die Polyamidherstellung brauchbaren Diaminen sind nur die höheren Glieder von technischer Bedeutung. Das erste Glied aus der homologen Reihe der Diamine, das spinnbare Polyamide liefert, ist das Tetramethylendiamin. Es kann auf folgendem Weg dargestellt werden:

$$CH_2{=}CH—CN + HCN \rightarrow NC—CH_2—CH_2—CN \xrightarrow{H_2} H_2N—CH_2—CH_2—CH_2—CH_2—NH_2.$$

Die Anlagerung von Blausäure an Acylnitril verläuft bei Anwesenheit geringer Mengen von Cyankalium bei 100° sehr glatt. Die Hydrierung des Bernsteinsäuredinitrils zum Tetramethylendiamin erfordert höhere Drucke und muß in Gegenwart von Ammoniak durchgeführt werden,

---

[1] USP. 2182056 u. 2217516.

[2] USP. 2217516 u. BP. 534322.

[3] USP. 2217515.

[4] C.I.O.S., File No. XXXIII—50, Synthetic Fibre Developments in Germany, Teil II, S. 743—745. — Patentanmeldung B 6754/120 (BASF) vom 2. 12. 1942. — Patentanmeldung B 6383/120 (BASF) vom 1. 12. 1942.

um die Pyrrolidinbildung zurückzudrängen. Bis jetzt hat das Tetramethylendiamin noch keine technische Bedeutung als Baustein für Polyamide erlangt.

Bedeutend wichtiger sind die höheren Diamine, vor allem das Hexamethylendiamin.

Darstellung von Hexamethylendiamin.

$$NC-(CH_2)_4-CN + 4H_2 \rightarrow NH_2 \cdot CH_2(CH_2)_4 \cdot CH_2 \cdot NH_2.$$

Das aus Adipinsäure und Ammoniak oder aus 1,4-Dichlorbutan und NaCN hergestellte Adipinsäuredinitril kann sowohl in der flüssigen Phase, wie in der Dampfphase zu Hexamethylendiamin hydriert werden. Beide Verfahren lassen sich kontinuierlich durchführen. Als Katalysator wird hauptsächlich Raney-Kobalt verwendet. Die Reaktionstemperatur beträgt etwa 160°. Dabei findet teilweise eine Ammoniakabspaltung aus dem Diamin statt, die zur Bildung von Hexamethylenimin Veranlassung gibt.

$$\begin{array}{ccc} CH_2{-}{-}{-}CH_2 & & CH_2{-}{-}{-}CH_2 \\ | \quad\quad | & & | \quad\quad | \\ CH_2 \quad CH_2 & \longrightarrow NH_3 + & CH_2 \quad CH_2 \\ | \quad\quad | & & | \quad\quad | \\ CH_2 \quad CH_2 & & CH_2 \quad CH_2 \\ \diagdown \quad \diagup & & \diagdown \quad \diagup \\ NH_2 \quad NH_2 & & NH \end{array}$$

Zur Zurückdrängung der Ammoniakabspaltung führt man daher die Hydrierung in Gegenwart von wasserfreiem Ammoniak aus.

Das Hexamethylendiamin bildet bei gewöhnlicher Temperatur eine farblose aminähnlich riechende Masse, die bei 39—40° schmilzt und bei 20 mm bei 100° destilliert.

Die Herstellung höherer Diamine, wie des Okta- und Decamethylendiamins erfolgt unter denselben Bedingungen. Sie sind auch durch HOFMANNschen Abbau aus den entsprechenden Dicarbonsäurediamiden zugänglich.

3. Die Herstellung der Dinitrile

kann nach folgendem Verfahren erfolgen:

1. Aus der Dicarbonsäure und Ammoniak über wasserabspaltenden Kontakten gemäß dem Schema:

$$COOH-R-COOH + 2NH_3 \rightarrow CN-R-CN + 4H_2O.$$

Diese Reaktion verläuft mit befriedigenden Ausbeuten und stellt die einfachste und daher wirtschaftlichste Art zur Herstellung von Dinitrilen dar. Sie wird zur Gewinnung des Adipinsäuredinitrils in USA. und anderen Ländern in großem Maßstab ausgeübt.

Dinitrile können auch durch direktes Einleiten von Ammoniak in geschmolzenen Dicarbonsäuren bei höherer Temperatur erhalten werden.

2. Durch Umsetzung von Dichlorverbindungen mit Cyaniden nach dem Schema

$$Cl—R—Cl + 2\,NaCN \rightarrow CN—R—CN + 2\,NaCl.$$

Diese schon von HENRY 1885 für die Bromderivate beschriebene Reaktion wird sowohl in USA. wie in Deutschland praktisch ausgeübt, wobei man in Deutschland von Acetylen und in USA. von Furfurol ausgeht, gemäß nachfolgendem Schema:

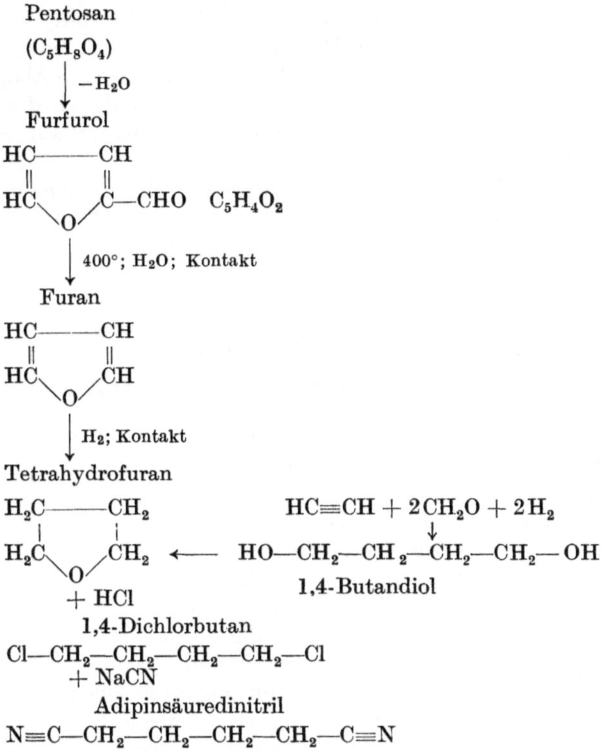

Pentosan

$(C_5H_8O_4)$

$\downarrow\ -H_2O$

Furfurol

$C_5H_4O_2$

$\downarrow\ 400°;\ H_2O;\ Kontakt$

Furan

$\downarrow\ H_2;\ Kontakt$

Tetrahydrofuran

$$HC\equiv CH + 2\,CH_2O + 2\,H_2$$
$$\downarrow$$
$$HO—CH_2—CH_2—CH_2—CH_2—OH$$

1,4-Butandiol

$+ HCl$

1,4-Dichlorbutan

$$Cl—CH_2—CH_2—CH_2—CH_2—Cl$$
$+ NaCN$

Adipinsäuredinitril

$$N\equiv C—CH_2—CH_2—CH_2—CH_2—C\equiv N$$

Bei diesem Verfahren bedeutet der Umweg über die Chlorverbindung eine erhebliche Verteuerung, so daß es nur in Zeiten der Phenolverknappung mit dem obigen konkurrieren kann. Für die Herstellung höherer Dinitrile ist der Weg über die Dichlorverbindung im Laboratorium weitaus der einfachste.

So lassen sich nach dieser Methode die Dinitrile der Korksäure und Sebacinsäure über die entsprechenden Dichlorverbindungen leicht herstellen.

Herstellung von Adipinsäuredinitril.

1. Aus Adipinsäure.

Geschmolzene Adipinsäure wird mit einem 6fachen Überschuß von heißem Ammoniakgas (380°) über einen stückigen Katalysator von

Borphosphat bei 400° geleitet. Aus dem durch Kühlung abgeschiedenen Produkt werden durch Destillation 75% d. Th. reines Dinitril gewonnen. Sp/20 mm, 180—182°, $d_{19}^{19} = 0{,}951$, FP. $+1°$.

2. Aus 1,4-Dichlorbutan.

Durch Erhitzen von 1.4-Butandiol oder Tetrahydrofuran mit HCl in einer Platinapparatur erhält man in glatter Reaktion 1,4-Dichlorbutan. Durch Umsetzung mit feingepulvertem Natriumcyanid im Venuleth-Apparat erhält man daraus Adipinsäuredinitril in über 80%iger Ausbeute. An Stelle des Butandiols bzw. Tetrahydrofurans verwendet man in USA. das aus Pentosanen leicht und billig zugängliche Furfurol als Ausgangsmaterial. Durch katalytische Abspaltung der Aldehydgruppe gewinnt man daraus Furan und durch dessen Hydrierung Tetrahydrofuran, dessen weitere Verarbeitung auf Adipinsäuredinitril in der oben beschriebenen Weise erfolgt.

Neuerdings wird in USA. Adipinsäuredinitril aus dem billig zugänglichen Butadien hergestellt. Durch Addition von Chlor in 1,4-Stellung erhält man das 1,4-Dichlorbuten und daraus durch Hydrierung 1,4-Dichlorbutan, das in Adipinsäuredinitril übergeführt wird.

C. Polyurethane.

1. Herstellung der Polyisocyanate (Desmodure).

Für die technische Herstellung der Polyisocyanate kommt nur die Umsetzung der Polyamine mit Phosgen in Frage, die in 4 Varianten durchgeführt werden kann:

a) Die Phosgenierung der Base;
b) die Phosgenierung des Aminchlorhydrats;
c) die Phosgenierung in der Gasphase;
d) die Phosgenierung der Carbaminsäure.

Außer dem Verfahren c) müssen alle Verfahren in Gegenwart organischer Lösungsmittel durchgeführt werden (Kohlenwasserstoffe oder Chlorkohlenwasserstoffe). Am besten arbeitet man mit den Chlorhydraten der Base, um die Bildung von Harnstoffen und unlöslichen Nebenprodukten zu vermeiden. Zweckmäßig trägt man das Diamin in der Kälte in die Phosgen-Chlorbenzollösung ein und erhitzt nach Beendigung der Hauptreaktion unter Einleiten von Phosgen bis völlige Lösung eingetreten ist. Die weitere Aufarbeitung erfolgt durch fraktionierte Destillation.

Einfache aromatische Diamine lassen sich auch in der Gasphase bei 400° mit Phosgen glatt zu den Diisocyanaten umsetzen. Bei dem Carbaminsäureverfahren wird die Lösung von Hexamethylendiamin in o-Dichlorbenzol mit Kohlensäure gesättigt, wobei sich primär ein Polycarbaminat gallertig abscheidet, das beim Einleiten von Phosgen unter CO_2-Entwicklung in das Carbaminsäurechlorid übergeht. Dieses läßt sich bei höherer Temperatur mit Phosgen in das Diisocyanat überführen. Unter den Polyisocyanaten haben hauptsächlich die folgenden technische Anwendung gefunden:

Brauchbare und technisch herstellbare Diisocynate.

Desmodur M

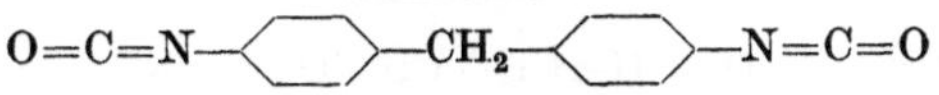

$$O{=}C{=}N-\langle\ \rangle-CH_2-\langle\ \rangle-N{=}C{=}O$$

Desmodur HH

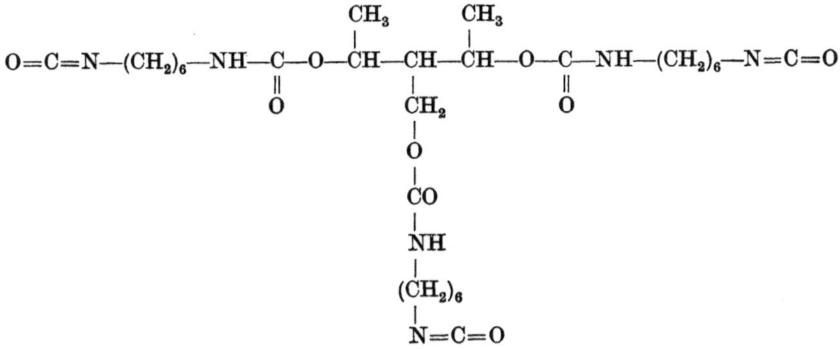

$$O{=}C{=}N-(CH_2)_6-NH-\underset{\underset{O}{\|}}{C}-O-CH-\underset{\underset{CH_2}{|}}{CH}-CH-O-\underset{\underset{O}{\|}}{C}-NH-(CH_2)_6-N{=}C{=}O$$

with CH_3 substituents on the outer CH groups, and the central CH_2 branch continuing:

$$CH_2-O-CO-NH-(CH_2)_6-N{=}C{=}O$$

Desmodur A

$$\begin{array}{c} N{=}C{=}O \\ | \\ CH-CH_3 \\ \langle\text{benzene ring}\rangle \\ N{=}C{=}O \end{array}$$

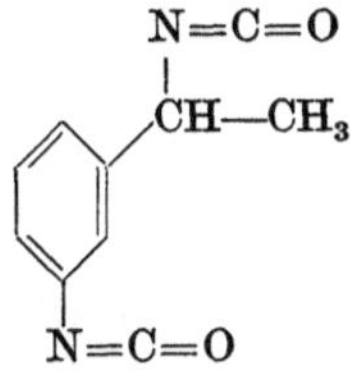

Desmodur H

$$O{=}C{=}N-(CH_2)_6-N{=}C{=}O$$

Desmodur O = polymerisiertes Desmodur H

Desmodur TZ

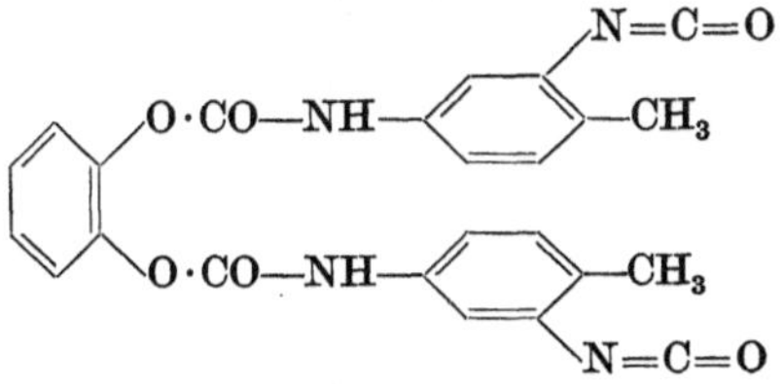

$$\begin{array}{c} O\cdot CO-NH-\langle\ \rangle \begin{array}{l} N{=}C{=}O \\ CH_3 \end{array} \\ \langle\text{benzene ring}\rangle \\ O\cdot CO-NH-\langle\ \rangle \begin{array}{l} CH_3 \\ N{=}C{=}O \end{array} \end{array}$$

Desmodur TT

$$H_3C-\langle\ \rangle\begin{array}{c} O \\ \| \\ C \\ N \diagdown \diagup N \\ C \\ \| \\ O \end{array}\langle\ \rangle-CH_3$$

with $N{=}C{=}O$ groups on both rings.

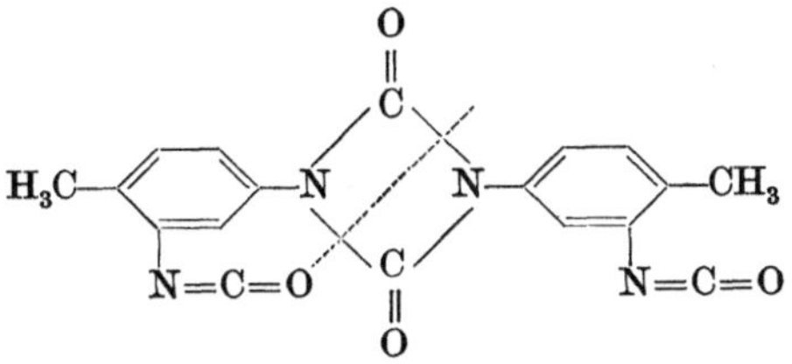

Ausgangsprodukte für die Polyamide.

Desmodur TH

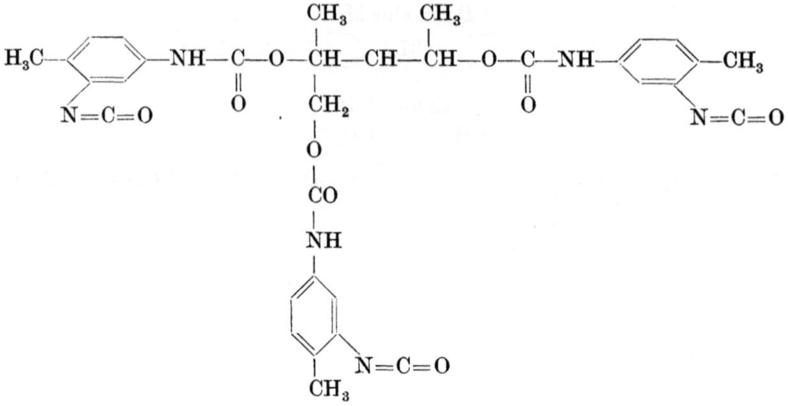

Desmodur X

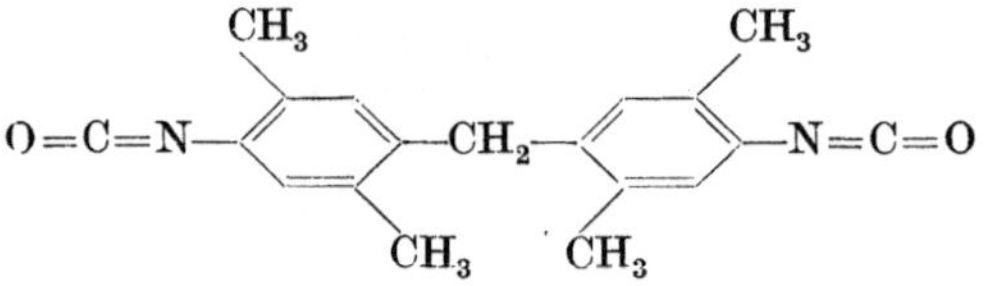

Desmodur DR

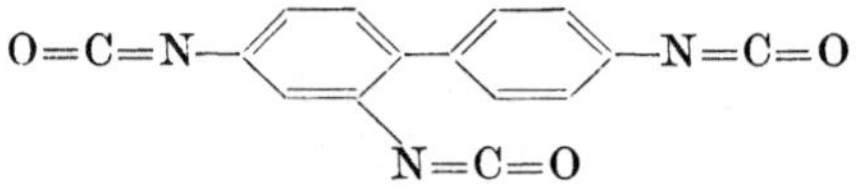

Desmodur R

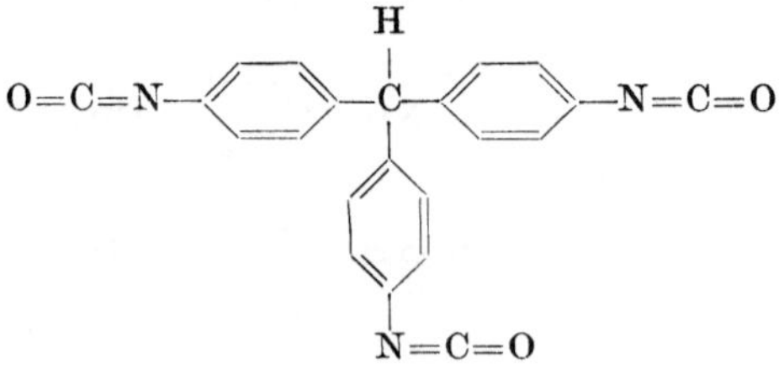

Desmodur T

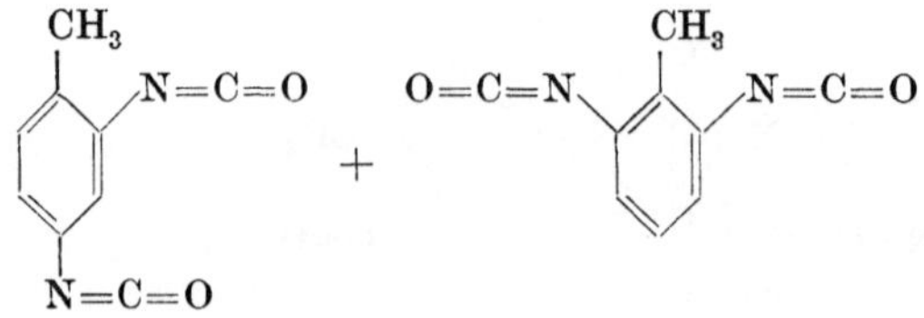

Desmodur C

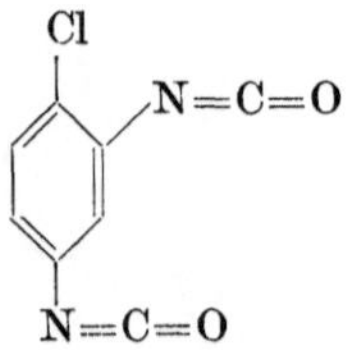

Desmodur 15

$$N=C=O$$

Desmodur S

$$O=C=N \cdot (CH_2)_3 \cdot S \cdot (CH_2)_3 N=C=O$$

$$O=C=N$$

2. Darstellung der Polyester.

Die Herstellung der wichtigsten Polyester (Desmophene) erfolgt durch Zusammenschmelzen der entsprechenden Mengen der Diole bzw. Triole mit den Polycarbonsäuren unter Abdestillieren des abgespaltenen Wassers bis der nötige Veresterungsgrad erreicht ist. Die wichtigsten Desmophene sind in folgender Tabelle zusammengestellt:

Tabelle 33. *Zusammenstellung der wichtigsten Desmophene.*
(Die OH-Zahl liegt zwischen 130—325, d.h. 4—10 g OH in 100 g Substanz.)

	Kombination mit Desmodur
Desmophen 1200 = Polyester aus 3 Mol Adipinsäure + { 1 Mol Triol[1] { 3 Mol Butylenglykol	hochelastisch
Desmophen 1100 = Polyester aus 13 Mol Adipinsäure + { 2 Mol Triol { 3 Mol Butylenglykol	
Desmophen 900 = Polyester aus 13 Mol Adipinsäure + 4 Mol Triol	
Desmophen 800 = Polyester aus 2,5 Mol Adipinsäure } 0,5 Mol Phthalsäure } + 4 Mol Triol	
Desmophen 300 = Kondensationsprodukt aus 1 Teil Desmophen 900 + 1 Teil Xylolformaldehydharz	
Desmophen 200 = Polyester aus 1,5 Mol Adipinsäure } 1,5 Mol Phthalsäure } + 4 Mol Triol	sehr hart

V. Chemische und physikalische Charakterisierung der Polyamide.

Für die Charakterisierung der Polyamide ist die Bestimmung der Viscosität der Lösungen ein wichtiges Kriterium[2]. In den angelsächsischen Ländern wird hierfür die Intrinsic viscosity benutzt, die nach folgender Gleichung berechnet wird:

$$J = \frac{\log \dfrac{f_e}{f_0}}{C},$$

---

[1] Triol = Glycerin, Hexantriol, Trimethylolpropan usw.
[2] LOEPELMANN: Faserforsch. u. Textiltechn. **1952**, 58.

wobei f_s die Ausflußzeit der 1%igen Lösung, f_0 die Ausflußzeit des reinen Lösungsmittels und C die Konzentration des Polymeren in Gramm in 100 cm³ Lösungsmittel bedeutet. Als Lösungsmittel wurde von CAROTHERS m-Kresol vorgeschlagen, doch wird in der Praxis fast ausschließlich konzentrierte Schwefelsäure benutzt, die bei den normalen Temperaturen Polyamide unverändert löst. Als untere Grenze für technisch brauchbare Polyamide liegt der Wert für J bei 0,4. Die technisch verwendeten Polyamide haben aber wesentlich höhere intrinsic viskosities, die bei Perlon und Nylon bei 1—1,5 liegen.

Wie alle synthetischen makromolekularen Stoffe stellen auch die Polyamide Gemische von Polymerhomologen dar, die sich durch fraktionierte Fällung in verschiedene Fraktionen zerlegen lassen. Das Durchschnittsmolekulargewicht läßt sich durch fortgesetzte Kondensation stark erhöhen. Wenn die Ausgangsstoffe in genau äquimolekularen Mengen unter dauernder Entfernung des abgespalteten Wassers erhitzt werden, lassen sich sehr hohe Polymerisationsgrade erzielen. Überschüssiges Diamin oder überschüssige Dicarbonsäure wirken als Kettenabbrecher und durch Dosierung ihrer Menge läßt sich das Molekulargewicht in weiten Grenzen variieren und man hat es dadurch in der Hand, die Kondensation an jedem gewünschten Punkt abzubrechen. In der Praxis werden als Kettenabbrecher Essigsäure oder Adipinsäure in Mengen von 0,1—2% verwendet, Stabilisierung der Viscosität durch Kettenabbrecher ist besonders für die Verspinnung von Polyamiden wichtig, damit während des Spinnvorganges keine Änderungen der Viscosität eintreten, die zu empfindlichen Störungen führen würden.

1. Molekulargewicht, Molekülstruktur, Orientierbarkeit.

Die technische Verwertbarkeit der Polyamide und Polyurethane ist an einen Mindestkondensationsgrad gebunden, der im allgemeinen einem durchschnittlichen Molekulargewicht von etwa 7000—8000 oder einem K-Wert von etwa 50—55[1], dem in der Technik üblichen Maß für die Eigenviscosität von Lösungen hochmolekularer Stoffe, entspricht. In gleichem Maße, wie der Kondensationsgrad unter diese Grenzwerte absinkt, verlieren die Produkte mehr und mehr an Festigkeit und büßen ihren Kunststoffcharakter schließlich völlig ein.

Die im Handel befindlichen Polyamid- und Polyurethankunststoffe weisen meist Molgewichte auf, die zwischen 10000—20000 schwanken[2]. Bemerkenswert ist dabei, daß diese Molgewichte im Vergleich zu denen der meisten anderen hochmolekularen Stoffe als außerordentlich niedrig zu bezeichnen sind.

Hinsichtlich des Molekülbaues gehören die linearen Polykondensate zu den Hochmolekularen mit Micellarstruktur, d.h. die an sich amorphe Grundsubstanz ist in mehr oder weniger starkem Maße mit kristallinen Bereichen durchsetzt, auch wenn das Material zuvor keiner Orientierung

---

[1] FIKENTSCHER, H.: Die Messung der Viscosität solvatisierter Sole. Ludwigshafen: I. G. Farbenindustrie A.G. 1941.

[2] Vgl. auch STAUDINGER, H., u. H. JÖRDER: J. prakt. Chem. **160**, 176 (1942).

durch äußere Kräfte unterworfen wurde. Der Nachweis für das Vorhandensein kristalliner Bestandteile ist in zahlreichen experimentellen Arbeiten erbracht worden. Besonders wertvolle Dienste leistete hierbei die röntgenographische Untersuchung[1], wie sie bereits vorher erfolgreich bei Polyestern angewandt wurde[2]. Später hat M. HERBST ebenfalls durch röntgenographische Untersuchungen an Polyamiden gezeigt, daß es sich bei den beobachteten sog. Sphärolithen tatsächlich um kristalline Gebilde handelt[3].

Zu im wesentlichen ähnlichen Anschauungen über den Aufbau von Sphärolithen bei Polyamiden und Polyurethanen gelangte W. BRENSCHEDE[4] auf Grund optischer Untersuchungen. Ebenfalls durch optische Untersuchungen konnten von R. GABLER[5] an erstarrten Polyamidschmelzen und -kristallisaten aus Lösungen, sowie von JENCKEL und WILSING[6], die die Schmelz- und Erstarrungsvorgänge bei Polyurethanen studierten, kristalline Gebilde beobachtet werden. Schließlich führten auch noch elektronenmikroskopische Untersuchungen an Polykondensaten zu ganz ähnlichen Ergebnissen[7]. In diesem Zusammenhang sei auch auf makroskopisch sichtbare Kristallisationserscheinungen hingewiesen[8], die erstmalig an Hochmolekularen bei Bändern aus Polyaminocapronsäure beobachtet werden konnten.

Auf der besonderen Molekülstruktur der Polyamide und Polyurethane beruht ihre Eigenschaft, sich durch äußere Krafteinwirkung, sei es durch Zug oder durch Druck, bereits bei gewöhnlicher Temperatur vergüten zu lassen. Dieser sog. Kaltstreck- bzw. Reckprozeß, der vorzugsweise an fadenförmigen Gebilden aus Polyamiden und Polyurethanen besonders eingehend studiert und bereits in den ersten CAROTHERSschen Patenten[9] als Charakteristikum der Polyamide beschrieben worden ist, hat eine ganz erhebliche Steigerung der mechanischen Eigenschaften zur Folge.

Durch den Reckprozeß wird eine deutliche Änderung der molekularen Struktur der Polyamide und Polyurethane hervorgerufen. Während in ungerecktem Zustand die einzelnen Fadenmoleküle planlos nebeneinander liegen, erleiden sie beim Recken eine weitgehende Parallelorientierung in bestimmter Richtung, z.B. bei Fasern und Fäden in der

---

[1] HOFF, G. P.: Ind. Engng. Chem. **32**, 1560 (1940). — BRILL, R.: Naturwiss. **29**, 220 (1941). — J. prakt. Chem. **161**, 49 (1942). — Z. physik. Chem., Abt. B **53**, 61 (1943).

[2] FULLER, C. S.: Ind. Engng. Chem. **30**, 472 (1938). — FULLER, C. S., u. C. L. ERICKSON: J. Amer. Chem. Soc. **59**, 344 (1937).

[3] HERBST, M.: Z. Elektrochem. **54**, 318 (1950).

[4] BRENSCHEDE, W.: Kolloid-Z. **114**, 35 (1949). — Z. Elektrochem. **54**, 191 (1950).

[5] GABLER, R.: Naturwiss. **35**, 284 (1948).

[6] JENCKEL, E., u. H. WILSING: Z. Elektrochem. **53**, 5 (1949).

[7] GÜNTHER, F.: Beih. Z. Ver. dtsch. Chem. **47**, 9 (1943).

[8] MÜLLER, A., u. M. HERBST: Kunststoffe **41** (1951).

[9] AP. 2071250, 2071251.

Richtung der Faserachse. Im Röntgenspektrum kommt diese Molekülorientierung deutlich sichtbar zum Ausdruck[1], wie aus nachstehender
Abbildung hervorgeht (Abb. 21).

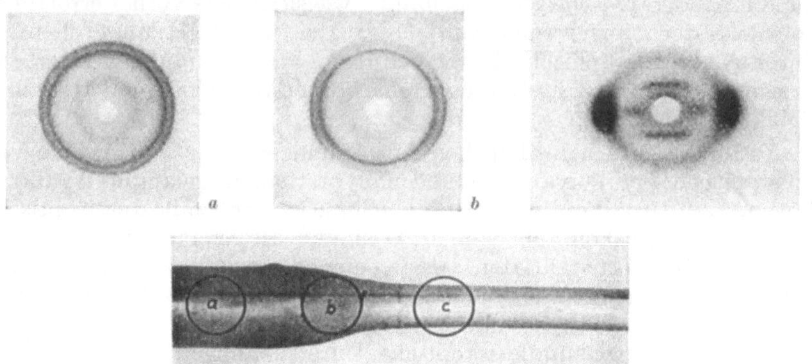

Abb. 21. Molekülorientierung in gereckter Polyamidfaser.

Nach BRILL[2] liegen bei idealer Orientierung CO- und NH-Gruppen
benachbarter Fadenmoleküle einander gerade gegenüber, wie folgende
Darstellung am Beispiel der Polyamide aus Nylon und ε-Aminocapronsäure schematisch veranschaulicht (Abb. 22).

Die hierbei auftretenden Wasserstoffbindungen zwischen den CO- und NH-Gruppen benachbarter Fadenmoleküle werden von BRILL für die hohen Festigkeiten der Polyamide im orientierten Zustand verantwortlich gemacht. Daß diese Deutung in vollem Umfang den tatsächlichen Verhältnissen nicht Rechnung tragen kann, ergibt sich daraus, daß solche Polyamide, ferner Polyester und ähnliche Produkte, bei denen sich infolge Fehlens des erforderlichen H-Atoms Wasserstoffbindungen

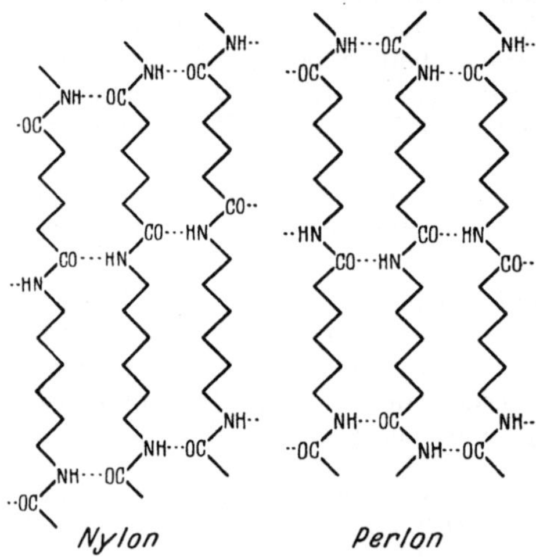

Abb. 22. Orientierung der CO- und NH-Gruppen
bei Nylon und Perlon.

nicht ausbilden können, grundsätzlich in gleicher Weise durch den
Orientierungsprozeß vergütet werden können.

Zu einem ähnlichen Ergebnis wie BRILL gelangen STAUDINGER und
JÖRDER[3], die die hohen Festigkeitseigenschaften der Polyamide in erster

[1] HOFF, G. P.: a. a. O.
[2] BRILL, R.: a. a. O.
[3] STAUDINGER, H., u. H. JÖRDER: J. prakt. Chem. (2) **160**, 176 (1942).

Linie auf die in Richtung der Faserachse zwischen den Carboxylgruppen und den NH-Gruppen wirkenden Hauptvalenzen in Verbindung mit der senkrecht zur Faserachse bestehenden Nebenvalenzverknüpfung der polaren CO- mit den polaren NH-Gruppen, zurückführen. Im Hinblick auf die ebenfalls gute Festigkeit der Polyester wurden von diesen Autoren darüber hinaus auch als Erklärung für die hohen Festigkeiten die besonderen „Spinnbedingungen" bei der Erzeugung der Fäden aus der Schmelze herangezogen. Daß auch diese Vorstellungen nicht in jeder Hinsicht befriedigend sein können, haben Broser, Goldstein und Krüger[1] in ihrer interessanten und ausführlichen Arbeit „Die chemische Konstitution und Kolloidstruktur faserbildender vollsynthetischer Hochpolymerer" gezeigt. Diese Autoren versuchen, die Ursache für die besonderen Eigenschaften der Polyamide und ähnlicher hochpolymerer Stoffe, die sie unter dem Sammelbegriff „mesomere Kettenpolymere" zusammenfassen, von der kolloidchemischen Seite aus zu ergründen, indem sie aus der chemischen Konstitution im Zusammenhang mit der Molekülstruktur mesomerer Kettenpolymerer ein räumliches Modell der Fadenmoleküle aufbauen und deren Kolloidstruktur diskutieren. Hierbei wird auch gleichzeitig eine eingehende und anschauliche Darstellung des Streckungsvorganges bzw. des Gleitvorganges bei mesomeren Kettenpolymeren gegeben in Anlehnung an die allgemeinen Vorstellungen über die Verformung von Einkristallen.

Über das Säure- und Alkalibindungsvermögen der Polyamide.

In der Struktur der Polyamide bestehen mit den natürlichen Proteinfasern wie Wolle und Seide gewisse Analogien, denen andererseits gewisse Unterschiede gegenüberstehen. Am besten kommt dies in der folgenden schematischen Darstellung zum Ausdruck:

$$\begin{matrix} & & & & \text{COOH} & & & \\ & & & & | & & & \\ H_2N\text{—}NHCO\text{—}NHCO\text{—}NHCO\text{—}NHCO\text{—}NHCO\text{—}NHCO\text{—}COOH \\ & | & & & & & | & \\ & NH_2 & & & & & NH_2 & \end{matrix}$$

Wolle

$$H_2N\text{—}NHCO\text{—}NHCO\text{—}NHCO\text{—}NHCO\text{—}COOH$$

Polyamidfaser

■ = 1 Methylengruppe bzw. substituierte Methylengruppe.

■■ = mindestens 4 Methylengruppen.

Sowohl die Polyamide wie die Proteinfasern sind durch periodisch wiederkehrende CONH-Gruppen in Verbindung mit Alkylenresten gekennzeichnet. Bei den Polyamiden sind die CONH-Gruppen im Gegensatz zu den Proteinfasern durch mindestens 4 CH_2-Gruppen getrennt. Außerdem sind bei ihnen nur endständige NH_2- und COOH-Gruppen

---

[1] Broser, W., K. Goldstein u. H.-E. Krüger: Kolloid-Z. **106**, 187 (1944). Vgl. auch Kolloid-Z. **105**, 131 (1943).

vorhanden, die natürlich das Säure- und Alkalibindungsvermögen beeinflussen. In gleicher Weise hängt auch das Bindungsvermögen für Farbstoffsäuren und basische Farbstoffe mit der Anzahl der vorhandenen sauren und basischen Gruppen zusammen.

Für die Bindung von Säuren und Farbsäuren sind die dissoziierten Aminogruppen und für die Bindung von Basen die dissoziierten Carboxylgruppen verantwortlich, so daß im Gleichgewichtszustand die aufgenommenen Säure- und Farbstoffmengen in äquivalentem Verhältnis zueinander stehen. Säuren drängen die Dissoziation der Carboxylgruppen zurück und erhöhen diejenige der Aminogruppen. Bei steigender Alkalität kehren sich diese Verhältnisse um:

$$\overset{+}{N}H_3RCOO^- + H^+ \rightarrow \overset{+}{N}H_3RCOOH$$
$$\overset{+}{N}H_3RCOO^- + OH^- \rightarrow NH_2RCOO^- + H_2O.$$

Demgemäß steigt das Säurebindungsvermögen bei Wolle und Seide mit abnehmenden p_H-Werten an und bleibt bei p_H 0,8—1,3 konstant (ELÖD). Bei den Polyamiden liegen die Verhältnisse ähnlich, indem auch bei ihnen das Säurebindungsvermögen mit fallendem p_H ebenfalls wächst und in dem p_H-Bereich 2,5—5 ziemlich konstant bleibt (PETERS, ELÖD und FRÖHLICH). Die geringere Säureaufnahme bei Polyamidfasern ist darauf zurückzuführen, daß sie weniger reaktionsfähige Aminogruppen enthalten als die Proteinfasern und daher eine Absättigung dieser Gruppen schon bei höheren p_H-Werten möglich ist.

Bei niedrigen p_H-Werten unterhalb 0,8 findet sowohl bei den Proteinfasern wie bei den Polyamiden ein starkes Ansteigen der Säureaufnahme statt, die auf der Ionisation der Iminogruppen beruht:

$$-CONH-CH-CONH-CH-CO- \rightarrow -CO\overset{+}{N}H_2-CH-CO\overset{+}{N}H_2-CH-CO-$$

$$R_1 \qquad R_2 \qquad\qquad R_1 \qquad R_2$$

Wolle

$$-CONH-(CH_2)_x-CONH-(CH_2)_x-CO- \rightarrow$$
$$-CONH_2^+-(CH_2)_x-CONH_2^+-(CH_2)_x-CO-$$

Perlon L

Die Säureabsorption von Polyamiden wurde eingehend von LEMIN studiert. Die Ergebnisse seiner Arbeit finden sich in folgender Tabelle:

Tabelle 34. Absorption von Salzsäure durch Nylon.

p_H der Lösung	Säureäquivalent je kg Nylonfaser	p_H der Lösung	Säureäquivalent je kg Nylonfaser	p_H der Lösung	Säureäquivalent je kg Nylonfaser
1,50	0,0867	2,57	0,0344	4,09	0,0095
1,64	0,0747	2,74	0,0328	4,17	0,0086
1,85	0,0607	2,75	0,0338	4,37	0,0078
2,22	0,0409	2,95	0,0299	4,37	0,0069
2,24	0,0439	2,96	0,0299	4,50	0,0059
2,29	0,0399	3,29	0,0257	4,56	0,0048
2,37	0,0383	3,36	0,0264	4,68	0,0039
2,46	0,0364	3,73	0,0186	4,94	0,0019
2,56	0,0334	3,75	0,0188	4,96	0,0009

Kurvenmäßig lassen sich diese Befunde durch nebenstehendes Diagramm darstellen (Abb. 23).

Das Verhalten der Polyamide gegen Säuren und Laugen wird im 2. Teil des Buches S. 168 von MÜLLER eingehend behandelt. Eine nähere Darstellung dieses Gebietes erübrigt sich daher an dieser Stelle.

2. Polyamide als Polyelektrolyte.

Entsprechend ihrer chemischen Konstitution verhalten sich die Polyamide im polaren Lösungsmittel als typische Polyelektrolyte[1]. Anstatt der erwarteten linearen Beziehung zwischen der relativen Viscosität und Konzentration von Polyamiden, wie sie bei verdünnten Lösungen in m-Kresol[2] in konzentrierter Schwefelsäure[3] oder 90%igen Ameisensäure[4] beobachtet wurde steigt die relative Viscosität von Poly-ε-capronamidlösungen in wasserfreier Ameisensäure bei

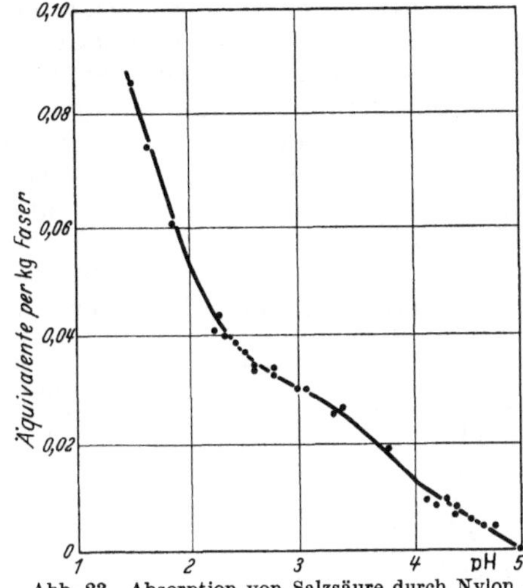

Abb. 23. Absorption von Salzsäure durch Nylon.

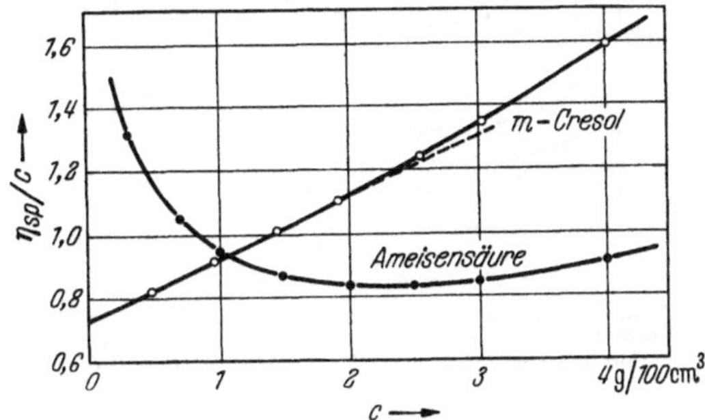

Abb. 24. Änderung der relativen Viscosität von Poly-ε-capronamid in m-Kresol und wasserfreier Ameisensäure mit der Konzentration.

niedrigen Konzentrationen steil an und gibt die charakteristische Kurve des Viscositätsverhaltens von Polyelektrolytlösungen[5]. Dieses Verhalten wird auf den basischen Charakter der Amidgruppen in Ameisensäurelösung zurückgeführt, die zu einem beträchtlichen Teil mit den Lösungsmittelmolekülen gemäß folgender Formel reagieren:

$$\text{—CONH—} + \text{HCOOH} \rightleftarrows \text{CONH}_2^+ + \text{HCOO—} .$$

[1] SCHAEFGEN, J. R., u. C. F. TRIVISONNO: J. Amer. Chem. Soc. **73**, 4580 (1951).

[2] SCHAEFGEN, J. R., u. P. J. FLORY: J. Amer. Chem. Soc. **70**, 2704 (1948). — STAUDINGER, H., u. H. SCHNELL: Makromolekulare Chem. **1**, 44 (1947).

[3] SCHAEFGEN, J. R., u. P. J. FLORY: J. Amer. Chem. Soc. **70**, 2704 (1948). — MATTHES, A.: J. prakt. Chem. **162**, 245 (1943).

[4] TAYLOR, G. B.: J. Amer. Chem. Soc. **69**, 637 (1947).

[5] FUOSS, R. M., u. U. P. STRAUSS: J. Polymer. Sci. **3**, 246 (1948). — FUOSS, R. M., u. G. I. CATHERS: J. Polymer. Sci. **4**, 97 (1949). — FUOSS, R. M.: J. Polymer. Sci. **3**, 603 (1948).

Polyamide in 100%iger Schwefelsäure zeigen ein normales (lineares) Verhalten der relativen Viscositätskonzentrationskurve, vermutlich weil der Hauptanteil der Amidgruppen ionisiert ist. Dieses Verhalten ist auf die verhältnismäßig weitgehende Selbstionisation des Lösungsmittels zurückzuführen. Die Zugabe selbst geringer Mengen von Wasser, das in 100%iger Schwefelsäure als starke Base wirkt, genügt bereits, den polyelektrolytischen Effekt auf die Viscosität weitgehend zu unterdrücken.

Die relative Viscosität in 99,6%iger Ameisensäure von 5 verschiedenen Poly-ε-capronamiden wurde von SCHAEFGEN und TRIVISONNO in

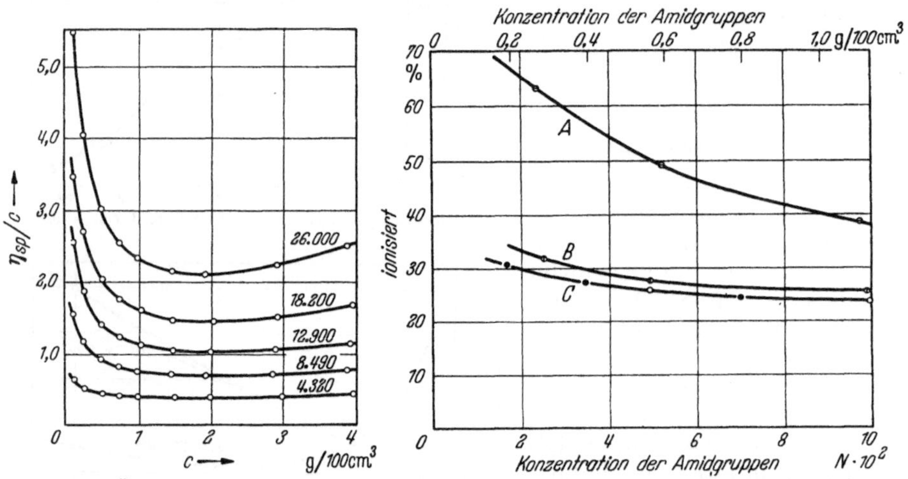

Abb. 25. Änderung der relativen Viscosität mit der Konzentration von Poly-ε-capronamid bei verschiedenem Molekulargewicht.

Abb. 26. Ionisation von Amiden in wasserfreier Ameisensäure. Kurve A für ε-Caprolactam. Kurve B für Polycapronamid in n/0,0132 KBr-Lösung. Kurve C für Polycapronamid O $\bar{M}=12\,900$ bzw. ● $\bar{M}=18\,200$.

verschiedenen Konzentrationen von 0,1—4 g/100 cm³ gemessen. Die Kurven zeigen bei niedrigen Konzentrationen von weniger als 1 g/100 cm³ einen deutlichen Anstieg, wie er für Polyelektrolytlösungen charakteristisch ist. Bei steigendem Molekulargewicht wird der Anstieg der Kurve bei niedriger Konzentration steiler (Abb. 25).

Das Viscositätsverhalten der Polyamidlösungen in Ameisensäure ist auf die Ionisation der Amidgruppen zurückzuführen und wurde durch Messungen der Formiationenkonzentration bestimmt[1]. Die Messungen zeigen, daß ε-Caprolactam in Ameisensäure eine ziemlich starke Base und zu einem großen Teil ionisiert ist. In verdünnter Ameisensäure ist die Ionisation weniger vollständig als die von freiem ε-Caprolactam. Die Ionisation des Polymeren nimmt mit Verdünnung zu, aber bei weitem nicht so schnell wie bei Caprolactam (Abb. 26).

Durch Zugabe von Wasser findet infolge der Hydrolyse von Amidbindungen ein geringer Abbau statt. Für das Polyamid vom Molekulargewicht 12900 ergibt sich dann die in der nachfolgenden Figur dar-

[1] HAMMETT, L. P., u. A. J. DEYRUP: J. Amer. Chem. Soc. **54**, 4239 (1932).

gestellte Beziehung zwischen der relativen Viscosität und der Konzentration in wäßriger Ameisensäure (Abb. 27).

Das Verhalten der relativen Viscosität für 2 Polyamide vom Molekulargewicht 4320 und 12900 in 100%iger Schwefelsäurelösung ist in der folgenden Abb. 28 dargestellt. Die entsprechenden Kurven für 96%ige Schwefelsäure sind linear und die relative Viscosität ist durchweg in diesem Fall niedriger als bei der 100%igen Schwefelsäure.

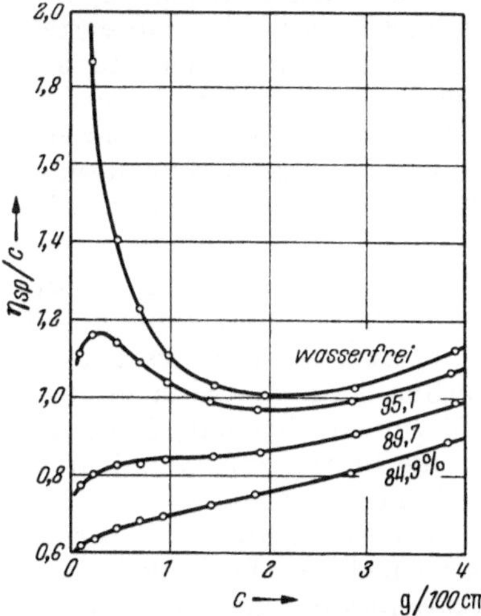

Abb. 27. Relative Viscosität und Konzentration eines Amids in wäßriger Ameisensäure.

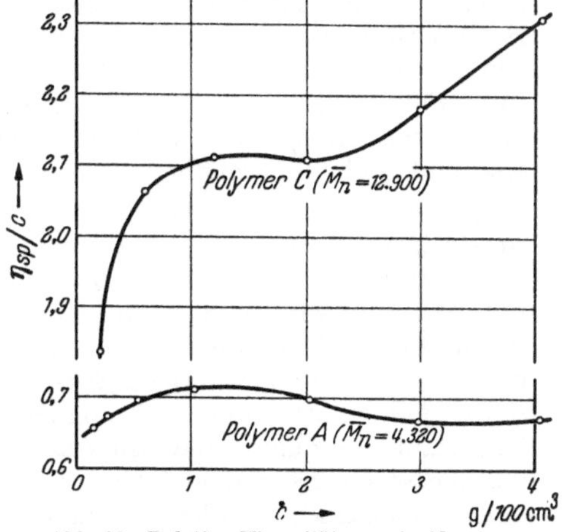

Abb. 28. Relative Viscosität von Amiden in 100%iger Schwefelsäurelösung.

Das Viscositätsverhalten der Polyamide in konzentrierter Schwefelsäure weicht von dem in Ameisensäure wegen der verhältnismäßig großen Selbstionisation des Lösungsmittels und dem stark basischen Charakter der Amidogruppen und des Wassers in diesem Lösungsmittel ab. Reine 100%ige Schwefelsäure ionisiert nach folgenden Formeln:

$$2\,H_2SO_4 \rightleftarrows H_3SO_4^+ + HSO_4^-$$
$$2\,H_2SO_4 \rightleftarrows SO_3^+ + HSO_4^- + H_3O^+.$$

Das nach der letzten Gleichung gebildete SO_3 ist zweifellos für den geringen Abbau verantwortlich. Die Addition von Wasser zu der 100%igen Schwefelsäure bewirkt die Bildung von Oxonium- und Bisulfationen. Schon 1 Gew.-% Wasser liefert 1 Mol von Bisulfationen je Liter, was zur vollständigen Unterdrückung des polyelektrolytischen Effekts genügt. Ebenso wird durch das Wasser die Selbstionisation der Schwefelsäure unter Bildung von SO_3 unterdrückt und dadurch der Abbau verhindert.

3. Analytische Bestimmungen.

Die Analyse von Superpolyamiden umfaßt:

1. *Die Elementaranalyse* des Produktes.

2. Die *hydrolytische Spaltung* in die Säure- und Aminkomponente und deren Trennung und Identifizierung.

Die Elementaranalyse.

Die Elementaranalyse gibt bei reinen Polyamiden einen eindeutigen Hinweis, ob ein Polyamid oder ein Polyurethan vorliegt. Bei einem Polyamid ist das Atomverhältnis N:O etwa 1, beim Polyurethan etwa 1:2. Bei Vorliegen eines reinen Polykondensats vom Nylon- oder Perlontyp gibt die Elementaranalyse allein Aufschluß über die Zusammensetzung. Bei Mischpolymeren ist auf jeden Fall eine hydrolytische Spaltung durchzuführen. CLASPER und HASLAM[1] hydrolysierten Nylon durch 20stündiges Kochen mit 7%iger HCl. Nylon 610 aus Hexamethylendiamin und Sebacinsäure wird 40 Std lang hydrolysiert. Am besten führt man die Spaltung mit HCl (1:4) im Bombenrohr bei 140—150° durch. Die Umfällung der Produkte aus m-Kresollösung mit Methanol, die von CLASPER und HASLAM vorgeschlagen wurde, erscheint nicht notwendig.

Aus dem erkalteten Hydrolysat scheidet sich die Sebacinsäure quantitativ in reiner Form aus. Adipinsäure kristallisiert zum größten Teil aus. Der Rest kann durch Extraktion der salzsauren Hydrolysatlösung mit Äther gewonnen werden. Die Identifizierung der Sebacin- und Adipinsäure erfolgt durch Schmelz- und Mischschmelzpunkt, Säurezahl und Elementaranalyse. Der Nachweis und die Bestimmung von Adipinsäure und Sebacinsäure ist möglich durch indirekte Berechnung der Säurezahl des quantitativ isolierten Säuregemisches, durch Isolierung der einzelnen Säuren auf Grund der verschiedenen Löslichkeit oder nach BRAMKER[2]. Außerdem können Sebacinsäure und Adipinsäure durch Papierchromatographie nach BROWN[3] unter Verwendung eines Lösungsmittelgemisches aus Isobutanol NH_3-Lösung und Glykol (80:15:5) getrennt und durch Behandlung mit Bromthymolblau entwickelt werden.

Die Trennung der Aminkomponenten bei Mischkondensaten gelang HASLAM und CLASPER nicht befriedigend. Sie schlugen zu diesem Zweck die konduktometrische Titration, Trennung an Ionenaustauschern oder Ausfällung des Hexamethylendiamins mit Aceton aus alkoholischer Aminlösung vor. ZAHN und WOLF[4] schlugen die papierchromatographische Trennung vor. Sie arbeiten nach der aufsteigenden Methode mit sek. Butanol-Ameisensäure-Wasser (75:15:10) auf Whatman-Papier I. Man kann aber auch nach der absteigenden Methode mit n-Butanol-Eisessig-Wasser (70:7:23) auf dem Papier 2043b von Schleicher und Schüll arbeiten. An Stelle der freien Amine lassen sich vorteilhaft die Aminchlorhydrate verwenden, wobei das Hexamethylendiamin-dichlorhydrat langsamer wandert als das freie Hexamethylendiamin. Dekamethylendiamin wandert schneller als Hexamethylendiamin. Die papierchromatographische Methode gibt sofort den Befund, ob ein einheitliches oder ein Amingemisch vorliegt. ZAHN und WOLF fassen das Ergebnis ihrer Analysen folgendermaßen zusammen:

---

[1] CLASPER u. HASLAM: Analyt. **74**, 224 (1949).
[2] BRAMKER: J. Soc. Chem. Ind. **66**, 453 (1947).
[3] BROWN: Biochemic. J. **47**, 598 (1950).
[4] ZAHN u. WOLF: Melliand Textilber. **32**, 317 (1951).

1. Zur Analyse von Polyamiden, wie Perlon L, Nylon 66 und Nylon 610 oder Polyurethan wie Perlon U, eignet sich die Papyrographie. Diese Fasern lassen sich voneinander unterscheiden, wenn man die Hydrolysate auf Amino- und Säurekomponente untersucht.

2. Zur Papyrographie von Polyamidhydrolysaten auf die Aminokomponente (ε-Aminocapronsäure und Hexamethylendiamin) eignet sich ein Gemisch aus 75 Teilen sek. Butanol, 15 Teilen Ameisensäure (88%ig) und 10 Teilen Wasser. Die Aminokomponenten werden durch Fluorescenz, Besprühen mit Sanger-Reagens, Pauly-Reagens oder Ninhydrinlösung nachgewiesen. ε-Aminocapronsäure wandert 4mal so weit wie Hexamethylendiamin.

3. Wenn man die Polyamidhydrolysate mit Dinitrofluorbenzol umsetzt, erhält man die Dinitrophenylderivate der Aminokomponenten. N.N'-Bis-(dinitrophenyl)hexamethylendiamin wandert im Butanol-Ameisensäure-Gemisch überhaupt nicht, Dinitrophenylaminocapronsäure wandert dagegen mit dem Lösungsmittel bis zu dessen Front. In Mischkondensaten aus Caprolactam und AH-Salz läßt sich die zweite Komponente bei einem Prozentgehalt von 5% bequem papyrographisch nachweisen.

4. Zur Analyse des Säureanteils von Nylon 66 bzw. Nylon 610 auf Adipinsäure bzw. Sebacinsäure eignet sich die Papyrographie der neutralisierten Hydrolysate unter Verwendung eines Lösungsmittelgemisches aus 80 Teilen Isobutanol, 15 Teilen konzentriertem Ammoniak und 5 Teilen Glykol.

Für die Bestimmung der Zusammensetzung von Mischpolyamiden haben F. ECOCHARD und N. DUVEAU[1] eine neue Methode angegeben. Diese eignet sich für die Bestimmung der Zusammensetzung von Mischpolyamiden oder Mischungen von Polyamiden, deren Zusammensetzung bekannt ist. Sie beruht auf der potentiometrischen Analyse des Hydrolysats, das folgende Bestandteile enthalten kann:

1. Überschüssige Salzsäure;

2. eine oder mehrere organische Dicarbonsäuren;

3. ein oder mehrere Diamine in Form der Chlorhydrate;

4. eine oder mehrere ω-Aminosäuren in Form der Chlorhydrate.

Die potentiometrische Analyse erlaubt die Bestimmung der gesamten organischen Acidität.

Im Falle binärer Gemische setzt sich die Acidität zusammen aus 2 Dicarbonsäuren, bzw. 2 Aminosäuren, bzw. 1 Dicarbonsäure und 1 Aminosäure.

Im allgemeinen kann eine organische Gesamtacidität für eine bestimmte Menge des Polyamids nur einer einzigen Zusammensetzung entsprechen, für die folgende Gleichung gilt:

$$K = M_1 \frac{\frac{1}{2} M_2 x - 1}{M_2 - M_1}.$$

---

[1] ECOCHARD, F., u. N. DUVEAU: Makromolekulare Chem. **1951**, 148.

Hierbei bedeutet:

M_1 das Molekulargewicht des Monomeren der Komponenten 1;

M_2 das Molekulargewicht des Monomeren des Bestandteils 2 (wobei aus Symmetriegründen für 1 Mol 2 Aminosäurereste zu rechnen sind);

x die Zahl der Gramm-Moleküle Lauge, die zur Neutralisation der organischen Säuren des Hydrolysats von 1 g des Mischpolyamids notwendig sind;

K den relativen Gehalt des Bestandteils 1 in dem Mischpolyamid.

Die Gleichung wird unbestimmt, wenn $M_1 = M_2$ ist. Die Acidität bleibt konstant unabhängig von dem Wert für K. In diese Klasse fallen praktisch wichtige Mischpolyamide vom Typ des Ultramid 6A. Aus diesem Grund muß in diesem Fall wenigstens ein Bestandteil der Mischung isoliert werden. Dies kann aus Verwendung von Ionenaustauschern wie Amberlit IR IVB geschehen, welches die Säuren bindet. Dabei wird nach folgender Methode verfahren:

Verdünnung des Hydrolysats bis zu einem geeigneten p_H-Wert — dann Passieren der Lösung durch die Austauschsäule —, Behandlung des Filtrats mit NO_2H und dann H_2O_2 zur Entfernung gewisser Nebenprodukte — potentiometrische Analyse der Endlauge. Die Menge Aminosäure ist durch die Knickpunkte der Kurve leicht zu bestimmen.

In dem Spezialfall der Mischpolyamide, die überwiegend Dicarbonsäuren enthalten, kann es vorkommen, daß ein gewisser Anteil der Dicarbonsäure durch den Ionenaustauscher hindurchgeht, was zu Meßfehlern bei der Bestimmung der Aminosäuren führt. In diesem Falle ist es zu empfehlen, aus dem Hydrolysat den größtmöglichen Anteil durch Kristallisation bei tiefer Temperatur zu entfernen.

Die Genauigkeit für K liegt bei $\pm 1{,}5\%$.

VI. Patentübersicht.

Einheitliche Polyamide vom Aminocarbonsäuretypus.

Aktenzeichen: P. 71281/12 o vom 17. 5. 1935.

Kondensation von ω-Monoaminocarbonsäuren, die wenigstens 5 C-Atome zwischen der Amino- und der Carboxylgruppe und wenigstens 1 H-Atom an dem N-Atom der Aminogruppe enthalten bzw. amidbildenden Derivaten, bis sich das gebildete Produkt zu fortlaufenden Fäden ziehen läßt.

Aktenzeichen: P. 71281 IV c/39 c vom 17. 5. 1935 entsprechend DRP. 739279.

Verfahren zur Herstellung hochkondensierter Polyamide durch Erhitzen einer oder mehrerer ω-Monoamino-monocarbonsäuren mit einer Kettenlänge von mindestens 7 und mit mindestens einem Wasserstoffatom am Stickstoff der Aminogruppe, bzw. von Estern derselben oder von niedrigmolekularen, aus den genannten Säuren oder deren Estern erhältlichen Polyamiden, bzw. von Gemischen vorgenannter Stoffe, dadurch gekennzeichnet, daß man die Verbindungen in Gegenwart einer sich ihnen gegenüber indifferent verhaltenden und als Lösungsmittel wirkenden Verbindung von der Art der einwertigen Phenole solange einer Wärmebehandlung, im allgemeinen zwischen 150—290°, unterwirft bis sich das gebildete Erzeugnis zu fortlaufenden Fäden oder Filmen ziehen läßt, bzw. bis die wahre Viscosität des Erzeugnisses auf mindestens 0,4 gestiegen ist, wobei man gegebenenfalls die Nebenerzeugnisse, soweit sie keine Lösungsmittel für die Ausgangs- und Enderzeugnisse darstellen, während des Verlaufs der Umsetzung, zweckmäßig durch Abdestillieren unter Rückfluß des Lösungsmittels, entfernt.

Aktenzeichen: P. 78254 vom 23. 11. 1938.

Verfahren zur Herstellung von Polyamiden nach dem eine Monoaminomono-carbonsäure mit einer Restlänge von mehr als 6 oder ein amidbildendes Derivat derselben und oder etwa äquimolekulare Mengen eines primären oder sekundären Diamins und einer Dicarbonsäure oder ein amidbildendes Derivat einer dibasischen Carbonsäure einer Wärmebehandlung unterworfen werden, wobei die Summe der Restlängen des Diamins und der dibasischen Säure größer als 8 ist, dadurch gekennzeichnet, daß mindestens ein Umsetzungsstoff mit einer ungesättigten Bindung nicht benzolartiger Natur verwendet wird, derart, daß bei Verwendung einer ungesättigten Bindung in der Amino- und Carboxylgruppen trennenden Atomkette sich befindet.

Aktenzeichen: I. 61608 IVc/12o vom 10. 6. 1938.

Verfahren zur Herstellung von hochmolekularen Aminosäurepolyanhydriden, vorzugsweise solchen mit überwiegend basischem Charakter, dadurch gekennzeichnet, daß man monomere Lactame mit mehr als 6 Ringgliedern solange erhitzt, bis Polymerisation eingetreten ist.

Aktenzeichen: J. 61608 vom 11. 6. 1938 entsprechend DRP. 748253.

Verfahren zur Herstellung von Polyamiden, dadurch gekennzeichnet, daß man monomere Lactame primärer Aminocarbonsäuren mit mehr als 6 Ringgliedern solange auf polyamidbildende Temperaturen, vorzugsweise in Gegenwart reaktionsfördernder Stoffe erhitzt, bis Polymerisation erfolgt ist.

Aktenzeichen: P. 79379 IVd/12o vom 29. 6. 1939.

Verfahren zum Umwandeln von cyclischen Amiden in Linearpolyamiden, dadurch gekennzeichnet, daß man ein cyclisches Amid, das mehr als 6 Ringatome enthält, mit nicht mehr als $^1/_{10}$ Mol Wasser auf 1 Mol cyclisches Amid und zweckmäßig mit 1—4 Mol Wasser auf 1 Mol cyclisches Amid der Wärmebehandlung unterwirft.

Aktenzeichen: P. 77743 IVc/39c vom 9. 8. 1938.

Verfahren zur Herstellung von insbesondere faserbildenden Polyamiden durch Erhitzen eines polyamidbildenden Stoffes wie einer polyamidbildenden Aminocarbonsäure oder von polyamidbildenden Stoffen wie polyamidbildenden Mischung von Diaminen und Dicarbonsäuren, dadurch gekennzeichnet, daß man das polyamidbildende Ausgangsmaterial bis zur überwiegenden oder vollständigen Umwandlung in ein Polyamid mit soviel Wasser (zweckmäßig 5—50% des Gewichts der Reaktionsmischung) erhitzt, daß die Reaktionsmischung noch vor Erreichung der Reaktionstemperatur (etwa 160°) verflüssigt wird, worauf man die Weiterkondensation des Polyamids unter Entfernung des Wassers bis zu dem für den Verwendungsgrad erforderlichen Kondensationsgrad fortsetzt.

Aktenzeichen: P. 79802 IVc/12o vom 25. 9. 1939.

Verfahren zur Herstellung von Polyamiden, dadurch gekennzeichnet, daß cyclische Amide mit mindestens 7 Ringatomen solange erhitzt werden, bis Polymerisation eintritt.

Aktenzeichen: P. 79822 IV/12o vom 29. 9. 1938.

Verfahren zur Herstellung von Polyamiden, dadurch gekennzeichnet, daß man unter Druck und in Gegenwart von Wasser ein polyamidbildendes Ausgangsprodukt erhitzt, welches im wesentlichen Stoffe enthält, in welchen jedes Molekül 2 und nur 2 amidbildend wirkende Gruppen enthält, wobei jede der genannten Gruppen in jedem Molekül komplementär zu einer der Gruppen in jedem anderen Molekül ist und genannte Gruppen Nitrilgruppen und Aminogruppen sind.

Aktenzeichen: I. 63075 IVc/12.o vom 5. 12. 1938.

Verfahren zur Herstellung von verformbaren, hochmolekularen, linearen Polyamiden auf Grundlage von lactambildenden Aminocarbonsäuren, wobei Lactame von solchen Aminocarbonsäuren ganz oder anteilig als Ausgangsmaterial verwendet werden, welche eine, gegebenenfalls durch heteroatome Kette von mehreren

Kohlenstoffatomen zwischen der Amino- und der Säuregruppe besitzen, dadurch gekennzeichnet, daß man das Reaktionsgut in erster Stufe in Gegenwart von verhältnismäßig großen Mengen leicht flüchtigen Stoffen erhitzt, welche reaktionsfähige Hydroxyl- oder Sulfhydrylgruppen oder bewegliche, wasserstofftragende Aminogruppen enthalten und daß man darauf in zweiter Stufe die flüchtige Komponente unter Verminderung des Drucks weitgehend oder vollständig entfernt.

Aktenzeichen: I. 63110 IV d/12 o vom 7. 12. 1938.

Verfahren zur Herstellung von linearen Polyamiden, dadurch gekennzeichnet, daß man α,ω-Dinitrile und α,ω-Diamine oder α,ω-Aminonitrile in Gegenwart von Wasser erhitzt.

Aktenzeic en: DRP. 745388 vom 8. 12. 1938.

Polyamide aus N-acyl, ω-Aminocarbonsäuren, bzw. deren Derivaten, eventuell in Gegenwart von acylierbaren Stoffen.

Aktenzeichen: I. 63127 IV d/12 o vom 8. 12. 1938.

Verfahren zur Herstellung von hochmolekularen linearen Polyamiden, dadurch gekennzeichnet, daß man am Stickstoff substituierte Abkömmlinge von ω-Aminocarbonsäuren mit mindestens 5 Atomen in der Kette zwischen Amino- und Carboxylgruppen bzw. deren in der Carboxylgruppe abgewandelte Derivate einschließlich der Lactame, die am Amino- bzw. Iminostickstoff durch Reste von organischen Carbonsäuren substituiert sind, welche bei der Reaktion als solche oder in Form von Derivaten verflüchtigt werden können oder sich in indifferente bzw. unschädliche Stoffe verwandeln, genügend lange erhitzt, und zwar im Falle der Acyllactame in Gegenwart von acylierbaren Stoffen wie Wasser, Alkohol, Ammoniak, Aminen, während die einfache Erhitzung von Acylaminosäuren mit Acylresten unzersetzt flüchtiger, oberhalb 180° C siedender Säuren ausgeschlossen ist.

Aktenzeichen: P. 79353/12 o vom 22. 6. 1939.

Herstellung von Polymeren aus cyclischen Aminen (z. B. ε-Caprolactam) mit mehr als 6 Ringgliedern, wobei das Amid mit einem Zwischenprodukt erhitzt wird, das durch Erhitzen des genannten Amids unterhalb der Polymerisationstemperatur in Gegenwart kleiner Mengen eines Erdalkalimetalles erhalten wurde.

Aktenzeichen: J. 63687 IV c/12 p vom 3. 2. 1939.

Verfahren zur Herstellung von hochpolymeren Körpern, dadurch gekennzeichnet, daß man ω-Aminocarbonsäuren, bzw. ihre gleichwirkenden kondensationsfähigen Abkömmlinge wie Anhydride, Lactame, Säurehalogenide, Säureamide, Ester u. dgl. mit solchen Polycarbonsäuren kondensiert, die mindestens 3 Carboxylgruppen enthalten.

Aktenzeichen: P. 79379 IV d/12 o vom 29. 6. 1939.

Verfahren zum Umwandeln von cyclischen Amiden in Linearpolyamide, dadurch gekennzeichnet, daß sie mehr als 6 Ringatome enthalten, mit nicht mehr als $^1/_{40}$ Mol Wasser auf 1 Mol cyclisches Amid und zweckmäßig 1—4 Mol Wasser auf 1 Mol cyclisches Amid der Wärmebehandlung unterwirft.

Aktenzeichen: J. 63901 IV c/12 p vom 22. 2. 1939.

Verfahren zur Darstellung von hochpolymeren Körpern, dadurch gekennzeichnet, daß ω-Aminocarbonsäuren von mindestens 5 C-Atomen bzw. ihre kondensationsfähigen gleichwirkenden Abkömmlinge wie Anhydride, Säurehalogenide, Lactame, Säureamide, Ester usw. bei normalem erhöhtem oder erniedrigtem Druck mit solchen Aminocarbonsäuren zusammengeschmolzen werden, die einen aromatischen Rest enthalten und bei denen das Stickstoffatom von der CO-Gruppe durch eine Kette von höchstens 4 Kohlenstoffatomen getrennt ist.

Aktenzeichen: Ser. Nr. 266001 vom 4. 4. 1939.

Verfahren zur Herstellung von Interpolymeren, dadurch gekennzeichnet, daß man ein polyamidbildendes Gemisch aus einem Diamin mit mindestens 1 Wasserstoffatom an jedem Aminostickstoff, eine polymerisierbare Monoaminocarbonsäure und eine zweibasische Carbonsäure auf Reaktionstemperatur erhitzt.

Aktenzeichen: P. 2306 vom 22. 6. 1939.

Verfahren zum Umwandeln von cyclischen Amiden in Linearpolyamide, dadurch gekennzeichnet, daß ein cyclisches Amid mit mehr als 6 Ringatomen mit einer kleinen Menge Alkali oder Erdalkalimetall in der Wärme behandelt wird.

Aktenzeichen: J. 65182 IV d/12 o vom 15. 7. 1939.

Verfahren zur Herstellung von Superpolyamiden, dadurch gekennzeichnet, daß man Aminocapronsäuren, von denen mindestens 2 Kohlenstoffatome einem Cyclohexanring angehören oder ihre funktionellen Derivate für sich allein oder mit anderen superpolyamidbildenden Stoffen kondensiert.

Aktenzeichen: I. 65184 IV d/12 o vom 18. 7. 1939.

Verfahren zur Herstellung von hydrophilen, hochpolymeren Polymerisations- und Kondensationsprodukten vom Typ der Superpolyamide, die aus dem wasserquellbaren Zustand bei Erhöhung der Temperatur in den wasserlöslichen Zustand übergehen, dadurch gekennzeichnet, daß ω-Aminocarbonsäuren von mindestens 4 C-Atomen zwischen der NH_2- und COOH-Gruppe mit den Hydrohalogeniden der ω-Aminocarbonsäuren von höchstens 3 C-Atomen zwischen der NH_2- und COOH-Gruppe zusammen kondensiert werden.

Aktenzeichen: I. 64461 IV c/12 p vom 2. 5. 1939.

Verfahren zur Herstellung von Alkylenpolydioxypiperazinen, dadurch gekennzeichnet, daß α,α'-Diaminocarbonsäuren bzw. amidbildende Derivate von solchen, wie Ester, Amide, Urethane, in der Hitze kondensiert werden.

Aktenzeichen: I. 72875 IV c/39 c vom 5. 8. 1942.

Verfahren zur Herstellung von Polyamid- oder Polyurethankunststoffen von linearem Aufbau, dadurch gekennzeichnet, daß Urethan-N-carbonsäuren mit einer Kette von mindestens 5 Atomen zwischen der Carboxyl- und der Carbamidsäureestergruppe oder zweiwertige Carbamidsäurealkylester mit einer Kette von mindestens 2 Atomen zwischen den Carbamidsäureestergruppen mit Diolen und gegebenenfalls auch anderen mit den Carbamidsäureestergruppen kondensationsfähigen Verbindungen wie Diaminen und/oder Dicarbonsäuren unter kondensierenden Bedingungen erhitzt werden.

Aktenzeichen: Ser. Nr. 296493 vom 25. 9. 1939.

Verfahren zur Herstellung von Polyamiden, dadurch gekennzeichnet, daß unter polymerisierenden Bedingungen ein Gemisch erhitzt wird, das einen polyamidbildenden Körper enthält, welcher in der Kette zwischen den amidbildenden Gruppen eine CO-Gruppe besitzt.

Aktenzeichen: P. 79802 IV c/39 c vom 26. 9. 1939 entsprechend DRP. 739001.

Verfahren zur Herstellung von für Kunststoffe geeigneten Polyamiden, dadurch gekennzeichnet, daß man cyclische Amide mit nicht weniger als 2 Amidgruppen und mindestens 7 Ringatomen bei polyamidbildenden Temperaturen so lange erhitzt, bis der für die Verwendung als Kunststoffe geeignete Polymerisationsgrad erreicht ist.

Aktenzeichen: Ser. Nr. 298140 vom 5. 10. 1939.

Verfahren zur Herstellung von Polyamiden, dadurch gekennzeichnet, daß ein polyamidbildendes Gemisch unter kondensierenden Bedingungen erhitzt wird, das einen polyamidbildenden Körper mit mindestens einer Formylaminogruppe enthält.

Aktenzeichen: CCD. 1499 vom 18. 10. 1939.

Faserbildendes Polyamid mit orientiertem Röntgendiagramm, hergestellt aus der Reaktion von Körpern, die Aminogruppen und dazu komplementär amidbildende Gruppen enthalten, wobei die amidbildenden Gruppen in mindestens einem Reaktionsteilnehmer durch eine Atomkette getrennt sind, die als seitlichen Substituenten eine Hydroxylgruppe enthält, welche von jeder Aminogruppe durch mindestens 3 und von jeder dazu komplementären Gruppe durch mindestens 5 Atome getrennt ist.

Aktenzeichen: CCD. 1479 vom 21. 11. 1939.

Verfahren zur Herstellung von Polyamiden, dadurch gekennzeichnet, daß eine Monoaminocarbonsäure oder ihre amidbildenden Derivate mit mindestens der äquivalenten Menge eines bifunktionellen amidbildenden Körpers behandelt wird, in dem beide amidbildenden Gruppen komplementär zu ein und derselben amidbildenden Gruppe des erstgenannten Reaktionsteilnehmers sind, und worauf das erhaltene Zwischenprodukt mit einem bifunktionellen amidbildenden Körper behandelt wird, dessen beide amidbildenden Gruppen komplementär zu denen des erstgenannten bifunktionellen amidbildenden Körpers sind.

Aktenzeichen: CCD. 1525 vom 4. 1. 1940.

Verfahren zur Herstellung von Polyamiden, dadurch gekennzeichnet, daß ein Gemisch von Wasserstoff und einem Diamid mit mindestens 4 C-Atomen nebeneinander zwischen den Amidgruppen in Gegenwart eines Katalysators zwischen 200 und 450° C und bei einem Druck von mindestens 10 Atm. zur Reaktion gebracht wird.

Aktenzeichen: I. 66 310 IV d/12 o vom 12. 1. 1940.

Verfahren zur Herstellung von hydrophilen Polyamiden aus ω-Aminocarbonsäuren mit mindestens 4 Kohlenstoffatomen zwischen der Amino- und der Carboxylgruppe, dadurch gekennzeichnet, daß die Kondensation von ω-Aminocarbonsäuren oder ihrer Lactame, Ester, Amide oder sonstigen kondensationsfähigen Derivate in Gegenwart von solchen Mengen anorganischer Säuren durchgeführt wird, daß das entsprechende Polyamid mindestens 0,05 Mol Säureanionen in gebundener Form enthält.

Aktenzeichen: CCD. 1635 vom 1. 4. 1940.

Verfahren zur Herstellung von Polyamiden, dadurch gekennzeichnet, daß als Ausgangsstoff ein polyamidbildender Körper mit einer seitlichen Acetylbrücke benutzt wird.

Aktenzeichen: CCD. 1548 vom 1. 4. 1940.

Verfahren zur Herstellung von Polyamiden durch Erhitzen einer acyclischen Monoaminomonocarbonsäure, die mindestens eine Kettenlänge von mindestens 16 Atomen aufweist und deren Aminogruppe an ein sekundäres Kohlenstoffatom gebunden und von der Carboxylgruppe durch mindestens 5 Atome getrennt ist.

Aktenzeichen: J. 67 920 IV c/39 c vom 26. 9. 1940 entsprechend DRP. 745 389.

Verfahren zur Herstellung von Polyamiden, dadurch gekennzeichnet, daß man solche polyamidbildenden Stoffe, insbesondere Monoaminocarbonsäuren oder Dicarbonsäuren und Diamine, die in der die amidbildenden Gruppen trennenden Atomkette eine Ketogruppe enthalten, auf polyamidbildende Temperaturen erhitzt.

Aktenzeichen: I. 68 584 IV c/39 c vom 4. 1. 1941.

Verfahren zur Herstellung von Polymeren, dadurch gekennzeichnet, daß man eine Mischung von einem wenigstens 4 nebeneinanderliegende Kohlenstoffatome zwischen den Amidgruppen aufweisenden Diamid und Wasserstoff mit einem Hydrierungskatalysator bei einer Temperatur von 200—450° und einem Druck von wenigstens 10 Atm. in Berührung bringt.

Aktenzeichen: I. 68 663 vom 17. 1. 1941.

Herstellung von Polyamiden unter Verwendung von zur bifunktionellen Amidkondensation geeigneten Nitrilverbindungen in Gegenwart von Wasser.

Aktenzeichen: I. 69 028 IV c/39 c vom 3. 3. 1941.

Verfahren zur Herstellung von linearpolymeren Polyamiden aus Lactamen mit mindestens 7 Ringgliedern, dadurch gekennzeichnet, daß man die Lactame in Gegenwart eines flüchtigen nichtprimären Alkohols vorzugsweise eines tertiären Alkohols in geschlossenem Gefäß einige Zeit auf Reaktionstemperatur erhitzt, dann den Alkohol abdestilliert und erforderlichenfalls in der üblichen Weise fertig kondensiert.

Aktenzeichen: I. 69067 IV c/39 c vom 7. 3. 1941.

Verfahren zur Herstellung von basisch substituierten Polyamiden, dadurch gekennzeichnet, daß man entweder zur Bildung linearpolymerer Polyamide befähigte Aminocarbonsäuren bzw. deren Derivate wie z. B. Ester, Formylverbindungen, Urethane und insbesondere Lactame, oder Diamine und Dicarbonsäuren oder deren gleichartig reagierende Derivate bzw. gleichzeitig die genannten Aminocarbonsäuren oder deren Derivate, Diamine und Dicarbonsäuren kondensiert mit vorwiegend linearen gegebenenfalls verzweigten Polyamiden, die mindestens eine Gruppe besitzen oder in der Hitze bilden, die zur Kondensationsreaktion mit den polyamidbildenden Stoffen, insbesondere deren Carboxylgruppen geeignet ist.

Aktenzeichen: I. 69147 IV c/39 c vom 18. 3. 1941.

Verfahren zum Herstellen von Polyamiden, dadurch gekennzeichnet, daß man bei amidbildenden Temperaturen eine Kettenlänge von wenigstens 16 Atomen besitzende acyclische Monoaminomonocarbonsäure, deren Aminogruppe an ein sekundäres Kohlenstoffatom gebunden und von der Carboxylgruppe durch wenigstens 5 Atome getrennt ist, erhitzt.

Aktenzeichen: I. 70168 IV c/39 c vom 30. 7. 1941.

Verfahren zur Herstellung von hochpolymeren, eiweißähnlichen, unschmelzbaren aber in Eiweißlösungsmitteln löslichen Polymerisationsprodukten, dadurch gekennzeichnet, daß man ω-Amino-N-carbonsäure-ω-anhydride in Form der am C- oder N-Atom durch Alkyl oder Aralkyl substituierten Glycin-N-carbonsäureanhydride in wasserfreiem, indifferenten, organischen Lösungsmitteln gelöst oder suspendiert, so lange erhitzt, bis die Abspaltung von Kohlensäure beendet ist.

Aktenzeichen: I. 70859 IV c/39 c vom 11. 11. 1941.

Verfahren zur Herstellung von hochmolekularen polymeren Amiden und Esteramiden, dadurch gekennzeichnet, daß man 2- oder mehrwertige Azlactone mit organischen Stoffen zur Umsetzung bringt, die im Molekül mindestens 2 durch Acylreste leicht ersetzbare Wasserstoffatome besitzen.

Aktenzeichen: I. 71640/39 b vom 24. 2. 1942.

Abänderung des Verfahrens der Anmeldung I. 69859 IV c/39 b zur Veredelung von Superpolyamiden aus ω-Aminocarbonsäuren oder ihren polyamidbildenden Derivaten oder Gemischen mit anderen superpolyamidbildenden Stoffen, dadurch gekennzeichnet, daß man die Superpolyamide in stückiger Form einige Stunden in der Hitze, jedoch bei Temperaturen, bei denen sie noch nicht zusammenbacken, mit niedrigsiedenden organischen Lösungsmitteln auszieht.

Aktenzeichen: I. 71775 IV c/39 c vom 24. 3. 1942.

Verfahren zur Herstellung von Polyamiden aus oder mit Aminocarbonsäuren, in denen die Aminogruppe von der Carboxylgruppe durch mindestens 5 kettenbildende Atome getrennt ist, dadurch gekennzeichnet, daß man die rohen gegebenenfalls formylierten Aminocarbonsäuren zunächst in Gegenwart von Wasser unter Druck bis zur Bildung eines mäßig hochpolymeren Kondensationserzeugnisses vorzugsweise bis zum Eintritt des Reaktionsgleichgewichtes erhitzt, dann abkühlt, das niedrig- bis mittelhochpolymere Amid isoliert, durch Auswaschen reinigt und dann gegebenenfalls nach Zusatz anderer polyamidbildender Stoffe und/oder von Reglern bis zum superpolymeren Zustand nachkondensiert.

Aktenzeichen: I. 72107 IV c/39 c vom 25. 4. 1942.

Verfahren zur Polymerisation von ringförmigen Lactamen mit 7 oder mehr Ringgliedern unter Verwendung von alkalisch reagierenden Umsetzungsauslösern, dadurch gekennzeichnet, daß die Polymerisation beim Siedepunkt des Lactams oder nur wenig entfernt davon eingeleitet wird.

Aktenzeichen: T. 57323 IV c/39 c vom 28. 4. 1942.

Verfahren zur Herstellung von Amidgruppen enthaltenden Polykondensationsprodukten durch Erhitzen von Aminosäuren, gegebenenfalls unter Zusatz von Di- oder Polyaminen und Di- oder Polycarbonsäuren und/oder Harnstoffen bzw.

Thioharnstoffen, dadurch gekennzeichnet, daß die Aminosäuren bis zu etwa 30 Gewichtsprozenten der Gesamtausgangsmaterialien aus solchen bestehen, deren funktionelle Gruppe durch weniger als 5 Kettenglieder voneinander getrennt sind, vorzugsweise als α-Aminosäuren.

Aktenzeichen: I. 72588 IVc/39c vom 25. 6. 1942.

Verfahren zur Herstellung von Kondensationsprodukten von der Art der Superpolyamide durch Kondensation von Aminocarbonsäuren oder deren Lactamen für sich oder im Gemisch mit anderen polyamidbildenden Verbindungen, dadurch gekennzeichnet, daß man die Kondensation unter Zusatz von Stoffen ausführt, die neben mindestens einer Hydroxyl- oder Äthergruppe nur eine Amino- oder Carboxylgruppe enthalten.

Aktenzeichen: I. 73398 vom 22. 10. 1942.

Intensives Waschen und Spülen der auf Polymerisationstemperatur gebrachten Lactamschmelze mit wasserfreiem indifferentem Gas.

Aktenzeichen: I. 77811 vom 18. 7. 1944.

Herstellung von Polyamiden aus wäßrigen Lösungen von Aminocarbonsäuren unter Zusatz von Säuren, die hitzebeständige, kettenabbrechende Endgruppen nicht bilden, Formylaminocarbonsäuren oder Carboalkoxyaminocarbonsäuren bzw. löslichen Salzen dieser Säuren mit tertiären Aminen.

Aktenzeichen: I. 79439c vom 24. 4. 1950.

Verfahren zur Herstellung von Polyamiden aus Lactamen, dadurch gekennzeichnet, daß ein bicyclisches Lactam, das im Molekül einen Ring mit mindestens 4 Ringgliedern besitzt, z.B. ein Endoäthylenlactam, allein oder gemeinsam mit mindestens einer anderen zur Polyamidbildung befähigten Verbindung und vorzugsweise einem Polymerisationskatalysator bis zur Polymerisation erhitzt wird.

Aktenzeichen: I. 61608 IVc/39c.

Verfahren zur Herstellung von Polyamiden, dadurch gekennzeichnet, daß man monomere Lactame primärer Aminocarbonsäuren mit mehr als 6 Ringgliedern so lange auf polyamidbildende Temperaturen vorzugsweise in Gegenwart reaktionsfördernder Stoffe erhitzt, bis Polymerisation erfolgt ist.

Aktenzeichen: P. 78254 IVd/12o.

Verfahren zur Herstellung von Polyamiden, nach dem eine Monoamino-monocarbonsäure mit einer Restlänge von mehr als 6 oder ein amidbildendes Derivat derselben und bzw. oder etwa äquimolekulare Mengen eines primären oder sekundären Diamins und einer Dicarbonsäure oder ein amidbildendes Derivat einer dibasischen Carbonsäure bei 100—300° einer Wärmebehandlung unterworfen werden, wobei die Summe der Restlängen des Diamins und der dibasischen Säure größer ist als 8, dadurch gekennzeichnet, daß mindestens 1 Umsetzungsstoff mit einer ungesättigten Bindung nicht benzolartiger Natur verwendet wird, derart, daß bei Verwendung einer ungesättigten Aminosäure die ungesättigte Bindung in der Amino- und Carboxylgruppen trennenden Atomkette sich befindet, wobei die Umsetzung solange durchgeführt wird, bis ein wasserunlösliches polymeres Erzeugnis gebildet ist.

Aktenzeichen: I. 62408120 vom 7. 9. 1938 entsprechend DRP. 734743.

Umsetzung von ungesättigten Monocarbonsäuren mit primären Monoarylaminen mit nachfolgender Erhitzung.

Ausländische Patente.

AP. 2524045 Multichain polyamide resins.

The method of preparing an amide condensation polymer which comprises condensing a compound of the group consisting of amino acids having a single primary amino group and a single carboxylic acid group separated by more than four atoms, said amino acids being free from other reactive substituents and the corresponding esters, amides and lactams of said amino acids, with a compound of the group consisting of polymeric carboxylic acids containing an average of 10 to 500 carboxyl radicals per molecule and being free from other reactive substituents and the corresponding esters, amides and acid chlorides of said carboxylic acids, said amino acids being present in the proportion of from 500 to 20000 molecules for each molecule of the polycarboxylic acid.

A P. 2524046 Multichain polyamide polymers.

A method of preparing a polyamide condensation polymer which comprises condensing a compound of the group consisting of amino acids having a single reactive amino group and a single carboxylic acid group, said groups being separated by more than four atoms and said amino acids being free from other reactive substituents and the corresponding esters amides and lactams of said amino acids with a compound of the group consisting of monomeric polycarboxylic acids having from six to twelve carboxylic acid groups and being free from other reactive substituents and the corresponding esters, amides and acid chlorides of said polycarboxylic acids said amino acids being present in the proportion of 100 to 5000 molecules of polycarboxylic acid.

FP. 972564. Procédé pour la préparation de polyamides linéaires en partant d'omégalactames cycliques (2-cétopolyméthyl`ne-imines).

Procédé pour la conversion d'oméga-lactames de la formula générale $(CH_2)_n\begin{smallmatrix}NH\\|\\CO\end{smallmatrix}$,

dans laquelle n est au moins égal à 5, en polyamides linéaires de la formule générale $NH(CH_2)_nCO$, dans laquelle N est de valeur égale à celle dans le monomère de départ, procédé dans lequel on mélange ledit lactame avec une polyamide fondue également de formule générale $NH(CH_2)_nCO$, dont la viscosité intrinsèque est déjà au moins égale à 0,4 après quoi on chauffe le mélange à une température entre 170 et 300° C jusqu'à ce que le degré désiré de polymérisation du mélange soit obtenu.

A P. 2562797. Process for the preparation of polyamides from caprolactam.

A single-stage process for the polymerisation of caprolactam to a high molecular weight linear polyamide comprising heating the caprolactam with from 0,5% of formic acid, based on the weight of caprolactam, to a temperature lying between approximately 150 and 300° C.

Einheitliche Polyamide vom Typus Diamin + Dicarbonsäure.

Aktenzeichen: P. 797711.

Verfahren zur Herstellung von Mischpolyamiden durch Hitzekondensation von polyamidbildenden Komponenten, dadurch gekennzeichnet, daß mindestens 4 polyamidbildende Komponenten, von denen mindestens eine ein diprimäres Diamin und mindestens eine weitere eine Dicarbonsäure oder ein amidbildendes Derivat einer Dicarbonsäure ist, solange in annähernd. äquivalenten Mengen miteinander erhitzt werden, bis ein fadenziehendes polymeres Produkt entsteht.

Aktenzeichen: P. 71282.

Herstellung hochkondensierter Polyamide durch Erhitzen von einem oder mehreren primären Diaminen, welche die Aminogruppe an aliphatische C-Atome gebunden enthalten und eine Radikallänge von mindestens 6 aufweisen, und einer oder mehreren Dicarbonsäuren und/oder deren amidbildenden Abkömmlingen, z. B. Anhydriden, Säurehalogeniden und Estern welche eine Radikallänge von mindestens 5 oder weniger als 4 aufweisen, wobei die Reaktionsteilnehmer weder aliphatische ungesättigte Bindungen noch Substituenten die nicht aus Kohlenwasserstoffresten bestehen enthalten.

Aktenzeichen: P. 75694/12o vom 9. 8. 1937.

Herstellung von Polyamiden aus Diaminen und zweibasischen Carbonsäuren bzw. diesen gleichwertigen Verbindungen nach P. 71282, wobei mindestens einer

der Reaktionsteilnehmer eine gesättigte Verbindung mit einer Kette von 6 C-
Atomen ist, bei der a) die endständigen C-Atome der Kette einen Teil der amidbildenden Gruppen bilden bzw. in Bindung mit ihnen stehen und b) wenigstens
ein H-Atom, welches an ein zwischen den amidbildenden Gruppen stehendes C-
Atom der Kette gebunden ist, durch ein Kohlenwasserstoffradikal ersetzt ist.

Aktenzeichen: P. 71282 IV c/12o vom 17. 5. 1935.

Verfahren zur Herstellung hochkondensierter Polyamide, dadurch gekennzeichnet, daß man eine oder mehrere primäre Diamine, welche die Aminogruppe
an aliphatische Kohlenstoffatome gebunden enthalten und eine Radikallänge von
mindestens 6 aufweisen, und eine oder mehrere Dicarbonsäuren und bzw. oder
deren amidbildende Abkömmlinge, z. B. Anhydride, Säurehalogenide und Ester,
welche eine Radikallänge von mindestens 5 oder weniger als 4 aufweisen, wobei
die Reaktionsteilnehmer weder aliphatische ungesättigte Bindungen noch Substituenten, die nicht aus Kohlenwasserstoffresten bestehen, enthalten, in annähernd
äquimolekularen Mengen miteinander in Berührung bringt und unmittelbar oder
später erhitzt.

Aktenzeichen: P. 71282 IV c/39c vom 18. 5. 1935 entsprechend DRP. 749747.

Verfahren zur Herstellung hochkondensierter Polyamide, dadurch gekennzeichnet, daß man ein oder mehrere Diamine mit mindestens einem freien Wasserstoffatom an jedem Stickstoffatom, welche die Aminogruppe an je ein aliphatisches
Kohlenstoffatom gebunden enthalten und eine Radikallänge von mindestens 6
aufweisen, und eine oder mehrere Dicarbonsäuren und bzw. oder ihre amidbildenden Abkömmlinge mit einer Radikallänge von mindestens 5 oder weniger als 4
in annähernd äquimolekularen Mengen miteinander auf amidbildende vorzugsweise
120—290° betragende Temperatur erhitzt und zwar zum mindesten so lange,
bis beim Berühren der Oberfläche einer geschmolzenen Probe mit einem Stabe
und Hinwegziehen desselben eine kleine Menge der Masse an dem Stabe haftet
und unter Fadenbildung in Verbindung mit der Hauptmenge der Schmelze bleibt,
ohne zu reißen, oder so lange bis die wahre Viscosität des Erzeugnisses auf mindestens 0,4 vorzugsweise auf mindestens 0,5 gestiegen ist.

Aktenzeichen: Ser. Nr. 74811 vom 16. 4. 1936.

Verfahren zur Herstellung von Polyamiden, dadurch gekennzeichnet, daß unter
polymerisierenden Bedingungen ein Diamin, dessen Stickstoffatome jedes mindestens ein Wasserstoffatom tragen, mit einer Dicarbonsäure oder einem amidbildenden Derivat von zweibasischen Carbonsäuren erhitzt wird, bis ein Polymeres
entsteht, das zu kontinuierlichen Fäden für Textilzwecke verarbeitet werden kann.

Aktenzeichen: P. 73528 IV c/12o vom 15. 7. 1936.

Verfahren zur Herstellung von Superpolyamiden nach Anmeldung P. 71282
vom 17. 5. 1935, dadurch gekennzeichnet, daß man ein vorher gebildetes und
isoliertes Salz eines Diamins und einer Dicarbonsäure oder eine Mischung, welche
eins oder mehrere derartiger Salze enthält, gegebenenfalls in Gegenwart eines
kleinen Überschusses an Amin oder Säure, der Wärmebehandlung unterwirft, bis
das Superpolyamid sich gebildet hat.

Aktenzeichen: 73528/12o vom 15. 7. 1936.

Herstellung von Superpolyamiden, wobei ein vorher gebildetes und isoliertes
Salz eines Diamins und einer Dicarbonsäure oder eine Mischung, die eines oder
mehrere derartige Salze enthält, gegebenenfalls in Gegenwart eines kleinen Überschusses an Amin oder Säure, der Wärmebehandlung unterworfen wird, bis das
Superpolyamid sich gebildet hat.

Aktenzeichen: P. 75789 IV c/12o vom 25. 8. 1937.

Verfahren zur Herstellung von Polyamiden durch Wärmebehandlung zweckmäßig unter sauerstofffreien Bedingungen und gegebenenfalls in Gegenwart eines
Verdünnungsmittels aus primären oder sekundären Diaminen und dibasischen
Carbonsäuren oder ihren Äquivalenten, welche eine Gesamtradikallänge von
mindestens 7 zweckmäßig mindestens 9 haben, dadurch gekennzeichnet, daß

mindestens einer der Reaktionsteilnehmer ein oder mehrere Sauerstoff- oder Schwefelatome in der Atomkette enthält, welche die reaktionsfähigen Gruppen trennt.

Aktenzeichen: Ser. Nr. 113723 vom 1. 12. 1936.

Verfahren zur Herstellung von Polyamiden, dadurch gekennzeichnet, daß in wäßrigem Medium eine Lösung der Reaktionsteilnehmer hergestellt wird, wobei praktisch die einzigen Teilnehmer bestehen aus einem Diamin mit titrierbaren Aminogruppen und wasserstoffsubstituierten Aminostickstoffen und eine zweibasische Dicarbonsäure sind, das wäßrige Medium wird abdestilliert und der Rückstand unter polymerisierten Bedingungen erhitzt.

Aktenzeichen: Ser. Nr. 136031 vom 9. 4. 1937.

Verfahren zur Herstellung von polymeren Materialien, dadurch gekennzeichnet, daß bei polyamidbildenden Temperaturen ein diprimäres Diamin mit einer Dicarbonsäure, deren jede Carboxylgruppe an ein aliphatisches Kohlenstoffatom gebunden ist, oder mit amidbildenden Derivaten dieser Säuren oder der Kohlensäure bis zur Entstehung eines fadenziehenden Polymeren erhitzt werden.

Aktenzeichen: P. 75694 IV/12o vom 9. 8. 1937.

Abänderung des Verfahrens zur Herstellung von Polyamiden, insbesondere Superpolyamiden aus Diaminen und zweibasischen Carbonsäuren bzw. diesen gleichwertigen Verbindungen nach Anmeldung P. 71282 IVc/120, dadurch gekennzeichnet, daß mindestens einer der Reaktionsteilnehmer eine gesättigte Verbindung mit einer Kette von 6 Kohlenstoffatomen ist, bei der a) die endständigen Kohlenstoffatome der Kette einen Teil der amidbildenden Gruppen bilden bzw. in Bindung mit ihnen stehen, und b) wenigstens ein Wasserstoffatom welches an ein zwischen den amidbildenden Gruppen stehendes Kohlenstoffatom der Kette gebunden ist, durch ein Kohlenstoffradikal ersetzt ist.

Aktenzeichen: P. 75789 IVc/39c vom 25. 8. 1937 entsprechend DRP. 745028.

Verfahren zur Herstellung von Polyamiden durch Wärmebehandlung zweckmäßig unter sauerstofffreien Bedingungen und gegebenenfalls in Gegenwart eines Verdünnungsmittels aus primären oder sekundären Diaminen und zweibasischen Carbonsäuren oder ihren funktionellen Abkömmlingen, welche eine Gesamtradikallänge von mindestens 7, zweckmäßig mindestens 9 haben, dadurch gekennzeichnet, daß wenigstens einer der Ausgangsstoffe in der Atomkette, welche die umsetzungsfähigen Gruppen trennt, ein oder mehrere Sauerstoff- oder Schwefelatome enthält.

Aktenzeichen: P. 78151 IVd/12q vom 3. 11. 1938.

Verfahren zur Herstellung eines hochpolymeren Erzeugnisses aus einem Polyamid mit niedrigmolekularem Gewicht, das aus einem Diamin und einer dibasischen Säure gebildet ist, dadurch gekennzeichnet, daß man das Polyamid bei einer Polymerisationstemperatur unterhalb seines Schmelzpunktes unter Bedingungen erhitzt, welche das Entweichen eines Nebenerzeugnisses der Umsetzung ermöglichen, und die Erhitzung bis zur Bildung eines hochpolymeren Erzeugnisses fortsetzt.

Aktenzeichen: H. 155485 IVc/39c vom 12. 4. 1938.

Verfahren zur Herstellung von hochmolekularen Stoffen, dadurch gekennzeichnet, daß man Äthylenimin mit Phthalimid umsetzt und das Umsetzungsprodukt durch Nacherhitzen härtet.

Aktenzeichen: Ser. Nr. 225242 vom 16. 8. 1938.

Verfahren zur Herstellung von Hochmolekularen, dadurch gekennzeichnet, daß bei amidbildenden Temperaturen ungefähr äquimolekulare Mengen eines primären Diamins und einer Dicarbonsäure oder ihrer amidbildenden Derivate zusammen erhitzt werden, wobei mindestens einer der Reaktionsteilnehmer ein Schwefel- oder Sauerstoffatom in der Kette zwischen den amidbildenden Gruppen besitzt.

Aktenzeichen: I. 62322 vom 26. 8. 1938.

Kondensation gesättigter Dicarbonsäureamide mit aliphatischen gesättigten Diaminen oder Dichloriden.

Aktenzeichen: P. 79711 IVc/39b vom 4.9.1939.

Verfahren zur Herstellung von Mischpolyamiden durch Hitzekondensation von polyamidbildenden Komponenten, dadurch gekennzeichnet, daß mindestens 4 polyamidbildende Komponenten, von denen mindestens eine ein diprimäres Diamin und mindestens eine weitere eine Dicarbonsäure oder ein amidbildendes Derivat einer Dicarbonsäure ist, solange in annähernd äquivalenten Mengen miteinander erhitzt werden, bis ein fadenziehendes polymeres Produkt entsteht.

Aktenzeichen: P. 78800 IVd/12o vom 6.3.1939.

Verfahren zur Herstellung hochpolymerisierter Erzeugnisse, dadurch gekennzeichnet, daß man unter amidbildenden Bedingungen zweckmäßig bei einer Temperatur von 200—300° C, annähernd äquivalente Mengen eines oder mehrerer primärer aromatischer m-Diamine und einer oder mehrerer Dicarbonsäuren mit einer Radikallänge von mindestens 5 oder amidbildender Derivate der genannten Reaktionsstoffe erhitzt, bis das Erzeugnis sich zu fortlaufenden Fäden ausziehen läßt oder eine innere Viscosität von mindestens 0,4 hat.

Aktenzeichen: I. 6328012o vom 23.12.1938 entsprechend DRP. 881739.

Herstellung von Superpolyamiden durch Kondensation eines Gemisches von Adipinsäure, einer aliphatischen ω,ω'-Dicarbonsäure mit mindestens 9 Kohlenstoffatomen und einem Diamin.

Aktenzeichen: I. 63462/12o vom 10.1.1939.

Verfahren zur Herstellung von Kondensationsprodukten, dadurch gekennzeichnet, daß man Amine, die mindestens 2 primäre oder sekundäre Aminogruppen im Molekül enthalten, mit Di- oder Polynitrilen oder Verbindungen, die leicht solche Nitrile liefern, bei erhöhter Temperatur umsetzt.

Aktenzeichen: I. 63467 vom 11.1.1939.

Polyamide aus Diaminen und Dicarbonsäureimiden.

Aktenzeichen: I. 63466 vom 11.1.1939.

Verfahren nach Patentanmeldung I. 63462 vom 10.1.1939, dadurch gekennzeichnet, daß man an Stelle der dort genannten Nitrile Mononitrile verwendet, die im Molekül außer der Nitrilgruppe eine Carboxylgruppe enthalten, oder funktionelle Abkömmlinge dieser Verbindungen.

Aktenzeichen: I. 63513 IVc/12o vom 14.1.1939.

Verfahren zur Herstellung von Kondensationsprodukten, dadurch gekennzeichnet, daß·man Di- oder Polycarbonsäuren oder deren funktionelle Derivate, deren Carboxylgruppen durch mindestens ein, gegebenenfalls in einer Kohlenstoffkette stehendes Stickstoffatom getrennt sind, mit Di- oder Polyalkoholen, Di- oder Polyaminen oder Aminoalkoholen bei erhöhter Temperatur umsetzt.

Aktenzeichen: I. 64124/12o vom 20.3.1939.

Verfahren zur Herstellung von Superpolyamiden, dadurch gekennzeichnet, daß man ausschließlich oder zum Teil Sulfamidgruppen enthaltende Ausgangsstoffe verwendet.

Aktenzeichen: I. 64361 IVc/12o vom 14.4.1939.

Verfahren zur Herstellung von hochmolekularen, schmelzbaren Polyamiden, dadurch gekennzeichnet, daß man Halogenwasserstoffsalze von ω-Diaminen oder Gemischen von Halogenwasserstoffsalzen von Diaminen und Dicarbonsäuren, wobei letztere gegebenenfalls im Unterschuß vorhanden sein können, vorzugsweise in einem Verdünnungsmittel mit Phosgen in der Hitze behandelt.

Aktenzeichen: I. 64744 IVd/12o vom 30.5.1939.

Verfahren zur Herstellung hochkondensierter Polyamide, dadurch gekennzeichnet, daß man ein oder mehrere α,ω-Diamine, die am Stickstoff je mindestens 1 freies Wasserstoffatom enthalten und bei denen die Stickstoffatome durch eine — gegebenenfalls durch Heteroatome wie Sauerstoff oder Schwefel — unterbrochene

Kohlenstoffkette von mindestens 2 Kohlenstoffatomen getrennt sind, mit einer oder mehreren Naphthalindicarbonsäuren oder deren amidbildenden Abkömmlingen in annähernd äquimolekularen Mengen zusammen erhitzt.

Aktenzeichen: I. 64942 IV a/15 k vom 24. 6. 1939.

Verfahren zur Herstellung von Superpolyamiden, dadurch gekennzeichnet, daß man einen Cyclohexanring enthaltende Dicarbonsäuren mit 10 C-Atomen mit Diaminen erhitzt, bis ein zu Fäden ausziehbares Kondensationsprodukt entstanden ist.

Aktenzeichen: Ser. Nr. 283123 vom 6. 7. 1939.

Verfahren zur Herstellung linearer Polymere, dadurch gekennzeichnet, daß ein Gemisch von Verbindungen, in denen jedes Molekül 2 und nur 2 amidbildende Gruppen, deren jede komplementär zu einer der amidbildenden Gruppen der anderen Moleküle ist, auf Reaktionstemperatur erhitzt wird, wobei die amidbildenden Gruppen entweder Carboxyl-, Isocyanat- oder Isothiocyanatgruppen sind.

Aktenzeichen: I. 65521 IV d/12 o vom 29. 8. 1939.

Verfahren zur Herstellung von hochpolymeren linearen Polyamiden, dadurch gekennzeichnet, daß das Reaktionsgemisch neben anderen in der Hitze polyamidbildenden Stoffen eine aromatische p-Dicarbonsäure ohne annelierten Benzolkern oder ein beim Erhitzen mit Aminen amidbildendes Derivat einer solchen und entsprechende Mengen einer bifunktionellen Aminoverbindung enthält.

Aktenzeichen: P. 79711 IV c/39 b vom 4. 9. 1939.

Verfahren zur Herstellung von Mischpolyamiden durch Hitzekondensation von polyamidbildenden Komponenten, dadurch gekennzeichnet, daß mindestens 4 polyamidbildende Komponenten, von denen mindestens eine ein diprimäres Diamin und mindestens eine weitere eine Dicarbonsäure oder ein amidbildendes Derivat einer Dicarbonsäure ist, solange in annähernd äquivalenten Mengen miteinander erhitzt werden, bis ein fadenziehendes polymeres Produkt entsteht.

Aktenzeichen: Ser. Nr. 294027 vom 8. 9. 1939.

Verfahren zur Herstellung von Polyamiden, dadurch gekennzeichnet, daß in Gegenwart eines sauren Katalysators ein aromatisches Diamin mit mindestens einem Wasserstoffatom an jedem Stickstoffatom und einer Radikallänge von mindestens 5 mit einer Dicarbonsäure mit einer Radikallänge von mindestens 5 erhitzt wird.

Aktenzeichen: Ser. Nr. 301069 vom 24. 10. 1939.

Verfahren zur Herstellung von Polyamiden, dadurch gekennzeichnet, daß 1 Mol eines Diamins mit einer Kettenlänge unter 6 mit mindestens 2 Mol einer Dicarbonsäure mit einer Kettenlänge von mindestens 5 oder ihren amidbildenden Derivaten zur Reaktion gebracht und das erhaltene Zwischenprodukt mit der ungefähr äquivalenten Menge eines Diamins mit einer Kettenlänge von mindestens 6 behandelt wird, wobei beide Diamine mindestens 1 austauschbares Wasserstoffatom an jedem Aminostickstoff besitzen.

Aktenzeichen: I. 68002 IV c/39 vom 9. 10. 1940.

Verfahren zur Herstellung von Polyamiden, dadurch gekennzeichnet, daß man ein Diamin mit einer Radikallänge von weniger als 6 mit wenigstens 2 chemisch äquivalenten Mengen einer Dicarbonsäure oder ihres amidbildenden Derivates mit einer Radikallänge von wenigstens 6 zur Einwirkung bringt, wobei beide Diamine wenigstens ein ersetzbares Wasserstoffatom an jedem Aminostickstoffatom besitzen,

Aktenzeichen: I. 65903 IV d/12 o vom 4. 11. 1939.

Verfahren zur Herstellung von zu 20 oder mehr Prozent in Alkoholen oder Alkoholhalogenkohlenwasserstoffgemischen löslichen Mischpolyamiden durch Kondensation von 2 oder mehr α, ω-Dicarbonsäuren mit 2 oder mehr α, ω-Diaminen, wobei ein Teil durch eine Diamin-dicarbonsäure ersetzt sein kann, dadurch gekennzeichnet, daß mindestens eine zur Kondensation verwendete Komponente Schwefel in der Kohlenstoffkette enthält.

Aktenzeichen: I. 66 329 IV d/12 o vom 20. 1. 1940.

Verfahren zur Herstellung von Kunststoffen, dadurch gekennzeichnet, daß man auf Diisocyanate Dicarbonsäuren einwirken läßt.

Aktenzeichen: DRP. 741038 vom 5. 3. 1940.

Verfahren zur Herstellung von Lactamen, dadurch gekennzeichnet, daß man Dicarbonsäuren, deren Kettenlänge die Bildung von Lactamen ermöglicht, mit Ammoniak und Wasserstoff in Dampfform bei erhöhter Temperatur über hydrierend und wasserabspaltend wirkende Katalysatoren leitet.

Aktenzeichen: I. 66663/12 o vom 8. 3. 1940.

Verfahren zur Herstellung von Superpolyamiden, dadurch gekennzeichnet, daß man den zu kondensierenden Diaminen und Dicarbonsäuren (bzw. ihren funktionellen, amidbildenden Derivaten) oder Salzen aus Diaminen und Dicarbonsäuren oder Aminocarbonsäuren (bzw. ihren funktionellen amidbildenden Derivaten) weniger als 10% von zur Teilnahme an der Reaktion befähigten aliphatischen oder cycloaliphatischen Verbindungen mit mehr als 2 funktionellen Gruppen zusetzt, wobei im Falle der Verwendung 3- oder mehrwertiger Alkohol auch noch mehr als einbasische Carbonsäuren mitverwendet werden.

Aktenzeichen: I. 66696 IV d/12 o vom 14. 3. 1940.

Verfahren zur Herstellung von hydrophilen Superpolyamiden, dadurch gekennzeichnet, daß Gemische von Pentamethylendiamin oder seinen höheren Homologen in Gegenwart von solchen Mengen anorganischer Säuren kondensiert werden, daß das entsprechende Polyamid mindestens 0,1 Mol Säureanion in gebundener Form enthält.

Aktenzeichen: I. 66828 vom 8. 4. 1940.

Herstellung von Polyamiden unter Anwendung von Ketodicarbonsäuren mit Zusatz geringer Mengen aliphatischer Dicarbonsäuren mit 4 oder weniger C-Atomen bzw. ihrer Derivate.

Aktenzeichen: I. 67059 IV d/12 o vom 23. 5. 1940.

Verfahren zur Herstellung von Superpolyamiden, dadurch gekennzeichnet, daß man superpolyamidbildende Dicarbonsäuren und Diamine in Gegenwart von bis zu 20% (berechnet auf fertiges Superpolyamid) an Salzen oder Gemischen von Glutarsäure und Diaminen kondensiert, bis verspinnbare Kondensationsprodukte entstanden sind.

Aktenzeichen: I. 67060 IV d/12 o vom 23. 5. 1940.

Abänderung des Verfahrens der Anmeldung I. 65598 IV d/120, dadurch gekennzeichnet, daß man die dort zu verwendeten Aminocarbonsäuren oder deren Derivate ganz oder teilweise durch äquimolekulare Gemische aus von Ketogruppen freien ω,ω'-Dicarbonsäuren mit mehr als 5 Kohlenstoffatomen, oder deren amidbildenden Derivaten und ω,ω'-Diaminen mit mehr als 5 Kohlenstoffatomen, oder durch Salze derartiger Dicarbonsäuren mit Diaminen ersetzt.

Ital. Pat. 384680 vom 19. 6. 1940.

Verfahren zur Herstellung polymerer Produkte, dadurch gekennzeichnet, daß man Dihalogenide mit Säureamiden kondensiert bzw. polymerisiert.

Aktenzeichen: I. 67470 vom 19. 7. 1940.

Herstellung von Polyamiden unter Anwendung von Diaminen, deren C-Kette durch mindestens 2 O-Atome unterbrochen ist.

Aktenzeichen: I. 68047 IV c/39 c vom 17. 10. 1940.

Verfahren zur Herstellung von Polyamiden durch Erhitzen polyamidbildender Komponenten von denen wenigstens eine Komponente eine Atomkette besitzt, in der ein Atom mit einem eine Oxygruppe enthaltenden Seitensubstituenten verbunden ist, dadurch gekennzeichnet, daß die Oxygruppe um wenigstens 5 Atome von jeder Carboxylgruppe entfernt liegt.

Aktenzeichen: I. 68051. IV c/39 c vom 17. 10. 1940.

Verfahren zur Herstellung von Superpolyamiden, dadurch gekennzeichnet, daß man zu ihrem Aufbau mindestens 3 Komponenten verwendet, von denen eine an Kohlenstoff gebundene Alkylgruppen und eine zweite eine gerade Kohlenstoffkette von mindestens 8 Kohlenstoffatomen zwischen den funktionellen Endgruppen enthalten muß.

Aktenzeichen: I. 68141 vom 31. 10. 1940.

Polyamide aus aliphatischen Ketomonocarbonsäuren und Diaminen.

Aktenzeichen: I. 68787 IV c/39 c vom 1. 2. 1941.

Verfahren zur Herstellung von Superpolyamiden, dadurch gekennzeichnet, daß man bei der zu ihnen führenden Kondensation Ausgangsstoffe mit fortlaufender Kohlenstoffkette und außerdem Diamine verwendet, deren Kohlenstoffkette durch mindestens 2 Sauerstoffatome unterbrochen ist, die durch mindestens 6 Kohlenstoffatome voneinander getrennt sind.

Aktenzeichen: Z. 26268 IV c/39 c vom 22. 2. 1941.

Verfahren zur Herstellung von aliphatischen hochmolekularen Polyamiden aus Aminosäuren bzw. aus Diaminen und Dicarbonsäuren mit mindestens 4 Kohlenstoffatomen in ununterbrochener Kette auf thermischem Wege, dadurch gekennzeichnet, daß man die Schmelzen der Ausgangsmaterialien bzw. der niedrigmolekularen Kondensationsprodukte in kontinuierlicher Weise für kurze Zeit in dünnen Schichten bzw. in feiner Verteilung der Einwirkung hoher Temperaturen, vorzugsweise zwischen 250 und 350° aussetzt, wobei gegebenenfalls Druckanwendung zu Hilfe genommen wird.

Aktenzeichen: I. 69415 IV c/39 c vom 19. 4. 1941.

Verfahren zur Herstellung von linearen Polyoxamiden, dadurch gekennzeichnet, daß man Diaminoverbindungen, insbesondere solche diprimärer Natur, deren Kohlenstoffkette zwischen den Aminogruppen durch Sauerstoff oder Schwefelstoff ein- oder mehrfach unterbrochen ist, mit ungefähr äquivalenten Mengen eines Oxalsäureesters umsetzt, wobei gegebenenfalls andersartige an der Polyamidbildung teilnehmende und hierbei wesentliche Mengen Wasser nicht abspaltende Stoffe zugegen sein können.

Aktenzeichen: St. 60679 IV c/39 c vom 28. 4. 1941.

Verfahren zur Darstellung von elastischen oder klebrigen Kondensationsprodukten von aliphatischen Diaminen mit aliphatischen Dicarbonsäuren, die mehr als 4 Methylengruppen in der Kette enthalten, dadurch gekennzeichnet, daß man die aliphatischen primären Diamine ganz oder teilweise durch solche sekundäre Amine ersetzt, die eine aliphatische Seitenkette von mehr als 3 Kohlenstoffatomen besitzen.

Aktenzeichen: I. 69687/39 c vom 23. 5. 1941.

Verfahren zur Gewinnung von Superpolyamiden, dadurch gekennzeichnet, daß man bei ihrer Herstellung Amine der allgemeinen Formel

$$H_2N(CH_2)_x - \langle H \rangle - R - \langle H \rangle - (CH_2)_x - NH_2$$

mitverwendet, in der x eine ganze Zahl oder 0, R eine oder mehrere unsubstituierte oder substituierte Methylengruppen, $-O-$, $-S-$, $-SO-$ oder SO_2- und $-\langle H \rangle -$ einen Cyclohexylrest bedeutet.

Aktenzeichen: I. 69841 IV c/39 c vom 16. 6. 1941.

Verfahren zur Herstellung von stark basischen Polyoxamiden, dadurch gekennzeichnet, daß man Polyamine mit 2 acylierbaren basischen Stickstoffatomen, deren Kette durch tertiären basischen Stickstoff ein- oder mehrfach unterbrochen ist oder seitliche Substituenten mit tertiärem, basischem Stickstoff aufweist, mit Oxalesterverbindungen, insbesondere Oxalestern und zweiwertigen Oxaminsäureestern zur Umsetzung bringt, gegebenenfalls unter anteiliger Verwendung anderer

Diamine namentlich solcher mit kettenunterbrechenden Atomen der Sauerstoffgruppe.

Aktenzeichen: T. 56359 IV c/29 b vom 16. 10. 1941.

Verfahren zur Herstellung von Kunstmassen, die Amidgruppen oder Esterbrücken enthalten, unter Verwendung von Diaminen bzw. Glykolen einerseits und Dicarbonsäuren andererseits als Kondensationskomponenten, dadurch gekennzeichnet, daß man durch Verwendung einander nicht genau entsprechender Mengen der Einzelbestandteile Vorkondensate erzeugt, die noch freie Amino- oder Hydroxylgruppen enthalten, oder daß man bei Verwendung äquivalenter Mengen die Kondensation nicht zu Ende führt, so daß solche Gruppen noch vorhanden sind, worauf man diese Vorkondensate mit Diisocyanaten bzw. den diesen entsprechenden Vorprodukten, wie Diharnstoffchloriden oder Disäureaciden umsetzt.

Aktenzeichen: I. 70773 IV c/39 c vom 25. 10. 1941.

Verfahren zur Herstellung von hochpolymeren Kondensationsprodukten nach Anmeldung I. 64462 IV c/12 q, dadurch gekennzeichnet, daß als Dicarbonsäuren solche benutzt werden, deren Kohlenstoffkette ein oder mehrere Male durch Sauerstoff oder Schwefel unterbrochen ist.

Aktenzeichen: V. 1071, 39 c, 10 vom 6. 11. 1941.

Verfahren zur Herstellung von Kondensationsprodukten mit gutem Fadenziehvermögen, dadurch gekennzeichnet, daß cyclische o-Dicarbonsäuren mit innerer Brücke mit aliphatischen Diaminen kondensiert werden.

Aktenzeichen: T. 56559 IV c/39 c vom 2. 12. 1941.

Verfahren zur Herstellung von verformbaren Kunstmassen, dadurch gekennzeichnet, daß man eine Senfölgruppe oder eine solche andere Gruppe, die wie ein Senföl zu reagieren vermag und von diesem abgeleitet ist, mit der äquivalenten Menge an Dicarbonsäuren mit oder ohne Anwendung eines Lösungsmittels bei erhöhter Temperatur zur Reaktion bringt, wobei man im Falle mehr oder weniger als die äquivalente Menge Senfölgruppen als Dicarbonsäuregruppen angewendet sind, soviel Diamin oder mehr zusetzt, als man vorher an Senfölen oder wie solche reagierende Verbindungen angewandt hat.

Aktenzeichen: I. 71019 IV c/39 b vom 3. 12. 1941.

Verfahren zur Verbesserung der Eigenschaften, insbesondere der Löslichkeit von linearen Mischpolyamiden, insbesondere solchen aus Diaminen und Dicarbonsäuren oder amidbildenden Derivaten dieser Verbindungen einerseits und Aminocarbonsäuren oder deren amidbildenden Derivaten andererseits, dadurch gekennzeichnet, daß die Mischpolyamide mit wäßrigem Formaldehyd bei erhöhter Temperatur in alkalischem Medium, vorzugsweise bei einem p_H-Wert zwischen 7 und 9 behandelt werden.

Aktenzeichen: I. 71899/39 c vom 26. 3. 1942.

Verfahren zur Herstellung fadenziehender hochmolekularer Stoffe, dadurch gekennzeichnet, daß man Dicarbonsäuren, deren Carboxylgruppen durch mindestens 4 Kohlenstoffatome voneinander getrennt sind, oder ihre Abkömmlinge zusammen mit Dinitrilen, deren Stickstoffatome durch mindestens 4 Kohlenstoffatome voneinander getrennt sind, in Gegenwart von Hydrierungskatalysatoren und Wasserstoff oder diesen enthaltenden oder unter den Reaktionsbedingungen liefernden Gasgemischen erhitzt.

Aktenzeichen: I. 72053 IV c/39 c vom 18. 4. 1942.

Verfahren zur Herstellung von Polyamiden, dadurch gekennzeichnet, daß endständige Dinitrile, die vorzugsweise 4 oder mehr Atome zwischen den Nitrilgruppen enthalten, mit ω,ω'-Dicarbonsäuren unter polyamidbildenden Bedingungen umgesetzt werden.

Aktenzeichen: I. 72108 IV c/39 c vom 28. 4. 1942.

Verfahren zur Herstellung von Polyamiden, dadurch gekennzeichnet, daß man Amine mit 2 primären Aminogruppen erst mit Estern von Dicarbonsäuren mit mindestens 3 Kohlenstoffatomen zwischen den Carboxylestergruppen zur Umsetzung bringt und dann die Reaktion durch Nachsatz von 2-wertigen Oxalester-verbindungen beendigt.

Aktenzeichen: I. 72 109 IV c/39 c vom 28. 4. 1942.

Verfahren zur Herstellung von Polyoxamiden aus Aminoverbindungen mit 2 primären Aminoverbindungen und Oxalsäureestern oder zweiwertigen Oxamidsäureestern, dadurch gekennzeichnet, daß die Kondensation in Gegenwart von oberhalb des Schmelzpunktes des Polyamids siedenden alkoholischen Hydroxylverbindungen, insbesondere mehrwertigen Hydroxylverbindungen vorgenommen wird.

Aktenzeichen: I. 72 160 IV c/39 c vom 4. 5. 1942.

Verfahren zur Herstellung von Polyamiden, dadurch gekennzeichnet, daß man Bis-alkylhydroximsäuren, die sich von Dicarbonsäuren mit mindestens 4 Kohlenstoffatomen zwischen den Carboxylgruppen ableiten, mit ungefähr äquivalenten Mengen von Dicarbonsäurechloriden mit mindestens 3 Kohlenstoffatomen zwischen den Carbohaloidgruppen in der Wärme in Gegenwart oder Abwesenheit von Lösungs- oder Verdünnungsmitteln umsetzt.

Aktenzeichen: I. 75 545 vom 21. 7. 1943.

Polyamide aus saurem pimelinsaurem Tetramethylendiamin und mindestens äquivalenten Mengen eines polyamidbildenden Diamins oder dessen Abkömmlingen.

Aktenzeichen: I. 77 492 vom 19. 5. 1944.

Kontinuierliche Herstellung von Polyamiden aus Diaminen und Dicarbonsäuren unter Zusatz von sauer reagierenden Gemischen aus äquivalenten Mengen von Diaminen und Dicarbonsäuren einerseits und Urethancarbonsäuren und/oder Mischungen von Dicarbonsäuren und bis-Carbaminsäureestern einwertiger OH- oder SH-Verbindungen andererseits.

Aktenzeichen: I. 78 384 vom 19. 10. 1944.

Polyamide zur Herstellung hochschmelzender Fasern mit hohem Elastizitätsmodul aus p-Phenylendi-β-propionsäure und Diaminen mit mindestens 6 C-Atomen in der Kette.

Aktenzeichen: p 33 407 D, 39 c, 10 vom 5. 2. 1949.

Verfahren zur Herstellung von insbesondere zur Erzeugung von geformten Gebilden wie Fäden und Fasern geeigneten Polyamiden, dadurch gekennzeichnet, daß man ein Dinitril, das keine phenolischen Hydroxyl- und Aminogruppen besitzt, in Gegenwart eines stark sauren Katalysators mit einer im wesentlichen äquimolaren Menge eines Aldehyds, z. B. Formaldehyd und Wasser umsetzt.

Ausländische Patente.

AP. 2 500 317. Production of linear polyamides.

Process for the production of a linear polyamide which comprises heating a reaction mass whose sole reactant is amino pivalic acid at a temperature of 150 to 300° C until a polymer is produced.

AP. 2 493 597. Use of phosphite esters in the stabilization of linear polyamides.

A process for stabilizing a linear polyamide against changes caused by exposure to moisture heat, light and oxygen which comprises reacting and chemically combining said polyamide, by heating at a temperature of 100 to 300° C with from 0,001 to 0,07 mole, per kilogram of said polyamide, of a stabilizing agent comprising a monomeric ester of phosphorous acid, the organic radicals of which ester are monovalent hydrocarbon radicals free of non-benzenoid unsaturation said linear polyamide being the product of condensing at 200 to 300° polymerizable reactants which contain amino groups and carboxyl groups as the sole reactive groups and which are members of the class consisting of (a) diamines and dicarboxylic acids, (b) aminocarboxylic acids and (c) dicarboxylic acids and salts of diamines.

AP. 2562796. Process for preparing linear polyamides.

A method for producing a high molecular weight linear polyamide by condensation of an omega-lactam of the general formula

$$-HN-(CH_2)_n-CO-$$

where n is an integer at least 5 which comprises continuously introducing into a heated reaction zone a mixture consisting essentially of (a) said omega-lactam, (b) a molten high molecular weight linear polyamide having an itrisinic viscosity of at least 0,4 and characterized by structural units if the general formula

$$\cdots -NH(CH_2)_mCO-\cdots$$

where m and n represent the same integer, and (c) water in a significant amount less than 1 mol of water per 50 mols of omega-lactam in the reaction mixture and in the absence of any additional chemically reactive material; continuously with drawing a portion of the reaction mixture containing partially polymerized omega-lactam from the reaction zone at a point spaced from the point of introduction of the omega-lactam from the reaction zone at a point spaced from the point of introduction of the omega-lactam feed material; continuously re-introducing said withdrawn portion into the reaction zone near the point of introduction of omega-lactam feed material thereby creating a continuously recycling mass of reaction mixture; and subjecting the reaction mixture containing partially polymerized omega-lactam. Other than that portion which is withdrawn and recycled, to further polymerization in a heated reaction zone; said reaction zones being maintained at temperatures between 170 and 300° C.

AP. 2554592. Process of producing high molecular polyamides.

The process of producing high molecular polyamides having five carbon atoms in the polymethylene chain separating the two amido groups, which comprises mixing 6-aminocaproic acid with 6-caprolactam as the sole reactants and continuously heating the resulting mixture and maintaining it in molten condition in an open vessel at a temperature ranging from 150 to 300° until a spinnable product is obtained from the molten mass.

AP. 2361717. Process for making polyamides.

A process for preparing polyamides which consists in continuously passing an aqueous solution of a diamine-dibasic carboxylic acid salt at superatmospheric pressure and at amideforming temperatures through at least one compartment of a reaction assembly having several compartments the temperature-pressure conditions in said compartment preventing the formation of steam and the rate of travel of said solution through said compartment being such that the major portion of said salt if converted to polyamide, then passing the reaction mass at amide-forming temperatures and at a pressure permitting the formation of steam through at least one additional compartment of the assembly while progressively removing water from the reaction composition consists essentially of polyamide and the pressure is substantially atmospheric and continuously delivering molten polymer from the exit end of the reaction assembly.

AP. 2489569. Process of concentrating solutions of synthetic linear polyamides.

The process of concentrating a solution of synthetic linear polyamide made from alkylene diamine and an aliphatic dicarboxylic acid in acid selected from the group which consists of hydrochloric acid, sulphuric acid, nitric acid and phosphoric acid which comprises dissolving in said solution sufficient sodium chloride to cause the solution to separate into two layers one of which contains a higher concentration of said synthetic linear polyamide than the other and isolating the layer containing a higher concentration of said synthetic linear polyamide.

AP. 2483514. Production of basic linear polyamides.

Process for the production of linear polyamides which comprises reacting between 1,05 and 1,25 moles of an ester of oxalic acid selected from the group consisting of methyl and ethyl esters with 1 mole of tetramine containing as its sole reactive groups two primary amino groups linked by the radical —CH_2—CH_2— the process being carried out without external heat and in a medium which is a solvent for the monomers and a non-solvent for the polymer.

FP. 961011. Procédé pour la fabrication continue de polyamides.

Un procédé pour la condensation de mélanges équimoléculaires de diamines et d'acides dicarboxyliques ou de leurs Sels ou de mélanges qui contiennent ces corps qui consiste à opérer la condensation d'une manière continue en présence de petites quantités en proportions équimoléculaires les unes par rapport aux autres de diisocyanates ou de diisothiocyanates et d'acides dicarboxyliques.

FP. 980573. Procédé et appareillage pour la fabrication en continu de super-polyamides.

Un procédé pour la fabrication en continu de superpolyamides qui consiste à faire passer un mélange aqueux diamine-diacide qui a été concentré et a partiellement réagi soùs pression à la température de réaction, à travers une enceinte chauffée de longueur convenable et de section transversale augmentant par paliers dans le sens du débit du mélange.

Mischpolyamide.

Aktenzeichen: Ser. Nr. 83810 vom 5. 6. 1936.

Verfahren zur Nutzbarmachung niedrigschmelzender Superpolyamide (zur Herstellung von Fasern), dadurch gekennzeichnet, daß 2 Polyamide gemischt werden, von denen eines oberhalb und eines unterhalb 200° C schmilzt.

Aktenzeichen: P. 78254 IVd/12o vom 23. 11. 1938.

Verfahren zur Herstellung von Polyamiden, nach dem eine Monoaminocarbonsäure mit einer Restlänge von mehr als 6 oder ein amidbildendes Derivat derselben und/oder etwa äquimolekulare Mengen eines primären oder sekundären Diamins und einer Dicarbonsäure oder ein amidbildendes Derivat einer dibasischen Carbonsäure einer Wärmebehandlung unterworfen werden, wobei die Summe der Restlängen des Diamins und der dibasischen Säure größer als 8 ist, dadurch gekennzeichnet, daß mindestens ein Umsetzungsstoff mit einer ungesättigten Bindung nicht benzolartiger Natur verwendet wird, derart, daß bei Verwendung einer Carboxylgruppen trennenden Atomkette sich befindet.

Aktenzeichen: I. 60365/12c vom 28. 1. 1938.

Umsetzung der Polyamide des Hauptpatentes mit organischen Verbindungen, die wie Aldehyde, Ketone, Chinone, ein- oder mehrbasische Säuren mit NH-Gruppen reagieren.

Aktenzeichen: I. 63039 IVd/12o vom 28. 11. 1938.

Verfahren zur Herstellung von schmelzbaren, hochpolymeren linearen Polyamiden, dadurch gekennzeichnet, daß man hochpolymere, lineare verformbare Polyamide mit monomeren, polymerisierbaren oder kondensierbaren Stoffen oder mit in der Schmelze niedrigviscosen Anfangspolymerisaten oder -kondensaten vereinigt und die Masse so lange gegebenenfalls in Gegenwart von Beschleunigern bzw. Katalysatoren und gegebenenfalls Lösungsmitteln erhitzt, bis eine homogene, zur Verformung aus dem Schmelzfluß genügend hochmolekular geschmolzene Masse entstánden ist.

Aktenzeichen: P. 78520/12o vom 14. 1. 1939.

Herstellung von Linearpolymeren, dadurch gekennzeichnet, daß man annähernd äquimolekulare Mengen eines zweiwertig wirksamen Sulfonamids der Formel A—R′—Q—R—SO_2—NR″—R′—A worin A eine amidbildende Gruppe, R und R′ aliphatischė, insbesondere zweiwertige Kohlenwasserstoffreste mit einer Kettenlänge von mindestens 3 C-Atomen R″H oder ein einwertiger Kohlenwasserstoff· rest und Q—CO—NR″— oder —SO_2—NR″— sind, mit einem zweiwertig wirk· samen ámidbildenden Umsetzungsstoff zur Reaktion bringt, in dem die amid· bildenden Gruppen diejenigen im Sulfonamid ergänzen oder zu ihnen passen.

Aktenzeichen: I. 63513 IV c/12 o vom 14. 1. 1939.

Verfahren zur Herstellung von Kondensationsprodukten, dadurch gekennzeichnet, daß man Di- oder Polycarbonsäuren oder deren funktionelle Derivate,
deren Carboxylgruppen durch mindestens ein, gegebenenfalls in einer Kohlenstoffkette stehendes Stickstoffatom getrennt sind, mit Di- oder Polyalkoholen, Di- oder
Polyaminen oder Aminoalkoholen bei erhöhter Temperatur umsetzt.

Aktenzeichen: I. 63684 IV c/12 p vom 3. 2. 1939.

Verfahren zur Herstellung von glasklaren Kunststoffen aus polyamid-, poly-
harnstoff- oder polyurethanbildenden Verbindungen, dadurch gekennzeichnet, daß
4 oder mehrere solcher Verbindungen gemeinsam kondensiert oder polymerisiert
bzw. kondensiert und polymerisiert werden.

Aktenzeichen: I. 63683 IV c/12 p vom 3. 2. 1939.

Verfahren zur Herstellung von klaren, durchsichtigen Kunststoffen aus poly-
amid-, polyharnstoff- oder polyurethanbildenden Verbindungen, dadurch gekennzeichnet, daß 2 oder 3 verschiedene harzbildende Verbindungen zusammen kondensiert bzw. zusammen polymerisiert und die geschmolzenen Massen durch Abkühlen auf tiefe Temperaturen abgeschreckt werden.

Aktenzeichen: I. 63760 vom 7. 2. 1939.

Polyamide aus Ameisensäureverbindungen von Diaminen oder Aminoalkoholen
und Dicarbonsäuren oder deren funktionellen Derivaten.

Aktenzeichen: I. 64099 IV d/12 o vom 15. 3. 1939.

Verfahren zur Herstellung von Kunststoffen, dadurch gekennzeichnet, daß man
ω-Aminocarbonsäuren oder deren Lactame mit bis zum $1^1/_2$fachen ihres Gewichtes
an Diaminsalzen von Dicarbonsäuren oder entsprechenden Mengen freier Diamine
und Dicarbonsäuren oder deren funktioneller Derivate erhitzt.

Aktenzeichen: I. 64092 IV d/12 o vom 16. 3. 1939.

**Verfahren zur Darstellung von hochpolymeren Polyamiden oder Mischpoly-
amiden,** dadurch gekennzeichnet, daß die Kondensation bei Temperaturen durchgeführt wird, die unterhalb des Erweichungspunktes des entstehenden Polyamides
liegen.

Aktenzeichen: I. 64175 IV c/12 o vom 24. 3. 1939.

Verfahren zur Herstellung von hochpolymeren Kondensationsprodukten, dadurch
gekennzeichnet, daß aromatische Polyaminocarbonsäuren mit gegebenenfalls aro-
matisch substituierten aliphatischen Aminocarbonsäuren oder deren kondensationsfähigen Derivaten wie Säurehalogenide, Anhydride, Lactame, Nitrile, Ester usw.
kondensiert werden.

Aktenzeichen: P. 80590 IV d/12 o vom 4. 4. 1940.

Verfahren zur Herstellung von Interpolymeren, dadurch gekennzeichnet, daß
ein Gemisch von Hexamethylendiamin und mindestens 2 weiteren amidbildenden
Reaktionsteilnehmern, von denen der eine Adipinsäure und der andere 6-Amino-
capronsäure oder eines seiner amidbildenden Derivate ist, bei Reaktionstemperatur
erhitzt wird.

Aktenzeichen: P. 80591 IV d/12 o vom 4. 4. 1940.

Verfahren zur Herstellung von Interpolymeren, dadurch gekennzeichnet, daß
man ein polyamidbildendes Gemisch aus einem Diamin mit mindestens einem
Wasserstoffatom an jedem Aminostickstoff, eine polymerisierbare Monoaminocarbonsäure und eine zweibasische Carbonsäure auf Reaktionstemperatur erhitzt.

Aktenzeichen: I. 64361 IV c/12 o vom 12. 4. 1939.

Verfahren zur Herstellung von hochmolekularen, schmelzbaren Polyamiden,
dadurch gekennzeichnet, daß man Halogenwasserstoffsalze von ω-Aminocarbon-
säuren, gegebenenfalls vermischt mit Halogenwasserstoffsalzen von α,ω-Diaminen
oder Gemischen von Halogenwasserstoffsalzen von Diamin und Dicarbonsäuren,

wobei letztere gegebenenfalls im Unterschuß vorhanden sein können, vorzugsweise in einem Verdünnungsmittel mit Phosgen in der Hitze behandelt und schließlich nach Umwandlung der Salze weitererhitzt, bis der gewünschte Kondensationsgrad erreicht ist.

Aktenzeichen: Ser. Nr. 280660 vom 28. 4. 1939.

Verfahren zur Herstellung von harzartigen Produkten, dadurch gekennzeichnet, daß man ein polyamidbildendes Gemisch aus einem Diamin und einer zweibasischen Carbonsäure, von denen eines in molarem Überschuß vorhanden ist, in Gegenwart eines Phenols erhitzt, das eine amidbildende Gruppe komplementär zu derjenigen des im Überschuß vorhandenen Reaktionsteilnehmers besitzt und anschließend das Reaktionsprodukt mit Formaldehyd oder formaldehydbildenden Stoffen behandelt.

Aktenzeichen: I. 64527 vom 6. 5. 1939.

Polyamide aus Verbindungen mit 2 bevorzugt reaktionsfähigen amidbildenden Gruppen, deren Ketten durch N-haltige heterocyclische Ringe mit einer oder mehreren Amidgruppen, Thioamidgruppen oder Sulfonamidgruppen unterbrochen sind.

Aktenzeichen: I. 64524 IV c/12 o vom 6. 5. 1939.

Verfahren zur Herstellung von hochmolekularen Polyamidverbindungen durch Kondensieren bifunktioneller Verbindungen mit zu intermolekularer Polyamidbildung befähigten Gruppen in der Hitze, dadurch gekennzeichnet, daß man Stoffe, die mindestens einmal den Rest der Carbaminsäure verestert mit einer benzoiden oder enolischen Hydroxylverbindung enthalten, umsetzt mit Stoffen, die acylierbare Aminogruppen, Hydroxylgruppen, Sulfhydrylgruppen oder Carboxylgruppen aufweisen.

Aktenzeichen: I. 64579 IV d/12 o vom 11. 5. 1939.

Verfahren zur Herstellung von hochmolekularen linearen Polyamiden durch Hitzekondensation bifunktioneller zu intermolekularer Polyamidbildung befähigter Stoffe, dadurch gekennzeichnet, daß man die Kondensation ganz oder anteilig mit zur Amidbildung befähigten bifunktionellen Komponenten durchführt, deren Ketten bei der Reaktionstemperatur beständige CO—NR-Gruppen (R=H oder einwertiger organischer Rest) bereits enthalten und gegebenenfalls noch durch andere Heteroatome oder Atomgruppen wie O, S, N, SO, SO_2 unterbrochen sind.

Aktenzeichen: I. 64578 IV d/12 o vom 11. 5. 1939.

Verfahren zur Herstellung von hochmolekularen, linearen Polyamiden durch Hitzekondensation von bifunktionellen Verbindungen mit Amino- oder Carboxylgruppen bzw. kondensierbaren Derivaten von solchen wie Urethanverbindungen, Formylaminoverbindungen, Estern, Amiden, Isocyanaten, dadurch gekennzeichnet, daß man zum mindesten anteilig solche bifunktionellen Komponenten verwendet, deren gegebenenfalls substituierte Ketten durch Amidgruppen unterbrochen sind und zwischen je 2 Carbonylgruppen den Rest eines 2-wertigen Amins oder 2- oder 3-Kohlenstoffreihe enthalten, wobei außerdem noch an beliebiger Stelle je 2 durch Wasserstoff oder Kohlenwasserstoffresten substituierte Ketten-C-Atome Heterogruppen wie O, S, SO_2 eingeschaltet sein können.

Aktenzeichen: I. 64650 IV c/12 o vom 17. 5. 1939.

Verfahren zur Herstellung von stickstoffhaltigen linearen Kondensationsprodukten, dadurch gekennzeichnet, daß man Diisocyanate oder diesen analog reagierende Diurethane umsetzt mit bifunktioneller Hydroxyl- oder Sulfhydrylverbindungen, bei denen mindestens einer der funktionellen Gruppen alkoholischen Charakter trägt, während die andere in Form einer Amino- oder Carboxylgruppe vorhanden sein kann, wobei mindestens eine der in Reaktion tretenden Komponenten vorgebildete Amidgruppen (Carboamidgruppen, Harnstoffgruppen, Sulfoamidgruppen, Sulfamidgruppen) in welchen die Carbonylgruppe mit Stickstoff oder einem kohlenstoffhaltigen Rest verbunden ist.

Aktenzeichen: Ital. Pat. 385388 vom 27. 6. 1940.

Verfahren zur Herstellung von Polymerisations- oder Polykondensationsprodukten durch Reaktion von Diureiden mit sich selbst oder im Gemisch mit Diaminen oder Dicarbonsäuren oder deren Derivaten und zur Herstellung der daraus erhältlichen Produkte.

Aktenzeichen: I. 65185 IV d/12 o vom 18. 7. 1939.

Verfahren zur Herstellung von hydrophilen hochpolymeren Polymerisations- und Kondensationsprodukten vom Typ der Superpolyamide, die aus dem wasserquellbaren Zustand bei Erhöhung der Temperatur in den wasserlöslichen Zustand übergehen, dadurch gekennzeichnet, daß Gemische von Pentamethylendiamin oder seiner höheren Homologen mit Adipinsäure oder ihren höheren Homologen zusammen mit den Hydrohalogeniden der ω-Aminocarbonsäuren von höchstens 3 C-Atomen zwischen der NH_2-Gruppe und der COOH-Gruppe kondensiert werden.

Aktenzeichen: I. 65184 IV d/12 o vom 18. 7. 1939.

Verfahren zur Herstellung von hydrophilen hochpolymeren Polymerisations- und Kondensationsprodukten vom Typ der Superpolyamide, die aus dem wasserquellbaren Zustand bei Erhöhung der Temperatur in den wasserlöslichen Zustand übergehen, dadurch gekennzeichnet, daß ω-Aminocarbonsäuren von mindestens 4 C-Atomen zwischen der NH_2- und COOH-Gruppe mit den Hydrohalogeniden der ω-Aminocarbonsäuren von höchstens 3 C-Atomen zwischen der NH_2- und COOH-Gruppe zusammen kondensiert werden.

Aktenzeichen: 747980 vom 18. 7. 1939.

Hydrophile Polyamide aus ω-Aminocarbonsäuren mit mindestens 4 C-Atomen zwischen der NH_2- und COOH-Gruppe und Hydrochloriden der ω-Aminocarbonsäuren mit höchstens 3 C-Atomen zwischen der NH_2- und COOH-Gruppe.

Aktenzeichen: D. 80933 IV d/12 o vom 29. 7. 1939.

Verfahren zur Herstellung von Lösungen oder Pasten aus Mischpolykondensationsprodukten von zweibasischen Säuren mit Diaminen mit mindestens 4 Kohlenstoffatomen zwischen den beiden Aminogruppen einerseits und ω-Aminocarbonsäuren mit mindestens 5 Kohlenstoffatomen zwischen Amino- und Carboxylgruppe oder deren amidbildenden Derivaten wie Estern, Lactamen und Chloriden andererseits, dadurch gekennzeichnet, daß β-Chloräthylalkohol als Lösungsmittel verwendet wird.

Aktenzeichen: D. 80989 IV c/12 o vom 3. 8. 1939.

Verfahren zur Herstellung von Lösungen oder Pasten aus Mischpolykondensationsprodukten von zweibasischen Säuren mit Diaminen mit mindestens 4 Kohlenstoffatomen zwischen den beiden Aminogruppen einerseits und ω-Aminocarbonsäuren mit mindestens 5 Kohlenstoffatomen zwischen Amino- und Carboxylgruppe oder deren amidbildenden Derivaten wie Estern, Lactamen und Chloriden andererseits, dadurch gekennzeichnet, daß man ein Gemisch aus aliphatischen Alkoholen und Chlorkohlenwasserstoffen als Lösungsmittel benutzt, die nicht mehr als 3 C-Atome enthalten.

Aktenzeichen: D. 80990 IV c/12 o vom 3. 8. 1939.

Verfahren zur Herstellung von Lösungen oder Pasten aus Mischpolykondensationsprodukten von zweibasischen Säuren mit Diaminen mit mindestens 4 Kohlenstoffatomen zwischen den beiden Aminogruppen einerseits und ω-Aminocarbonsäuren mit mindestens 5 Kohlenstoffatomen zwischen Amino- und Carboxylgruppe oder deren amidbildenden Derivaten wie Estern, Lactamen und Chloriden andererseits dadurch gekennzeichnet, daß man Benzylalkohol als Lösungsmittel verwendet.

Aktenzeichen: I. 65521 IV d/12 o vom 29. 8. 1939.

Verfahren zur Herstellung von hochpolymeren linearen Polyamiden, dadurch gekennzeichnet, daß das Reaktionsgemisch neben anderen in der Hitze polyamidbildenden Stoffen eine aromatische p-Dicarbonsäure ohne annelierten Benzolkern oder ein beim Erhitzen mit Aminen amidbildendes Derivat einer solchen und entsprechenden Mengen einer bifunktionellen Aminoverbindung enthält.

Aktenzeichen: I. 65 598 vom 11. 9. 1939.

Verfahren zur Herstellung von Superpolyamiden, dadurch gekennzeichnet, daß man ω-Aminocarbonsäuren oder deren Derivate mit Salzen aus mehr als 5 Kohlenstoffatome enthaltenden ω,ω'-Dicarbonsäuren oder Gemischen aus etwa äquimolekularen Mengen dieser Diamine und Ketodicarbonsäuren erhitzt, bis verspinnbare Kondensationsprodukte entstanden sind.

Aktenzeichen: Ser. Nr. 296 517 vom 25. 9. 1939.

Lösung eines synthetischen linearen Mischpolymerisates dargestellt aus einer polymerisierbaren Monoaminocarbonsäure, einer zweibasischen Carbonsäure und einem Diamin mit mindestens einem Wasserstoffatom an jedem Stickstoffatom, in einem Gemisch von Alkohol und Wasser.

Aktenzeichen: I. 65 903 vom 4. 11. 1939.

Mischpolyamide, von denen mindestens 1 Komponente S in der C-Kette enthält.

Aktenzeichen: Ser. Nr. 303 318 vom 7. 11. 1939.

Verfahren zur Herstellung von faserbildenden Polymeren, dadurch gekennzeichnet, daß bei Polymerisationstemperatur ein linear polyamidbildender Körper und ein linear polyesterbildender Körper in Gestalt eines diprimären Glykols mit mindestens einem Kohlenwasserstoff-substituierten an der Atomkette zwischen den OH-Gruppen erhitzt wird bis ein zu biegsamen Fäden ausziehbares Produkt entsteht.

Aktenzeichen: I. 66 177/12 o vom 20. 12. 1939.

Weiterbildung der Anmeldung I. 63 109 IV d/120 zur Herstellung von Superpolyamiden unter Zusatz von höchstens 0,1 Mol (berechnet auf superpolyamidbildende Ausgangsmaterialien) eines mindestens eine freie Hydroxylgruppe tragenden Esters oder Äthers davon, dadurch gekennzeichnet, daß man ein Gemisch mehrerer zur Superpolyamidbildung befähigter Ausgangsstoffe verwendet.

Aktenzeichen: P. 80 590 IV d/12 o vom 4. 4. 1940.

Verfahren zur Herstellung von fadenbildenden, linearen Mischpolymeren, dadurch gekennzeichnet, daß eine Mischung von polyamidbildenden Stoffen, bestehend aus Hexamethylendiamin und mindestens 2 zusätzlichen amidbildenden Reaktionsteilnehmern, wovon einer aus Adipinsäure und der andere aus 6-Aminocapronsäure und ihren amidbildenden Derivaten besteht, auf Reaktionstemperatur erhitzt wird.

Aktenzeichen: P. 80 591 IV d/12 o vom 4. 4. 1940.

Herstellung von synthetischen linearen Mischpolymeren, dadurch gekennzeichnet, daß polyamidbildende Mischungen aus einem Diamin mit mindestens einem Wasserstoffatom an jedem Stickstoffatom einer polymerisierbaren Monoaminocarbonsäure und einer zweibasischen Carbonsäure auf Reaktionstemperatur erhitzt werden.

Aktenzeichen: I. 66 828/12 o vom 8. 4. 1940.

Weiterbildung des Verfahrens zur Herstellung von Superpolyamiden nach Anmeldung I. 65 598 IV d/120, dadurch gekennzeichnet, daß man das Verfahren des Hauptpatents unter Zusatz geringer Mengen aliphatischer Dicarbonsäuren mit 4 oder weniger Kohlenstoffatomen oder ihrer amidbildenden Derivate oder ihrer Salze mit Diaminen ausführt.

Aktenzeichen: Ser. Nr. 331 059 vom 22. 4. 1940.

Verfahren zur Herstellung von fadenziehenden Polymeren, dadurch gekennzeichnet, daß ein Gemisch aus bifunktionellen Reaktionsteilnehmern, enthaltend einen einwertigen Monoaminoalkohol und eine Dicarbonsäure unter polymerisierenden Bedingungen erhitzt, bis ein Polymeres mit einer Eigenviscosität von mindestens 0,3 entsteht.

Aktenzeichen: I. 67 470 IV c/39 c vom 19. 7. 1940.

Verfahren zur Herstellung von Superpolyamiden, dadurch gekennzeichnet, daß man bei der zu ihnen führenden Kondensation Ausgangsstoffe mit fortlaufender

Kohlenstoffkette und bis zu etwa 10% vom Gewicht dieser Stoffe an Diaminen verwendet, deren Kohlenstoffkette durch mindestens 2 Sauerstoffatome unterbrochen ist.

Aktenzeichen: I. 68156 IV c/39 c vom 2. 11. 1940.

Verfahren zur Herstellung von faserbildenden Polymeren, dadurch gekennzeichnet, daß man ein lineares polyamidbildendes Gemisch, z. B. ein Diamin und eine zweibasische Carbonsäure, mit einem linearen polyesterbildenden Gemisch kondensiert, das ein diprimäres Glykol enthält, das wenigstens ein Kohlenwasserstoffradikal an der die Oxygruppe trennenden Atomkette besitzt.

Aktenzeichen: I. 68228 IV c/39 c vom 13. 11. 1940.

Verfahren zur Herstellung von Polyamiden, dadurch gekennzeichnet, daß man eine Monoaminomonocarbonsäure bzw. ein amidbildendes Derivat der Säure mit wenigstens einer äquivalenten Menge einer bifunktionellen amidbildenden Komponente, in der beide amidbildenden Gruppen zu ein und derselben amidbildenden Gruppe in der Carbonsäure bzw. ihrem Derivat komplementär sind, reagieren läßt, worauf man das erhaltene Zwischenprodukt mit einer bifunktionellen amidbildenden Komponente, in der beide amidbildenden Gruppen zu denen der erstgenannten bifunktionellen Komponenten in im wesentlichen äquivalenten Mengen vorliegen.

Aktenzeichen: I. 69527 IV c/39 c vom 3. 5. 1941.

Plastisches Polyamid, dadurch gekennzeichnet, daß es als Weichmacher einen Ester aus einer wenigstens 6 Kohlenstoffatome enthaltenden Monocarbonsäure und einem mehrwertigen Alkohol, in dem wenigstens eine Oxygruppe unverestert ist, enthält.

Aktenzeichen: I. 70274 IV c/39 b vom 18. 8. 1941.

Verwendung von Hydroxylgruppen enthaltenden organischen Sulfamiden als Weichmacher für Superpolyamide und Polyurethane.

Aktenzeichen: T. 56717 vom 3. 1. 1942.

Verfahren zur Herstellung hochmolekularer fadenbildender Kondensationsprodukte aus niedermolekularen Carbonsäureamiden mit sauren Endgruppen, dadurch gekennzeichnet, daß diese Carbonsäureamide mit ihren freien Carboxylgruppen genau oder annähernd äquivalenten Mengen von substituierten bifunktionellen Derivaten der Carbaminsäure bzw. Thiocarbaminsäure erhitzt werden.

Aktenzeichen: I. 71346/39 b vom 14. 1. 1942.

Verfahren zur Erhöhung der Wasserbeständigkeit von Superpolyamiden, dadurch gekennzeichnet, daß man Superpolyamide in durch Einwirkung von Wärme erweichten Zustand mit Isocyanaten behandelt.

Aktenzeichen: I. 71561/39 b vom 16. 2. 1942.

Verfahren zur Verbesserung der Eigenschaften von Mischsuperpolyamiden, dadurch gekennzeichnet, daß man sie solange bei erhöhter Temperatur mit Formaldehyd oder formaldehydabgebenden Stoffen behandelt, bis sie mindestens 20% an Gewicht zugenommen haben.

Aktenzeichen: T. 56978 IV c/39 c vom 26. 2. 1942.

Verfahren zur Herstellung von Kondensationsprodukten aus Diaminen und Dikohlensäureestern von mehrbasischen Alkoholen oder aus solchen Substanzen, die eine Kohlensäureestergruppe und eine Urethangruppe enthalten und Diamine, dadurch gekennzeichnet, daß man die Ausgangsmaterialien in äquimolarem oder nahezu äquimolarem Verhältnis vorzugsweise unter Ausschluß des Sauerstoffes der Luft, auf höhere Temperaturen erhitzt.

Aktenzeichen: I. 71739 IV c/39 c vom 10. 3. 1942.

Verfahren zur Herstellung leicht verarbeitbarer linearer hochpolymerer Polyamide, dadurch gekennzeichnet, daß verhältnismäßig niedrig schmelzende Polyamide, die vorzugsweise primäre oder auch sekundäre Aminogruppen an den beiden Enden der Kette tragen, in der Schmelze mit einer der Zahl der vorhandenen

Aminogruppen angepaßten Menge eines Polycarbonsäurearylesters, insbesondere eines Dicarbonsäurediarylesters nachkondensiert werden, wobei der Polycarbonsäureester bereits linearen polymeren Charakter aufweisen kann.

Aktenzeichen: I. 71769/39c vom 11. 3. 1942.

Plastische Massen aus linearen Polykondensationsprodukten mit ständig wiederkehrenden —CONH-Gruppen in der Molekülkette und Kondensationsprodukten aus Carbonsäuren oder Sulfonsäuren oder ihren funktionellen Derivaten mit primären oder sekundären Aminen mit mindestens einer verzweigten Kette.

Aktenzeichen: D. 87308 IVc/39c vom 18. 3. 1942.

Verfahren zur Verbesserung der Eigenschaften von Polykondensaten mit wiederkehrenden —NHCO-Gruppen, dadurch gekennzeichnet, daß dieselben mit Oxymethylphenolen zur Umsetzung gebracht werden.

Aktenzeichen: I. 71914/39c vom 28. 3. 1942.

Plastische Massen aus linearen Polykondensationsprodukten mit ständig wiederkehrenden —CONH-Gruppen in der Molekülkette und freie phenolische Hydroxylgruppen enthaltenden Carbonsäureestern aromatischer Polyoxyverbindungen.

Aktenzeichen: T. 57173 IVc/39c vom 1. 4. 1942.

Verfahren zur Herstellung von Kondensationsprodukten aus harnstoffgruppenhaltigen Dicarbonsäuren, dadurch gekennzeichnet, daß man diese mit oder ohne Zusatz von Diaminen bei höheren Temperaturen kondensiert.

Aktenzeichen: I. 72182/39b vom 6. 5. 1942.

Weiterbildung des Verfahrens zur Erhöhung der Wasserbeständigkeit von Superpolyamiden gemäß der Anmeldung I. 71346 IVc/39b, dadurch gekennzeichnet, daß man Superpolyamide in durch Einwirkung von Wärme erweichten Zustand mit Verbindungen behandelt, welche bei erhöhter Temperatur freie Isocyanate abspalten.

Aktenzeichen: I. 72286/39c vom 20. 5. 1942.

Verfahren zur Herstellung von Kondensationsprodukten, dadurch gekennzeichnet, daß man Diamine mit Gemischen aus Dihalogenkohlensäureestern von Glykolen und Dihalogeniden organischer Carbon-, Sulfon- oder Sulfocarbonsäure umsetzt.

Aktenzeichen: I. 72266/39c vom 16. 5. 1942.

Weiterbildung des Verfahrens zur Herstellung hochmolekularer Kondensationsprodukte gemäß Anmeldung I. 62489 IVc/39c, dadurch gekennzeichnet, daß man Diamide der Kohlensäure oder Imidokohlensäure oder Alkylsubstitutionsprodukte dieser, die mindestens ein Wasserstoffatom an den Aminogruppen enthalten, mit Diaminen, deren Aminogruppen durch eine Kette von mehr als 3 Atomen getrennt sind, und außerdem mit superpolyamidbildenden Stoffen erhitzt, bis verspinnbare Kondensationsprodukte entstanden sind.

Aktenzeichen: I. 72497 IVc/39c vom 17. 6. 1942.

Verfahren zur Herstellung von linearen Polykondensationsprodukten durch Kondensation von Aminoalkoholen mit Urethanen, dadurch gekennzeichnet, daß man ein Monourethan mit einem solchen eine primäre oder sekundäre Aminogruppe führenden Aminoalkohol kondensiert, in dem die Aminogruppe von der Hydroxylgruppe durch eine, gegebenenfalls durch Heteroatome oder Heteroatomgruppen unterbrochene Kette von mindestens 3 Kohlenstoffatomen getrennt ist.

Aktenzeichen: I. 72534 IVc/39c vom 18. 6. 1942.

Verfahren zur Herstellung von linearen Polykondensationsprodukten, dadurch gekennzeichnet, daß man Ester oder Amide der Allophansäure bzw. deren Substitutionsprodukte mit solchen primären oder sekundären Polyamiden und/oder Aminoalkoholen, in denen die funktionellen Gruppen durch eine gegebenenfalls durch Heteroatome oder Heteroatomgruppen unterbrochene Kette von mindestens 3 Kohlenstoffatomen voneinander getrennt sind, gegebenenfalls unter Zusatz von Diolen, kondensiert.

Aktenzeichen: I. 72588 vom 25. 6. 1942.

Herstellung von Polyamiden aus Aminocarbonsäuren oder deren Lactamen unter Zusatz von Stoffen, die neben mindestens 1 OH- oder Äthergruppe nur eine Amino- oder Carboxylgruppe enthalten.

Aktenzeichen: I. 72663 IV c/39 c vom 6. 7. 1942.

Verfahren zur Herstellung von Superpolymeren, dadurch gekennzeichnet, daß man lineare Polysulfone, die mindestens 3 Kohlenstoffatome zwischen den Sulfogruppen aufweisen und an den beiden Enden durch Isocyanaten gegenüber reaktionsfähigen Gruppen wie Hydrol-, Sulfhydryl-, Carboxyl- oder Aminogruppen substituiert sind, mit Diisocyanaten, Diisothiocyanaten bzw. unter den Reaktionsbedingungen solche bildenden Stoffe in der Hitze umsetzt.

Aktenzeichen: P. 78520 IV c/39 a vom 29. 10. 1942.

Verfahren zur Herstellung hochmolekularer Polyamide durch Umsetzung zweiwertig wirksamer amidbildender Monoaminomonocarbonsäuren, dadurch gekennzeichnet, daß mindestens eine der Reaktionskomponenten eine oder mehrere Sulfonamidgruppen in der die reaktionsfähigen amidbildenden Gruppen (NH_2 bzw. $COOH$) trennenden Atomkette enthält, wobei die Sulfonamidgruppe am Stickstoff durch einwertige Kohlenwasserstoffreste substituiert sein kann.

Aktenzeichen: I. 76470 vom 20. 12. 1943.

Herstellung von Polyamiden unter Zusatz von Dicarbonsäuren der allgemeinen Formel $HOOC—R—NH—CX—NH—R—COOH$, R = Kette mit mindestens 5 C-Atomen, X = 0 oder S.

Aktenzeichen: I. 76570 vom 6. 1. 1944.

Herstellung von Polyamiden in Gegenwart acylierbarer Verbindungen, später Nachbehandlung mit Mono- oder Polyisocyanaten.

Aktenzeichen: I. 77302 vom 24. 4. 1944.

Herstellung von Polyamiden aus Aminocarbonsäuren oder deren Lactamen unter Zusatz von Stoffen, die neben 1 Aminogruppe mindestens 2 Oxy- oder Alkoxygruppen enthalten.

Aktenzeichen: Belg. Pat. 436539.

Verfahren zur Herstellung von Polymeren, dadurch gekennzeichnet, daß ein Gemisch aus einem Diamin, einer zweibasischen Carbonsäure und einem Glykol bis zur Entstehung eines fadenziehenden Polymeren erhitzt wird, wobei die Reaktionsteilnehmer in einem solchen Verhältnis angewandt werden, daß das Kondensationsprodukt auf jede Amidgruppe als 2 Estergruppen enthält.

Aktenzeichen: H. 1222, 39 c vom 22. 3. 1951.

Verfahren zur Herstellung stickstoffhaltiger Kondensationsprodukte, dadurch gekennzeichnet, daß man ein durch Einwirkung von Phosgen auf primäre oder sekundäre Aminogruppen enthaltende Aminoalkohole erhaltenes Reaktionsgemisch mit mindestens 2 primäre oder sekundäre Aminogruppen enthaltenden Polyamiden umsetzt.

Einheitliche Polyamide und Polyurethane.

Aktenzeichen: I. 64524 IV c/12 o vom 6. 5. 1929.

Verfahren zur Herstellung von hochmolekularen Polyamidverbindungen durch Kondensieren bifunktioneller Verbindungen mit zu intermolekularer Polyamidbildung befähigten Gruppen in der Hitze, dadurch gekennzeichnet, daß man Stoffe, die mindestens einmal den Rest der Carbaminsäure verestert mit einer benzoiden oder enolischen Hydroxylverbindung enthalten, umsetzt mit Stoffen, die acylierbare Aminogruppen, Hydroxylgruppen, Sulfhydrylgruppen oder Carboxylgruppen aufweisen.

Aktenzeichen: I. 64650 IV c/12 o vom 17. 5. 1939.

Verfahren zur Herstellung von stickstoffhaltigen linearen Kondensationsprodukten, dadurch gekennzeichnet, daß man Diisocyanate oder diesen analog reagierende Diurethane umsetzt mit bifunktionellen Hydroxyl- oder Sulfhydryl-verbindungen, bei denen mindestens eine der funktionellen Gruppen alkoholischen Charakter trägt, während die andere in Form einer Amino- oder Carboxylgruppe vorhanden sein kann, wobei mindestens eine der in Reaktion tretenden Komponenten vorgebildete Amidgruppen (Carbamidgruppen, Harnstoffgruppen, Sulfonamidgruppen, Sulfamidgruppen) enthält, in welchen die Carboxylgruppe mit Stickstoff oder einem kohlenstoffhaltigen Rest verbunden ist.

Aktenzeichen: Ser. Nr. 275539 vom 24. 5. 1939.

Verfahren zur Herstellung von Polymeren, dadurch gekennzeichnet, daß ein Körper, der mehrere getrennte und kleine Gruppen der allgemeinen Formel $-X=C=Y$ besitzt, mit einer Substanz, die mehrere Gruppen mit reaktionsfähigen Wasserstoffen besitzt, zur Reaktion bringt, wobei $X=C$ oder N, $Y=O$, oder NR und R Wasserstoff oder ein einwertiges Kohlenwasserstoffradikal darstellt.

Aktenzeichen: I. 64839 IV d/12 o vom 12. 6. 1939.

Verfahren zur Herstellung von stickstoffhaltigen Polykondensationsprodukten, dadurch gekennzeichnet, daß man Kohlensäureverbindungen von Aminoalkoholen bzw. Aminomercaptanen mit an gesättigte C-Atome gebundenen Amino- und Hydroxyl- bzw. Sulfhydrylgruppen und mit mindestens 4 kettenbildenden Atomen zwischen endständigem Aminostickstoff und Hydroxyl- bzw. Mercaptogruppe, in welchen der Kohlensäurerest in Form eines N-Carbonsäureester- oder -amidrestes oder einer O-Esterverbindung vorliegt, durch Erhitzen intermolekular kondensiert.

Aktenzeichen: I. 65163 IV c/12 o vom 15. 7. 1939.

Verfahren zur Herstellung sauer anfärbbarer Polyurethane, dadurch gekennzeichnet, daß man einer Schmelze von Polyurethanen solche als Animalisierungsmittel für die Cellulose geeigneten Mittel einverleibt, welche in der Schmelze löslich sind und sich bei den Schmelztemperaturen nicht zersetzen oder verfärben.

Aktenzeichen: SP. P. 2294, P. 78867 IV c/12 o vom 17. 9. 1939, DRP. 745684.

Verfahren zur Herstellung hochkondensierter linearer Polyamide, dadurch gekennzeichnet, daß man ein oder mehrere primäre oder sekundäre Diamine, welche eine Radikallänge von mindestens 7 haben und die Aminogruppen und je ein aliphatisches Kohlenstoffatom gebunden enthalten, und Kohlensäure bzw. einen amidbildenden Abkömmling derselben, z.B. Anhydrid, Halogenide und Ester, in annähernd äquimolekularen Mengen miteinander in Berührung bringt und unmittelbar oder später auf amidbildende Temperaturen, vorzugsweise 120—290° erhitzt, und zwar zum mindesten solange, bis beim Berühren der Oberfläche einer geschmolzenen Probe mit einem Stabe und Hinwegziehen desselben eine kleine Menge der Masse an dem Stabe haftet und in Verbindung mit der Hauptmenge der Schmelze bleibt, ohne zu reißen bzw. so lange, bis die wahre Viscosität des Erzeugnisses auf mindestens 0,2 vorzugsweise 0,5 gestiegen ist.

Aktenzeichen: I. 66118 IV c/12 o vom 8. 12. 1939.

Verfahren zur Herstellung von Kunststoffen, dadurch gekennzeichnet, daß Diisocyanate bzw. Diisothiocyanate mit Oxycarbonsäuren bzw. Mercaptocarbonsäuren umgesetzt werden.

Aktenzeichen: I. 66330 IV c/12 o vom 17. 1. 1940.

Verfahren zur Herstellung von hochmolekularen Polyestern, dadurch gekennzeichnet, daß mäßig hochpolymere Polyester, die auch bereits Amidgruppen enthalten können, in Gegenwart oder Abwesenheit von Lösungsmitteln mit Diisocyanaten oder bei erhöhter Temperatur mit diisocyanatbildenden Stoffen in der Wärme umsetzt.

Aktenzeichen: CCD. 1523 Ser. Nr. 331045 vom 22. 4. 1940.

Verfahren zur Herstellung von fadenziehenden Polymeren, dadurch gekennzeichnet, daß ein Gemisch von bifunktionellen Reaktionsteilnehmern, enthaltend einen einwertigen Monoaminoalkohol, eine Dicarbonsäure und ein Glykol unter polymerisierenden Bedingungen erhitzt, bis ein Polymeres mit einer inneren Viscosität von mindestens 0,3 entsteht.

Aktenzeichen: I. 66946 IV c/39 b vom 3. 5. 1940.

Verfahren zur Herstellung geformter Massen durch Einwirkung von Diisocyanaten auf Verbindungen mit 2 oder mehr austauschbaren Wasserstoffatomen, dadurch gekennzeichnet, daß man Mischungen der genannten Komponenten eventuell unter Zusatz von Weichmachungsmitteln und/oder Füllstoffen, wobei Natur und Menge sämtlicher Komponenten so zu wählen sind, daß die Mischung eine thermoplastische Masse darstellt, unter Verformung solchen Temperaturen aussetzt, bei denen die Reaktionskomponenten sich umsetzen.

Aktenzeichen: I. 67708 IV c/39 c vom 23. 8. 1940.

Verfahren zur Herstellung von linearen Polykondensationsprodukten mit Amidgruppen, dadurch gekennzeichnet, daß man zunächst Kohlensäureester von Glykolen mit Verbindungen zur Reaktion bringt, die neben einer Aminogruppe noch eine weitere acylierbare Gruppe (Hydroxyl-, Sulfhydril- oder Aminogruppe) besitzen, und das entstehende Reaktionsprodukt mit solchen reaktionsfähigen Acylierungsmitteln umsetzt, die mit OH, SH oder NH_2 ohne Wasserbildung reagieren, wobei die beiden Teilnehmer an der Umsetzung vorzugsweise in etwa äquimolekularen Mengen angewandt werden.

Aktenzeichen: I. 68433 IV c/39 b vom 11. 12. 1940.

Polyurethane, gekennzeichnet durch einen Gehalt an Hydraziden von Mono- oder Dicarbonsäuren.

Aktenzeichen: I. 69882 IV c/39 c vom 19. 6. 1941.

Verfahren zur Herstellung eines zähen, hochmolekularen Polymeren, dadurch gekennzeichnet, daß man eine lineare polymere Substanz, die wiederkehrende Esterbindung besitzt und aus bifunktionellen Komponenten, z. B. einer zweibasischen Carbonsäure und wenigstens einer komplementären bifunktionellen Komponente, in der wenigstens eine der funktionellen Gruppen eine Oxydgruppe ist, hergestellt ist, mit einem organischen Polyisocyanat oder Polyisothiocyanat reagieren läßt.

Aktenzeichen: I. 68699 IV c/39 c vom 27. 1. 1941.

Verfahren zur Herstellung von höhermolekularen Kondensationsprodukten, dadurch gekennzeichnet, daß man die Dichlorkohlensäureester von Diolen der allgemeinen Formel OH·X·OH, in der X eine Kohlenstoffkette bedeutet, die auch durch Heteroatome oder Heteroatomgruppen unterbrochen sein kann und mindestens 4 Glieder besitzt, mit Diaminen umsetzt.

Aktenzeichen: I. 69224 IV c/39 c vom 28. 3. 1941.

Verfahren zur Herstellung von höhermolekularen Kondensationsprodukten, dadurch gekennzeichnet, daß man in Abänderung des Verfahrens nach Anmeldung I. 68699 IV c/39 c an Stelle der Dichlorkohlensäureester von Diolen der allgemeinen Formel OH·X·CH, in der X eine Kohlenstoffkette bedeutet, die durch Heteroatome und Heteroatomgruppen unterbrochen sein kann und mindestens 4 Glieder besitzt, die gegebenenfalls am Stickstoff durch niedrigmolekulare Reste substituierter Biscarbaminsäureester dieser Diole mit niedermolekularen Alkoholen oder Phenolen mit Diaminen bei erhöhter Temperatur umsetzt.

Aktenzeichen: I. 69371 IV c/39 c vom 10. 4. 1941.

Verfahren zur Herstellung faserbildender Polymeren, dadurch gekennzeichnet, daß man eine ein Monoamin eines einwertigen Alkohols, eine zweibasische Carbonsäure und gegebenenfalls ein Glykol enthaltende Mischung so lange erhitzt, bis das erhaltene Polymere eine Eigenviscosität von wenigstens 0,3 besitzt.

Aktenzeichen: I. 69558 IV c/39 c vom 8. 5. 1941.

Mischungen aus Polyurethanen und Nitrocellulose.

Aktenzeichen: I. 70424/12 o vom 9. 9. 1941.

Verfahren zur Herstellung von Oxyurethanen, dadurch gekennzeichnet, daß man Isocyanate mit Polyoxyverbindungen in solchem Verhältnis umsetzt, daß je Mol umgesetzter Polyoxyverbindung mindestens eine freie Hydroxylgruppe erhalten bleibt.

Aktenzeichen: I. 70499 IVd/8k vom 19. 9. 1941.

Verfahren zur Fixierung von natürlichen oder künstlichen hochmolekularen organischen Stoffen, die 2 oder mehr umsetzungsfähige Wasserstoffatome oder leicht verseifbare Gruppen enthalten, auf Substraten, dadurch gekennzeichnet, daß man auf die Isocyanate, die 2 oder mehr Isocyansäuregruppen enthalten, einwirken läßt.

Aktenzeichen: I. 70685 IVc/39c vom 16. 10. 1941.

Ausführungsform des Verfahrens zur Herstellung von linearen Polyurethanen durch Umsetzung von Dioxyverbindungen mit Diisocyanaten gemäß Anmeldung I. 59592 IVc/39c in Abwesenheit eines Lösungsmittels, dadurch gekennzeichnet, daß die eine Reaktionskomponente vorgelegt und die andere allmählich zugegeben wird.

Aktenzeichen: T. 56981 IVc/39c vom 27. 2. 1942.

Verfahren zur Herstellung von Polyurethanen, dadurch gekennzeichnet, daß man aliphatische oder aromatische Diurethane mit Glykolen oder mehrbasischen Alkoholen bei höherer Temperatur zur Umsetzung bringt.

Aktenzeichen: I. 71793 IVc/39c vom 14. 3. 1942.

Verfahren zur Herstellung von Polyurethanverbindungen, dadurch gekennzeichnet, daß man Glykole, die einen Aldazin- oder Ketazinrest im Molekül enthalten, mit zwei- oder mehrwertigen Isocyanaten zur Umsetzung bringt, gegebenenfalls unter Zusatz von anderen Umsetzungsteilnehmern, die mindestens 2 Isocyanaten gegenüber reaktionsfähige Gruppen aufweisen.

Aktenzeichen: B. 6295 IVc/39c vom 2. 10. 1943.

Verfahren zur Herstellung von hochviscos schmelzenden Polyurethanen, dadurch gekennzeichnet, daß man mäßig hochpolymere, aus der Schmelze nicht verspinnbare, lineare Polyurethane, die als Endgruppen alkoholische Hydroxylgruppen enthalten, mit einer der Zahl der Endgruppen ungefähr entsprechenden Menge eines reaktionsträgen Diisocyanats in der Hitze umsetzt.

Aktenzeichen: F. 2144 39c 6, Best. Nr. 16461/51 vom 24. 7. 1950.

Verfahren zur Herstellung von hochmolekularen linearen basischen Polyharnstoffen und Polyurethanen, dadurch gekennzeichnet, daß Diisocyanate oder bis-Chlorkohlensäureester mit di-primären aliphatischen Diaminen, welche eine oder mehrere sekundäre Aminogruppen in der Kette enthalten, in Gegenwart von Alkoholen umgesetzt werden.

Aktenzeichen: I. 59592/12o vom 12. 11. 1937.

Kondensationsprodukte aus Diisocyanaten und Glykolen (Diaminen) mit Dicarbonsäuren, die im Molekül mindestens 2 austauschbare H-Atome besitzen.

Einheitliche Polyamide vom Typ Polyharnstoffe, Polyamidester und Polyguanide.

Aktenzeichen: P. 78867/12o vom 17. 3. 1939.

Herstellung hochkondensierter linearer Polyamide durch Erhitzen von einem oder mehreren primären oder sekundären Diaminen, welche eine Radikallänge von mindestens 7 haben und die Aminogruppen an je ein aliphatisches C-Atom gebunden enthalten und Kohlensäure bzw. amidbildenden Abkömmlingen derselben, z. B. Anhydrid, Halogeniden und Estern.

Aktenzeichen: P. 77507 IVc/12o vom 24. 6. 1938.

Verfahren zur Herstellung von Polyharnstoffen, dadurch gekennzeichnet, daß man Harnstoff und ein Polyamin mit mindestens einem Wasserstoffatom an jedem von mindestens 2 Stickstoffatomen erhitzt, die ihrerseits an aliphatischen

Kohlenstoffatomen gebunden sind, und zwar bei einer Temperatur, die ausreicht um die Entwicklung von Ammoniak herbeizuführen, jedoch unter der Temperatur der destruktiven Zersetzung liegt, worauf man das Erhitzen fortsetzt, bis praktisch kein Ammoniak mehr entwickelt wird, und sodann den Polyharnstoff isoliert.

Aktenzeichen: I. 62489 12p vom 20. 9. 1938.

Kondensation von Harnstoffen mit Diaminen, die mit den Harnstoffen geradkettige Kondensationsprodukte liefern.

Aktenzeichen: CCD. 1337 vom 29. 9. 1938.

Verfahren zur Herstellung von Hochpolymeren, dadurch gekennzeichnet, daß ungefähr chemisch äquivalente Mengen eines Diisocyanates und eines Diamins zusammen erhitzt werden, bis ein fadenbildendes Polycarbamid entstanden ist.

Aktenzeichen: J. 63831 IVc/12o vom 17. 2. 1939.

Verfahren zur Herstellung von stickstoffhaltigen polymeren Stoffen, dadurch gekennzeichnet, daß man substituierte Harnstoffe der allgemeinen Formel

$$R\!-\!NH\!-\!CO\!-\!N\ x \begin{cases} CH_2 \\ \; | \\ CH_2 \end{cases}, \qquad x = \text{Homologe oder Derivat}$$

in der R ein Wasserstoffatom, einen Alkyl- oder einen Aralkylrest bedeuten kann, polymerisiert.

Aktenzeichen: I. 63832 IVc/12o vom 17. 2. 1939.

Ausgestaltung des Verfahrens der Anmeldung Nr. 7256 zur Herstellung von stickstoffhaltigen polymeren Stoffen, dadurch gekennzeichnet, daß Diharnstoffe der allgemeinen Formel

$$\begin{cases} H_2C \\ \; | \\ H_2C \end{cases} x\ N\!-\!CO\!-\!NH\!-\!R\!-\!NH\!-\!CO\!-\!N\ x \begin{cases} CH_2 \\ \; | \\ CH_2 \end{cases}, \qquad x = \text{Homologe oder Derivat}$$

in der R einen zweiwertigen aliphatischen oder araliphatischen Kohlenwasserstoffrest bedeuten kann, polymerisiert werden.

Aktenzeichen: P. 79129 IVc/12o vom 8. 5. 1939.

Verfahren zur Herstellung von Linearcarbamidpolymeren, dadurch gekennzeichnet, daß man im wesentlichen äquimolekulare Mengen eines Diurethans der Formel R′OOC—NR″—R—NR″—COOR— mit einem Diamin der allgemeinen Formel HNR″—R‴—NHR″ zur Einwirkung bringt, wobei in den Formeln R′ und R‴ zweiwertige organische Reste mit einer Kettenlänge von mindestens 4 Atomen sind, in denen die beiden Endatome Kohlenstoff, zweckmäßig aliphatischer Kohlenstoff, R′ ein einwertiger Kohlenwasserstoffrest und R″ dasselbe oder Wasserstoff sind.

Aktenzeichen: Ital. Pat. 384855 vom 18. 9. 1939.

Verfahren zur Herstellung von Polykondensationsprodukten und geformten Gebilden aus denselben, dadurch gekennzeichnet, daß Diurethane, Diurethylane oder andere alkylcarboxylierte Diamine mit organischen Diaminen unter Entwicklung von Alkohol oder Phenol kondensiert werden und daß daraus schließlich geformte Gebilde wie Fäden, Filme, oder ähnliche erhalten werden können.

Aktenzeichen: CCD. 1491 vom 21. 3. 1940.

Verfahren zur Herstellung von Polymeren mit mehreren Guanidogruppen, dadurch gekennzeichnet, daß ein Körper mit 2 mindestens an je einem Aminowasserstoff nicht substituierten Aminogruppen mit einer Verbindung der Gruppe bestehend aus Cyanhalogeniden, monomeren Guanidinen, Guanidosäureestern, Dicyanamiden und Isocyandihalogeniden zur Reaktion gebracht wird bis ein Polymeres entsteht.

Aktenzeichen: I. 69066 IVc/39c vom 7. 3. 1941.

Verfahren zur Herstellung von Polymeren, die eine Anzahl von $-\!N\!-\!\overset{\overset{\textstyle N}{\|}}{C}\!-\!N\!-$ Gruppen besitzen, dadurch gekennzeichnet, daß man eine 2 Aminogruppen, von denen jede wenigstens ein freies Aminowasserstoffatom trägt, enthaltende Verbindung mit einer Kohlenstoff-Stickstoffverbindung, beispielsweise einem Cyan-halogenid, monomeren Guanidin, Guanidosäureester, Dicyanamid oder Isocyanid-dihalogenid reagieren läßt.

Aktenzeichen: T. 56624 IV c/39 c vom 8. 12. 1941.

Verfahren zur Herstellung hochmolekularer plastischer Massen sowie Formgebilden daraus unter Verwendung von Diaminen und bifunktionellen Aminocarbonsäuren, dadurch gekennzeichnet, daß man die Diamine, mit oder ohne Beifügung von Verdünnungsmitteln, mit solchen bifunktionellen Aminocarbonsäuren kondensiert, deren eine Gruppe schwefelhaltig ist und bei der Umsetzung mit Diaminen eine Thioharnstoffgruppe ergibt.

Aktenzeichen: T. 56959 IV c/39 c vom 23. 2. 1942.

Verfahren zur Herstellung von Kondensationsprodukten aus Urethan und Diaminen oder aus Aminourethanen, dadurch gekennzeichnet, daß man vorzugsweise in einem Umfange von über 50% der entsprechenden Harnstoffgruppen solche Ausgangsmaterialien verwendet, bei denen das Stickstoffatom außer dem die Aminogruppen bindenden Rest noch einen aus mehr als einem C-Atom bestehenden anderen Rest aufweist.

Aktenzeichen: I. 71738 IV c/39 c vom 4. 3. 1942.

Verfahren zur Herstellung von polymeren Isothioharnstoffäthern, dadurch gekennzeichnet, daß man lineare Polythioharnstoffe mit reaktionsfähigen Alkylierungsmitteln umsetzt.

Aktenzeichen: I. 72289/39 c vom 21. 5. 1942.

Verfahren zur Herstellung von Kondensationsprodukten, dadurch gekennzeichnet, daß man Diureidoverbindungen mit Di-halogenkohlensäureestern von Glykolen umsetzt.

Aktenzeichen: I. 72288/39 c vom 21. 5. 1942.

Verfahren zur Herstellung von wertvollen Kondensationsprodukten, dadurch gekennzeichnet, daß man Diureidoverbindungen mit Diisocyanaten umsetzt.

Polyester-amide.

A P. 2490000. Rubberlike cured polyester-polyamides and process of producing same.

A rubber like product obtained by heating at about 180—220° C at least one monoalkylolamine of the formula HO—Y—NHR in which Y is a divalent saturated aliphatic hydrocarbon radical and R is selected from the group consisting of hydrogen and saturated hydrocarbon radicals and including 2-amino-1-butanol with an aliphatic saturated hydrocarbon dicarboxylic acid which does not form an anhydride upon heating reacting the product so-obtained with an alpha, beta-unsaturated aliphatix hydrocarbon dicarboxylic acid, substantially equivalent proportions of total acid and total alkylolamine being used, the molar ratio of saturated acid to unsaturated acid being from 75:25 to 95:5 and that of 2-amino-1-butanol to other alkylolamines being from 100:0 to 30:70 and curing the reaction product by heating in the presence of an organic peroxide catalyst.

A P. 2475034. Polyamide-ester composition.

A resin comprising an interestification and copolymerization product of adipic acid diethylene glycol glycerol and hexamethylene diamine number of equivalents of diethylene glycol to equivalents of glycerol being in the range from 3 to 4 and the hexamethylene diamine content of the ingredient mixture being in the range from 1 to 17 parts by weight of diamine to 100 parts by weight of the other ingredients.

Polysulfonamide.

Aktenzeichen: P. 78520 IV c/12 o vom 14. 1. 1939.

Verfahren zur Herstellung von Linearpolymeren, dadurch gekennzeichnet, daß man annähernd äquimolekulare Mengen eines zweiwertig wirksamen Sulfonamid der Formel A—R'—Q—R—SO$_2$—NR''—R'—A worin A eine amidbildende Gruppe, R und R' aliphatische, insbesondere zweiwertige Kohlenwasserstoffreste mit einer Kettenlänge von mindestens 3 Kohlenstoffatomen, R''H oder ein einwertiger Kohlenwasserstoffrest und Q—CO—NR''— oder —SO$_2$—NR''— sind, mit einem einwertig wirksamen amidbildenden Umsetzungsstoff zur Reaktion bringt, in dem die amidbildenden Gruppen diejenigen im Sulfonamid ergänzen oder zu ihnen passen.

Aktenzeichen: I. 64124/12o vom 20. 3. 1939.

Verfahren zur Herstellung von Superpolyamiden, dadurch gekennzeichnet, daß man ausschließlich oder zum Teil Sulfamidgruppen enthaltende Ausgangsstoffe verwendet.

Aktenzeichen: I. 71831 IV c/39 c PV. 2862 vom 20. 3. 1942.

Verfahren zur Herstellung von Polysulfonamiden, dadurch gekennzeichnet, daß man Methylendisulfonsäureester mit diprimären Diaminen kondensiert.

AP. 2534347 vom 19. 12. 1950.

Production of poly-sulfone amide polymers.
Process for the production of a linear poly-sulphone-amide, which comprises oxidizing the corresponding linear poly-thio-ether-carboxylic-amide containing the thio-ether and carboxylic-amide groups in the linear chain by means of a peroxide in a reaction medium consisting of a mixture of formic and acetic acids containing up to 25% by weight of water on the combined weights of the two acids.

Einheitliche Polyamide und Polythioamide.

Aktenzeichen: I. 64309 IV c/12o vom 5. 4. 1939.

Verfahren zur Herstellung von Kondensationsprodukten, dadurch gekennzeichnet, daß man Schwefelkohlenstoff oder Thiophosgen auf aliphatische Diamine einwirken läßt und die erhaltenen Dithiocarbamidsäuren durch Erhitzen weiterkondensiert.

Aktenzeichen: 380825 vom 5. 6. 1940, Ital. Pat., Prior. Engl. 8. 2. 1939.

Verfahren zur Herstellung neuer synthetischer Körper, dadurch gekennzeichnet, daß durch die Reaktion eines Thiocarbonsäureanhydrids mit einem aliphatischen Diamin, bei dem die Aminogruppen durch eine Kette von mindestens 3 Kohlenstoffatomen getrennt sind.

Aktenzeichen: CCD. 1496, Ser. Nr. 318196 vom 9. 2. 1940.

Verfahren zur Herstellung von linearen sekundären Polyamiden, dadurch gekennzeichnet, daß Schwefelwasserstoff mit einem Aminonitril erhitzt wird, bei dem die Aminogruppe von der Nitrilgruppe durch eine Kohlenstoffkette von mindestens 5 C-Atomen getrennt ist.

Aktenzeichen: CCD. 1634 Ser. Nr. 318198 vom 9. 2. 1940.

Verfahren zur Herstellung von linearen sekundären Thioamiden, dadurch gekennzeichnet, daß ein Thiolactam mit mindestens 7 Ringatomen mit einem amidspaltenden Katalysator erhitzt wird, bis ein lineares Polymeres entsteht.

Aktenzeichen: 380059 vom 18. 4. 1940 Ital. Pat.

Verfahren zur Herstellung von Polythioamiden, dadurch gekennzeichnet, daß ein Polyamid, das mindestens 2 mit Wasserstoff substituierte und durch wenigstens 4 Kohlenstoffatome — der offenen Kette oder einer Mehrheit von Ringen — und mindestens 3 Kohlenstoffatome — im Falle eines einfachen Ringes — getrennte Aminostickstoffatome besitzt, mit einem Thioharnstoff bildenden Derivat und Thiocarbonsäure bei Thioamid bildenden Temperaturen solange erhitzt wird, bis eine Eigenviscosität von mindestens 0,12 erreicht ist.

Aktenzeichen: I. 68765 IV c/39 c vom 29. 1. 1941, Wolfen.

Verfahren zur Herstellung von linearen polymeren sekundären Thioamiden, dadurch gekennzeichnet, daß man ein Thiolactam mit wenigstens 7 Ringatomen mit einem Amid spaltenden Katalysator erhitzt.

Aktenzeichen: I. 68766 IV c/39 c vom 19. 1. 1941, Wolfen.

Verfahren zur Herstellung von linearen polymeren sekundären Thioamiden, dadurch gekennzeichnet, daß man Schwefelwasserstoff mit einem Aminonitril reagieren läßt, in dem die Aminogruppe von der Nitrilgruppe durch eine Kette von wenigstens 5, vorzugsweise 6, Kohlenstoffatomen getrennt ist.

Aktenzeichen: I. 72159 vom 4. 5. 1942, Wolfen.

Verfahren zur Herstellung von Polyamiden unter Anwendung von Dithiocarbonsäuren.

Aktenzeichen: I. 72159 IV c/39 c PV. 2887 vom 4. 5. 1942.

Verfahren zur Herstellung linearer Polyamide, dadurch gekennzeichnet, daß man Dithiocarbonsäuren der allgemeinen Formel

$$\underset{HS}{\overset{O}{>}}C-R-C\overset{O}{\underset{SH}{<}}$$

in welcher R einen zweiwertigen indifferenten organischen Rest mit mindestens 3 kettenbildenden C-Atomen bedeutet, in der Wärme mit ungefähr äquivalenten Mengen von Aminoverbindungen umsetzt, die 2 wasserstofftragende, insbesondere primäre Aminogruppen besitzen.

Einheitliche Polyamide. Allgemein.

Aktenzeichen: Ser. Nr. 548701 vom 3. 7. 1931.

Verfahren zur Herstellung von linearen Superpolyamiden, dadurch gekennzeichnet, daß ein lineares Kondensationspolymeres weiter unter kondensierenden Bedingungen behandelt wird, während das flüchtige Reaktionsprodukt fortlaufend abgeführt wird, bis das Polymere ein Molekulargewicht von mindestens 10000 erreicht hat.

Aktenzeichen: P. 75335 IV d/12 o vom 1. 6. 1937.

Verfahren zur Herstellung von Polyamiden, dadurch gekennzeichnet, daß die polyamidbildenden Stoffe in Gegenwart eines Viscositätsstabilisators aus der Reihe der monofunktionellen organischen Säuren oder Stickstoffbasen und ihren Derivaten erhitzt werden.

Aktenzeichen: I. 75789/12 o vom 25. 8. 1937.

Herstellung von Polyamiden, wobei mindestens einer der Reaktionsteilnehmer ein oder mehrere Sauerstoff- oder Schwefelatome in der Atomkette enthält, welche die reaktionsfähigen Gruppen trennt.

Aktenzeichen: Ser. Nr. 105425 vom 13. 10. 1936.

Verfahren zur Herstellung von hellfarbigen Polyamiden, dadurch gekennzeichnet, daß ein polyamidbildendes Reaktionsgemisch in Abwesenheit von Sauerstoff in einem Reaktionsgefäß erhitzt wird, das mit Silber, Tantal oder einem chromhaltigen Metall ausgekleidet ist.

Aktenzeichen: 77743 vom 9. 8. 1938.

Verfahren zur Bildung von Linearpolymerisationsamiden durch Wärmebehandlung eines polyamidbildenden Reaktionsstoffes bzw. polyamidbildender Reaktionsstoffe, dadurch gekennzeichnet, daß man die Reaktion in Gegenwart einer Wassermenge einleitet, die ausreicht, um die Reaktionsmasse flüssig zu machen, bevor sie die Polymerisationstemperatur erreicht, die Masse unter Zurückhaltung des Wassers bei Polymerisationstemperaturen erhitzt, bis der größere Teil des Reaktionsstoffes bzw. der Reaktionsstoffe in Polymeren umgewandelt worden sind, und sodann die Polymerisation unter Entfernung des Wassers fortsetzt, bis ein Polymer der gewünschten Eigenschaften erhalten wird.

Aktenzeichen: I. 60365 12c vom 28. 1. 1938 entsprechend DRP. 730365.

Umsetzung der Polyamide des Hauptpatentes mit organischen Verbindungen, die wie Aldehyde, Ketone, Chinone, ein- oder mehrbasische Säuren mit NH-Gruppen reagieren.

Aktenzeichen: Ser. Nr. 232472 vom 29. 9. 1938.

Verfahren zur Herstellung von synthetischen Polyamiden von gesteigerter Farbstoffaffinität, dadurch gekennzeichnet, daß Polyamide oder polyamidbildende Verbindungen in Gegenwart eines Amids erhitzt werden, das im Polyamid eine Ringbildung erzeugen kann.

Aktenzeichen: I. 62895/12o vom 12. 11. 1938.

Weiterkondensation der Polyamide nach dem Hauptpatent bzw. deren Umsetzungsprodukte mit Stoffen, die mit NH-Gruppen reagieren, mit Diaminen und Dicarbonsäuren oder Salzen aus Diaminen und Dicarbonsäuren oder mit Aminocarbonsäuren oder Kondensationsprodukten aus Diaminen und Dicarbonsäuren oder aus Aminocarbonsäuren.

Aktenzeichen: I. 63109/12o vom 6. 12. 1938.

Verfahren zur Herstellung von Polyamiden gekennzeichnet durch Zusatz geringer Mengen mehrwertiger Alkohole oder ihrer Derivate bei der Kondensation der entsprechenden Amine.

Aktenzeichen: I. 63190/12o vom 15. 12. 1938.

Herstellung von Kondensationsprodukten durch Behandlung von Superpolyamiden mit Aldehyden oder Ketonen die gegebenenfalls auch bei der Herstellung der Superpolyamide zugegen sein können.

Aktenzeichen: I. 64092 IVd/12o vom 16. 3. 1939.

Verfahren zur Darstellung von hochpolymeren Polyamiden oder Mischpolyamiden, dadurch gekennzeichnet, daß die Kondensation bei Temperaturen durchgeführt wird, die unterhalb des Erweichungspunktes des entstehenden Polyamides liegen.

Aktenzeichen: P. 80706 IVc/39b vom 28. 4. 1939 entsprechend DRP. 758064.

Verfahren zur Herstellung von elastischen Superpolyamiden mit Hilfe von Weichmachern, gekennzeichnet durch die Verwendung von Alkylarylsulfonamiden nachstehender Formel:

$$R\!-\!R_1\!-\!SO_2\!-\!N\!\!<\!\!\genfrac{}{}{0pt}{}{R_2}{R_3} \quad \text{als Weichmacher,}$$

worin R ein Alkylrest mit mindestens 4 C-Atomen, R_1 ein aromatischer Rest, der weitere Alkyl- oder Cycloalkylgruppen enthalten kann, R_2 und R_3 ein Wasserstoffatom oder auch ein aliphatischer oder cycloaliphatischer Rest, vorzugsweise aber ein Wasserstoffatom ist.

Aktenzeichen: I. 64527 IVc/39b vom 6. 5. 1939.

Verfahren zur Herstellung von hochmolekularen Polyamiden aus Verbindungen welche zur intermolekularen Polyamidbildung befähigte Gruppen besitzen, dadurch gekennzeichnet, daß man zur Kondensation ausschließlich oder anteilig Verbindungen mit 2 bevorzugt reaktionsfähigen amidbildenden Gruppen verwendet, deren Ketten durch stickstoffhaltige heterocyclische Ringe mit einer oder mehreren Amidgruppen, Thioamidgruppen oder Sulfoamidgruppen unterbrochen sind.

Aktenzeichen: I. 64578 IVd/12o vom 11. 5. 1939.

Verfahren zur Herstellung von hochmolekularen linearen Polyamiden durch Hitzekondensation von bifunktionellen Verbindungen mit Amino- oder Carboxylgruppen bzw. kondensierbaren Derivaten und solchen wie Urethanverbindungen, Formylaminoverbindungen, Estern, Amiden, Isocyanaten, dadurch gekennzeichnet, daß man zum mindesten anteilig solche bifunktionellen Komponenten verwendet, deren gegebenenfalls substituierte Ketten durch Amidgruppen unterbrochen sind und zwischen je 2 Carbonylgruppen den Rest eines zweiwertigen Amins der 2- oder 3-Kohlenstoffreihe enthalten, wobei außerdem noch an beliebiger Stelle zwischen je 2 durch Wasserstoff oder Kohlenstoffresten substituierte Ketten-C-Atome Heteroatome oder Heterogruppen wie O, S, SO_2 eingeschaltet sein können.

Aktenzeichen: I. 64 579 IV d/12 o vom 11. 5. 1939.

Verfahren zur Herstellung von hochmolekularen linearen Polyamiden durch Hitzekondensation bifunktioneller zu intermolekularer Polyamidbildung befähigter Stoffe, dadurch gekennzeichnet, daß man die Kondensation ganz oder anteilig mit zur Amidbildung befähigten bifunktionellen Komponenten durchführt, deren Ketten bei der Reaktionstemperatur beständige CO—NR-Gruppen (R=H oder einwertiger organischer Rest) bereits enthalten und gegebenenfalls noch durch andere Heteroatome oder Atomgruppen wie O, S, N, SO, SO_2 unterbrochen sind.

Aktenzeichen: P. 79 849 IV d/8 k vom 3. 10. 1939.

Verfahren zur Behandlung von synthetischen linearen Polyamiden, dadurch gekennzeichnet, daß das Polyamid mit einer zur Hydrolyse desselben während der Behandlungsdauer nicht ausreichenden verdünnten Lösung eines alkalischen Stoffes von Licht oder Wärme herabgesetzt wird.

Aktenzeichen: I. 66 663 vom 8. 3. 1940.

Herstellung von Polyamiden unter Zusatz von weniger als 10% von zur Teilnahme an der Reaktion befähigten Verbindungen mit mehr als 2 funktionellen Gruppen.

Aktenzeichen: I. 66 880 IV c/12 q vom 11. 4. 1940.

Verfahren zur Herstellung von monosubstituierten Alkylenpolyamiden, dadurch gekennzeichnet, daß man Gemische aus Polyamiden welche mindestens 2 primäre Aminogruppen enthalten und Aldehyden oder ketonen-katalytisch hydriert.

Aktenzeichen: I. 68 047 IV a/39 c vom 17. 10. 1940.

Verfahren zur Herstellung von Polyamiden durch Erhitzen polyamidbildender Komponenten, von denen wenigstens eine Komponente eine Atomkette besitzt, in der ein Atom mit einem eine Oxygruppe enthaltenden Seitensubstituenten verbunden ist, dadurch gekennzeichnet, daß die Oxygruppe um wenigstens 3 Atome von jeder Aminogruppe und um wenigstens 5 Atome von jeder Carboxylgruppe entfernt liegt.

Aktenzeichen: I. 69 217 IV c/39 c vom 21. 3. 1941.

Verfahren zur Herstellung von Polyamiden, dadurch gekennzeichnet, daß man eine polyamidbildende Mischung, die eine polyamidbildende, eine seitliche Acetalbrücke enthaltende Komponente umfaßt, einer Hitzebehandlung unterwirft.

Aktenzeichen: T. 56 564 IV c/39 c vom 2. 12. 1941.

Verfahren zur Herstellung von Kondensationsprodukten unter Verwendung von bifunktionellen Ausgangsstoffen mit mindestens einer reaktionsfähigen Amino- und/oder Carboxylgruppe gegebenenfalls unter Mitverwendung von solchen mit Harnstoff-, Urethan- und/oder Isocyanatgruppen bzw. deren Thiohomologen, dadurch gekennzeichnet, daß man die Amino- und/oder Carboxylgruppe enthaltenden Ausgangsstoffe mit solchen bifunktionellen Substanzen umsetzt, bei denen mindestens eine dieser funktionellen Gruppen aus einer Cyanamidgruppe besteht.

Aktenzeichen: I. 71 770/39 b vom 11. 3. 1942.

Verfahren zum Plastifizieren von Superpolyamiden, dadurch gekennzeichnet, daß man sie in zerkleinerter Form mit Weichmachungs- oder Plastifizierungsmitteln in Gegenwart von Wasser zusammenbringt.

Aktenzeichen: T. 57 184 IV c/39 c vom 7. 4. 1942.

Verfahren zur Herstellung von stickstoffhaltigen Kondensationsprodukten, dadurch gekennzeichnet, daß bi- oder polyfunktionelle organische Verbindungen, welche einerseits die Endgruppe R_1—NH—C:R_2— bzw. R_1—NH—C:R_2—NH—, andererseits die Endgruppe R_3—NH— und/oder HO⁻ bzw. deren funktionelle Derivate besitzen, miteinander umsetzt, wobei von diesen Endgruppen, die gegebenenfalls durch aliphatische, alicyclische, aromatische oder aliphatisch-aromatische Kohlenwasserstoff- oder Heteroketten voneinander getrennt sein können, je 2 oder mehrere gleiche oder 2 oder mehrere verschiedene an ein- und demselben Ausgangsmaterial sitzen und wobei R_1=H oder NH_2 oder COOH bzw. die Thiohomologe CSOR oder COSR oder CSSR, R_2=0 oder S oder NH, R_3=H oder R oder COOR bzw. die Thiohomologe CSOR oder COSR oder CSSR sein soll und R einen organischen Rest bedeutet.

Aktenzeichen: T. 57322 IVc/39c vom 29. 4. 1942.

Verfahren zur Herstellung von Kondensationsprodukten gemäß Anmeldung T. 56959 IVc/39c durch Erhitzen von Diurethanen mit Diaminen und Dicarbonsäuren und/oder von Aminourethanen, Urethancarbonsäuren oder Aminosäuren, bei denen teilweise am Stickstoff der Amino- und/oder Urethangruppen und gegebenenfalls an den Kohlenwasserstoffketten Kohlenwasserstoffreste mit mehr als einem C-Atom sitzen, dadurch gekennzeichnet, daß man die Mengenverhältnisse der Ausgangsstoffe derart wählt, daß die Anzahl der Urethangruppen gleich der Summe der Amino- und der Carboxylgruppen ist.

Aktenzeichen: I. 72716 IVc/39b vom 10. 7. 1942.

Verfahren zur Veränderung der Löslichkeit von linearen Polyamiden, dadurch gekennzeichnet, daß man die Polyamide in Gegenwart von lösenden oder wenigstens quellenden Amiden, insbesondere tertiären Amiden, wie N-alkylierte Lactame, mit Formaldehyd oder Formaldehyd abspaltenden Stoffen, erforderlichenfalls unter Druck, solange erhitzt, bis die gewünschte Löslichkeitssteigerung erreicht ist.

Aktenzeichen: I. 70195 IVc/39b.

Verfahren zur Herstellung von Polyamidlösungen nach Anmeldung I. 68824 IVc/39b, dadurch gekennzeichnet, daß man die als Lösungsmittel zu verwendenden dreifach halogenierten Alkohole und bzw. oder halogenierten Aldehydhydrate mit Wasser vermischt.

Einheitliche Polyamide vom Typ der Polyhydrazide.

Aktenzeichen: I. 64462 IVc/12qu vom 2. 5. 1939.

Verfahren zur Herstellung von hochpolymeren Kondensationsprodukten, dadurch gekennzeichnet, daß man Hydrazin, bzw. Hydrazinhydrat öder solche Derivate aus Hydrazin, die noch mindestens je ein Wasserstoffatom an jedem Stickstoffatom besitzen, auf Dicarbonsäuren oder deren Abkömmlingen oder Derivate einwirken läßt und das erhaltene Reaktionsprodukt einer Wärmebehandlung unterwirft.

Aktenzeichen: Ital. Pat. 385393 vom 29. 6. 1939.

Verfahren zur Herstellung von Kondensations- oder Polymerisationsprodukten und geformten Gebilden aus denselben, dadurch gekennzeichnet, daß Dicarbonsäuren oder deren Derivate mit Hydrazin, Hydrazinhydrat oder seinen Salzen in Reaktion gebracht werden und daß die Hydryzide oder die Polyhydrazide bei geeigneten Bedingungen einer Polymerisation unterworfen werden, bis sie zu plastischen Massen oder synthetischen Fasern verformt werden können.

Aktenzeichen: Ital. Pat. 384748 vom 10. 7. 1940.

Verfahren zur Herstellung von Polykondensationsprodukten und geformten Gebilden aus denselben, dadurch gekennzeichnet, daß Derivate der Hydrazindicarbonsäuren in reiner Form oder vermischt der Polymerisation unterworfen werden oder daß dieselben zusammen mit Dicarbonsäuren oder deren Derivaten, insbesondere an Hydriden, Estern, Amiden, kondensiert werden und daß die daraus erhaltenen Gebilde in an sich bekannter Weise in geformte Gebilde umgewandelt werden.

Aktenzeichen: Ital. Pat. 384746 vom 10. 7. 1940.

Verfahren zur Herstellung von Polykondensationsprodukten und geformten Gebilden aus denselben, dadurch gekennzeichnet, daß Semicarbazide oder Thiosemicarbazide der Selbstkondensation unterworfen werden, wobei die Substanzen im reinen Zustand der Polykondensation zugeführt werden können, oder vermischt mit Dicarbonsäuren oder deren Derivaten.

Aktenzeichen: Ital. Pat. 385436 vom 15. 9. 1939.

Verfahren zur Herstellung von Polykondensationsprodukten und aus denselben herstellbaren geformten Gebilden, dadurch gekennzeichnet, daß Carbohydrazide mit sich selbst oder mit Derivaten von Dicarbonsäuren, insbesondere Anhydriden von Dicarbonsäuren, kondensiert werden und die Kondensationsprodukte einer Polymerisation unterworfen werden.

Aktenzeichen: I. 68970 IVc/39b vom 24. 2. 1941.

Verfahren zur Herstellung von Kunststoffen durch Umsetzung polyamidbildender bifunktioneller Ausgangsmaterialien, dadurch gekennzeichnet, daß die Umsetzung in Gegenwart von Hydrazin mit mindestens noch einem Wasserstoff an jedem Stickstoff, Derivaten derselben, wie Acylverbindungen, oder Salzen derselben durchgeführt wird.

Aktenzeichen: I. 71961 IVc/39c vom 2. 4. 1942.

Verfahren zur Herstellung von Kunststoffen durch Umsetzung polyamidbildender bifunktioneller Ausgangsmaterialien, dadurch gekennzeichnet, daß die Umsetzung in Gegenwart von Hydrazinen mit mindestens noch einem Wasserstoff an jedem Stickstoff, Derivaten derselben wie Acylverbindungen, oder Salzen derselben durchgeführt wird.

Aktenzeichen: I. 72285/39c vom 20. 5. 1942.

Verfahren zur Herstellung von Kondensationsprodukten, dadurch gekennzeichnet, daß man Hydrazin und/oder Hydrazinderivate, die an jedem Stickstoffatom mindestens ein reaktionsfähiges Wasserstoffatom besitzen, zweckmäßig in Gegenwart halogenwasserstoffbindender Mittel, mit Halogenkohlensäureestern von Glykolen umsetzt.

Aktenzeichen: I. 72287 IVc/39c vom 20. 5. 1942.

Verfahren zur Herstellung von Kondensationsprodukten, dadurch gekennzeichnet, daß man Hydrazin und/oder Hydrazinderivate, die an jedem Stickstoffatom noch mindestens ein reaktionsfähiges Wasserstoffatom besitzen, mit Diisocyanaten umsetzt.

Aktenzeichen: V. 1085, 39c, 12 vom 24. 8. 1942.

Verfahren zur Herstellung von Polykondensationsprodukten, dadurch gekennzeichnet, daß sekundäre Polyacylhydrazide der allgemeinen Formel

$$-R\cdot CO\cdot NH\cdot NH\cdot CO\cdot NH\cdot NH\cdot CO\cdot R-\,,$$

worin R einen zweiwertigen aliphatischen Rest von mindestens 6 Kohlenstoffatomen bedeutet oder ihre Derivate mit Hydrazin oder Hydrazinhydrat auf etwa 200—300° unter Druck erhitzt werden.

Vernetzte Polyamide.

Aktenzeichen: I. 63687 IVc/12p P. 2025.

Verfahren zur Herstellung von hochpolymeren Körpern, dadurch gekennzeichnet, daß man Aminocarbonsäuren bzw. ihre gleichwirkenden kondensationsfähigen Abkömmlinge wie Anhydride, Lactame, Säurehalogenide, Säureamide, Ester u. dgl. mit solchen Polycarbonsäuren kondensiert, die mindestens 3 Carboxylgruppen enthalten.

Aktenzeichen: I. 76406 vom 13. 12. 1943, Ludwigshafen a. Rh.

Herstellung von Polyamiden unter Zusatz geringer Mengen von Polycarbonsäuren vom Typus der Methylendiadipinsäure.

Ausgangsprodukte für die Herstellung von Polyamiden vom Aminocarbonsäuretypus.

Aktenzeichen: I. 69245 IV c/12 o Leverkusen, entsprechend DRP. 753470.

Verfahren zur Darstellung von Cyclohexanonoxim, dadurch gekennzeichnet, daß man ein Alkalisalz des Nitrocyclohexans mit Hydroxylamin bzw. seinen funktionellen Derivaten in saurer Lösung reduziert.

Aktenzeichen: I. 59084 IV c/12 p vom 15. 9. 1937, Ludwigshafen a. Rh.

Verfahren zur Herstellung von Lactamen aus Oximen cyclischer Ketone durch Behandlung mit Schwefelsäure, dadurch gekennzeichnet, daß man die schwefelsaure Lösung der Oxime cyclischer Ketone in dünner Schicht anwendet und die Temperatur so regelt, daß jeweils nur eine kleine Menge auf die zur Reaktion erforderliche Temperatur gebracht wird.

Aktenzeichen: CCD. 1112 P. 2295 (Deichler) Ser. Nr. 221016 vom 25. 7. 1938, P. 79476 IV c/120 vom 19. 7. 1939.

Verfahren zur Strukturumlagerung von Cyclohexanonoxim, dadurch gekennzeichnet, daß man die Cyclohexanonoxime in Dampfphase bei 200—500° C mit einem Dehydrationskatalysator in Kontakt bringt und die entstandenen Erzeugnisse abtrennt.

Aktenzeichen: Ser. Nr. 231507 vom 24. 9. 1938, P. 79801 IV c/120 vom 22. 9. 1938, P. 2231.

Verfahren zur Herstellung von ω-Aminonitrilen, dadurch gekennzeichnet, daß man aliphatische Dinitrile, worin die beiden Nitrilgruppen durch mindestens 4 Kohlenstoffatome getrennt sind, katalytisch hydriert und die Hydrierung unterbricht, wenn etwa die zur Reduktion einer Nitrilgruppe zur Aminogruppe erforderliche Wasserstoffmenge aufgenommen ist.

Aktenzeichen: CCD. 1335 P. 224 (Deichler) Ser. Nr. 232347 vom 29. 9. 1938, P. 79840 IV c/12 p vom 29. 9. 1939.

Verfahren zur Umlagerung eines cyclischen Ketoxims in das entsprechende Lactam, insbesondere von Cyclohexanonoxim in ε-Caprolactam, dadurch gekennzeichnet, daß man das Ketoxim in festem oder geschmolzenem Zustand direkt zu einer auf etwa 90—130° C erhitzten Schwefelsäure von einer Konzentration von über 75% insbesondere 90—96% hinzusetzt, wobei dieser Zusatz in solchen Mengen und in einer solchen Geschwindigkeit erfolgt, daß die Temperatur mit Hilfe der Reaktionstemperatur innerhalb des obengenannten Temperaturbereiches gehalten wird.

Aktenzeichen: B. 6119 IV c/12 o P. 1972 vom 28. 11. 1938.

Verfahren zur Herstellung von zur Umlagerung bestimmten Lösungen von Oximen z. B. Cyclohexanonoxim in starker Schwefelsäure, dadurch gekennzeichnet, daß man Lösungen der Oxime in indifferenten, vorzugsweise flüchtigen Lösungsmitteln mit starker Schwefelsäure vermischt und das Lösungsmittel durch Abscheiden, Ansaugen oder Abdestillieren entfernt.

Aktenzeichen: I. 63000 IV c/12 o vom 28. 11. 1938, P. 1971.

Verfahren zur Herstellung von Oximen, dadurch gekennzeichnet, daß man eine wäßrige Hydroxylamin- bzw. Hydroxylaminsalzlösung zunächst in Gegenwart unterschüssiger Mengen der zu oximierenden Carbonylverbindungen unter Rühren neutralisiert, dann das gebildete Oxim abtrennt und nunmehr die Oximierung zur Erschöpfung des Hydroxylamins mit einem Überschuß an Carbonylverbindung zu Ende führt.

Aktenzeichen: I. 63040 IV c/12 qu vom 28. 11. 1938, P. 1976.

Verfahren zur Herstellung von Oximen mit Hilfe von wäßrigen Hydroxylaminsalzlösungen, dadurch gekennzeichnet, daß man die bei der Oximierung freiwerdende Säure mit Ammoniak oder organischen Basen, die mit dem Anion der Salzlösung leicht lösliche Salze ergeben, abstumpft.

Aktenzeichen: I. 63041 IV c/12q vom 28. 11. 1938, P. 1975.

Verfahren zur Herstellung von Oximen aus Carbonylverbindungen und wäßrigen Hydroxylaminsalzlösungen, dadurch gekennzeichnet, daß wenigstens einer der zur Durchführung erforderlichen Hilfsstoffe (Hydroxylaminsalzlösungen und Neutralisationsmittel) in die kontinuierlich durch einen Reaktionsapparat fließende Lösung oder Dispersion der Carbonylverbindung allmählich eingeführt wird.

Aktenzeichen: I. 63042 IV c/12 o vom 28. 11. 1938, P. 1972.

Verfahren zur Herstellung von zur Umlagerung bestimmten Lösungen von Oximen in starker Schwefelsäure, dadurch gekennzeichnet, daß man Lösungen der Oxime in indifferenten, vorzugsweise flüchtigen Lösungsmitteln mit starker Schwefelsäure vermischt und das Lösungsmittel durch Abscheiden, Absaugen oder Abdestillieren entfernt.

Aktenzeichen: I. 63100 IV c/12 p vom 6. 12. 1938, P. 1984.

Verfahren zur Herstellung mehrwertiger Lactame, dadurch gekennzeichnet, daß man einwertige Lactame mit Wasserstoff am Lactamstickstoff mit mehrwertigen Acylierungsmitteln umsetzt oder dadurch kennzeichnet, daß man Acylverbindungen mehrwertiger Säuren mit lactambildenden Aminosäuren bzw. offene funktionelle Derivate von solchen mit wasserentziehenden oder kondensierenden Mitteln behandelt.

Aktenzeichen: I. 63284/12 o vom 23. 12. 1938 (OZ. 11224), Ludwigshafen a. Rh.

Herstellung von Cyclohexanol, dadurch gekennzeichnet, daß man Cyclohexyl- oder Dicyclohexylamin in Anwesenheit von Hydrierungskatalysatoren mit Wasserstoff und hydroxylgruppenhaltigen Verbindungen bei erhöhter Temperatur behandelt.

Aktenzeichen: I. 63377 12q vom 31. 12. 1938, Bitterfeld-Wolfen-Farben.

Verfahren zur Herstellung von ϵ-Aminocapronsäure. Diese wird aus dem Oxim des Cyclohexanons durch Erhitzen auf Umwandlungstemperatur mit 40—80%iger Schwefelsäure erzeugt.

Aktenzeichen: I. 70880 IV c/12 p vom 13. 2. 1938.

Verfahren zur Herstellung von Lactamen aus Oximen cyclischer Ketone durch BECKMANNsche **Umlagerung mit Hilfe von starker Schwefelsäure,** dadurch gekennzeichnet, daß man die in kontinuierlichen Verfahren gewonnene mit Wasser verdünnte saure Reaktionslösung in eine die Mineralsäure abstumpfende bzw. neutralisierende Flüssigkeit einlaufen läßt.

Aktenzeichen: I. 63812 IV c/12 p vom 13. 2. 1939, P. 2033 entsprechend DRP. 739867.

Verfahren zur Herstellung von Lactamen aus Oximen cyclischer Ketone durch BECKMANNsche **Umlagerung mit Hilfe von starker Schwefelsäure oder starke Schwefelsäure enthaltenden Gemischen,** dadurch gekennzeichnet, daß man die schwefelsaure Oximlösung kontinuierlich durch eine auf Umlagerungstemperatur gehaltene Reaktionszone fließen läßt.

Aktenzeichen: I. 64314 IV c/12 p vom 6. 4. 1939 (OZ. 11476) entsprechend DRP. 736735, Ludwigshafen a. Rh.

Verfahren zur Umlagerung von Ketoximen zu Säureamiden mit sauren Mitteln, dadurch gekennzeichnet, daß man das Ketoxim für sich auf die Reaktionstemperatur erwärmt, gewünschtenfalls auch das saure, die Umlagerung bewirkende Mittel erwärmt und dann die beiden Stoffe so mischt, daß jeweils nur geringe Mengen des Oxims und des sauren Mittels frisch miteinander in Berührung kommen.

Aktenzeichen: I. 64328 IV c/12 p vom 8. 4. 1939 (OZ. 11479), Ludwigshafen a. Rh.

Verfahren zur Herstellung des Lactams der ϵ-Aminocapronsäure durch Umlagerung von Cyclohexanonoxim unter der Einwirkung von Schwefelsäure, dadurch gekennzeichnet, daß man auf 1 Mol Cyclohexanonoxim $^1/_2$—1 Mol 60—90%ige Schwefelsäure anwendet.

Aktenzeichen: I. 64456 IVc/12p vom 29. 4. 1939, P. 2033 I.

Ausführungsform des Verfahrens zur Herstellung von Lactamen aus Oximen cyclischer Ketone durch BECKMANNsche Umlagerung mit Hilfe von starker Schwefelsäure oder diese enthaltenden Gemischen nach Patent . . . . . (Anmeldung I. 63812 IVc/12p), dadurch gekennzeichnet, daß man die Reaktionszone sich auf einer Kugel bilden läßt.

Aktenzeichen: I. 64496 IVc/12 vom 4. 5. 1939 (OZ. 11509), Ludwigshafen a.Rh.

Herstellung von Cyclohexanol in Abänderung des Verfahrens nach Anmeldung I. 63284 IVc/120, dadurch gekennzeichnet, daß man Cyclohexyl- oder Dicyclohexylamin oder Phenylcyclohexylamin in Anwesenheit von Hydrierungskatalysatoren, jedoch in Abwesenheit von Wasserstoff mit hydroxylgruppenhaltigen Verbindungen bei erhöhter Temperatur behandelt.

Aktenzeichen: I. 64511 IVc/12o vom 5. 5. 1939 entsprechend DRP. 753046.

Verfahren zur Umlagerung von Ketoximen mittels Schwefelsäure bei erhöhter Temperatur, dadurch gekennzeichnet, daß man nahezu oder völlig wasserfreie Schwefelsäure oder Oleum verwendet.

Aktenzeichen: I. 64518 IVc/12o vom 6. 5. 1939 entsprechend DRP. 752239.

Verfahren zur Herstellung hydroaromatischer Ketone, dadurch gekennzeichnet, daß man Dämpfe von Phenolen im Gemisch mit Wasserstoff bei erhöhter Temperatur zuerst über einen Hydrierungskatalysator und dann, ohne Abscheidung der zunächst gebildeten Alkohole bei einer um mindestens 100° höheren Temperatur über einen Dehydrierungskatalysator leitet.

Aktenzeichen: I. 64829 IVd/12o vom 13.6.1939 (OZ.11595), Ludwigshafen a.Rh.

Verfahren zur Herstellung von cycloaliphatischen Ketoximen, dadurch gekennzeichnet, daß man einem Gemisch aus cycloaliphatischen Ketonen und Lösungen hydroxylaminsulfonsaurer Salze allmählich alkalisch wirkende Stoffe in der Weise zusetzt, daß die Reaktionsmischung neutral bis zweckmäßig nur schwach sauer reagiert.

Aktenzeichen: I. 64888 IVc/12p vom 19.6.1939 (OZ. 11605), Ludwigshafen a.Rh.

Verfahren zur Herstellung von Lactamen durch Erhitzen der schwefelsauren Lösung von Oxim cyclischer Ketone, dadurch gekennzeichnet, daß man nur in einem Teil der schwefelsauren Lösung des Oxims die Umlagerung durch Erwärmen einleitet und die Reaktion ohne weitere Wärmezufuhr eventuell unter Kühlung durch die gesamte Lösung fortschreiten läßt.

Aktenzeichen: DRP. 739259 P. 79840 IVc/12p vom 30. 9. 1939.

Verfahren zur Umlagerung von cyclischen Ketoximen in die entsprechenden Lactame, insbesondere von Cyclohexanonoxim in ε-Caprolactam, dadurch gekennzeichnet, daß man das Ketoxim in festem oder geschmolzenem Zustand direkt zu einer auf etwa 90—130° erhitzten Schwefelsäure von einer Konzentration von über 75%, insbesondere 90—96% hinzusetzt, wobei dieser Zusatz in solchen Mengen und in einer solchen Geschwindigkeit erfolgt, daß die Temperatur mit Hilfe der Reaktionswärme innerhalb des obengenannten Bereiches gehalten wird.

Aktenzeichen: I. 66147/12o vom 13. 12. 1939, Ludwigshafen a. Rh.

Verfahren zur Herstellung von aliphatischen Ketonen durch Dehydrieren von alicyclischen Alkoholen bei erhöhter Temperatur in Anwesenheit metallischer Dehydrierungskatalysatoren, dadurch gekennzeichnet, daß man dampfförmige alicyclische Alkohole bei Temperaturen unterhalb 500° über metallisches Zink oder Zink-Kupfer-Legierungen mit bis zu 20% Kupfergehalt leitet.

Aktenzeichen: I. 66408/12o vom 1. 2. 1940 (OZ.11986), Ludwigshafen a. Rh.

Verfahren zur Herstellung von Cyclohexanol und seinen Homologen durch katalytische Hydrierung von Phenol und dessen Homologen in der Gasphase, dadurch gekennzeichnet, daß man die rohen Phenole vor der Hydrierung in Gegenwart eines Gasstromes so verdampft, daß ein Teil des Phenols flüssig zurückbleibt und den verdampften Phenolanteil entweder unmittelbar oder nach dem Abtrennen aus dem Gasgemisch und Wiederverdampfen der katalytischen Hydrierung unterwirft.

Aktenzeichen: I. 66 629/12 p vom 4. 3. 1940 entsprechend DRP. 741 038.

Verfahren zur Herstellung von Lactamen, dadurch gekennzeichnet, daß man Dicarbonsäuren, deren Kettenlänge die Bildung von Lactamen ermöglicht, mit Ammoniak und Wasserstoff in Dampfform bei erhöhter Temperatur über hydrierend und wasserabspaltend wirkende Katalysatoren leitet.

Aktenzeichen: I. 67 039 IV c/12 o vom 18. 5. 1940 (OZ. 12 149), Ludwigshafen a.Rh.

Verfahren zur Herstellung von Oximen aus Cyclohexanon, dadurch gekennzeichnet, daß man Cyclohexanon im Gemisch mit Cyclohexanolen mit Hydroxylamin in das Oxim führt, das ausgefallene Oxim mechanisch abtrennt und die Flüssigkeit einer rektifizierenden Wasserdampfdestillation unterwirft.

Aktenzeichen: I. 67 336 IV c/12 o vom 4. 7. 1940 (OZ. 12 231), Ludwigshafen a. Rh.

Herstellung von Homologen und Analogen des Cyclohexanols in Weiterbildung des Verfahrens nach den Anmeldungen I. 63 284 IV c/12 o und I. 64 696 IV c/12 o, dadurch gekennzeichnet, daß man hier Homologe oder Analoge des Cyclohexyl- oder Dicyclohexylamins in Anwesenheit von Hydrierungskatalysatoren, gegebenenfalls in Anwesenheit von Wasserstoff, mit Wasser oder Alkoholen bei erhöhter Temperatur behandelt.

Aktenzeichen: I. 67 459 IV c/12 o vom 17. 7. 1940 (OZ. 12 252), Ludwigshafen a.Rh.

Verfahren zur Herstellung von Cyclohexanol und seinen Homologen durch Einwirkung von Schwefelsäure und Wasser auf Cyclohexen und seine Homologen, dadurch gekennzeichnet, daß man eine Lösung von Cyclohexen oder dessen Homologen in einem indifferenten organischen Lösungsmittel mit wasserhaltiger Schwefelsäure bei Temperaturen zwischen etwa 35 und 40° zusammenbringt.

Aktenzeichen: I. 68 392 IV c/12 p vom 2. 12. 1940 entsprechend DRP. 739 953.

Verfahren zur Reinigung von durch Oximumlagerung erhaltenen, durch Extraktion vorgereinigten Lactamen durch Destillation, dadurch gekennzeichnet, daß man bei der Destillation geringe Mengen alkalisch oder sauer wirkender Zusätze verwendet.

Aktenzeichen: I. 68 797 IV c/12 p vom 3. 2. 1941 entsprechend DRP. 749 306.

Verfahren zur Herstellung von Caprolactam, dadurch gekennzeichnet, daß man Nitrocyclohexan eventuell in Form eines Alkalisalzes, bei höheren Temperaturen mit Oleum und fein verteiltem Schwefel behandelt.

Aktenzeichen: I. 69 384 IV c/12 o vom 12. 4. 1941, Ludwigshafen a. Rh.

Verfahren zur Herstellung von cycloaliphatischen Ketonen und Alkoholen neben Dicarbonsäuren, dadurch gekennzeichnet, daß man cycloaliphatische Kohlenwasserstoffe in flüssiger Phase mit Sauerstoff oder sauerstoffhaltigen Gasen, erforderlichenfalls unter erhöhtem Druck, in Gegenwart von Sauerstoffüberträgern behandelt und während der Oxydation fortlaufend oder von Zeit zu Zeit die schon gebildeten Alkohole oder Ketone ganz oder zum Teil entfernt.

Aktenzeichen: B. 194 110 IV c/12 p vom 30. 4. 1941, Bata A.G. Zlin-Mähren.

Verfahren zur Abtrennung von Isoximen (Lactamen) bzw. deren hydrolytischen Produkten aus den Lösungen der Isoxime in konzentrierter Schwefelsäure, dadurch gekennzeichnet, daß die Lösungen zuerst mit Eis und/oder Wasser stark verdünnt und die verdünnten Lösungen dann — gegebenenfalls nach Erhitzung auf eine für die Hydrolyse erforderliche Temperatur oder ohne diese Erhitzung — mit Oxyden, Hydroxyden oder Carbonaten von Metallen, welche unlösliche Sulfate bilden, neutralisiert, filtriert und schließlich durch Destillation von Wasser befreit werden.

Aktenzeichen: I. 69 763/12 o vom 31. 5. 1941, Ludwigshafen a. Rh.

Verfahren zur Reinigung cycloaliphatischer Ketone von phenolischen Bestandteilen, dadurch gekennzeichnet, daß man sie bei höherer Temperatur mit wasserlöslichen Erdalkali- oder Magnesiumsalzen starker anorganischer Säuren behandelt.

Aktenzeichen: I. 69918 IV c/12 p vom 27. 6. 1941 entsprechend DRP. 745 224.

Abänderung des Verfahrens nach Anmeldung I. 68 392 IV c/12 p zur Reinigung von durch Oximumlagerung erhaltenen Lactamen, dadurch gekennzeichnet, daß man die rohen Lactame ohne Vorreinigung durch Extraktion unter Zusatz geringer Mengen alkalisch bzw. sauer wirkenden Mittel, gegebenenfalls oxydative oder reduktive Eigenschaften haben, destilliert.

Aktenzeichen: I. 69939 IV d/12 vom 27. 6. 1941, Ludwigshafen a. Rh.

Weiterbildung des Verfahrens der Anmeldung I. 69 117 IV d/12 o zur Herstellung von Kondensationsprodukten, dadurch gekennzeichnet, daß man an Stelle von Lactamen Aminocarbonsäuren, die zur Bildung von Lactamen befähigt sind, mit Dicarbonsäuren oder deren Anhydriden umsetzt.

Aktenzeichen: I. 70 834/12 p vom 7. 11. 1941, Ludwigshafen a. Rh.

Verfahren zur Herstellung von ringförmigen und offenkettigen Stickstoffverbindungen in Weiterbildung des Verfahrens nach Anmeldung I. 65 360 IV c/12 p, dadurch gekennzeichnet, daß man hier δ-Cyanalkylcarbonsäuren, ihre Amide oder ihre Ester als Ausgangsstoffe benutzt.

Aktenzeichen: I. 70 880 IV c/12 p vom 17. 11. 1941, PV. 2033—A (Aceta).

Verfahren zur Herstellung von Lactamen aus Oximen cyclischer Ketone durch BECKMANNsche **Umlagerung mit Hilfe von starker Schwefelsäure,** dadurch gekennzeichnet, daß die mit Wasser verdünnte saure Reaktionslösung in eine die Mineralsäure abstumpfende bzw. neutralisierende Flüssigkeit einlaufen gelassen wird.

Aktenzeichen: I. 71 737/39 c vom 9. 3. 1942.

Abänderung des Verfahrens nach Anmeldung I. 62 408 IV c/39 c, dadurch gekennzeichnet, daß man an Stelle der Monoaryl-β-aminoalkylcarbonsäuren oder ihrer Abkömmlinge an der Aminogruppe nicht oder einfach durch Alkyl- oder Cycloalkylreste substituierte β-Amino-alkylcarbonsäuren oder ihre Abkömmlinge verwendet.

Aktenzeichen: I. 72 054 IV c/12 p PV. 2875 vom 18. 4. 1942.

Verfahren zur Rückgewinnung von monomerem Lactam aus linearpolymeren Amiden, die ganz oder zum erheblichen Teil aus Resten von ϵ-Aminocapronsäuren aufgebaut sind, dadurch gekennzeichnet, daß man die Polymeren in Gegenwart einer lactamlösenden Flüssigkeit auf Temperaturen oberhalb 240°, vorzugsweise zwischen 270 und 320° erhitzt, zweckmäßig bis zum Gleichgewicht und dann aus der gebildeten Lösung oder Schmelze das Lactam abtrennt.

Aktenzeichen: I. 72 231 IV c/12 qu PV. 2890 vom 15. 5. 1942.

Verfahren zur Herstellung von schwefelhaltigen langkettigen Aminocarbonsäuren oder funktionellen Abkömmlingen von solchen, dadurch gekennzeichnet, daß man entweder Aminoalkylester starker Säuren bzw. deren Acylprodukte mit Mercaptocarbonsäuren oder deren in der Carboxylgruppe funktionelle abgewandelten Derivaten mit mindestens 4 Kohlenstoffatomen zwischen Mercapto- und Carboxylgruppe bzw. abgewandelter Carboxylgruppe oder Aminomercaptane bzw. deren Acylderivate mit Halogencarbonsäuren oder deren in der Carboxylgruppe abgewandelten funktionellen Derivaten mit mindestens 4 Kohlenstoffatomen zwischen Carboxylgruppe oder abgewandelter Carboxylgruppe und Halogen zur Umsetzung bringt und die Kondensationserzeugnisse gegebenenfalls noch verseift.

Aktenzeichen: D. 4251, 12 p vom 20. 2. 1943.

Verfahren zur Umlagerung von Cyclohexanonoxim, seinen Homologen oder Substitutionsprodukten in Lactame mittels sauer umlagernder Mittel, dadurch gekennzeichnet, daß man die Umlagerung mit Oleum in Gegenwart von Perchloräthylen als Lösungsmittel vornimmt.

Aktenzeichen: W. 2948 12 o, 22 vom 8. 7. 1950.

Verfahren zur Herstellung von Aldoximen und Ketoximen, dadurch gekennzeichnet, daß Hydroxylaminmonosulfosäure in saurer Lösung, vorzugsweise bei

p_H-Werten unter 3, bei Zimmertemperatur mit Aldehyden oder Ketonen zur Reaktion gebracht, das Reaktionsprodukt neutralisiert und das dabei sich abscheidende Oxim ausgebracht wird.

Aktenzeichen: G. 3531, 12p, 5 vom 11. 12. 1950.

Verfahren zum Reinigen von Caprolactam, dadurch gekennzeichnet, daß das Caprolactam bei erhöhter Temperatur mit einem Inertgas, gegebenenfalls in Gegenwart geringer Mengen alkalischer oder saurer Stoffe, behandelt wird.

Aktenzeichen: C. 3600 12o, 25 vom 27. 12. 1950.

Verfahren zur Herstellung von cycloaliphatischen Oximen aus cycloaliphatischen Ketonen und wäßrigen Hydroxylamin- oder Hydroxylaminsalzlösungen, dadurch gekennzeichnet, daß man überschüssige Mengen cycloaliphatisches Keton auf Hydroxylamin oder Hydroxylaminsalz einwirken läßt und das nicht umgesetzte cycloaliphatische Keton von der entstandenen Oximlösung unter Ausnutzung der verschiedenen spezifischen Gewichte abtrennt.

Verfahren nach Anspruch 1, dadurch gekennzeichnet, daß man die Umsetzung zum Oxim und die Zerlegung des entstandenen Reaktionsgemisches kontinuierlich durchführt.

Aktenzeichen: F. 1489, 12q 6/01 vom 23. 8. 1951.

Verfahren zur Herstellung von Aminosäureamiden, dadurch gekennzeichnet, daß man Lactame mit Aminen umsetzt.

Aktenzeichen: P. 79450 IVc/12o vom 11. 7. 1939.

Verfahren der Oxydation gesättigter cyclischer Kohlenwasserstoffe, beispielsweise Cyclohexan, mittels eines Sauerstoff enthaltenden Gases, dadurch gekennzeichnet, daß man die Oxydation des in flüssiger Phase befindlichen cyclischen Kohlenwasserstoffes in Gegenwart eines Oxydationskatalysators, beispielsweise eines festen mehrwertigen Metalles in Element-, Oxyd- oder Salzform und zweckmäßig auch in Gegenwart eines organischen Salzes von Alkali- oder Erdalkalimetallen, beispielsweise Natriumacetat durchführt.

Aktenzeichen: F. 5211, 12o, 22 vom 9. 12. 1950.

Verfahren zur Herstellung von Oximen durch Reduktion von Salzen von primären oder sekundären Nitroverbindungen der aliphatischen oder cycloaliphatischen Reihe in saurer Lösung unter Verwendung von Zinnchlorür, dadurch gekennzeichnet, daß man die Alkali- oder Erdalkalisalze dieser Verbindungen mit Metallen, die in der Spannungsreihe unterhalb des Zinns stehen, namentlich Zink, Aluminium, Magnesium und Eisen, in Gegenwart von solchen Mengen Zinnchlorür reduziert, die zur Reduktion der Nitroverbindungen nicht hinreichen.

Aktenzeichen: F. 5497 vom 29. 1. 1951.

Verfahren zur Herstellung von Oximen durch Reduktion von Salzen der primären oder sekundären Nitroverbindungen der aliphatischen oder cycloaliphatischen Reihe in saurer Lösung, dadurch gekennzeichnet, daß man die Reduktion in Gegenwart von Hydroxylamin durchführt.

Ausländische Patente.

AP. 2487246. Process for producing ε-Caprolactam.

A process of producing ε-Caprolactam from wet cyclohexanone oxime contaminated with water soluble inorganic material, which comprises subjecting said wet contaminated oxime to a temperature above its fusion point thereby effecting separation of a layer of cyclohexanone oxim above the aqueous layer containing the water-soluble contaminant, continuously introducing separately into a reactor maintained at elevated reaction temperature the separated molten cyclohexanone oxime and sulfuric acid of a concentration above 93% vigorously agitating the reactor contents dispersing immediately on introduction into the reaction zone each of said materials throughout the hot residual acid-caprolactam mixture thus effecting rearrangement of the cyclohexanone oxime continuously withdrawing

caprolactam from the process at a point such as to allow prior thorough mixture
and rearrangement and rapidly cooling the withdrawn caprolactam.

FP. 977099. Procédé pour la production de cyclohexanonoxime.

Un procédé pour la préparation de cyclohexanonoxime, caractérisé en ce
qu'on réduit un sel d'un métal alcalin du nitrocyclohexane avec de l'hydroxyl-
amine ou avec ses dérivés fonctionels en solution acide.

FP. 981888. Procédé pous isoler les lactames.

Un procédé pour isoler les lactames caractérisé en ce qu'on fait traverser le
lactame brut avant la phase finale de purification qui peut être exécutée par
exemple par cristallisation ou par distillation dans le vide, connue par de la vapeur
surchauffée.

FP. 981689. Procédé d'isolement des lactames.

Procédé d'isolement des lactames de leurs solutions dans des solvants non
polaires, notamment dans des hydrocarbures chlorés, par distillation à une pression
normale ou réduite, présentant les caractéristiques suivantes:
La distillation notamment sa phase finale, est effectuée en présence d'eau ou
de vapeur.

FP. 977095. Procédé pour la production de caprolactame.

Un procédé pour la production de caprolactame, caractérisé en ce qu'on traite
du nitrocyclohexene, le cas échéant sous la forme d'un sel d'un métal alcalin à
des températures élevées par de l'acide sulfurique fumant et du soufre finement
réparti.

AP. 2562205. Process of producing oximes.

A process of producing cyclohexanonoxime by treatment of cyclohexanone with
an aqueous solution of hydroxylaminsulphonate in which the reaction is carried
out at temperatures between 0 and 50° C.

Ausgangsprodukte für die Herstellung von Polyamiden vom Typus Diamin + Dicarbonsäure.

Aktenzeichen: P. 74125 vom 11. 11. 1936.

Verfahren zur Herstellung von Diaminen, dadurch gekennzeichnet, daß man
Nitrile von aliphatischen Dicarbonsäuren, die mindestens 4 Kohlenstoffatome
zwischen den Nitrilgruppen enthalten, in Gegenwart von überschüssigem Ammoniak
bei Temperaturen von 25—200° C in flüssiger Phase unter Drucken hydriert, die
über dem atmosphärischen Druck liegen.

Aktenzeichen: I. 67113 IV d/12o.

Verfahren zur Herstellung von Adipinsäure durch katalytische Oxydation von
Cyclohexanon oder Cyclohexanonhomologen in flüssiger Phase und in Gegenwart
von Essigsäure mit Sauerstoff oder molekularen Sauerstoff enthaltenden Gasen,
dadurch gekennzeichnet, daß der Anteil an Essigsäure im Umsetzungsgemisch zu
Beginn bzw. während der Umsetzung zwischen 10 und 40%, insbesondere etwa
25% beträgt.

Aktenzeichen: I. 64558 IV d/12o.

Verfahren zur Herstellung von Nona- und Dekamethylen-ω,ω'-dicarbonsäure,
dadurch gekennzeichnet, daß man im wesentlichen zu 12-Oxystearinsäure redu-
zierte Ricinusölsäure oder ihre reduzierten Abkömmlinge, wie Ricinusöl, einer
sauren oder alkalischen Oxydation unterwirft und die erhaltenen Oxydations-
gemische in üblicher Weise aufarbeitet.

Aktenzeichen: P. 75110 IV d/12o.

Verfahren zur Herstellung des Nitrils der Adipinsäure, dadurch gekennzeichnet,
daß man eine gasförmige Ammoniak- und Adipinsäure oder ein Adipinsäure bil-
dendes Derivat derselben enthaltende Mischung in einer Reaktionskammer aus

keramischem Werkstoff, Nickel, Aluminium, Aluminiumlegierungen, Molybdänstahl oder Kupfer-Silicium-Manganlegierungen, deren Innenfläche zweckmäßig mit einer dünnen kohlenstoffhaltigen Schicht überzogen ist, mit einem Dehydratisierungskatalysator, wie Silicagel, bei einer Temperatur zwischen 320 und 400° nicht länger als 10 sec in Berührung bringt, wobei das Ammoniak im Molüberschuß verwendet wird.

Aktenzeichen: P. 74125 IV c/12q.

Verfahren zur Herstellung von aliphatischen Diaminen, dadurch gekennzeichnet, daß man Nitrile von aliphatischen Dicarbonsäuren, die mindestens 4—8 Kohlenstoffatome zwischen den Nitrilgruppen enthalten, in Gegenwart von überschüssigem Ammoniak bei Temperaturen von 25—200° in flüssiger Phase unter Drucken hydriert, die über dem atmosphärischen Druck liegen.

Aktenzeichen: OZ. 12703, Ludwigshafen a. Rh.

Verfahren zur Herstellung von cycloaliphatischen Ketonen und Alkoholen neben Dicarbonsäuren, dadurch gekennzeichnet, daß man cycloaliphatische Kohlenwasserstoffe in flüssiger Phase mit Sauerstoff oder sauerstoffhaltigen Gasen, erforderlichenfalls unter erhöhtem Druck, in Gegenwart von Sauerstoffüberträgern behandelt und während der Oxydation fortlaufend oder von Zeit zu Zeit die schon gebildeten Alkohole oder Ketone ganz oder zum Teil entfernt.

Aktenzeichen: CCD. Ser. Nr. 113833 vom 2. 12. 1936.

Verfahren zur Herstellung von Dinitrilen mit mindestens 3 C-Atomen, dadurch gekennzeichnet, daß ein Gemisch eines Diamids einer aliphatischen Dicarbonsäure mit mindestens 3 C-Atomen und einem aliphatischen Säureanhydrid auf 150 bis 300° C erhitzt wird.

Aktenzeichen: CCD. 987 Ser. Nr. 113834 vom 2. 12. 1936.

Dinitrilherstellung aus Säureamiden mit Ammoniak, dadurch gekennzeichnet, daß als Katalysator Ammoniummolybdat verwendet wird.

Aktenzeichen: Ser. Nr. 127203 vom 23. 2. 1937.

Verfahren zur Herstellung von Hexamethylendiamin, dadurch gekennzeichnet, daß Adiponitril in flüssiger Phase in Gegenwart von Ammoniak hydriert wird.

Aktenzeichen: P. 75110 IV c/12o vom 21. 4. 1937.

Verfahren zur Herstellung des Nitrils der Adipinsäure, dadurch gekennzeichnet, daß man eine gasförmige Mischung, die Ammoniak und Adipinsäure oder ein Derivat derselben enthält, das Adipinsäureamid bilden kann, mit einem dehydratisierenden Katalysator bei einer Temperatur zwischen 320 und 400° C in Berührung bringt, wobei das Ammoniak in der gasförmigen Mischung im Molüberschuß vorliegt.

Aktenzeichen: P. 80450 IV d/12o vom 29. 2. 1940 entsprechend DRP. 765731.

Verfahren zur Herstellung von aliphatischen gesättigten ein- oder zweibasischen Carbonsäuren oder Gemischen beider durch katalytische Oxydation mit Salpetersäure, dadurch gekennzeichnet, daß man hochmolekulare aliphatische ungesättigte Monocarbonsäuren in Anwesenheit von Vanadin enthaltenden Katalysatoren mit konzentrierter Salpetersäure oxydiert.

Aktenzeichen: P. 78905 IV d/12o vom 23. 3. 1939.

Verfahren zum Reinigen von Nitrilen, insbesondere aliphatischen Dinitrilen, wie Adipinsäurenitril, dadurch gekennzeichnet, daß man sie mit einer wäßrigen Lösung von Schwefeldioxyd oder seinen wasserlöslichen Salzen, insbesondere den Bisulfiten, z. B. Ammoniumsulfit, behandelt und so dann das behandelte Nitril zur Entfernung der Sulfitionen wäscht.

Aktenzeichen: Ser. Nr. 225486 vom 17. 8. 1938.

Verfahren zur Herstellung von Bernsteinsäurenitril, dadurch gekennzeichnet, daß man ein Äthylendihalogenid mit Alkalicyanid in einem Reaktionsmedium aus 90—98% Äthanol zur Reaktion bringt.

Aktenzeichen: I. 62337 IV d/12 o vom 26. 8. 1938.

Synthese von Adipinsäuredinitril, dadurch gekennzeichnet, daß man durch Einwirkung von Acetylen auf Formaldehyd Butin-2-diol-1,4 herstellt, dieses zu Butandiol-1,4 hydriert, das Butandiol-1,4 in 1,4-Dihalogenbutan überführt und in diesem die Halogenatome durch Cyangruppen ersetzt.

Aktenzeichen: P. 79032 IV c/12 qu vom 14. 4. 1939.

Verfahren zur katalytischen Hydrierung von aliphatischen Dinitrilen mit 6 bis 10 C-Atomen gekennzeichnet, durch Anwendung eines Kobalt-Katalysators bei Temperaturen zwischen 50 und 170° C.

Aktenzeichen: I. 62498 IV d/12 o vom 22. 9. 1938.

Synthese von Adipinsäuredinitril, dadurch gekennzeichnet, daß man durch Einwirkung von Acetylen auf Formaldehyd Butin-2-diol-1,4 herstellt, dieses zu Butandiol-1,4 hydriert, das Butandiol-1,4 in 1,4-Dihalogenbutan überführt und in diesem die Halogenatome durch Cyaningruppen ersetzt.

Aktenzeichen: CCD. 1323 Ser. Nr. 231505 vom 24. 9. 1938.

Verfahren zur Herstellung von Diaminen, dadurch gekennzeichnet, daß ein Cyanalkan mit 3—20 C-Atomen in Gegenwart eines primären Amine bildenden Kobalt-Katalysators bei Temperaturen zwischen 50 und 170° C hydriert wird.

Aktenzeichen: P. 79801 IV c/12 o vom 22. 9. 1939.

Verfahren zur Herstellung von ω-Aminonitrilen, dadurch gekennzeichnet, daß man aliphatische Dinitrile, worin die beiden Nitrilgruppen durch mindestens 4 Kohlenstoffatome getrennt sind, katalytisch hydriert und die Hydrierung unterbricht, wenn etwa die zur Reduktion einer Nitrilgruppe zur Aminogruppe erforderliche Wasserstoffmenge aufgenommen ist.

Aktenzeichen: P. 79817 IV d/12 o vom 27. 9. 1939.

Verfahren zur Herstellung von Nitrilen, dadurch gekennzeichnet, daß ein Gemisch von Ammoniak und einer Carbonsäure, die mit Ammoniak zu reagieren vermag, über einen Bor und Phosphor enthaltenden Katalysator geleitet wird.

Aktenzeichen: P. 78866 IV c/12 q vom 16. 3. 1939.

Verfahren zur katalytischen Hydrierung von Nitrilen, dadurch gekennzeichnet, daß höhere aliphatische Nitrile mit mindestens 6 C-Atomen in Gegenwart eines Überschusses von Ammoniak und Wasserstoff unter einem Druck von 1—1000 Atm. und bei einer Temperatur zwischen 110 und 350° C zur Reaktion gebracht werden.

Aktenzeichen: P. 79828 IV c/12 q vom 23. 9. 1939.

Verfahren zur Trennung von Gemischen aus Hexamethylendiamin und Hexamethylenimin durch Destillation, dadurch gekennzeichnet, daß man die Destillation in Gegenwart von mindestens solchen Mengen von Wasser vornimmt, daß das Hexamethylenimin als konstant siedendes azeotropes Gemisch mit Wasser übergeht und gegebenenfalls dann das zurückbleibende Hexamethylendiamin nach Abdestillieren von allfällig noch vorhandenem Wasser, im Vakuum destilliert.

Aktenzeichen: P. 79817 IV d/12 o vom 27. 9. 1939.

Verfahren zur Herstellung von Nitrilen, dadurch gekennzeichnet, daß ein Gemisch von Ammoniak und einer Carbonsäure, die mit Ammoniak zu reagieren vermag, über einen Bor und Phosphor enthaltenden Katalysator geleitet wird.

Aktenzeichen: AD. 792 Ser. Nr. 232503 vom 30. 9. 1938.

Verfahren zum Verdampfen von Adipinsäure, dadurch gekennzeichnet, daß Adipinsäure oberhalb ihres Siedepunktes so kurze Zeit mit einem Wärmeüberträger in Berührung gebracht wird, daß zwar die vollständige Verdampfung der Säure, aber keine wesentliche Zersetzung derselben eintritt.

Aktenzeichen: AD. 796 Ser. Nr. 245359 vom 13. 12. 1938.

Vorrichtung zur Herstellung von Adiponitril, dadurch gekennzeichnet durch einen Erhitzer, einer beheizten Verdampfungskammer, einer beheizten katalytischen Kammer, einem Kondensator, einem Gasflüssigkeits-Separator, einer Zuleitung für Ammoniak zum Erhitzer, einer Zuleitung für erhitztes Ammoniak zur Verdampfungskammer, einer Zuleitung für Adipinsäure zur Verdampfungskammer, einer Leitung zur Rückführung von Dampfgemischen von der Verdampfungskammer zur katalytischen Kammer, einer Leitung zur Rückführung der Reaktionsprodukte aus der katalytischen Kammer zum Kondensator und einer Leitung zur Rückführung der kondensierten Reaktionsprodukte von Kondensator zum Separator.

Aktenzeichen: I. 63283/12o vom 23. 12. 1938 entsprechend DRP. 759483.

Herstellung von Dicarbonsäuren aus monocarbonsauren Salzen mit Lactonen aliphatischer oder araliphatischer Carbonsäuren.

Aktenzeichen: I. 6340412o vom 4. 1. 1939 entsprechend DRP. 717952.

Verfahren zur Herstellung von Adipinsäure, dadurch gekennzeichnet, daß man Hexahydroacetophenon, dessen Homologe oder Substitutionsprodukte mit Salpetersäure oxydiert.

Aktenzeichen: I. 6346912o vom 11. 1. 1939.

Verfahren zur Herstellung von Adipinsäuredinitril aus Adipinsäure oder deren Amidbildung befähigten Abkömmlingen und Ammoniak oder aus Adipinsäurediamid bei erhöhter Temperatur unter Verwendung von Kieselgel als Katalysator, dadurch gekennzeichnet, daß man als Katalysator weitporiges Kieselgel verwendet, von dem 100 cm^3 bei 18° aus nahezu mit Benzoldampf gesättigtem Wasserstoff mindestens etwa 32 g Benzol zu absorbieren vermögen.

Aktenzeichen: I. 63947 vom 27. 2. 1939.

Verfahren zur Herstellung von Dicarbonsäuren durch Oxydation von Abkömmlingen des Cyclohexans, dadurch gekennzeichnet, daß man als Oxydationsmittel Stickstoffdioxyd, gegebenenfalls zusammen mit Sauerstoff oder Sauerstoff enthaltenden Gasen verwendet.

Aktenzeichen: I. 63964 IVd/12o vom 1. 3. 1939 entsprechend DRP. 698970.

Verfahren zur katalytischen Oxydation von Ketonen mit Sauerstoff oder sauerstoffhaltigen Gasen in flüssiger Phase zu Säuren, dadurch gekennzeichnet, daß man die als Oxydationskatalysatoren wirkenden Metalle in Form ihrer Nitrate anwendet.

Aktenzeichen: P. 78905 IVd/12o entsprechend DRP. 757502 vom 23. 3. 1939.

Verfahren zur Gewinnung gereinigter Nitrile, insbesondere Dinitrile aus Roherzeugnissen, wie sie bei der bekannten Herstellung von Nitrilen, insbesondere aliphatischer Ninitrile von der Art des Adipinsäurenitrils aus entsprechenden Säuren oder ihren Abkömmlingen und Ammoniak bei erhöhter Temperatur anfallen, oder aus Fraktionen solcher Erzeugnisse, dadurch gekennzeichnet, daß man sie mit einer wäßrigen Lösung von Schwefeldioxyd oder seinen sauren wasserlöslichen Salzen, insbesondere den Bisulfiten, z. B. Ammoniumbisulfit, behandelt und sodann das behandelte Nitril zur Entfernung der Sulfition wäscht.

Aktenzeichen: I. 64521 IVd/12o vom 6. 5. 1939.

Verfahren zur Herstellung von Adipinsäure durch Oxydation von Gemischen von Cyclohexanol und seinen Homologen mit Salpetersäure, dadurch gekennzeichnet, daß man aus dem bei der Oxydation erhaltenen Gemisch die Adipinsäure durch Auskristallisierenlassen aus der auf geeignete Konzentration gebrachten sauren, wäßrigen Lösungen abscheidet, von der Mutterlauge abtrennt und aus dieser durch weiteres Eindampfen die Alkyladipinsäure gewinnt.

Aktenzeichen: I. 64558 IVd/12o vom 9. 5. 1939.

Verfahren zur Herstellung von aliphatischen Dicarbonsäuren mit mindestens 11 Kohlenstoffatomen, dadurch gekennzeichnet, daß Ricinusölsäure oder ihre bifunktionellen Derivate nach vorhergehender Reduktion der Oxydation unterworfen werden.

Aktenzeichen: I. 64915 IVd/12o vom 21. 6. 1939.

Verfahren zur Herstellung aliphatischer Dicarbonsäuren durch Oxydation von cycloaliphatischen Kohlenwasserstoffen, Alkoholen oder Ketonen mit Salpetersäure, dadurch gekennzeichnet, daß man die Konzentration der Salpetersäure während der Umsetzung nicht unter 35 Gew.-% vorteilhaft nicht unter 40 Gew.-% absinken läßt.

Aktenzeichen: I. 65163 IVc/12o vom 15. 7. 1939.

Verfahren zur Trennung von ω,ω′-Dicarbonsäuren mit mehr als 6 Kohlenstoffatomen aus bei der Herstellung anfallenden Gemischen, dadurch gekennzeichnet, daß man aus den Lösungen der Salzgemische durch abgestufte Einstellung der Wasserionenkonzentration die einzelnen Dicarbonsäuren nacheinander ausfällt.

Aktenzeichen: I. 65215 IVc/12o vom 20. 7. 1939.

Verfahren zur Trennung von ω,ω′-Dicarbonsäuren mit mehr als 6 Kohlenstoffatomen aus bei der Herstellung anfallenden Gemischen, dadurch gekennzeichnet, daß man aus den Lösungen der Salzgemische durch abgestufte Einstellung der Wasserstoffionenkonzentration die einzelnen Dicarbonsäuren nacheinander ausfällt.

Aktenzeichen: CCD. 1352 Ser. Nr. 295180 vom 16. 9. 1939.

Kontinuierliche Verfahren zur katalytischen Hydrierung von Adiponitrilen, dadurch gekennzeichnet, daß ein Gemisch von flüssigem Adiponitril mit mehr als der äquivalenten Menge Ammoniak zusammen mit einem Überschuß an Wasserstoff in einem Strom durch eine Reaktionszone mit einem Hydrierungskatalysator geleitet wird.

Aktenzeichen: P. 79828 IVc/12q entsprechend DRP. 712257 vom 24. 9. 1939.

Verfahren zur Trennung von Gemischen aus Hexamethylendiamin und Hexamethylenimin durch Destillation, dadurch gekennzeichnet, daß man die Destillation in Gegenwart von mindestens solchen Mengen von Wasser vornimmt, daß das Hexamethylenimin als konstant siedendes azeotropes Gemisch mit Wasser übergeht und gegebenenfalls dann das zurückbleibende Hexamethylendiamin, nach Abdestillieren von allfällig noch vorhandenem Wasser, im Vakuum destilliert.

Aktenzeichen: I. 65682 IVd/12o vom 25. 9. 1939.

Herstellung von Dinitrilen, dadurch gekennzeichnet, daß man Cyancarbonsäuren oder ihre funktionellen Abkömmlinge oder die mit den Cyancarbonsäuren isomeren Dicarbonsäureimide in Gegenwart von Ammoniak bei Temperaturen zwischen 250 und 450° über wasserabspaltende Katalysatoren leitet.

Aktenzeichen: P. 79817 IVd/12o vom 28. 9. 1939 entsprechend DRP. 743967.

Verfahren zur katalytischen Herstellung von Dinitrilen aus Gemischen von Ammoniak mit zweibasischen Carbonsäuren oder aus stickstoffhaltigen, funktionellen Derivaten dieser Säuren bei erhöhter Temperatur, dadurch gekennzeichnet, daß man Borphosphat als Katalysator verwendet.

Aktenzeichen: P. 81188 IVc/12qu vom 27. 8. 1940.

Verfahren zur Herstellung langkettiger Diamine, dadurch gekennzeichnet, daß eine Ketosäure und Ammoniak bei erhöhter Temperatur mit einem dehydrierenden Katalysator bis zur Bildung des entsprechenden Ketonitrils zur Reaktion gebracht und das Nitril darauf durch katalytische Hydrierung in ein Amin abgeführt wird.

Aktenzeichen: I. 66008 IVd/12o vom 24. 11. 1939.

Verfahren zur Herstellung von Paraffin-dicarbonsäuren, dadurch gekennzeichnet, daß diprimäre Fettalkohole mit Alkalihydroxyden gegebenenfalls in Gegenwart von Erdalkalioxyden auf höhere Temperaturen erhitzt werden.

Aktenzeichen: I. 66399/12q vom 30. 1. 1940 entsprechend DRP. 741683.

Verfahren zur Herstellung primärer Amine, dadurch gekennzeichnet, daß man Hexamethylenimin in Gegenwart von Katalysatoren mit Ammoniak umsetzt.

Aktenzeichen: CCD. 1456 Ser. Nr. 316640 vom 31. 1. 1940.

Verfahren zur Herstellung von Dicarbonsäuren mit 11 oder 12 Kohlenstoffatomen, dadurch gekennzeichnet, daß ein Ester der 12-Oxystearinsäure mit Salpetersäure oxydiert wird.

Aktenzeichen: I. 66456 IV c/12o vom 10. 2. 1940.

Verfahren zur Herstellung von Adipinsäure und ihren Homologen durch Oxydation von Cyclohexanon oder deren Homologen mit Salpetersäure oder oxydierend wirkenden Stickoxyden, dadurch gekennzeichnet, daß man während oder nach der Oxydation wasserunlösliche flüchtige Stoffe aus der Umsetzungsflüssigkeit entfernt.

Aktenzeichen: I. 66469 IV d/12o vom 12. 2. 1940 entsprechend DRP. 720223.

Verfahren zur Herstellung substituierter Pimelinsäureester, dadurch gekennzeichnet, daß man auf funktionelle Abkömmlinge von Carbonsäuren, die umsetzungsfähige CH_2-Gruppen enthalten, in Anwesenheit basischer Katalysatoren mehr als die äquimolekulare Menge von Acrylsäureestern einwirken läßt.

Aktenzeichen: I. 66513 IV c/12o vom 19. 2. 1940.

Verfahren zur Herstellung von Adipinsäure und ihren Homologen, dadurch gekennzeichnet, daß man solche Ester des Cyclohexanols oder seiner Homologen, die sich von sauerstoffhaltigen Säuren ableiten, mit oxydierend wirkenden Mitteln behandelt.

Aktenzeichen: CCD. 1528 Ser. Nr. 320511 vom 23. 2. 1940.

Verfahren zur Herstellung von Adipinsäure, dadurch gekennzeichnet, daß Cyclohexan mit 90—100% Salpetersäure bei 90—100° C und einem konstanten Druck von 2—15 atü für 2—30 Std oxydiert wird, wobei 1—4 Mol Salpetersäure je Mol Cyclohexan angewandt werden.

Aktenzeichen: I. 66637 IV d/12o vom 6. 3. 1940 entsprechend DRP. 719134.

Verfahren zur Herstellung von Adipinsäure in Weiterbildung der Anmeldung I. 63404 IVd/12o, dadurch gekennzeichnet, daß man hier Hexahydroacetophenon dessen Homologe oder Substitutionsprodukte der katalytischen Oxydation in der flüssigen Phase unterwirft.

Aktenzeichen: I. 66883 IV d/12c vom 19. 4. 1940.

Verfahren zur Herstellung von Dicarbonsäuren und deren Salzen in Weiterbildung des Verfahrens nach Anmeldung I. 63283 IVd/12o, dadurch gekennzeichnet, daß man hier aus Salzen von aliphatischen Oxy- oder Thiocarbonsäuren, in denen das Wasserstoffatom der Oxy- oder Thiogruppe nicht durch Metall ersetzt ist, durch Erhitzen Wasser oder Schwefelwasserstoff abspaltet.

Aktenzeichen: CCD. 1638 Ser. Nr. 332961 vom 2. 5. 1940.

Verfahren zur Herstellung von ω-Aminonitrilen, dadurch gekennzeichnet, daß ein aliphatisches Dinitril von mindestens 4 C-Atomen zwischen den Nitrilgruppen in flüssiger Phase und in Gegenwart von Ammoniak mit einem mild wirkenden kobalthaltigen Hydrierungskatalysator bei einem Wasserstoffdruck von mehr als 10 Atm. und bei einer Temperatur über 25° C behandelt wird bis 40—70% des zur Überführung des Dinitrils in das Diamin erforderlichen Wasserstoffmenge verbraucht sind.

Aktenzeichen: CCD. 1562 Ser. Nr. 334068 vom 8. 5. 1940.

Verfahren zur Herstellung von Dihydrohexansäure, dadurch gekennzeichnet, daß der Ester einer Dicarbonsäure mit einer Kette von mindestens 4 Atomen zwischen den veresterten Carboxylgruppen in Gegenwart einer Base mit Hydroxylamin zur Reaktion gebracht wird.

Aktenzeichen: I. 67113 IV d/12o vom 29. 5. 1940.

Verfahren zur Herstellung von Adipinsäuren durch katalytische Oxydation von Cyclohexanon oder Cyclohexanonhomologen in flüssiger Phase und in Gegenwart von Essigsäure, dadurch gekennzeichnet, daß der Anteil an Essigsäure im Umsetzungsgemisch zu Beginn bzw. während der Umsetzung zwischen 10 und 40% insbesondere etwa 25% beträgt.

Aktenzeichen: I. 67 392 IV d/12 o vom 8. 7. 1940.

Verfahren zur Herstellung von Sebacinsäure durch Spalten von Ricinolsäure oder ihren Estern mittels Alkali in der Hitze, dadurch gekennzeichnet, daß man in Gegenwart von Wasserdampf arbeitet.

Aktenzeichen: I. 67 399 IV d/12 o vom 8. 7. 1940 entsprechend DRP. 739 635.

Verfahren zur Herstellung von Ketopimelinsäure oder deren Dilacton durch Erhitzen von Bernsteinsäure oder Bernsteinsäureanhydrid auf Temperaturen oberhalb 200°, dadurch gekennzeichnet, daß man die Erhitzung in einem oberhalb der Zersetzungstemperatur der Bernsteinsäure siedenden Verdünnungsmittel vornimmt.

Aktenzeichen: I. 67 450 IV d/12 o vom 16. 7. 1940 entsprechend DRP. 764 488.

Verfahren zum Reinigen von Adipinsäure und ihren Homologen, dadurch gekennzeichnet, daß man Adipinsäure und ihre Homologen in wasserhaltiger Salpetersäure durch Erhitzen unter erhöhtem Druck löst und aus der erhaltenen Lösung auskristallisieren läßt.

Aktenzeichen: H. 162 768 IV d/12 o vom 16. 7. 1940.

Verfahren zur Herstellung von Glutarsäure, dadurch gekennzeichnet, daß man Tetrahydrofurfurylalkohol einer Behandlung mit Alkali- und bzw. oder Erdalkalihydroxyden bei Temperaturen über 200°, vorzugsweise bei 220—380°, zweckmäßig unter Anwendung von Druck unterwirft, die gebildeten Carbonsäuren durch Mineralsäure in Freiheit setzt und die Glutarsäure in an sich bekannter Weise von den Monocarbonsäuren trennt.

Aktenzeichen: I. 67 689 IV d/12 o vom 21. 8. 1940.

Verfahren zur Herstellung von aliphatischen Dicarbonsäuren in ununterbrochenem Betrieb durch Oxydation organischer Verbindungen mit Salpetersäure in flüssiger Phase, dadurch gekennzeichnet, daß man die Umsetzung in einem senkrecht stehenden Gefäß ausführt, im unteren Teil des Gefäßes die flüssigen Ausgangsstoffe fortlaufend miteinander mischt, die Mischung während der Oxydation von unten nach oben durch das Gefäß führt und am oberen Ende das Umsetzungsgemisch abführt.

Aktenzeichen: I. 67 694 IV c/12 o vom 22. 8. 1940 entsprechend DRP. 725 486.

Verfahren zur Herstellung von aliphatischen Dicarbonsäuren durch Oxydation von alicyclischen Ketonen in flüssiger Phase in Gegenwart von Katalysatoren in Anwesenheit starker organischer Säuren, dadurch gekennzeichnet, daß man die Oxydation in einem wesentlichen Überschuß einer starken organischen Säure ausführt.

Aktenzeichen: I. 67 793 IV d/12 o vom 6. 9. 1940 entsprechend DRP. 723 752.

Verfahren zur Herstellung von Adipinsäurenitril durch Umsetzung von Adipinsäuredampf und Ammoniak in Gegenwart wasserabspaltender Katalysatoren, dadurch gekennzeichnet, daß man die Umsetzung in Gegenwart eines unter den Umsetzungsbedingungen indifferenten Gases vornimmt.

Aktenzeichen: T. 54 604 IV c/12 o vom 26. 11. 1940.

Verfahren zur Herstellung von β,β′-Diaminodiäthylsulfid aus Äthylenimin und Schwefelwasserstoff, dadurch gekennzeichnet, daß man dem Äthylenimin vor oder während des Einleitens des reinen Schwefelwasserstoffes eine alkalisch reagierende Verbindung, insbesondere Ätzalkalien oder Alkalisulfide in geringen Mengen zusetzt.

Aktenzeichen: I. 66 466 IV d/12 o vom 12. 2. 1940 entsprechend DRP. 732 743.

Verfahren zur Herstellung von stickstoffhaltigen Carbonsäureabkömmlingen, dadurch gekennzeichnet, daß man funktionelle stickstoffhaltige Abkömmlinge der Acrylsäure in Anwesenheit basisch wirkender Katalysatoren mit funktionellen Abkömmlingen von Carbonsäuren zusammenbringt, die umsetzungsfähige ′CH_2-Gruppen enthalten.

Aktenzeichen: I. 66467 IV d/12 o vom 12. 2. 1940 entsprechend DRP. 766156.

Verfahren zur Herstellung von stickstoffhaltigen Carbonsäureabkömmlingen in Weiterbildung des Verfahrens nach Anmeldung I. 66466 IV d/12 o dadurch gekennzeichnet, daß man stickstoffhaltige Abkömmlinge der Acrylsäure in Anwesenheit basisch wirkender Katalysatoren mit Ketonen umsetzt, die umsetzungsfähige 'CH$_2$-Gruppen enthalten.

Aktenzeichen: I. 68810 IV d/12 o vom 5. 2. 1941.

Verfahren zur Herstellung von Dicarbonsäuren, dadurch gekennzeichnet, daß man Kohlenmonoxyd auf cyclische Sauerstoff- oder Schwefelverbindungen von der Art cyclischer Äther und Lactone bei erhöhter Temperatur und unter erhöhtem Druck in Gegenwart von carbonylbildenden Metallen oder deren Verbindungen einwirken läßt.

Aktenzeichen: S. 144270 IV d/12 o vom 28. 2. 1941.

Verfahren zur Herstellung von acylierten primären fadenziehenden Diaminen durch katalytische Reduktion von Dinitrilen in Gegenwart von acylierenden Mitteln, dadurch gekennzeichnet, daß die Di- bzw. Polynitrile in Gegenwart von höhermolekularen Di- oder Polycarbonsäuren bzw. deren Derivaten der katalytischen Reduktion unterworfen werden.

Aktenzeichen: S. 150587 IV d/12 o vom 28. 2. 1941.

Verfahren zur Herstellung von acylierten primären Diaminen aus Dinitrilen in Gegenwart von acylierenden Mitteln unter Verwendung von Katalysatoren, dadurch gekennzeichnet, daß als solche die nach Anmeldung S. 133041 IV b/12 q gewonnenen nicht pyrophoren Metalle der ersten und achten Gruppe des periodischen Systems benutzt werden.

Aktenzeichen: I. 69119 IV d/12 o vom 14. 3. 1941 entsprechend DRP. 745448.

Verfahren zur Herstellung von Ketopimelinsäure, dadurch gekennzeichnet, daß man auf Nitromethyl-tri-β-propionsäure alkalisch wirkende Stoffe einwirken läßt.

Aktenzeichen: I. 69129 IV c/12 o vom 14. 3. 1941.

Verfahren zur Herstellung von Cyclohexenylbernsteinsäure mit alkalisch wirkenden Stoffen behandelt.

Aktenzeichen: I. 70500/12 o vom 20. 9. 1941.

Verfahren zur Herstellung von halogenhaltigen Dicarbonsäuren oder deren funktionellen Abkömmlingen, dadurch gekennzeichnet, daß man Acrylsäure oder deren funktionelle Abkömmlinge mit unterhalogenigen Säuren oder mit Halogen in Anwesenheit von Wasser unter solchen Bedingungen von Dihalogen bzw. Oxyhalogenverbindungen zurückgedrängt wird, behandelt.

Aktenzeichen: I. 70567 IV c/12 q vom 1. 10. 1941.

Verfahren zur Herstellung von Aminoderivaten des Bernsteinsäuredinitrils, dadurch gekennzeichnet, daß man Dinitrile der Fumar- oder Maleinsäure mit Aminen umsetzt.

Aktenzeichen: I. 70571 IV c/12 o vom 3. 10. 1941.

Verfahren zur Herstellung hydroaromatischer Diamine, dadurch gekennzeichnet, daß man Tetrahydrophthalodinitril oder dessen Substitutionsprodukte einer katalytischen Hydrierung unterwirft.

Aktenzeichen: I. 70715 vom 18. 10. 1941 entsprechend DRP. 753472.

Verfahren zur Herstellung von γ-Ketopimelinsäuredilacton durch Erhitzen von Bernsteinsäure oder ihrem Anhydrid auf Temperaturen oberhalb 200°, dadurch gekennzeichnet, daß man das geschmolzene Ausgangsmaterial kontinuierlich durch ein auf höhere Temperaturen zweckmäßig etwa auf 240—250° erhitztes Gefäß mit solcher Geschwindigkeit leitet, daß jeweils nur ein Teil des Ausgangsmaterials zweckmäßig etwa die Hälfte decarboxyliert wird, und das Decarboxylierungsgemisch in an sich bekannter Weise aufarbeitet.

Aktenzeichen: I. 71068/12o vom 3. 12. 1941.

Verfahren zur Oxydation alicyclischer Kohlenwasserstoffe mit Sauerstoff oder Sauerstoff enthaltenden Gasen in flüssiger Phase in Gegenwart von Schwermetallsalzen als Katalysator, dadurch gekennzeichnet, daß man Schwermetallsalze von hydroaromatischen Monocarbonsäuren, insbesondere solchen der Hydrobenzoesäuren verwendet.

Aktenzeichen: I. 71094 IVc/12o vom 15. 12. 1941.

Verfahren zur Herstellung von Dicarbonsäuren oder deren Salzen in Weiterbildung des Verfahrens nach den Anmeldungen I. 63283 IVd/12o und I. 66883 IVd/12o, dadurch gekennzeichnet, daß man Lactone oder solche lactonartige Verbindungen, die aromatische Reste enthalten, mit Alkali oder Erdalkalipolysulfiden oder Mischungen von Alkali- oder Erdalkalisulfiden und Schwefel erhitzt und gegebenenfalls aus den entstandenen dicarbonsauren Salzen die Dicarbonsäuren durch Behandeln mit Mineralsäuren in wäßriger oder alkoholischer Lösung herstellt.

Aktenzeichen: I. 71345/12q vom 13. 1. 1942.

Verfahren zur katalytischen Hydrierung von Dinitrilen in der flüssigen Phase, dadurch gekennzeichnet, daß man das Hydrierungserzeugnis als Kreislaufflüssigkeit verwendet.

Aktenzeichen: I. 71709 IVc/12q vom 2. 3. 1942.

Verfahren zur Herstellung von zu polyamiden kondensierbaren neutralen Salzen aus Diaminen und Dicarbonsäuren, dadurch gekennzeichnet, daß man Lösungen leicht löslicher Salze von vorzugsweise in Wasser schwerlöslichen polyamidbildenden Dicarbonsäuren mit schwachen Basen, wie Ammoniak oder basischen organischen Substitutionsprodukten derselben mit dreiwertigem Stickstoff mit einem Diamin versetzt und erforderlichenfalls das Diammoniumsalz durch organische Lösungsmittel, in denen das ursprünglich vorhandene Salz leicht löslich ist, abscheidet.

Aktenzeichen: I. 71735 IVc/12q vom 6. 3. 1942.

Verfahren zur Reinigung von γ-Ketopimelinsäuredilacton durch Destillation, dadurch gekennzeichnet, daß man die Destillation unter Zusatz hochsiedender, indifferenter, organischer Stoffe, zweckmäßig im Hochvakuum ausführt.

Aktenzeichen: I. 72105 IVc/12q vom 27. 4. 1942.

Verfahren zur Herstellung von β,β′-Diaminodialkylsulfiden durch Umsetzung von Alkyleniminen mit Schwefelwasserstoff, dadurch gekennzeichnet, daß man Schwefelwasserstoff kontinuierlich mit überschüssigem Alkylenimin zusammenbringt.

Aktenzeichen: I. 72220 IVc/12o vom 11. 5. 1942.

Verfahren zur Herstellung von 4,4′-Diamino-dihexahydrodiphenylamin, dadurch gekennzeichnet, daß man 4.4′-Diaminodiphenylamin in Gegenwart von Metallen oder deren Verbindungen, insbesondere Kobaltverbindungen, in An- oder Abwesenheit von basischen Alkali- und Erdalkaliverbindungen mit Wasserstoff unter Druck behandelt.

Aktenzeichen: I. 72397/12o vom 1. 6. 1942.

Verfahren zum Reinigen von Dicarbonsäuren, dadurch gekennzeichnet, daß man die bei der katalytischen Oxydation alicyclischer Kohlenwasserstoffe mit molekularem Sauerstoff erhaltenen Dicarbonsäuren mit organischen sauerstoffhaltigen Lösungsmitteln, insbesondere niedrigmolekularen Carbonsäuren, Alkoholen, Ketonen, Estern, Lactonen oder Acetalen wäscht und anschließend aus Salpetersäure umkristallisiert.

Aktenzeichen: I. 72424/12o vom 4. 6. 1942 entsprechend DRP. 763694.

Verfahren zur Herstellung von Dicarbonsäuren durch katalytische Oxydation von alicyclischen Ketonen mit Sauerstoff oder molekularen Sauerstoff enthaltenden Gasen, dadurch gekennzeichnet, daß man die aus dem Umsetzungsgemisch abgeschiedene rohe Dicarbonsäure mit einem der niedersten Glieder der aliphatischen Monocarbonsäuren wäscht.

Aktenzeichen: I. 72458 IVd/12o vom 9. 6. 1942.

Verfahren zur Herstellung von aliphatischen Dicarbonsäuren, dadurch gekennzeichnet, daß man Hexandiol-1,6 in flüssiger Phase mit Salpetersäure oder höheren Stickoxyden oxydiert.

Aktenzeichen: S. 17496, 12o, 11 Best. Nr. 17478/51 vom 7. 7. 1950.

Verfahren zur Umwandlung von Ricinolsäure oder ihren Derivaten mit konzentrierten wäßrigen Ätzalkalien in Sebacinsäure oder 10-Oxydekansäure, oder deren Mischungen und anderen Reaktionsprodukten, wie Oktanol-2, Oktanon-2 oder deren Mischungen, dadurch gekennzeichnet, daß die Reaktion in Alkaliphenolaten als Lösungsmittel bei erhöhter Temperatur erfolgt.

Aktenzeichen: Ser. Nr. 227479, P. 79032 IVc/12q vom 14. 4. 1939.

Verfahren zur katalytischen Hydrierung von aliphatischen Dinitrilen mit 6 bis 10 C-Atomen gekennzeichnet durch die Anwendung eines Kobalt-Katalysators bei Temperaturen zwischen 50 und 170° C.

Aktenzeichen: I. 71887 IVd/12o vom 26. 3. 1942.

Verfahren zur Herstellung von Adipinsäuredinitril, dadurch gekennzeichnet, daß man 1,4-Dichlorbutan bei erhöhter Temperatur mit Natriumcyanid in Abwesenheit von Wasser umsetzt.

Ausgangsprodukte für die Herstellung von Polyamiden vom Typus Polyurethane.

Aktenzeichen: I. 52924 IVc/12o.

Verfahren zur Herstellung von Isocyanaten durch Einwirkung von Phosgen auf halogenwasserstoffsaure Salze primärer aliphatischer und hydroaromatischer Amine, dadurch gekennzeichnet, daß man für Entfernung des während der Reaktion gebildeten Halogenwasserstoffs aus der Reaktionsmischung Sorge trägt.

Aktenzeichen: I. 67156 IVc/12o vom 6. 6. 1940.

Verfahren zur Herstellung von organischen Diisocyanaten, dadurch gekennzeichnet, daß man die freien Diamine in erster Stufe in eine Lösung von Phosgen in einem indifferenten Lösungsmittel bei solchen Temperaturen eingibt, bei denen kein Chlorwasserstoff abgespalten wird und in zweiter Stufe die Temperatur so weit erhöht, daß Chlorwasserstoffabspaltung eintritt, wobei in der ersten Stufe die Phosgenmenge mindestens 1 Mol je Mol Diamin beträgt und in der zweiten Stufe die Phosgenmenge so bemessen sein muß, daß sie sich einschließlich der in der ersten Stufe verbrauchten Menge auf mindestens 2 Mol je 1 Mol des eingesetzten Diamins beläuft.

Aktenzeichen: I. 71052 IVc/12o vom 6. 12. 1941.

Verfahren zur Herstellung von als Weichmacher wertvollen Verbindungen, dadurch gekennzeichnet, daß man Isocyanate mit Oxyaminoverbindungen in solchen Mengenverhältnissen umsetzt, daß zwar alle Aminogruppen der angewendeten Oxyaminoverbindungen unter Bildung der entsprechenden Harnstoffderivate reagieren, aber mindestens eine Hydroxylgruppe unverändert erhalten bleibt.

Aktenzeichen: I. 71197 IVc/12o vom 30. 12. 1941.

Verfahren zur Herstellung von mehrfach reaktionsfähigen Carbamidsäurederivaten, dadurch gekennzeichnet, daß man Amine, die mindestens ein primäres und mindestens ein sekundäres oder tertiäres Stickstoffatom enthalten, gegebenenfalls in Form eines Halogenwasserstoffsalzes mit Phosgen bei höherer der Reaktionsfähigkeit angepaßter Temperatur umsetzt, wobei im Falle einer aliphatischen Bindung zwischen benachbarten Stickstoffatomen mindestens 4 C-Atome, bei Bindung an cyclische Kerne mindestens 3 C-Atome, zwischengeschaltet sein sollen.

Aktenzeichen: I. 71344 IV c/12o vom 15. 1. 1942.

Verfahren zur Darstellung von Carbaminsäurechloriden und Isocyanaten, dadurch gekennzeichnet, daß man auf die Salze von an Stickstoff durch Kohlenwasserstoffreste substituierten Carbaminsäuren und Aminen Phosgen einwirken läßt.

Aktenzeichen: I. 71531 IV c/12o vom 10. 2. 1942.

Verfahren zur Herstellung von Urethan- oder Thiourethancarbonamidverbindungen, dadurch gekennzeichnet, daß man Aminocarbonsäuren-N-carbonsäureester mit ein- oder mehrwertigen Isocyanaten oder Isothiocyanaten gegebenenfalls in Gegenwart von Beschleunigern zur Umsetzung bringt.

Aktenzeichen: I. 72230 IV c/12o vom 15. 5. 1942.

Verfahren zur Herstellung von Isocyanaten, dadurch gekennzeichnet, daß man Alkylätherhydroximsäuren mit zweiwertigen Säurehalogeniden, die sich mit Hydroxylverbindungen ohne Bildung stark saurer nichtflüchtiger Stoffe zersetzen wie Phosgen, Diphosgen, Thionylchlorid oder Oxalylchlorid, vorzugsweise in indifferenten Verdünnungsmitteln und erforderlichenfalls in der Wärme zur Umsetzung bringt.

Aktenzeichen: F. 2963 12o, 22 vom 3. 4. 1944.

Verfahren zur Herstellung von organischen Isocyanaten durch Phosgenieren von organischen primären Aminen oder von durch Phosgenieren in ein Isocyanat umwandelbaren Abkömmlingen hiervon, dadurch gekennzeichnet, daß das Reaktionsgemisch kontinuierlich verschiedene Gefäße durchfließt, in denen es bei steigender Temperatur mit Phosgen behandelt wird.

Aktenzeichen: F. 2917 12o, 22 vom 22. 4. 1944.

Verfahren zur Herstellung von aromatischen Diisocyanaten durch Umsetzung von primären Diaminen der aromatischen Reihe mit Phosgen, dadurch gekennzeichnet, daß man die aromatischen Diamine in Dampfform mit überschüssigem Phosgen bei Temperaturen über 300° umsetzt.

Ausgangsprodukte für die Herstellung von Polyamiden und weitere bifunktionelle Ausgangsstoffe.

Aktenzeichen: I. 63792 IV/12p vom 9. 2. 1939.

Verfahren zur Herstellung von reaktionsfähigen polyfunktionellen Amidinverbindungen, dadurch gekennzeichnet, daß man o-substituierte Enolverbindungen von Lactamen oder Thiolactamen und deren S-alkylierte Derivate, gegebenenfalls in Gegenwart von Wasser oder flüchtigen Hydroxylverbindungen umsetzt mit polyfunktionellen Verbindungen.

Aktenzeichen: I. 64973 IV c/12qu vom 27. 6. 1939.

Verfahren zur Herstellung von Aminoalkoholen, dadurch gekennzeichnet, daß Halogenhydrine mit Hilfe von Carbonylverbindungen in die entsprechenden Dihalogenalkylacetate verwandelt und die Acetate mit Ammoniak oder einem mindestens ein reaktionsfähiges Wasserstoffatom an Aminostickstoff enthaltenden Amin umgesetzt werden und dann gegebenenfalls die Carbonylverbindungen wieder abgespalten werden.

Aktenzeichen: I. 64974 IV c/12qu vom 27. 6. 1939.

Verfahren zur Herstellung von Aminomercaptalen mit an valenzchemisch gesättigte C-Atome gebundenen Amino- oder primären Acylamino- und Mercaptogruppen, dadurch gekennzeichnet, daß man Salze von Aminomercaptanen mit Carbonylverbindungen oder solche abspaltenden Stoffen kondensiert.

Aktenzeichen: I. 66509 IV c/12qu vom 17. 2. 1940.

Verfahren zur Herstellung von 4-Aminobutanolen-1, dadurch gekennzeichnet, daß ein 4-Halogenbutanol-1 bzw. ein Ester desselben mit Ammoniak bzw. mit primären oder sekundären Aminen umgesetzt wird und die im Fall der Anwendung von Halogenbutanolestern entstehenden Aminobutanolester verseift werden.

Aktenzeichen: I. 68664 vom 18. 1. 1941 entsprechend DRP. 750059.

Verfahren zur Herstellung von N,N'-Polymethylen-bis-aroylamiden, dadurch gekennzeichnet, daß man Salicylsäure oder ein amidbildendes Derivat derselben mit einer primären oder sekundären aliphatischen Atomkette aufweist, in an sich bekannter Weise zu dem entsprechenden Diamid umsetzt.

Aktenzeichen: I. 71311 IVc/12qu vom 9. 1. 1942.

Verfahren zur Herstellung von Aminoalkoholen, dadurch gekennzeichnet, daß man Oxyaldehyde, die in einer Cyclohalbacetalform vorliegen, oder reagieren können, unter Zusatz von Ammoniak oder noch freie Wasserstoffatome tragenden Aminen katalytisch reduziert.

Aktenzeichen: I. 71450 IVd/12o vom 30. 1. 1942.

Verfahren zur Herstellung von Acylmercaptocarbonsäuren und funktionellen Derivaten von solchen, dadurch gekennzeichnet, daß man ungesättigte Carbonsäuren oder funktionelle Derivate von solchen wie Ester, Nitrile, Anhydride, in denen die Carboxylgruppe oder abgewandelte Carboxylgruppe von der Doppelbindung durch mindestens 3 kettenbildende Atome getrennt ist in Gegenwart von Peroxyden mit Thiocarbonsäure, insbesondere Thioessigsäure, reagieren läßt.

Aktenzeichen: I. 71451 IVd/12o vom 30. 1. 1942.

Verfahren zur Herstellung von Acylmercaptocarbonsäuren mit aliphatisch gebundener Acylmercaptogruppe, dadurch gekennzeichnet, daß man ungesättigte Mono- und Polycarbonsäuren, in denen die Doppelbindung von der nächsten Carboxylgruppe durch bis zu 2 zu einer offenen Kette gehörige C-Atome getrennt ist oder funktionelle Derivate von solchen wie Ester, Nitrile, Anhydride in Gegenwart von Peroxyden mit Thiocarbonsäuren insbesondere Thioessigsäure zur Umsetzung bringt.

Aktenzeichen: I. 71702 IVd/12o vom 4. 3. 1942.

Verfahren zur Herstellung von Nitrilen aus Halogenhydrinen durch Umsetzung mit Cyaniden, dadurch gekennzeichnet, daß man die Umsetzung in Gegenwart von Nitrilen als Lösungsmittel durchführt.

Zweiter Teil.

Polyamide als Kunststoff-Rohstoffe.

Einleitung.

W. H. Carothers hat durch die Entdeckung der linearen Polykondensate nicht nur der Textilwirtschaft neue Ausgangsstoffe für wertvolle synthetische Fasern, sondern vor allem auch der Kunststoffindustrie hochwertige Rohstoffe zugänglich gemacht.

Von allen „Superpolymeren", wie diese Produkte von Carothers zunächst genannt wurden, ist den Polyamiden auf Grund einer Reihe bemerkenswerter Eigenschaften bereits von Anfang der Entwicklung an eine große Zukunft auf dem Kunststoffgebiet vorausgesagt worden. Heute kann denn auch rückschauend auf die Entwicklung der vergangenen 15 Jahre mit Recht die Feststellung getroffen werden, daß die Polyamidkunststoffe auf die moderne Kunststoffentwicklung in hohem Maße befruchtend gewirkt und dabei selbst eine beachtliche wirtschaftliche Bedeutung erlangt haben[1].

Besonders in Deutschland wurden die neuen Polykondensate schon sehr frühzeitig im Hinblick auf ihre Bedeutung als Kunststoff-Rohstoffe intensiv bearbeitet. Unabhängig von den amerikanischen Entdeckungen konnte auch hier bereits 1941 auf gänzlich neuen Wegen eine weitere inzwischen ebenfalls wirtschaftlich bedeutungsvoll gewordene Gruppe von Linearpolykondensaten, die sog. Polyurethane, aufgefunden werden[2].

In den Vereinigten Staaten, dem Ursprungsland der Polyamide, wo sich der Schwerpunkt der Entwicklung zunächst auf das Faserstoffgebiet verlagerte und auch in anderen Ländern, vor allem England und Frankreich, fing man meist erst nach dem Ende des 2. Weltkrieges, teilweise auf den in Deutschland gewonnenen Erkenntnissen aufbauend, an, der Bedeutung der Polyamide auch als Kunststoff-Rohstoffe in größerem Umfang Rechnung zu tragen.

Während die Polyamide als Rohstoffe für textile Fasern im 3. Teil behandelt werden, soll in vorliegendem Teil ein umfassender Überblick über die Polyamidkunststoffe, ihre Eigenschaften, Verarbeitungsmethoden und Anwendungsmöglichkeiten entsprechend dem heutigen Stand der Technik gegeben werden. In den Rahmen dieser Abhandlung sind auch die linearen Polyurethane einbezogen, die in ihrem Gesamtverhalten eine so weitgehende Ähnlichkeit mit den Polyamiden aufweisen, daß ihre Behandlung gleichzeitig mit den Polyamiden geboten erscheint.

Die nachstehenden Ausführungen beschränken sich im allgemeinen aus der Vielzahl der theoretisch möglichen Polyamide und Polyurethane

---

[1] Müller, A.: Chem. Ind. **3**, 653 (1951). Vgl. auch Thinius, K.: Kunststoffe **37**, 213 (1947).

[2] DRP. 728981 (1); Bayer, O.: Angew. Chem. **59**, 257 (1947).

auf solche Produkte, die zu technischer Bedeutung gelangt sind bzw. die sich als Handelsprodukte auf dem Markt befinden. Bei der Beschreibung der Polyamide erscheint es zweckmäßig, zwischen 2 Arten der handelsüblichen Kunststoffe zu unterscheiden, nämlich den sog. einheitlichen Polyamiden, wie sie in den Polykondensaten aus Diaminen und Dicarbonsäuren oder aus ω-Aminocarbonsäuren vorliegen, und den Mischpolyamiden, die aus Gemischen von verschiedenen Diaminen, Dicarbonsäuren und bzw. oder ω-Aminocarbonsäuren aufgebaut sind. Beide Gruppen sind neben der Verschiedenheit ihres Aufbaues durch grundsätzliche Unterschiede in einigen Eigenschaften, von denen insbesondere das Verhalten gegen Lösungs- und Weichmachungsmittel zu nennen ist, gekennzeichnet. Näheres hierüber findet sich im Abschnitt A 7: „Verhalten gegen Lösungsmittel." Eine ganz analoge Unterscheidung erscheint auch bei den Polyurethanen angebracht.

Polyamidkunststoffe werden in Deutschland von der Badischen Anilin- und Sodafabrik, Ludwigshafen a. Rh. als „Ultramid" (früher „Igamid") und den Farbenfabriken Bayer, Leverkusen, als „Polyamid B", in Amerika von E. J. Du Pont de Nemours, Wilmington, als „Nylon" und in verschiedenen anderen Ländern, vor allem England und Frankreich und seit einiger Zeit auch Italien ebenfalls vorwiegend unter der Bezeichnung „Nylon" in den Handel gebracht. Neuerdings sind als „Akulon" ein holländisches und als „Rilsan" ein französisches Polyamid sowie unter der Bezeichnung „Grilon" ein Polyamid schweizer Herkunft auf dem Markt erschienen. Polyurethankunststoffe linearen Aufbaues liegen in dem Handelsprodukt „Polyurethan U" (früher Igamid U) der Farbenfabriken Bayer und „Ultramid U" der Badischen Anilin- und Sodafabrik vor.

Die wichtigsten Handelsprodukte aus der Gruppe der einheitlichen Polyamide sind chemisch Polykondensate aus Adipinsäure und Hexamethylendiamin (Ultramid A, Nylon FM-10001 bzw. 66) sowie aus ε-Caprolactam (Ultramid B, Polyamid B, Akulon, Grilon). Daneben werden, wenn auch in geringerem Umfange, Polykondensate des sebacinsauren Hexamethylendiamins (Nylon FM-3001) und der Aminoundecansäure (Rilsan) in technischem Maßstabe erzeugt. Unter den Mischpolyamiden haben das aus 60% adipinsaurem Hexamethylendiamin und 40% ε-Caprolactam bestehende Ultramid 6 A sowie Ultramid 1 C, in dem außer den beiden genannten Ausgangsstoffen als dritte polyamidbildende Komponente adipinsaures 4,4′-Diaminodicyclohexylmethan enthalten ist, die größte Bedeutung erlangt. Die früher für spezielle Zwecke geschaffenen Mischpolyamide Igamid 5 A, Igamid 7 A, Igamid 50 und Igamid 40 B werden heute zum größten Teil nicht mehr technisch erzeugt. Ebenso wird das frühere Igamid 85 B nicht mehr hergestellt, das aus ε-Caprolactam und γ-ketopimelinsaurem Hexamethylendiamin aufgebaut ist. Infolge seines von den anderen Polyamiden etwas abweichenden Verhaltens beansprucht diese Type jedoch ein gewisses theoretisches Interesse.

Als technisch wichtigste amerikanische Mischpolyamidtype dürfte wohl Nylon FM-6501 zu betrachten sein.

Von Polyurethankunststoffen sind als hauptsächlichste Handels-produkte neben den normalen Typen Polyurethan U aus Hexamethylendiisocyanat und 1,4-Butandiol und Ultramid U, einem Produkt gleicher

Tabelle 1. *Übersicht über die wichtigsten handelsüblichen Polyamidkunststoffe.*

Handelsname	Zusammensetzung	Hersteller
Ultramid A	Polyadipinsaures Hexamethylen-diamin	Badische Anilin- und Soda-Fabrik, Ludwigshafen a. Rh.
Ultramid B	Polycaprolactam	desgl.
Ultramid 5 A	Mischpolyamid aus adipinsaurem Hexamethylendiamin und ε-Caprolactam 1:1	,,
Ultramid 6 A	Wie Ultramid 5 A, aber im Verhältnis 3:2	,,
Ultramid 1 C	Mischpolyamid aus adipinsaurem Hexamethylendiamin, ε-Caprolactam und adipinsaurem 4,4′-Diaminodicyclohexylmethan 1:1:1	,,
Polyamid B	Polycaprolactam	Farbenfabriken Bayer, Leverkusen
Nylon FM-10001	Polyadipinsaures Hexamethylen-diamin	Du Pont de Nemours, Wilmington (USA.)
Nylon FM-3001	Polysebacinsaures Hexamethylen-diamin	desgl.
Nylon FM-6501	Mischpolyamid aus adipinsaurem Hexamethylendiamin, sebacinsaurem hexamethylendiamin und ε-Caprolactam	,,
Nylon Type 8	N-Alkoxymethyl-Polyamide	,,
Nylon Grade AF	Polyadipinsaures Hexamethylendiamin	Imp. Chem. Industries, London
Akulon	Polycaprolactam	Algemeene Kunstzijde Unie, Arnhem (Holland)
Grilon	Polycaprolactam	Holzverzuckerungs-Werk AG., Ems (Schweiz)
Rilsan	Polyaminoundecansäure	Soc. Organico, Paris
Igamid 85 B[1]	Mischpolyamid aus ε-Caprolactam und γ-ketopimelinsaurem Hexamethylendiamin 85:15	frühere IG. Farbenindustrie AG.
Igamid 40 B[1]	Mischpolyamid aus adipinsaurem Hexamethylendiamin, ε-Caprolactam und γ-ketopimelinsaurem Hexamethylendiamin	desgl.
Igamid 50[1]	Mischpolyamid aus adipinsaurem Hexamethylendiamin, adipinsaurem 4,4′-Diaminodicyclohexylmethan und ε-Caprolactam (ähnlich Ultramid 1 C)	,,

[1] Diese Produkte werden bis heute noch nicht wieder hergestellt.

Zusammensetzung aus dem Bis-chlorkohlensäureester des 1,4-Butandiols
und Hexamethylendiamin, noch die früheren, heute nicht mehr im
Handel befindlichen Produkte Igamid UL und ULW zu nennen. Igamid UL enthielt außer 1,4-Butandiol als Alkoholkomponente noch 2-
Methyl-hexandiol-1,6. Igamid ULW stellte ein Weichmacher enthalten-
des Igamid UL dar.

Der besseren Übersicht halber sind in Tabelle 1 die Handelsnamen
der wichtigsten Polyamid- und Polyurethankunststoffe unter Angabe
ihres chemischen Aufbaues und der Herstellerfirmen zusammengestellt.

A. Eigenschaften der Polyamide.
1. Allgemeine Eigenschaften.

Die Polyamide stellen ziemlich harte, hornartige, opake bis durch-
scheinend-transparente Massen dar, deren Aussehen, je nach der Zusammensetzung und dem Reinheitsgrad der Ausgangsmaterialien, zwischen farblos und gelblich-braun schwanken kann. Die Handelsprodukte
liegen meist in gekörnter oder auch in Plättchenform vor und liefern bei
der Verformung Formteile, die sich durch besonders guten Oberflächenglanz auszeichnen.

Bei Formteilen aus Polykondensaten des ε-Caprolactams kann es
mitunter vorkommen, daß bei der Lagerung, insbesondere in feuchter
Atmosphäre, sich an der Oberfläche ein weißer, unansehnlicher Belag
bildet, der durch Ausblühen des in dem ursprünglich anfallenden Polykondensat noch bis zu durchschnittlich 8—12% enthaltenen monomeren
Caprolactams entsteht. Der Belag läßt sich zwar durch Abwaschen
mit Wasser leicht entfernen, es besteht aber immer wieder die Gefahr
der Neubildung, solange der Lactamgehalt des Formkörpers die Grenze
von etwa 2,5—3% übersteigt. Am sichersten kann das Ausblühen von
Caprolactam verhindert werden, wenn man die Gegenstände aus derartigen lactamreichen Polykondensaten längere Zeit wässert oder sie
mehrmals mit Wasser auskocht, wobei der Lactamgehalt meist unter
1% absinkt. Um dem Ausblühen von monomerem Lactam von vornherein vorzubeugen, hat die kunststofferzeugende Industrie eine Reihe
von Polyamiden auf der Basis von ε-Caprolactam auf den Markt gebracht, die bereits weitgehend von monomerem Caprolactam befreit
sind (Ultramid B spezial, Akulon M 2). Diese sog. „Entlactamisierung‘‘
kann auf einfache Weise durch Auskochen des primär anfallenden Polykondensats mit Wasser erfolgen. Es ist auch möglich, die Entfernung
des monomeren Lactams durch eine Hitzebehandlung im Vakuum vorzunehmen.

Bei den handelsüblichen Mischpolyamiden, die unter Verwendung
von Caprolactam als Mischkomponente hergestellt sind, besteht die
Gefahr des Ausschwitzens von monomerem Lactam im allgemeinen
nicht oder nur in sehr geringem Maße.

Polykondensate des adipinsauren oder auch des sebacinsauren Hexamethylendiamins enthalten nur sehr geringe Mengen monomere Anteile,
die im allgemeinen nicht zum Ausblühen neigen.

Die heute im Handel befindlichen Polyurethankunststoffe liegen im Gegensatz zu früheren Handelsprodukten ebenfalls als gekörnte, sehr hellfarbige Massen mit hornartigem Charakter vor. Formkörper aus Polyurethankunststoffen sind in dünner Schicht fast farblos, in der Durchsicht nahezu transparent, in der Aufsicht meist milchig-opak. Mit zunehmender Schichtdicke werden die Formteile undurchsichtig und nehmen eine fast weiße Farbe an. Bei Polyurethangegenständen, die sich ebenso wie Polyamidgegenstände durch guten Oberflächenglanz auszeichnen, ist ein Ausblühen von monomeren Anteilen an der Oberfläche in der Regel nicht zu befürchten.

Die Polyamide und Polyurethane besitzen ein bemerkenswert niedriges spezifisches Gewicht; es liegt bei den verschiedenen Handelsmarken durchschnittlich zwischen 1,1 und 1,2.

Polyamid- und Polyurethankunststoffe sind völlig geruchlos. Bezüglich Geschmackfreiheit lassen die Produkte jedoch zum Teil mehr oder weniger zu wünschen übrig, da die bis zu einem gewissen Grade enthaltenen niedermolekularen wasserlöslichen Anteile, selbst wenn diese nur in sehr geringen Mengen vorhanden sind, Lebens- oder Genußmitteln, die über längere Zeit mit Gegenständen aus Polyamiden oder Polyurethanen in Berührung waren, einen mitunter unangenehmen bitteren Geschmack verleihen. In besonderem Maße trifft dies auf Caprolactampolykondensate und Mischkondensate des Caprolactams zu, das sehr leicht wasserlöslich ist und einen intensiv bitteren Geschmack besitzt. Zur Vermeidung einer eventuell ungünstigen Geschmacksbeeinflussung durch Gegenstände aus Polyamiden und Polyurethanen hat es sich als vorteilhaft erwiesen, die betreffenden Gegenstände mehrmals mit Wasser, gegebenenfalls auch mit Alkohol oder anderen Lösungsmitteln, auszukochen.

In physiologischer Hinsicht sind die Polyamide und Polyurethane als völlig unschädlich zu bezeichnen. Offenbar auf Grund ihres eiweißähnlichen Aufbaues besitzen sie sogar eine ausgesprochen gute Gewebeverträglichkeit, werden jedoch vom Körper nicht resorbiert. Sie sind darüber hinaus außerordentlich gut beständig gegen Verrottung sowie gegen die Einwirkung von Schimmelpilzen, Bakterien, Enzymen u. dgl.[1].

Wie neuere Versuche zeigten, sind die Produkte auch gegen Termitenfraß als weitgehend beständig zu bezeichnen. Polykondensate des adipinsauren Hexamethylendiamins und des Caprolactams, die über mehrere Monate in den Tropen ausgelegt waren, wurden trotz starken Befalls von Termiten nicht angefressen.

Hinsichtlich der allgemeinen Eigenschaften der Polyamide sei noch kurz etwas über ihre Licht- und Wetterbeständigkeit gesagt.

Vor allem läßt die Lichtbeständigkeit noch manche Wünsche offen. In erster Linie ist dies für dünne Formteile, wie Folien und Bänder aus Polyamiden, zutreffend. Werden z. B. Polyamidfolien dem direkten Sonnenlicht ausgesetzt, so tritt mit der Zeit Vergilbung unter Minderung der mechanischen Eigenschaften ein, wobei eine fortschreitende Versprödung festzustellen ist. In einer Reihe von Patenten sind zahlreiche

---

[1] HOFF, G. P.: Ind. Engng. Chem. **32**, 1560 (1940).

Substanzen als Lichtschutzmittel für lineare Polykondensate beschrieben, die sowohl den monomeren Ausgangsstoffen vor der Polykondensation als auch den geschmolzenen oder in Lösungsmitteln gelösten Polykondensaten zugesetzt werden bzw. zur Nachbehandlung geformter Körper dienen können. Genannt sind vor allem Mangansalze anorganischer und organischer Säuren in Mengen von 0,01—1 %[1], sowie Kupferverbindungen oder fein verteiltes Kupfer, wobei Kupfernaphtenat als besonders wirkungsvoll bezeichnet wird[2]. Auch aromatische Amine, wie β-Naphthylamin, Phenyl-α-naphthylamin, Diphenylguanidin, Phenothiazin[3] oder N-Arylsubstituierte Di- oder Polyamine, z.B. N,N'-Diphenyl-1,4-phenylendiamin[4], sollen lichtschützend wirken. In weiteren Patentanmeldungen werden Carbazol und seine Derivate[5], sowie verschiedene Metallbromide und -jodide[6] als Lichtstabilisatoren für lineare Polykondensationsprodukte unter Schutz gestellt.

Bei Folien aus Polycaprolactam wurde technisch von der Verwendung von β-Naphthol und Dibenzylphenol als wirksame Lichtschutzmittel Gebrauch gemacht[7]. Durch Einverleibung von 0,5% Dibenzylphenol gelingt es z.B., Polycaprolactam, das hinsichtlich Beständigkeit gegen Sonnenlicht dem Polykondensat aus adipinsaurem Hexamethylendiamin unterlegen ist, eine ebenso gute Lichtechtheit zu verleihen.

Tabelle 2. *Einfluß der Bewetterung auf Zugfestigkeit und Dehnung eines Bandes aus Polycaprolactam.*

Bewetterung	Zugfestigkeit kg/cm²	Reißdehnung %
Ausgangsmaterial . . .	530	315
1 Monat ⎱ Landluft . .	492	274
6 Monate ⎰ . .	399	191
4 Monate Industrieluft .	330	90

Auch bei der Bewetterung von Polyamidgebilden macht sich, je nach der Gestalt der Formteile, allmählich eine mehr oder weniger starke Versteifung und Verhärtung des Kunststoffes bemerkbar. Die abwechselnde Einwirkung von feuchter und trockener Atmosphäre im Verein mit der Sonneneinstrahlung führt zu einer verhältnismäßig starken Minderung der mechanischen Eigenschaften[8]. Ein über 4 Sommermonate in Industrieluft bewettertes Band aus Polycaprolactam zeigte z.B. eine Festigkeitsabnahme von 530 auf 330 kg/cm² bei einer Verminderung der Dehnung von 315 auf etwa 90%. Eine merklich geringere Schädigung konnte bei der Bewetterung des gleichen Materials unter sonst gleichen Bedingungen in Landluft beobachtet werden, wie die Gegenüberstellung in Tabelle 2 zeigt.

Untersuchungen an Polyamidbändern aus neuerer Fabrikation führten zwar zu prinzipiell ähnlichen Ergebnissen, doch bewegten sich die Festigkeits- und Dehnungseinbußen durch die Bewetterung in

---

[1] DRP. 737943 (2); Schweiz. P. 230080 (3).

[2] FP. 906893 (4).

[3] BP. 549370 (5).

[4] FP. 906892 (6).

[5] Deutsche Patentanmeldung I. 75101 IVc/39c vom 22. 5. 1943 (7).

[6] Deutsche Patentanmeldung I. 75102 IVc/39c vom 22. 5. 1943 (8).

[7] Fiat-Bericht Nr 8, S. 5.

[8] Vgl. MÜLLER, A.: Kunststoffe **40**, 241 (1950).

wesentlich kleineren Grenzen. Im allgemeinen dürften sich höher kondensierte Produkte bei der Bewetterung günstiger verhalten als solche von geringerem Kondensationsgrad.

In der Literatur sind nur verhältnismäßig wenig Stabilisatoren genannt, die gegen atmosphärische Einflüsse wirksam sind. Bei Folien aus Polycaprolactam haben sich in der Praxis Zusätze von Dibenzylphenol, das bereits als Lichtstabilisator genannt wurde und das gleichzeitig eine weichmachende Wirkung ausübt, bewährt. Nichtstabilisierte Folien aus Polycaprolactam besitzen im allgemeinen bei der Bewetterung eine Lebensdauer von 6—9 Monaten, während stabilisierte Folien eine solche von 12—15 Monaten haben[1]. Weiterhin kommen als Bewetterungsstabilisatoren Jod- und Bromverbindungen zahlreicher Metalle[2] in Betracht sowie diverse Kupfersalze anorganischer und organischer Säuren[3].

Eine besonders unangenehme Erscheinung kann durch die Bewetterung von einseitig durch Zug gereckten flächigen Gebilden, wie Bändern und Folien aus Polyamiden, hervorgerufen werden. Es handelt sich um das sog. „Längsspleißen", wie es in der Regel auch bei stark ausgetrockneten Bändern aus Polycaprolactam auftritt (s. unter Abschnitt A 5: Verhalten gegen Wasser), das sich darin äußert, daß die betreffenden flächigen Gebilde in der Reckrichtung mitunter schon bei geringer mechanischer Beanspruchung Rißbildung aufweisen, unter Umständen sogar völlig auseinanderbrechen.

Allerdings konnte an Hand des bisher vorliegenden Versuchsmaterials das „Spleißen" durch Bewetterung nicht generell festgestellt werden. In manchen Fällen verhielten sich z.B. gereckte Polyamidbänder nach 1—1$^{1}/_{2}$jähriger Bewetterung noch nahezu unverändert, in anderen Fällen wieder trat die Spleißneigung schon nach einer Bewetterungszeit von nur wenigen Monaten auf. Bis jetzt liegt noch nicht genügend Versuchsmaterial vor, um eine eindeutige Erklärung für das unterschiedliche Verhalten der verschiedenen Fakrikationschargen bei der Bewetterung abgeben zu können. Vermutlich dürften aber auch hier gewisse Unterschiede im Kondensationsgrad von Einfluß sein.

2. Mechanische Eigenschaften.

Formteile aus Polyamiden und Polyurethanen weisen eine verhältnismäßig hohe Oberflächenhärte auf. Im allgemeinen sind von den im Handel befindlichen Polyamidkunststoffen die einheitlichen Polyamide gegenüber den Mischpolyamiden durch eine größere Oberflächenhärte gekennzeichnet. An der Spitze liegen in dieser Hinsicht die Polykondensate des adipinsauren Hexamethylendiamins. Etwas weniger hart verhält sich das polysebacinsaure Hexamethylendiamin, dann folgt monomerenarmes bzw. -freies Polycaprolactam, während das normale stärker monomerenhaltige Polycaprolactam, je nach dem Gehalt an

---

[1] Fiat-Bericht Nr 8, S. 6.
[2] Deutsche Patentanmeldung I. 75102 IVc/39c vom 22. 5. 1943 (8).
[3] FP. 906893 (4).

monomeren Anteilen, die gewissermaßen als Weichmacher wirken, in der Oberflächenhärte wesentlich niedriger liegt. Polyurethan aus Hexamethylendiisocyanat und 1,4-Butandiol reicht in seiner Oberflächenhärte nahe an die Polykondensate des sebacinsauren bzw. sogar adipinsauren Hexamethylendiamins heran.

Die Oberflächenhärte der Mischpolyamide und Mischpolyurethane ist jeweils vom Verhältnis der darin enthaltenen polyamidbildenden Komponenten abhängig und kann in ziemlich weiten Grenzen variieren. Tabelle 3 enthält die nach DIN 57302 ermittelten Werte für die Kugeldruckhärte einiger wichtiger Polyamid- und Polyurethanhandelsmarken.

Tabelle 3. *Oberflächenhärte von Polyamiden und Polyurethanen.*

Handelsprodukte	Kugeldruck-härte 60″ [1] kg/cm²
Polyadipinsaures Hexamethylendiamin (Nylon FM-10001, Ultramid A)	670—700
Polysebacinsaures Hexamethylendiamin (Nylon FM-3001). . . .	575—600
Polycaprolactam, monomerenarm (Akulon M 2, Ultramid B spezial u. a.)	490—530
Polycaprolactam, monomerenhaltig (Akulon M 10, Ultramid B u. a.)	290—330
Mischpolyamide (Ultramid 6A, 1C)	340—350
Mischpolyamide (Nylon FM-6501)	205
Polyaminoundecansäure (Rilsan).	465
Polyurethan U	550

Hinsichtlich der Zähigkeit nehmen die Polyamide und Polyurethane unter den bekannten Kunststoffen eine besondere Stellung ein. Die in der Literatur genannten Werte für die Schlagbiegefestigkeit und Biegefestigkeit dieser Linearpolykondensate besagen indessen nicht viel. Es erscheint wenig sinnvoll, derartige Zahlen zur Charakterisierung der Polyamide und Polyurethane heranzuziehen, da im Bereich der Raumtemperatur einerseits die Schlagzähigkeit mit den z.B. für die Preßstoffprüfung gebräuchlichen Pendelschlagwerken überhaupt nicht gemessen werden kann und andererseits der Biegeversuch wegen der hohen Zähigkeit nicht zum Bruch des Prüfkörpers, sondern nur zu seiner Durchbiegung führt, so daß lediglich die Kraft gemessen wird, die zur Formänderung für die Durchbiegung bis zu einer bestimmten Strecke erforderlich ist.

Bei der Betrachtung des mechanischen Verhaltens von Hochpolymeren, die dadurch gekennzeichnet sind, daß sich ihre Fadenmoleküle aus amorphen und kristallinen Bereichen aufbauen, muß stets berücksichtigt werden, daß die amorphe Phase in verschiedenen Temperaturbereichen ihren Zustand ändert. Diese Tatsache ist für das plastischelastische Verhalten des Kunststoffes von großer Bedeutung. Die hierüber zur Zeit in den Prüflaboratorien der Badischen Anilin- und Sodafabrik, Ludwigshafen, durchgeführten eingehenden Untersuchungen an Hochpolymeren, die bereits zu außerordentlich interessanten und

---

[1] Nach DIN 57302 bei Belastung $P = 25$ kg.

wichtigen Ergebnissen geführt haben, die jedoch noch nicht veröffentlicht sind, erstrecken sich vorwiegend auf die Messung des Torsionsmoduls und der mechanischen Dämpfung in Abhängigkeit von der Temperatur über einen weiten Temperaturbereich, z. B. von $-150°$ C bis zur Schmelzzone. Die hierbei erhaltenen Kurvenbilder zeigen für jedes Linearpolymere einen charakteristischen Verlauf. Je nach der Zusammensetzung des Polykondensats treten in gewissen Temperaturintervallen deutliche Dispersionen auf, die ganz offensichtlich auf Zustandsänderungen des Materials hindeuten. Der Kurvenverlauf des Torsionsmoduls und der mechanischen Dämpfung in Abhängigkeit von der Temperatur gibt im Gegensatz zu den bisher üblichen Werten für die Schlagzähigkeit und Biegefestigkeit ohne Zweifel ein eindeutiges Bild über das plastisch-elastische Verhalten des jeweiligen Polykondensats über einen weiten Temperaturbereich.

Das hohe Formänderungsvermögen der Polyamide und Polyurethane macht sich auch bei der Zerreißprüfung augenfällig bemerkbar. Im Vergleich zu vielen anderen Kunststoffen sind die Polyamide und Polyurethane beim Zerreißversuch unter den üblichen Bedingungen durch eine verhältnismäßig hohe irreversible Dehnungsfähigkeit gekennzeichnet (vgl. auch Tabelle 4a und b).

Diese Eigenschaft der linearen Polykondensate beruht auf ihrer besonderen Molekülstruktur (vgl. 1. Teil, Abschnitt V 1) und äußert sich darin, daß bei Einwirkung von Zugkräften bereits bei gewöhnlicher Temperatur eine Ausdehnung auf das 3—4fache der ursprünglichen Länge erfolgt. Mit der hierbei bewirkten molekularen Orientierung geht eine ganz beachtliche Steigerung der mechanischen Festigkeiten einher. Der Vorgang, der auch als „Kaltstrecken" oder ganz allgemein als „Recken" bezeichnet wird, ist mit einer bemerkenswerten Wärmetönung verbunden. Beim Reckprozeß, der sich besonders eindrucksvoll bei band- oder fadenförmigen Gebilden veranschaulichen läßt und dessen technische Durchführung in Abschnitt C 10 eingehend beschrieben ist, schnürt sich das faden- bzw. bandförmige Gebilde unter Zugeinwirkung zunächst an seinen schwächsten Stellen ein. Von diesem Augenblick an erfolgt das Fließen und Längen des Materials. Der Vorgang läßt sich in anschaulicher Weise an Hand des sog. Zerreißschaubildes verfolgen, bei dem der Verlauf der Dehnung über dem Kraftanstieg aufgetragen ist. Zunächst ist ein steiler Lastanstieg bis zu einem bestimmten Punkt zu beobachten, von dem ab das Fließen des Materials einsetzt. Beim Erreichen dieser Grenzspannung, die in Analogie zum Verhalten der Metalle als obere Streckgrenze bezeichnet werden kann, stellt sich, eventuell unter anfänglichem Spannungsabfall, eine bestimmte Spannung ein, die jeweils von Temperatur, Deformationsgeschwindigkeit und Material abhängt. Nach diesem Vorgang ist der Reckprozeß im wesentlichen beendet, und es erfolgt die endgültige Zerreißung des Prüfkörpers.

Die Abb. 1a und b veranschaulichen am Beispiel eines Bandes aus Polycaprolactam das Verhalten der Linearpolykondensate beim Zerreißversuch. Lage und Verlauf der Spannungs-Dehnungskurve hängen in starkem Maße von der Vorbehandlung des Materials und den Prüf-

bedingungen ab. So ist z.B. in Abb. 1a die Abhängigkeit des Kurvenverlaufs von der Temperatur aufgezeichnet, wobei die Prüfkörper jeweils
5—10 min in Wasser als Temperaturträger behandelt und in dem Temperaturbad gerissen wurden[1]. Kleine Unterschiede hinsichtlich der bei

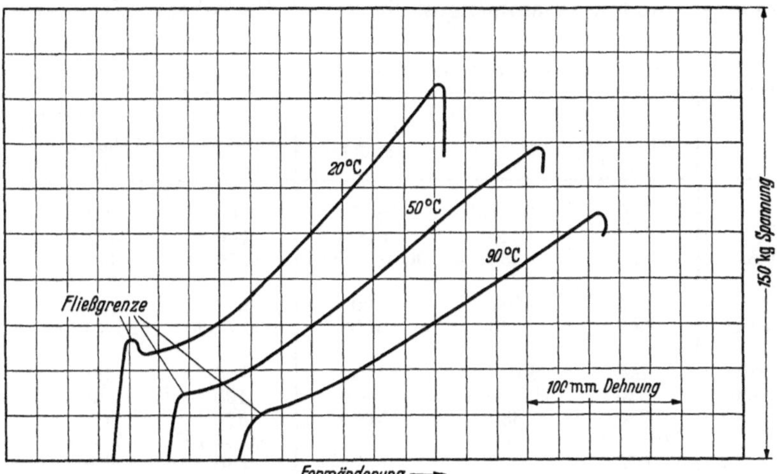

Abb. 1a. Spannungsdehnungsdiagramm eines Polycaprolactambandes bei verschiedener Temperatur.

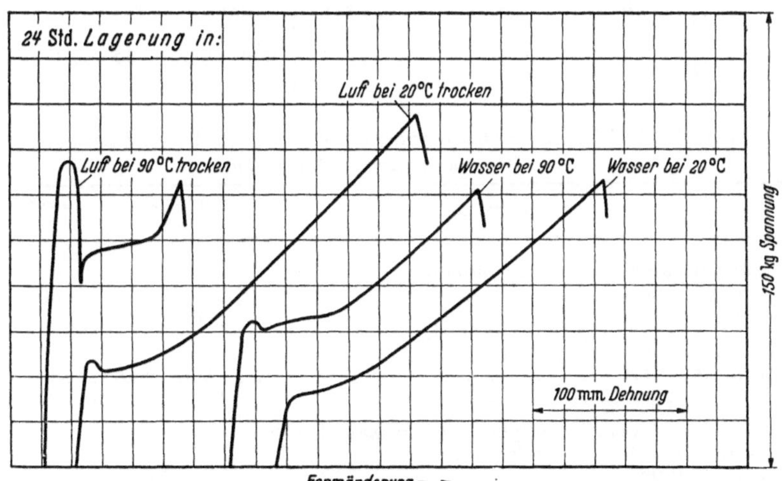

Abb. 1b. Spannungsdehnungsdiagramm eines Polycaprolactambandes nach verschiedener
Vorbehandlung.

der Vorbehandlung gleichzeitig erfolgten geringen Feuchtigkeitsaufnahme
sind hierbei vernachlässigt. Welche großen Änderungen unter Umständen
im Kurvenverlauf durch extreme Bedingungen der Vorbehandlung, z.B.
durch längere Wasserlagerung oder durch längere Temperatureinwirkung
hervorgerufen werden können, zeigen die Diagramme in Abb. 1b.

---

[1] Vgl. auch MÜLLER, A.: Kunststoffe **40**, 241 (1950).

Die häufig in der Literatur anzutreffenden Unterschiede in den Zerreißfestigkeitswerten einzelner Polyamidsorten sind meist auf verschiedene Prüfbedingungen zurückzuführen. In Tabelle 4a sind die Werte für die Zerreißfestigkeit und Dehnung einer größeren Zahl von Handelsprodukten zusammengestellt, wobei die Zahlen sowohl eigenen

Tabelle 4a. *Mechanische Werte von Polyamiden und Polyurethanen.*

	Eigene Messungen			Werte aus Firmenbroschüren und Literatur		
	Zugfestigkeit kg/cm² *	Dehnung % *	E-Modul **	Zugfestigkeit kg/cm²	Dehnung %	E-Modul
Ultramid A . .	750	10—100	16000	700	>100	15000
Ultramid B . .	704	260	5000	600	>300	8000
Ultramid 6A .	450	330	3000—4000	550	>350	4000
Ultramid B spezial . . .	695	267	6900	500	100	—
Polyurethan U .	540	160	10000	500—550	120—140	12500 bis 13000
Nylon FM-10001	745	60—120	13000	765	90	—
Nylon FM-3001	520	120—210	9000	490	90	—
Nylon FM-6501	780	330	3000	520	300	—
Nylon AF . . .	700—740	69	—	780—810	80—100	—
Akulon M 2 . .	678	222	—	640	270	11300
Akulon M 10. .	—	—	—	>530	>276	6200
Polyamid B . .	—	—	—	700—800	etwa 65	etwa 12000
Grilon	540	190	17000 bis 17500	600	—	—
Rilsan	—	—	—	600—800	90—120	10000 bis 20000

Tabelle 4b. *Einfluß der Orientierung auf die Zugfestigkeit und Dehnung von Polyamiden und Polyurethanen.*

Zusammensetzung	Zugfestigkeit[1] kg/cm²	Dehnung[1] %
Polyadipinsaures Hexamethylendiamin		
nicht orientiert	750	50—120
stark orientiert	3000—4000	25
Polycaprolactam		
nicht orientiert	500—600	300—350
stark orientiert	2500—3500	20—40
Mischpolyamid aus 60% adipinsaurem Hexamethylendiamin und 40% ε-Caprolactam		
nicht orientiert	450	330
stark orientiert	2000	—
Polyurethan aus Hexamethylendiisocyanat und 1,4-Butandiol		
nicht orientiert	500—600	40—50
orientiert	2500—2600	8—12

---

* Klemmenabzugsgeschwindigkeit 20 mm/min, 20° C, 65% relative Luftfeuchtigkeit (Prüfmaterial gespritzte Rundstäbe).

** Am Normstab bei 20° C 65% relative Luftfeuchtigkeit (Biegeversuch).

[1] Bestimmt an Bändern oder Preßplatten.

Messungen als auch Firmenbroschüren bzw. der Literatur entstammen. Zur Vervollständigung des Bildes über das mechanische Verhalten der Polyamide und Polyurethane sind in Tabelle 4a auch noch die vorhandenen Zahlenwerte für den Elastizitätsmodul (Biegeversuch) aufgenommen.

Die angeführten Werte für die Zerreißfestigkeit sind dabei auf den Querschnitt des ursprünglichen Prüfkörpers bezogen. Berücksichtigt man aber, daß beim Zerreißversuch an Linearpolykondensaten oberhalb der Streckgrenze infolge Strukturänderung des Materials eine irreversible Dehnung erfolgt, so erscheint es zweckmäßiger und richtiger, den Zerreißwert auf den im Augenblick des Zerreißens vorhandenen Querschnitt

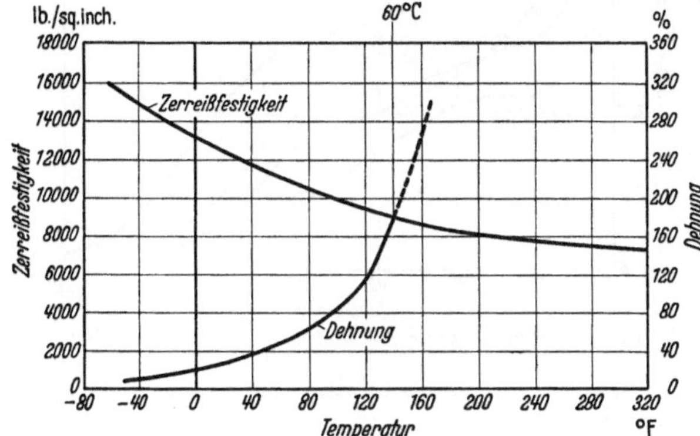

Abb. 2a. Abhängigkeit der Zerreißfestigkeit und Dehnung von der Temperatur bei Nylon FM-10001.

zu beziehen, zumindest auf den Endquerschnitt, der dem ausgereckten Material entspricht. Mit anderen Worten heißt dies, daß das Material zunächst ausgereckt und dann erst der Zerreißversuch durchgeführt werden sollte. Bei den üblichen Zerreißstäben ist diese Art der Prüfung jedoch immer etwas problematisch. Sie läßt sich jedoch in absolut einwandfreier Weise durchführen, wenn man band- oder fadenförmige Prüfkörper verwendet. Beim Bezug auf den Querschnitt des ausgereckten Materials ergeben sich so ganz beachtliche Zerreißfestigkeitswerte, die bei den einzelnen Typen der Polyamide und Polyurethane mitunter sehr verschieden sein können, in der Regel aber höher als 2000 kg/cm² liegen.

In Tabelle 4b ist eine Gegenüberstellung der Zerreißfestigkeit und Dehnung bei verschiedenen Linearpolykondensaten gebracht, wobei die Werte für das nicht orientierte Material auf den ursprünglichen Querschnitt, für das orientierte Material auf den Querschnitt des ausgereckten Probekörpers bezogen sind.

Bei der Betrachtung des Spannungs-Dehnungsdiagramms wurde auch auf die Abhängigkeit des Kurvenverlaufs von der Prüftemperatur hingewiesen. Dementsprechend sind auch die Zerreißfestigkeitswerte selbst jeweils von der Temperatur abhängig. Mit steigender Temperatur nimmt die Zerreißfestigkeit der Linearpolykondensate ziemlich gleichmäßig ab, wie in Abb. 2a am Beispiel des Nylon FM-10001 gezeigt ist[1]. Eine gleichlaufende Temperaturabhängigkeit der Zerreißwerte wurde bereits von K. MIENES[2] an mehreren Polyamid- und Polyurethan-handelsprodukten festgestellt (Abb. 2b). Der Autor fand gleichzeitig, daß die Temperaturabhängigkeit der Dehnung bei den einzelnen Sorten

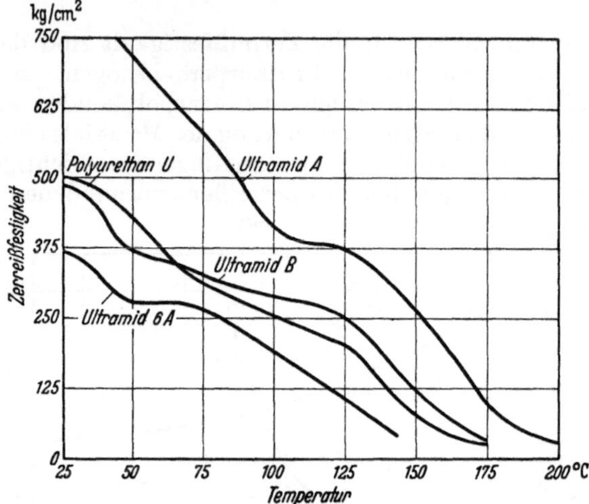

Abb. 2b. Zerreißfestigkeit gespritzter Stäbe aus Polyamiden und Polyurethan in Abhängigkeit von der Temperatur.

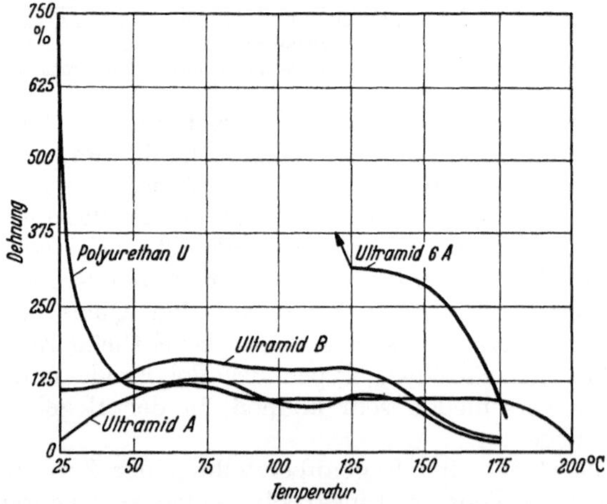

Abb. 2c. Dehnung gespritzter Stäbe aus Polyamiden und Polyurethan in Abhängigkeit von der Temperatur.

verschieden ist (Abb. 2c). So zeigen die Typen Ultramid A und Ultramid B ein Dehnungsoptimum, das bei etwa 60° C liegt. Dieses Dehnungsoptimum kommt in Abb. 2a beim Nylon FM-10001, das bekanntlich mit Ultramid A chemisch identisch ist, nicht zum Ausdruck,

[1] Aus „Technical Data on Plastics" (1952) der Manufacturing Chemists' Association, Inc. Washington.

[2] MIENES, K.: Kunststoffe 32, 35 (1942).

da offenbar Messungen bei Temperaturen über 60° C nicht durchgeführt wurden bzw. die eventuell ermittelten, wieder abnehmenden Dehnungswerte hier nicht eingetragen sind. Betrachten wir wieder Abb. 2c, so ist auffällig, daß manche Sorten, hauptsächlich Mischpolyamide und Polyurethane, unterhalb einer bestimmten Temperaturgrenze über 1000% gedehnt werden können. Diese Temperaturgrenze liegt z.B. für Ultramid 6A bei 125° C, für Polyurethan U bei 25° C.

3. Thermische Eigenschaften.

Das thermische Verhalten der Polyamide und Polyurethane ist in vieler Hinsicht als eigenartig und besonders charakteristisch für die ganze Klasse der linearen Polykondensate zu bezeichnen. Es unterliegt wohl keinem Zweifel, daß das thermische Verhalten dieser Produkte durch ihre besondere Molekül- bzw. Kolloidstruktur bedingt ist[1].

Tabelle 5a. *Schmelzpunkte einiger Polyamide*[2].

Zusammensetzung	Schmelzpunkt °C
Äthylendiamin + Sebacinsäure	254
Tetramethylendiamin + Adipinsäure	278
Tetramethylendiamin + Korksäure	250
Tetramethylendiamin + Acelainsäure	253
Tetramethylendiamin + Sebacinsäure	239
Tetramethylendiamin + Undecandisäure	208
Pentamethylendiamin + Malonsäure	191
Pentamethylendiamin + Glutarsäure	198
Pentamethylendiamin + Adipinsäure	223
Pentamethylendiamin + Pimelinsäure	183
Pentamethylendiamin + Korksäure	202
Pentamethylendiamin + Octadecandisäure	167
Hexamethylendiamin + Sebacinsäure	209
Hexamethylendiamin + Adipinsäure	248
Hexamethylendiamin + β-Methyladipinsäure	216
Hexamethylendiamin + 1,2-Cyclohexandiessigsäure	236
Hexamethylendiamin + Diphensäure	157
Hexamethylendiamin + Diglykolsäure	143
Octamethylendiamin + Adipinsäure	235
Octamethylendiamin + Sebacinsäure	197
Decamethylendiamin + Kohlensäure	200
Decamethylendiamin + Oxalsäure	229
Decamethylendiamin + Sebacinsäure	194
Decamethylendiamin + p-Phenylendiessigsäure	242
Decamethylendiamin + p,p′-Dioxyphenylolpropandiessigsäure	105
Para-Xylylendiamin + Sebacinsäure	268
3-Methylhexamethylendiamin + Adipinsäure	180
Piperazin + Sebacinsäure	153
3,3′-Diaminopropyläther + Adipinsäure	190
6-Aminocapronsäure	203
9-Aminononansäure	195
11-Aminoundecansäure	180

---

[1] BROSER, W., K. GOLDSTEIN u. H. E. KRÜGER: Kolloid-Z. **105**, 131 (1943); **106**, 187 (1944).

[2] Entnommen AP. 2 163 636.

Tabelle 5b. *Schmelzpunkte einiger linearer Polyurethane*[1].

Diisocyanat	Glykol	Schmelzpunkt °C
$-(CH_2)_4-$	1,4-Butandiol	193
$-(CH_2)_4-$	1,6-Hexandiol	180
$-(CH_2)_4-$	1,10-Dekandiol	171
$-(CH_2)_5-$	1,4-Butandiol	159
$-(CH_2)_6-$	1,3-Propandiol	167
$-(CH_2)_6-$	1,5-Pentandiol	151
$-(CH_2)_6-$	1,9-Nonandiol	147
$-(CH_2)_6-$	$OH \cdot CH_2CH_2 \cdot O \cdot CH_2CH_2 \cdot OH$	120
$-(CH_2)_6-$	$OH \cdot (CH_2)_4 \cdot O(CH_2)_4 \cdot OH$	124
$-(CH_2)_6-$	$CH_3 \cdot CH \cdot CH_2CH_2 \cdot CH-CH_3$ (mit OH an den beiden CH)	104
$-(CH_2)_6-$	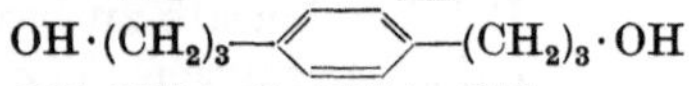 $OH \cdot (CH_2)_3-\langle\!\!\!\!\bigcirc\!\!\!\!\rangle-(CH_2)_3 \cdot OH$	158
$-(CH_2)_6-$	$OH \cdot (CH_2)_2 \cdot S \cdot (CH_2)_2 \cdot OH$	129—134
$-(CH_2)_6-$	$OH \cdot (CH_2)_4 \cdot S \cdot (CH_2)_4 \cdot OH$	120—125
$-(CH_2)_8-$	1,4-Butandiol	160
$-(CH_2)_8-$	1,3-Butandiol	77—82
$-(CH_2)_8-$	1,6-Hexandiol	153
$-(CH_2)_8-$	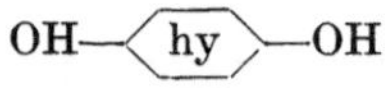 $OH-\langle\,hy\,\rangle-OH$ $\dfrac{cis}{trans}$	215—220
$-(CH_2)_8-$	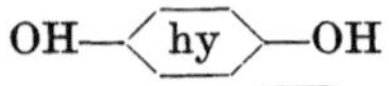 $OH-\langle\,hy\,\rangle-OH$ trans	250—255
$-(CH_2)_8-$	 $OH \cdot CH_2-\langle\!\!\!\!\bigcirc\!\!\!\!\rangle-CH_2 \cdot OH$	168
$-(CH_2)_8-$	 $OH \cdot (CH_2)_2 \cdot O-\langle\!\!\!\!\bigcirc\!\!\!\!\rangle-O \cdot (CH_2)_2 \cdot OH$	208—212
$-(CH_2)_9-$	1,4-Butandiol	136—140
$-(CH_2)_{11}-$	1,4-Butandiol	143—146
$-(CH_2)_{11}-$	1,5-Pentandiol	121—123
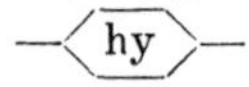 $-\langle\,hy\,\rangle-$	1,4-Butandiol	∼260
$-(CH_2)_{12}-$	1,12-Dodekandiol	128
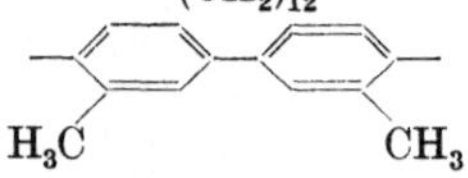 (Dimethyl-diphenyl-Rest: $H_3C-\langle\!\!\!\!\bigcirc\!\!\!\!\rangle-\langle\!\!\!\!\bigcirc\!\!\!\!\rangle-CH_3$)	1,10-Dekandiol	215—219
$-(CH_2)_3 \cdot S \cdot (CH_2)_3-$	1,4-Butandiol	126—133

Beim fortschreitenden Erhitzen der Polyamide oder Polyurethane
kann im allgemeinen nicht, wie es bei den bekannten Thermoplasten
der Fall ist, eine allmähliche Erweichung des Kunststoffes festgestellt
werden. Hat die zugeführte Wärme einen bestimmten Betrag erreicht,
so gehen diese Polykondensate, ohne daß vorher eine merkliche, jedenfalls äußerlich erkennbare, Veränderung beobachtet werden könnte,
innerhalb eines geringen Temperaturintervalles vom festen in den flüssigen Zustand über; d.h. also, daß die Polyamide und Polyurethane
meist durch einen relativ scharfen Schmelzpunkt gekennzeichnet sind.
Je nach der chemischen Zusammensetzung liegt der Schmelzpunkt dieser
Kunststoffe im allgemeinen zwischen 140 und 280° C. In den Tabellen 5a und b sind die Schmelzpunkte zahlreicher Polyamide sowohl
aus Dicarbonsäuren und Diaminen als auch aus ω-Aminocarbonsäuren[2]

---

[1] Entnommen aus O. BAYER: Angew. Chem. **59**, 261 (1947).
[2] AP. 2163636 (9).

und einer Reihe von Polyurethanen[1] angeführt. Die Schmelzpunkte
der Polyamide wurden hierbei meist in der Weise ermittelt, daß kleine
Teile des Polykondensates auf einem Metallblock erhitzt wurden. Bei
der Schmelzpunktbestimmung im üblichen Schmelzpunktsröhrchen
werden Schmelzpunkte gefunden, die im allgemeinen 5—20° höher
liegen.

Bei Polykondensaten der gleichen Grundzusammensetzung kann im
allgemeinen nur eine geringe Abhängigkeit des Schmelzpunktes vom
jeweiligen Kondensationsgrad festgestellt werden, was vor allem für
höhermolekulare Produkte gilt. Auf die Unabhängigkeit des Schmelzpunktes vom Molekulargewicht
bei Polyestern hat bereits CA-
ROTHERS hingewiesen[2].

Dagegen sind bei den ein-
zelnen homologen Reihen recht
interessante Gesetzmäßigkeiten
bezüglich der Lage des Schmelzpunktes in Abhängigkeit von
der Wahl der monomeren Ausgangsstoffe zu beobachten. Betrachtet man z. B. die Schmelzpunkte von Polyamiden aus ω-
Aminocarbonsäuren, so nehmen
die Schmelzpunkte mit steigender Zahl der Kohlenstoffatome
in der Aminosäure ab. Dabei
tritt jedoch ein deutlich alter-

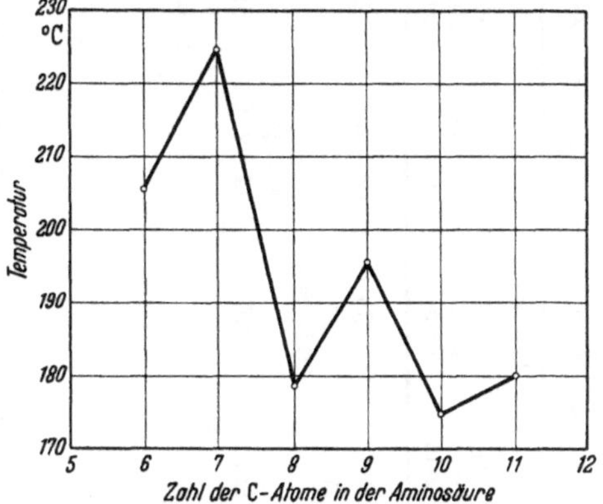

Abb. 3. Schmelzpunkte von polymeren
ω-Aminocarbonsäuren.

nierender Effekt ein insofern, als das Niveau der Schmelzpunkte der
eine ungerade Kohlenstoffzahl enthaltenden Polyamide über dem der
Polyamide mit gerader Anzahl von Kohlenstoffatomen liegt oder mit
anderen Worten, die Polyamide mit einer geraden Anzahl von CH_2-
Gruppen zwischen den Carbonamidgruppen schmelzen höher als die
Polyamide mit einer ungeraden Zahl von Methylengruppen[3] (Abb. 3).

Eine analoge Beziehung ist auch bei den Schmelzpunkten der Polyamide aus Diaminen und Dicarbonsäuren vorhanden, wenn man die
Summe der in der Struktureinheit vorhandenen CH_2-Gruppen betrachtet[4]. Auch sinken die Schmelzpunkte im allgemeinen bei steigender
Zahl der Kohlenstoffatome im Diamin und der Dicarbonsäure. In einer
homologen Reihe, in der die eine Komponente, z. B. die Dicarbonsäure
oder das Diamin, konstant ist und die zweite Komponente variiert,
schmelzen diejenigen Polymeren, bei denen die Zahl der CH_2-Gruppen
in der veränderlichen Komponente gerade ist, höher als die Polymeren

[1] BAYER, O.: a. a. O.
[2] CAROTHERS, W. H.: J. Amer. Chem. Soc. **55**, 4714 (1933).
[3] COFFMAN, D. D. u. Mitarb.: J. Polymer Sci. **3**, 85 (1948).
[4] COFFMAN, D. D. u. Mitarb.: J. Polymer Sci. **2**, 306 (1947).

Tabelle 6. *Schmelzpunkte von Polyamiden aus Dicarbonsäuren und Diaminen**.

Dicarbonsäure	Diamin								
	Tetra-methylen-diamin	Penta-methylen-diamin	Hexa-methylen-diamin	Hepta-methylen-diamin	Octa-methylen-diamin	Nona-methylen-diamin	Deca-methylen-diamin	Undeca-methylen-diamin	Dodeca-methylen-diamin
Adipinsäure	278	223	250	226	235	204—205	230		208—210
Pimelinsäure	233	183	202	196					
Korksäure	250	202	215—220		200—205				
Azelainsäure	223	178	185			162—165			
Sebacinsäure	239	195	209	187	197	174—176	194	168—169	171—173
Undecandisäure	208	173							
Brassylsäure		176					170—175		
Tetradecandisäure . . .		178							
Octadecandisäure . . .		167							

* D. D. Coffman u. Mitarb.: J. Polymer Sci. **2**, 306 (1947).

mit jeweils ungerader Zahl von CH_2-Gruppen, wie die Übersicht in Tabelle 6 deutlich zeigt[1].

Der gleiche molekulare Bau der Linearpolymeren läßt auch bei den Polyurethanen ähnliche Gesetzmäßigkeiten in der Lage der Schmelzpunkte erwarten. Bei gleichem Diisocyanat und variierendem Glykol oder umgekehrt ergeben die Schmelzpunktskurven wiederum den charakteristischen zickzackförmigen Verlauf[2]. So zeigt Abb. 4 am Beispiel von Polyurethanen unter Verwendung von 1,4-Butandiol und Diisocyanaten mit verschieden langer CH_2-Kette, daß die Gipfelpunkte jeweils Polyurethanen mit einer geraden Zahl von CH_2-Gruppen, die Tiefpunkte solchen mit einer ungeraden Zahl von CH_2-Gruppen entsprechen. Zu gleichen Ergebnissen sind auch Hill und Walker[3] im Rahmen ihrer Untersuchungen über die Veränderung der kristallinen Ordnung und des Schmelzpunktes bei Linearpolykondensaten in Abhängigkeit von der chemischen Struktur (Heteroatome, Seitenketten, aromatische Gruppen usw.) gelangt. Diese Autoren schließen, daß der zickzackförmige Verlauf der Schmelzpunktkurven mit der planaren Zickzackstruktur dieser Polymeren zusammenhängt. Auf diese Zickzackstruktur der Polyamide ist in früheren Arbeiten bereits wiederholt hingewiesen und gezeigt worden, daß die Moleküle derart angeordnet sind, daß die NH-Gruppen der einen Kette

[1] Coffman, D. D. und Mitarb.: a. a. O.

[2] Bayer, O.: a. a. O.

[3] Hill, R., u. E. E. Walker: J. Polymer Sci. **3**, 609 (1948).

durch Wasserstoffbindungen mit den CO-Gruppen der Nachbarketten verknüpft sind[1].

Die Polyamide und Polyurethane sind an sich als schwer entflammbare Stoffe zu bezeichnen. Bringt man sie jedoch mit einer Flamme in Berührung, so brennen sie nach Zufuhr einer bestimmten Wärmemenge mit bläulicher Flamme von selbst weiter. Die Verbrennung verläuft exotherm unter Abtropfen geschmolzenen Polykondensats, das sich zu Fäden ausziehen läßt. Beim Verbrennen von Polyamiden macht sich ein eigenartiger, an verbrannte tierische Substanz erinnernder Geruch bemerkbar, der so spezifisch ist, daß man schon mittels dieses einfachen Testes Polyamidkunststoffe von allen anderen nichthärtbaren Kunststoffen leicht zu unterscheiden vermag. Ebenso sicher lassen sich Polyurethankunststoffe durch den beim Verbrennen auftretenden charakteristischen stechenden Isocyanatgeruch identifizieren.

Es wurde bereits oben betont, daß die Polyamide und Polyurethane bei Wärmezufuhr innerhalb weniger Temperaturgrade vom festen in den flüssigen Zustand übergehen. Dies bedeutet, daß diese Kunststoffe bis dicht unter ihren Schmelzpunkt nicht nennenswert erweichen, was

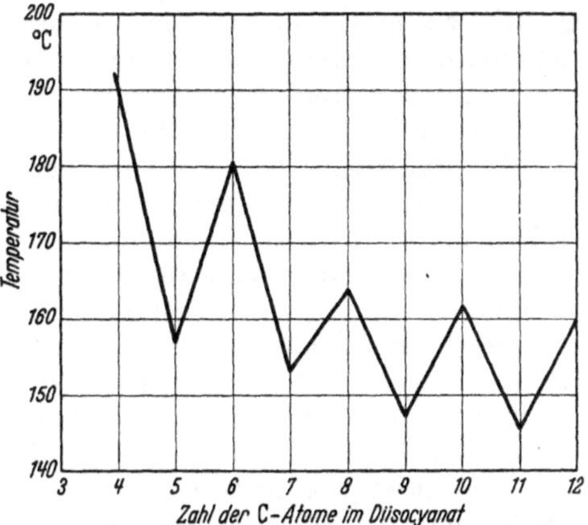

Abb. 4. Schmelzpunkte von Polyurethanen aus Diisocyanaten mit steigender Kettenlänge unter Verwendung von 1,4-Butandiol.

seinen zahlenmäßigen Ausdruck in den außerordentlich hohen Werten für die Eindruckprobe nach VICAT findet (Tabelle 7). Für die praktische Beurteilung der Wärmebeständigkeit von Polyamiden und Polyurethanen sind indessen die VICAT-Zahlen als viel zu hoch zu bezeichnen. Ebensowenig wie die VICAT-Zahlen sind die ausgesprochen niederen MARTENS-Zahlen (Tabelle 7), in denen sich die Eigenschaft der Polyamide und Polyurethane, ihre an sich hohe Dehnbarkeit und Elastizität in der Wärme noch weiter zu steigern, widerspiegelt, als exakte Zahlenwerte für die obere Grenze der Temperaturbeanspruchung für Formteile aus diesen Polykondensaten zu werten. Im allgemeinen kann gesagt werden, daß sich durch länger dauernde Einwirkung von Temperaturen über 90—100° C unter dem Einfluß des Luftsauerstoffs ein langsam fortschreitender thermischer Abbau des Materials unter gleichzeitiger allmählicher Braunfärbung bemerkbar macht. Polyurethane verhalten sich hierbei, offenbar wegen ihrer geringeren Oxydationsempfindlichkeit, etwas günstiger als Polyamide. Kurzfristig können Formteile aus beiden Polykondensaten ohne weiteres auch bei mitunter wesentlich höheren

---

[1] BRILL, R.: Naturwiss. **29**, 220 (1941). Vgl. auch BUNN, C. W., u. E. V. GARNER: Proc. Roy. Soc. Lond., Ser. A **189**, 39 (1947).

Temperaturen verwendet werden, da die Produkte bekanntlich erst dicht unterhalb ihres Schmelzpunktes nennenswert erweichen.

Zur Verbesserung der Hitzebeständigkeit von Polyamiden und Polyurethanen sind Zusätze zahlreicher Substanzen vorgeschlagen worden. Es handelt sich praktisch meist um die gleichen Verbindungen, die auch als Lichtstabilisatoren in der Literatur beschrieben sind (vgl. Abschnitt A 1). Als besonders wirkungsvolle spezielle Hitzestabilisatoren werden Kupferverbindungen organischer Substanzen mit einem ionisierten oder ersetzbaren Wasserstoffatom genannt[1].

Praktisch bedeutungsvoll sind vor allem N,N'-Diphenyl-p-phenylendiamin und N,N'-Dinaphthyl-p-phenylendiamin, die in Zusätzen von 2—3% zu monomerem Caprolactam bewirken, daß die aus dem geschmolzenen Polykondensat erzeugten Folien mehrere Tage lang einer Erhitzung auf 130° C widerstehen, während die Folien ohne Stabilisatorzusatz bei 24stündiger Behandlung bei 130° unbrauchbar werden[2].

Die praktischen Möglichkeiten bei Verwendung von Polyamiden und Polyurethanen bei höheren Temperaturen werden in hohem Maße davon abhängen, wieweit der Luftsauerstoff Zutritt hat und welche mechanischen Anforderungen zu erfüllen sind. Es kann daher nur immer wieder empfohlen werden, sich durch einen Vorversuch unter den in der Praxis üblichen Versuchsbedingungen davon zu überzeugen, ob Formteile aus Polyamiden und Polyurethanen den geforderten Ansprüchen genügen.

Die Wärmeleitfähigkeit der Polyamide und Polyurethane ist wie bei allen Kunststoffen relativ gering. Tabelle 7 enthält die an verschiedenen Handelsprodukten ermittelten entsprechenden Werte und gleichzeitig auch die übrigen wärmemechanischen Daten, soweit Messungen hierüber vorliegen.

Tabelle 7. *Thermisches Verhalten einiger Polyamide und Polyurethane.*

	Einheit	Polyadipinsaures Hexamethylendiamin	Polycaprolactam	Mischpolyamid aus Hexamethylendiamin und ε-Caprolactam 6:4	Polyurethan aus Hexamethylendiamin und 1,4-Butandiol
Formbeständigkeit					
nach MARTENS . . .	°C	etwa 55—60	40—45	40—60	45—50
nach VICAT	°C	220—230	160—180	140—160	165—175
Lineare Wärmedehnzahl	1/°C 10^{-5}	11—15	11—14	13—14	12—14
Wärmeleitfähigkeit . .	kcal/m h °C	0,22—0,29	0,18—0,29	0,18—0,20	0,28
Spezifische Wärme . .	kcal/kg °C	0,4—0,5	0,4—0,5	0,4—0,5	0,4—0,5

Beim Abkühlen von Formteilen aus Polyamiden und Polyurethanen unter 0° C macht sich eine zunehmende Versteifung des Materials bemerkbar. Bei Temperaturen von —10 bis —15° C muß bei der Prüfung

---

[1] FP. 965244 (10).

[2] Polyamides in Germany. Mod. Plastics **25**, 125, 148 (März/April 1948) (zusammenfassende Übersicht versch. Fiat-, Bios- u. Cios-Berichte). Ref. Kunststoffe **38**, 209 (1948).

von unorientiertem Material nach der üblichen Schlagbeanspruchung
bereits mit dem Bruch der Formteile gerechnet werden. Aber auch hier
läßt sich ebenso wie bei der Wärmebeständigkeit keine feste Norm auf-
stellen. Grundsätzlich verhalten sich Formkörper mit dünner Wandstärke, vor allem Folien und dünne Bänder, mitunter ganz wesentlich
günstiger als dickwandigere Teile, so daß vielfach auch tiefere Temperaturen vertragen werden können. Maßgebend hierfür ist in allen
Fällen die Art der mechanischen Beanspruchung. Gut orientierte Formteile besitzen durchweg eine deutlich verbesserte Kältebeständigkeit
gegenüber nichtorientierten Teilen[1]. Die üblichen Kälteschlagwerte für
gereckte Teile aus Polyamiden und Polyurethanen können mit etwa
—25 bis —30° C angegeben werden.

4. Elektrische Eigenschaften.

Wegen ihres polaren Aufbaues und des hierdurch bedingten mehr
oder weniger stark ausgeprägten hydrophilen Charakters können die
Polyamide und Polyurethane streng genommen nicht zu den eigentlichen Isolierstoffen gezählt werden, wenn auch ihre dielektrischen Eigenschaften in völlig trocknem Zustand als recht ansprechend bezeichnet
werden müssen[2]. Unter dem Einfluß der Luftfeuchtigkeit oder bei
direkter Wasserlagerung aber sinken die dielektrischen Werte je nach
der Zusammensetzung des Polyamids mehr oder weniger stark ab. In
gleicher Weise, wie sich die einzelnen Typen hinsichtlich des Grades
ihrer Wasseraufnahme oft erheblich voneinander unterscheiden (Näheres
hierüber ist in Abschnitt A 5 gesagt), sind auch beträchtliche Unterschiede bezüglich des Abfalls der dielektrischen Werte zu beobachten.
Besonders anschaulich lassen sich die Verhältnisse an Hand graphischer
Darstellungen verfolgen. So sind in den Abb. 5a und 5b die Dielektrizitätskonstante ε und der dielektrische Verlustfaktor tg δ für einige
charakteristische Polyamide im Vergleich zum Polyurethan aus Hexamethylendiisocyanat und 1,4-Butandiol in Abhängigkeit vom Feuchtigkeitsgehalt aufgetragen. Als Prüfkörper wurden Preßplatten von etwa
0,3 mm Stärke verwendet, die sofort nach ihrer Herstellung im Exsiccator
über Phosphorpentoxyd bis zur Gewichtskonstanz gelagert und dann
bei Raumtemperatur verschieden lang in Wasser gelegt wurden. Dadurch,
daß unter den Polyamiden je eine Type mit relativ hoher (Ultramid A),
mit mittlerer (Nylon FM-3001) und mit extrem geringer Wasseraufnahme (Rilsan) ausgewählt wurde, lassen sich die Unterschiede hinsichtlich des Abfalls der dielektrischen Eigenschaften mit steigender
Dauer der Wasserlagerung besonders augenfällig veranschaulichen. Das
auffallend günstige dielektrische Verhalten des Rilsan ist darauf zurückzuführen, daß durch das Vorhandensein einer größeren Anzahl von
CH_2-Gruppen in der Kette die polaren NH- und CO-Gruppen räumlich

---

[1] KOLLEK, L.: In R. HOUWINK, Chemie und Technologie der Kunststoffe,
II. Aufl. Leipzig: Akademische Verlagsgesellschaft 1942.
[2] Kunststoff-Techn. u. Kunststoff-Anwend. **9**, 424 (1939). — CLAYTON, E.:
Amer. Dyestuff Reporter **28**, 196 (1939).

wesentlich weiter voneinander entfernt sind als bei allen anderen bekannten Polyamiden und dadurch der hydrophile Charakter dieses
Polyamids nur in sehr geringem Maße zur Geltung kommt. In dielektrischer Hinsicht kann Rilsan den Polyurethanen, die infolge ihrer verhältnismäßig geringen Wasseraufnahme ganz allgemein bisher unter den

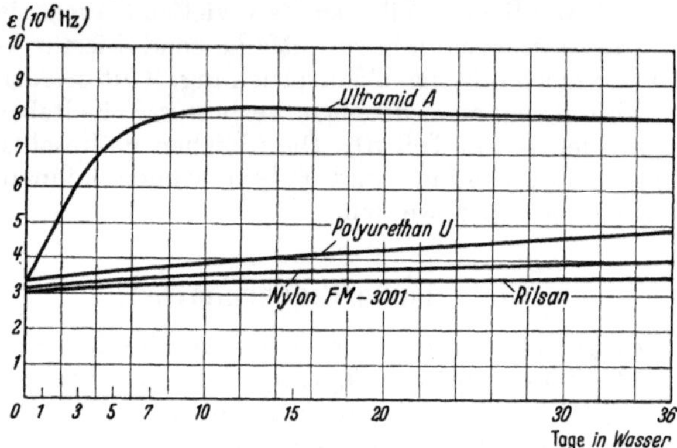

Abb. 5a. Dielektrizitätskonstante von Polyamiden und Polyurethan in Abhängigkeit vom
Feuchtigkeitsgehalt.

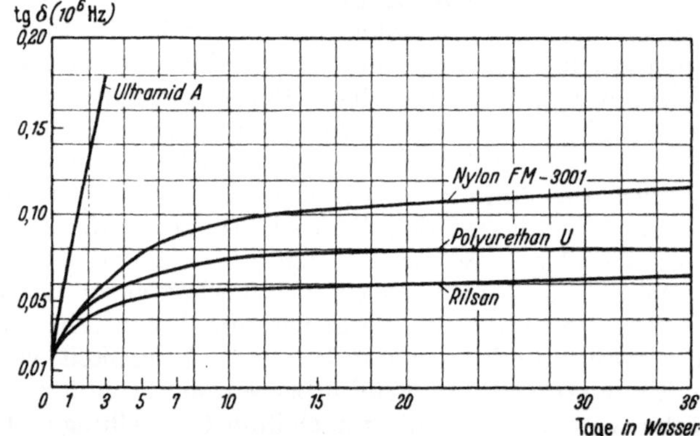

Abb. 5b. Dielektrischer Verlustfaktor von Polyamiden und Polyurethan in Abhängigkeit vom
Feuchtigkeitsgehalt.

linearen Polykondensaten für elektrische Zwecke besonders geschätzt
wurden, praktisch als ebenbürtig bezeichnet werden.

Es muß dabei berücksichtigt werden, daß sowohl die Werte für tg δ
als auch für ε im allgemeinen mehr oder weniger stark von der Frequenz
abhängen, wobei sich die einzelnen Typen ganz verschieden verhalten.
So ist z.B. bei niederen Frequenzen Polyurethan als dielektrisch günstiger zu beurteilen als Rilsan, während mit steigenden Frequenzen sich
die Unterschiede zwischen den beiden Produkten ausgleichen und schließlich Rilsan ein etwas günstigeres Verhalten zeigt. Dies beruht darauf,
daß Rilsan in seinen dielektrischen Eigenschaften besonders stark fre-
quenzabhängig ist, wie die Kurvenbilder in den Abb. 5c und 5d veranschaulichen.

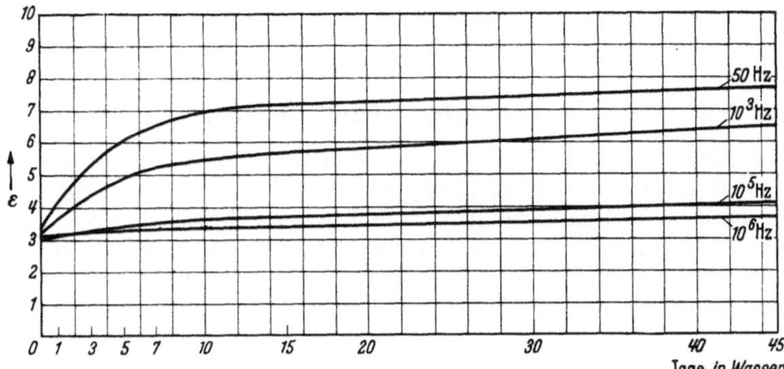

Abb. 5c. Dielektrizitätskonstante von Rilsan bei verschiedenen Frequenzen in Abhängigkeit vom Feuchtigkeitsgehalt.

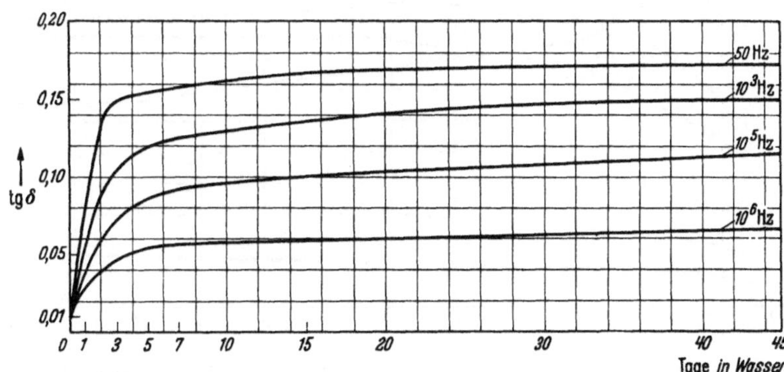

Abb. 5d. Dielektrischer Verlustfaktor von Rilsan bei verschiedenen Frequenzen in Abhängigkeit vom Feuchtigkeitsgehalt.

Der spezifische Widerstand der Polyamide und Polyurethane liegt in trockenem Zustand etwa um $10^{14}\,\Omega \cdot$ cm und fällt bei der Feuchtlagerung entsprechend ab. Je nach der Zusammensetzung der Polykondensate und ihrer Wasserquellbarkeit sind auch hier unter den einzelnen Typen größere Unterschiede festzustellen. Der Einfluß des Feuchtigkeitsgehaltes auf den spezifischen Widerstand sei in Tabelle 8 am Beispiel des Polyurethans aus Hexamethylendiisocyanat und 1,4-Butandiol aufgezeigt. Bei der

Tabelle 8. *Spezifischer Widerstand von Polyurethan U in Abhängigkeit vom Feuchtigkeitsgehalt.*

Versuchsbedingungen	Spezifischer Widerstand $(\Omega \times \text{cm})$
48 Std 85⁰ C	$2,7 \times 10^{14}$
60% relative Luftfeuchtigkeit .	$1,2 \times 10^{14}$
24 Std in Wasser	9×10^{12}
3 Tage in Wasser	$3,8 \times 10^{11}$
14 Tage in Wasser	$3,5 \times 10^{11}$

Wasserlagerung stellt sich hier ein Endwert von etwa $3,5 \cdot 10^{11}\,\Omega \cdot$ cm ein. Bei den stärker hydrophilen Polyamiden dagegen, z.B. den Polykondensaten des adipinsauren Hexamethylendiamins oder des

Caprolactams, sinkt der spezifische Widerstand bei der Wasserlagerung bis auf etwa $10^8\,\Omega \cdot$ cm ab.

5. Verhalten gegen Wasser.

Die Ähnlichkeit der Polyamide hinsichtlich ihres chemischen Aufbaues mit natürlichen Eiweißkörpern, wie Wolle, Seide u. dgl., äußert sich vor allem in dem analogen Verhalten hinsichtlich der Wasser- bzw. Feuchtigkeitsaufnahme. Der jeweilige Feuchtigkeitsgehalt der Polyamide steht mit dem Feuchtigkeitsgehalt der umgebenden Atmosphäre im Gleichgewicht und ändert sich mit diesem in entsprechender Weise.

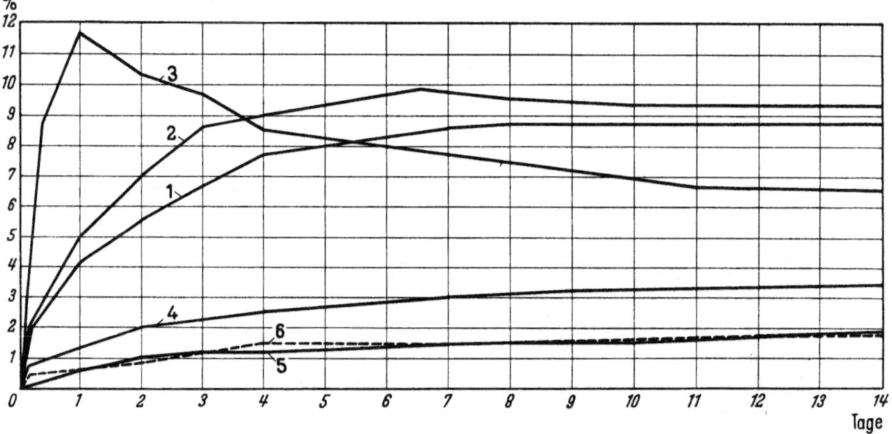

Abb. 6. Wasseraufnahme von Polyamiden und Polyurethan (gemessen bei Raumtemperatur an spritzgegossenen Rundscheiben 60 mm $\varnothing$, 1 mm stark).

1 = polyadipinsaures Hexamethylendiamin; 2 = Polycaprolactam (monomeren-arm); 3 = Polycaprolactam (monomeren-haltig); 4 = polysebacinsaures Hexamethylendiamin; 5 = Polyurethan aus Hexamethylendiisocyanat + 1,4-Butandiol; 6 = Polyaminoundecansäure.

Sämtliche Polyamidsorten zeigen gegenüber Feuchtigkeit im Prinzip das gleiche Verhalten. Es bestehen bei den einzelnen Typen lediglich gewisse Unterschiede im zeitlichen Verlauf und in der Höhe der Wasseraufnahme.

Die bis vor wenigen Jahren bekannt gewesenen Polyamidhandelsmarken sind durchweg durch eine verhältnismäßig hohe Wasseraufnahme, die im allgemeinen über 8% bei der Sättigung beträgt, gekennzeichnet. Im Gegensatz hierzu liegt die maximale Feuchtigkeitsaufnahme der handelsüblichen Polyurethane wesentlich niedriger, meist kaum über 2%. Mit dem Polykondensat aus sebacinsaurem Hexamethylendiamin ist jedoch ein Polyamid auf den Markt gekommen, das mit einer maximalen Wasseraufnahme von etwa 3—3,5% sich bereits weitgehend dem Verhalten der Polyurethane nähert. Noch günstiger verhält sich das neuerdings in Frankreich entwickelte Polykondensat der ω-Aminoundecansäure (Rilsan) auf Grund seiner längeren CH_2-Kette. Es liegt hinsichtlich der Wasseraufnahme praktisch bereits auf dem gleichen Niveau wie beispielsweise das Polyurethan aus Hexamethylendiisocyanat und 1,4-Butandiol.

In Abb. 6 ist für einige charakteristische Produkte der beschriebenen Art der zeitliche Verlauf der Wasseraufnahme, ermittelt durch die Gewichtszunahme bei der direkten Wasserlagerung bei Raumtemperatur, aufgetragen. Als Ergänzung hierzu sind in Tabelle 9 die an spritzgegossenen Rundscheiben von 60 mm $\varnothing$ und 1 mm Stärke ermittelten Zahlenwerte für die Gewichtszunahme bei der Wasserlagerung bei Raumtemperatur und bei Kochtemperatur zusammengestellt.

Tabelle 9. *Wasseraufnahme einiger Polyamide und Polyurethane bei Raumtemperatur und Kochtemperatur (100° C).*

Handelsprodukte	Gewichtszunahme in %		
	nach 14 Tagen Wasserlagerung bei RT	Maximalwerte	nach 3 Std bei Kochtemperatur (100° C)
Ultramid A	10,0	10,0	8,5
Ultramid B	6,8	10,9	3,3
Ultramid B spezial	9,3	9,8	7,6
Ultramid 6 A	12,2	14,0	16,3
Nylon FM-10001	10,2	10,2	8,6
Nylon FM-3001	3,2	3,2	3,7
Nylon FM-6501	9,6	10,7	wird zerstört
Akulon M 2	10,6	11,6	8,3
Rilsan	1,6	1,6	2,0
Polyurethan U	2,1	2,2	2,4
Nylon AF	8,6	8,9	7,3
Grilon	10,0	11,2	6,8

Beim Lagern der Polyamide in normal-feuchter Luft bei gewöhnlicher Temperatur stellt sich allmählich ein konstanter Feuchtigkeitsgehalt ein, der bei den durch eine relativ hohe maximale Wasseraufnahme gekennzeichneten Typen etwa 2—3% beträgt. Die weniger hydrophilen Polyamidsorten sowie die Polyurethane nehmen unter den gleichen Bedingungen einen entsprechend geringeren Feuchtigkeitsgehalt an. Er liegt z.B. beim Polyurethan aus Hexamethylendiisocyanat und 1,4-Butandiol, auch bei sehr hoher Luftfeuchtigkeit, kaum über 0,5%. In allen Fällen ist dieser geringe Feuchtigkeitsgrad jedoch von großer praktischer Bedeutung, da er zur Ausbildung der hervorragenden mechanischen Eigenschaften dieser Kunststoffe unbedingt erforderlich ist. Bei extrem geringer Luftfeuchtigkeit bzw. beim Erhitzen von Polyamiden und Polyurethanen wird deren normaler Feuchtigkeitsgehalt allmählich geringer, bis im äußersten Fall völlige Austrocknung eingetreten ist. Dieser Feuchtigkeitsverlust hat, speziell bei Produkten mit relativ hohem Wasseraufnahmevermögen, zur Folge, daß hieraus hergestellte Formkörper ihre ursprüngliche Biegefähigkeit und Zähigkeit fast völlig verlieren und dadurch verhärten und verspröden. Besonders unangenehme Folgen durch stärkeren Feuchtigkeitsverlust ergeben sich bei durch Zug gereckten Bändern aus Polycaprolactam, wenn diese beispielsweise bei etwa 30% relativer Luftfeuchtigkeit oder bei höheren Temperaturen gelagert werden. Der hierbei eintretende Feuchtigkeitsverlust kann bei gleichzeitig stärkerer mechanischer Beanspruchung zu einem Aufspleißen des Bandmaterials in der Reckrichtung führen. Durch Einverleibung geringer Mengen spezieller Weichmacher oder durch nachträgliche Behandlung des gereckten Bandes mit flüssigen Weichmachern oder Lösungen von Weichmachern in organischen Lösungsmitteln kann die Neigung zum Längsspleißen bis zu einem gewissen Grad herabgemindert werden. Eine deutlich verbessernde Wirkung besitzen auch eine Reihe

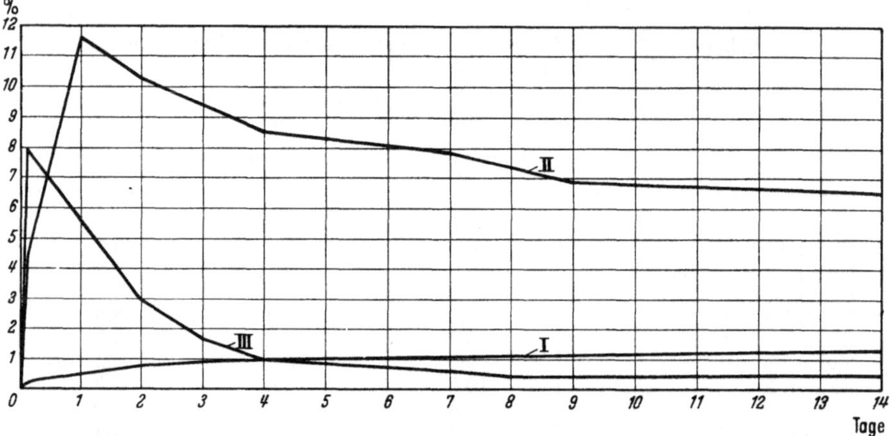

Abb. 7. Wasseraufnahme von Polycaprolactam bei verschiedenen Temperaturen (gemessen an spritzgegossenen Rundscheiben 60 mm ⌀, 1 mm stark).

I = Lagerung bei 50% relativer Feuchtigkeit RT 14 Tage; II = Lagerung bei RT 14 Tage in Wasser; III = Lagerung bei 60° C 14 Tage in Wasser.

von Pigmenten, wenn diese vor der Polykondensation in sehr geringen Mengen dem Caprolactam zugesetzt werden. So zeigt z.B. ein unter Zusatz von 0,3% Titandioxyd erzeugtes Band aus Polycaprolactam in gerecktem Zustand eine geringere Spleißneigung beim Austrocknen als ein entsprechendes nichtpigmentiertes Band.

Beim Lagern ausgetrockneter Polyamidteile unter normalen Temperatur- und Feuchtigkeitsbedingungen stellt sich durch Feuchtigkeitsaufnahme allmählich der Ausgangszustand wieder ein. Bei höherem Luftfeuchtigkeitsgehalt (90—100% relative Luftfeuchtigkeit) kann der Feuchtigkeitsgehalt einzelner Polyamidsorten auf über 6—8% ansteigen.

Die direkte Wasserlagerung der Polyamide führt mitunter zu einem anfänglich deutlich ausgeprägten Maximum der Gewichtszunahme. Später ist in solchen Fällen infolge Verlustes wasserlöslicher Anteile ein mehr oder weniger starker Rückgang der Gewichtszunahme zu verzeichnen, wobei sich allmählich für jede Polyamidtype ein praktisch konstanter Sättigungswert der Wasseraufnahme einstellt (Abb. 6). Auf die Geschwindigkeit der Wasseraufnahme ist neben der Wandstärke der Probekörper vor allem auch die Temperatur des Wassers von aus-

schlaggebendem Einfluß. Eine Übersicht über die Wasseraufnahme
unter den verschiedensten Bedingungen vermittelt Abb. 7 am Beispiel
des Polycaprolactams. Bei diesem Kunststoff sind die Maxima der
Wasseraufnahme besonders deutlich ausgeprägt, was darauf zurückzuführen ist, daß Polycaprolactam, wie schon eingangs ausgeführt
wurde, einen besonders hohen Anteil an wasserlöslichen niedermolekularen Bestandteilen besitzt. Wie groß der Einfluß ist, den der Gehalt
an wasserlöslichen Anteilen auf die Gewichtsveränderung bei der Wasserlagerung von Polyamiden ausüben kann, ist am Verhalten von stark
lactamhaltigen und durch mehrfaches Auskochen weitgehend lactamfrei gemachten Bändern aus Polycaprolactam gezeigt worden[1]. Wie
aus Abb. 8 ersichtlich, ist bei der lactamhaltigen Probe bereits nach

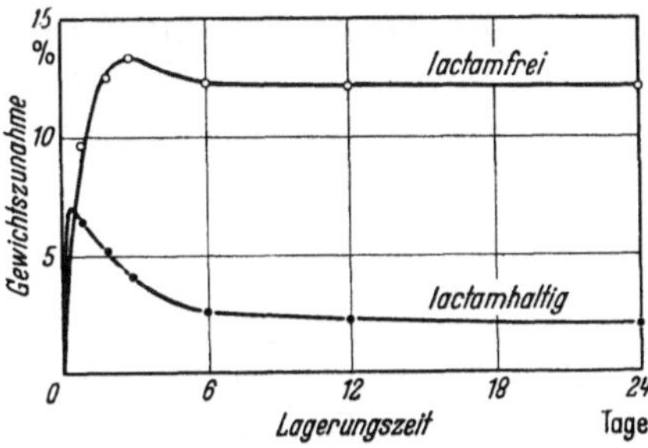

Abb. 8. Gewichtszunahme bei Wasserlagerung
eines Polycaprolactambandes (lactamhaltig
und lactamfrei).

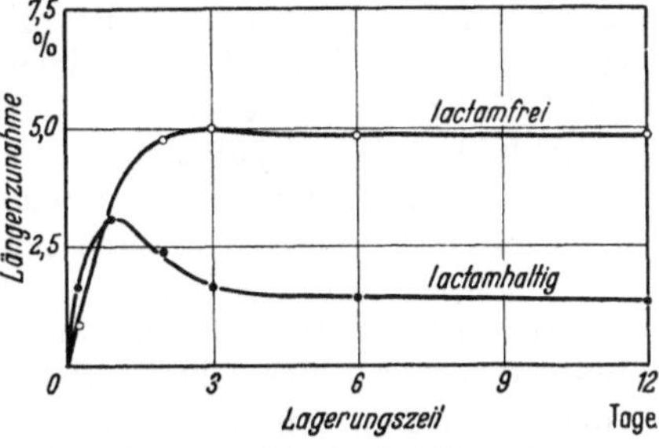

Abb. 9. Längenausdehnung bei Wasserlagerung
eines Polycaprolactambandes (lactamhaltig
und lactamfrei).

24stündiger Wässerung das Maximum der Gewichtszunahme mit etwa
6,5% erreicht. Später stellt sich dann ein fast konstanter Wert von
etwa 2% ein. Diese Kurve stellt die Resultierende aus 2 gleichzeitig
verlaufenden Vorgängen, nämlich Gewichtszunahme durch Wasseraufnahme und Gewichtsabnahme durch Herauslösen wasserlöslicher Anteile,
dar. Die Kurve für das lactamfreie Band gibt die wirkliche Wasseraufnahme wieder. Hier stellt sich schon nach etwa 3tägiger Lagerung
das Maximum der Gewichtszunahme mit etwa 12—13% ein. Der leichte
Rückgang der Gewichtszunahme bei verlängerter Lagerungszeit ist auf
noch geringe im Polyamid enthaltene, schwerer wasserlösliche niedermolekulare Anteile zurückzuführen.

Gegenstände aus Polyamiden werden durch Wasserlagerung, insbesondere in kochendem Wasser, etwas weicher und elastischer bzw.
biegsamer, ohne aber sonst ihre Form merklich zu verändern. Nach
Wiederherstellung des normalen Feuchtigkeitsgehaltes besitzen gewässerte Formteile im allgemeinen eine etwas größere Härte und Steifigkeit
als Teile, die nicht in Wasser gelagert wurden. Diese Zunahme der
Versteifung ist bedingt durch den Verlust der wasserlöslichen niedermolekularen Anteile, die gewissermaßen eine weichmachende Wirkung
auf das Polyamid ausüben.

---

[1] MÜLLER, A.: Kunststoffe **40**, 241 (1950).

Die durch den wechselnden Feuchtigkeitsgehalt zwangsläufig sich ergebende Änderung der Maßhaltigkeit von Polyamidgegenständen ist für die Bedürfnisse der Praxis im allgemeinen nicht von ausschlaggebender Bedeutung und kann in den meisten Fällen in Kauf genommen werden. Lediglich bei einigen speziellen Anwendungsformen, insbesondere bei Teilen für Präzisionsapparate oder bei bandförmigen Gebilden, ist bei der praktischen Anwendung auf mögliche Maßveränderungen Rücksicht zu nehmen. Dies gilt vor allem für Bänder aus Polycaprolactam, die größere technische Bedeutung erlangt haben. Die unterschiedliche Quellung durch Feuchtigkeitsaufnahme bzw. Feuchtigkeitsentzug äußert sich in einer Differenz zwischen maximaler Längung und maximaler Schrumpfung bei ungerecktem Band je nach der Breite von etwa 4—7%. Bei stark lactamhaltigem Material ist dieser Wert geringer, und zwar um den Betrag der bei der Wasserlagerung durch Herauslösen löslicher Anteile gleichzeitig vonstatten gehenden Schrumpfung des Bandes. Dieses Verhalten läßt sich deutlich am Kurvenverlauf in Abb. 9 veranschaulichen. Auch hier treten Maxima der Längenzunahme auf, die mit den Maxima der Gewichtszunahme bei der Wasserlagerung (vgl. Abb. 8) zeitlich zusammenfallen.

Prinzipiell ähnlich liegen die Verhältnisse bei der Einwirkung von Wasser auf gereckte Bänder aus Polycaprolactam, sofern man für die Beseitigung des Bestrebens frisch gereckter Bänder, bis zu etwa 15% zu schrumpfen, durch Einwirkung von Hitze oder Feuchtigkeit Sorge getragen hat. Die noch verbleibende, maximal 3—5% betragende Längenänderung kann durch geeignete Nachbehandlung, z.B. durch Wasserdampfbehandlung bei 120° C unter Spannung und anschließendes Abkühlen ebenfalls unter Spannung, noch weiter vermindert werden. Durch Wiederholung dieses Prozesses kann die Differenz zwischen maximaler Längung und maximaler Schrumpfung bei gereckten Polyamidbändern auf ein Minimum gebracht werden. Allerdings dürfte dieses umständliche Verfahren für die Praxis kaum in Frage kommen. Auch durch Auskochen mit Wasser oder durch Behandlung mit Wasserdampf von 100° C ist in vielen Fällen bereits ein deutlicher Effekt im Hinblick auf eine Erhöhung der Maßhaltigkeit zu erzielen.

Betrachtet man nochmals die kurvenmäßige Darstellung der Wasseraufnahme bei den verschiedenen Polyamidsorten, so ist augenfällig, daß Mischpolyamide im allgemeinen eine höhere Wasseraufnahme besitzen als die einheitlichen Polyamide. Unter den Mischpolyamiden selbst nimmt das Produkt Ultramid 6A eine besondere Stellung ein. Bei diesem Mischkondensat kann geradezu von einer spezifischen Wasserempfindlichkeit gesprochen werden. Die Wasserempfindlichkeit des Produktes äußert sich darin, daß unter Spannung stehende Teile, z.B. zu einer Schlaufe umgebogene Streifen aus stärkeren Folien oder Platten, bei Berührung mit Wasser Haarrißbildung erleiden, die um so stärker in Erscheinung tritt, je höher die Temperatur des Wassers ist und im extremen Falle zum völligen Auseinanderfallen bzw. zur restlosen Zerbröckelung der Probestreifen führt. Auch hydroxylgruppenhaltige Flüssigkeiten, wie Alkohole, Glykole usw., wie überhaupt quellend wirkende Substanzen, z.B. auch verdünnte Säuren, begünstigen diese als sog. „Wasserbruch", in der Literatur mitunter auch als „Faulbruch" bezeichnete Erscheinung. Bei sehr dünnen Folien aus Ultramid 6 A tritt der Wasserbruch nicht oder nur in so geringfügigem Maße auf, daß die praktische Verwendbarkeit derartiger Folien nicht beeinträchtigt wird. Offensichtlich ist dies darauf zurückzuführen, daß dünne Folien auch bei scharfem Biegen bzw. Knicken keine oder keine nennenswerten Spannungen erleiden.

Auch in anderen Mengenverhältnissen zusammengesetzte Mischpolykondensate aus adipinsaurem Hexamethylendiamin und Caprolactam sind mehr oder weniger stark mit dem Wasserbruch behaftet. Am empfindlichsten erweist sich in dieser Hinsicht das Polyamid von der Zusammensetzung adipinsaures Hexamethylendiamin und Caprolactam 1:1, das als Ultramid 5 A für spezielle technische Zwecke hergestellt wird, bei denen die Wasserempfindlichkeit nicht stört.

Die Ursache des Wasserbruches bei Ultramid 6 A und ähnlich zusammengesetzten Mischpolyamiden ist bis heute trotz eingehenden Studiums noch nicht in jeder Beziehung befriedigend geklärt[1]. Nach den bisher vorliegenden Untersuchungen übt der Gehalt an monomerem Caprolactam offensichtlich einen entscheidenden Einfluß aus. Ultramid 6 A enthält immerhin etwa 6—8% niedermolekulare Anteile, die sich zu etwa 20% aus di- und trimerem Lactam und etwa 80% aus dem außerordentlich leicht wasserlöslichen monomeren Lactam zusammensetzen. Man kann sich nun vorstellen, daß das in die gespannten Ultramid 6 A-Formteile eindringende Wasser die im Gefüge fein verteilten Lactamteilchen augenblicklich auflöst, wobei eine Art Sprengwirkung erzielt wird, die zur Rißbildung führen kann. Daß die wasserlöslichen Anteile für das Auftreten des Wasserbruchs bei Ultramid 6 A tatsächlich mitverantwortlich gemacht werden müssen, ergibt sich daraus, daß z.B. durch wiederholtes Auskochen mit Wasser weitgehend lactamfrei gemachte Ultramid 6 A-Platten praktisch keine bzw. nur noch eine geringe Neigung zur Wasserbrüchigkeit zeigen. Hieraus darf jedoch nicht gefolgert werden, daß der Wasserbruch einfach durch Auskochen des Ultramid 6 A-Rohmaterials verhütet werden könnte, denn die Weiterverarbeitung des Rohstoffes erfolgt gewöhnlich über die Schmelze, wobei sich unter Ausbildung eines Gleichgewichtes jeweils wieder monomeres Lactam zurückbilden kann.

Von gewissem Einfluß auf die Wasserbrüchigkeit von Ultramid 6 A ist auch die jeweilige Kettenlänge des Moleküls bzw. der mittlere Kondensationsgrad. Produkte mit größerer Kettengliederzahl zeigen im allgemeinen geringere Empfindlichkeit gegenüber Wasser als solche mit kleinerer Kettengliederzahl.

Man könnte versucht sein, aus dem Verhalten von Ultramid 6 A und 5 A, das eine noch höhere Wasseraufnahme als Ultramid 6 A besitzt, den Schluß zu ziehen, daß die Neigung zur Wasserbrüchigkeit um so stärker zutage tritt, je höher die Wasseraufnahme liegt. Demgegenüber

---

[1] Stastny, F.: Kunststoffe **40**, 273 (1950).

sei darauf hingewiesen, daß das Mischkondensat Ultramid 1 C, das allerdings neben adipinsaurem Hexamethylendiamin und Caprolactam in dem adipinsauren 4,4′-Diaminodicyclohexylmethan auch noch eine weitere polyamidbildende Komponente enthält, mit einer Wasseraufnahme von etwa 15—16% auch gegenüber heißem Wasser keinerlei Neigung zur Rißbildung zeigt.

Da das Mischpolyamid Ultramid 6 A aus verschiedenen Gründen, vor allem im Hinblick auf sein Verhalten bezüglich Löslichkeit in Lösungsmitteln, wovon später die Rede sein wird, von Anfang an erhöhtes Interesse beanspruchte, wurde mit besonderer Intensität daran gearbeitet, die unangenehme Erscheinung des Wasserbruches zu beseitigen. Am aussichtsreichsten hierzu erschien der Weg der Vernetzung mittels reaktionsfähiger Substanzen, besitzt doch das Ultramid 6 A-Molekül neben den raktionsfähigen Endgruppen viele durch benachbarte Carbonylgruppen aufgelockerte Wasserstoffatome.

Unter den zahlreichen untersuchten Substanzen haben sich einerseits Formaldehyd und Formaldehyd-abspaltende Verbindungen und andererseits die sehr reaktionsfähigen Di- bzw. Polyisocyanate am wirkungsvollsten erwiesen, so daß diese Produkte in der Technik zur Vernetzung von Mischpolyamiden vom Typ des Ultramid 6 A eine wichtige Rolle spielen. Über die Einwirkung von Formaldehyd und Polyisocyanaten auf Polyamide sind im Abschnitt B 3 nähere Angaben gemacht.

6. Verhalten gegen Säuren, Alkalien, Chemikalien.

Die Beständigkeit der Polyamide und Polyurethane gegen anorganische und organische Säuren läßt insofern zu wünschen übrig, als von gewissen Säurekonzentrationen an die Kunststoffe eine Schädigung erfahren können. Grundsätzlich sind hierbei die Polyurethane widerstandsfähiger als die Polyamide. Sehr verdünnte Säuren, einschließlich der starken Mineralsäuren, üben, sofern sie keine oxydierende Wirkung besitzen, bei gewöhnlicher Temperatur auf Polyamide und Polyurethane keinen nennenswerten schädigenden Einfluß aus. Bei Wasserstoffionenkonzentrationen von $p_H = 1$ und teilweise sogar unter 1 kann im allgemeinen auch bei Temperaturen bis zu 50° C kaum ein Abbau festgestellt werden. In der Praxis kann man daher z. B. n/10 Mineralsäuren, wie Schwefelsäure oder Salzsäure, geradezu zur Bestimmung des Säurebindungsvermögens von Polyamiden und Polyurethanen benutzen, ähnlich wie dies auch bei der Ermittlung der Säureaufnahme von Wolle oder Seide der Fall ist[1].

Die Säurebindung der Polyamide, die Gegenstand zahlreicher Untersuchungen gewesen ist, erfolgt zweifellos in ähnlicher Weise wie bei den Proteinen. Mit fallendem p_H-Wert steigt die Säureaufnahme an, um bei $p_H = 2,2—2,6$ einen konstanten Sättigungswert zu erreichen, wie ELÖD und Mitarbeiter bei der Behandlung von Polyamidfasern mit

---

[1] MEYER, K. H., u. H. FIKENTSCHER: Melliand Textilber. 8, 781 (1927).

Salzsäure festgestellt haben[1]. Unterhalb von $p_H = 2{,}2$ steigt die Säurebindung steil an, wie aus Abb. 10 ersichtlich ist. Auch englische Autoren haben gezeigt, daß beim Färben von Nylon mit sauren Farbstoffen eine Reaktion vor allem mit den NH_2-Gruppen stattfindet und daß sich bei p_H unterhalb 2,3 in steigendem Maße die Amidgruppen am Färbevorgang beteiligen[2]. Wie ELÖD und Mitarbeiter weiter durch Desaminieren von Polyamiden mittels Natriumnitrit und Essigsäure festgestellt haben, sind die endständigen Aminogruppen im p_H-Bereich von 2,2—2,5 gerade mit Salzsäure abgesättigt[1]. Unterhalb von $p_H = 2$ beteiligen sich an der Säurebindung außerdem noch die Carbonamidgruppen, die mit fallendem p_H in zunehmendem Maße positiv aufgeladen werden. ELÖD und FRÖHLICH empfehlen daher zur Bestimmung des Säurebindungsvermögens der freien NH_2-Gruppen von Polyamiden die Verwendung von n/200 Salzsäure ($p_H = 2{,}3$). Die hierbei erhältlichen Werte für das Säurebindungsvermögen z. B. von Polycaprolactam lassen unter der Voraussetzung, daß es sich um unverzweigte Ketten mit je einer endständigen NH_2-Gruppe handelt, unmittelbar auf das mittlere Molekulargewicht schließen[3]. Vielfach konnte von den genannten Autoren zwischen den auf diese Weise gefundenen und den viscosimetrisch gemessenen Molekulargewichten bei Polyamiden gute Übereinstimmung gefunden werden. Bei technischen Produkten, die meist mit einem Überschuß an Säure kondensiert werden, sind die Verhältnisse nicht immer ganz übersichtlich.

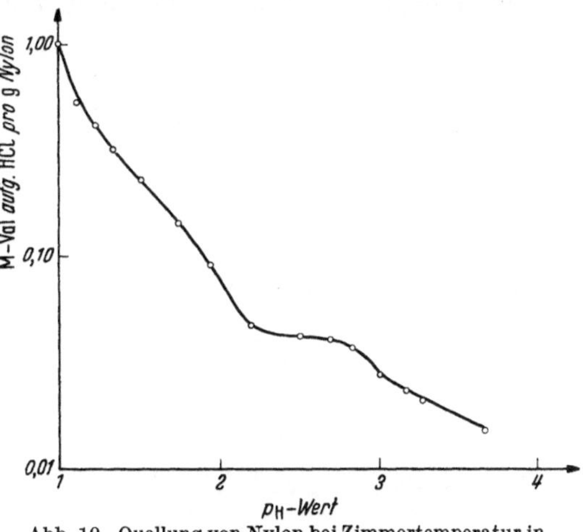

Abb. 10. Quellung von Nylon bei Zimmertemperatur in Abhängigkeit vom p_H-Wert.

Wie ELÖD und FRÖHLICH[4] des weiteren gezeigt haben, verhalten sich auch Polyurethane in Form von Fasern Säuren gegenüber analog den Polyamiden insofern, als bei ihrer Behandlung, z. B. mit Salzsäure, unterhalb von $p_H = 2$ Säurebindung eintritt, wobei die Kurve den typischen steilen Anstieg zeigt wie bei Polyamiden. Da Polyurethane keine endständigen NH_2-Gruppen enthalten, kommen für die Säurebindung nur die —NH—CO—O-Gruppen in Betracht.

[1] ELÖD, E., u. TH. SCHACHOWSKOY: Melliand Textilber. **25**, 309 (1944). — ELÖD, E., u. H. G. FRÖHLICH: Melliand Textilber. **30**, 103, 239 (1949).

[2] CARLENE, P. W., A. S. FERN u. T. VICKERSTAFF: J. Soc. Dyers Colourists **63**, 388 (1947).

[3] ELÖD, E., u. H. G. FRÖHLICH: Melliand Textilber. **30**, 103 (1949).

[4] ELÖD, E., u. H. G. FRÖHLICH: Melliand Textilber. **31**, 759 (1950).

Eine merkliche Schädigung der Polyamide und Polyurethane tritt erst bei höheren Säurekonzentrationen und gleichzeitig höheren Temperaturen ein. Bei gewöhnlicher Temperatur bedingen höhere Säurekonzentrationen im allgemeinen eine stärkere Quellung und allmähliche Auflösung des Polykondensats, ohne daß ein nennenswerter Abbau beobachtet werden kann. So benutzt man in der Technik sogar Lösungen von Polyamiden und Polyurethanen in konzentrierter Schwefelsäure oder konzentrierter Ameisensäure zur viscosimetrischen Bestimmung des mittleren Molekulargewichts.

Diese Erkenntnisse sind für die praktische Beurteilung der Säurebeständigkeit von Polyamiden und Polyurethanen überaus wichtig.

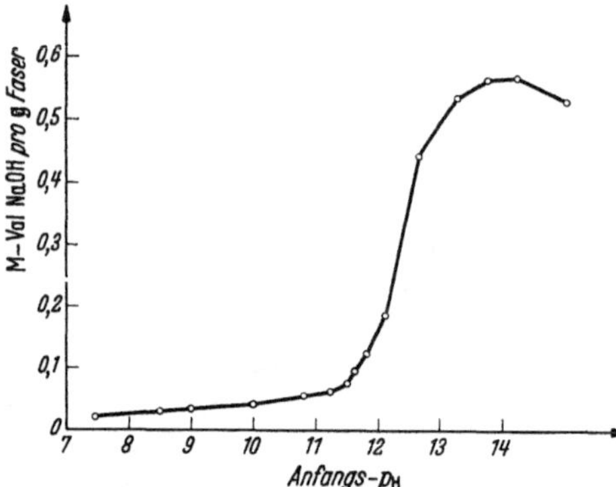

Abb. 11. Aufnahme von Natronlauge durch Perlon U in Abhängigkeit vom p_H-Wert (Temperatur 20° C, Dauer 4 Tage, Flotte 1:20).

Grundsätzlich ist bei der Beurteilung der Säurebeständigkeit der Polyamide zu unterscheiden, ob die betreffenden Gegenstände ständig oder nur vorübergehend mit der Säure in Berührung sind. In ersterem Falle ist, vorausgesetzt, daß es sich um weitgehend verdünnte Säuren handelt, die Gefahr der Schädigung über relativ lange Zeit hinaus nur gering. Ist aber ein Polyamidformteil nur vorübergehend mit verdünnter Säure in Berührung gewesen, so wird in den Fällen, in denen es sich um nicht oder schwer flüchtige Säuren handelt, bei der Lagerung des betreffenden Formteils an der Luft das zuvor aufgenommene Wasser wieder langsam abgegeben, wobei sich die ebenfalls aufgenommene Säure anreichert und schließlich zur Auflösung bzw. gar Zerstörung des Polyamids führen kann. Auf diese Umstände ist besondere Rücksicht zu nehmen, wenn Polyamidkunststoffe bei der praktischen Anwendung mit Säuren in Berührung kommen. In Berührung mit Säuren, deren Konzentration über 1—2% liegt, muß bei Polyamiden und in manchen Fällen auch bei Polyurethanen auf längere Sicht gesehen immer mit einer gewissen Schädigung gerechnet werden, die sich meist in einer Versprödung des Materials bemerkbar macht. Die am Ende dieses Abschnitts eingefügte Beständigkeitsliste gibt Auskunft über das Verhalten einiger bekannter Polyamid- und Polyurethanhandelsprodukte noch 3monatiger Lagerung in verschiedenen Säuren in 10%iger Konzentration bei Raumtemperatur. An der Höhe der gleichzeitig in der Liste angegebenen Werte für die maximale Quellung, die sich bei den einzelnen Typen und den einzelnen Säuren verschieden rasch einstellt, läßt sich speziell bei den Polyamiden im Vergleich zu dem Quellwert in Wasser oft schon erkennen, ob eine merkliche Schädigung auch bei Konzentrationen unter 10% zu erwarten ist.

Die Beständigkeit der Polyamide und Polyurethane gegen Laugen
ist als erstaunlich gut zu bezeichnen. ELÖD und FRÖHLICH[1] haben zwar
gezeigt, daß Polyamide und Polyurethane ähnlich wie die Proteine auch
Laugen zu binden vermögen, wobei die Alkaliaufnahme vom p_H-Wert
abhängig ist und im alkalischen Gebiet stark ansteigt (vgl. Abb. 11),
jedoch hat der Langzeitversuch über 3 Monate bei Verwendung 10%iger
Laugen ergeben, daß die Polyamid- und Polyurethanprüfkörper keine
erkennbare Quellung erfahren. Wie die Zahlen für die maximale Gewichtszunahme in der weiter unten folgenden Beständigkeitsliste zeigen,
ist bei der Lagerung in 10%igen Laugen meist sogar eine geringere
Gewichtszunahme festzustellen als beim Lagerungsversuch in Wasser.

Auch gegen die meisten Chemikalien zeigen die Polyamid- und
Polyurethankunststoffe eine sehr gute Beständigkeit. Lediglich bei
Chemikalien von stärker saurem oder gar oxydierendem Charakter ist
mit einer gewissen Schädigung dieser Kunststoffe, insbesondere was die
Polyamide anbetrifft, zu rechnen. Der Grad der Schädigung hängt
naturgemäß von der Konzentration der wirksamen Substanz ab. Polyurethane sind in dieser Hinsicht merklich widerstandsfähiger als Polyamide. Das Verhalten einiger wichtiger Vertreter der Polyamide und
Polyurethane gegen eine größere Zahl von Chemikalien ist ebenfalls in
der anhängenden Beständigkeitsliste aufgezeichnet.

Tabelle 9a. Beständigkeitsliste.

Agenzien (10%ige Lösungen)	Produkt	Maximale Gewichtszunahme in %	Verhalten der Prüfkörper
Wasser	Ultramid A	8,9	normal
	Ultramid B	10,40	normal
	Ultramid 6 A	13,10	normal
	Ultramid 1 C	16,30	normal
	Polyurethan U	2,19	normal
Ameisensäure	Ultramid A	12,90	etwas gequollen
	Ultramid B	13,60	etwas gequollen
	Ultramid 6 A	19,50	etwas gequollen
	Ultramid 1 C	23,20	etwas gequollen
	Polyurethan U	3,93	normal
Chloressigsäure	Ultramid A	19,90	gequollen, allmählich Rißbildung
	Ultramid B	18,50	gequollen, nach 84 Tagen feine Rißbildung
	Ultramid 6 A	28,80	gequollen, nach 54 Tagen Rißbildung
	Ultramid 1 C	36,70	stark gequollen, rötlich braun
	Polyurethan U	6,70	sehr biegsam, sonst normal
Chromsäure	Ultramid A	16,25	tiefgefärbt, nach 54 Tagen zerstört
	Ultramid B	27,70	gelbbraun, nach 12 Tagen zerstört
	Ultramid 6 A	—	nach 1 Tag zerstört
	Ultramid 1 C	—	nach 1 Tag zerstört
	Polyurethan U	1,78	nach 1 Tag gelbbraun, nach 54 Tagen oberflächlich angegriffen

[1] ELÖD, E., u. H. G. FRÖHLICH: Melliand Textilber. **31**, 759 (1950).

Tabelle 9a. (Fortsetzung.)

Agenzien (10%ige Lösungen)	Produkt	Maximale Gewichtszunahme in %	Verhalten der Prüfkörper
Chromsäure (1%ig)	Ultramid A	11,25	braun gefärbt, sonst normal
	Ultramid B	16,00	etwas gequollen, schwarzbraun gefärbt
	Ultramid 6A	24,30	nach 1 Tag gelbbraun, nach 12 Tagen Oberfläche runzlig, bricht beim Biegen
	Ultramid 1C	43,05	nach 1 Tag gelbbraun, nach 18 Tagen undurchsichtig und angegriffen
	Polyurethan U	2,20	gelblich braun, sonst normal
Essigsäure	Ultramid A	13,05	etwas gequollen
	Ultramid B	12,75	normal
	Ultramid 6A	19,60	etwas gequollen
	Ultramid 1C	23,04	etwas gequollen
	Polyurethan U	3,05	normal
Milchsäure	Ultramid A	11,45	normal
	Ultramid B	12,05	normal
	Ultramid 6A	17,40	etwas gequollen
	Ultramid 1C	20,05	etwas gequollen
	Polyurethan U	2,37	normal
Oxalsäure	Ultramid A	13,40	etwas gequollen
	Ultramid B	13,00	normal
	Ultramid 6A	18,25	gequollen, nach 54 Tagen Rißbildung
	Ultramid 1C	22,2	etwas gequollen
	Polyurethan U	2,29	normal
Phosphorsäure	Ultramid A	10,90	normal
	Ultramid B	12,10	etwas gequollen
	Ultramid 6A	15,80	etwas gequollen
	Ultramid 1C	18,55	etwas gequollen
	Polyurethan U	—	normal
Salpetersäure	Ultramid A	17,55	nach 5 Tagen angegriffen, nach 36 Tagen zerstört
	Ultramid B	21,15	nach 1 Tag stark gequollen, nach 5 Tagen Rißbildung
	Ultramid 6A	46,35	nach 12 Tagen stark gequollen, klebt, etwas rissig
	Ultramid 1C	—	nach 1 Tag stark angelöst (klebrige Masse)
	Polyurethan U	2,35	normal
Salzsäure	Ultramid A	24,15	nach 12 Tagen zerstört
	Ultramid B	32,55	nach 1 Tag stark gequollen, nach 5 Tagen gebrochen
	Ultramid 6A	—	nach 1 Tag stark angelöst
	Ultramid 1C	—	nach 1 Tag stark angelöst
	Polyurethan U	1,55	normal
Schwefelsäure	Ultramid A	12,6	nach 84 Tagen etwas gequollen
	Ultramid B	13,25	nach 84 Tagen zerstört

Tabelle 9a. (Fortsetzung.)

Agenzien (10 %ige Lösungen)	Produkt	Maximale Gewichtszunahme in %	Verhalten der Prüfkörper
Schwefelsäure	Ultramid 6 A	21,95	nach 12 Tagen zerstört
	Ultramid 1 C	23,75	gequollen
	Polyurethan U	2,00	normal
Überchlorsäure	Ultramid A	19,70	gequollen, nach 54 Tagen zerstört
	Ultramid B	19,25	stark gequollen, nach 54 Tagen zerstört
	Ultramid 6 A	34,70	gequollen, nach 54 Tagen zerstört
	Ultramid 1 C	30,85	gequollen, nach 12 Tagen zusammengeklebt
	Polyurethan U	2,25	normal
Citronensäure	Ultramid A	10,30	normal
	Ultramid B	10,90	normal
	Ultramid 6 A	15,00	etwas gequollen
	Ultramid 1 C	18,10	etwas gequollen, rötlich braun gefärbt
	Polyurethan U	2,15	normal
Ammoniak	Ultramid A	9,50	normal
	Ultramid B	9,10	normal
	Ultramid 6 A	10,40	normal
	Ultramid 1 C	13,50	normal
	Polyurethan U	2,22	normal
Kalilauge	Ultramid A	8,00	normal
	Ultramid B	7,90	normal
	Ultramid 6 A	9,00	normal
	Ultramid 1 C	11,15	normal
	Polyurethan U	1,88	normal
Natronlauge	Ultramid A	6,95	normal
	Ultramid B	6,55	normal
	Ultramid 6 A	7,90	normal
	Ultramid 1 C	9,55	normal
	Polyurethan U	1,75	normal
Ammoniumchlorid	Ultramid A	8,25	normal
	Ultramid B	8,70	normal
	Ultramid 6 A	10,55	normal
	Ultramid 1 C	12,35	normal
	Polyurethan U	1,86	normal
Aluminiumchlorid	Ultramid A	8,30	normal
	Ultramid B	9,25	normal
	Ultramid 6 A	11,30	nach 54 Tagen Rißbildung
	Ultramid 1 C	13,30	nach 54 Tagen feine Rißbildung
	Polyurethan U	2,22	normal
Bleichlauge (0,1 % akt. Chlor)	Ultramid A	10,10	nach 12 Tagen etwas angegriffen
	Ultramid B	9,40	weißer Belag, nach 18 Tagen angegriffen
	Ultramid 6 A	11,60	nach 5 Tagen angegriffen
	Ultramid 1 C	13,60	nach kurzer Zeit stark angegriffen
	Polyurethan U	2,04	normal

Tabelle 9a. (Fortsetzung.)

Agenzien (10%ige Lösungen)	Produkt	Maximale Gewichtszunahme in %	Verhalten der Prüfkörper
Calciumchlorid	Ultramid A	9,60	normal
	Ultramid B	8,50	normal
	Ultramid 6 A	10,35	normal
	Ultramid 1 C	12,60	normal
	Polyurethan U	2,01	normal
Chromalaun	Ultramid A	11,60	gelblich braun, sonst normal
	Ultramid B	9,95	normal
	Ultramid 6 A	12,70	nach 54 Tagen Rißbildung
	Ultramid 1 C	14,70	normal
	Polyurethan U	2,12	gelblich, sonst normal
Eisenchlorid	Ultramid A	13,05	etwas gelblich gefärbt, sonst normal
	Ultramid B	9,80	normal, gelblich
	Ultramid 6 A	12,35	normal, gelblich
	Ultramid 1 C	14,55	normal, gelblich
	Polyurethan U	2,02	normal, gelblich
Kalium- bichromat (5%)	Ultramid A	10,95	normal, gelb gefärbt
	Ultramid B	10,55	normal, gelb gefärbt
	Ultramid 6 A	13,70	normal, gelb gefärbt
	Ultramid 1 C	15,80	normal, gelb gefärbt
	Polyurethan U	2,60	normal, etwas gelb gefärbt
Kaliumnitrat	Ultramid A	9,05	normal
	Ultramid B	9,75	normal
	Ultramid 6 A	12,90	normal
	Ultramid 1 C	15,95	normal
	Polyurethan U	2,02	normal
Kalium- permanganat (1%)	Ultramid A	20,60	tief gefärbt, nach 84 Tagen zerstört
	Ultramid B	10,95	tief gefärbt, nach 84 Tagen zerstört
	Ultramid 6 A	21,20	tief gefärbt, nach 1 Tag bereits angegriffen
	Ultramid 1 C	41,25	nach 1 Tag schwach angegriffen, nach 36 Tagen zerstört
	Polyurethan U	3,37	schwach angefärbt, normal
Kupfersulfat	Ultramid A	9,45	normal
	Ultramid B	9,70	normal
	Ultramid 6 A	12,45	normal
	Ultramid 1 C	14,90	normal
	Polyurethan U	2,10	normal
Magnesium- chlorid	Ultramid A	9,13	normal
	Ultramid B	10,00	normal
	Ultramid 6 A	10,25	normal
	Ultramid 1 C	14,35	normal
	Polyurethan U	2,17	normal
Mangansulfat	Ultramid A	9,30	normal
	Ultramid B	9,45	normal
	Ultramid 6 A	12,45	normal
	Ultramid 1 C	14,80	normal
	Polyurethan U	2,18	normal

Tabelle 9a. (Fortsetzung.)

Agenzien (10%ige Lösungen)	Produkt	Maximale Gewichtszunahme in %	Verhalten der Prüfkörper
Natriumsulfat	Ultramid A	8,30	normal
	Ultramid B	9,20	normal
	Ultramid 6 A	11,20	normal
	Ultramid 1 C	13,20	normal
	Polyurethan U	2,20	normal
Natriumbisulfit	Ultramid A	9,00	normal
	Ultramid B	9,45	normal
	Ultramid 6 A	11,40	normal
	Ultramid 1 C	13,60	normal
	Polyurethan U	2,94	normal
Quecksilberchlorid (5%)	Ultramid A	22,40	gequollen
	Ultramid B	30,6	gequollen
	Ultramid 6 A	36,60	gequollen
	Ultramid 1 C	22,40	gequollen
	Polyurethan U	4,05	elastischer, sonst normal
Wasserstoffsuperoxyd (0,5%)	Ultramid A	9,40	normal
	Ultramid B	10,70	normal
	Ultramid 6 A	13,25	normal
	Ultramid 1 C	15,25	normal
	Polyurethan U	2,22	normal
Wasserstoffsuperoxyd (1%) nach 54 Tagen Lagerung	Ultramid A	8,0	normal
	Ultramid B	3,52	beginnende Versprödung
	Ultramid 6 A	—	—
	Ultramid 1 C	11,0	langsame Blasenbildung
	Polyurethan U	1,95	normal
Wasserstoffsuperoxyd (3%) nach 54 Tagen Lagerung	Ultramid A	8,78	normal
	Ultramid B	4,33	beginnende Versprödung
	Ultramid 6 A	—	—
	Ultramid 1 C	11,97	etwas stärkere Blasenbildung
	Polyurethan U	1,97	normal
Wasserstoffsuperoxyd (10%) nach 54 Tagen Lagerung	Ultramid A	10,7	beginnende Blasenbildung
	Ultramid B	5,93	deutliche Blasenbildung
	Ultramid 6 A	—	—
	Ultramid 1 C	17,8	starke Blasenbildung
	Polyurethan U	3,29	Oberfläche leicht angegriffen
Wasserstoffsuperoxyd (30%) nach 54 Tagen Lagerung	Ultramid A	16,4	zerbricht in der Hand
	Ultramid B	—	zerbricht in der Hand
	Ultramid 6 A	—	—
	Ultramid 1 C	61,5	milchig weiß, stark gequollen, Rißbildung
	Polyurethan U	4,17	versprödet, stark blasig
Zinkchlorid	Ultramid A	13,00	nach 84 Tagen etwas gequollen
	Ultramid B	10,65	normal
	Ultramid 6 A	16,15	normal
	Ultramid 1 C	18,55	normal
	Polyurethan U	2,07	normal

7. Verhalten gegen Lösungsmittel.

Die Polyamide und Polyurethane sind gegenüber den meisten gebräuchlichen Lösungsmitteln als sehr gut beständig zu bezeichnen. Ganz besonders gut lösungsmittelfest verhalten sich die einheitlichen Polyamide, wie z. B. polyadipinsaures oder polysebacinsaures Hexamethylendiamin, Polycaprolactam u. a. Lediglich Substanzen, die durch stärker ausgeprägte polare Gruppen gekennzeichnet sind, üben auf diese Polyamidtypen eine quellende oder lösende Wirkung aus, was offensichtlich darauf beruht, daß die Polyamidmoleküle selbst zahlreiche Dipole enthalten. Unter den Polyamidlösungsmitteln dieser Art sind z. B. aromatische Oxyverbindungen, wie Phenol, Kresol, Resorcin usw. zu nennen. Auch Lösungen von phenolischen Substanzen in polaren Lösungsmitteln, z. B. Alkoholen, können als Lösungsmittel für einheitliche Polyamide dienen. So haben sich in der Praxis besonders methanolische Lösungen von Resorcin bewährt, deren lösende Wirkung durch lösungsvermittelnde Zusätze, wie aromatische und chlorierte Kohlenwasserstoffe, noch gesteigert werden kann.

Von THINIUS ist bereits 1939 die Auffassung vertreten worden, daß Polyamide zur Auflösung Verbindungen erfordern, die neben der OH-Gruppe noch andere negative Substituenten im Molekül, wie Cl, NO_2, C_6H_5 o. dgl., enthalten[1]. Auch die dissoziierende Wirkung gewisser Metallsalze, wie Calciumchlorid, Magnesiumchlorid usw. in Verbindung mit Alkoholen genügt bereits, um gute Lösungsmittel für Polyamide zu erhalten[2]. So lassen sich z. B. die Polykondensate des adipinsauren Hexamethylendiamins und des Caprolactams ohne Schwierigkeiten in etwa 20%igen Lösungen von wasserfreiem Chlorcalcium in Methanol auflösen.

Auch Gemische von Alkoholen oder Ätheralkoholen mit chlorierten Kohlenwasserstoffen wirken auf einheitliche Polyamide lösend, sofern man durch Zusatz von trockenem Chlorwasserstoff für eine genügend hohe Acidität der betreffenden Agenzien sorgt[3]. Selbstverständlich stellen Säuren anorganischer oder organischer Natur von bestimmten Konzentrationen an ebenfalls gute Lösungsmittel für Polyamide dar. Vor allem sind hier konzentrierte Schwefelsäure, Ameisensäure und Phosphorsäure zu erwähnen. Man nutzt in der Technik die gute Löslichkeit der Polyamide in derartigen Säuren zur Bestimmung der Viscosität bzw. des mittleren Molekulargewichtes der Polyamide aus, nachdem sich, wie an anderer Stelle bereits erwähnt wurde, herausgestellt hat, daß Polyamide bei niederer Temperatur z. B. in konzentrierter Schwefelsäure oder Ameisensäure keinen nennenswerten Abbau erleiden.

Weiterhin kommen als Lösungsmittel für einheitliche Polyamide Formamid und höhere bzw. höher siedende Alkohole, wie Benzylalkohol oder Phenyläthylalkohol, in Betracht, die allerdings nur in der Hitze gute Löseeigenschaften besitzen. Beim Abkühlen von Polyamidlösungen dieser Art scheiden sich die Polyamide wieder gallertig ab.

---

[1] THINIUS, K.: a. a. O.; DRP. 747749 (11).
[2] DRP. 737950 (12); FP. 870736 (13).
[3] THINIUS, K.: a. a. O.

Als weiteres gutes Lösungsmittel für einheitliche Polyamide, insbesondere für Polycaprolactam, ist 70%ige wäßrige Chloralhydratlösung zu erwähnen[1].

Man sieht also, daß es sich durchweg um Lösungsmittel bzw. Lösungsmittelkombinationen handelt, die zwar für die üblichen Laboratoriumsarbeiten gute Dienste leisten mögen, für die praktische Verarbeitung der Polyamide jedoch wegen ihrer starken Acidität oder sonstigen aggressiven Wirkung kaum in Betracht kommen dürften.

Es gelingt aber, einheitlichen Polyamiden eine hinreichende Löslichkeit in einer Reihe gewöhnlicher Lösungsmittel, wie Alkoholen, Dioxan, Glykoläthern und Gemischen aus Kohlenwasserstoffen und Alkoholen, zu verleihen, wenn man bei der Herstellung der Polyamide von Dicarbonsäuren oder Diaminen ausgeht, die ein Heteroatom der O-Gruppe (O, S, Se, Te) in der Kette enthalten[2]. Auch die Anwesenheit von seitenständigen Substituenten in polyamidbildenden Komponenten begünstigt die Löslichkeit der einheitlichen Polyamide[3]. Ebenso wird eine gesteigerte Löslichkeit herbeigeführt, wenn die Struktureinheit eine oder mehrere aliphatische Doppelbindungen enthält. Produkte dieser Art haben bisher jedoch, da sie meist von harzartiger Beschaffenheit sind, kaum technische Bedeutung erlangen können, wenn man von den in den Vereinigten Staaten in den letzten Jahren auf den Markt gebrachten „Polyamid-Resins" absieht, bei denen es sich um niedrigschmelzende, wachsartige bis hartharzähnliche Kondensationsprodukte vorwiegend aus Äthylendiamin mit fetten Ölen bzw. höheren ungesättigten Fettsäuren handelt. Diese Produkte sind in zahlreichen Lösungsmitteln gut löslich und können sowohl aus der Lösung als auch aus der Schmelze verarbeitet werden[4].

Grundsätzlich verschieden von den einheitlichen Polyamiden verhalten sich Lösungsmitteln gegenüber die Mischpolyamide. Selbstverständlich müssen auch für Mischpolyamide die bisher genannten Lösungsmittel als gute Löser bezeichnet werden. Darüber hinaus zeichnen sich aber zahlreiche Mischpolyamide, z.B., um nur eine der bekanntesten Kombinationen herauszugreifen, solche aus adipinsaurem Hexamethylendiamin und Caprolactam, durch verhältnismäßig gute Löslichkeit in einer Reihe üblicher, bequem zu handhabender Lösungsmittel aus, so daß derartigen Mischpolyamiden für die Verarbeitung aus der Lösung große technische Bedeutung zukommt.

Es war von vornherein nicht ohne weiteres vorauszusehen, daß, um bei dem System adipinsaurem Hexamethylendiamin/Caprolactam zu bleiben, sich durch Mischkondensation besser lösliche Produkte ergeben als sie die Polykondensate der Komponenten für sich allein darstellen. Allerdings macht sich eine deutlich verbesserte Löslichkeit derartiger Mischpolyamide erst bei bestimmten Mengenverhältnissen der

---

[1] MATTHES, A.: J. prakt. Chem. **162**, 249 (1943).

[2] AP. 2158064 (14); AP. 2191556 (15).

[3] AP. 2176074 (16); AP. 2130948 (17). Vgl. auch STAUDINGER, H., u. H. JÖRDER: J. prakt. Chem. **160**, 185 (1942).

[4] FOURNIER, M. P.: Peintures-Pigments-Vernis **26**, 513 (Dez. 1950).

Komponenten bemerkbar[1]. Das Intervall guter Löslichkeit liegt bei Mischkondensaten aus adipinsaurem Hexamethylendiamin und Caprolactam innerhalb der Mischungsverhältnisse 75:25 bis etwa 22,5:77,5, wobei sich Produkte der Zusammensetzung 50:50 am günstigsten verhalten. Dennoch wurde für die Bedürfnisse der Praxis das Mischpolyamid der Zusammensetzung 60:40 ausgewählt (Ultramid 6A), da auch die Tatsache berücksichtigt werden mußte, daß bei wechselnden Mengenverhältnissen der Mischkomponenten neben der Löslichkeit zugleich auch andere Eigenschaften, wie Schmelzpunkt, Härte und vor allem Wasserempfindlichkeit, bis zu einem gewissen Grade eine Änderung erfahren, wie die schematische Darstellung in Abb. 12 zeigen soll[1].

Als Lösungsmittel für Mischpolyamide aus adipinsaurem Hexamethylendiamin und Caprolactam kommen vornehmlich wieder niedere aliphatische Alkohole in Verbindung mit geringen Mengen Wasser in Betracht[2]. Wasserfreie Alkohole allein wirken im allgemeinen nur quellend und besitzen keine oder nur ungenügende Löseeigenschaften für Mischpolyamide. Auch flüchtige ungesättigte Alkohole, z.B. Isopropyläthinylcarbinol, verhalten sich grundsätzlich ähnlich[3].

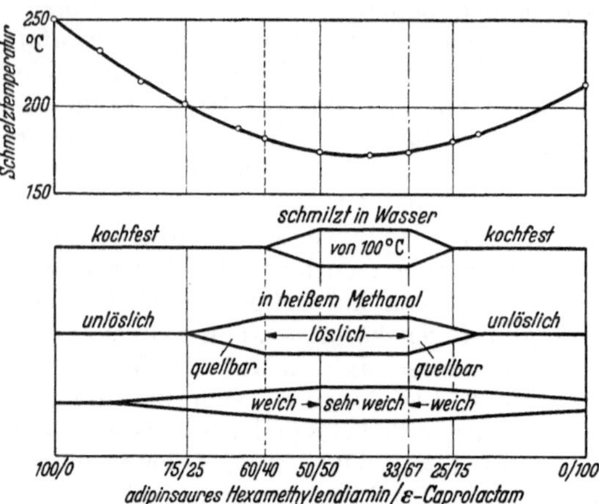

Abb. 12. Eigenschaften von Mischpolyamiden aus zwei Komponenten in Abhängigkeit von der Zusammensetzung.

Als beste Lösungsmittel für das technische Ultramid 6A haben sich in der Praxis Gemische aus Methanol oder Äthanol mit Wasser im Verhältnis 8:2 bis 9:1 bewährt. Das Auflösen des Mischpolyamids erfolgt zweckmäßig in der Wärme, am besten durch Kochen unter Rückfluß auf dem Wasserbad.

Es wäre verfehlt, anzunehmen, daß auf diese Weise Polyamidlösungen mit besonders hohem Festgehalt, wie man es bei Lackharzen, Cellulosederivaten oder zahlreichen anderen Kunststoffen gewohnt ist, erzielt werden könnten. Im allgemeinen liegt das Maximum bei alkoholischwäßrigen Lösungen von Ultramid 6A bei etwa 30% Festgehalt. Zu erwähnen ist, daß die Lösungen von Ultramid 6A in Alkohol/Wassergemischen den Nachteil mangelnder Stabilität besitzen, so daß sie nicht bei gewöhnlicher Temperatur verarbeitet werden können. Die in der Hitze erzeugten Lösungen erstarren alsbald nach dem Abkühlen unter etwa 40—50° C zu gallertigen Massen. Durch Erwärmen der erstarrten

---

[1] STASTNY, F.: a. a. O.
[2] AP. 2252555 (18).
[3] Vgl. THINIUS, K.: a. a. O.

Lösung gelingt es zwar, die Gemische wieder zu verflüssigen. Im ganzen gesehen wirkt sich aber die ungenügende Stabilität der Ultramid 6A-Lösungen bei gewöhnlicher Temperatur für die Praxis sehr nachteilig aus, da es erforderlich ist, nicht nur mit heißen Lösungen, sondern auch mit vorgewärmten Apparaturen usw. zu arbeiten.

Durch Zusatz von chlorierten Kohlenwasserstoffen, wie Tetrachlorkohlenstoff, Chloroform, Trichloräthylen usw., kann eine gewisse Verbesserung der Stabilität von Ultramid 6A-Lösungen erreicht werden. Dies ist insofern interessant, als Chlorkohlenwasserstoffe für sich allein auf Mischpolyamide meist weder quellend noch gar lösend wirken. Es scheint, daß durch den Zusatz von Verbindungen mit negativen Substituenten der polare Charakter des Lösungsmittelgemisches noch weiter verstärkt wird.

Eine weitere Möglichkeit, die Löslichkeit und Stabilität von Ultramid 6A in wäßrigen Alkoholen zu verbessern, besteht in der kurzzeitigen Einwirkung von Formaldehyd[1]. Man muß sich vorstellen, daß sich hierbei, jedenfalls primär, Methylolgruppen bilden, die dem Polyamid einen hydrophileren Charakter verleihen. In der Praxis wird teilweise so verfahren, daß man Ultramid 6A, das Alkohol/Wassergemisch und die wäßrige Formaldehydlösung zusammen erhitzt und die hierbei erhaltene Lösung als solche zur Verarbeitung bringt[2]. Aus derartigen Lösungen kann sogar der vorhandene Alkohol abgedampft werden, ohne daß eine Ausflockung des Polyamids eintreten soll[3]. Des weiteren ist es möglich, Ultramid 6A, z.B. in körniger Form, begrenzte Zeit in wäßrigem Formaldehyd zu lagern und anschließend in Alkohol/Wassergemischen aufzulösen. Die so erhaltenen Lösungen zeichnen sich durch verbesserte Stabilität bei Raumtemperatur aus. Es ist auch gelungen, ein leicht in Alkoholen lösliches Umsetzungsprodukt von Ultramid 6A mit Formaldehyd als feste Verbindung zu isolieren, wenn die Umsetzung unter bestimmten Bedingungen in Eisessig bei gewöhnlicher oder leicht erhöhter Temperatur vorgenommen wird. Das Umsetzungsprodukt kann durch Umfällen, z.B. aus Methanol/Wasser, gereinigt und von anhaftender Säure und Formaldehyd weitgehend befreit werden. Interessant ist, daß beim Arbeiten in konzentrierter Ameisensäure unter sonst gleichen Bedingungen die Umsetzung von Ultramid 6A mit Formaldehyd augenblicklich zu einer unlöslichen vernetzten Gallerte führt.

Die Verbesserung der Löslichkeitseigenschaften von Polyamiden durch Behandlung mit Formaldehyd ist zunächst lediglich bei Mischpolyamiden studiert und auch praktisch angewandt worden.

In den letzten Jahren ist nun in den Vereinigten Staaten eine ganze Reihe von Patenten erschienen, die die Herstellung von in Alkoholen löslichen Produkten auch aus einheitlichen Polyamiden, wie den Polykondensaten aus adipinsaurem oder sebacinsaurem Hexamethylendiamin, durch Umsetzung mit Formaldehyd oder formaldehydabspaltenden Substanzen zum Gegenstand haben. Im Prinzip wird hierbei

---

[1] AP. 2177637 (19).
[2] FP. 905566 (20).
[3] DRP. 748840 (21).

so verfahren, daß die Polyamide in Gegenwart einer sauerstoffhaltigen Säure als Katalysator, z. B. Ameisensäure, Phosphorsäure u. dgl., mit Alkoholen, Mercaptanen, Säureamiden, Sulfonsäureamiden usw. mit Formaldehyd unter Bildung von N-Alkoxymethyl-Polyamiden zur Reaktion gebracht werden[1]. Diese mit Formaldehyd modifizierten Polyamide sind gekennzeichnet durch die Gruppierung

$$\mathrm{N-CH_2-OR}\,.$$

Die Umsetzung wird zweckmäßig bei höherer Temperatur, meist im Autoklaven, über 100° C, durchgeführt. Die Reaktionsprodukte können sowohl als Festsubstanz isoliert werden als auch in Form der Reaktionslösung unmittelbar zur Verarbeitung gelangen.

Die Umsetzung mit Formaldehyd hat eine bemerkenswerte Veränderung der Eigenschaften der Polyamide zur Folge (Tabelle 10)[1]. Mit steigendem Gehalt an Alkoxymethylgruppen steigt die Löslichkeit z. B. in 80%igem heißem Äthanol beträchtlich an, während der Schmelzpunkt deutlich herabgesetzt wird. Besonders bemerkenswert ist der erhebliche Anstieg der elastischen Dehnung auf etwa 500—600%.

Tabelle 10. *Einfluß des Methoxylgehaltes auf die Eigenschaften von N-Methoxymethylpolyhexamethylendiadipat* [2].

	Prozent Methoxyl	Prozent substituierter Amidgruppen	Prozent Löslichkeit in 80%igem Sprit	FP. °C	Elastische Dehnung in %
Polyadipinsaures Hexamethylendiamin	0	0	0	264	45
CH$_2$O-Umsetzungsprodukt	5,77	22	>25	185	285
	7,81	32	>50	130	570
	10,5	45	>50	110	500—600

Bei der vorstehend beschriebenen Arbeitsweise muß stets mit einem mehr oder weniger starken Abbau des Polyamids gerechnet werden, so daß die hierbei gewonnenen Umsetzungsprodukte für die Belange der Praxis im allgemeinen nicht immer in jeder Hinsicht befriedigen. Bei Verwendung gepufferter Lösungen, vorzugsweise mit tertiären Aminen oder Alkalisalzen schwacher Säuren, soll der Abbau der Polyamide weitgehend verhütet werden[3]. Zur Bindung des stets im großen Überschuß vorhandenen Formaldehyds können der Reaktionsmischung harzbildende Verbindungen, wie Harnstoff, Thioharnstoff, Melamin, teils auch Phenole, die mit Formaldehyd leicht reagieren, zugesetzt werden[4]. Es ist auch möglich, die Eigenschaften der N-Alkoxymethyl-Polyamide

<hr>

[1] AP. 2430860 (22).
[2] Entnommen AP. 2430860.
[3] AP. 2430908 (23).
[4] AP. 2430950 (24).

durch Umsetzung mit Substanzen, die mehrere Hydroxylgruppen enthalten (Nitrocellulose, Acetylcellulose u. a. m.) zu variieren[1].

In den Vereinigten Staaten sind in jüngster Zeit Handelsprodukte bekannt geworden, bei denen es sich um Umsetzungsprodukte von Polyamiden mit Formaldehyd der vorstehend beschriebenen Art handelt (Typ 8 Nylon Resin DV 45 und DV 55)[2].

Wenn auch die Umsetzung von Polyamiden mit Formaldehyd zu Produkten führt, die sich durch gute Löslichkeit in einer Reihe gewöhnlicher Lösungsmittel unter Ausbildung hinreichend stabiler Lösungen auszeichnen, so hat man, wenigstens in Deutschland, von·diesen Möglichkeiten in der Praxis bisher nur verhältnismäßig wenig Gebrauch gemacht Es scheint sogar, daß man der Verwendung von Formaldehyd im allgemeinen ablehnend gegenübersteht. Dies dürfte nicht nur darauf zurückzuführen sein, daß das Arbeiten mit Formaldehyd als nicht besonders sympathisch erscheint und den Umsetzungsprodukten meist noch ein wenn auch geringer Formaldehydgeruch anhaftet, sondern vor allem darauf, daß derartige formaldehydhaltige Produkte möglicherweise noch sehr geringe Mengen freier Säuren enthalten, die im Laufe der Zeit zu einer Beeinträchtigung der Qualität der mit solchen Polyamidlösungen hergestellten Artikel führen können.

Wesentlich sympathischer erscheint der Weg, den die deutsche chemische Industrie schon frühzeitig durch Entwicklung neuer Polyamidtypen beschritten hatte, die bei gewöhnlicher Temperatur in einfacheren Lösungsmitteln verhältnismäßig gut stabile Lösungen liefern. Man ist bei der Polyamidherstellung von 3 Komponenten ausgegangen, von denen jede für sich allein bereits zur Polyamidbildung befähigt ist. Neben adipinsaurem Hexamethylendiamin und Caprolactam kam vor allem adipinsaures 4,4'-Diaminodicyclohexylmethan als weitere Mischkomponente zur Anwendung. Das wichtigste Handelsprodukt auf dieser Basis enthält die genannten 3 Komponenten im Verhältnis 1:1:1 und gewinnt unter der Bezeichnung Ultramid 1 C in letzter Zeit immer mehr Bedeutung.

Als beste Lösungsmittel außer Phenolen und Säuren für diese Mischpolyamide haben sich Gemische niederer Alkohole mit Benzol und etwas Wasser bewährt. So gelingt es auf einfache Weise, unter Verwendung eines Gemisches z. B. aus Methanol oder Äthanol, Benzol und Wasser im Verhältnis 7:2:1 etwa 20—25%ige Lösungen herzustellen, die über Tage und Wochen bei Raumtemperatur flüssig bleiben. Auch in diesem Falle wirkt Benzol weder als Löse- noch als Quellungsmittel auf Ultramid 1 C, sondern es dient lediglich zur Erhöhung der Polarität und damit zur Erhöhung der Löseeigenschaften des Alkohol-Wassergemisches. Ohne Benzolzusatz können zwar ebenfalls Ultramid 1 C-Lösungen von höherer Konzentration erzeugt werden, doch neigen solche Lösungen bereits nach verhältnismäßig kurzer Zeit zum Gelieren. Neben Benzol haben

---

[1] AP. 2456271 (25).
[2] Vgl. auch Cairns, T. T. u. Mitarb.: Amer. Paint J. **32**, 10 (1948). Ref. Kunststoffe **39**, 261 (1949).

auch chlorierte Kohlenwasserstoffe wie Chloroform, Tetrachlorkohlenstoff, Methylenchlorid u. a. gute lösungsvermittelnde Wirkung.

Auf ähnlicher Basis wie Ultramid 1C sind die früher auf dem deutschen Markt gewesenen, heute aber nicht mehr hergestellten Marken Igamid 50 und Igamid 40B aufgebaut. Diese Produkte zeichnen sich durch eine Ultramid 1C gegenüber verbesserte Löslichkeit in einfachen Lösungsmitteln aus, besonders wenn man als Lösungsmittel Kombinationen der genannten Art mit Äthylglykol und ähnlichen höher siedenden Lösungsmitteln verwendet. Ihre bessere Löslichkeit geht gleichzeitig parallel mit einer wesentlich höheren Wasserquellbarkeit.

Aus dem vorstehend geschilderten Verhalten der Polyamide gegenüber Lösungsmitteln darf aber nicht der Schluß gezogen werden, daß Mischpolyamide grundsätzlich in einfacheren Lösungsmitteln löslich sein müßten. Bei der Kombination von 2 oder mehr polyamidbildenden Komponenten sind die Löslichkeitseigenschaften der jeweiligen Polykondensate in hohem Maße vom Mischungsverhältnis der Komponenten abhängig. So kommt es, daß die früher als Handelsprodukt geführte Type Igamid 85B, die aus 85% ε-Caprolactam und 15% γ-ketopimelinsaurem Hexamethylendiamin zusammengesetzt ist, hinsichtlich der Löslichkeit nicht etwa den Mischpolyamiden vom Typ des Ultramid 6A oder 1C, sondern weitgehend den einheitlichen Polyamiden entspricht. Wird aber der Anteil an ketopimelinsaurem Hexamethylendiamin erhöht, so können auch hier Produkte mit verbesserter Löslichkeit gewonnen werden.

Grundsätzlich ähnlich wie die Polyamide verhalten sich auch die Polyurethane bezüglich Löslichkeit in Lösungsmitteln. Dabei entspricht das normale Polyurethan aus Hexamethylendiisocyanat und 1,4-Butandiol weitgehend den einheitlichen Polyamiden. Diese Polyurethantype löst sich ebenfalls nur in einigen stärker polaren, meist aggressiven Substanzen, wie Verbindungen mit phenolischen Hydroxylgruppen, Formamid, Acetophenon, Cyclohexanon, ferner Propylglykol, Benzylalkohol, Cyclohexanon u. dgl. Eine befriedigende Löslichkeit erhält man hierbei allerdings meist nur in der Siedehitze, während sich beim Abkühlen der Lösung das Polyurethan zum größten Teil wieder ausscheidet. Dasselbe gilt auch von Lösungen in gleichzeitig Chlor- und OH-Gruppen haltigen Lösungsmitteln, wie z.B. Äthylenchlorhydrin[1]. Derartige Polyurethanlösungen sind z.B. nur in dem sehr engen Bereich zwischen 95—110° C beständig.

Ebenso wie bei den Polyamiden kann auch bei den Polyurethanen im allgemeinen eine Verbesserung der Löslichkeit herbeigeführt werden, wenn man von Gemischen von Diisocyanaten mit einem Diol bzw. von Diolen mit einem Diisocyanat oder Gemischen von mehreren Produkten beider Klassen ausgeht. Wie Thinius bereits ausgeführt hat, führt die Verwendung einer mit einer Seitenkette versehenen Komponente hierbei wieder zu einer Verminderung der Löslichkeitseigenschaften[2]. Bei Ausnutzung der bereits bei den Polyamiden gewonnenen Erkenntnis, daß

[1] FP. 875736 (26).
[2] Thinius, K.: a. a. O.

die Erhöhung des polaren Charakters des Lösungsmittels zugleich eine Verbesserung der Lösekraft erwirkt, wurde gefunden, daß sich Mischpolyurethane in Gemischen aus Äthylenchlorhydrin mit Chloroform oder auch mit Tetrachloräthan in Lösungen überführen lassen, die auch bei gewöhnlicher Temperatur längere Zeit stabil bleiben[1]. Auch in diesem Fall wirken Chloroform bzw. Tetrachloräthan lediglich als Quellmittel und ergeben erst in Mischung mit Äthylenchlorhydrin, das für sich allein zwar in der Siedehitze Mischpolyurethane aufzulösen vermag, aber dabei nur instabile Lösungen liefert, Lösungsmittel mit befriedigend großer Solvatationskraft. Für Mischpolyurethane aus Hexamethylendiisocyanat mit Hexandiol, Butandiol und Methylhexandiol erweisen sich Gemische aus Methylalkohol/Chloroform 9:1 oder ein Gemisch aus 63% Methylenchlorid, 7% Methylalkohol, 10% Acetylentetrachlorid und 20% Äthylenchlorhydrin als brauchbare Lösungsmittel[2].

Eine für die Praxis außerordentlich wertvolle Eigenschaft der Polyamide und Polyurethane besteht in ihrer weitgehenden Indifferenz gegen mineralische, pflanzliche und tierische Öle und Fette.

Eine Übersicht über die Einwirkung einer größeren Zahl von Lösungsmitteln auf Polyamide und Polyurethane ist in der diesem Abschnitt angehängten Beständigkeitsliste unter gleichzeitiger Angabe der maximalen Gewichtsaufnahme gegeben.

Ein analoges Verhalten wie gegen Lösungsmittel zeigen die Polyamide und Polyurethane auch bezüglich der Durchlässigkeit von organischen Dämpfen. SIMRIL und HERSHBERGER[3] haben bei aus Isopropylalkohol/Wassergemischen gegossenen Folien eines Polyamids der Zusammensetzung adipinsaures Hexamethylendiamin/sebacinsaures Hexamethylendiamin/Caprolactam im Verhältnis 40:30:30 die Permeabilitätskonstante P bestimmt, die definiert ist als die Anzahl der Dampf- bzw. Gasmole, die durch 1 cm² eines 1 cm dicken Filmes je Sekunde je 1 cm Hg-Druckunterschied bei 35° C hindurchgehen. Sie fanden hierbei, daß die Durchlässigkeit der meisten untersuchten Lösungsmitteldämpfe durch Nylon verschwindend gering ist gegenüber der Durchlässigkeit von Alkohol- oder Wasserdampf, wie sich aus nachstehenden Zahlen für die Permeabilitätskonstante $P \cdot 10^3$ ergibt:

Benzol	Hexan	Tetrachlorkohlenstoff	Äthanol	Äthylacetat	Wasser
0,1734	0,1975	0,0504	137,3	0,1293	156,10

Die gleichen Autoren haben auch die Durchlässigkeit von Gasen durch Nylonfilme gemessen[4] und gefunden, daß die Diffusion speziell von Sauerstoff und Kohlendioxyd durch Nylon bemerkenswert gering ist gegenüber der durch andere Hochpolymere, insbesondere Polyäthylen. Interessant ist dabei die Zunahme der Durchlässigkeit von Kohlendioxyd durch Nylon um etwa das 10fache bei steigendem Feuchtigkeitsgehalt (von 0—100% relativer Feuchtigkeit).

---

[1] THINUS, K.: a. a. O.
[2] DRP. 742723 (27).
[3] SIMRIL, V. L., u. A. HERSHBERGER: Mod. Plastics 27, 97 (Juni 1950).
[4] SIMRIL, V. L., u. A. HERSHBERGER: Mod. Plastics 27, 95 (Juli 1950).

                     Polyamide als Kunststoff-Rohstoffe.

Tabelle 10a. *Beständigkeitsliste.*

Lösungsmittel	Produkt,	Maximale Gewichts-zunahme in %	Verhalten des Prüfkörpers
Methanol	Ultramid A	13,5	unverändert
	Ultramid B	12,7	unverändert
	Ultramid 6A	27,6	nach 12 Tagen feine Risse, nach 54 Tagen gebrochen
	Ultramid 1C	—	nach 1 Tag angelöst
	Polyurethan U	7,5	etwas weicher und elastischer
Äthanol	Ultramid A	11,4	unverändert
	Ultramid B	11,4	unverändert
	Ultramid 6A	18,4	etwas gequollen, sonst unverändert
	Ultramid 1C	—	nach 1 Tag angelöst
	Polyurethan U	6,3	etwas weicher und elastischer
Isopropyl-alkohol	Ultramid A	11,4	unverändert
	Ultramid B	10,5	unverändert
	Ultramid 6A	18,6	nach 12 Tagen Oberfläche rauh
	Ultramid 1C	59,0	nach 2 Tagen rissig, etwas angelöst
	Polyurethan U	4,00	etwas weicher und elastischer
Butanol	Ultramid A	3,2	unverändert
	Ultramid B	7,3	unverändert
	Ultramid 6A	12,5	unverändert
	Ultramid 1C	44,0	nach 2 Tagen rissig, angelöst
	Polyurethan U	1,3	unverändert
Benzylalkohol	Ultramid A	3,2	nach 84 Tagen etwas klebrig
	Ultramid B	36,6	nach 2 Tagen Oberfläche rauh
	Ultramid 6A	75,1	nach 2 Tagen angelöst
	Ultramid 1C	—	nach 1 Tag stark angelöst
	Polyurethan U	8,6	etwas weicher und elastischer
Glykol	Ultramid A	5,2	unverändert
	Ultramid B	12,6	unverändert
	Ultramid 6A	17,3	etwas gequollen, sonst unverändert
	Ultramid 1C	36,4	nach 54 Tagen etwas gequollen
	Polyurethan U	0,8	unverändert
Chloroform	Ultramid A	19,7	etwas gequollen, elastischer
	Ultramid B	30,6	stark gequollen und lappig
	Ultramid 6A	38,3	stark gequollen, sonst unverändert
	Ultramid 1C	64,8	nach 1 Tag sehr weich und lappig
	Polyurethan U	22,9	stark gequollen, lappig
Methylenchlorid	Ultramid A	18,9	etwas gequollen, elastischer
	Ultramid B	15,4	etwas weicher
	Ultramid 6A	21,8	etwas gequollen, sonst unverändert
	Ultramid 1C	36,8	nach 1 Tag sehr weich und lappig
	Polyurethan U	16,0	etwas gequollen, weicher
Äthylenchlorid	Ultramid A	4,5	unverändert
	Ultramid B	9,3	unverändert
	Ultramid 6A	11,0	unverändert
	Ultramid 1C	17,8	unverändert
	Polyurethan U	9,3	etwas gequollen, weicher

Tabelle 10 a. (Fortsetzung.)

Lösungsmittel	Produkt	Maximale Gewichtszunahme in %	Verhalten des Prüfkörpers
Tetrachlor-kohlenstoff	Ultramid A	1,7	unverändert
	Ultramid B	1,8	unverändert
	Ultramid 6 A	1,6	unverändert
	Ultramid 1 C	1,8	nach 36 Tagen etwas steifer, sonst unverändert
	Polyurethan U	0,8	unverändert
Trichloräthylen	Ultramid A	3,0	unverändert
	Ultramid B	1,8	unverändert
	Ultramid 6 A	4,5	unverändert
	Ultramid 1 C	10,0	nach 36 Tagen etwas steifer, sonst unverändert
	Polyurethan U	3,4	unverändert
Perchloräthylen	Ultramid A	1,5	unverändert
	Ultramid B	2,2	unverändert
	Ultramid 6 A	2,0	unverändert
	Ultramid 1 C	1,8	nach 36 Tagen etwas steifer, sonst unverändert
	Polyurethan U	0,9	unverändert
Chlorbenzol	Ultramid A	1,8	unverändert
	Ultramid B	2,7	unverändert
	Ultramid 6 A	2,2	unverändert
	Ultramid 1 C	2,8	nach 36 Tagen etwas steifer, härter
	Polyurethan U	1,2	unverändert
Methylacetat	Ultramid A	6,7	unverändert
	Ultramid B	6,3	unverändert
	Ultramid 6 A	7,7	unverändert
	Ultramid 1 C	10,4	unverändert
	Polyurethan U	6,8	etwas gequollen, weicher
Äthylacetat	Ultramid A	7,9	unverändert
	Ultramid B	6,5	unverändert
	Ultramid 6 A	8,8	unverändert
	Ultramid 1 C	15,2	unverändert
	Polyurethan U	6,5	etwas gequollen, weicher
Butylacetat	Ultramid A	6,5	unverändert
	Ultramid B	8,5	unverändert
	Ultramid 6 A	10,9	unverändert
	Ultramid 1 C	16,6	unverändert
	Polyurethan U	2,8	unverändert
Aceton	Ultramid A	1,9	unverändert
	Ultramid B	3,2	unverändert
	Ultramid 6 A	3,8	unverändert
	Ultramid 1 C	3,7	etwas steifer und härter, sonst unverändert
	Polyurethan U	5,7	etwas gequollen, weicher
Anon	Ultramid A	0,8	unverändert
	Ultramid B	3,2	unverändert
	Ultramid 6 A	0,9	unverändert
	Ultramid 1 C	1,1	etwas steifer und härter, sonst unverändert
	Polyurethan U	0,6	unverändert

                          Polyamide als Kunststoff-Rohstoffe.

Tabelle 10a. (Fortsetzung.)

Lösungsmittel	Produkt	Maximale Gewichtszunahme in %	Verhalten des Prüfkörpers
Benzol	Ultramid A	1,4	unverändert
	Ultramid B	2,2	unverändert
	Ultramid 6A	1,9	unverändert
	Ultramid 1C	2,3	etwas steifer und härter, sonst unverändert
	Polyurethan U	0,8	unverändert
Toluol	Ultramid A	1,8	unverändert
	Ultramid B	2,1	unverändert
	Ultramid 6A	1,7	unverändert
	Ultramid 1C	2,3	etwas steifer und härter, sonst unverändert
	Polyurethan U	0,8	unverändert
Xylol	Ultramid A	1,5	unverändert
	Ultramid B	2,0	unverändert
	Ultramid 6A	1,7	unverändert
	Ultramid 1C	1,9	etwas steifer und härter, sonst unverändert
	Polyurethan U	0,8	unverändert
Benzin	Ultramid A	1,6	unverändert
	Ultramid B	1,7	unverändert
	Ultramid 6A	1,6	unverändert
	Ultramid 1C	1,9	etwas steifer und härter, sonst unverändert
	Polyurethan U	0,6	unverändert
Petroleum	Ultramid A	1,6	unverändert
	Ultramid B	1,7	unverändert
	Ultramid 6A	1,6	unverändert
	Ultramid 1C	1,6	etwas steifer und härter, sonst unverändert
	Polyurethan U	0,9	unverändert
Tetralin	Ultramid A	1,8	unverändert
	Ultramid B	3,2	unverändert
	Ultramid 6A	2,2	unverändert
	Ultramid 1C	3,3	etwas steifer und härter, sonst unverändert
	Polyurethan U	0,9	unverändert
Dekalin	Ultramid A	1,3	unverändert
	Ultramid B	1,8	unverändert
	Ultramid 6A	1,8	unverändert
	Ultramid 1C	3,3	etwas steifer und härter, sonst unverändert
	Polyurethan U	0,7	unverändert
Tetrahydrofuran	Ultramid A	3,5	unverändert
	Ultramid B	5,7	unverändert
	Ultramid 6A	7,9	unverändert
	Ultramid 1C	15,4	unverändert
	Polyurethan U	8,8	unverändert

Tabelle 10a. (Fortsetzung.)

Lösungsmittel	Produkt	Maximale Gewichtszunahme in %	Verhalten des Prüfkörpers
Äther	Ultramid A	2,5	unverändert
	Ultramid B	6,8	unverändert
	Ultramid 6 A	6,7	unverändert
	Ultramid 1 C	9,6	unverändert
	Polyurethan U	2,8	unverändert
Benzaldehyd	Ultramid A	3,2	unverändert
	Ultramid B	6,0	unverändert
	Ultramid 6 A	7,1	unverändert
	Ultramid 1 C	85,6	angelöst und sehr weich
	Polyurethan U	2,9	unverändert
Pyridin	Ultramid A	6,9	unverändert
	Ultramid B	8,8	unverändert
	Ultramid 6 A	12,4	unverändert
	Ultramid 1 C	28,1	gequollen, sonst unverändert
	Polyurethan U	14,4	gequollen, sonst unverändert
Schwefelkohlenstoff	Ultramid A	2,9	unverändert
	Ultramid B	5,8	unverändert
	Ultramid 6 A	4,6	unverändert
	Ultramid 1 C	6,2	unverändert
	Polyurethan U	3,7	unverändert
Mineralöl	Ultramid A	—	unverändert
	Ultramid B	—	unverändert
	Ultramid 6 A	—	unverändert
	Ultramid 1 C	—	unverändert
	Polyurethan U	—	unverändert

B. Hilfsprodukte für die Verarbeitung der Polyamide.

1. Weichmachungsmittel.

Mit dem charakteristischen Verhalten der Polyamide und Polyurethane gegenüber Lösungsmitteln hängt auch die durchweg ungenügende Weichmacherverträglichkeit dieser Kunststoffe zusammen[1]. Es ist naheliegend, daß man bereits seit Anfang der Entwicklung der linearen Polykondensationsprodukte auch der Frage ihrer Weichmachung größtes Interesse entgegenbrachte.

Die Vorbedingung für einen brauchbaren Weichmacher besteht allgemein in einer weitgehenden Mischbarkeit und der Bildung einer engen physikalischen Verbindung mit dem Kunststoff, ohne daß auch bei langfristiger Lagerung der Kunststoff/Weichmacherkombination eine Ausscheidung des Weichmachers, das sog. Ausschwitzen, zu befürchten ist. Als weitere Anforderungen, die allgemein an einen guten Weichmacher gestellt werden müssen, sind geringe Flüchtigkeit und gute

---

[1] Vgl. auch STASTNY, F.: a. a. O.

Wasserbeständigkeit zu nennen. Darüber hinaus müssen von den weichgemachten Kunststoffmassen neben anderen Bedingungen noch Mindestforderungen hinsichtlich Kälte- und Wärmebeständigkeit erfüllt sein.

Die Prüfung der großen Zahl der bereits bekannten Kunststoff- und Kautschukweichmacher in Verbindung mit den zunächst entwickelten einheitlichen Polyamiden führte praktisch zu einem negativen Ergebnis. Obwohl es auf Grund der Konstitution der Polyamide von vornherein naheliegend war, daß als Weichmacher in erster Linie Substanzen mit verwandtem chemischen Aufbau, also vor allem Hydroxyl- und Amidgruppen enthaltende Verbindungen[1] in Betracht kommen dürften, dauerte es doch verhältnismäßig lange, bis die ersten, praktisch wirklich brauchbaren Polyamidweichmacher auf dem Markt erschienen. Rasche und beachtliche Fortschritte konnten erzielt werden, als es gelungen war, die ersten Mischpolyamide mit verbesserter Löslichkeit und damit gleichzeitig verbesserter Weichmacherverträglichkeit zu entwickeln.

Auch heute spielt die Frage der Weichmachung praktisch nur bei Mischpolyamiden und Mischpolyurethanen eine größere Rolle, wohingegen es immer noch nicht gelungen ist, auch einheitliche Polyamide durch Einverleibung von Weichmachern nennenswert zu plastifizieren, obwohl in der Patentliteratur eine ganze Reihe von Plastifizierungsmitteln beschrieben ist. So soll eine Weichmachung linearer Polyamide durch Behandeln mit Cyclohexansulfonamid-Formaldehyd-Harzen erzielt werden[2]. Zusatz von Sulfonamiden wie Alkyl-Arylsulfonamiden oder Hexylbenzolsulfonamid bewirken eine Steigerung der Elastizität und Geschmeidigkeit von Polyamiden bei gleichzeitiger Herabsetzung des Schmelzpunktes[3]. Der gleiche Effekt bei Polyamiden wird auch durch hochsiedende Alkohole, z.B. Abietylalkohol oder Amylcyclohexanol, hervorgerufen[4]. Ferner ist als Plastifizierungsmittel Diphenylaloctadecan genannt, das in das geschmolzene Polyamid eingemischt wird[5]. Ein gewisser weichmachender Effekt kann z.B. bei Polycaprolactam durch Zusatz geeigneter phenolischer Substanzen erzielt werden, jedoch macht sich der weichere Griff derartiger Kombinationen wegen der beschränkten Weichmacherverträglichkeit dieses Polyamids eigentlich nur bei Formkörpern mit sehr geringer Wandstärke, vor allem bei Folien, bemerkbar, so daß die Weichmachung einheitlicher Polyamide praktisch nur bei der Folienerzeugung Bedeutung erlangt hat. So wurden in der Technik Zusätze bis zu 20% Dibenzylphenol bei der Herstellung von Schmelzfolien aus Polycaprolactam angewandt. Eine höhere Weichmacherdosierung bei einheitlichen Polyamiden verbietet sich insofern, als die hierbei entstehenden Mischungen ihre Festigkeit fast völlig einbüßen und bröckelige Massen bilden, die nicht mehr als Kunststoff bezeichnet werden können.

Bei den in der Technik entwickelten Polyamidweichmachern handelt es sich ausschließlich um Verbindungen mit Hydroxyl- oder Amid-

---

[1] Vgl. Thinius, K.: Kunststoffe **38**, 108 (1948).
[2] AP. 2244183 (28).
[3] AP. 2276437 (29).
[4] AP. 2311587 (30).
[5] AP. 2374069 (31).

gruppen, die sich durch besonders gute Verträglichkeit mit Mischpolyamiden auszeichnen. Ihre einfachsten Vertreter liegen in ein- oder mehrwertigen Alkoholen und Phenolen, sowie in Carbonsäure- und Sulfonsäureamiden, von denen vor allem N-alkylsubstituierte Sulfonsäureamide wichtig sind, vor[1]. Unter den hydroxylgruppenhaltigen Weichmachern, die eine technische Rolle spielen, seien vor allem Dioxydiphenyl, Resorcinphosphat, Isododecylphenol, Dibenzylphenol, Dioxybenzoesäureester u. a. m. genannt. In der Patentliteratur sind noch weitere zahlreiche Verbindungen ähnlicher Art beschrieben, die allerdings keine größere praktische Bedeutung gewinnen konnten.

Resorcinphosphat, Isododecylphenol und Dibenzylphenol spielen teilweise eine wichtige Rolle als Weichmacher bei Gießfolien aus dem Mischpolyamid Ultramid 6 A. Besonders Resorcinphosphat zeichnet sich dabei durch seine gute Wasserbeständigkeit und geringe Flüchtigkeit in der Hitze aus[2].

Andere Weichmacher dieser Art, wie Dioxydiphenyl und vor allem Dioxydiphenylsulfon, verursachen in Verbindung mit Mischpolyamiden vom Typ des Ultramid 6 A neben dem weichmachenden Effekt auch eine Erhöhung der Haftfestigkeit derartiger Kombinationen auf den verschiedensten Unterlagen[3].

Polyamidweichmacher mit hervorragenden Eigenschaften sind bei den weiteren Entwicklungsarbeiten durch Veresterung von p-Oxybenzoesäure mit langkettigen verzweigten oder unverzweigten synthetischen Fettalkoholen oder Oxyalkoholen zugänglich geworden. Technische Produkte auf dieser Basis sind die früheren „Igamid"-Weichmacher 11 und 12 und der heute im Handel befindliche Weichmacher 13. Diese Produkte sind durch besonders geringe Flüchtigkeit bei höherer Temperatur und hervorragende Wasserfestigkeit gekennzeichnet und liefern mit Mischpolyamiden Mischungen mit sehr guter Kältefestigkeit. So zeigen z. B. 0,1 mm starke Gießfolien aus Ultramid 6 A mit Weichmacher 13 Kälteschlagwerte von -25 bis $-30°\,$C[2].

Eine zweite Gruppe technisch wertvoller Polyamidweichmacher stellen Sulfonsäureamide und deren N-Alkyl- bzw. Aryl-Substitutionsprodukte dar. Bei diesen Weichmachern hängt der Grad der Verträglichkeit in weit höherem Maße als bei Oxyverbindungen von der chemischen Konstitution ab. Während z. B. Benzolsulfonsäure-monomethylamid als sehr gut verträglich zu bezeichnen ist, schwitzt die entsprechende Äthylverbindung bereits bei kleinen Zusätzen aus Mischpolyamiden aus. Merkwürdigerweise zeigt das Monobutyl-substituierte Produkt trotz der größeren Raumerfüllung des Substituenten wieder eine gute Verträglichkeit. Aus der großen Zahl der theoretisch möglichen Verbindungen dieser Art haben sich für die praktische Polyamidverarbeitung das Benzolsulfonsäure-monomethylamid (Weichmacher MMA), ein Gemisch aus Benzolsulfonsäure-monomethyl- und -monobutylamid („Dellatol") sowie ein Gemisch von p-Toluolsulfonamiden

---

[1] AP. 2214402 (32); AP. 2214405 (33).
[2] STASTNY, F.: a. a. O.
[3] DRP. 721187 (34).

(Weichmacher P 5) als am besten erwiesen. Weichmacher auf Sulfonamidbasis liegen bezüglich Kältebeständigkeit der daraus hergestellten Polyamidmischungen im allgemeinen noch günstiger als der obengenannte Weichmacher 13. Demgegenüber lassen sie hinsichtlich Schwerflüchtigkeit und besonders auch Wasserbeständigkeit in manchen Fällen etwas zu wünschen übrig.

Von den genannten handelsüblichen Weichmachern zeigt Dellatol mit die beste Verträglichkeit mit Mischpolyamiden. So ist z.B. bei Kombinationen von Ultramid 6A mit 50% Dellatol auch nach langfristiger Lagerung ein nennenswertes Ausschwitzen des Weichmachers nicht zu beobachten. Die maximale Verträglichkeit der anderen Weichmacher mit Ultramid 6A liegt im allgemeinen in etwas niedrigeren Grenzen.

Ein besonders hitzebeständiger Polyamidweichmacher liegt in dem handelsüblichen Weichmacher TS vor, bei dem es sich um ein hydroxylgruppenhaltiges, substituiertes p-Toluolsulfonsäureamid handelt. Er ist bereits bei relativ geringen Zusätzen zu Mischpolyamiden vortrefflich geeignet, deren Neigung zur Hitzeversprödung weitgehend herabzusetzen. Offenbar bedingt durch die vorhandenen Hydroxylgruppen ist Weichmacher TS gegenüber den anderen Polyamidweichmachern auf Sulfonamidbasis etwas empfindlicher gegen Wasser, so daß vor allem bei höherer Temperatur ein stärkeres Auslaugen des Weichmachers bei der Wässerung von Weichmacher TS-haltigen Polyamidmischungen zu befürchten ist.

Bei der Auswahl der vorstehend behandelten Weichmacher aus der Fülle der im Laufe der Zeit untersuchten Produkte mußte nicht nur berücksichtigt werden, daß die Verbindungen den geforderten Eigenschaften entsprechen und technisch einigermaßen billig zugänglich sind, sondern es mußte vor allem auch des Umstandes gedacht werden, daß die Verarbeitung des bisher wichtigsten Mischpolyamides Ultramid 6A zwecks Beseitigung des Wasserbruches, worüber bereits an anderer Stelle berichtet wurde, vielfach in Gegenwart von Vernetzungsmitteln erfolgen muß. Da sich in der Praxis die hochreaktionsfähigen Di- und Triisocyanatverbindungen, die mit beweglichen Wasserstoffatomen sehr leicht reagieren, als gut brauchbare Vernetzungsmittel für Polyamide herausgestellt haben, ist unschwer einzusehen, daß der größte Teil der chemisch möglichen Polyamidweichmacher, insbesondere Hydroxylgruppen enthaltende Verbindungen, für die Praxis ausscheiden, wenn wasserbruchfeste Ultramid 6A-Formteile erzeugt werden sollen. Ist eine Vernetzung nicht erforderlich, beispielsweise bei der Herstellung dünner Folien und Filme aus Ultramid 6A, so kann natürlich eine weit größere Zahl von Weichmachern zur Anwendung kommen. Dasselbe gilt selbstverständlich auch bei Verwendung solcher Mischpolyamide, die z.B. wie Ultramid 1C, von vornherein den Wasserbruch nicht zeigen.

In Tabelle 11 sind die wichtigsten handelsüblichen Polyamidweichmacher mit einigen physikalischen Kennzahlen zusammengestellt. Hierbei wurde bewußt auf Zahlenangaben verzichtet, die sich auf die Eigenschaften der mit diesen Weichmachern hergestellten Polyamidkom-

binationen beziehen, da gerade die Hauptmerkmale derartiger weich-
gemachter Mischungen, wie Flüchtigkeit in der Wärme, Kälteschlag-
zähigkeit und der Grad der Auslaugbarkeit durch Wasser, ganz wesentlich von der Art und Wandstärke des jeweiligen Prüfkörpers abhängen.

Tabelle 11. *Eigenschaften einiger handelsüblicher Polyamidweichmacher.*

Handelsname	Zusammensetzung	Aussehen Beschaffenheit	Schmelz-punkt °C	Kochpunkt	Flüchtigkeit in der Hitze[1]
Weichmacher TS	N-substituiertes Toluolsulfosäureamid	gelbbraun, wachsartige Masse	etwa 40—50	nicht unzersetzt destillierbar	1,0%
Weichmacher 13	p-Oxybenzoesäureester	bräunliche, ölige Flüssigkeit	—	nicht unzersetzt destillierbar	2,4%
Dellatol	Benzolsulfosäure-monomethylamid + Benzolsulfosäure-monobutylamid	gelbliche, ölige Flüssigkeit		200° C/15 mm	6,0%
Weichmacher MMA	Benzolsulfosäure-monomethylamid	rötlich-braune, ölige Flüssigkeit	etwa 30	195—200° C/ 15 mm	1,0%
Weichmacher P 5	Gemisch von p-Toluol-sulfosäureamiden	hellgelbe, ölige Flüssigkeit		185—215° C/ 6—8 mm	4,0%

Dünnschichtige Formkörper werden sich bei der Behandlung mit Wasser
sowie in der Wärme naturgemäß ungünstiger verhalten als dickwandige
Prüfkörper. Das gegenteilige Verhalten ist bei der Prüfung auf Kältefestigkeit der Fall.

Keiner der angeführten Weichmacher kann Anspruch darauf erheben,
allen gestellten Anforderungen gleichzeitig in jeder Hinsicht gerecht zu
werden. So läßt z.B. oft bei guter Wasser- und Wärmefestigkeit die
Kältebeständigkeit zu wünschen übrig und umgekehrt. Es ist daher
für die Wahl des richtigen Weichmachers entsprechend dem jeweiligen
Verwendungszweck ·der Polyamidweichmassen ein Kompromiß anzu-
streben, der den tatsächlichen praktischen Erfordernissen weitgehend
gerecht wird. Es bleibt abzuwarten, ob die Weiterentwicklung auf dem
Gebiet der Polyamidweichmacher zu in jeder Hinsicht hochqualifizierten
Produkten führen wird.

Ganz gleichartig liegen die Verhältnisse bei den Polyurethankunststoffen. Einheitliche Polyurethane vom Typ des Polyurethan U sind
ähnlich wie die einheitlichen Polyamide praktisch nicht mit Weichmachern verträglich. Mischpolyurethane ähneln wieder weitgehend den
Mischpolyamiden. Als Weichmacher für Mischpolyurethane von· der
Art des früheren Igamid UL haben sich vor allem Sulfonsäureamide,
wie Dellatol und Weichmacher MMA, bewährt. Es konnte hierbei sogar

---

[1] Ermittelt durch Erhitzen von 1 g Substanz 24 Std bei 100° C im offenen
Schälchen.

ermöglicht werden, dem Mischpolyurethan Igamid UL bereits während der Herstellung ausreichende Mengen Weichmacher einzuverleiben. In der früheren Handelsmarke Igamid ULW lag ein auf diese Weise bereits mit Weichmacher kombiniertes Mischpolyurethan vor.

2. Füll- und Farbstoffe.

Die Frage der Füll- und Farbstoffe spielt bei Polyamiden und Polyurethanen wegen der besonderen Eigenschaften im Gegensatz zu den ausgesprochen thermoplastischen Kunststoffen, z.B. Polyvinylchlorid, nur eine untergeordnete Rolle, weshalb im Rahmen dieser Darstellung auf diese Frage auch nur kurz eingegangen werden soll.

Polyamide und Polyurethane werden in der Regel ohne oder nur mit sehr geringfügigen Zusätzen an Füllstoffen verarbeitet. Dies hat seine Ursache darin, daß die Kunststoffe dieser Klasse im allgemeinen durch Einverleibung bereits sehr geringer Mengen von Fremdkörpern einen erheblichen Teil ihrer ursprünglichen Festigkeit und Schlagzähigkeit einbüßen. Mikroskopische Untersuchungen haben gezeigt, daß die Füllstoffe unregelmäßig in Form größerer und kleinerer Partikel im Gefüge verteilt sind und somit als Störstellen bei mechanischer Beanspruchung Anlaß zu vorzeitigem Bruch geben können.

Bemerkenswert ist das Verhalten von Graphit, der manchen Polyamidtypen für Spezialzwecke in verhältnismäßig hohen Mengen (bis zu 10—20%) einverleibt werden kann, ohne daß die mechanischen Eigenschaften der Mischungen allzu stark beeinträchtigt werden. Offenbar dürfte für dieses Verhalten die besondere Gleitwirkung des Graphits die Ursache sein. Alle anderen gebräuchlichen Füllstoffe bewirken ebenso wie auch Farbpigmente bereits bei geringen Zusätzen einen für die Praxis meist nicht mehr tragbaren Festigkeitsabfall der Polyamide. Weichgemachte Mischpolyamide, wie Ultramid 6A, vermögen indessen in größerem Umfang Füllstoffe bzw. Farbpigmente aufzunehmen, wobei sich die Verringerung der mechanischen Eigenschaften in für die Praxis tragbaren Grenzen bewegt.

Voraussetzung für eine erhöhte Pigmentaufnahme ist eine genügend starke Anquellung des Mischpolyamids mittels eines geeigneten Quellungsmittels. Eine Gewichtszunahme des trockenen Polyamids um 90 bis 100%, die durch Verlängerung der Quelldauer, leichte Temperaturerhöhung oder Erhöhung der Quellfähigkeit durch vorsichtigen Zusatz eines echten Polyamidlösungsmittels erreicht werden kann, soll ausreichend für eine gute Einarbeitung von Pigmenten und Füllstoffen, wie Holzmehl, Lederabfälle, Celluloseabfälle usw., sein[1].

Außer bei weichmacherhaltigen Mischungen spielen Pigmentfarbstoffe auch bei Spritzgußmassen aus Polyamiden und Polyurethanen eine gewisse Rolle. Die Einfärbung derartiger Spritzgußmassen kann entweder unmittelbar bei der Polykondensation oder in der Schmelze der in geeigneten Vorrichtungen wieder aufgeschmolzenen Polykondensate vorgenommen werden. Es ist verständlich, daß hierfür nur be-

---

[1] THINIUS, K.: Kunststoffe **37**, 215 (1947).

sonders ausgesuchte hochhitzebeständige Farbstoffe in Betracht kommen. Technisches Interesse beansprucht vor allem Titandioxyd, das bereits in Mengen von etwa 0,3%, zu den monomeren Ausgangsstoffen zugesetzt, den Polyamidkunststoffen eine schöne matt-weiße Tönung verleiht. Darüber hinaus spielen Pigmentfarbstoffe in fein dispergierter Form noch zum Anfärben von Polyamidlösungen eine gewisse Rolle. In den meisten anderen Fällen wird der nachträglichen Färbung bereits geformter Teile aus Polyamiden und Polyurethanen in wäßrigen Farbstofflösungen der Vorzug gegeben. Wenn auch in Analogie zum Färben der Wolle oder Seide die Anfärbung der Polyamide und Polyurethane mit den üblicherweise verwendeten sauren und basischen Farbstoffen ohne weiteres durchgeführt werden kann, so werden in der Praxis doch meist Acetatseidenfarbstoffe, daneben auch Chromkomplexfarbstoffe, wie „Palatinecht"- und „Neolan"-Farbstoffe, verwendet. Das Einfärben der Polyamide und Polyurethane selbst wird in einem späteren Abschnitt (C 11) gesondert behandelt.

3. Vernetzungsmittel.

Bei der Beschreibung des vor allem bei Mischpolyamiden vom Typ des Ultramid 6 A auftretenden Wasserbruches wurde bereits auf die Möglichkeit hingewiesen, diese unangenehme und ungewöhnliche Erscheinung durch Einwirkung von sog. Vernetzungsmitteln, wie Formaldehyd, Formaldehyd abspaltenden Substanzen oder Polyisocyanatverbindungen zu beseitigen. Die chemischen Vorgänge, die sich bei der Umsetzung von Polyamiden mit Vernetzungsmitteln abspielen können, dürften zweifellos komplizierter Natur sein. Bei der Einwirkung von Formaldehyd kann wohl mit Sicherheit primär die Bildung von Methylolverbindungen angenommen werden. In einem der vorhergehenden Abschnitte war auch bereits die Rede davon, daß Polyamide, sowohl einheitliche als auch Mischpolyamide, mittels Formaldehyd unter bestimmten Bedingungen bei Gegenwart von Säuren als Katalysator in leichter lösliche N-Alkoxymethyl-Polyamide umgewandelt werden können. Auch bei dieser Reaktion ist die Bildung von Methylolgruppen, wenn auch nur als erste Reaktionsstufe, nicht von der Hand zu weisen. Bei der weiteren Einwirkung von Formaldehyd bzw. beim Erhitzen von Produkten mit primär gebildeten Methylolgruppen macht sich eine fortschreitende Vernetzung bemerkbar, die schließlich zu auch in Phenolen unlöslichen Produkten führt, die unter Umständen gegenüber den Ausgangsmaterialien in mancher Hinsicht verbesserte Eigenschaften zeigen[1].

Ein interessantes Produkt mit ausgeprägt gummielastischen Eigenschaften wird durch längere Einwirkung von gewöhnlichem wäßrigen Formaldehyd (30—35%ig) auf Formteile der Mischpolyamide Ultramid 6 A und Ultramid 1 C erhalten. Derartige elastische Umsetzungsprodukte sind zwar in Lösungsmitteln nicht mehr löslich, erleiden aber

---

[1] AP. 2177637 (19); AP. 2430953 (35); FP. 879697 (36).

in Alkoholen, Wasser usw. eine erhebliche Quellung. Bei ihrer Trockenlagerung vermindert sich laufend das Gewicht unter Abgabe von Wasser
und Formaldehyd bei gleichzeitiger allmählicher Verstrammung und
Versteifung. Dieser Prozeß verläuft unter normalen Temperaturbedingungen jedoch außerordentlich langsam. So zeigten solche elastischen
Umsetzungsprodukte aus Ultramid 1 C nach mehrjähriger Lagerung bei
gewöhnlicher Temperatur noch eine beachtliche Weichheit und Elastizität. Bei erhöhter Temperatur, z. B. bei 90° C, vollzieht sich die Umwandlung in ein härteres Produkt wesentlich rascher. Allerdings ist es
bis jetzt noch nicht gelungen, auf diese Weise zu definierten Endprodukten zu gelangen, weshalb auch den elastischen Formaldehydumsetzungsprodukten dieser Art in der Technik wenig Beachtung geschenkt wurde. Dazu kommt, daß großflächige Gebilde, wie Preßplatten
u. dgl. aus Mischpolyamiden, bei der erwähnten Art der Formaldehydbehandlung meist unerwünschte Deformierungen erleiden[1]. Bemerkenswert ist, daß Formteile aus einheitlichen Polyamiden, z. B. aus
polyadipinsaurem Hexamethylendiamin oder aus Polycaprolactam, bei
der Einwirkung von wäßrigem Formaldehyd auch bei erhöhter Temperatur, sowohl ohne als auch mit Katalysator, oder auch bei Einwirkung von Formaldehyddampf im Gegensatz zu Mischpolyamiden so
langsam reagieren, daß diese Art der Formaldehydeinwirkung bei einheitlichen Polyamiden ohne Interesse geblieben ist.

Erhebliche technische Bedeutung hat dagegen die Vernetzung mit
Formaldehyd oder Formaldehyd abspaltenden Substanzen bei Weichmassen aus Ultramid 6 A erlangt, insofern, als bei der Erzeugung lederartiger Produkte auf Basis von Ultramid 6 A unbedingt für die Beseitigung des Wasserbruches Sorge getragen werden muß. Die Vernetzung
von Ultramid 6 A-Weichmachermischungen erfolgt zweckmäßig auf einem
Walzwerk oder in einem geeigneten Kneter[2] bei höheren Temperaturen.
(Näheres hierüber s. Abschnitt C 7.)

In den meisten Fällen wird hierbei mit Paraformaldehyd gearbeitet.
Gute Dienste leisten auch Formaldehyd-Anlagerungsverbindungen, wie
sie z. B. aus Harnstoff, Aminotriazin, Melamin und anderen Substanzen
zugänglich sind. Es muß dabei berücksichtigt werden, daß derartige
Formaldehyd-Anlagerungsprodukte, z. B. Dimethylolharnstoff, durchweg meist niedermolekularen bzw. niedrigkondensierten Aufbau haben,
so daß sicherlich bei der Reaktion Polyamid + Formaldehyd auch noch
mit komplizierter verlaufenden Umsetzungen der Polyamide mit den
harzbildenden Komponenten der Vernetzungsmittel gerechnet werden
muß[1].

Aus Gründen der Geruchsbelästigung durch Formaldehyd sind im
Laufe der Zeit noch zahlreiche andere reaktionsfähige Verbindungen
auf ihre vernetzende Wirkung in Verbindung mit Ultramid 6 A geprüft
worden. Es handelt sich vorzugsweise um bifunktionelle Substanzen,
wie Glyoxal, Epichlorhydrin, Äthylenoxydverbindungen, Äthyleniminderivate und viele andere mehr. Alle diese Substanzen ergaben jedoch

---

[1] Vgl. STASTNY, F.: a. a. O.
[2] DRP. 747435 (37).

im Vergleich zu Formaldehyd keinen oder nur einen sehr geringfügigen Effekt.

Dagegen erwiesen sich die in den letzten Jahren technisch leicht zugänglich gewordenen Isocyanatverbindungen, vor allem Di- und Triisocyanate, wegen ihrer hohen Reaktionsfähigkeit als außerordentlich wirksame Vernetzungsmittel für Ultramid 6 A[1]. Die härtende Wirkung derartiger Isocyanate auf Polyester war bereits bekannt. Auch war schon vorgeschlagen worden, Formkörper aus linearen Polyamiden durch Behandlung mit flüssigen Diisocyanaten und anschließendes Erhitzen in ihren Eigenschaften zu verbessern, vor allem im Hinblick auf die Verminderung der Wasseraufnahme und die Erhöhung der Steifigkeit.

Um eine vernetzende Wirkung erzielen zu können, sind Verbindungen mit mindestens 2 Isocyanatresten erforderlich. Die in den letzten Jahren in größerer Zahl technisch erzeugten Diisocynate sind nicht alle in gleicher Weise wirksam. Man kann unter den einzelnen Typen mitunter beträchtliche Unterschiede in der Reaktionsfähigkeit und Reaktionsgeschwindigkeit beobachten. Als besonders reaktionsfähig gegenüber Polyamiden haben sich verschiedene aromatische Diisocyanate erwiesen, z.B. Toluylendiisocyanat u. a. Die relativ hohe Flüchtigkeit und die damit verbundene starke Geruchsbelästigung in Verbindung mit der unangenehmen Reizwirkung auf die Schleimhäute haben diesen aromatischen Diisocyanaten keinen Eingang in der Praxis verschaffen können. Dagegen konnte in dem 4,6,4'-Diphenyltriisocyanat, das unter dem Handelsnamen „Desmodur DR" bekannt geworden ist, ein Produkt gefunden werden, das sich zur Vernetzung von Ultramid 6 A ganz hervorragend eignet. Es ist nur wenig flüchtig, verfärbt sich nicht und führt bereits bei 3%igem Zusatz zu Ultramid 6 A zu wasserbruchfesten Preßplatten. Der besondere Vorteil dieses Vernetzungsmittels liegt darin, daß es wegen seiner Schwerflüchtigkeit im Kneter oder auf der Mischwalze zu Ultramid 6 A-Weichmachermischungen zugesetzt werden kann, ohne daß irgendeine Geruchsbelästigung zu befürchten ist. Neben der Beseitigung des Wasserbruches wird durch die Anwendung von Desmodur DR gleichzeitig eine wesentliche Erhöhung der Reißfestigkeit bei erhöhter Temperatur, z.B. bei 60° C, und in feuchtem Zustand bei Ultramid 6 A-Weichmassen erzielt.

Es sind auch Produkte entwickelt worden, die als sog. verkappte Isocyanate erst bei den in Frage kommenden hohen Verarbeitungstemperaturen durch Abspaltung des Isocyanates wirksam werden.

Als vernetzend wirkendes Mittel für die Nachbehandlung von Mischpolyamiden, die durch kurzzeitiges Erhitzen auf höhere Temperaturen durchgeführt wird, ist Desmodur R gut geeignet, bei dem es sich um ein Triisocyanat des Leukorosanilins handelt.

4. Sonstige Zusatzstoffe.

Mit anderen Kunststoffen und Kunstharzen wie auch natürlichen Hochpolymeren besteht im allgemeinen nur eine ungenügende Verträglichkeit, da in den meisten Fällen keinerlei chemische Verwandtschaft

---

[1] DRP. 750427 (38).

dieser Stoffe zu den Polyamiden vorhanden ist. Bei der Kombination mit ähnlich aufgebauten Substanzen kann jedoch eine Verbesserung der Eigenschaften der Polyamide erwartet werden. So sollen durch Zusatz von Proteinen, wie Gelatine, Mais- oder Sojabohnenprotein, zu Polyamiden zähere und dauerhaftere Produkte erhalten werden[1]. In einem der grundlegenden CAROTHERSschen Polyamidpatente[2] ist bereits darauf hingewiesen worden, daß die Eigenschaften der Polyamide variiert werden können, wenn man ihre Lösungen mit Weichmachern, Harzen, Cellulosederivaten usw. kombiniert. Als geeignete Celluloseverbindungen sind Äthylcellulose, Benzylcellulose und Acetylcellulose genannt. Auch natürliche und synthetische Kautschuksorten sind als Zusatzstoffe zu geschmolzenen Polyamiden erwähnt[3]. Der Zusatz der kautschukartigen Polymerisationsprodukte kann auch bereits vor der Kondensation zu den monomeren Ausgangsstoffen erfolgen. Die Zusätze, die zwischen 1 und 75% liegen können, bewirken eine erheblich herabgesetzte Brüchigkeit unter der Einwirkung von Hitze und Sauerstoff. So soll ein Zusatz von 4,75% geknetetem Kautschuk zu polyadipinsaurem Hexamethylendiamin Filme ergeben, die bei 150° C die Lebensdauer der Filme aus dem reinen Polykondensat um 100% übertreffen. In zahlreichen weiteren Patenten sind vor allem Mischungen von Polyamiden in Lösung mit natürlichen und synthetischen Harzen beschrieben[4].

Für die praktische Verarbeitung der Polyamide haben die meisten der in der Patentliteratur beschriebenen Zusatzstoffe bis heute keine nennenswerte Bedeutung erlangen können. Größeres praktisches Interesse beansprucht lediglich die Kombinierbarkeit der Polyamide mit Phenolformaldehydharzen, die den Polyamiden sowohl vor der Polykondensation als auch nachträglich z. B. über entsprechende Lösungen in Phenol, Kresol, Xylenol usw. einverleibt werden können. Durch diese Zusätze werden in der Regel Produkte mit verbesserten Eigenschaften, vor allem höherer Elastizität und besserer Widerstandsfähigkeit gegen Wasser, erhalten[5]. Umgekehrt kann man das spröde Verhalten spezieller Phenolharze durch Zusatz von wenigen Prozenten eines Polyamids verringern. Bei der Kombination von Polyamiden mit Phenolharzen tritt zweifellos eine chemische Reaktion ein, die offensichtlich über primär sich bildende Methylolverbindungen zu vernetzten Produkten führt.

Auch gewisse Harnstofformaldehyd-Kondensationsprodukte können unter bestimmten Bedingungen in Form ihrer Lösungen mit Lösungen von Polyamiden kombiniert werden. Vorzugsweise eignen sich hierfür Mischpolyamide. Die aus solchen Mischungen nach der Hitzehärtung gewonnenen Filme zeichnen sich bei genügender Geschmeidigkeit durch eine deutlich verminderte Wasserquellbarkeit aus[6].

<hr>

[1] AP. 2289775 (39).
[2] AP. 2130948 (17).
[3] AP. 2249686 (40); DRP. 744119 (41).
[4] Vgl. FABEL, K.: Kunststoffe **37**, 197 (1947).
[5] AP. 2378667 (42); FP. 790521 (43); FP. 982677 (44); FP. 868087 (45).
[6] DP. 860712 (46).

Speziell in Mischpolyamide lassen sich auch vorteilhaft Umsetzungsprodukte von Polykondensaten aus Dicarbonsäuren und Polyalkoholen mit Polyisocyanaten einarbeiten, wobei sich Mischungen mit verbesserter Kältefestigkeit ergeben[1].

C. Verarbeitungsmethoden.

Aus dem in einem der vorhergehenden Abschnitte gegebenen Überblick über die Eigenschaften der Polyamide und Polyurethane kann unschwer der Schluß gezogen werden, daß die neuen Polykondensationskunststoffe ohne größere Schwierigkeiten auf den meisten der bisher in der Technik für die Verarbeitung von Kunststoffen verwendeten apparativen Anlagen verarbeitet werden können. Allerdings wird in diesem Abschnitt auch sehr deutlich zum Ausdruck gebracht, daß die neuen Kunststoffe in mancherlei Eigenschaften grundsätzlich von den bisher bekannten Thermoplasten abweichen. Es war daher schon frühzeitig für den Kunststofftechniker erforderlich, bei der Verarbeitung der Polyamide und Polyurethane einerseits den besonderen Eigenschaften dieser Kunststoffe soweit wie möglich durch Anpassung der Verarbeitungsverfahren Rechnung zu tragen und andererseits sich mit der Entwicklung bzw. Auffindung neuer Verarbeitungsmethoden und Apparaturen zu befassen. Rückschauend auf die anwendungstechnische Entwicklung der letzten 10—12 Jahre kann heute mit Befriedigung die Feststellung getroffen werden, daß es ermöglicht werden konnte, beide Wege gleichzeitig mit Erfolg zu beschreiten.

1. Preßverarbeitung.

Beim Verpressen von Polyamiden und Polyurethanen auf den üblichen Pressen ist auf die Eigenart der einzelnen Typen gebührend Rücksicht zu nehmen. Die geringe Wärmeleitfähigkeit, der hohe Schmelzpunkt, wobei bis dicht unterhalb des Schmelzpunktes keine nennenswerte Erweichung eintritt, und die Sauerstoffempfindlichkeit der geschmolzenen Produkte erfordern sehr viel Übung und Geschick, um Preßkörper mit befriedigenden mechanischen Eigenschaften zu erzielen. Im allgemeinen gelingt die Preßverarbeitung der Mischpolyamide infolge ihres niedrigeren Schmelzpunktes und ihres in der Hitze etwas plastischeren Verhaltens leichter als die der einheitlichen Polyamide. Unter den letzteren ist das hochschmelzende polyadipinsaure Hexamethylendiamin besonders schwierig zu handhaben. Etwas leichter läßt sich Polycaprolactam verpressen, wobei es aber praktisch kaum gelingt, Formkörper mit mehr als wenigen Millimetern Wandstärke in einwandfreier Beschaffenheit zu erzeugen. Das Polyurethan aus Hexamethylendiisocyanat und 1,4-Butandiol verhält sich beim Verpressen ganz ähnlich wie Polycaprolactam.

Um weitgehend homogene Preßkörper zu erzielen, sind die Preßformen möglichst lange und auf möglichst hohe Temperaturen vorzuwärmen. Es muß jedoch darauf geachtet werden, daß allzulange

---

[1] DP. 865056 (47).

Vorwärmzeiten und zu hohe Temperaturen im allgemeinen wegen der Gefahr der Überhitzung der Schmelze zu vermeiden sind, da sonst blasige Formteile ohne große Festigkeit entstehen können. Versucht man, beim Verpressen der handelsüblichen einheitlichen Polyamidtypen Preßkörper in Stärken über etwa 3—5 mm herzustellen, so läuft man Gefahr, daß sich im Innern des Preßteiles noch Einlagerungen von mehr oder weniger großen Anteilen an nur gesintertem, nicht völlig durchgeschmolzenem Material befinden, die die mechanischen Eigenschaften des Preßkörpers ganz erheblich verschlechtern. Aus diesem Grunde kommt die Preßverarbeitung von Polyamiden und Polyurethanen praktisch eigentlich nur für die Herstellung von relativ dünnen Preßplatten in Frage. Wegen der Dünnflüssigkeit der Schmelze dieser Kunststoffe ist es zweckmäßig, die Preßbleche mit einem Rahmen zu versehen, dessen Randhöhe jeweils der gewünschten Dicke der herzustellenden Platte entsprechen soll. Als Material für die Preßbleche können sowohl gewöhnliche als auch vernickelte Eisenbleche, Aluminiumbleche usw. dienen, wobei hochglanzpolierte Preßwerkzeuge Preßplatten mit glatter Oberfläche und hohem Glanz ergeben. Als Anhaltpunkt für die Herstellung von Preßkörpern aus Polyamiden und Polyurethanen möge folgende Arbeitsweise dienen:

Die Preßform wird in der Presse, je nach der Wandstärke des herzustellenden Preßkörpers, mehr oder weniger lange vorgewärmt, mit einem Hauch eines der üblichen Formeinstreichmittel, z.B. natürliche oder synthetische Wachse, Polyäthylenoxydverbindungen, Siliconfette u. dgl., heiß eingefettet und mit dem abgewogenen Preßpulver gefüllt. Die Form wird dann rasch geschlossen und der Preßdruck etwas gesteigert, bis sich ein Austrieb der Schmelze zeigt. Hierauf wird unter Druck rasch abgekühlt und im allgemeinen bei Temperaturen unter 100° C entformt. Als Preßdruck genügen in der Regel Drucke von 25—30 kg/cm².

Auch bei den leichter und einfacher verpreßbaren Mischpolyamiden beschränkt sich die Preßverarbeitung praktisch fast ausschließlich auf die Herstellung von Preßplatten. Durch Einverleibung von Weichmachern kann die Plastizität der Mischpolyamide noch weiter erhöht und gleichzeitig ihr Schmelz- bzw. Erweichungspunkt gesenkt werden, so daß z.B. Weichmassen aus Ultramid 6A ohne Schwierigkeiten auch zu stärkeren homogenen Platten verpreßt werden können. F. STASTNY gibt für die Preßverarbeitung von Ultramid 6A-Weichmassen 2 Methoden an[1].

Entweder arbeitet man in Rahmenformen mit Umrandung in ähnlicher Weise, wie oben bei den einheitlichen Polyamiden und Polyurethanen angegeben ist. Als Preßtemperatur werden für Ultramid 6A-Weichmachergemische (2:1) 150—160° C, für vernetzte Ultramid 6A-Weichmassen etwa 175° C genannt. Die Vorwärmzeit richtet sich wiederum nach der Stärke der herzustellenden Platten. Nach dem Schließen der Preßform unter Druck (bis zu 25 kg/cm²) wird sofort abgekühlt und bei etwa 40° entformt. Die Notwendigkeit des häufigen

---

[1] STASTNY, F.: a. a. O.

Temperaturwechsels zwischen Aufheizen und Abkühlen der Form gestaltet diese Arbeitsweise nicht wirtschaftlich, so daß der 2. Methode, dem sog. Stapelpreßverfahren, der Vorzug zu geben ist.

Bei diesem Verfahren, das vorzugsweise in der Praxis für die Verarbeitung von vernetzten Ultramid 6A-Weichmachermischungen angewandt wird, wird das zu verpressende Material meist in Fellform in Rahmenblechen ohne Umrandung in Mehretagenpressen einige Stunden so weit vorgewärmt, bis sich ein geringfügiges Fließen der Massen bemerkbar macht. Unter leichter Drucksteigerung wird gleichzeitig abgekühlt. Der Preßvorgang gestaltet sich nach diesem Verfahren, obwohl er einen beträchtlichen Zeitaufwand erfordert, doch einigermaßen wirtschaftlich, da in einem einzigen Arbeitsgang gleichzeitig 50 und mehr Preßplatten erzeugt werden können.

In einzelnen Fällen können Polyamide und Polyurethane, besonders in Form dünnwandiger Tafeln und Folien, auch bei Temperaturen, die unterhalb ihres Schmelzpunktes liegen, im Präge- oder Ziehverfahren verformt werden. Die Verarbeitung hierbei wird erleichtert, wenn die betreffenden Formteile vorher in feuchter Luft oder in Wasser gelagert werden, wodurch eine merkliche Erhöhung der Elastizität eintritt[1].

2. Walzverarbeitung.

Auf der heißen Mischwalze können einheitliche Polyamide und Polyurethane für sich allein im allgemeinen nicht verarbeitet werden. Ihre geringe Plastizität würde so hohe Verarbeitungstemperaturen erfordern, daß bereits eine Zersetzung des Materials auf der Walze und eine erhebliche Schädigung durch die Einwirkung des Luftsauerstoffs verursacht würde. Darüber hinaus bestünde wegen der Dünnflüssigkeit der geschmolzenen Polykondensate die Gefahr des Abtropfens der Schmelze von den Walzen. Etwas günstiger verhalten sich zwar die Mischpolyamide und Mischpolyurethane, aber dennoch kommt auch die Verarbeitung dieser Produkte für sich allein auf der Walze praktisch kaum in Betracht. Dagegen ist die Walzverarbeitung bereits fertiger Mischungen von Mischpolyamiden mit Weichmachern von großem technischen Interesse. Durch den Zusatz von Weichmachungsmitteln wird der Erweichungspunkt der Mischungen herabgesetzt und ihr thermoplastischer Bereich verbreitert, so daß sich derartige Mischungen auf dem Walzwerk gut verarbeiten lassen, was vor allem für die Einarbeitung von Füllstoffen und Farbpigmenten sowie für die Vernetzung von Ultramid 6A-Mischungen von Bedeutung ist.

Die hierbei erhältlichen Walzfelle haben eine noch mehr oder weniger rauhe Oberfläche. Auch bei Mischungen mit sehr hohem Weichmachergehalt können auf der Mischwalze keine glatten Folien mit optimalen Festigkeitseigenschaften erhalten werden. Aus diesem Grunde müssen die Walzfelle ganz generell noch einer nachträglichen Verformung in der Presse unterworfen werden[2].

---

[1] KOLLEK, L.: a. a. O.
[2] STASTNY, F.: a. a. O.

3. Verarbeitung auf der Schnecke.

Die Verarbeitung der handelsüblichen Polyamide und Polyurethane zu profilierten Körpern auf Schnecken- oder Strangpressen ist wegen der Dünnflüssigkeit der Schmelzen und des meist engen thermoplastischen Bereiches dieser Produkte mit gewissen Schwierigkeiten verbunden. Je nach der Eigenart des verwendeten Rohstoffes müssen besondere, von Fall zu Fall verschiedene Temperatur- und Arbeitsbedingungen, die sich im allgemeinen nicht immer genau angeben lassen, eingehalten werden. In der Praxis wird daher wegen der bestehenden Schwierigkeiten auch nur wenig von dieser Art der Verarbeitung — jedenfalls soweit es sich um die wichtige Gruppe der einheitlichen Polyamide handelt — Gebrauch gemacht. Ausnahmen bilden lediglich die Ummantelung von Kabeln und Leitungen und die Herstellung einfacher gespritzter Profile.

Diese Herstellungsverfahren haben sich in den letzten Jahren in größerem Umfang in der Technik einbürgern können. Voraussetzung hierfür war allerdings die Entwicklung spezieller Schneckenkonstruktionen, nachdem sich mit den bisher vorhandenen einfachen Schneckentypen eine einwandfrei funktionierende Verarbeitung der einheitlichen Polyamide nicht ermöglichen ließ. Bei Verwendung gewöhnlicher Schnecken besteht immer die Gefahr, daß durch Druck- oder Temperaturschwankungen innerhalb des Schneckenraumes die Übergangszone vom festen zum geschmolzenen Polyamid etwas wandert, wodurch Teile des bereits geschmolzenen Materials wieder erstarren können.

Da die Heizung der Masse nicht von der Schnecke, sondern vom Zylinder aus erfolgt, gelingt es in der Regel nicht mehr, die in dem Schneckengrund einmal erstarrte Masse wieder zu verflüssigen. Meist wirken die wieder erstarrten Kunststoffpartikel als Kristallisationskeime, so daß in kürzester Zeit der gesamte Schneckengang mit erstarrtem Polyamid ausgefüllt ist. Diese Erscheinung, die man nach der angelsächsischen Bezeichnung „bridging" zweckmäßig Brückenbildung nennt, führt letzten Endes zu einer Blockierung der Masseförderung, so daß die Schnecke ihre eigentliche Aufgabe, den Kunststoff zu transportieren, nicht mehr erfüllen kann und eine Unterbrechung des Spritzprozesses, d.h. Auseinandernehmen der Schnecke und umständliche Reinigung, erforderlich wird.

Zur Vermeidung dieser Schwierigkeiten sind für die Polyamidverarbeitung in den letzten Jahren Maschinen mit besonderer konstruktiver Ausbildung der Schnecke entwickelt worden. Das Arbeitsprinzip dieser Schnecken soll durch nachstehende Ausführungen kurz erläutert werden:

In dem Maß, wie das Polyamid aufgeschmolzen wird, muß der Förderquerschnitt der Schnecke abnehmen. Dies wird durch eine allmähliche Zunahme des Kerndurchmessers der Schnecke in Förderrichtung erreicht. Dadurch werden die noch nicht aufgeschmolzenen Teilchen an die heiße Innenwandung des Zylinders gebracht und dort aufgeschmolzen. Die Vergrößerung des Kerndurchmessers beginnt im allgemeinen dort, wo die Temperatur des Schneckenzylinders den Schmelzpunkt des zu verarbeitenden Polyamids erreicht bzw. überschreitet. Meist ist es jedoch nicht möglich, mit ein und derselben Schnecke dieser Art Polyamide mit verschiedenem Schmelzpunkt in gleicher Weise einwandfrei zu verarbeiten.

Eine andere Möglichkeit zur Verarbeitung von Polyamiden in Schneckenspritzmaschinen besteht darin, daß man eine scharfe Trennung zwischen der Förderzone und der Schmelzzone vornimmt. Durch eine besondere Konstruktion der Schneckenspritzmaschine wird die eigentliche Schnecke nur noch soweit ausgebildet, daß sie nur das ungeschmolzene Material fördert. Sie befindet sich in einer Zone, die daher nur schwach beheizt oder sogar gekühlt werden muß. Innerhalb dieser Zone erfolgt ein starker Druckaufbau in der Schnecke. Die Schnecke geht dann plötzlich in einen langen konischen Dorn über, auf den das nicht geschmolzene Polyamid wie ein Rohr aufgeschoben wird. Dieses „Rohr" kommt dann in die beheizte Zone und wird an den heißen Zylinderwänden abgeschmolzen. Mit dieser Konstruktion kann mit Sicherheit eine Brückenbildung vermieden werden, und es lassen sich die verschiedensten Polyamide in gleich einwandfreier Weise verarbeiten. Die Schneckenkonstruktion hat außerdem den Vorteil, daß auch andere Kunststoffe ohne weiteres hiermit verarbeitet werden können.

Zur Beseitigung etwaiger noch nicht ganz aufgeschmolzener Teilchen und zur Filtration der Schmelze von Verunreinigungen ist meist vor der Düse eine Lochplatte in Verbindung mit einem Bündel Drahtsiebe mit abnehmender Maschenweite in Richtung Düse angebracht. Bei sachgemäßer Temperaturführung, die sich jeweils nach dem Schmelzpunkt der zu verarbeitenden Polyamidsorte richtet und bei Verwendung eines gut getrockneten Ausgangsmaterials muß die Schmelze völlig klar und blasenfrei aus der Düse austreten.

Auf die beschriebene Weise können ohne Schwierigkeit einfache Profile wie Bänder, Drähte u. dgl. aus einheitlichen Polyamiden auf Schneckenspritzmaschinen erzeugt werden. Die gespritzten Teile werden zwecks Abkühlung unmittelbar nach dem Verlassen der Düse durch ein Wasserbad geführt. Bei komplizierteren Profilen, vor allem bei Schläuchen und Rohren, besteht wegen der niedrigen Schmelzviscosität der Polyamide immer die Gefahr der Deformierung bzw. des Einfallens, auch wenn sich die Oberfläche des Kühlbades ganz dicht am Düsenmund befindet. In allen Fällen ist es zweckmäßig, eine senkrechte Düsenanordnung zu wählen. Auch bei der Ummantelung von Drähten usw. ist die Durchführung des Drahtes durch die Düse senkrecht nach unten zu bevorzugen, obwohl vor allem im Ausland, auch häufig mit waagrecht angeordneter Düse gearbeitet wird. Bei dieser Arbeitsweise ist es zur Erzielung gleichmäßiger Überzüge von Vorteil, möglichst hohe Abzugsgeschwindigkeiten anzuwenden. Das Strangpressen von Polyamiden und Polyurethanen gestattet grundsätzlich auch die Herstellung von Blasfolien durch Aufblasen gespritzter Schläuche mittels eines inerten Gasstromes.

Die Reinigung der Schneckenspritzmaschine sollte unmittelbar nach dem Spritzvorgang in noch heißem Zustand durch Nachfüttern der Schnecke mit geeigneten Materialien erfolgen. Holzmehl ist bei der hohen Temperatur wegen der Gefahr der Verkohlung keinesfalls zu empfehlen. Gut bewährt haben sich vor allem weiche thermoplastische Massen wie Abfälle von Polyisobutylen, Polyäthylen usw. In Amerika wird die Beseitigung der Nylonreste in Schneckenpressen häufig mittels einer Drahtbürste oder durch Verbrennen im Salzbad vorgenommen.

In der ausländischen Literatur ist in den letzten Jahren eine Reihe von Abhandlungen über die Strangpreßverarbeitung von Polyamiden erschienen, in denen weitere Einzelheiten bei der Verarbeitung spezieller Typen geschildert sind, z.B. Beschreibung der verschiedenen Schneckenkonstruktionen, Wahl der Temperaturführung bei den einzelnen Polyamidsorten, Vorbehandlung des zu verspritzenden Materials, Förderleistung der verschiedenen Schneckentypen usw.[1].

Die Verarbeitung von Mischpolyamiden und Mischpolyurethanen auf Schnecken- und Strangpressen bereitet wegen des breiteren plastischen Bereiches dieser Produkte wesentlich weniger Schwierigkeiten als die der einheitlichen Polykondensate. Die für die Praxis zunächst geschaffenen Mischpolyamide Ultramid 6 A und Ultramid 1 C kommen indessen für die Strangpreßverarbeitung kaum in Betracht, da diese Typen als lösliche Produkte für andere spezielle Zwecke entwickelt wurden. Dagegen eignet sich das schon vor Jahren technisch erzeugte, bereits mehrfach erwähnte Mischpolyamid Igamid 85 B vorzüglich für diese Arbeitsweise. Das Produkt ist von allen bekannten Polyamidmarken durch seinen weitgehend ausgeprägten thermoplastischen Charakter gekennzeichnet und besitzt ebenso wie die einheitlichen Polyamide hohe Lösungsmittelbeständigkeit und Zähigkeit.

Voraussetzung für die einwandfrei funktionierende Verarbeitung von Igamid 85 B auf der Schneckenspritzmaschine ist die Einhaltung einer bestimmten Schmelzviscosität. Die bei allen Polyamid-Fabrikationschargen infolge der diskontinuierlichen Fahrweise mehr oder weniger deutlich auftretenden Unterschiede im Kondensationsgrad machen sich gerade bei der Herstellung von Igamid 85 B in stärkerem Maße bemerkbar. Es ist daher erforderlich, die einzelnen Fabrikationschargen, deren Schmelzviscosität meist ziemlich niedrig liegt, jeweils durch eine Vorbehandlung auf dem Walzwerk bei etwa 160° C, wobei niedermolekulare flüchtige Anteile entfernt werden, auf die zur Verarbeitung auf der Schnecke erforderliche Schmelzviscosität einzustellen. Erschwerend hierbei ist, daß die Verwalzbedingungen bei jeder einzelnen Charge erst durch Vorversuche festgelegt werden müssen. Die erhaltenen Walzfelle werden anschließend in einer geeigneten Mühle auf die erforderliche Korngröße gebracht. Die Aufbewahrung des spritzfertigen Materials hat in feuchtigkeitsdichten Behältern zu erfolgen.

---

[1] MINGAT, P.: Ind. Plast. Mod. **3**, 322 (1947). — FORTNER, C. P.: India Rubber World **118**, 671 (1948). Ref. Kunststoffe **39**, 230 (1949). — GABLER, R.: Chimia **6**, 165 (1952). — Mod. Plastics **1952** (Aug.) 99.

Unter Einhaltung bestimmter Temperaturen in Schneckenraum, Spritzkopf und Düse, wobei zwecks besserer und gleichmäßigerer Förderung des Gutes die Schnecke zweckmäßig mit Wasser gekühlt wird, lassen sich aus Igamid 85 B auf Schneckenspritzmaschinen der üblichen Art ohne Schwierigkeiten Rohre und Schläuche erzeugen, die bei geringer Wandstärke gut flexibel und wegen ihrer guten Lösungsmittelbeständigkeit als treibstoffeste Schläuche interessant sind[1].

Besonderes Interesse kommt der Herstellung von Folien aus Igamid 85 B nach dem Blasverfahren zu. Durch Zuführen eines inerten Gases, wie Stickstoff oder Kohlensäure durch das Innere der Spritzdüse, wird der aus der Düse austretende noch plastische Schlauch aus Igamid 85 B zu einem zeppelinartigen Gebilde aufgeblasen[2]. Mittels einer geeigneten Abzugsvorrichtung, die im Prinzip aus 2 gummierten Abquetschwalzen besteht, kann die Arbeitsgeschwindigkeit so geregelt werden, daß das Volumen des aufgeblasenen Folienschlauches nach Unterbrechung der Gaszuführung über längere Zeit konstant bleibt, so daß die Herstellung eines gleichmäßig beschaffenen Folienschlauches, der anschließend mittels einer geeigneten Vorrichtung längsseitig aufgeschnitten werden kann, gewährleistet ist. Das zu Anfang des Krieges in Deutschland entwickelte Verfahren erlaubt die Herstellung naturfarbener wie auch in der Masse gefärbter Folien in Stärken bis herab zu 30—40 µ.

Es wurde bereits weiter oben darauf hingewiesen, daß die jeweils erforderliche Vorbehandlung der spritzfähigen Masse aus Igamid 85 B der praktischen Anwendung des Verfahrens hinderlich ist. Dazu kommt, wie die Erfahrung zeigte, daß Blasfolien aus Igamid 85 B hinsichtlich Witterungs- und Alterungsbeständigkeit den geforderten Ansprüchen nicht ganz gerecht werden. Die Folienherstellung aus Igamid 85 B hat daher keine größere praktische Bedeutung erlangen können, zumal das Produkt heute noch nicht wieder technisch erzeugt wird. Bei der Vielfältigkeit der Herstellungsmöglichkeiten von Mischpolyamiden darf jedoch angenommen werden, daß die weiteren Entwicklungsarbeiten zu ähnlich thermoplastischen Produkten mit besseren Eigenschaften als Igamid 85 B führen werden.

4. Spritzgußverarbeitung.

Eine der am häufigsten angewandten und elegantesten Verarbeitungsmethoden für Polyamid- und Polyurethankunststoffe ist das Spritzgußverfahren[3].

Das Prinzip des Kunststoffspritzgusses besteht bekanntlich darin, daß der Kunststoff in einem mittels eines Kolbens verschlossenen Stahlzylinder durch Hitzezufuhr in einen möglichst flüssigen Zustand übergeführt und sodann durch Kolbendruck aus einer engen Düse in eine

---

[1] MÜLLER, A.: Kunststoffe **39**, 313 (1949).

[2] FP. 887349 (47a).

[3] BECK, H., u. F. SCHAUPP: Kunststoffe **32**, 205 (1942). — GASTROW, H.: Kunststoffe **32**, 210 (1942). — GABLER, R.: a. a. O. — MINGAT, P.: a. a. O. — PAGGI, L.: Mod. Plastics **29**, 101 (Mai 1952).

kalte Stahlform gedrückt wird. Infolge der niederen Temperatur der Form erstarrt die eingespritzte Masse sehr rasch, so daß das fertige Spritzgußteil in kürzester Zeit entformt werden kann.

Ideale Spritzgußmassen sind daher solche Kunststoffe, die beim Erhitzen ausreichend dünnflüssige Schmelzen bilden, ohne sich dabei auch bei längerer Verweilzeit im Zylinder zu zersetzen oder sonstwie zu verändern.

Hieraus ergibt sich schon, daß für das klassische Spritzgußverfahren grundsätzlich nur Produkte aus der Klasse der thermoplastischen, nicht härtbaren Kunststoffe in Frage kommen, womit gleichzeitig ein außerordentlich großer wirtschaftlicher Vorteil verbunden ist, da alle bei dieser Arbeitsweise anfallenden Abfälle nutzbringend wiederverarbeitet werden können.

Zu den bisher bekannten in großem Umfang technisch verwendeten Spritzgußmassen auf der Basis von Celluloseestern, Styrol, Methacrylsäureestern usw. kommen nunmehr als weitere Produkte die Polyamide und Polyurethane hinzu, deren Verarbeitung im Spritzguß zwar grundsätzlich in analoger Weise möglich ist, jedoch wegen einiger Sonderheiten der neuen Kunststoffe gewisse zusätzliche Maßnahmen erfordert, um zu völlig einwandfreien Spritzergebnissen zu gelangen.

So setzt z. B. die Verarbeitung von Polyamiden im Gegensatz zu den vorher erwähnten Spritzgußmassen eine gute Trocknung des Rohmaterials voraus. Die Polyamide enthalten bekanntlich unter normalen Temperatur- und Feuchtigkeitsbedingungen einen gewissen Feuchtigkeitsgehalt, dessen Höhe bei den einzelnen Sorten etwas verschieden ist. Dieser Feuchtigkeitsgehalt wirkt sich bei der Verarbeitung in der Spritzgußmaschine insofern unangenehm aus, als durch die spontane Verdampfung der Feuchtigkeit unter dem Einfluß der im Zylinder herrschenden hohen Temperaturen ein Schäumen der Massen bewirkt wird, wodurch Fertigteile mit unansehnlichen schlierigen Oberflächen und mit inhomogener Beschaffenheit resultieren. Ein einwandfreier Ausfall von Polyamidspritzgußteilen ist gewährleistet, sobald der Feuchtigkeitsgehalt der Spritzgußmasse unterhalb von 0,5% liegt, wie umfangreiche praktische Untersuchungen gezeigt haben. Die Herstellerfirmen liefern daher ihre Polyamidspritzgußmassen in der Regel in feuchtigkeitsdichter Verpackung, so daß die Produkte im allgemeinen unmittelbar der Spritzgußmaschine zugeführt werden können. Falls Polyamidspritzgußmassen z. B. durch längeres Liegen an der Luft feucht geworden sind, so müssen sie vor der Verarbeitung nochmals sorgfältig getrocknet werden. Wegen der bekannten Sauerstoffempfindlichkeit der Polyamide bei höheren Temperaturen sollte die Trocknung in jedem Falle in einem Vakuumtrockenschrank vorgenommen werden. Hierbei sollten Temperaturen von 80—85° C möglichst nicht überschritten werden. Bei Lagen von höchstens 3—4 cm Schichtdicke sind für den Trockenprozeß in der Regel 3—4 Std ausreichend. Im Fülltrichter der Maschine kann die Masse unter Umständen erneut Feuchtigkeit aufnehmen und so die ganze Vortrocknung illusorisch machen. Es ist daher zu empfehlen, den Fülltrichter nur mit so viel Masse zu beschicken, wie innerhalb etwa einer halben Stunde verbraucht wird.

Bei Polyurethanspritzgußmassen ist im allgemeinen eine Vortrocknung nicht erforderlich. Diese Kunststoffe besitzen von Haus aus einen kaum nennenswerten Feuchtigkeitsgehalt, der bei normalen Lager- und Versandbedingungen die erwähnte Grenze von 0,5 % nicht übersteigt.

Weiterhin unterscheiden sich die Polyamide, insbesondere einzelne für die Spritzgußverarbeitung besonders wichtige Typen, von den üblichen bekannten Spritzgußmassen durch ihren deutlich höheren Erweichungs- bzw. Fließpunkt. Infolgedessen muß auch die Temperatur im Massezylinder in entsprechender Weise erhöht werden. Die übliche Maßnahme, die elektrische Heizung zu verstärken, genügt im allgemeinen nicht, da hierbei die Gefahr einer Überhitzung der Zylinderwandungen und damit einer thermischen Schädigung der Spritzgußmasse besteht. Man muß vielmehr die Heizflächen als solche vergrößern, weshalb es zweckmäßig ist, größere Massezylinder zu verwenden. Die Anwendung derartiger Spezialzylinder erlaubt die Verarbeitung der höher schmelzenden Polyamide mit den gleichen Schußzahlen und Schußleistungen, wie sie bei der Verarbeitung beispielsweise von Polystyrol üblich sind. Bei den niedriger schmelzenden Mischpolyamiden vom Typ des Ultramid 6A oder des Nylon FM-6501, sowie bei Polyurethanen, z.B. Polyurethan U oder Ultramid U, kann man mit den gewöhnlichen Zylindern fast an die Leistung bei Polystyrol herankommen.

Tabelle 12 vermittelt eine Gegenüberstellung der an den üblicherweise verwendeten Einsteckthermometern abgelesenen Spritztemperaturen einiger Polyamide und Polyurethane und der Spritztemperatur von Polystyrol.

Tabelle 12. *Spritztemperaturen einiger Polyamide und Polyurethane im Vergleich zu Polystyrol III.*

Polykondensat vom Typ	Spritztemperatur an Maschine (EH 50) ermittelt °C
Adipinsaures Hexamethylendiamin (Ultramid A, Nylon AF, Nylon FM-10001)	200—230
Sebacinsaures Hexamethylendiamin (Nylon FM-3001)	180
Polycaprolactam (Ultramid B, Ultramid B spezial, Polyamid B, Akulon, Grilon)	170—190
Mischpolyamide (Ultramid 6A, Ultramid 1C, Nylon FM-6501)	140—150
Polyaminoundecansäure (Rilsan)	170
Hexamethylendiisocyanat + Butandiol-1.4 (Polyurethan U, Ultramid U)	135—150
Polystyrol III	160

Gewisse Erschwerungen bei der Einführung der Spritzgußverarbeitung von Polyamiden und Polyurethanen ergaben sich vor allem aus der relativ niedrigen Schmelzviscosität dieser Kunststoffe. Im allgemeinen sollte die Dünnflüssigkeit der geschmolzenen Masse zwecks

vollständiger Formausfüllung insbesondere auch bei komplizierter gebauten, sehr dünnwandigen Teilen als Vorteil gewertet werden. Demgegenüber zeigen aber sehr dünnflüssige Schmelzen den Nachteil, bereits
drucklos während der Maschinenpause aus der Düse bei waagrechter
und erst recht bei senkrechter Zylinderanordnung auszufließen. Neben
unerwünschten Materialverlusten ergeben sich hierdurch auch Schwierigkeiten beim Heranfahren der Form an die Düsenöffnung. Aus diesen
Gründen ist es erforderlich, die Spritzgußmaschine mit einem auto-
matischen Düsenverschluß auszurüsten.

Die im Laufe der Entwicklung einer geeigneten Spritzdüse geprüften
Konstruktionen weisen alle gewisse Mängel auf und werden den besonderen Eigenschaften der Polyamid- und Polyurethanschmelzen nicht
gerecht[1]. Als sicher funktionierender Düsenverschluß hat sich in der
Praxis eine Konstruktion bewährt, die nachstehend näher beschrieben
ist. Diese Spezialspritzdüse, die in geschlossenem Zustand in Abb. 13
dargestellt ist, kann sowohl bei handbedienten als auch bei halb- und
vollautomatischen Maschinen angewandt werden. Sie arbeitet in folgender Weise:

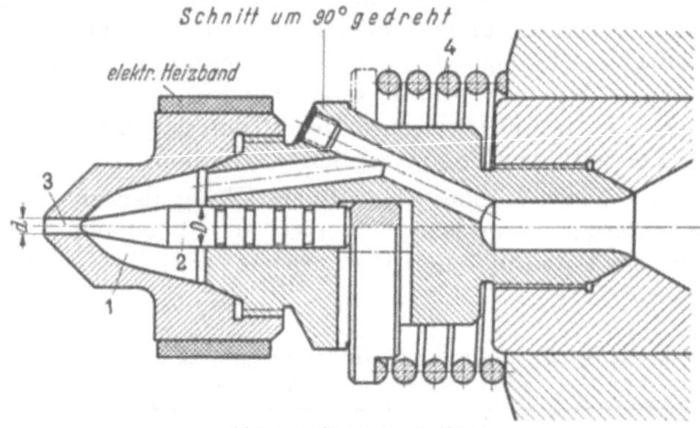

Abb. 13. Spezialspritzdüse.
Ausführung Hahn & Kolb, Stuttgart, bzw. Maschinenfabrik Bussmann, München.

Sobald beim Spritzvorgang der Kolben auf die Masse drückt, gelangt
auch die im Düsenraum 1 befindliche Schmelze unter Druck und öffnet
das an seinem hinteren Ende mit einem Kolben ausgestattete Kegel-
nadelventil 2. Die Nadel wird in den entlüfteten Zylinderraum ge-
schoben und gibt so den Düsenmund 3 frei, wobei sich gleichzeitig die
Feder 4 spannt. Nach Beendigung des Spritzvorganges, wenn der
Kolben sich von der Masse im Heizzylinder wieder abhebt, sinkt der
Druck in der Schmelze, so daß die Kraft der gespannten Feder das
Ventil wieder schließt. Auf diese Weise steht die Schmelze immer
unter einem gewissen Druck, wodurch eine etwaige Gasentwicklung
aus der Schmelze verhindert wird.

Kennzeichnend für die beschriebene Düse ist vor allem der Umstand,
daß sie unmittelbar am Düsenmund abdichtet, so daß die Schmelze

<hr>

[1] BECK, H., u. F. SCHAUPP: a. a. O.

nicht austropfen und auch den Düsenmund nicht verschmieren kann. Zur Vermeidung von Wärmeverlusten ist die Düse zusätzlich mit einem elektrischen Heizband ausgerüstet. Um ein Nachlassen der Federkraft zu vermeiden, muß die Feder aus hochwärmebeständigem Federstahl, vorteilhaft V 3 M-Stahl gefertigt sein.

Infolge der Dünnflüssigkeit der Polyamid- und Polyurethanschmelzen ist es weiterhin erforderlich, nur exakt gebaute, gut schließende Formen anzuwenden, um eine unerwünschte Gratbildung, die sog. „Schwimm-häute", zu vermeiden, die sich wegen der Zähigkeit dieser Kunststoffe nur durch zeitraubende spanabhebende Nachbearbeitung entfernen lassen.

Auch bei gut schließenden Formen können sich unter Umständen „Schwimmhäute" in unerwünschter Weise ausbilden, wenn die Schmelze im Heizzylinder durch Überhitzung zu dünnflüssig geworden ist. Bei der Verarbeitung von Polyamiden und Polyurethanen sind daher die-jenigen Temperaturzonen möglichst exakt einzuhalten, bei denen die Produkte in weitgehend zähflüssigem Zustand vorliegen. Diese Tem-peraturzonen, die sehr eng begrenzt sind, entsprechen dem Schmelz-bereich der Produkte. Der enge Schmelzbereich der Polyamide und Polyurethane erfordert noch eine weitere Maßnahme, um Schwierig-keiten bei der Spritzgußverarbeitung dieser Kunststoffe zu vermeiden. Zwischen der kalten Form und der geschmolzenen Masse bzw. dem Massezylinder, der an der Düse am heißesten ist, besteht eine ganz erhebliche Temperaturdifferenz. Während des Spritzvorganges kommt nun die kalte Form fortwährend in metallische Berührung mit der Düse. Durch den hierbei eintretenden Wärmeentzug kann die Tem-peratur der Düse unter die Schmelztemperatur der verarbeiteten Masse absinken, so daß die Schmelze innerhalb der Düse erstarrt. Das Wieder-aufschmelzen dieses „eingefrorenen" Stopfens bedingt einen erheblichen Zeitverlust. Abgesehen davon, wird es in der Praxis auch gar nicht möglich sein, den Stopfen wieder restlos zu verflüssigen, so daß er entfernt werden müßte. Würde dies nicht geschehen, so würde er in die Form gelangen und zu einem Ausschußteil führen.

Das Festwerden der Schmelze in der Düse kann noch zu weiteren Komplikationen führen, besonders dann, wenn es sich um Formteile mit größerer Wandstärke handelt. Die in die Form gespritzte flüssige Masse wird sich an der Formenwand rascher abkühlen als im Inneren. Dies führt dazu, daß die äußeren Teile des Formstückes und somit auch der Anguß bereits erstarrt sind, wenn der Kern noch flüssig ist. Da somit der Nachschub von Masse durch den Anguß unterbunden ist, bilden sich im Inneren des Formlings infolge der Kontraktion beim Erstarren der Schmelze Blasen, Lunker oder sonstige Hohlräume. Zur Vermeidung dieses Übelstandes ist es erforderlich, den Düsenquerschnitt entsprechend dem Volumen und der Oberfläche des Formteiles aus-reichend zu bemessen.

Um nun das Einfrieren der geschmolzenen Masse in der Düse zu unterbinden, muß die sog. Nachdruckzeit möglichst klein gehalten werden. Unter Nachdruckzeit ist die Zeit zwischen Beendigung des

Spritzvorgangs und dem Öffnen der Form zu verstehen, während der Kolben noch auf die Masse drückt und die Spritzdüse mit der Form noch in Berührung ist. Als weitere Maßnahme gegen das Einfrieren der Masse·kann die Form mit einer besonderen Angußbuchse, die z.B. mit Luftkammern isoliert ist, ausgestattet werden. Dadurch wird eine weniger starke Kühlung des Angusses in der Form erreicht. Als unumgängliche Maßnahme jedoch ist eine zusätzliche Heizung an der Spritzdüse, z.B. in Form eines elektrischen Heizbandes, anzubringen.

Wie bereits erwähnt, erleiden Polyamide und Polyurethane beim Abkühlen und raschen Erstarren eine Kontraktion, weshalb es vorteilhaft ist, einen verhältnismäßig hohen Spritzdruck anzuwenden, damit sich an den Formteilen keine eingefallenen Stellen ausbilden können.

Das Schwindmaß der Polyamide und Polyurethane ist relativ groß und weitgehend von der Wandstärke des Spritzlings abhängig. Die durchschnittlichen Schwindmaße der verschiedenen handelsüblichen Spritzgußmassen der Polyamide und Polyurethane unterscheiden sich voneinander nur wenig und liegen etwa in den Grenzen von 1,2—2,5%, also deutlich höher als z.B. bei Polystyrol mit 0,7%. Für Teile bis 2 mm Wandstärke wurde als mittleres Schwindmaß $1,2 \pm 0,5\%$ und für dickwandigere Teile $2,1 \pm 0,5\%$ ermittelt[1]. Diese Angaben sind bei der Konstruktion von Spritzgußformen nur als Anhaltspunkt zu betrachten. Ganz exakte Zahlenangaben liegen noch nicht vor. Es dürfte auch nicht ganz einfach sein, genaue Zahlenwerte hierfür festzulegen, da das Schwindmaß von einer ganzen Reihe verschiedener Faktoren abhängt, die sich einerseits auf die Formgebung des Teiles, wie Wandstärke und Maßgröße, und andererseits auf die Arbeitsbedingungen, wie Spritzdruck, Nachdruckzeit, Spritztemperatur, Formkühlung, Angußquerschnitte und Fließwege, beziehen. In der Praxis muß daher die genaue Formschrumpfung experimentell ermittelt werden, wobei man so verfährt, daß man zunächst auf Grund des erfahrungsgemäßen Schwindmaßes eine Form herstellt und diese, je nach dem Ausfall der Versuchsspritzlinge entsprechend ändert.

Außer der Berücksichtigung des Schwindmaßes brauchen beim Bau von Spritzgußformen für die Polyamid- und Polyurethanbearbeitung weiter keine besonderen Maßnahmen getroffen werden, wenn man noch von den bereits erwähnten Forderungen absieht, daß die Formen zur Vermeidung von „Schwimmhäuten" sehr gut schließen und daß infolge des plötzlichen Überganges der Schmelze vom flüssigen in den festen Zustand entsprechende Angußquerschnitte gewählt werden müssen.

Da die Schmelzen von Polyamiden und Polyurethanen nicht korrodierend wirken, sind für die Formen besondere Stähle nicht erforderlich. Wichtig ist für das Aussehen des Spritzlings die Beschaffenheit der Oberflächen des Werkzeuges, die zweckmäßig poliert sein sollten. Gleichzeitig wird hierdurch das Festkleben des Spritzlings an der Formwandung weitgehend verhindert. Eine weitere Maßnahme zur Ver-

---

[1] HEMMERSBACH, J.: Kunststoffe **34**, 33 (1944).

minderung des eventuellen Klebens in der Form besteht in der Verwendung geeigneter Trennmittel, von denen sich neuerdings besonders Öle und Fette auf Siliconbasis bewährt haben.

Auch gute Formkühlung, der ganz generell beim Spritzguß von Polyamiden und Polyurethanen besondere Beachtung geschenkt werden muß, wirkt sich in manchen Fällen günstig auf die Entformbarkeit aus. Die Formenkühlung selbst ist intensiv bei möglichst tiefen Temperaturen zu betreiben, da sich eine rasche und gute Kühlung im allgemeinen auf die mechanischen Eigenschaften des Spritzlings günstig auswirkt. Die besten mechanischen Festigkeiten werden, wie eingehende Versuche gezeigt haben, erzielt, wenn man durch gute Formkühlung dafür sorgt, daß sich die Außenzone der Spritzgußteile als amorphe Zone ausbilden kann. Dieser amorphe Zustand bildet sich besonders dann aus, wenn die Schmelze an den gekühlten Wänden der Spritzgußform plötzlich abgeschreckt wird, wobei der amorphe Zustand einfriert.

Bei der Formkühlung kommt man in der Regel mit einer direkten Leitungswasserkühlung aus. Die Umlaufkühlung, wie sie öfter in Spritzgußmaschinen eingebaut ist, kommt für den Spritzguß von Polyamiden und Polyurethanen weniger in Betracht, da hierbei das Wasser infolge der allmählichen Erwärmung keine genügende Kühlwirkung mehr auf die Form ausüben kann.

Bei der Notwendigkeit besonders intensiver Kühlung wäre daran zu denken, die Formen von tiefgekühlter Sole durchströmen zu lassen. Der hohe Kostenaufwand könnte dabei durch eine Verringerung der Fertigungszeit ausgeglichen werden, abgesehen davon, daß durch die bessere Kühlung auch die Qualität der Spritzlinge günstig beeinflußt wird. Maßgebend für die Art der anzuwendenden Kühlung ist aber immer die Gestalt des Formstückes, seine Wandstärke, Länge und Querschnitt des größten Fließweges. Es kann sogar bei sehr dünnwandigen Teilen vorkommen, daß die übliche Wasserleitungskühlung bereits zu intensiv wirkt und damit die Schmelze in der Form vorzeitig zum Erstarren bringt, so daß ein vollständiges Ausfüllen der Form nicht mehr gewährleistet ist. In derartigen Fällen darf überhaupt keine Kühlung angewandt werden, ja oft ist es sogar vorteilhaft, die Form vorher durch Durchleiten von warmem Wasser anzuheizen.

Es muß noch darauf hingewiesen werden, daß die Kühlkanäle in den Spritzgußformen richtig angeordnet sein müssen, vor allem müssen sie einen ausreichenden Querschnitt besitzen und über die zu kühlenden Zonen gleichmäßig verteilt sein.

Auf die Vermeidung von Fließlinien, Bindenähten und die damit zusammenhängenden Erscheinungen braucht man beim Bau von Spritzgußformen für Polyamide und Polyurethane keine besonderen Rücksichten zu nehmen, da diese Kunststoffe bei sachgemäßer Verarbeitung derartige Erscheinungen nicht zeigen. Auch das Einbetten von Metallteilen in den Spritzling bereitet keinerlei Schwierigkeiten.

Wenn man alle vorstehend beschriebenen Gesichtspunkte genügend beachtet, läßt sich die Spritzgußverarbeitung von Polyamiden und

Polyurethanen auf allen gebräuchlichen Spritzgußmaschinen in einwandfreier Weise bewerkstelligen.

Zur Reinigung der Massezylinder von Polyamid- und Polyurethanresten können flüssige Reinigungsmittel wegen der ausgezeichneten Lösungsmittelbeständigkeit dieser Kunststoffe nicht angewandt werden. Man ist in solchen Fällen auf das Abbrennen der Reste angewiesen, wobei darauf zu achten ist, daß nur der Kunststoff abgebrannt wird und die Stahlteile dabei nicht in Mitleidenschaft gezogen werden. Verbrannte und verkohlte Rückstände werden schließlich durch Ausreiben mit Polierleinen entfernt. Um unnötig häufiges Reinigen der Massezylinder zu umgehen, ist es empfehlenswert, für die Verarbeitung von Polyamiden und Polyurethanen besondere Massezylinder zur Verfügung zu haben, wobei für jede Farbeinstellung usw. der zu verspritzenden Rohstoffe eigens ein Zylinder vorrätig gehalten werden sollte. Diese Maßnahme ist deshalb von Vorteil, weil die bei der Verarbeitung anderer thermoplastischer Spritzgußmassen, wie Cellulosederivate, Polystyrol, Polymethacrylsäureester und sonstige Vinylpolymerisate, verwendeten Massezylinder wegen der Unverträglichkeit dieser Spritzgußmassen mit Polyamiden und Polyurethanen bei deren Verarbeitung ohne gute Reinigung nicht benutzt werden können.

5. Verarbeitung aus der Schmelze.

Die relativ niedrige Schmelzviscosität und der im allgemeinen scharf ausgeprägte Schmelzpunkt der Polyamide und Polyurethane gestatten, die meisten Vertreter dieser Kunststoffklassen unmittelbar aus dem Schmelzfluß zu Formkörpern verschiedener Art zu vergießen, wie es bei den meisten bekannten Kunststoffen nicht im entferntesten ermöglicht werden kann. Bei diesem sog. Schmelzgießverfahren ist, wie in allen Fällen, in denen Polyamide und Polyurethane in geschmolzenem Zustand oder bei Temperaturen nahe des Schmelzpunktes zur Verarbeitung gelangen, zur Vermeidung von Verfärbungen oder gar tiefergreifenden oxydativen Schädigungen längere Lufteinwirkung unbedingt zu vermeiden. Am sichersten läßt sich dies erreichen, wenn man bei der Verarbeitung der linearen Polykondensate bei höherer Temperatur die Luft weitgehend durch ein inertes Gas, beispielsweise Stickstoff oder Kohlensäure, verdrängt.

Die Schmelzgießverarbeitung der Polyamide selbst kann sowohl im Anschluß an ihre Herstellung unmittelbar aus dem Polykondensationskessel als auch durch Wiederaufschmelzen der handelsüblichen Festprodukte erfolgen, die teils in körniger, teils in Schnitzelform vorliegen.

In der Technik wird schon aus wirtschaftlichen Gründen von der Verarbeitung der Polyamidschmelzen unmittelbar aus dem Kondensationskessel heraus in hohem Maße Gebrauch gemacht. Dieses Arbeitsverfahren ist praktisch an die Fabrikationsstätten gebunden, die sich mit der Erzeugung der Polyamide aus den monomeren Ausgangsstoffen befassen. In allen anderen Fällen ist man darauf angewiesen, die in fester Form vorliegenden Polyamidkunststoffe wieder aufzuschmelzen.

Obwohl dieses Verfahren vom energetischen Standpunkt aus unwirtschaftlich erscheint, hat man ihm in der Technik, besonders in Deutschland, aus verschiedenen Gründen größte Beachtung geschenkt.

Für das Wiederaufschmelzen kompakter Polyamidkunststoffe ist eine ganze Reihe von Verfahren entwickelt worden, von denen sich einzelne in der Praxis gut bewährt haben. Eine gute Übersicht über die wichtigsten Patente des In- und Auslandes, die das Wiederaufschmelzen von Polykondensationsprodukten zum Gegenstand haben, ist von K. FABEL[1] einerseits und K. THINIUS[2] andererseits gegeben worden.

Hervorzuheben ist hierbei vor allem das als Rostschmelzverfahren entwickelte Verfahren, bei dem das geschnitzelte Polyamid einer rotierenden Rosttrommel an der Stirnseite kontinuierlich zugeführt wird, die aus beheizten Stäben gebildet ist[3]. Diese Aufschmelzapparatur soll vor allem für die Herstellung von Folien gut geeignet sein.

Ein weiteres Verfahren besteht darin, die Polyamide oder Polyurethane mittels geeigneter Heizflüssigkeiten aufzuschmelzen, die spezifisch schwerer sind als die Kunststoffschmelze. Die Heizflüssigkeiten, z. B. Metallschmelzen oder geschmolzene Salze, befinden sich in hohen zylindrischen Behältern, in welche das zerkleinerte Polyamidmaterial mittels einer Transportschnecke eingeführt und zum Schmelzen gebracht wird. Der geschmolzene Kunststoff steigt dann an die Oberfläche des Heizbades und wird von dort, gegebenenfalls über ein Zwischengefäß, in die Verarbeitungsvorrichtung gedrückt. Umgekehrt sammelt sich die Schmelze des Kunststoffes am Boden des Gefäßes an, wenn als Aufschmelzflüssigkeiten spezifisch leichtere Substanzen, z. B. hochsiedende Öle u. dgl., verwendet werden[4].

Um eine Zersetzung und Gasbildung beim Aufschmelzen der Polyamide zu verhindern, ist vorgeschlagen worden, die Aufschmelzgeschwindigkeit so zu regulieren, daß sie der Geschwindigkeit des Auspressens aus der Düse der Apparatur entspricht[5], wobei als Aufschmelzapparatur ein Schmelzrost dient, der als flache, spiralförmige Metallschlange oder als Hohlkegel, dem das geschnitzelte Material von oben her zugeführt wird, ausgebildet ist.

Stab- oder zylinderförmige Gebilde aus Polyamiden und Polyurethanen können mittels einer Vorrichtung in Schmelzen übergeführt werden, bei der der Schmelzprozeß an der Oberfläche einer beheizten rotierenden Walze erfolgt, die mit Zähnen versehen ist und dadurch gleichzeitig die Zerkleinerung der Polyamidmasse bewirkt. Eine am Ende der Walze befindliche Förderschnecke dient zur Abführung des geschmolzenen Materials[6].

Ein elegantes, neuerdings vielfach angewandtes Verfahren besteht in dem kontinuierlichen Abschmelzen endloser Formteile aus Polyamiden oder Polyurethanen, beispielsweise von genau dimensionierten

---

[1] FABEL, K.: Kunststoffe **37**, 197 (1947).
[2] THINIUS, K.: Kunststoffe **37**, 213 (1947).
[3] DRP. 748838 (48).
[4] DRP. 738946 (49).
[5] FP. 851437 (50).
[6] FP. 880166 (51).

Bändern oder Drähten. Hierbei werden diese endlosen Gebilde mit konstanter Geschwindigkeit, z.B. mittels eines Walzenpaares, in eine sich verjüngende, elektrisch beheizte Düse mit einem dem verwendeten Material entsprechenden Querschnitt in die sog. Schmelzkammer eingeführt. An den Innenwänden der Düse schmilzt das Material mit gleicher Geschwindigkeit ab wie es zugeführt wird. Dadurch, daß es in seine eigene Schmelze taucht, bildet sich beim Erstarren gleichzeitig ein Abschluß gegen die Außenluft. Durch geeignete Ausbildung der Eintrittsöffnung ist dafür gesorgt, daß der Druck innerhalb der Schmelzapparatur allmählich so groß wird, daß keine Blasenbildung auftreten kann[1].

In allen Fällen, in denen Polyamidschmelzen zur Verarbeitung gelangen, ist es zweckmäßig bzw. sogar erforderlich, die Schmelze jeweils vor Austritt aus der Düse zu filtrieren. In Frage kommen hierfür Filter aus durchlöcherten Nickel- oder V-Stahl-Blechen. Besonders bewährt haben sich auch Filter aus feinstem, besonders aufbereitetem Sand[2]. Die Filter haben nicht nur die Aufgabe, Verunreinigungen zurückzuhalten, sondern dienen auch dazu, eventuelle Anteile höherer Viscosität, die leicht Anlaß zu unliebsamen Verdickungen, besonders bei Formkörpern sehr dünner Wandstärke, geben könnten, gleichmäßig zu zerteilen. Die Filter müssen naturgemäß in bestimmten Zeitabschnitten gereinigt bzw. ausgewechselt werden.

Neben der überragenden Bedeutung, die der Schmelzverarbeitung der Polykondensate zur Herstellung textiler Fasern zukommt, spielt diese Arbeitsweise auch auf dem eigentlichen Kunststoffgebiet eine maßgebliche Rolle. So wird eine ganze Reihe industriell wichtiger Halb- und Fertigfabrikate großtechnisch aus dem Schmelzfluß erzeugt. An hervorragender Stelle sind vor allem Polyamidbänder zu nennen, die aus wirtschaftlichen Gründen in der Regel im Anschluß an die Polykondensation unmittelbar aus dem Schmelzfluß heraus gewonnen werden, so daß die Erzeugungsstätten von Polyamidbändern praktisch an den Ort der Kondensation gebunden sind.

Die flüssigen Polykondensate werden hierbei zweckmäßig durch Stickstoffdruck aus geeigneten, vorteilhaft aus V-Stählen gefertigten Düsen mit rechteckigem Querschnitt ausgepreßt. Zwecks rascher Fixierung und Abkühlung werden die Bänder unmittelbar nach ihrem Austritt aus der Düse durch ein kaltes Flüssigkeitsbad, meist Wasser, oder sonstige nicht lösende Substanzen geleitet[3].

Prinzipiell sind alle handelsüblichen Polyamidtypen zur Herstellung von Bändern geeignet, doch wurde teils aus Gründen der einfacheren Handhabung, teils auf Grund spezieller Eigenschaften, unter den bekannten Polyamidmarken für die Herstellung von Bändern dem Polycaprolactam bereits von Anbeginn der Entwicklung an das meiste Interesse entgegengebracht. Bänder aus Polycaprolactam haben daher auch große technische Bedeutung erlangt.

---

[1] FP. 878019 (52).
[2] BP. 536379 (53).
[3] AP. 2212772 (54).

Naturgemäß waren anfänglich bei der Herstellung von Bändern mit definierten Dimensionen wegen der Dünnflüssigkeit der Polyamidschmelze eine Reihe von Schwierigkeiten zu überwinden, in erster Linie als Folge des Bestrebens der Schmelze, nach Passieren der rechteckigen Düse sich oval zu verformen. Der Technik ist es aber in verhältnismäßig kurzer Zeit gelungen, das Verfahren so zu vervollkommnen, daß die Herstellung von Bändern bis zu 100 mm Breite mit befriedigender Gleichmäßigkeit und annähernd rechteckigem Querschnitt ohne weiteres möglich ist. Die erzielbaren Stärken richten sich weitgehend nach der Breite des Bandes. Bei relativ schmalen Bändern sind Stärken bis herab zu etwa 0,3 mm mit befriedigender Genauigkeit herstellbar. Breitere Bänder können bis zu mehreren Millimeter Dicke erzeugt werden.

Wird auf Bänder mit absolut gleichmäßigem rechteckigem Querschnitt Wert gelegt, so muß das Auspressen der Polyamidschmelzen auf profilierten kalten Walzen vorgenommen werden. Dieses Verfahren ist in Deutschland versuchsweise mit Erfolg angewandt worden. Es ist verständlich, daß hierbei nur verhältnismäßig geringe Arbeitsgeschwindigkeiten eingehalten werden können, so daß diese Arbeitsweise nur in besonderen Fällen in Frage kommt.

Nach dem Passieren des für die Kühlung erforderlichen mehrere Meter langen Wasserbades ist es vorteilhaft, die Polyamidbänder mittels geeigneter Vorrichtungen eine gewisse Zeit senkrecht aufzuhängen, da frisch hergestellte Bänder sich noch etwa 48 Std lang in einem gewissen plastischen Zustand befinden, der bewirkt, daß durch die Art des Aufwickelns auf Spulen oder Haspeln bedingte Verformungen bleibend fixiert werden. Die Folge davon ist, daß solche Bänder, wenn sie vor der Weiterverarbeitung abgespult werden, meist krummlinig sind oder sonstige Verformungen zeigen, die bei zahlreichen Verwendungszwecken als störend empfunden werden.

Liegen bereits krummlinig verlaufende Bänder vor, so können diese nachträglich durch Behandlung mit Wasserdampf unter Spannung weitgehend gerade gerichtet werden. Dieses Verfahren läßt sich in verhältnismäßig einfacher Weise kontinuierlich gestalten.

In ganz analoger Weise wie Bänder werden durch Verwendung von Runddüsen monofile Fäden und Drähte aus Polyamiden technisch in erheblichem Umfange hergestellt, die mit Rücksicht auf ihre praktische Verwendung in überwiegendem Maße in orientierter, d.h. gestreckter Form, in den Handel gebracht werden. Die Durchmesser des gereckten, handelsüblichen Rundmaterials, wie es in Deutschland für die verschiedensten Zwecke ausschließlich aus Polycaprolactam als Perlon- oder Draloneinzelfäden, -draht usw. erzeugt wird, liegen im allgemeinen zwischen 0,1 und 4,5 mm. Die wirtschaftliche Herstellung von gereckten Drähten mit noch größerem Durchmesser als 4,5 mm gestaltet sich recht schwierig, wenn man auf weitgehend runden Querschnitt Wert legt. Im Ausland erfolgt bislang die Herstellung von monofilen Polyamidgebilden in der Regel aus Polyamiden auf Basis von adipinsaurem und sebacinsaurem Hexamethylendiamin. Diese Art von Monofilen besitzen im allgemeinen eine höhere Steifigkeit und geringere Flexibilität als solche auf Basis von Caprolactam bei sonst aber weitgehend ähnlichen Eigenschaften.

Werden beim Auspressen von Polyamidschmelzen Runddüsen mit einem Dorn eingesetzt, so ist auch die Möglichkeit zur Herstellung von Rohren und Schläuchen aus Polyamiden gegeben. Voraussetzung hierfür ist, daß das Hohlgebilde wenige Millimeter unterhalb des Düsenmundes sofort in kaltes Wasser geführt wird, um das Zusammenfließen bzw. Zusammenfallen des Schlauchgebildes wegen der Dünnflüssigkeit der Polyamidschmelze zu verhindern. In der Praxis stößt dieses Verfahren aber, vor allem auch aus wirtschaftlichen Gründen, auf erhebliche Schwierigkeiten, weshalb bis heute hiervon kaum Gebrauch gemacht wird. Ebensowenig scheint bis jetzt versucht worden zu sein. kompliziertere profilierte Gebilde in endloser Form unmittelbar aus Polyamidschmelzen herzustellen. (Vgl. auch die Ausführungen in Abschn. C 3.)

Ebenso wie Bänder können auch großflächige Polyamidgebilde in Form dünner Folien unmittelbar aus der Schmelze erzeugt werden. Für die Herstellung von Schmelzfolien hat schon frühzeitig das Trommelgießverfahren größere Bedeutung erlangt, speziell bei der Verarbeitung von Schmelzen aus Polycaprolactam. Im Prinzip wird hierbei so verfahren, daß man die Polyamidschmelze aus einer Schlitzöffnung auf eine sich bewegende glatte Unterlage, z. B. auf rotierende Walzen, auspreßt[1]. Durch rasche Abkühlung der Polyamidschmelze, z. B. durch Auspressen auf Unterlagen, die auf Temperaturen von mindestens 60° unterhalb der Schmelztemperatur gehalten werden, lassen sich hierbei klare durchsichtige Folien gewinnen, da durch die rasche Abkühlung die Bildung großer Kristallaggregate verhindert wird und sich somit die den meisten Polyamidformteilen eigentümliche Trübung nicht ausbilden kann.

Als vorteilhaft hat sich herausgestellt, den Gießschlitz möglichst nahe, zweckmäßig 5 mm über der Gießunterlage anzubringen, und zwar derart, daß die Ausflußrichtung der Polyamidschmelze durch den Schlitz mit der Tangente der Gießtrommeloberfläche einen Winkel von weniger als 90°, besser weniger als 50° bildet.

Durch noch stärkere Abkühlung der Walzen, z. B. auf 0°, können Folien gewonnen werden, die sich in beiden Richtungen verstrecken lassen[2].

Poröse Folien, z. B. aus Mischpolyamiden von adipinsaurem Hexamethylendiamin und Caprolactam, die sich durch ein geringeres spezifisches Gewicht auszeichnen, können unmittelbar aus dem Schmelzfluß erhalten werden, wenn man Kohlendioxyd, Stickstoff o. dgl. in den Schmelzautoklaven preßt, mehrere Stunden erhitzt und dann die Masse aus einer Schlitzdüse ausdrückt[3]. Derartige vielzellige Folien sind wesentlich wasserdampfdurchlässiger und elastischer als gewöhnliche Polyamidfolien.

---

[1] DRP. 743508 (55).
[2] Schweiz. P. 223823 (56).
[3] FP. 865879 (57).

Als technisch am günstigsten für die Schmelzfolienherstellung hat sich Polycaprolactam erwiesen. Schmelzfolien auf dieser Basis wurden nach einem von der Filmfabrik Wolfen der ehemaligen IG. Farbenindustrie Aktiengesellschaft zur technischen Reife entwickelten Verfahren früher hergestellt und unter der Bezeichnung „Perfol" in den Handel gebracht. Die Folien hatten nach beidseitigem Recken eine Breite bis zu 150 cm und Stärke bis etwa 0,2 mm. In der Praxis wird so gearbeitet, daß das geschmolzene Polycaprolactam mit einem Druck von 30 bis 40 Atm. bei 275° C als 50 cm breites Band mit einer Geschwindigkeit von 3—4 m je Minute ausgepreßt und auf einer Kühlwalze rasch unterhalb von 30° C abgekühlt wird. Um den schädlichen Einfluß des Luftsauerstoffs auszuschließen, wird der Film bis zum Abkühlen unter Stickstoffatmosphäre gehalten. Anschließend erfolgt Längsreckung des Filmes um 100—200%, hierauf Ausrecken in der Querrichtung bis zu 150 cm Breite, wobei die günstigsten Resultate erhalten werden, wenn das Verstrecken innerhalb von 4—5 min nach dem Auspressen erfolgt. Die Temperatur muß hierbei unter 30° C und die relative Luftfeuchtigkeit über 60% gehalten werden[1].

Perfol stellt eine sehr klare und durchsichtige Folie mit beachtlichen mechanischen Eigenschaften dar. Ihre besonderen Vorzüge liegen in der hervorragenden Beständigkeit gegen alle gebräuchlichen Lösungsmittel sowie gegen kochendes Wasser. Für die Zerreißfestigkeit und Dehnung von Perfol sind folgende Werte zu nennen[1]:

	Zerreißfestigkeit kg/mm²	Dehnung %
längs	25—30	100—150
quer	10	400—600

Zur Erzielung dickerer Folien aus Polycaprolactam können mehrere Lagen dünner Folien unter Druck und Verwendung von 3—5%iger Resorcinlösung in Methanol bei 40—50° C miteinander verpreßt werden.

In Abschnitt C 3 wurde bereits die Möglichkeit der Herstellung einfacher profilierter Gebilde und das Ummanteln von Drähten usw. im Anschluß an das Aufschmelzen der Polyamide in Schneckenspritzmaschinen erwähnt. In noch eleganterer Weise lassen sich diese Fertigungsverfahren durchführen, wenn man von Polyamidschmelzen ausgeht, die unmittelbar der Polykondensationsapparatur entnommen werden oder wenn man das Bandschmelzverfahren benutzt. Auch hier tritt das flüssige Polyamid in Form eines sich rasch verjüngenden Schlauches aus der Düse aus und schrumpft auf den mit großer Geschwindigkeit durch die Düse gezogenen Draht auf, wie in der schematischen Darstellung in Abb. 14 gezeigt ist. Zur Erhöhung der Haftfestigkeit des Polyamidüberzugs auf dem Träger ist es zweckmäßig, diesen vor der Ummantelung durch eine Glühwendel zu führen.

Das Verfahren gestattet ohne Schwierigkeiten, dünne und dünnste Polyamidüberzüge auf Drähten u. dgl. zu erzeugen, wobei die Dicke

---

[1] Polyamides in Germany. Mod. Plastics a. a. O.

der Ummantelung durch die Menge der in der Zeiteinheit geförderten
Schmelze und durch die Abzugsgeschwindigkeit des Drahtes weitgehend
variiert werden kann. Der besondere Vorteil dieser Methode liegt ebenso
wie bei der Verarbeitung von Polyamiden in der Schneckenspritzmaschine darin, daß in einem einzigen Arbeitsgang bei sehr hoher
Arbeitsgeschwindigkeit die gewünschte Schichtdicke der Ummantelung
in bemerkenswerter Gleichmäßigkeit erzielt werden kann. Es ist hierbei
nicht unbedingt nötig, blanke Drähte zu verwenden, sondern es können

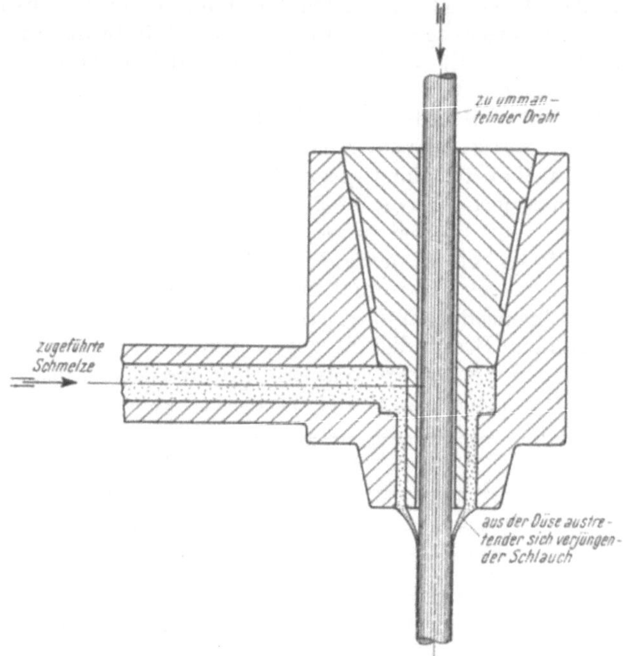

Abb. 14. Schema einer Düse zum Überziehen von Drähten mittels Polyamidschmelzen.

auch bereits mit anderen Stoffen isolierte Drähte nachträglich mit einem
Polyamidüberzug versehen werden. Die Gefahr der Beeinträchtigung
durch Zerstörung der ursprünglichen Isolationsschicht, sofern es sich
um hitzeempfindliche Stoffe bzw. niedrigschmelzende Materialien, wie
Textilien, Kautschuk, Polyäthylen usw., handelt, durch die heiße
Polyamidschmelze, deren Temperatur vor dem Auspressen immerhin
mindestens 240° C beträgt, hat sich in der Praxis als nicht begründet
erwiesen. Die Abzugsgeschwindigkeit des zu ummantelnden Drahtes
ist meist so groß und die Abkühlung des aus der Düse austretenden
Polyamidschlauches erfolgt so rasch, daß die Polyamidmasse im Augenblick des Aufschrumpfens auf den Draht praktisch nur noch eine Temperatur von kaum 100° C aufweisen dürfte.

Polyamidschmelzen können auch durch Ausgießen in geeignete
Formen zu Gießkörpern der verschiedensten Art verarbeitet werden.

Praktisch besitzt dieses Verfahren allerdings nur geringe Bedeutung, da die verhältnismäßig hohe Schrumpfung beim Erstarren von Polyamidschmelzen, die sich je nach Wandstärke des herzustellenden Formlings zwischen 0,5 und 3 % bewegt, nach dem Abkühlen zu unliebsamen Formveränderungen führen kann. Zur Erzielung maßgerechter Formstücke ist daher meist noch eine mechanische Nachbehandlung des Gießkörpers erforderlich. Häufig werden gegossene Polyamidblöcke benutzt, um hieraus auf spanabhebendem Wege gewisse Teile herauszuarbeiten, die, sei es aus Gründen der hohen Werkzeugkosten oder aus Gründen des großen Stückgewichtes, nicht im Spritzgußverfahren hergestellt werden können. Es ist hierbei jedoch zu beachten, daß trotz nicht zu verkennender Fortschritte auch heute noch gewisse Schwierigkeiten beim Gießen großer Polyamidblöcke bestehen, da es nicht immer glatt gelingt, spannungsfreies und absolut lunkerfreies Blockmaterial zu erzeugen. Aus Polyamidblöcken herausgearbeitete Teile können daher, auch schon im Hinblick auf die hierbei durch Kerbwirkung bedingte Verminderung der mechanischen Festigkeiten, bei der praktischen Erprobung oft zu ganz falschen Vorstellungen über die tatsächlichen mechanischen Eigenschaften der Polyamide führen.

Im Rahmen dieses Abschnittes soll noch auf eine spezielle Verarbeitungsmöglichkeit der Polyamide und Polyurethane hingewiesen werden. So ist es z. B. möglich, in Analogie zum Metallspritzverfahren diese Kunststoffe mit der Spritzpistole auf Behälter und Gegenstände der verschiedensten Art aufzuspritzen, wobei gut haftende korrosionsfeste und lösungsmittelbeständige Überzüge erhalten werden können. Auf die besonderen Eigenschaften der Polyamide und Polyurethane, wie vor allem Sauerstoffempfindlichkeit der Schmelzen usw., muß dabei entsprechend Rücksicht genommen werden. Aus diesem Grunde wird zweckmäßig mit Stickstoff an Stelle von Preßluft gearbeitet[1].

Für die Praxis bedeutungsvoller scheint neuerdings das sog. Flammspritzverfahren zu sein, wie es sich für die Verarbeitung vor allem von Polyäthylen bereits eingebürgert hat. Der feinpulvrige Kunststoff wird, zweckmäßig mittels Stickstoffdruckes durch eine über Schmelztemperatur beheizte Zone, meist durch eine direkte Flamme (Kreisbrenner) geblasen, wobei die Kunststoffteilchen schmelzen und in flüssigem Zustand auf die zu schützende Fläche auftreffen. Das Verfahren kommt in erster Linie für den Oberflächenschutz von Metallen in Betracht. Zwecks besserer Haftung des Polyamids bzw. Polyurethans auf der Metallfläche ist diese vorteilhaft von der Rückseite in geeigneter Weise anzuheizen. Man kann auch die zu überziehenden Gegenstände mit einer dünnen Schicht Polyamid- bzw. Polyurethanpulver bestreuen und dieses durch Hitzeeinwirkung in Kohlensäure- oder Stickstoffatmosphäre verschmelzen[2].

Die für diese Arbeitsverfahren erforderlichen pulverförmigen Materialien können aus Lösungen der Polyamide bzw. Polyurethane vor allem

---

[1] DRP. 720731 (58).
[2] BP. 535138 (59).

in Ameisensäure durch Ausfällen mit Wasser oder Alkohol[1] oder durch Vermahlen bei sehr tiefen Temperaturen gewonnen werden.

6. Verarbeitung aus der Lösung.

Nachdem durch die Entwicklung der Mischpolyamide Produkte mit befriedigenden Löslichkeitseigenschaften in einer Reihe einfacher Lösungsmittel geschaffen werden konnten, hat in der Technik die Polyamidverarbeitung über die Lösung ständig an Bedeutung und Umfang zugenommen. Größeres technisches Interesse beanspruchen in Deutschland vor allem die bereits mehrfach erwähnten Mischpolykondensate Ultramid 6 A und Ultramid 1 C. Die Hauptbedeutung der Type Ultramid 6 A liegt in der Herstellung von Gießfolien[2]. Hierbei können als Lösungsmittel entweder Mischungen von niederen Alkoholen wie Methylalkohol oder Äthylalkohol mit Methylenchlorid oder Wasser verwendet werden. Die Konzentration der Gießlösung liegt im allgemeinen bei etwa 25% Festgehalt. Wegen des steilen Anstieges der Viscositätskonzentrationskurve ist die Anwendung wesentlich höherer Konzentrationen praktisch kaum möglich. Es ergibt sich hieraus, daß durch Vergießen von Polyamidlösungen dieser Art im allgemeinen nur verhältnismäßig dünne Filme erzeugt werden können.

Nachstehende Ausführungen über die technische Durchführung des Vergießens von Ultramid 6 A-Lösungen sind zum größten Teil verschiedenen Fiat-, Bios- und Cios-Berichten entnommen[3].

Das Auflösen des Ansatzes wird bei etwa 70° C in einer nickelplattierten Rührtrommel, die mit einem Rückflußkühler versehen ist, vorgenommen. Der Löseprozeß beansprucht im allgemeinen bei Vorliegen eines grobkörnigen oder -stückigen Ausgangsmaterials mehrere Stunden. Eine Beschleunigung des Auflösens kann durch Weichmacherzugabe herbeigeführt werden. Die Lösung gelangt dann durch ein auf 70° gehaltenes Röhrensystem in den ebenfalls auf 70° eingestellten Vorratsbehälter, wobei vorher eine Filtration der Lösung durch Passieren eines engmaschigen Siebes aus Bronze oder V-Metall erfolgt. Aus dem Vorratsgefäß fließt die Polyamidlösung durch eigenes Gefälle in den eigentlichen Gießer der Maschine.

Für die Gießfolienherstellung aus Polyamidlösungen können die üblichen Filmgießmaschinen verwendet werden. Mittels eines Spezialgießers wird die Lösung auf ein endlos umlaufendes Kupferband aufgebracht, das eine Kammer durchläuft, in der die Verdampfung des Lösungsmittels durch auf 100—130° C erwärmte Luft erfolgt. Die Lösungsmitteldämpfe werden abgeführt und nach der Kondensation des Wassers der Alkohol mittels Aktivkohle wieder gewonnen.

Durch ein Walzenpaar wird die gebildete Folie vom Kupferband abgezogen und anschließend in einem mit mehreren Walzen ausgestatteten, auf 80° erwärmten Trockenschrank, in dem die Folie einen

---

[1] FP. 867508 (60).
[2] MÜLLER, A.: Kunststoffe **39**, 313 (1949).
[3] Polyamides in Germany. Mod. Plastics a. a. O.

größeren Weg zurückzulegen hat (etwa 20 m), von den letzten Resten
Lösungsmittel befreit.

Die Gießgeschwindigkeit soll zwischen 100 und 200 m je Stunde,
je nach der Dicke des Filmes, liegen bei einer Gießbreite von 120 cm.
Die geringste Folienstärke liegt im allgemeinen bei etwa 0,03 mm, die
größte Folienstärke meist nicht über 0,12 mm.

Die Trocknung des Filmes muß bei höheren Temperaturen vorgenommen werden, da sonst leicht die Gefahr des Weißanlaufens besteht.
Ultramid 6 A-Folien zeigen im allgemeinen ein leicht opakes Aussehen,
besonders wenn die Oberfläche durch Verwendung geeigneter Walzen
eine gewisse Rauhigkeit aufweist. Um ganz glatte Oberflächen zu
erzielen, wird die Verwendung von Netzmitteln, wie Fettalkoholsulfo-
naten, bei Benutzung von Me-
thanol/Wasser als Lösungsmittel
vorgeschlagen. Hierbei soll bereits die oberflächliche Behandlung der Gießunterlage mit dem
Netzmittel ausreichend sein.

Die Eigenschaften der Ultramid 6 A-Gießfolien, wie sie von
der Firma Kalle & Co. Aktiengesellschaft, Wiesbaden-Biebrich,
hergestellt und unter der Bezeichnung „Supronyl" auf den Markt
gebracht werden, können, vor allem durch Weichmacherzusatz, weitgehend variiert werden. Im allgemeinen werden hierbei Weichmacher-
mengen zwischen 10 und 40% verwendet. Durch Mitverwendung spezieller Weichmacher können Folien mit erhöhter Transparenz erhalten
werden[1].

Tabelle 13. *Festigkeit und Dehnung von Ultramid 6 A-Gießfolien.*

		Zerreiß-festigkeit kg/mm²	Dehnung %
Trocken	längs	3,7	1000
	quer	3,1	1300
Naß	längs	2,5	950
	quer	1,8	1000

Gießfolien aus Ultramid 6 A zeigen alle die Eigenschaften, wie sie
bereits in einem anderen Kapitel für diese Polyamidtype beschrieben
wurden. Neben der Kochfestigkeit und guten Lösungsmittelbeständigkeit sowie Unempfindlichkeit gegen Öle und Fette seien vor allen Dingen
die hohe Zerreißfestigkeit und Dehnbarkeit sowie die Zähigkeit und
hervorragende Oberflächenhärte hervorzuheben. Zerreißfestigkeit und
Dehnung einer handelsüblichen 0,04 mm starken Folie aus Ultramid 6 A
liegen etwa bei Werten, wie sie in Tabelle 13 angegeben sind[2].

Bezüglich Hitzebeanspruchung gilt ebenfalls das über die Hitzebeständigkeit von Polyamiden Gesagte. Längere Lagerung bei höherer
Temperatur unter Luftzutritt, z.B. schon bei 70—80° C, führt zu einer
allmählichen Versprödung und Verfärbung der Folien. Durch Zusatz
geeigneter Weichmachungsmittel zur Gießlösung kann die Hitzeversprödung der Folie weitgehend verhindert werden. So tritt z.B. bei einer
Ultramid 6 A-Folie, die als Weichmacher 20% Isododecylphenol, bezogen
auf das feste Polyamid, enthält, nach 4tägigem Lagern bei 90° C kein
Weichmacherverlust auf. Der Erweichungspunkt einer derartigen Folie
liegt bei etwa 140° C.

---

[1] STASTNY, F.: a. a. O.
[2] Polyamides in Germany. Mod. Plastics a. a. O.

Die Wasserdampfdurchlässigkeit von Ultramid 6 A-Folien ist entsprechend dem allgemeinen Verhalten der Polyamide gegenüber Wasser als relativ hoch zu bezeichnen. Es sei hier auch auf die Ausführungen über die Gas- bzw. Dampfdurchlässigkeit von speziellen Nylonfolien in Abschnitt A 7 verwiesen. In Tabelle 14 ist die Wasserdampfdurchlässigkeit einer Ultramid 6 A-Gießfolie mit der einer Reihe anderer Folien verglichen[1].

Ultramid 6 A-Folien können in beliebiger Färbung hergestellt und in einfacher Weise bedruckt und auch geprägt werden. Die Prägung erfolgt zweckmäßig mittels etwa 100° warmer Prägewalzen.

Tabelle 14. *Wasserdampfdurchlässigkeit verschiedener Kunststoffolien.*

Folien aus	Wasserdampfdurchlässigkeit g/m²/24 Std/0,06 mm
Ultramid 6 A	120
Cellophan wetterecht . .	10
Gewöhnliches Cellophan .	800
Celluloseacetat	150
PVC (Luvitherm)	10—12

Bei Verwendung von Ultramid 5 A (Mischpolyamid aus 50% adipinsaurem Hexamethylendiamin und 50% Caprolactam) in einem Gemisch von Methanol und Methylenchlorid kann das Gießen des Filmes bei Raumtemperatur vorgenommen werden. Da jedoch Filme aus Ultramid 5 A solchen aus Ultramid 6 A in qualitativer Hinsicht unterlegen sind, spielen Ultramid 5 A-Gießfolien keine größere praktische Rolle.

Ähnliches gilt auch für Folien aus Ultramid 1 C. Diese Polyamidtype hat gegenüber Ultramid 6 A den Vorteil, daß ihre Lösungen bei Raumtemperatur verarbeitet werden können und hierbei völlig durchsichtige Folien ergeben. Demgegenüber sind aber Folien aus Ultramid 1 C weniger heißwasserbeständig und lösungsmittelfest als Folien aus Ultramid 6 A.

Für die Herstellung von Ultramid 6 A-Folien aus der Lösung ist grundsätzlich auch das sog. Fällbadverfahren anwendbar[2]. Als Fällbadflüssigkeiten kommen vor allem Alkohole, Ester und Ketone in Frage, von denen die technisch leicht zugänglichen cyclischen Äther Tetrahydrofuran und Dioxan bereits in kürzester Zeit in der Lage sind, Lösungen der Mischpolyamide zu coagulieren. Die auf diese Weise gewonnenen Filme haben gegenüber den durch Gießen erhältlichen Filmen den Vorteil einer guten Durchsichtigkeit. Es ist auch vorgeschlagen worden, als Fällbadflüssigkeit aliphatische Verbindungen mit direkt an einem C-Atom gebundener OH-Gruppe, z.B. 5—15%ige Ameisensäure oder 40—55%ige Essigsäure oder Äthylalkohol, zu verwenden[3]. Die Herstellung von Polyamidfolien nach dem Fällbadverfahren wird bis heute technisch nicht durchgeführt.

Die Verarbeitung von Polyamidlösungen auf der Streichmaschine erfolgt in ganz analoger Weise wie das Vergießen der Lösungen zu Filmen, d.h. die Ultramid 6 A-Lösungen müssen hierbei in der Wärme verarbeitet und auf vorgewärmte Unterlagen gestrichen werden. Das

---

[1] Polyamides in Germany. Mod. Plastics a. a. O.
[2] THINIUS, K.: Kunststoffe **37**, 213 (1947).
[3] BP. 542034 (61).

Aufstreichen selbst erfolgt auf den üblichen Rakelstreichmaschinen. Die Trocknung der Aufstriche wird in einem Trockenkanal bei etwa 70 bis 90° C bewirkt. Ultramid 1 C-Lösungen dagegen können bei gewöhnlicher Temperatur verarbeitet werden, wobei allerdings eine Nachtrocknung der Befilmung bei etwa 70° erforderlich ist.

In die Ultramidlösungen können Weichmacher, Füll- und Farbstoffe eingearbeitet werden. Zur Erzielung besonderer Effekte, insbesondere für die Herstellung von Schlußstrichen, können Ultramidlösungen, vor allem Ultramid 1 C, mit Lösungen geeigneter Harnstoffharze kombiniert werden[1].

Für die Tauchverarbeitung eignet sich besonders gut die Marke Ultramid 1 C, wobei das Lösungsmittel bei Raumtemperatur oder auch in der Wärme verdampft werden kann. Die löslichen Mischpolyamide können auch in Form etwa 10%iger Lösungen mit der Spritzpistole verarbeitet werden. Bei Anwendung höherer Konzentrationen neigen die Lösungen beim Verspritzen im allgemeinen sehr stark zum Fadenziehen. Günstig für die Verspritzbarkeit von Polyamidlösungen wirkt sich ein geringer Zusatz von höher siedenden Alkoholen, z.B. Butanol, oder von chlorierten Kohlenwasserstoffen aus.

Polyamidlösungen können auch dazu benutzt werden, diese Kunststoffe in feinstpulvrige Form überzuführen, z.B. durch Fällen ihrer Lösungen in m-Kresol mit überschüssigem Methanol oder Aceton.

Im Rahmen dieses Abschnittes soll auch kurz auf die Möglichkeiten eingegangen werden, die sich aus der Eigenschaft der Polyamide, in bestimmten Lösungsmittelgemischen zu quellen, ergeben[2]. Es handelt sich hierbei also nicht um echte Lösungen, sondern um gelartige Produkte, die hauptsächlich deshalb interessant sind, weil sie die Verarbeitung der Polyamide bei Temperaturen unterhalb des Schmelzpunktes der Festprodukte gestatten. Besonders geeignet für diese Verarbeitungsart sind Mischpolyamide vom Typ des Ultramid 6 A. Nach Thinius[3] werden die bandförmigen Polyamidabschnitte bei 30° z.B. mit 70%igem Alkohol gequollen, das überschüssige Quellmittel abgepreßt und bei erhöhter Temperatur (etwa 60—110°), also weit unter der Schmelztemperatur von Ultramid 6 A, verschmolzen und die Schmelze, die noch etwa 35% Quellmittel enthält, verformt. Bei dieser Arbeitsweise kann auf die für die Celluloidherstellung üblichen Apparaturen zurückgegriffen werden. Man kann also geformte Blöcke in Platten schneiden, Rohre und Stäbe herstellen und die Blöcke zu Folien beliebiger Art abhobeln. Die Folien können durch Passieren kalter Walzen zu dünneren Folien ausgezogen und durch Reckung weitervergütet werden.

Eine Erleichterung der Verarbeitbarkeit speziell von Mischpolyamiden wird auch erzielt, wenn man die Polyamide in Kombination mit schwer flüchtigen Lösungs- bzw. Quellungsmitteln verformt, die ebenfalls als Schmelzpunktserniedriger wirken. Geeignete Substanzen

---

[1] DP. 860 712 (46).
[2] FP. 869 242 (62).
[3] Thinius, K.: Kunststoffe **37**, 213 (1947).

dieser Art sind z. B. Thymol, Oxydiphenyl, p-Toluolsulfosäureäthylamid, monomere Lactame, Milchsäure oder Lävulinsäure[1].

Diese Quellungsmittel können in ihrer Wirkung oft noch durch kleinste Mengen von Wasser oder Alkohol unterstützt werden. Nach der Verformung der Mischungen lassen sich die zugesetzten Substanzen erforderlichenfalls wieder herauslösen.

Auch Wasser kann, besonders bei Mischpolyamiden, als Quellmittel in Frage kommen. Durch Behandlung der Polyamide mit Wasser im Autoklaven werden sehr wasserreiche Produkte erhalten, die sich leicht zu Formkörpern verarbeiten lassen[2]. Höchstwahrscheinlich dürfte bei dieser Art der Behandlung im Autoklaven ein mehr oder weniger starker Abbau des Polyamids eintreten.

Die Eigenschaft der Polyamide, in Verbindung mit Lösungs- bzw. Quellungsmitteln bei niederen Temperaturen verarbeitbare Schmelzen zu bilden, kann ausgenutzt werden, um dünne Polyamidfilme, die mit den Quellmitteln oberflächlich bestrichen werden, unter Druck bereits bei Temperaturen unter 100° C zu stärkeren Folien bzw. Platten zu verpressen[3]. Das Verfahren hat den Vorteil, daß bei Verwendung gereckter Folien die Orientierung weitgehend erhalten bleibt.

Größere praktische Bedeutung hat die Verarbeitung gelartig gequollener Polyamide bis heute nicht erlangt, wohl vor allem deshalb, weil sich herausgestellt hat, daß bei dieser Arbeitsweise eine große Vertrautheit mit den Eigenschaften der quellmittelhaltigen Produkte erforderlich ist.

Gegenüber den Polyamiden haben die Polyurethane wegen ihrer ungünstigeren Löslichkeitseigenschaften für die Verarbeitung aus der Lösung oder in Kombination mit Lösungsmitteln bis heute kaum eine praktische Rolle gespielt. In den letzten Jahren sind zwar in der Ausarbeitung von speziellen Mischpolyurethanen mit verbesserter Löslichkeit und hervorragenden Filmeigenschaften erhebliche Fortschritte erzielt worden, doch ist bis heute die Erzeugung solcher Produkte über den Versuchsmaßstab noch nicht hinausgelangt.

Die wirtschaftlichen und anwendungstechnischen Vorteile, die wäßrige Dispersionen von Polyamiden und Polyurethanen bieten würden, lösten schon frühzeitig eine intensive Bearbeitung dieser Entwicklungsrichtung aus. Offenbar durch die besonderen hydrophilen Eigenschaften der linearen Polykondensate bedingt, ist es bis jetzt noch nicht in befriedigender Weise gelungen, diese Kunststoffe in stabile Dispersionen überzuführen, die allen Anforderungen der Praxis, wie es z. B. bei den leicht herstellbaren Dispersionen von Vinylpolymerisaten der Fall ist, gewachsen sind. Es sei jedoch auf die Möglichkeit hingewiesen, Polyamiddispersionen dadurch zu gewinnen, daß man z. B. aus einer ameisensauren Polyamidlösung das Polyamid mittels eines Methyl-

[1] DRP. 740348 (63); FP. 884075 (64).
[2] Schweiz. P. 227797 (65).
[3] DRP. 740066 (66).

alkohol/Acetongemisches in feinfaseriger Form ausfällt und es nach gutem Auswaschen mit Aceton in der Kolloidmühle mit Wasser dispergiert[1].

Polyamide können auch in pastenartige Dispersionen übergeführt werden, wenn man z. B. ein pulverförmiges Mischpolyamid mit kristallinem Trichlorisobutylalkohol unter Zusatz von Nichtlösern für beide Produkte, z. B. Wasser, innig vermischt. Derartige Pasten sollen sich auf den üblichen Streichmaschinen gut verarbeiten lassen, wobei bei einer Temperatur über dem Schmelzpunkt des Trichlorisobutylalkohols von etwa 100° C gelatiniert wird[2].

Es bildet sich dadurch eine konzentrierte Lösung des Polyamids, aus der bei weiterer Wärmebehandlung der zugesetzte Alkohol vollständig verdunstet, wobei sich ein geschlossener Polyamidfilm ausbildet. Man kann, wenn die Unterlage es erlaubt, auch über den Schmelzpunkt des Polyamids erhitzen und dann rasch abkühlen, z. B. durch Eintauchen in kaltes Wasser. Auf diese Weise werden in der Weichheit verbesserte Befilmungen erhalten.

Bei den neuerdings in den Vereinigten Staaten bekanntgewordenen „Polyamide-Dispersions" handelt es sich nicht um wäßrige Dispersionen von Polyamidkunststoffen der vorliegend behandelten Art, sondern um Dispersionen niedrig kondensierter und niedrigschmelzender Umsetzungsprodukte von Äthylendiamin mit fetten Ölen u. dgl. (Vgl. auch die Ausführungen in Abschn. A 7.)

7. Verarbeitung mit Weichmachungsmitteln.

Ebenso wie die Verarbeitung von Polyamidlösungen hat auch die Kombination von Polyamiden bzw. Polyurethanen mit Weichmachungsmitteln erst von dem Augenblick an größere praktische Bedeutung erlangt, als die besser weichmacherverträglichen Mischpolyamide und Mischpolyurethane technisch zugänglich geworden sind. Zur Herstellung ausgesprochener Weichmassen hat in der Technik das Mischpolyamid Ultramid 6 A die größte Bedeutung gewonnen. Ebenfalls gut geeignet für die Weichmacherverarbeitung erwies sich das Mischpolyurethan Igamid UL, das heute allerdings nicht mehr im Handel ist.

Auf Grund der Sonderstellung, welche die linearen Polykondensate unter den Kunststoffen einnehmen, mußten zum Teil ganz neue Wege für die Einarbeitung von Weichmachungsmitteln in diese Produkte beschritten werden.

Als wichtigste Methoden zur Einarbeitung von Weichmachern in Polyamide sind die Einarbeitung über die Lösung und über die Schmelze und außerdem die sog. „Wassermethode" zu nennen.

Die Einbringung des Weichmachers über die Lösung bietet bei Anwendung gut löslicher Polyamide keinerlei Schwierigkeiten, da die in Frage kommenden Weichmacher in den verwendeten Lösungsmitteln

---

[1] FP. 867508 (60).
[2] DRP. 743825 (67); FP. 951372 (68).

weitgehend löslich sind. Diese Methode kommt, da das Lösungsmittel wieder entfernt werden muß, aus rationellen Gründen in größerem Umfange für die Herstellung von Polyamidweichmassen kaum in Betracht. Bei der laboratoriumsmäßigen Weichmacherprüfung, für die das Verfahren zweifellos wertvolle Dienste leistet, wird die übliche Polyamidlösung mit der erforderlichen Menge Weichmacher gemischt und die Mischung in einer weiten Porzellan- oder emaillierten Schale auf dem Wasserbad abgedampft. Der sich nach einigen Stunden bildende feste Kuchen wird in Stücke geschnitten und auf der Mischwalze bei etwa 130° C zur Entfernung noch anhaftender Lösungsmittel und zur Homogenisierung weiter verarbeitet.

Wirtschaftlich vorteilhafter gestaltet sich die Einarbeitung von Weichmachungsmitteln in die zuvor aufgeschmolzenen Polyamide. Am besten sind hierzu hochheizbare Knetaggregate mit hoher Leistung, wie Gummikneter oder starke Flügelmischer, geeignet. Das vorgelegte, möglichst feinkörnig gemahlene Polyamid wird bei den erforderlichen Temperaturen, zweckmäßig unter weitgehendem Sauerstoffausschluß, aufgeschmolzen und dann der Weichmacher in die Schmelze eingetragen. In verhältnismäßig kurzer Zeit bildet sich ein homogenes Gemisch aus Polyamid und Weichmacher. Der flüssigen Mischung können erforderlichenfalls Füll- und Farbstoffe zugemischt werden.

Technisch ist diese Art der Einarbeitung von Weichmachern in Polyamide in großem Umfange bei der Herstellung von „Igamidleder" angewandt worden, bei dem es sich um vernetzte Mischungen aus Ultramid 6A, Weichmachern, Füll- und Farbstoffen handelt. In diesem speziellen Falle wird das vorgelegte Ultramid 6A bei Temperaturen von etwa 180—190° C aufgeschmolzen. Bringt man jedoch das Ultramid 6A und den Weichmacher, beispielsweise im Verhältnis 2:1, gleichzeitig in den Kneter, so genügen bereits geringere Temperaturen, meist schon 140° C, um eine homogene Schmelze zu erhalten. Allerdings sind bei dieser Arbeitsweise mehrere Stunden Mischdauer erforderlich[1]. Da die Methode der Einarbeitung von Weichmachern in Polyamidschmelzen praktisch nur für Ultramid 6A in Frage kommt, ist zur Beseitigung des dieser Type eigentümlichen Wasserbruches meist eine Vernetzung der weichmacherhaltigen Mischung notwendig, die zweckmäßig in dem Mischaggregat selbst vorgenommen wird. Je nach der Wirksamkeit des Vernetzungsmittels (praktisch kommen nur p-Formaldehyd oder Polyisocyanate in Betracht, vgl. auch Abschn. B 3) werden 3—6% desselben der Ultramid 6A-Schmelze zugesetzt. Die sofort einsetzende Reaktion führt in kurzer Zeit zu einer starken Erhöhung der Schmelzviscosität des Mischgutes, wodurch unter Umständen die Mischapparatur leicht überbeansprucht werden kann. Demgegenüber bietet aber die Verstrammung der Mischung den Vorteil, daß sich die zu weichen, klebfreien Brocken zusammenballende Masse sehr leicht dem Mischer entnehmen läßt, im Gegensatz zu der ursprünglich nicht vernetzten, honigartig dünnflüssigen und klebrigen Schmelze.

---

[1] STASTNY, F.: a. a. O.

Man kann auch so arbeiten, daß man die unvernetzte Schmelze der Polyamidweichmachermischung aus dem Kneter auf ein heißes Walzwerk gibt und dort die Vernetzung mit p-Formaldehyd oder Polyisocyanaten vornimmt, wobei zweckmäßig Walzentemperaturen von etwa 140° C gewählt werden sollten.

Auch die im Kneter erzeugte vernetzte Mischung muß vor ihrer endgültigen Formgebung in der Presse noch kurz über das Walzwerk geführt werden, da sich die hierbei ergebenden rauhen Walzfelle besonders gut für die Weiterverarbeitung in der Presse eignen.

Eine in der Praxis nur in speziellen Fällen gehandhabte Methode der Einarbeitung von Weichmachern in Polyamide besteht in der Absorption des Weichmachers durch das feste Polyamid; so kann z.B. das geformte Polyamid in den auf höhere Temperaturen erhitzten Weichmacher getaucht werden, der dann in mehr oder weniger kurzer Zeit in gewissen Anteilen vom Polyamid durch Quellung aufgenommen wird. In einem anderen Fall können hierbei Lösungen des Weichmachers in einem Nichtlöser für Polyamide verwandt werden.

Die bei anderen Kunststoffen übliche Einarbeitung von Weichmachern auf dem Mischwalzwerk wird bei Mischpolyamiden vom Typ des Ultramid 6A praktisch nicht ausgeübt. Das Walzwerk dient hier lediglich zur weiteren Verarbeitung der weichmacherhaltigen Mischungen oder auch zur Einarbeitung spezieller Zusatzstoffe.

Eine einfache aber sehr nützliche Methode zur Herstellung weichmacherhaltiger Mischungen aus Mischpolyamiden von der Art des Ultramid 6A hat F. STASTNY[1] beschrieben. Hiernach wird das möglichst feinkörnige Polyamid zusammen mit etwa der gleichen Gewichtsmenge Wasser und der erforderlichen Menge Weichmacher in einem offenen Gefäß auf höhere Temperaturen, am besten 95—100° C, erhitzt. Bei häufigem Umrühren wird der Weichmacher neben einem Teil des Wassers vom Polyamid verhältnismäßig rasch fast quantitativ durch Quellung aufgenommen. Der gleiche Zustand der Anquellung läßt sich auch bei niedrigeren Temperaturen, beispielsweise bei Raumtemperatur erreichen, doch sind hierbei erheblich längere Zeiten erforderlich.

Die nach dieser Arbeitsweise entstehende breiige Masse liefert bei der Weiterverarbeitung, gegebenenfalls unter Zusatz von Füll- und Farbstoffen auf der 130—140° C heißen Mischwalze, wobei das durch Quellung aufgenommene überschüssige Wasser verdampft, eine homogene Mischung, die ebenso wie die im Kneter gewonnene Polyamidweichmachermischung weiter verarbeitet werden kann. Soll die weichmacherhaltige Mischung vernetzt werden, so darf das Vernetzungsmittel der Mischung erst dann auf der Walze zugegeben werden, wenn der größte Teil des ursprünglich gebundenen Wassers verdampft ist. Diese sog. „Wassermethode" kommt in erster Linie für die Herstellung von Ultramid 6A-Weichmassen im Laboratoriums- bzw. Technikumsmaßstab in Betracht.

---

[1] STASTNY, F.: a. a. O.; DP. 862502 (69).

8. Spanabhebende Verarbeitung.

Die hornähnliche Beschaffenheit der Polyamide und Polyurethane ermöglicht grundsätzlich auch die üblichen Methoden der spanabhebenden Verarbeitung dieser Kunststoffe in ähnlicher Weise wie bei Metallen. Besondere Bedeutung hat die spanabhebende Bearbeitung vor allem bei aus der Schmelze gegossenen Blöcken und bei im Spritzgußverfahren hergestellten Vorformlingen.

Auf der Drehbank lassen sich die Polyamid- und Polyurethankunststoffe ohne Schwierigkeiten verarbeiten, wenn man bei schnellaufenden Maschinen oder bei starker Beanspruchung des Werkstückes durch ausreichende Kühlung für eine rasche Wärmeabführung sorgt, damit nicht durch örtliche Überhitzung Erweichen oder gar Schmelzen des Kunststoffes, das sog. „Schmieren", eintritt. Bei leichterer Beanspruchung, z. B. beim Plandrehen, kann auch ohne zusätzliche Kühlung gearbeitet werden. In den meisten Fällen genügen als Kühlflüssigkeit Wasser oder die in der Metallbearbeitung häufig angewandten Ölemulsionen.

Beim Sägen der Polyamide und Polyurethane ist immer eine gute Kühlung Voraussetzung. Zum Sägen sind alle Vorrichtungen, die auch zum Sägen von Metallen üblich sind, geeignet. Bei schnellaufenden Sägen ist ein möglichst großer Zahnabstand vorteilhaft. Für Polyamidblöcke größerer Dimensionen (bis zu 300 mm Durchmesser) haben sich vor allem spezielle Maschinensägen gut bewährt, z.B. Kreissägen mit dickwandigem Sägeblatt und schwach geschränkten Zähnen, die mit geringer Umdrehungszahl arbeiten.

Auch beim Bohren, Hobeln, Feilen, Schleifen und Fräsen ist eine entsprechende Kühlung mit Wasser notwendig. Das Einschneiden von Gewinden erfolgt in analoger Weise wie bei Metallen.

Polyamide und Polyurethane lassen sich auch verhältnismäßig gut stanzen, vor allem wenn sie in Form von Folien, Platten oder Bändern vorliegen. Zur Verhinderung etwaiger Rißbildung durch die plötzliche Schlagbeanspruchung beim Stanzen ist es ratsam, das zu stanzende Material vorher eine gewisse Zeit, zweckmäßig über Nacht zu wässern, da durch Wasseraufnahme die Geschmeidigkeit und Weichheit des Materials, jedenfalls bei den Polyamiden, erhöht wird. Gewässerte Polyamidteile können auch sehr leicht mit dem Messer bearbeitet werden.

Die spanabhebende Verarbeitung der Polyamide und Polyurethane ist praktisch immer mit einer mehr oder weniger starken Beeinträchtigung der mechanischen Eigenschaften des fertigen Werkstückes verbunden. Die tiefere Ursache hierfür sah man zunächst in der Zerstörung der als Träger der hohen Festigkeit geltenden weitgehend amorphen Außenhaut der Gieß- bzw. Spritzgußkörper. Es scheint jedoch, daß weniger das Fehlen der Randzone als vielmehr in erster Linie die Kerbempfindlichkeit des Materials bei weniger vorsichtiger Bearbeitung den Festigkeitsabfall bedingt.

Die spanabhebende Verformung von Polyamiden und Polyurethanen wird ganz allgemein nur dann von Vorteil sein, wenn geringe Stückzahlen eines bestimmten Fertigteiles in Frage kommen oder wenn die Maße bzw. die Dimensionen des Fertigteiles gewisse Grenzen überschreiten, so daß die auf die Dauer gesehen rationellste und eleganteste serienmäßige Verarbeitungsmethode, das Spritzgußverfahren, nicht angewandt werden kann[1]. (Vgl. auch die Ausführungen in Abschn. C 5).

In vielen Fällen dient auch die spanabhebende Herstellung des Fertigteiles aus Polyamid- oder Polyurethanvollmaterial zunächst dazu, die grundsätzliche Brauchbarkeit dieser Kunststoffe für bestimmte Zwecke festzustellen, bevor man sich zur Anschaffung eines teuren Spritzgußwerkzeuges entschließt. Es muß jedoch nachdrücklich darauf hingewiesen werden, daß bei der praktischen Erprobung derartiger, spanabhebend hergestellter Teile aus Polyamiden oder Polyurethanen infolge der Beeinträchtigung der mechanischen Festigkeiten durch Kerbwirkung mitunter ein völlig falsches Bild über die tatsächlichen Eigenschaften dieser Kunststoffe entstehen kann.

9. Kleben und Schweißen.

Für viele Zwecke ist es erforderlich, Polyamid- bzw. Polyurethanformteile fest und dauerhaft miteinander zu verbinden. Grundsätzlich kann dies sowohl auf dem Wege der Verklebung als auch der Verschweißung geschehen.

Das Problem der einwandfreien Verklebung von Polyamiden und Polyurethanen scheint bis jetzt allerdings noch nicht restlos gelöst zu sein, da offenbar ein ideales und billiges Klebemittel, das für alle Typen in gleicher Weise geeignet wäre, noch fehlt.

Bei den zunächst entwickelten Polyamidklebern handelt es sich um säurehaltige Kleber, deren wirksamer Bestandteil in der Regel konzentrierte Ameisensäure ist. Für sich allein ist die konzentrierte z.B. 98%ige Ameisensäure infolge ihrer starken Solvatationskraft und hoher Flüchtigkeit ein ausgezeichnetes Klebemittel für Polyamide und Polyurethane. Auch die handelsübliche 85%ige Ameisensäure kann zur Verklebung dieser Kunststoffe, wenn auch im allgemeinen mit etwas geringerer Wirkung, herangezogen werden. Allerdings muß darauf geachtet werden, daß die Konzentration der Ameisensäure nicht wesentlich unter 85% absinkt — was durch Verdunsten der Säure beim offenen Stehen leicht der Fall sein kann — denn die Klebekraft kann hierdurch mitunter völlig verlorengehen. Von Vorteil ist dabei, der dünnflüssigen Ameisensäure zur Erhöhung der Viscosität gewisse Mengen eines Polyamids einzuverleiben, wodurch gleichzeitig die Klebewirkung erhöht wird. Als besonders wirksam erweisen sich hierbei Mischpolyamide vom Typ des Ultramid 6 A und Ultramid 5 A.

Das Verkleben von Polyamid- oder Polyurethanteilen selbst gestaltet sich denkbar einfach. Die zu verklebenden Flächen werden am besten in aufgerauhtem Zustand mit dem Kleber einmal dünn bestrichen. Nach kurzer Antrocknungszeit sind die Teile oberflächlich so weit angelöst, daß sie unter gelindem Druck zusammengepreßt werden können. Eine Verbesserung der Klebekraft ameisensäurehaltiger Kleber kann durch kurzes Nachpressen der Klebestelle bei Temperaturen von etwa

---

[1] MÜLLER, A.: Kunststoffe **41**, 303 (1951).

100—110° C unter schwachem Druck erzielt werden. Sollte sich hierbei überschüssiges Klebemittel an den Rändern herauspressen, so muß dieses vorsichtig entfernt werden. Es kann auch vorteilhaft sein, überschüssige Säure durch Behandeln mit Natriumbicarbonatlösung zu neutralisieren. Beim Arbeiten mit Ameisensäure ist wegen der stark ätzenden Wirkung dieser Substanz auf die Haut mit besonderer Vorsicht zu verfahren.

Bei mit Ameisensäure verklebten Polyamid- oder Polyurethanteilen ist die Gefahr einer Materialschädigung, die sich früher oder später in einer Verhärtung oder gar Versprödung der Klebestelle äußern kann, nie ganz von der Hand zu weisen. Endgültiges hierüber kann auf Grund der bisher vorliegenden Erfahrungen allerdings noch nicht gesagt werden. Auf alle Fälle sollte bei Verwendung von Ameisensäure als Klebemittel ein Überschuß an Säure tunlichst vermieden werden.

Es hat daher auch nicht an Bemühungen gefehlt, säurefreie Kleber für Polyamide und Polyurethane auszuarbeiten. Es handelt sich hierbei im wesentlichen um Kombinationen von Resorcin mit handelsüblichen Polyamiden in bestimmten Lösungsmitteln, wie Methanol, Äthanol, Benzol, Methylenchlorid u. a. unter Zusatz geringer Mengen Wasser. Derartige „Resorcinkleber“ besitzen zwar eine gute Klebewirkung, zeigen aber den Nachteil verhältnismäßig langer Abbindezeiten. Auch die Dauer der Antrocknung der damit behandelten Flächen ist erheblich länger als bei Anwendung von Ameisensäure. Die Abbindezeit kann jedoch stark verkürzt werden, wenn die Klebstelle bei 100—110° C unter leichtem Druck kurz zusammengepreßt wird. Gleichzeitig wird hierbei, ebenso wie bei der Verwendung von ameisensäurehaltigen Klebern, eine Erhöhung der Klebekraft bewirkt.

Für die Verklebung von Polyamiden oder Polyurethanen mit anderen Materialien, wie Papier, Pappe, Holz, Leder, Textilien u. dgl., können neben den genannten Klebstoffen unter Umständen auch einfache Lösungen spezieller Mischpolyamide, z. B. Ultramid 1 C, in organischen Lösungsmitteln verwendet werden, wobei Zusätze geeigneter Weichmacher von Vorteil sein können. Ein für diese Zwecke besonders wirksamer Weichmacher ist z. B. Dioxydiphenylsulfon[1].

Oft ist es zweckmäßig, die betreffenden Unterlagen vor Aufbringung der Klebeschicht mit einer Grundierung, z. B. auf Basis von Nitrocellulose, Polyacrylsäureester oder Polyvinylacetat, zu versehen. Derartige heteropolare Zwischenfilmschichten sind unentbehrlich, wenn man Polyamide oder Polyurethane mit Schichten von artfremden Filmbildnern fest verankern will. Nach THINIUS[2] kann man so z. B. Polycaprolactam mit einem festhaftenden Säureschutzlack auf der Basis von Polyvinylchlorid versehen, sofern als Grundierungslack ein Mischpolymerisat aus Vinylchlorid/Vinylacetat/Acrylsäurebutylester 1:1:1 verwendet wird. Umgekehrt kann man bei Verwendung der gleichen Zwischenschicht z. B. die elektrostatische Aufladung von PVC-Oberflächen dadurch vermeiden, daß man eine Schicht eines Mischpolyamids aus adipinsaurem Hexamethylendiamin und Caprolactam aufträgt.

---

[1] DRP. 721 187 (34).
[2] THINIUS, K.: Kunststoffe **37**, 36 (1947).

Für die Verklebung von Polyamiden und Polyurethanen mit Metallen muß auf spezielle Klebemittel zurückgegriffen werden. In einigen Fällen, so z.B. bei der Aufbringung von Polyamidfolien auf Aluminium, Eisen usw., leisten bereits Lösungen von Mischpolyamiden wie Ultramid 1 C, denen geringe Mengen von Harzen, wie z.B. Maleinatharze, zugesetzt sind, gute Dienste. Die besten Verklebungen auf Metallen dürften sich jedoch mit Produkten auf Basis von Polyisocyanaten in Kombination mit Polyestern aus mehrwertigen Alkoholen und mehrbasischen Säuren erzielen lassen[1].

Eine elegante Methode zur Verbindung von Formteilen aus Polyamiden bzw. Polyurethanen untereinander stellt das Schweißverfahren dar, ein im Prinzip ähnlicher Vorgang wie das autogene Schweißen von Metallen, wie es auch bei anderen Kunststoffen, vor allem Polyvinylchlorid, in seinen mannigfachen Formen seit Jahren mit Erfolg angewandt wird. Beim Verschweißen von Polyamiden und Polyurethanen ist auf einige charakteristische Eigenschaften dieser Produkte (scharf ausgeprägter Schmelzpunkt, Sauerstoffempfindlichkeit der Schmelze) entsprechend Rücksicht zu nehmen. Am vorteilhaftesten wird die Verschweißung mittels eines heißen Stickstoffstromes durchgeführt, dessen Temperatur oberhalb des Schmelzpunktes des zu verschweißenden Materials liegen muß. Zur Vermeidung von Schädigungen durch örtliche Überhitzung soll die Temperatur des Stickstoffstromes möglichst niedrig gehalten werden (nicht mehr als etwa 30—50° über dem Schmelzpunkt des jeweils verwendeten Materials). Es ist verständlich, daß dickwandige Teile hierbei im allgemeinen höhere Temperaturen vertragen können als dünne, plattenförmige Gebilde oder gar Folien.

Die Verschweißung von Polyamiden oder Polyurethanen kann auch mittels lötkolbenartiger Geräte bzw. eines geeigneten Schweißkeiles bewerkstelligt werden. Die nach diesem Prinzip arbeitende PFAFFsche Kunststoffschweißmaschine ist besonders zum Verschweißen weichmacherhaltiger dünner Teile, wie Folien und Platten, geeignet. Je breiter hierbei der plastische Bereich, also die Erweichungszone des zu verschweißenden Materials ist, um so bessere Ergebnisse werden erzielt. Reine weichmacherfreie Polyamide und Polyurethane führen bei der Verarbeitung mit der PFAFFschen Schweißmaschine insofern zu Schwierigkeiten, als der scharf ausgeprägte Schmelzpunkt dieser Produkte leicht zu einer Verschmierung des Schweißkeiles und damit zu einer Beeinträchtigung der Schweißverbindung führen kann.

Auf primitive Art können Schweißverbindungen bei Polyamiden und Polyurethanen erzeugt werden, wenn man die zu verschweißenden Flächen durch kurze Berührung mit einem in einer Flamme erhitzten Messerspatel gleichzeitig oberflächlich anschmilzt und dann zusammendrückt.

Eine gute Verbindung von Polyamid- oder Polyurethankunststoffen kann unter Ausnutzung ihrer guten Verschweißbarkeit bei Spritzgußteilen erzielt werden, wenn man die zusammenzufügenden Teile nochmals in einer Form aufnimmt und in einem weiteren Spritzvorgang ein

---

[1] Vgl. auch HÖCHTLEN, A.: Kunststoffe **41**, 53 (1951).

Verbindungselement erzeugt. Die Verbindung ist besonders fest, wenn beim zweiten Spritzvorgang ein höherschmelzendes Polyamid gewählt wird. Als Beispiel hierfür sei das Zusammenfügen von Spritzgußteilen aus Ultramid A und Ultramid B genannt, wie die schematische Darstellung in Abb. 15 für die Befestigung des Bodens mit der Wandung bei einer Polyamidflasche zeigt.

Auch die Hochfrequenzverschweißung ist bei Polyamiden und Polyurethanen auf Grund ihres polaren Charakters grundsätzlich möglich. Wenn auch dieser Verschweißungsart neuerdings großes Interesse entgegengebracht wird, so liegen offenbar größere Erfahrungen hierüber noch nicht vor.

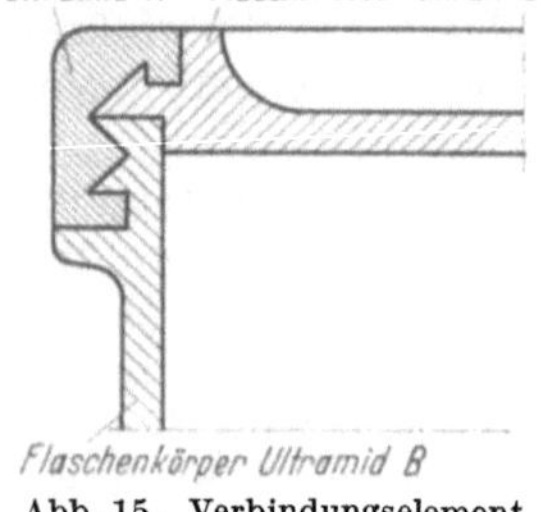

Abb. 15. Verbindungselement aus Ultramid.

Besonders bedeutungsvoll ist das Schweißverfahren für die Verarbeitung lederartiger Produkte aus Polyamid- und Polyurethanweichmassen an Stelle des Vernähens oder für das Endlosmachen von Treibriemen auf Basis von Polyamiden. Ebenso wichtig ist das Schweißverfahren bei stark vernetzten Mischungen, da diese infolge der Unlöslichkeit in Lösungsmitteln nicht mehr befriedigend verklebt werden können.

Sachgemäß hergestellte Schweißverbindungen von Polyamiden und Polyurethanen besitzen hervorragende Trennfestigkeiten, die in der Regel nahezu die Zerreißfestigkeit des verwendeten Ausgangsmaterials erreichen.

10. Reckverarbeitung.

Auf die Eigenschaft der Polyamide und Polyurethane, sich durch molekulare Orientierung vergüten zu lassen, ist in vorhergehenden Abschnitten wiederholt hingewiesen worden. Es ist verständlich, daß in der Technik im Hinblick auf die Erzielung optimaler mechanischer Festigkeiten eine weitgehende Orientierung bei Polyamid- und Polyurethanformteilen angestrebt werden sollte.

Die molekulare Orientierung wird grundsätzlich durch mechanische Einwirkung, und zwar durch Druck und Zug, bewirkt. Man spricht in der Praxis von dem sog. Streck- oder Reckprozeß. Aus der Art der Verstreckung ergibt sich schon, daß nicht alle Arten von Formkörpern in gleicher Weise diesem Vergütungsprozeß unterworfen werden können. In erster Linie kommen hierfür faden- und bandförmige Gebilde wie auch dünne Folien in Betracht, während z.B. Teile mit größerer Wandstärke oder komplizierterer Gestalt für den Reckprozeß nicht geeignet sind. Bei Formteilen letzterer Art ist im allgemeinen auch eine Vergütung nicht erforderlich, da die mechanischen Eigenschaften meist völlig ausreichend sind. In den Fällen aber, in denen es vor allem auf sehr hohe Zugfestigkeiten ankommt, wie etwa bei Fasern, Fäden, Drähten, Bändern und auch Filmen und Folien, hat die Technik eine Reihe maschineller Einrichtungen geschaffen, die auf einfache Weise das Ausrecken derartiger Polyamid- und Polyurethanerzeugnisse gestatten. Während speziell über die Verstreckung von Fasern und Fäden in Teil III die Rede sein wird, sollen sich nachstehende Ausführungen in erster Linie auf die Durchführung des Reckprozesses bei Polyamidbändern beziehen, da sich gerade das Recken von Polyamidbändern, vorzugsweise von Bändern aus Polycaprolactam, im Laufe der vergangenen Jahre in Deutschland wegen ihrer großen technischen Bedeutung zu einer besonderen Industrie entwickelt hat[1].

Das Recken von Polyamidbändern kann, wie eingangs bereits erwähnt, sowohl durch Zug- als auch durch Druckeinwirkung erfolgen.

Bei der Zugreckung wirken nur Zugkräfte auf das Band ein. Hierbei kann eine Verlängerung des Bandes auf das 3- bis 4fache der ursprünglichen Länge bewirkt werden. Da die Wichte des Materials beim Recken praktisch keine Veränderung erleidet, muß gleichzeitig eine entsprechende Querschnittsverminderung eintreten. So besitzt z. B. gerecktes Band aus Polycaprolactam etwa $^2/_3$ der Breite und etwa $^3/_4$ der Stärke des ungereckten Ausgangsmaterials. Das ursprüngliche Profil bleibt dabei in seinen Abmessungen völlig erhalten. Es tritt lediglich eine geometrisch gleichmäßige Verkleinerung der Abmessungen ein. Die Querschnittsverminderung beim Zugrecken vollzieht sich nicht gleichmäßig über die ganze Bandlänge, sondern es entsteht an der schwächsten Stelle zunächst eine Einschnürung, die sich gewissermaßen in einem kontinuierlichen Fließvorgang fortpflanzt.

Für die praktische Durchführung des Zugreckens von Polyamidbändern kann man sich des Flaschenzuges oder der kontinuierlich arbeitenden Bandreckmaschine bedienen. Das Recken mittels des Flaschenzuges stellt nur eine behelfsmäßige Maßnahme dar und kommt naturgemäß nur für Bänder mit begrenzter Länge in Frage. Das Recken wird in einfachster Weise so vorgenommen, daß man ein Ende des Bandes fest verankert und am anderen Ende mittels des Flaschenzuges zieht. Nach der an einer Stelle erfolgenden Einschnürung verlängert sich das Band fortlaufend, bis sich durch einen plötzlichen starken Anstieg der Zugkraft das Ende des Reckprozesses anzeigt, ohne daß eine weitere Verlängerung des Bandes stattfindet.

Bei der Zugreckung von Polyamidbändern mittels des Flaschenzuges muß besonders darauf geachtet werden, daß ein stetig gleichmäßiger Zug ausgeübt wird. Erfolgt die Zugeinwirkung ungleichmäßig bzw. im extremen Falle ruckartig, so entstehen über die gesamte unter Zug stehende Bandlänge ungleichmäßig verteilte einzelne Knoten bzw. Verdickungen, die sich überraschenderweise auch bei erheblich erhöhter Zugkraft nicht mehr vollständig beseitigen lassen. Abb. 16 veranschaulicht das unterschiedliche Verhalten eines Bandes aus Polycaprolactam bei gleichmäßiger und ungleichmäßiger bzw. ruckartiger Zugeinwirkung.

Für das Ausrecken von endlosen Polyamidbändern ist man auf die kontinuierlich arbeitenden Bandreckmaschinen angewiesen. Diese Vorrichtungen sind so konstruiert, daß das Band mit konstanter Geschwindigkeit abgespult und mit konstanter, jedoch höherer Geschwindigkeit

---

[1] Vgl. MÜLLER, A.: Kunststoffe **40**, 241 (1950).

aufgespult wird. Zur Erreichung des optimalen Reckungsgrades ist es notwendig, Auf- und Abspulgeschwindigkeit regelbar zu gestalten. Bei einer etwas vereinfachten Ausführung wird nur die aufspulende Seite angetrieben, während das abspulende System gebremst wird.

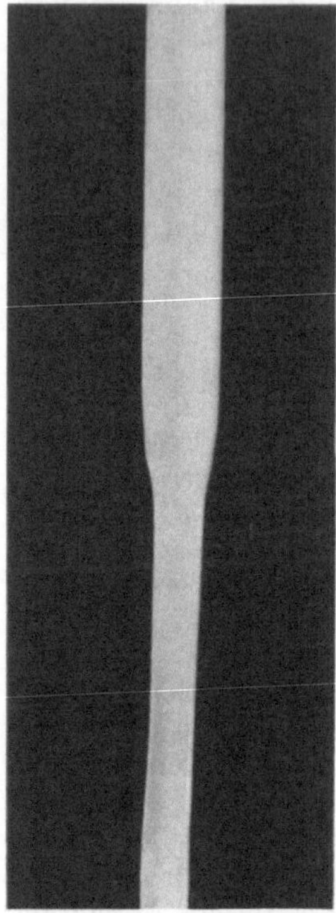

Abb. 16a. Einschnürung bei der Zugreckung eines Polycaprolactambandes.

Zur Vermeidung des Rutschens des Bandes beim Lauf über die Rollen des abspulenden Systems müssen möglichst große Umschlingungswinkel gewählt werden. Außerdem sollten sowohl bei der Abspul- wie auch bei der Aufspuleinrichtung mehrere Rollen angebracht werden. In Abb. 17 ist das Prinzip einer derartigen kontinuierlich arbeitenden Bandreckmaschine gezeigt. Die Geschwindigkeit wird vorteilhaft mittels eines stufenlos regelbaren Getriebes eingestellt.

Die für das Ausrecken des Bandes benötigte Zugkraft, Reckkraft genannt, ist in starkem Maße von der Temperatur und dem Feuchtigkeitsgehalt des zu reckenden Materials abhängig. Hoher Feuchtigkeitsgehalt und hohe Temperaturen begünstigen die Reckbarkeit, d.h. die erforderliche Reckkraft ist geringer als bei der Reckung des gleichen Materials unter normalen Feuchtigkeits- und Temperaturbedingungen. Die Abhängigkeit der spezifischen Reckkraft von Temperatur und Feuchtigkeitsgehalt bei einem Band aus Polycaprolactam ist in Abb. 18 wiedergegeben. In der Praxis werden daher Polyamidbänder vor Durchführung der Zugreckung meist in kaltem oder warmem Wasser, zumindest in feuchter Atmosphäre, einige Zeit gelagert oder während

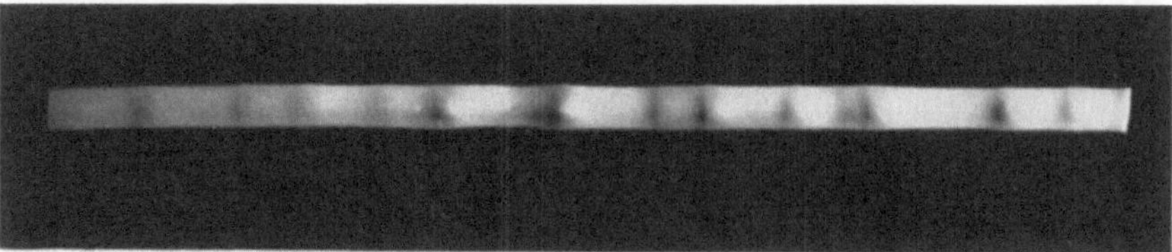

Abb. 16b. Irreversible Knotenbildung durch ungleichmäßiges Recken eines Polycaprolactambandes.

des Reckens einer Hitzebehandlung unterworfen. Als vorteilhaft hat sich eine elektrische Heizung erwiesen, die dicht unterhalb des Bandes innerhalb der Reckstrecke angebracht ist.

Bei der kontinuierlichen Zugreckung sollte in jedem Fall dafür gesorgt werden, daß die Einschnürungsstelle des Bandes innerhalb der Reckstrecke nicht wandert, sondern an ein und derselben Stelle fixiert bleibt. Dies läßt sich im allgemeinen weitgehend durch Variierung der

Reckgeschwindigkeit erreichen, wobei auch noch ein gewisser Einfluß der Temperatur zu berücksichtigen ist. Die Einschnürungsstelle kann auch in der Weise fixiert werden, daß man das Band kurz nach Verlassen des abspulenden Systems über einen feststehenden Stab aus Glas oder noch besser aus Achat führt, ähnlich wie dies beim Verstrecken von Polyamidfasern üblich ist.

Der Zugreckung von Polyamidbändern kommt in der Technik wesentlich größere Bedeutung zu als der Druckreckung. Bei der Druck-

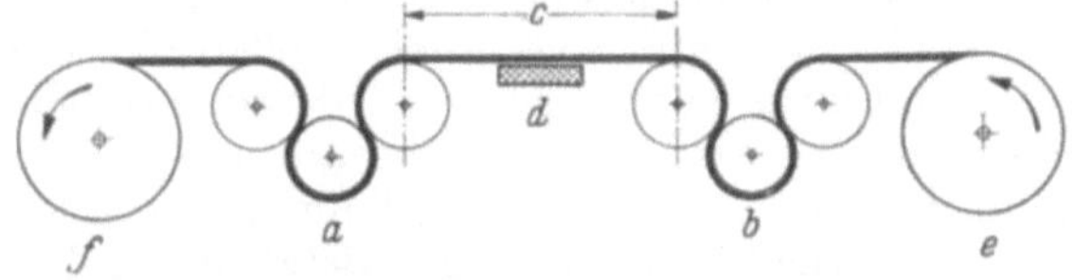

Abb. 17. Schema einer kontinuierlich arbeitenden Bandreckmaschine. *a* Aufspulendes Rollensystem; *b* abspulendes Rollensystem; *c* Reckstrecke; *d* Heizvorrichtung; *e* Rolle mit ungerecktem Band; *f* Rolle mit gerecktem Band.

reckung handelt es sich praktisch um ein Auswalzen des Kunststoffes. Diese Art der Vergütung kann im einfachsten Fall mittels eines Zweiwalzenkalanders bzw. eines einfachen Walzenpaares vorgenommen werden, wobei es zwecks Erzielung einer weitgehenden Orientierung

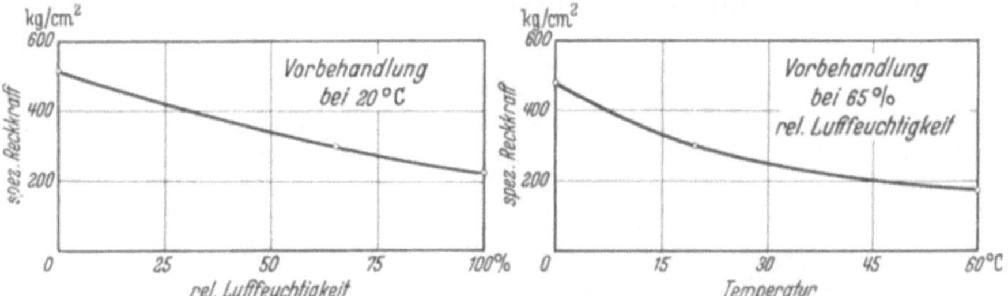

Abb. 18. Abhängigkeit der Reckkraft von Temperatur und Feuchtigkeit.

notwendig ist, das Material mehrmals durch den Walzenspalt zu führen, der nach jedem Stich entsprechend verengert werden muß. Aus diesem Grunde kommt dieses Reckverfahren im allgemeinen nur für begrenzte Bandstücke in Betracht. Für den kontinuierlichen Betrieb ist die Verwendung von Walzenstraßen, wie sie in der Metallfolienfabrikation, vor allem bei der Erzeugung von Edelstahlbändern, benutzt werden, wesentlich günstiger. Diese Walzenstraßen, die nach dem Stützwalzenprinzip gebaut sind, enthalten mehrere hintereinander angebrachte Gerüste, die jeweils aus einem Walzenpaar mit relativ kleinem Durchmesser bestehen, wodurch die Ausübung verhältnismäßig hoher Drucke ermöglicht werden kann. Dadurch ist meist nur ein Durchgang, z. B. über 4—6 Gerüste, erforderlich, um ein vollständiges Auswalzen bzw. Ausrecken bei Polyamidbändern zu erreichen.

Druckgereckte Polyamidbänder zeigen im allgemeinen eine deutlich verbesserte Transparenz im Gegensatz zu zuggereckten Bändern. Ein unangenehmer Nachteil der Druckreckung besteht darin, daß sich die Bänder meist werfen unter Ausbildung welliger Gebilde. Durch gleichzeitige Zugeinwirkung läßt sich im allgemeinen eine Verminderung des Welligwerdens erzielen. Bei Anwendung von Walzenstraßen wird dies dadurch erreicht, daß jedes Gerüst rascher läuft als das vorhergehende, wodurch der erforderliche Zug gegeben ist.

Im Gegensatz zu zuggerecktem Polyamidband bleibt bei der Druckreckung die Breite des Bandes annähernd erhalten. Da bei der Druckreckung ebenfalls eine Verlängerung des Bandes auf die 3- bis 4fache Länge erfolgt, stellt sich eine wesentlich größere Verminderung der Bandstärke ein, und zwar auf etwa $^1/_3$—$^1/_4$ des ursprünglichen Wertes.

Die Druckbehandlung von Polyamiden muß mit einer gewissen Vorsicht durchgeführt werden, insbesondere dann, wenn bereits eine mehr oder weniger starke Orientierung vorliegt. Setzt man z.B. zuggerecktes Band aus Polycaprolactam einem starken Druck, vorzugsweise in der Hitze, aus, so treten im Innern des Bandes deutlich sichtbar parallel verlaufende Gleitebenen auf. Es kann sich hierbei nur, wie auch die röntgenographische Untersuchung zeigt, um eine Überorientierung des Materials handeln. Diese Überorientierung führt zu einer Zerstörung des molekularen Gefüges, die sich in der Weise äußert, daß bei der mechanischen Beanspruchung eines solchen Bandmaterials in Richtung der Gleitebenen Bruch- bzw. Rißbildung eintritt[1].

11. Färben.

Neben dem Einfärben in der Masse, wie es bei den Kunststoffen allgemein üblich ist, kommt für die Polyamide und Polyurethane als weiteres wichtiges Färbeverfahren die nachträgliche Anfärbung bereits geformter Teile im wäßrigen Farbstoffbad in Betracht. Zur Anfärbung in der Masse sind in Anbetracht der sehr hohen Schmelztemperaturen dieser Kunststoffe naturgemäß nur solche Farbstoffe geeignet, die sich durch hervorragende Hitzebeständigkeit auszeichnen. In erster Linie muß hierbei auf anorganische Pigmente, wie z.B. Eisenoxydfarben, Chrom-, Cadmiumfarben usw. zurückgegriffen werden. Die Auswahl an hochhitzebeständigen organischen Farbstoffen ist nur sehr gering. Praktisch eignen sich im wesentlichen Phthalocyanine und einige andere ausgewählte Farbstoffe.

Die Einarbeitung von Pigmentfarbstoffen in Polyamide und Polyurethane wird zweckmäßig in einer geeigneten Schmelzvorrichtung vorgenommen, wobei das Arbeiten in der Schneckenspritzmaschine besondere Vorteile bietet. Es ist auch möglich, den Pigmentfarbstoff in feinverteilter Form den monomeren Ausgangsstoffen vor der Polykondensation zuzusetzen.

Mit Pigmenten angefärbte Polyamide und Polyurethane führen bei der Verarbeitung bekanntlich zu Fertigteilen, die je nach der Menge des zugesetzten Pigmentes Formkörpern aus nichtpigmentiertem Material in mechanischer Hinsicht mehr oder weniger unterlegen sind. Bei der

---

[1] MÜLLER, A., u. M. HERBST: Kunststoffe 41, 145 (1951).

Einfärbung dieser Kunststoffe tritt dagegen keine Festigkeitseinbuße ein, wenn an Stelle von Pigmenten lösliche Farbstoffe verwendet werden. Es gibt jedoch sehr wenige Vertreter der löslichen Farbstoffe, die den sehr hohen Schmelztemperaturen der Polyamid- und Polyurethankunststoffe gewachsen sind.

Bemerkenswert ist, daß körnige Polyamide auch mit gewissen Acetatseidenfarbstoffen oder anderen löslichen Farbstoffen in wäßriger Lösung, gegebenenfalls zwecks Verbesserung des Eindringvermögens der Farbstoffe unter Zusatz von Lösungsmitteln bzw. Quellmitteln, wie Alkoholen, angefärbt und z. B. als Spritzgußmassen verarbeitet werden können, ohne daß eine Zersetzung des Farbstoffes hierbei stattfindet, obwohl der Farbstoff für sich allein nicht genügend hitzebeständig ist[1].

In zahlreichen Fällen bedient man sich bei der Anfärbung von Polyamiden und Polyurethanen der Methode der nachträglichen Behandlung der Fertigteile in wäßrigen Farbstofflösungen. Wenn auch grundsätzlich, in ähnlicher Weise wie bei Wolle oder Seide, hierfür saure oder basische Farbstoffe verwendbar sind, so werden in der Praxis doch meist Acetatseidenfarbstoffe benutzt[2].

Die Färbeweise mit Acetatseidenfarbstoffen gestaltet sich im allgemeinen sehr einfach. Erforderlich ist ein Flottenverhältnis, das eine gute Umspülung des Färbegutes gewährleistet. Für die meisten Farbtöne genügen im allgemeinen etwa 0,1—0,5 g Farbstoff je Liter Flotte. Nur für schwarze und dunkelblaue Färbungen sind größere Farbstoffmengen, bis zu etwa 2 g je Liter Flotte, erforderlich. Zur rascheren und leichteren Verteilung des Farbstoffes und zur Erzielung gleichmäßigerer Färbungen ist es von Vorteil, dem Färbebad geringe Mengen eines Netz- bzw. Dispergiermittels zuzusetzen. Besonders geeignet hierfür sind wasserlösliche Salze von Umsetzungsprodukten alkylierter Naphthalinsulfosäuren mit Formaldehyd. Alle weiteren Zusätze zum Färbebad sind überflüssig. Gefärbt wird in der Regel bei Temperaturen von etwa 60—70° C. Zur Erzielung egaler Färbungen ist ein häufiges Umrühren des Färbegutes während des Färbeprozesses notwendig. Sobald der gewünschte Farbton erreicht ist, wird das Material aus dem Färbebad herausgenommen, mit Wasser gut gespült und zweckmäßig an der Luft trocknen gelassen. Will man erreichen, daß der Farbstoff möglichst tief in das zu färbende Material eindringt und sich nicht etwa an der Oberfläche konzentriert, wodurch sich meist eine ungenügende Reibechtheit ergibt, ist zu empfehlen, möglichst niedere Färbetemperaturen anzuwenden und die Färbezeit entsprechend zu verlängern.

Geht man bei der Färbung von Gegenständen aus Polyamiden und Polyurethanen in wäßrigen Farbstofflösungen von naturfarbenem Material aus, so ergeben sich, je nach der Schichtdicke des zu färbenden Teiles, durchscheinende bis transparente Farbtöne. Deckende Töne dagegen erhält man, wenn die zu färbenden Kunststoffteile mit geringen Zusätzen von Titandioxyd weiß pigmentiert sind. Die sich hierbei ergebenden Farbnuancen zeichnen sich durch besondere Leuchtkraft

---

[1] FP. 933838 (70).
[2] MÜLLER, A.: Kunststoffe **40**, 241 (1950).

aus. Die Anfärbung der Polyamide und Polyurethane in wäßrigem Farbstoffbad bietet den Vorteil, daß praktisch alle Farbnuancen eingestellt werden können.

Für die Anfärbung von Polyamidlösungen, beispielsweise zur Erzeugung gefärbter Gießfolien, sind vor allem spritlösliche Farbstoffe geeignet. Auch sehr fein aufbereitete Pigmentfarbstoffe können mit gutem Erfolg zum Anfärben von Polyamidlösungen verwendet werden.

Bei der Anfärbung von weichmacherhaltigen Polyamidmischungen, wie sie z.B. zur Herstellung von Polyamidleder üblich sind, bedient man sich vorzugsweise der billigen Eisenoxydfarben und der verschiedenen Rußsorten.

12. Aufarbeitung von Abfällen.

Die Polyamide und Polyurethane zählen zu den nicht gerade billigen Kunststoffen, weshalb einer nutzbringenden Abfallverwertung dieser Produkte besondere Aufmerksamkeit geschenkt werden muß. Bei ausgesprochenen Thermoplasten, z.B. Polyvinylchlorid oder Polystyrol, bildet die Abfallverwertung kein Problem, da hierbei die Wiederaufarbeitung der Abfälle ohne weiteres über das Walzwerk erfolgen kann. Voraussetzung ist natürlich in jedem Fall, daß der Sammlung der Abfälle die erforderliche Sorgfalt geschenkt wird und Verunreinigungen auch durch andere Kunststoffe peinlich ferngehalten werden.

Wie auch bei anderen Kunststoffen ist die Abfallverwertung der Polyamide und Polyurethane von besonderer Bedeutung in der Spritzgußindustrie. Ausschußstücke und Angüsse sind sorgfältig getrennt nach Farbe und Sorte zu sammeln und dürfen vor allem nicht von Spritzgußmassen der herkömmlichen Art, z.B. auf Basis von Polystyrol, Celluloseestern, Polymethacrylsäureestern usw., wegen deren völligen Unverträglichkeit mit Polyamiden und Polyurethanen durchsetzt sein. Die Abfälle können durch Vermahlen wieder in eine für die Spritzgußverarbeitung geeignete Form gebracht werden. Auch Abfälle aus der Polyamidbandverarbeitung lassen sich durch Vermahlen dem Spritzguß wieder zuführen. Allerdings gestaltet sich die Zerkleinerung derart zäher Kunststoffe durch Vermahlen nicht sehr einfach. Bei Verwendung der für das Vermahlen, z.B. von Polystyrolabfällen, üblichen Mühlen müssen gewisse Vorkehrungen getroffen werden, wie Tiefkühlung durch vorheriges Vermischen der Polyamid- bzw. Polyurethanabfälle mit Trockeneis, um den Produkten eine ausreichende Sprödigkeit zu verleihen. Da derartige Methoden jedoch sehr kostspielig sind, ist es zu begrüßen, daß neuerdings Mühlen konstruiert worden sind, die das Vermahlen von Polyamid- und Polyurethanabfällen auch ohne Vorbehandlung in zufriedenstellender Weise gestatten[1].

Pulverförmige oder spanförmige Abfälle, wie sie beispielsweise bei der spanabhebenden Verarbeitung von Polyamid- oder Polyurethankunststoffen anfallen, oder Abfälle sperriger Art, wie Drähte, Borsten usw. sind auf Grund ihrer Beschaffenheit zunächst weder für den

---

[1] SCHAUPP, F.: Kunststoffe **41**, 61 (1951).

Spritzguß noch für sonstige Verarbeitungsverfahren geeignet. Das Wiederaufschmelzen von Abfällen derart heterogener Beschaffenheit erscheint keinesfalls zweckmäßig, da einerseits wegen der hohen Viscosität der geschmolzenen Masse nur schwierig homogene Mischungen erzielt werden können und andererseits immer die Gefahr einer mehr oder weniger starken Schädigung durch Sauerstoff- oder Hitzeeinwirkung gegeben ist.

Ein gangbarer Weg zur Wiedergewinnung von Polyamidabfällen besteht in der Depolymerisation in Gegenwart von Wasser oder Dampf bei höheren Temperaturen[1]. Durch Abbau des Polyamidmaterials bildet sich eine flüssige Masse, die aus dem Heizgefäß unmittelbar in einen Autoklaven überführt und nach der Entfernung des Wassers erneut der Polykondensation unterworfen wird. Sperriges Polyamidmaterial kann nach Befeuchten mit Wasser auf mindestens 100° C heißen Walzen verdichtet und dann für die Wiederverarbeitung zerkleinert werden[2].

Als weitere Methode zur Aufarbeitung von Polyamidabfällen ist die hydrolytische Spaltung mittels Mineralsäuren zu nennen. Dieses Verfahren erscheint besonders angebracht bei textilen Materialien aus polyadipinsaurem Hexamethylendiamin, wobei auch Beimischungen anderer Faserarten nicht störend wirken. Durch mehrstündiges Erhitzen der Polyamidabfälle, z.B. mit halbverdünnter Schwefelsäure, auf 115 bis 120° C und anschließendes Abkühlen kann die ausgeschiedene Adipinsäure abfiltriert werden. Das Diamin wird aus dem neutralisierten Filtrat durch Destillation abgetrennt[3].

In der Patentliteratur ist auch noch die Möglichkeit beschrieben, Polyamidfaserabfälle mit Lösungen von Polystyrol in organischen Lösungsmitteln zu behandeln, das Lösungsmittel zu verdampfen und die mit einem dünnen Überzug von Polystyrol versehenen Fasern einer Heißpressung zu unterwerfen[4]. Auf diese Weise sollen sehr harte und zähe Formteile mit höherer Temperaturbeständigkeit und besserer Wasserbeständigkeit erhalten werden, als sie den unbehandelten Polyamiden eigen ist.

D. Anwendungsgebiete.

Von den in der Welt erzeugten Polyamiden wandert bekanntlich der weitaus größte Teil in das Fasergebiet. Wenn auch demnach nur ein verhältnismäßig bescheidener Anteil auf dem eigentlichen Kunststoffgebiet zur Verarbeitung gelangt, nehmen die Polyamide in der Kunststoffanwendung heute doch eine ganz beachtliche Stellung ein. Auf Grund einer Reihe außergewöhnlicher Eigenschaften konnten die neuen Polykondensationskunststoffe in kurzer Zeit vielfach nicht nur mit Vorteil an Stelle zahlreicher bisher verwendeter Kunststoffe treten, sondern sie vermochten auch in Gebiete einzudringen, die bislang ausschließlich der Verwendung von Metallen und anderen natürlichen Werk-

---

[1] AP. 2343174 (71).
[2] DRP. 738779 (72).
[3] AP. 2407896 (73).
[4] AP. 2550650 (74).

stoffen vorbehalten waren. So ergibt sich heute eine überaus große Zahl von Verwendungsmöglichkeiten der Polyamide auf fast allen Gebieten der Wirtschaft und Technik sowie für die Belange des täglichen Lebens[1]. Die Polyamidkunststoffe gelangen dabei in allen durch die verschiedenen Verarbeitungsverfahren zugänglichen Formen, z.B. als Spritzgußteile, Preß- und Strangpreßerzeugnisse, Folien, Bänder, weichmacherhaltige Mischungen, Drähte, Blöcke und sonstige Vorformlinge, Lösungen usw. zur Anwendung.

Prinzipiell das gleiche gilt auch für die Polyurethankunststoffe, die Jahre hindurch praktisch allerdings nur wenig in Erscheinung getreten sind, da ihre Erzeugung im Vergleich zu der der Polyamide immer sehr gering war und auch heute noch relativ klein ist[2]. In letzter Zeit zeigt sich jedoch auch in der Polyurethanerzeugung eine erfreuliche Besserung auch im Hinblick auf neue Typen[3].

Der im vorhergehenden Abschnitt gegebene Überblick über die verschiedensten Verarbeitungsverfahren der Polyamide und Polyurethane dürfte gezeigt haben, daß vor allem das Spritzgußverfahren geeignet ist, die neuen Kunststoffe in verhältnismäßig einfacher Weise in Fertigartikel mit beachtlichen mechanischen und sonstigen wertvollen Eigenschaften überzuführen. Polyamid- und Polyurethanspritzgußteile spielen daher auch in der praktischen Anwendung dieser Kunststoffe eine führende Rolle.

Die Polyamide und Polyurethane haben vor allem als kleine Maschinenteile in der Maschinenindustrie, speziell in der Feinwerktechnik, in den letzten Jahren beachtlich stark Eingang finden können, wo sie vielfach an Stelle von Metall und Metallegierungen oder auch Hartfaserstoffen verwendet werden. In den Vereinigten Staaten spricht man von der Verwendung speziell als „Engeneering material". Teile aus Polyamiden und Polyurethanen, wie Zahnräder, Kegelräder, Schrauben, Muttern, Hammerköpfe u. a. m. zeichnen sich nicht nur durch ihre hohen mechanischen Festigkeiten und gute Verschleißfestigkeit aus, sondern sind auch hervorragend beständig gegen Öle, Treibstoffe und Lösungsmittel und weitgehend korrosionsfest. Aus diesen Gründen haben sich auch Polyamideinsatzstücke bei selbstsichernden Muttern gegenüber der Verwendung von Faserstoffen gut bewährt[4]. Als Lagermaterial sind die Polyamide vielen anderen Stoffen überlegen, da Polyamidlager ausgezeichnete Laufeigenschaften besitzen und auch mit Wasserschmierung oder gar ohne Schmierung beansprucht werden können[5]. Bei der Verwendung als Lager darf allerdings eine bestimmte

[1] Kunststoff-Techn. u. Kunststoff-Anwend. 9, 342 (1939). — HOPFF, H.: Kunststoffe 31, 220 (1941). — Mod. Plastics 23, 124 (Nov. 1946). — FABEL, K.: Kunststoffe 37, 197 (1947). — THINIUS, K.: Kautschuk u. Gummi 2, 83 (1949). — DUMON, M. R.: Ind. Plast. Mod. 2, 19 (1950). — Vgl. auch Jahrbuch für die Industrie der plastischen Massen 1945—1950, S. 143.
[2] BAYER, O.: a. a. O. — HÖCHTLEN, A.: Kunststoffe 40, 221 (1950).
[3] HÖCHTLEN, A.: Kunststoffe 42, 303 (1952).
[4] Brit. Plast. 21, 664 (Dez. 1949).
[5] AKIN, R. B.: Mod. Plastics 27, 114 (Okt. 1949). — WALL, W. C.: Proc. Eng. 21, 102 (1950). — AP. 2246086 (75).

Grenzspannung nicht überschritten werden. Diese ist von der spezifischen Flächenbelastung und der Drehzahl, außerdem auch von der Art der Schmierung sowie von der Länge und vor allem der Wandstärke der Lagerringe abhängig. Anfängliche Mißerfolge bei der Anwendung von Polyamidlagern durch Deformierungen der Bohrungen dürften zweifellos auf eine ungenügende Kenntnis dieser Faktoren zurückzuführen sein. Es muß immer berücksichtigt werden, daß die thermische Ausdehnung und das Feuchtigkeitsaufnahmevermögen der Polyamide Maßänderungen und daß zu starke Belastung bei dickwandigen Lagern ein gewisses Fließen des Materials hervorrufen können. Um eine zu starke Abnutzung und Schrumpfung zu vermeiden, sollte die Temperatur in der Lagerung 50° C nicht überschreiten. Die Erfahrung hat gezeigt, daß sich unterhalb dieser Temperatur das Polyamidlager gut einläuft, wobei der Reibungskoeffizient weit unter 0,1 absinkt, die Abnutzung also extrem gering ist. Weiterhin hat sich als vorteilhaft herausgestellt, die Wandstärke des Polyamidlagers so gering wie möglich zu wählen. Praktisch verfährt man so, daß die Lagerringe in Metallbüchsen eingeklebt werden, wobei allerdings ein Kleber mit besonders guter Klebekraft erforderlich ist, damit sich bei eventueller Schrumpfung durch thermische Überbeanspruchung der Polyamidring von der Metallbüchse nicht ablösen kann.

Auch in den Vereinigten Staaten ist man seit einigen Jahren auf die kombinierte Anwendung von Metall und Polyamid übergegangen[1]. Als äußere Büchse verwendet man ein Metall mit sehr niedrigem Ausdehnungskoeffizienten. Die Metallbüchse ist mit einer dünnen Schicht aus Nylon FM-10001 ausgefüttert und mit 2 Halteringen versehen. Das Nylonfutter besitzt längsseitig einen schmalen Schlitz oder eine Dehnfuge, um innere Spannungen durch Maßänderungen ausgleichen zu können. Die mit Nylon ausgefütterten Lager, die als „nylined bearings" bezeichnet werden, können fertig gepreßt oder gespritzt werden. Es ist auch möglich, das geschlitzte Futter in die Metallbüchse einzusprengen.

Besondere Vorteile als Lagermaterial dürften graphithaltige Polyamide bieten, da hieraus gefertigte Lager eine selbstschmierende Wirkung besitzen. Graphithaltige Polyamide haben sich auch als selbstschmierende Dichtungen für Spezialzwecke bestens bewährt, wo Öl- oder Wasserschmierung nicht angewandt werden kann, wie überhaupt die Polyamide und Polyurethane auf Grund ihrer ausgezeichneten Chemikalien- und Lösungsmittelbeständigkeit bei gleichzeitig hoher Temperatur- und Druckfestigkeit eine wertvolle Ergänzung der bisher üblichen Dichtungsmaterialien bedeuten. Aus der großen Zahl der Anwendungsmöglichkeiten seien nur einige genannt:

Hochdruckbeständige Dichtungen bei hydraulischen Maschinen, Dichtungen für Destillationsanlagen für hochsiedende Lösungsmittel und Chemikalien, gegen Kältemittel und Kältemittelöl beständige Dichtungen in Kältemaschinen, Ventildichtungen bei Sauerstoffstahlflaschen u. a. Für die Herstellung der Dichtungen können, entsprechend der

---

[1] Mod. Plastics **29**, 163 (April 1952).

gewünschten Härte, entweder die einzelnen Polyamid- und Polyurethan-produkte als solche verwendet werden oder man gewinnt sie durch Tränken von Pappe oder sonstigen Faserstoffen mit Lösungen dieser Kunststoffe.

Die hohe Verschleißfestigkeit der Polyamide und Polyurethane macht man sich auch in der Textilindustrie seit einigen Jahren in steigendem Maße nutzbar. Für die Herstellung von Ringläufern, Flyer-nüßchen, Fadenführern u. dgl. mehr sind sie geradezu prädestiniert, wobei besonders die glatte und harte Oberfläche derartiger Teile von Wichtigkeit ist[1]. Auch Webeschiffchen und sonstige Teile für Web-maschinen, wie Webpicker usw., können vorteilhaft aus Polyamiden und Polyurethanen hergestellt werden[2]. Als Lagermaterial für Zapfen-lager bei Webeschiffchen und für Spindelflügellager werden diese Kunst-stoffe besonders geschätzt, da keine Ölschmierung erforderlich ist und somit Verschmutzungen des Spinngutes durch versprühendes Öl nicht mehr vorkommen können.

Die meisten Polyamide sind wegen ihrer relativ hohen Feuchtig-keitsaufnahme keine besonders guten elektrischen Isolierstoffe, wenn auch in der Literatur und Patentliteratur sehr häufig über die ver-schiedensten Anwendungsmöglichkeiten der Polyamide in der Elektro-technik berichtet worden ist[3]. In der Praxis werden Polyamide als elektrischer Isolierstoff nur in einigen speziellen Fällen verwendet, in denen vor allem ihre hohe Temperaturbeständigkeit, Ölfestigkeit und mechanische Widerstandsfähigkeit ausgenutzt werden. So dienen Poly-amidbänder und -folien zur Draht- und Kabelisolierung sowie für Nut-isolationen. Eine stärkere Einbuße der Isoliereigenschaften wird dabei durch Überziehen der Polyamidisolierung mit geeigneten Schutzlacken verhindert.

Für die rein elektrische Isolierung von Drähten kommen in der Praxis die handelsüblichen Polyamide im allgemeinen nicht in Betracht. Eine Ausnahme bildet lediglich das französische Polyamid „Rilsan", das auf Grund seiner außerordentlich geringen Feuchtigkeitsaufnahme sehr gut als Isolierstoff geeignet ist. Alle anderen Polyamidtypen sind zur Verbesserung ihrer elektrischen Eigenschaften zweckmäßig mit anderen Stoffen zu kombinieren[4]. Besonders gilt dies für Polyamide, die aus Lösungen für die Drahtisolation verarbeitet werden. In einer ganzen Reihe von Patenten sind derartige Kombinationen z. B. mit natürlichen und synthetischen Harzen[5] usw. beschrieben. Bewährt haben sich vor allem Zusätze von Phenol- und Kresolharzen[6]. Eine andere Möglichkeit, die Wasseraufnahme von polyamidisolierten Drähten zu vermindern und damit die elektrischen Eigenschaften zu verbessern, besteht in der Nachbehandlung derartiger Isolierungen mit Polyiso-

---

[1] Vgl. auch Mod. Plastics **27**, 105 (April 1950).
[2] FP. 898904 (76); FP. 920384 (77).
[3] DRP. 734408 (78); FP. 851123 (79); FP. 853232 (80).
[4] Vgl. auch GEE, H. C., u. I. F. COWEN: Electr. Rev. **133**, 134 (1943).
[5] FP. 875401 (81); FP. 859837 (82).
[6] METZGER, L.: Ind. Plast. Mod. **2**, 12 (1950).

cyanaten, ähnlich wie es bereits bei Isolierungen aus Polyesteramiden beschrieben ist[1].

Neuerdings haben gewisse Polyamide erhebliche technische Bedeutung als zähes, flexibles und abriebfestes Ummantelungsmaterial für Drähte und Kabel erlangt, die bereits mit einem guten elektrischen Isolierstoff versehen sind. Trotz der höheren Verarbeitungstemperaturen der Polyamide lassen sich sehr dünne einwandfreie Überzüge auf anderen Isolierstoffen, wie Polyvinylchlorid, Polyäthylen u. dgl., erzielen[2]. Mittels derartiger Kombinationen werden heute vor allem hochwertige Feldkabel hergestellt, deren elektrische Isolierung aus Polyäthylen besteht. Die Dicke des Polyamidschutzmantels beträgt dabei zwischen 0,1 und 0,2 mm, je nach der Stärke der Polyäthylenschicht[3]. Im elektrischen Apparatebau können aus Polyamiden Gehäuse für elektrische Geräte von sehr hoher Schlagzähigkeit hergestellt werden. Auch für Spulenkörper und ähnliche Einbauteile reichen die elektrischen Eigenschaften der Polyamide häufig noch aus[4]. So werden z.B. in den Vereinigten Staaten heute eine ganze Reihe von kleineren Einzelteilen bei speziellen Lampensockeln aus Nylon hergestellt.

Die Polyurethane verhalten sich infolge ihrer in der Regel geringeren Feuchtigkeitsaufnahme in elektrischer Hinsicht deutlich günstiger als die meisten der handelsüblichen Polyamide, so daß sich für sie in der Zukunft sicherlich noch zahlreiche Verwendungsmöglichkeiten in der Elektroindustrie ergeben werden.

In der Kunstleder- bzw. Lederindustrie spielen vor allen Dingen die löslichen Polyamidtypen eine gewisse Rolle. Zwar hat sich die Erzeugung von Kunstleder auf reiner Polyamidbasis im Streichverfahren hauptsächlich aus Gründen der Wirtschaftlichkeit nicht einführen können, doch wird vielfach von der Schlußzurichtung mittels löslicher Polyamide Gebrauch gemacht, um billigen Kunstledern, z.B. Nitrocellulosekunstledern, eine zähe, kratzfeste Oberfläche zu verleihen. In der Praxis haben sich hierfür vor allem die Handelsprodukte Ultramid 6A und Ultramid 1C bewährt, von denen letzteres wegen der besseren Stabilität seiner Lösungen bei Raumtemperatur gewisse Vorzüge bietet. Besonders wertvoll sind Zwischenstriche aus Polyamiden beim Aufbau von Kunstleder aus weichmacherhaltigen Schichten, wobei die Polyamidzwischenschicht das oft sehr lästige Wandern der Weichmacher verhindert. Bereits sehr dünne Schichten, z.B. von 10 g je Quadratmeter, wirken gut isolierend, d.h. sie verhindern das Vordringen des Weichmachers aus den unteren Schichten an die Oberfläche des Kunstleders[5].

In letzter Zeit ist es auch gelungen, auf PVC-Pastenkunstleder einen Polyamidschlußstrich fest zu verankern. Zweckmäßig arbeitet man hierbei so, daß man der für den letzten Strich vorgesehenen Streich-

---

¹ AP. 2333922 (83).
² Hancock, D. C.: Brit. Plast. **23**, 115 (Okt. 1950).
³ Mod. Plastics **28**, 63 (Jan. 1951).
⁴ Heering, H.: Kunststoffe **41**, 58 (1951).
⁵ Werner, K.: Kunststoffe **39**, 141 (1949).

paste etwa 5—7% eines geeigneten Mischpolyamids, z.B. Ultramid 1C, als Lösung zusetzt und gut homogenisiert. Dem PVC-Kunstleder wird hierdurch die oft unangenehm in Erscheinung tretende, durch den Weichmachergehalt bedingte schwache Oberflächenklebrigkeit genommen.

Eine elegante Methode zur Erzeugung eines hochwertigen Polyamidkunstleders besteht in der Kaschierung von Polyamidfolien auf Gewebeunterlagen. Die Verankerung der Folie auf dem Gewebe erfolgt mittels spezieller Klebemittel, deren wirksame Substanz hauptsächlich Methyl- bzw. Äthylalkohol ist. Für das Kaschierverfahren haben sich Gießfolien aus Ultramid 6A, wie sie z.B. von der Firma Kalle & Co., Wiesbaden-Biebrich als „Supronyl" in den Handel gebracht werden, sehr gut geeignet erwiesen. Bereits sehr dünne Folien von 0,025—0,03 mm Stärke ergeben ein Kunstleder mit hoher Oberflächenhärte und vorzüglicher Kratzfestigkeit. Da die Polyamidfolien sowohl weichmacherfrei als weichmacherhaltig und auch in zahlreichen Einfärbungen hergestellt werden können, sind die mannigfaltigsten Effekte möglich. Die Kaschierungen lassen sich schließlich bei erhöhter Temperatur, z.B. bei etwa 100° C, mit jeder beliebigen Narbung in geeigneten Vorrichtungen versehen.

Unter Verwendung von Polyamiden kann Kunstleder auch in der Weise hergestellt werden, daß man Fasergemische der verschiedensten Art in Form eines Filzes od. dgl. mit Polyamidlösungen, die zweckmäßig mit Formaldehyd modifiziert sind, imprägniert[1].

Als Blanklederaustauschmaterial spielen die Polyamide hauptsächlich aus Preisgründen zur Zeit nur eine untergeordnete Rolle. Während des Krieges wurden in größerem Umfange aus weichmacherhaltigen Mischungen von Ultramid 6A in Verbindung mit Füll- und Farbstoffen genarbte Platten („Igamidleder") hergestellt, die zur Anfertigung von Aktentaschen, Schulranzen, Patronentaschen, Einkaufstaschen, Leibriemen, Zug- und Tragriemen, Fahrradsätteln u. dgl., dienten. Heute interessiert Polyamidleder hauptsächlich als spezielles Dichtungsmaterial und vor allem als Material zur Herstellung von Treibriemen, die sich durch sehr gute Laufeigenschaften auszeichnen. Als Schuhsohlenmaterial haben sich weichmacherhaltige Polyamidmischungen trotz der bekannten guten Abriebfestigkeit der Polyamide nicht bewährt. Bei Praxisversuchen ergab sich, daß sich derartige Sohlen bereits nach kurzer Laufzeit an den Spitzen und Absätzen außerordentlich stark abnutzen.

Im Polyamidleder hatte die Kunststoffindustrie erstmalig ein Lederaustauschprodukt geschaffen, das im Gegensatz zu den bisher auf Kunststoffbasis ausgearbeiteten Lederersatzprodukten ohne Mitverwendung eines Trägermaterials mit Erfolg verwendet werden kann.

Die Verarbeitung von Polyamidleder, das je nach der mechanischen Beanspruchung als unorientiertes oder in einer Richtung gerecktes Material vorliegt, läßt sich weitgehend nach den bei Leder üblichen Methoden bewerkstelligen. Als zusätzliches Verarbeitungsverfahren

---

[1] FP. 967451 (84).

kommt das Verschweißen durch Hitzeeinwirkung hinzu. In seinen Eigenschaften entspricht Polyamidleder in jeder Hinsicht den Anforderungen der RAL-Bedingungen 069 B für Lederaustauschwerkstoffe für Sattler-, Polsterer- und Täschnerzwecke (vgl. Tabelle 15).

Tabelle 15. *Eigenschaften von Polyamidleder.*

	Zug-festigkeit kg/cm²	Deh-nung %	Stich-ausreiß-festigkeit kg/mm Dicke	Weiter-reiß-festigkeit kg/mm Dicke	Wärme-festigkeit	Kälte-festigkeit
Polyamidleder nicht orientiert	250—300	250	10	4,5	gut bis 80° C	gut bis — 20° C
Polyamidleder in einer Richtung gereckt: längs	430	130	12	3	gut bis 80° C	gut bis — 20° C
quer	250	300	14	8	gut bis 80° C	gut bis — 20° C
Mindestforderungen nach RAL 069 B über 1 mm Stärke . . .	150	—	6	1,5	70° C	— 10° C

Die etwas geringere Geschmeidigkeit des Polyamidleders gegenüber Naturleder erfordert vielfach die Anwendung geringerer Stärken als bei Naturleder. Infolge der überlegenen Festigkeit des Polyamidleders ist dies auch ohne weiteres möglich. Die höhere Dehnung des Polyamidleders wirkt sich bei der praktischen Anwendung keineswegs nachteilig aus, da die plastische Dehnung erst bei sehr hoher Belastung einsetzt. Beim Erwärmen bis zu etwa 80—90° C, kurzfristig auch bis zu 100 C, wird Polyamidleder in seinen Eigenschaften nicht nennenswert beeinträchtigt. Bei darüber hinausgehenden Temperaturen beginnt der Werkstoff allmählich weich und plastisch zu werden. Beim Abkühlen von Polyamidleder auf Temperaturen unter —10 C macht sich eine fortschreitende Versteifung bemerkbar. Immerhin können die Erzeugnisse noch bei Temperaturen von —20°C beansprucht werden, wobei allerdings eine scharfe Schlagbeanspruchung möglichst vermieden werden sollte.

Eine weitere Anwendungsmöglichkeit von Polyamiden in der Lederindustrie besteht in der Oberflächenveredlung minderwertiger Spaltleder mittels Lösungen spezieller Mischpolyamide, z.B. Ultramid 1 C. Ultramid 1 C-Befilmungen haften auf Leder sehr gut und zeigen bezüglich Feuchtigkeitsaufnahme ein dem Leder weitgehend analoges Verhalten.

Auch aus der Schmelze hergestellte Polyamidbänder, z.B. auf der Basis von Polycaprolactam, können auf Grund ihrer hohen Zugfestigkeit in gerecktem Zustand vielfach an Stelle von Leder als Trag- und Zugriemen der verschiedensten Art benutzt werden. Es ist dabei aber zu berücksichtigen, daß derartige Bänder verhältnismäßig steif und noch wesentlich weniger biegsam sind als das weiter oben beschriebene Polyamidleder. Auch ist eine nennenswerte Plastifizierung derartiger

Bänder durch vorherige Einverleibung von Weichmachern in die Polyamidschmelze nicht möglich. Demgegenüber zeigt gerecktes Polyamidband in mancherlei Hinsicht als Material für hochwertige Treibriemen Vorteile gegenüber Leder und Textilien[1]. Die Treibriemenindustrie hat durch die Entwicklung von Polyamidbändern, insbesondere solcher auf Basis von Caprolactam, einen neuen starken Impuls erfahren, und es ist unbestreitbar, daß Polyamidtreibriemen heute einen wesentlichen wirtschaftlichen Faktor darstellen. Das Polyamidband, das naturgemäß in ausgerecktem Zustand verwendet werden muß, kann entweder für sich allein oder in Verbindung mit einer dünnen Haftunterlage, beispielsweise aus Spaltleder, Textilgewebe u. dgl. an Stelle von Flachriemen aus Leder eingesetzt werden[2]. Infolge der Neigung des gereckten Polyamidbandes, beim Austrocknen in der Längsrichtung aufzuspleißen, sollten Polyamidbänder für sich allein als Treibriemen nur dort verwendet werden, wo ständig hohe Luftfeuchtigkeiten, wie z. B. in Wäschereien, Wurstküchen usw., vorherrschen. In allen anderen Fällen ist einer Riemenkonstruktion der Vorzug zu geben, bei der entweder durch eine entsprechende Haftunterlage oder durch eine geeignete Präparierung eine stärkere Erwärmung und damit Austrocknung des Polyamidbandes weitgehend vermieden wird. Weiterhin läßt sich eine Verminderung des Spleißens erzielen, wenn man bei derartigen Treibriemen, die aus parallel oder spiralig nebeneinander liegenden Polyamidbändern bestehen, auf der Oberseite beispielsweise durch Verklebung Querstreifen desselben Materials in bestimmten Abständen anbringt. Eine gewisse Verbesserung der Spleißneigung bei Antriebsriemen und Förderbändern aus Polyamiden oder Polyurethanen soll auch erzielt werden, wenn man von Produkten ausgeht, die geringe Mengen von aromatischen oder hydroaromatischen schwer flüchtigen Oxyverbindungen enthalten[3], die gleichzeitig einen geringen weichmachenden Effekt ausüben.

Für höhere Ansprüche können die üblicherweise durch Aufkaschieren von Polyamidband, z. B. auf Spaltleder oder Textilgewebe hergestellten Flachriemen zusätzlich auch noch auf der Oberseite des Polyamidbandes mit einer Leder- bzw. Textilschicht versehen werden. Treibriemen aus Leder/Polyamidbandkombinationen sind unter dem Namen „Extremultus" (Hersteller: Treibriemenfabrik E. Siegling, Hannover) bekanntgeworden. Diese Riemen zeichnen sich durch eine Reihe wesentlicher Vorzüge aus. So gestattet z. B. die hohe Zugfestigkeit des Polyamidbandes, auch bei schweren und schwersten Antrieben mit einer nur verhältnismäßig geringen Riemenstärke auszukommen. Neben einer mitunter beträchtlichen Gewichtsersparnis liegen weitere Vorteile des Polyamidriemens gegenüber dem Ledertreibriemen darin, daß er sich während des Gebrauchs nicht längt und auch in einer Reihe spezieller Fälle, bei denen sich Leder unter den obwaltenden Bedingungen nicht haltbar genug erweist, durch eine höhere Lebensdauer auszeichnet.

---

[1] MINTROP, H.: Kunststoffe **36**, 114 (1946). — BUSSMANN, K. H.: Kautschuk u. Gummi **2**, 28 (1952).

[2] DRP. 739 713 (85).

[3] DP. 858 158 (86).

Auch das Endlosmachen des Polyamidtreibriemens läßt sich in einfacher Weise, z. B. durch Verkleben oder Verschweißen der abgeschrägten Enden, bewerkstelligen. Da somit auf die üblichen Riemenverbinder verzichtet werden kann, läuft der Polyamidtreibriemen völlig stoßfrei. Das Endlosmachen durch Vernähen ist wegen der Gefahr des leichten Einreißens gereckter Polyamide nicht zu empfehlen.

Mit den neuen Polyamidtreibriemen ist es unter anderem möglich gewesen, auch Anlagen mit Flachtreibriemen auszustatten, bei denen der Antrieb bisher nur mittels Keilriemen oder gar Zahnrädern möglich war.

Auch aus schmalen Polyamidbändchen gewebte oder geflochtene Treibriemen haben sich gut bewährt, insbesondere dann, wenn der ein- oder mehrschichtig aufgebaute Riemen auf der Laufseite mit einer geeigneten Haftschicht versehen oder mit einer speziellen Masse, z. B. auf Basis von Weichpolyvinylchlorid, vollständig umhüllt ist. Auf einem ähnlichen Prinzip beruht der „Agfa-P-Riemen", ein Geweberiemen, bei dem die Schußfäden aus Kunstseide od. dgl. bestehen, während als Kette Bändchen aus gefalteten, gestreckten Polyamidfolien verwendet werden. Der ganze Riemen ist allseitig mit Weichpolyvinylchloridpaste zur Verbesserung der Laufeigenschaften imprägniert[1].

Aus schmalen Polyamidbändchen geflochtene Rundriemen haben sich für spezielle leichtere Antriebe bewährt. Es hat auch nicht an Bemühungen gefehlt, die hohe Zugfestigkeit der Polyamide zur Herstellung von Keilriemen auszunutzen[2]. Es ist zwar eine ganze Reihe verschiedener Konstruktionen entwickelt worden, so z. B. ein Keilriemen, der als Seele ein gerecktes Polyamidband enthält, auf dem spritzgegossene Polyamidklötzchen aufgereiht sind, jedoch haften allen derartigen Polyamidkeilriemen noch gewisse Mängel an, so daß sie sich bis heute in der Praxis nicht einführen konnten.

Erhebliche Mengen von Polyamidbändern sind vorübergehend in die Flechtindustrie geflossen. Einkaufs- und Handtaschen, Spankörbe, Möbel- und Stuhlgeflechte, Tragbahren, Feldbetten, Liegestühle usw. wurden in größerem Umfange hergestellt. Obgleich Polyamidflechtmaterial bezüglich der mechanischen Eigenschaften praktisch unerreicht und in dieser Beziehung dem gebräuchlichen Peddigrohr weit überlegen ist, und gleichzeitig den Vorteil hat, daß die verschiedensten Farbeffekte erzielbar sind, spielen Polyamidbänder für Flechtzwecke heute nur noch eine untergeordnete Rolle, teils aus preislichen Gründen, teils bedingt durch die unter dem Einfluß verschiedener Luftfeuchtigkeiten hervorgerufenen Längenänderungen.

Umklöppelungen mittels schmaler Polyamidbänder bieten einen ganz hervorragenden mechanischen Schutz für Kabel, Schläuche und Leitungen. Aus schmalen, rechteckig geschnittenen Polyamidbändchen werden Gewebe erzeugt, die sich durch hervorragende Abriebfestigkeit bei gleichzeitig guter Geschmeidigkeit auszeichnen („Sanderit")[3].

---

[1] Kunststoffe **41**, 257 (1951).
[2] DRP. 732073 (87).
[3] Vgl. Müller, A.: Kunststoffe **40**, 241 (1950).

In der Verpackungsindustrie spielen Polyamide und Polyurethane bis jetzt nur eine verhältnismäßig kleine Rolle. Dem Vorteil der Polyamidfolien — hohe Festigkeit und Flexibilität — steht als Nachteil das verhältnismäßig hohe Wasseraufnahmevermögen und damit stärkere Wasser- bzw. Wasserdampfdurchlässigkeit entgegen. Dennoch haben sich für spezielle Verpackungen, bei denen es weniger auf Wasserdampfdichtigkeit ankommt und die immer wieder verwendet werden können, Polyamidfolien gut einführen können. Dies trifft vor allem für Mottenschutzsäcke, Kleiderschutzhüllen u. dgl. zu[1]. Da die handelsüblichen Polyamidfolien bis zu einem Gewicht von 22—25 g je Quadratmeter erzeugt werden können, bieten sie vor allem dort Vorteile, wo man eine ganz leichte, geschmeidige und widerstandsfähige Hülle benötigt. In Frage kommen vor allem Beutel für Toiletteartikel, Schutzhüllen für Automobile, Bucheinbandhüllen, Topfschützer usw.[2]. Die ausgezeichnete Öl- und Fettbeständigkeit der Polyamide lassen die Folien auch als Auskleidungsmaterial für Verpackungsbehälter für Bohnermassen, Schuhcreme, Öle, Fette usw. interessant erscheinen. Geblasene Flaschen aus Polyamiden scheinen sich für den gleichen Zweck neuerdings immer mehr einzubürgern.

Auch in der Bekleidungsindustrie stellen die Polyamide und Polyurethane einen häufig verwendeten Rohstoff dar. Hieraus hergestellte Knöpfe haben z. B. neben ihrer hornähnlichen Beschaffenheit den Vorteil, daß sie kochbeständig und bügelfest sind und vor allem auch auf Grund ihrer guten Lösungsmittelbeständigkeit die chemische Wäsche ohne jeden Nachteil aushalten. Besondere Vorteile bieten mit Stoff überzogene Polyamidknöpfe an Stelle der bisher üblichen Metallknöpfe, da die Korrosionsgefahr völlig ausgeschaltet ist. Die Herstellung der Knöpfe kann entweder im Spritzgußverfahren oder durch Ausstanzen aus Bändern oder Platten erfolgen.

Die Beständigkeit gegen kochendes Wasser läßt die Polyamide und Polyurethane vorzugsweise in gelöster Form oder als Folie auch zur Versteifung von textilen Geweben und zur Herstellung von Mehrschichtenmaterial geeignet erscheinen. Erwähnt sei z. B. die Möglichkeit der Herstellung von Dauerwäsche, wie abwaschbare Kragen[3] usw., die auch bei wiederholtem Waschen und Kochen in Seifenlösung und sonstigen Reinigungsmitteln weder an Steifigkeit noch an Elastizität verlieren. Polyamidfolien können auch als Regenschutzkleidung dienen, wobei der besondere Vorteil darin besteht, daß sie nach dem Zusammenfalten nur wenig Platz beanspruchen.

Sehr verdünnte Lösungen von gewissen Polyamidtypen werden vorteilhaft zur Behandlung textiler Fasern, wie Wolle, Baumwolle usw. benutzt, wobei sich die Einzelfaser mit einem hauchdünnen, festhaftenden Polyamidhäutchen überzieht, das eine Verbesserung des Gebrauchswertes des Textilmaterials bewirkt. Als geeignete Polyamidtypen kommen für diese Zwecke vor allem Mischpolyamide vom Typ des

---

[1] HERRMANN, O.: Kunststoffe 41, 462 (1951).
[2] Allg. Verp.-Rdsch. 1951, Nr 19, 818.
[3] DRP. 749221 (88); DRP. 744850 (89).

Ultramid 1 C oder N-Alkoxymethyl-Polyamide in Betracht. So führt
z. B. die Behandlung von Wolle mit N-Alkoxymethyl-Polyamiden zu
einer Erhöhung der Scheuerfestigkeit, Verminderung des Filzvermögens
und des Schrumpfens[1].

Geschätzt sind auch Reißverschlüsse aus Polyamiden, die in beliebigen Farben angefertigt werden können. Es ist auch möglich, die
einzelnen Glieder des Reißverschlusses im Spritzgußverfahren unmittelbar auf dem Tragband zu erzeugen, das ebenfalls aus Polyamid hergestellt werden kann[2].

Ein ganz erheblicher Teil der Polyamid- und Polyurethankunststoffe
fließt in die Herstellung von Gebrauchsgegenständen aller Art. In zahl-
reichen Fällen, in denen bisher Gegenstände aus Horn, Hartgummi,
Metallen und anderen Naturstoffen verwendet wurden, gewinnen die
neuen Polykondensationskunststoffe immer mehr Bedeutung. Aus der
Vielzahl der praktischen Verwendungsmöglichkeiten seien nur einzelne
Beispiele genannt: Unzerbrechliche Becher, Tassen. Eßgeschirre, Löffel,
Messer- und sonstige Besteckgriffe, Zigarettenspitzen, Zigarettendosen,
Schuhlöffel, Kämme, Lockenwickler, Seifenschalen, verschiedene Bijou-
teriewaren, Füllhalterteile, Uhrenarmbänder, Knie für Grammophon-
nadeln und vieles andere mehr[3].

Daneben sind noch einige spezielle technische Anwendungsmöglichkeiten zu erwähnen, denen ebenfalls praktische Bedeutung zukommt,
so z. B. Verbesserung der mechanischen Eigenschaften von Bindemitteln
für die Schleifscheibenherstellung durch Zusatz von Polyamiden[4],
bezin- und benzolfeste Artikel durch Tauchen in Polyamidlösungen,
z. B. Schutzhandschuhe, die auf andere Weise nicht gefertigt werden
können, ferner gegen Öle, Kohlenwasserstoffe und Chlorkohlenwasserstoffe sowie Schwefelkohlenstoff usw. beständige dünne Schutzüberzüge
auf Gummidichtungen und Schläuchen aus Gummi oder Kunststoffen,
lösungsmittelbeständige Imprägnierungen von Gewebeschläuchen, schim-
mel- und fäulnisschützende Überzüge auf Korkstopfen u. dgl. Neuerdings scheinen Polyamide auch im Automobilbau für zahlreiche Klein-
teile, z. B. bei Getrieben, für Ölventile, Unterlegscheiben u. dgl., stärker
Eingang zu finden[5]. Ähnliches gilt auch bei Teilen für Telephonhörer[6]
und Tonschreiber[7]. Besonders vorteilhaft sollen Schlüsselhaken aus
Polyamiden und Ringe für Schlüsseltaschen sein[8].

Die gute Körperverträglichkeit und Sterilisierbarkeit der Polyamide
und Polyurethane ließen in den letzten Jahren ein immer stärkeres
Interesse an diesen Kunststoffen in der Medizin und ihren verwandten
Gebieten erkennbar werden. Vor allem in der Augenchirurgie und in
der Hals-, Nasen-, Ohrenheilkunde sowie Orthopädie werden Polyamide

---

[1] JACKSON, D. L. C., u. M. LIPSON: Textile Res. J. 21, 156 (März 1951).
[2] DRP. 741679 (90).
[3] Mod. Plastics 24, 102 (Juli 1947); 25, 127 (Okt. 1947).
[4] Vgl. auch AP. 2154436 (91).
[5] Mod. Plastics 29, 71 (Aug. 1952).
[6] Mod. Plastics 29, 95 (Sept. 1951).
[7] Mod. Plastics 28, 60 (Juli 1951).
[8] Mod. Plastics 29, 92 (Juli 1952).

in ihren verschiedensten Formen („Supramid") und teilweise auch Polyurethane bereits seit Jahren für Prothesen, als Knochenersatz und für viele Spezialzwecke mit gutem Erfolg verwendet. Auch in der Frauenheilkunde haben Polyamide neuerdings Eingang gefunden. Polyamidfäden („Supramid extra") stellen ein ausgezeichnetes reißfestes chirurgisches Nahtmaterial dar, das auch in nassem Zustand noch 80—85% seiner ursprünglichen Zugfestigkeit behält.

Für künstliche Zähne kommen die Polyamide trotz ihrer für diese Zwecke geradezu idealen Zähigkeit im allgemeinen nicht in Betracht, da sie unter dem Einfluß gewisser Nahrungs- und Genußmittel zur Verfärbung neigen. Polyurethankunststoffe verhalten sich in dieser Hinsicht wesentlich günstiger. Es ist weiter nicht verwunderlich, daß Polyamide und Polyurethane auch als hervorragende Werkstoffe zur Herstellung medizinischer Geräte, Apparate und sonstiger ärztlicher Utensilien, vor allem im Hinblick auf ihre gute Sterilisierbarkeit bei Temperaturen oberhalb 100° C, eine beachtliche Rolle spielen. Wegen Einzelheiten über die Verwendung von Polyamiden und Polyurethanen auf medizinischem Gebiet sei auf die ausführliche Arbeit von A. MÜLLER „Kunststoffe in der Medizin" verwiesen[1].

Auf die Anwendungsmöglichkeiten von monofilen Gebilden, wie Fäden, Drähten und Borsten, aus Polyamiden und Polyurethanen soll hier nicht näher eingegangen werden, da entsprechende Ausführungen in Teil III gemacht sind.

Diese allgemeinen Ausführungen über die Anwendung von Polyamiden und Polyurethanen sollen keinen Anspruch auf Vollständigkeit erheben, sondern nur zeigen, wie universell verwendbar diese modernen Kunststoffe sind. Es dürfte wohl keinem Zweifel unterliegen, daß die Produkte auch noch in zahlreichen weiteren speziellen Fällen, die noch nicht allgemein bekanntgeworden sind, laufend mit Erfolg angewandt werden. Besonders sei hervorgehoben, daß den aufgezeichneten Anwendungsgebieten, vielleicht mit ganz wenigen Ausnahmen, auch tatsächlich eine praktische Bedeutung zukommt. Es soll nicht der Sinn dieser Ausführungen sein, die vor allem in der Patentliteratur im Laufe der Jahre erschienene Unzahl weiterer Anwendungsmöglichkeiten für Polyamide und Polyurethane aufzuzählen, da diesen Schutzrechten meistens nicht die mindeste praktische Bedeutung beigemessen werden kann. Nähere Angaben können der einschlägigen Literatur entnommen werden[2].

Abschließend kann gesagt werden, daß die zukünftige Entwicklung auf dem Gebiet der linearen Polykondensationsprodukte, speziell der Polyamide und Polyurethane, diesen Kunststoffen noch sicherlich weitere interessante Anwendungsgebiete erschließen wird, nachdem sich gerade in letzter Zeit ein verstärktes Interesse an Polyamiden und Polyurethanen auf vielen Gebieten bemerkbar macht. Sowohl die Kunst-

---

[1] MÜLLER, A.: In E. B. v. WEHRENALP-H. J. SÄCHTLING, Jahrhundert der Kunststoffe, S. 44. Düsseldorf: Econ 1952.
[2] FABEL, K.: Kunststoffe **37**, 197 (1947). — Vgl. auch Deutsches Jahrbuch für die Industrie der plastischen Massen 1945—1950.

stoffrohstoffe erzeugende als auch verarbeitende Industrie sowie die Maschinenindustrie werden durch Schaffung neuer Typen mit verbesserten Eigenschaften und durch Verbesserung der Verarbeitungsmaschinen und Verarbeitungsmethoden das ihrige zu dieser Entwicklung beitragen.

E. Patentübersicht.

Nachstehende Zusammenstellung umfaßt die im Text erwähnten Patente. Sie ist der besseren Übersicht halber in einzelne Abschnitte unterteilt. Die den Patentnummern vorangestellten, eingeklammerten Zahlen entsprechen der in den Fußnoten hinter den Patentnummern jeweils angegebenen Numerierung. Der Patentinhaber ist hinter der Patentnummer in Klammern vermerkt. Die Namen einiger häufig zitierter Firmen sind, wie nachstehend angegeben, abgekürzt wiedergegeben:

IG.   = frühere IG. Farbenindustrie.

Du Pont = Du Pont de Nemours, Wilmington (USA.).

Rhod.   = Rhodiaceta, Lyon.

DCF.   = Deutsche Celluloidfabrik, Eilenburg.

DAG.   = Dynamit-Actien-Gesellschaft, Troisdorf Bez. Köln.

BASF.   = Badische Anilin- und Soda-Fabrik, Ludwigshafen a. Rh.

Das gleichzeitig angegebene Datum ist das Datum der Anmeldung.

1. Licht-, Hitze-, Wetterstabilisatoren.

(2) DRP. 737943 (IG.) 4. 2. 1941.

Anspruch:
Verfahren zur Verbesserung der Lichtechtheit fadenbildender, synthetischer, linearer Hochpolymerer, dadurch gekennzeichnet, daß man Polyamiden, Polyharnstoffen, Polyurethanen oder Polyesteramiden vor, während oder nach ihrer Verformung Manganverbindungen in geringer Menge einverleibt.
3 weitere Ansprüche.

(3) Schweiz. P. 230080 (Rhod.) 4. 2. 1942.

Anspruch:
I. — Object constitué en partie par un polymère synthétique linéaire, caractérisé en ce qu'il contient au moins un sel de manganèse.
II. — Procédé de fabrication de l'objet selon la revendication I, caractérisé en ce que l'on forme ledit objet en une matière contenant outre le polymère synthétique linéaire, au moins un sel de manganèse.
12 weitere Ansprüche.

(4) FP. 906893 (IG.) 4. 9. 1944.

Anspruch:
Un procédé pour empêcher des polymères linéaires contenant des groupes amides dans leur chaîne de devenir cassants sous l'action de la chaleur, des rayons lumineux et des influences atmosphériques, ce procédé consistant à incorporer aux polymères linéaires avant, pendant ou après leur préparation ou leur conformation, moins de 1% en poids, par rapport au poids du polymère de cuivre très finement réparti ou d'un composé anorganique ou organique du cuivre.
1 weiterer Anspruch.

(5) *BP. 549370 (Du Pont) 16. 5. 1941.*

Anspruch:

The method of stabilising a synthetic linear polyamide which comprises incorporating therein an amino hydrogen containing aromatic amine, the said amine having at least two cyclic nuclei and an apparent oxidation potential as herein before defined between 0.70 volts and 1.30 volts.

11 weitere Ansprüche.

(6) *FP. 906892 (IG.) 4. 9. 1944.*

Anspruch:

Un procédé pour empêcher des polymères linéaires contenant des groupes amides dans leur chaîne, tels que des polyamides, des polyuréthanes ou des polyurées, de devenir cassants sous l'action de la chaleur ou de la lumière, ce procédé consistant à ajouter à ces produits polymères, avant, pendant ou après leur préparation ou leur transformation en corps conformés, de petites quantités de di- ou polyamines aromatiques N-arylsubstituées.

1 weiterer Anspruch.

(7) *Patentanmeldung 75101 IVc/39c (IG.) 22. 5. 1943.*

Anspruch:

Verfahren zur Verhinderung des Versprödens von linearen Hochpolymeren mit Amidgruppen in den Ketten durch Einwirkung von Licht oder Wärme, dadurch gekennzeichnet, daß den genannten Hochpolymeren während oder nach der Herstellung oder Verformung geringe Mengen Carbazol oder Carbazolderivate zugesetzt werden.

(8) *Patentanmeldung 75102 IVc/39c (IG.) 22. 5. 1943.*

Anspruch:

Verfahren zur Verhinderung der Versprödung von linearen Hochpolymeren mit Amidgruppen in der Kette bei Einwirkung von Hitze, Lichtstrahlen und Witterungseinflüssen, dadurch gekennzeichnet, daß den linearen Hochpolymeren vor, während oder nach ihrer Verformung geringe Mengen von Brom- oder Jodsalzen zugesetzt werden.

(10) *FP. 965244 (Rhod.) 23. 4. 1948.*

Anspruch:

De nouvelles compositions à base de superpolyamides linéaires synthétiques, caractérisées par le fait qu'elles contiennent un sel de cuivre d'un composé organique ayant un atome d'hydrogène ionisable ou remplaçable.

3 weitere Ansprüche.

2. Löslichkeit, Lösungsmittel, Quellungsmittel.

(11) *DRP. 747749 — 30. 7. 1939.*

Anspruch:

Verfahren zur Herstellung von Lösungen oder Pasten aus Mischkondensationsprodukten von zweibasischen Säuren mit einer ununterbrochenen geraden Kette von mindesten 3 Kohlenstoffatomen mit Diaminen mit einer ununterbrochenen geraden Kette von mindestens 4 Kohlenstoffatomen zwischen den beiden Aminogruppen einerseits und ω-Aminocarbonsäuren mit einer ununterbrochenen geraden Kette von mindestens 5 Kohlenstoffatomen zwischen Amino- und Carboxylgruppe und deren amidbildenden Derivaten, wie Estern, Lactamen und Chloriden, andererseits, dadurch gekennzeichnet, daß β-Chloräthylalkohol als Lösungsmittel verwendet wird.

2 weitere Ansprüche.

(12) *DRP. 737950 (IG.) 11. 11. 1939.*

Anspruch:

Verfahren zur Herstellung von Lösungen und plastischen Massen aus Superpolyamiden, dadurch gekennzeichnet, daß man als Lösungs- und Plastifizierungsmittel alkoholische Lösungen von anorganischen Salzen, insbesondere Chloriden und Nitraten von Calcium oder Magnesium verwendet, gegebenenfalls unter Mitverwendung von Wasser.

(13) *FP. 870736 (IG.) 10.3.1941.*

Anspruch:

Procédé de préparation de solutions et masses plastiques à base de polyamides, caractérisé par le fait que l'on utilise comme solvants et plastifiants de solutions alcooliques de sels inorganiques, en particulier de chlorures et de nitrates de calcium ou de magnésium, le cas échéant avec co-utilisation d'eau.

(14) *AP. 2158064 (Du Pont) 1.7.1936.*

Anspruch:

A process for making polyamides which comprises reacting ingredients consisting substantially solely of amide-forming reactants one of which is selected from the class consisting of dicarboxylic acids and monomeric amide-forming derivatives of dibasic carboxylic acids, and the other of which is a diamine whose amino nitrogens each carries at least one hydrogen atom, at least one of said ingredients containing an atom of the oxygen family in the chain of atoms separating the reactive groups.

23 weitere Ansprüche.

(15) *AP. 2191556 (Du Pont) 16.8.1938.*

Anspruch:

A process for making polymers which comprises heating at amide-forming temperatures substantially equimolecular proportions of a diprimary diamine and a substance of a class consisting of dicarboxylic acids and amide-forming derivatives of dibasic carboxylic acids, at least one of the reactants containing a hetero-atom of the class consisting of oxygen and sulfur in the chain separating the amide-forming groups, and continuing said heating until a polymer is formed, which is capable of yielding fibers exhibiting by X-ray diffraction patterns orientation along the fiber axis.

12 weitere Ansprüche.

(16) *AP. 2176074 (Du Pont) 12.8.1936.*

Anspruch:

A polyamide consisting of the reaction product of substantially solely bifunctional polyamide-forming reactants at least one of which contains a lateral substituent in the chain of atoms separating the amide-forming groups, said amide-forming groups being attached to aliphatic carbon atoms, and said lateral substituent being one selected from the class consisting of ether and thioether groups.

4 weitere Ansprüche.

(17) *AP. 2130948 (Du Pont) 9.4.1937.*

Anspruch:

In the manufacture of polymeric materials the steps which comprise heating at polyamide-forming temperatures a diprimary diamine with approximately equimolecular proportions of a member of the group consisting of dicarboxylic acids in which each carboxyl group is attached to an aliphatic carbon atom, amideforming derivates of such dicarboxylic acids, and amide-forming derivatives of carbonic acid, and continuing such heating until a polymer is produced which is capable of yielding continuous filaments that can be tied into hard knots.

55 weitere Ansprüche.

(18) *AP. 2252555 (Du Pont) 4.4.1939.*

Anspruch:

An interpolymer obtained by polymerization of bifunctional reactants comprising at least one diamine having at least one hydrogen attached to each amino nitrogen atom, at least one polymerizable mono amino monocarboxylic acid, and at least one dibasic carboxylic acid.

10 weitere Ansprüche.

(26) FP. 875736 (DCF.) 3. 10. 1941.

Anspruch:

Procédé pour la préparation de couches en polyuréthanes, caractérisé par le fait que l'on gélatinise les polyuréthanes avec des alcools chlorés à temperature élevé mais inférieur au point de fusion des polyuréthanes, notamment à une température comprise entre 95 et 115°, en donnant ensuite à la solution ou à la pâte la forme d'une couche en la maintenant sensiblement dans le même intervalle de température.

(27) DRP. 742723 (IG.) 12. 12. 1940.

Anspruch:

Verfahren zur Verbesserung von Filmen, die aus in organischen Lösungsmitteln gelösten Polyurethanen hergestellt sind, dadurch gekennzeichnet, daß man die Filme einer Wärmebehandlung oberhalb ihres Erweichungspunktes aussetzt.

3. Umsetzung mit Formaldehyd, Vernetzungsmittel.

(19) AP. 2177637 (Du Pont) 14. 9. 1938.

Anspruch:

A process for improving the properties of articles formed from fiber-forming synthetic polyamides which comprises treating such articles with a compound of the class consisting of formaldehyde and formaldehyde-liberating substances.

8 weitere Ansprüche.

(20) FP. 905566 (J. H. Benecke, Vinnhorst b. Hannover) 29. 6. 1944.

Anspruch:

Un procédé de préparation de solutions de polyamide dans des alcools de faible poids moléculaire contenant éventuellement de l'eau, remarquable notamment par les caractéristiques suivantes considérées séparément ou en combinaisons:

a) On traite les polyamides avec une solution aqueuse de formaldéhyde ou avec la formaldéhyde en présence de vapeur d'eau, puis on la sépare de la solution, on élimine la formaldehyde, s'il y a lieu par lavage et on dissout dans l'alcool la polyamide gonflée éventuellement après séchage antérieur;

b) Le traitement de la polyamide par la formaldéhyde s'effectue à chaud;

c) Le traitement de la polyamide par la formaldéhyde se prolonge, tant qu'un échantillon du produit séparé de la formaldéhyde est encore soluble dans l'alcool.

1 weiterer Anspruch.

(21) DRP. 748840 (J. H. Benecke, Vinnhorst b. Hannover) 5. 12. 1940.

Anspruch:

Verfahren zur Herstellung von Lösungen von Superpolyamiden, dadurch gekennzeichnet, daß man als Lösungsmittel ein heißes, wäßriges Gemisch von einem niederen Alkohol und Formaldehyd verwendet, worauf die so erhaltenen Lösungen weiter bis zum Verdampfen des Alkohols und des überschüssigen Formaldehyds erhitzt werden können.

(22) AP. 2430860 (Du Pont) 7. 6. 1944.

Anspruch:

A process for chemically modifying a linear polyamide having an intrinsic viscosity of at least 0.4 and having recurring hydrogen-bearing amide groups as an integral part of the main polymer chain, and having an average number of carbon atoms of at least two, separating the amide groups, said process comprising reacting, in contact with a catalyst, said polyamide with at least 5% formaldehyde based on the weight of said polyamide, and with a substance of the class consisting of alcohols and mercaptans in which the thiol groups are attached to an aliphatic carbon atom, the molar ratio of said substance to formaldehyde being at least 1:1, and continuing the reaction until at least 10% of said hydrogen-bearing amide-groups have undergone reaction, said catalyst consisting of oxygen-containing acid having a ionization constant at least as great as 9.6×10^{-6} and an equivalent conductance, measured at 25° C in 0.01 N concentration, no greater than $370 \, \Omega^{-1}/cm^2$.

13 weitere Ansprüche.

(23) *A P. 2430908 (Du Pont) 18. 7. 1944.*

Anspruch:

A process for converting a linear polyamide of a high intrinsic viscosity to a corresponding N-alkoxymethyl polyamide without substantial degradation of the polyamide chain, said process comprising heating to reaction temperature in intimate contact with a buffered catalyst a liquid reaction mixture in which the reactants consist of formaldehyde, an aliphatic alcohol in which alcoholic hydroxyl is the sole reactive group, and a synthetic linear polyamide having an intrinsic viscosity of at least 0.4, having recurring hydrogen-bearing carbonamide groups as an integral part of the main polyamide chain, and having an average of at least 2 carbon atoms separating the carbonamide groups, said catalyst consisting of a buffered oxygen-containing acid which is contained in solution in said liquid reaction mixture and which is present therein at a p_H greater than 1.5 and less than 6.5, said oxygen-containing acid being present in said liquid reaction mixture in a concentration of from 0.1% to 2% said oxygen-containing acid having an ionization constant of at least 9.6×10^{-6} and an equivalent conductance no greater than $370 \, \Omega^{-1}/cm^2$ at 25° C and 0.01 N concentration, the buffering material contained in said buffered catalyst being chosen from the class consisting of tertiary amines and alkali salts of weak acids.

6 weitere Ansprüche.

(24) *A P. 2430950 (Du Pont) 11. 8. 1944.*

Anspruch:

A process which comprises the steps of forming a reaction mixture containing N-alkoxymethyl polyamide by reacting in the presence of a catalyst reactants consisting of a synthetic linear polyamide which has an intrinsic viscosity of at least 0.4, and which has hydrogen bearing intralinear carbonamide groups and in which the average number of carbon atoms separating the amide groups is at least two, an aliphatic alcohol in which the alcoholic hydroxyl is the sole reactive group, and formaldehyde which is the present in substantial excess of that required to form the N-alkoxymethyl polyamide obtained and which is present in an amount of at least 0.5 part per part of said polyamide, and then reacting the resulting reaction mixture with a formaldehyde-reactive resin-forming material selected from the group consisting of urea, thiourea, melamine, a phenol having at least three nuclear hydrogen atoms, casein, zein, soya-bean protein and a sulfonamide, said catalyst consisting of oxygen-containing acid catalyst having an ionization constant at least as great as 9.6×10^{-6} and an equivalent conductance measured at 25° C in an 0.01 N concentration, no greather than $270 \, \Omega^{-1}/cm^2$.

4 weitere Ansprüche.

(25) *A P. 2456271 (Du Pont) 6. 4. 1944.*

Anspruch:

A process which comprises reacting ingredients comprising an N-substituted polyamide and a substance containing a plurality of alcoholic hydroxyl groups by contacting said ingredients at a temperature of at least 20° C and below the temperature at which decomposition of said ingredients and reaction product takes place, said N-substituted polyamide and substance being present in the proportion of from 1 to 200 parts by weight of said N-substituted polyamide and from 200 to 1 parts by weight of said substance said N-substituted polyamide being the reaction product of a monohydric alcohol in which the alcoholic hydroxyl is the sole reactive group, formaldehyde and a catalyst consisting of oxygen-containing acid with a synthetic linear polycarbamide which has hydrogen-bearing amide groups as an integral part of the polymer chain the average number of carbons in the segments of the chain separating the amide groups being at least 2, and which has a molecular weight of at least 3000, and which consists of the reaction product of bifunctional polyamide-forming material containing complementary amide-forming groups in equimolecular proportions, said N-substituted polyamide containing the groups —C—N— wherein R is the radical of said alcohol, in amount

$$\underset{O}{\overset{\|}{C}}\underset{CH_2 \cdot OR}{\overset{|}{N}}$$

of at least 5% of the carbonamide groups present in N-substituted polyamide.

5 weitere Ansprüche.

(35) *AP. 2430953 (Du Pont) 20. 2. 1945.*

Anspruch:

A process for obtaining improved polyamide fibres, which comprises reacting at a temperature of from 40° C to 130° C a synthetic linear polyamide filament, which is essentially unoriented molecularly along the filament axis and in which the polyamide has hydrogen-bearing amide groups, with a solution having a p_H below 3 of formaldehyde and oxygen-containing acid catalyst in an alcohol stopping the reaction when from 12 to 20% of the total amide groups in the polyamide are converted into N-alkoxymethyl groups, cold drawing the filament thus treated to orient it, impregnating the oriented filament with an acid having an ionization constant greater than 1×10^{-6} and then insolubilizing the filament by baking it.

5 weitere Ansprüche.

(36) *FP. 879967 (Kalle & Co. AG., Wiesbaden-Biebrich) 25. 2. 1942.*

Anspruch:

Un procédé pour diminuer la solubilité de produits manufacturés en super-polyamides dans des solvants organiques et améliorer, le cas échéant, leur élasticité et leur souplesse, ce procédé consistant à traiter lesdits produits par de la form-aldéhyde, en présence d'acides, à un p_H inférieur à 3.

2 weitere Ansprüche.

(37) *DRP. 747435 (DAG.) 30. 9. 1941.*

Anspruch:

Verfahren zur Vergütung von Superpolyamiden durch Einwirkung von Form-aldehyd, dadurch gekennzeichnet, daß man den aus Superpolyamiden oder Super-polyamid-Weichmachergemischen ohne Lösungsmittel durch Kneten bei hohen Temperaturen erhaltenen, teigigen Massen, geringe Mengen Paraformaldehyd oder Formaldehyd abspaltende Substanzen beimischt.

(38) *DRP. 750427 (IG.) 15. 1. 1942.*

Anspruch:

Verfahren zur Erhöhung der Wasserbeständigkeit von Mischsuperpolyamiden aus Aminocarbonsäuren, Diaminen und Dicarbonsäuren oder amidbildenden Deri-vaten dieser Stoffe, dadurch gekennzeichnet, daß man die Mischsuperpolyamide in durch Einwirkung von Wärme erweichtem Zustand mit Isocyanaten behandelt.

4. Weichmachungsmittel.

(28) *AP. 2244183 (Du Pont) 26. 8. 1938.*

Anspruch:

A synthetic linear polyamide plasticized with a sulfonamide-formaldehyde reaction product, the said polyamide being the reaction product of a polymer-forming composition comprising reacting materials selected from the class con-sisting of (a) polymerizable monoaminomonocarboxylic acids, and (b) mixtures of diamine and dibasic carboxylic acid, the said polyamide having an intrinsic viscosity of at least 0.4.

(29) *AP. 2276437 (Du Pont) 28. 4. 1939.*

Anspruch:

A synthetic linear polyamide plasticized with an alkylaryl sulfonamide in which the alkyl group contains at least four carbon atoms, the said polyamide being the reaction product of a polymer-forming composition comprising reacting materials selected from the class consisting of (a) polymerizable monoaminomono-carboxylic acids and (b) mixtures of diamine and dibasic carboxylic acid, the said polyamide having an intrinsic viscosity of at least 0.4.

9 weitere Ansprüche.

(30) *AP. 2311587 (Du Pont) 27. 5. 1940.*

Anspruch:
A composition of matter comprising a synthetic linear polyamide of intrinsic viscosity at least 0.4, plasticized with hydro-abietyl alcohol, said polyamide being the reaction product of a polymer-forming composition which comprises reacting material selected from at least one of the groups consisting of (a) monoamino-monocarboxylic acids, and (b) mixtures of diamine with dibasic carboxylic acid.
2 weitere Ansprüche.

(31) *AP. 2374069 (Du Pont) 13. 3. 1941.*

Anspruch:
A process for preparing plasticized linear polyamides which comprises delivering to a mixing chamber a stream of molten polyamide having an intrinsic viscosity of at least 1.0 and a stream of plasticizing agent, rapidly forming a homogeneous mixture of the polyamide and plasticizing agent in said mixing chamber and continuously extruding, shaping, and cooling the resulting composition before the intrinsic viscosity of the polymer has been reduced below 0.95.
5 weitere Ansprüche.

(32) *AP. 2214402 (Du Pont) 25. 7. 1938.*

Anspruch:
A composition of matter comprising a synthetic linear polyamide and a phenol, the said polyamide being one which is capable of being drawn into fibers showing by X-ray examination orientation along the fiber axis.
12 weitere Ansprüche.

(33) *AP. 2214405 (Du Pont) 25. 7. 1938.*

Anspruch:
A plasticized synthetic linear polyamide containing as a plasticizing agent a monomeric amide which has a boiling point above 220° C, the said polyamide being one which is capable of being drawn into fibers showing by X-ray pattern orientation along the fiber axis.
10 weitere Ansprüche.

(34) *DRP. 721187 (IG.) 20. 9. 1940.*

Anspruch:
Klebstoffe aus Superpolyamiden, gekennzeichnet durch einen Zusatz von Monooxy- oder Dioxysulfobenziden.

5. Verträglichkeit mit anderen Produkten.

(39) *AP. 2289775 (Du Pont) 14. 7. 1940.*

Anspruch:
A composition of matter comprising an intimate mixture of a protein and a synthetic linear polyamide, in which the protein is present in amount from about 10% to 80% of said mixture, said mixture being that obtained by blending solutions of the polyamide and protein and then removing the solvent, said polyamide being the reaction product of a linear polymer-forming composition comprising reacting material selected from at least one of the groups consisting of (a) monoamino-monocarboxylic acids, and (b) a mixture of a diamine and a dibasic carboxylic acid.
12 weitere Ansprüche.

(17) *AP. 2130948 (Du Pont) 9. 4. 1937.*

Anspruch: Siehe unter 2.

(40) *AP. 2249686 (Du Pont) 29. 9. 1938.*

Anspruch:
A composition of matter comprising a synthetic linear polymeric amide and rubber in amount of from 1% to equal parts by weight of said polymeric amide.
3 weitere Ansprüche.

(41) *DRP. 744119 (IG.) 5. 9. 1939.*

Anspruch:
Plastische Massen aus Superpolyamiden, enthaltend ein kautschukartiges
Polymerisationsprodukt aus einem ungesättigten aliphatischen Kohlenwasserstoff
oder dessen Chlorderivat, besonders natürlichen oder synthetischen Kautschuk.

(42) *AP. 2378667 (Du Pont) 3. 4. 1944.*

Anspruch:
A composition of matter comprising a fiber-forming synthetic linear polyamide
and a compatible phenol-formaldehyde resin which does not become infusible
within a period of 1 to 3 hours at a temperature of 180° to 270° C, said phenol-
formaldehyde resin being present in an amount of from 12–30% by weight of
said polyamide and being derived from a monohydric phenol containing at least
one but not more than two substitutable positions ortho and para to phenolic
hydroxyl, the substituents on the remaining ortho and para positions being hydrocarbon radicals of at least 4 carbons attached to the phenol nucleins through a
carbon atom carrying not more than one hydrogen atome, and said polyamide
being the reaction product of a linear polymer-forming composition comprising
reacting materials selected from at least one of the groups consisting of (a) monoaminomonocarboxylic acid and (b) mixtures of diamines and dibasic carboxylic
acids, said phenolformaldehyde resin being the condensation product in the presence of an acid catalyst of formaldehyde and said phenol is a molar ratio of
formaldehyde to phenol less than 0.9:1.0.

7 weitere Ansprüche.

(43) *FP. 790521 (Du Pont) 9. 9. 1935.*

Anspruch:
Un procédé de fabrication de nouveaux composés chimiques, remarquable
notamment par les caractéristiques suivantes: Il consiste à faire réagir une ou
plusieurs diamines ayant au moins un atome d'hydrogène rattaché à chaque atome
d'azote et de préférence en proportions sensiblement équimoléculaires un ou plusieurs
acides dicarboxyliques et/ou un ou plusieurs dérivés d'acides carboxyliques di-
basiques sesceptibles de former des amides, par traitement à chaud et pendant
un temps suffisant pour donner des produits susceptibles d'être tirés en filaments
continus.

19 weitere Ansprüche.

(44) *FP. 982677 (General Electric, New York) 13. 6. 1951.*

Anspruch:
La présente invention a pour objet un nouveau vernis à base de superpolyamides pour l'emaillage, notamment-l'emaillage des fils électriques. Ce nouveau
vernis est essentiellement caractérisé en ce qu'il est constitué par un mélange de
superpolyamides avec une résine formée par la combinaison avec un aldéhyde (en
pratique le formol) d'un produit phénolique possédant dans sa molécule deux
noyaux benzéniques accolés, comme dans le naphtalène, soit en pratique les naphtols,
et plus particulièrement le bêtanaphtol.

(45) *FP. 868087 (Du Pont) 13. 12. 1940.*

Anspruch:
Des polyamides synthétiques linéaires modifiées par adjonction d'une résine
phénol-formol dérivée d'un phénol possédant au moins une et au plus deux positions
substituables en ortho ou para rapport au groupe hydroxyle.

1 weiterer Anspruch.

(46) *DP. 860712 (BASF) 1. 8. 1950.*

Anspruch:
Plastische Massen, z.B. zur Herstellung von Überzügen und Formkörpern aus
linearen Polyamiden oder Polyurethanen und Kondensationsprodukten aus Diurethanen und Formaldehyd.

(47) *DP. 865056 (BASF) 2. 12. 1943.*
Anspruch:
Verfahren zur Verbesserung von Polyamidmassen, insbesondere für Leder-
austauschzwecke, dadurch gekennzeichnet, daß man die Massen mit Polykondensationsprodukten kombiniert, die durch Einwirkung von Diisocyanaten oder wie
diese wirkenden Verbindungen auf harzartige Kondensationsprodukte aus zweiwertigen Alkoholen und zweibasischen Carbonsäuren erhalten sind und bei deren
Herstellung außerdem eine geringe Menge einer höher als bifunktionellen Verbindung mitverwendet ist.
2 weitere Ansprüche.

6. Aufschmelzen, Schmelzverarbeitung.

(48) *DRP. 748838 — 29. 6. 1941.*
Anspruch:
Vorrichtung zum ununterbrochenen Schmelzen von organischen, warmverform-
baren Kunststoffen, insbesondere künstlichen, linearen Polykondensaten, gekennzeichnet durch eine aus beheizten, in Zwischenräumen angeordneten Stäben gebildete umlaufende Rosttrommel, eine ins Innere der Trommel führende, stetig
arbeitende Beschickungsvorrichtung für das Schmelzgut und eine Ableitungsvor-
richtung für die Schmelze.

(49) *DRP. 738946 (DAG) 18. 2. 1941.*
Anspruch:
Verfahren zum Schmelzen von warm formbaren Kunststoffen mit schlechter
Wärmeleitfähigkeit und Überhitzungs- oder Sauerstoffempfindlichkeit, insbesondere
von Polyamiden oder Polyurethanen, dadurch gekennzeichnet, daß die Kunststoffe in zerkleinertem Zustand mit einer Heizflüssigkeit, deren Temperatur der
Schmelztemperatur des betreffenden Kunststoffes entspricht oder etwas darüber
liegt und deren Wichte von dem Kunststoff verschieden ist, in innige Berührung
gebracht werden.
3 weitere Ansprüche.

(50) *FP. 851437 (Du Pont) 10. 3. 1939.*
Anspruch:
Un procédé pour l'obtention de filaments, fils, crins, lames, films, rubans ou
autres objets par filature, à l'état fondu de produits organiques, caractérisé en ce
que le produit organique solide n'est soumis à la température élevée, et n'est
fondu qu'au fur et à mesure de son extrusion et que la quantité de matière qui
se trouve à l'état fondu est reduite au strict minimum, afin d'éviter les trans-
formations qui peuvent se produite dans cette matière et notamment la formation
de bulles gazeuses.
2 weitere Ansprüche.

(51) *FP. 880166 (IG.) 13. 1. 1941.*
Anspruch:
Un procédé de fusion de mattières à faible conductibilité calorifique caractérisé
en ce que l'on fait agir une surface de chauffe tournante sur le corps à foudre.
3 weitere Ansprüche.

(52) *FP. 878019 (IG.) 24. 12. 1941.*
Anspruch:
Procédé pour la fusion de corps artificiels et notamment de polymères élevés,
caractérisé par le fait que la matière, à faire foudre, fournie sous forme de bande
ou de fil, ou encore sous forme de morceaux découpés est plongée par une extrêmité
dans une masse en fusion de la même matière en étant débitée de manière continue.
2 weitere Ansprüche.

(53) *BP. 536379 (Du Pont) 10. 11. 1938.*
Anspruch:
Process for the extrusion of filaments from molten organic filament-forming
compositions characterised in that the molten composition is passed through a
bed of finely divided inert material.
8 weitere Ansprüche.

(54) *AP. 2212772 (Du Pont) 15. 2. 1937.*

Anspruch:
A fiber-forming synthetic linear polyamide in the form of sheet material having crystal aggregates whose average diameter is less than two microus.
19 weitere Ansprüche.

(55) *DRP. 743508 (IG.) 5. 7. 1940.*

Anspruch:
Verfahren zur Herstellung von festen, durchsichtigen, glatten Filmen gleichmäßiger Dicke nach dem Band- oder Trommelgießverfahren, dadurch gekennzeichnet, daß man geschmolzene, synthetische, lineare Polymeren, insbesondere ein Polyamid, durch eine Schlitzöffnung auf eine sich bewegende Unterlage auspreßt, die auf einer wesentlich, mindestens 60° unterhalb des Schmelzpunktes des Polymeren liegenden Temperatur gehalten wird, so daß eine möglichst rasche Abkühlung erfolgt.

(56) *Schweiz. P. 223823 (C. Freudenberg, Weinheim) 27. 11. 1941.*

Anspruch:
Verfahren zur Herstellung von Flächengebilden, insbesondere in Form endloser Bahnen oder Bänder, aus Superpolyamiden, dadurch gekennzeichnet, daß das Superpolyamid in geschmolzenem Zustand auf Walzen gebracht und durch Walzwirkung unmittelbar unter gleichzeitiger Orientierung in der Längs- und Querrichtung in Flächengebilde gewünschter Gestaltung übergeführt wird.
5 weitere Ansprüche.

(57) *FP. 865879 (Du Pont) 27. 5. 1940.*

Anspruch:
Un procédé de préparation de produits ou objets à structure cellulaire à base de superpolymères synthétiques linéaires, en particulière de superpolyamides, caractérisé par les points suivants, pris ensemble ou séparément:
a) On fond le superpolymère, préalablement amené dans un état de fine division, sous une pression de gaz inerte tel que le gaz carbonique ou l'azote, puis on extrude ce polymère à l'air libre de façon à permettre la détente des bulles de gaz retenues par le polymère.
b) On introduit un gaz ou une vapeur dans du polymère à l'état fondu ou amené à l'état de solution ou dispersion.
c) On introduit dans le polymère un produit susceptible d'être ensuite extrait au moyen d'un solvant.
d) On introduit dans le polymère un produit susceptible de provoquer la formation du gaz in situ, par exemple sous l'effet de la chaleur.
1 weiterer Anspruch.

(58) *DRP. 720731 (DAG.) 12. 8. 1939.*

Anspruch:
Verfahren zum Überziehen von Behältern oder Gegenständen aller Art aus den verschiedensten Materialien wie Metall, Beton, Mauerwerk, Bausteinen, den verschiedenen keramischen Stoffen, Gips, Holz, Leder, Papier, Pappe, Kunststoffen usw., dadurch gekennzeichnet, daß man Superpolyamide oder Superpolyurethane in der Art des Metallspritzverfahrens mit einer Spritzpistole in der Weise auf die zu überziehende Gleitfläche aufspritzt, daß eine Abkühlung der aus der Spritzdüse austretenden Superpolyamid- oder Superpolyurethanteilchen bis zum Auftreffen auf die zu überziehende Oberfläche verhindert wird.

(59) *BP. 535138 (Du Pont) 28. 9. 1939.*

Anspruch:
A process for coating surfaces, for example, of metal or ceramic-wear which comprises applying to the surface to be coated a deposit of a frit comprising finely divided crystalline synthetic linear polyamide having a melting point above 200° C and an intrinsic viscosity of at least 0·4 and fusing said coating, the fused coating being quenched if desired.
4 weitere Ansprüche.

(60) *FP. 867508 (Du Pont) 18. 10. 1940.*

Anspruch:
Un procédé de préparation de compositions d'imprégnation ou d'enduisage à base de polyamide, consistant à mélanger une solution de polyamide avec un non-solvant, de façon à provoquer la précipitation de la polyamide en fines particules, la polyamide précipitée étant alors isolée d'une façon quelconque, puis dispersée à nouveau dans un non-solvant.
2 weitere Ansprüche.

7. Andere Verarbeitungsverfahren.

(47a) *FP. 887349 (IG.) 30. 10. 1941.*

Anspruch:
Procédé pour produire de larges boyaux en dilatant par insufflation d'un gaz un boyau ou tube étroit de la matière à l'état ramolli par la chaleur, ou pour produire des feuilles en ouvrant le boyau large par une fente longitudinale, consistant à employer à cet effet de superpolyamides resultant de la condensation de mélanges d'acides amino-carboxyliques ou de leurs dérivés, de diamines renfermant plus de 5 atomes de carbone et d'acides céto-dicarboxyliques contenant plus de 5 atomes de carbone ou de leurs sels, et qui possèdent un degré de condensation assez élevé pour qu'elles ne puissent plus former une solution liquide dans l'acide sulfurique concentré.

(61) *BP. 542034 (British Celanese Ltd.) 21. 4. 1941.*

Anspruch:
Process for the production of artificial filaments, fibres, threads, yarns, films, foils and like shaped articles which comprises shaping a solution of a synthetic fibre- or film-forming polyamide and setting it in a neutral or acid liquid medium which is a non-solvent for the polymer and consists of or contains an aliphatic alcohol or aliphatic acid.
12 weitere Ansprüche.

(46) *DP. 860712 (BASF.) 1. 8. 1950.*

Anspruch: Siehe unter **5.**

(62) *FP. 869242 (IG.) 15. 1. 1941.*

Anspruch:
Un procédé pour la fabrication de produits plats, tubes, barres et articles d'autres formes désirées quelconques en polyamides caractérisé en ce que les polyamides sont gonflées avec les liquides organiques contenant le groupe hydroxyde, et convenablement étendues d'eau à des températures jusqu'à 30° C, débarrasées de l'excès de liquide gonflant, fondues complètement à une température surélevée, mais sensiblement au-dessous de l'intervalle de fusion de la polyamide non-gonflée, et moulées sous forme de cette masse fondue.
2 weitere Ansprüche.

(63) *DRP. 740348 (IG.) 26. 8. 1937.*

Anspruch:
Verfahren zur Herstellung geformter Gebilde, insbesondere Fäden, Fasern und Filme, durch Auspressen von geschmolzenen Superpolyamiden aus geeigneten Düsen, dadurch gekennzeichnet, daß den Superpolyamiden ein über 225°, zweckmäßig über 275° siedendes Schmelzpunkterniedrigungsmittel z.B. Phenol, Keton, Äther oder Amid, insbesondere ein mehrkerniges Phenol, wie Orthooxydiphenyl, α- oder β-Naphthol oder ein bis-(Oxyphenyl)-dimethylmethan, zweckmäßig in Mengen von 5—30 Gew.-%, berechnet auf das Superpolyamid, einverleibt wird.
1 weiterer Anspruch.

(64) *FP. 884075 (IG.) 11. 2. 1942.*

Anspruch:
Procédé pour la préparation de produits moulés, notamment de fils artificiels et de feuilles de haute résistance à partir de polyamides linéaires fortement poly-

mérisées; contenant, comme composants, des acides amino formant des lactames ou obtenues par polymérisation à partir de lactames, caractérisé par le fait que la masse à mouler contient encore de lactames monomères en quantité supérieure à 2%.

1 weiterer Anspruch.

(65) *Schweiz. P. 227797 (C. Freudenberg, Weinheim) 6. 6. 1941.*

Anspruch:

Verfahren zur Herstellung von Formgebilden aus Superpolyamiden, dadurch gekennzeichnet, daß Superpolyamide mit normalen Wassergehalten durch Erhitzen in Gegenwart von Wasser in mit Wasser angereicherte Zwischenprodukte übergeführt und diese auf Formkörper weiterverarbeitet werden.

7 weitere Ansprüche.

(66) *DRP. 740066 (DCF.) 24. 11. 1939.*

Anspruch:

Verfahren zur Herstellung von Polyamidplatten von mehr als 0,5 mm Stärke durch Vereinigen von Polyamidfolien in beliebigen Winkeln ihrer gegebenenfalls gerichteten Moleküle unter Druck und Hitze, dadurch gekennzeichnet, daß man die Folien mit bei gewöhnlicher Temperatur nur schwach lösenden Lösungsmitteln bestreicht und sodann unter Anwendung von Druck bei erhöhter, aber unterhalb des Schmelzintervalles des Polyamids liegender Temperatur miteinander vereinigt.

(60) *FP. 867508 (Du Pont) 18. 10. 1940.*

Anspruch: Siehe unter **6.**

(67) *DRP. 743825 (DCF.) 3. 1. 1940.*

Anspruch:

Verfahren zur Herstellung von Lederaustauschstoffen, Kunstleder, Ledertuchen, Verdeckstoffen, Ballonstoffen oder Bodenbelagstoffen aus Polyamiden, dadurch gekennzeichnet, daß man feinpulverförmige Gemische aus Polyamiden und tertiärem Trichlorisobutylalkohol, gegebenenfalls in Form von wäßrigen Pasten, auf beliebige Unterlagen bei Temperaturen oberhalb des Schmelzpunktes des tertiären Trichlorisobutylalkohols, mit oder ohne Druckanwendung gelatiniert.

(68) *FP. 951372 (Rhod.) 6. 8. 1947.*

Anspruch:

Un procédé pour l'obtention sur un support de revêtements à base de superpolymères linéaires synthétiques, caractérisé en ce que l'on applique sur le support, une dispersion de particules à base de superpolyamides linéaires synthétiques aptes à former des fibres dans un milieu liquide qui n'est pas un solvant du superpolymère à température ambiante, ou par exemple à 50° C, mais qui devient solvant à une température plus élevée qui rest néanmoins inférieure au point d'ébullition du milieu et inférieure au point de fusion de la superpolyamide, puis en ce que l'on chauffe le revêtement de telle façon que ladite superpolyamide se dissolve dans ledit milieu, avec évaporation simultanée de ce dernier, et par conséquent, dépôt d'un film continu du superpolymère linéaire synthétique sur le support.

1 weiterer Anspruch.

(69) *DP. 862502 (BASF.) 11. 3. 1942.*

Anspruch:

Verfahren zum Plastifizieren von Superpolyamiden mittels Weichmacher, dadurch gekennzeichnet, daß man die Superpolyamide in zerkleinerter Form mit dem Weichmacher unter Zusatz von Wasser vermischt, die Masse längere Zeit, z.B. 24. Std bei gewöhnlicher oder kürzere Zeit bei erhöhter Temperatur in knetend wirkenden Vorrichtungen homogenisiert.

1 weiterer Anspruch.

8. Anwendung.

(75) *AP. 2246086 (Du Pont) 8. 1. 1940.*

Anspruch:

A machine bearing provided with a bearing surface which comprises a high molecular weight polyamide, and which is capable of operation with and without a lubricant, and which is characterized by low abrasive action against moving parts, said polyamide being derived from polyamide-forming material of the class consisting of amino carboxylic acids and mixtures of polyamines with polycarboxylic acids.

3 weitere Ansprüche.

(76) *FP. 898904 (DAG.) 17. 7. 1944.*

Anspruch:

La présente invention a pour objet le produit industriel nouveau que constitue un taquet (chasse-navette) en produits synthétiques, ce taquet présentant les caractéristiques suivantes, prises isolément ou en combinaison.

1. Le taquet est formé de corps mous ou rendus mous, de poids moléculaire élevé et renfermant, dans la chaîne moléculaire des groupes —CONH répétés périodiquement, par exemple des polyamides ou des polyuréthanes.

1 weiterer Anspruch.

(77) *FP. 920384 (Rhod.) 26. 9. 1945.*

Anspruch:

L'invention concerne de nouvelles navettes de tissage caractérisées par le fait qu'elles sont essentiellement constituées par des superpolyamides.

(78) *DRP. 734408 (IG.) 4. 7. 1938.*

Anspruch:

Verwendung von synthetischen Linearkondensationspolyamiden in ausgerichteter oder unausgerichteter Form, insbesondere solchen mit einer Eigenviscosität von mindestens 0,4 als elektrische Isolierstoffe.

(79) *FP. 851123 (IG.) 3. 3. 1939.*

Anspruch:

Procédé pour isoler ou pour enrober des conducteurs ou des câbles, ou servant à ces deux fins à la fois, suivant lequel on applique sur ces articles des superpolyamides.

1 weiterer Anspruch.

(80) *FP. 853232 (IG.) 19. 4. 1939.*

Anspruch:

Procédé pour assurer l'isolement stable à la chaleur des pièces sous tension appareils et machines électriques, consistant à employer comme matière isolante des superpolyamides, avantageusement sous forme de rubans ou de fils.

1 weiterer Anspruch.

(81) *FP. 875401 (Thomson-Houston) 22. 6. 1942.*

Anspruch:

Nouveaux émaux pour l'isolement de fils métalliques, refermant comme constituants essentiels des solutions de superpolyamides, éventuellement modifiés.

6 weitere Ansprüche.

(82) *FP. 859837 (Thomson-Housten) 1. 9. 1939.*

Anspruch:

Nouveaux produits isolants et leurs procédés de fabrication et d'application; plus particulièrement, les substances du genre des superpolyamides synthétiques, utilisées seules ou en combinaison avec des résines synthétiques et avec des matières fibreuses inorganiques. Moyen relatifs à l'application et au traitement thermique desdites substances; procédés de fabrication de telles substances modifiées par l'introduction de résines appropriées; procédés de dépôt et de traitement des substances primitives ou modifiées, en association avec des substances fibreuses inorganiques appropriées ou avec d'autres isolants; exemples d'application des nouveaux isolants.

A titre de produits industriels nouveaux les substances telles que les nouveaux isolants, obtenus par l'application des moyens et procédés de la présente invention.

(83) *AP. 2333922 (Du Pont) 14. 7. 1941.*

Anspruch:
An insulated electrical conductor in which the insulation comprises a high molecular weight polymer which comprises the reaction product of an organic polyisocyanate with a wax-like low moleculare weight linear polyester-amide in which the ratio of the ester groups to the amide groups is from 50%—95%.

7 weitere Ansprüche.

(84) *FP. 967451 (Bata) 8. 6. 1948.*

Anspruch:
Un procédé de fabrication du cuir artificiel utilisant de polyamides, caractérisé en ce que des masses fibreuses de fibres de polyamides, seules ou mélangées avec d'autres fibres, sousforme d'une nappe, de feutre ou d'un tissu, le cas échéant sous forme de nappe ou de feutre combinés avec un tissu, sont imprégnées de solutions de polyamides, modifiées par la formaldéhyde et le méthanol, ou de solutions d'autres polyamides solubles, après quoi, immédiatement ou après un séchage partiel ou complet, elles sont pressées ou calandrées, et, le cas échéant, munies, d'une manière connue d'une fleur de cuir artificielle ou apprêtées d'une autre façon.

4 weitere Ansprüche.

(85) *DRP. 739713 (E. Siegling, Hannover) 13. 10. 1942.*

Anspruch:
Treibriemen, insbesondere Flachriemen aus Polyamid und dergleichen Kunststoffen mit orientierter Faser, dadurch gekennzeichnet, daß eine Reibschicht aus dünnem, wenig zugfestem Leder, Kork o. dgl. verwendet ist und daß diese Reibschicht über ihre ganze Ausdehnung mit dem Kunststoff des eigentlichen Zugbandes durch aufgelöste oder geschmolzene Kunststoffmasse fest verbunden ist oder an diese durch bekannte Verbindungsmittel (Niete, Verschnürungen, Vernähungen u. dgl.) angeschlossen ist, deren Durchschnittslöcher in der Kunststoffschicht selbst bzw. Reibschicht mittels Kunststoffmasse verstärkt sind.

6 weitere Ansprüche.

(86) *DP. 858158 (BASF.) 17. 5. 1944.*

Anspruch:
Antriebsriemen und Förderbänder aus gereckten Polyamiden oder Polyurethanen, die geringe Mengen einer aromatischen oder hydroaromatischen Oxyverbindung enthalten.

(87) *DRP. 732073 (Dr. Friedrich Büscher, Berlin) 27. 4. 1941.*

Anspruch:
Keilriemen aus homogenem Stoff, dadurch gekennzeichnet, daß zur Vermeidung von Zugeinlagen ein spritz- oder schleudergußfähiger, in einer Richtung faseriger und besonders zugfester Kunststoff wie Polyamidkondensat verwendet ist, dessen stoffliche Eigenschaften es ermöglichen, weitgehendst Aussparungen im Sinne einer günstigen Spannungsaufnahme in Riemenkörpern sowohl in der Längs- wie in der Querrichtung vorzusehen, zum Zweck, Stoff und Arbeitsgewichtersparnis, Herabminderung der Walkarbeit und eine gute Luftdurchkühlung des Riemenkörpers zu erzielen.

4 weitere Ansprüche.

(88) *DRP. 749221 (DCF.) 18. 5. 1940.*

Anspruch:
Die Verwendung von synthetischen linearen Polyamiden und Mischpolyamiden, Polyurethanen oder Polyharnstoffen zur Herstellung von Dauerwäsche, insbesondere abwaschbarer Kragen.

(89) *DRP. 744850 (IG.) 22. 2. 1941.*

Anspruch:
Verfahren zur Herstellung von Mehrschichtenmaterial, dadurch gekennzeichnet, daß man die Schichten mit Polyamid, dem mäßige Mengen, vorteilhaft etwa 4—15%, Wasser einverleibt sind, in der Wärme unter Druck verklebt.

(90) *DRP. 741679 (IG.) 5. 7. 1939.*

Anspruch:
Reißverschluß, dessen einzelne Glieder aus hochpolymeren Stoffen unmittelbar auf dem Tragband durch Spritzguß erzeugt sind, dadurch gekennzeichnet, daß als Werkstoff sowohl für die Glieder als auch für die Fäden des Bandes Superpolyamide bzw. Superpolyurethane verwendet sind.

(91) *AP. 2154436 (Du Pont) 13. 4. 1937.*

Anspruch:
An abrasive composition comprising finely divided abrasive material intimately mixed and bonded with synthetic linear condensation polyamide.

4 weitere Ansprüche.

9. Verschiedenes.

(1) *DRP. 728981 (IG.) 13. 11. 1937.*

Anspruch:
Verfahren zur Herstellung von Polyurethanen, bzw. Polyharnstoffen, dadurch gekennzeichnet, daß man organische Diisocyanate mit solchen organischen Verbindungen zur Reaktion bringt, die mindestens eine Hydroxylgruppe und mindestens eine Aminogruppe der genannten Art enthalten.

(9) *AP. 2163636 (Du Pont) 20. 8. 1937.*

Anspruch:
A process for making polyamides which comprises heating polyamide-forming reactants at polymerizing temperatures and under super-atmospheric pressure in the presence of added water in amount sufficient to render the reaction mass fluid during the polymerization reaction.

19 weitere Ansprüche.

(70) *FP. 933838 (Rhod.) 24. 9. 1946.*

Anspruch:
Un procédé pour l'obtention d'objets en superpolyamides colorés dans la masse avec des colorants organiques qui, normalement, ne sont pas stables aux températures de conformation, consistant à utiliser, pour leur conformation, des superpolyamides préalablement imprégnées avec ces colorants tels qu'au cours de la conformation finale, ils diffusent sans altération dans la superpolyamide.

2 weitere Ansprüche.

(71) *AP. 2343174 (Du Pont) 2. 8. 1940.*

Anspruch:
The process which comprises heating a solid synthetic linear polyamide in a confined space, heating water in a second confined space to form steam having a sufficiently elevated temperature to depolymerize said polyamide, passing said steam from said second confined space to said first confined space to depolymerize said polyamide to a fluid mass, passing said fluid mass to said second confined space, and subjecting said mass in said second confined space to polymerizing conditions.

6 weitere Ansprüche.

(72) *DRP. 738779 (IG.) 30. 5. 1941.*

Anspruch:
Verfahren zum Aufarbeiten von sperrigem Abfall aus künstlichen, linearen Polyamiden, dadurch gekennzeichnet, daß der Abfall mit Wasser befeuchtet,

kurz zwischen auf mindestens 100° erhitzten, festen Oberflächen verdichtet und
dann in Stücke getrocknet oder geschnitten wird.

(73) *A P. 2407896 (Du Pont) 29. 6. 1943.*

Anspruch:

A process of recovering adipic acid and hexamethylene diamine suitable for
rense from polymeric hexamethylene adipamide waste, which comprises repeatedly
hydrolyzing a mass containing the said adipamide with a mineral acid, and
removing the adipic acid from the hydrolyzed mixture of each hydrolyzing step.

6 weitere Ansprüche.

(74) *A P. 2550650 (Orian M. Arnold, Grosse Pointe Park, Mich.) 19. 9. 1945.*

Anspruch:

A process of producing polyamide plastics which comprises applying to the
exterior surfaces of waste nylon fibres composed essentially of polyhexamethylene
adipamide a solvent solution of polystyrene, evaporating said solvent to deposit
a coating of polystyrene on said fibers, and heating and pressing said fibers
together to form them into a molten mass capable of being extruded to form new
fibers.

Dritter Teil.

Polyamide als textile Rohstoffe.

A. Einleitung.

Rohstoff-Fragen auf dem Textilsektor.

Die sich ständig vermehrende Bevölkerung der Erde (zur Zeit etwa
2,4 Milliarden Bewohner mit einer jährlichen durchschnittlichen Zunahme
von etwa 20 Millionen) rückt neben den wichtigsten Problemen — denen
der Ernährung und der Wohnung — die Frage einer ausreichenden
Versorgung mit den notwendigen Textilien in den Vordergrund. Es
steht außerhalb jeglicher Diskussion, daß Textilrohstoffe wie Wolle,
Leinen und andere nicht in der Lage sind, den Bedarf allein zu decken,
da einmal — wie eingangs erwähnt — durch die laufende Bevölkerungs-
zunahme ein jährlicher Mehrverbrauch bedingt ist, andererseits aber
auch der Bedarf je Kopf der Bevölkerung zusehends im Steigen begriffen ist.

Ein fühlbarer Erfolg des schon zu Beginn der geschichtlichen Neuzeit
einsetzenden Bestrebens, größere Mengen und billigere Textilien auf den
Markt zu bringen, wurde bekanntlich schlagartig erzielt, als es in den
beiden letzten Jahrzehnten des 18. Jahrhunderts in England gelang,
die maschinelle Verarbeitung der Baumwolle auf den dort erfundenen
Spinnmaschinen durchzuführen, deren Garnproduktion in dem darauf-
folgenden Jahrhundert mit großer Wahrscheinlichkeit höher war als
die in Jahrtausenden vorher auf manuelle Weise erzeugten Baumwoll-
textilien. Die sich anschließende Ausweitung der gesamten Baumwoll-
industrie — ebenso diejenige der Wollverarbeitung — ist zu bekannt,
als daß sie noch hervorgehoben werden müßte. Die vorhandene Auf-
nahmefähigkeit des Marktes, nicht zuletzt verursacht durch das An-
wachsen der Käuferschichten, begünstigte die Entwicklung in Richtung
einer vermehrten Herstellung und Verarbeitung der textilen Erzeugnisse
aus natürlichen Fasern. Die folgende Tabelle 1 kann nur einen ange-
näherten Überblick auf die Verhältnisse seit Anfang dieses Jahrhunderts
geben; die Zahlen wurden von dem „International Wool Secretariate"
und von „Textile Or'ganon" zur Verfügung gestellt, wofür beiden
Quellen an dieser Stelle gedankt sei.

Im Vergleich zu den Zahlen der obigen Zusammenstellung liegen die
Produktionszahlen für synthetische Fasern, welche der Tabelle 2 von
G. Loasby[1] entnommen sind, in einer wesentlich niedrigeren Größen-
ordnung.

---

[1] Loasby, G.: J. Textile Inst. **42**, P 425 (1951); siehe unter anderem Kunstseide u. Zellwolle **28**, 11, 448 (1950).

  Polyamide als textile Rohstoffe.

Tabelle 1. *Weltproduktion von vier Textilfasern*[1].

Jahr	Reyon endlos	Reyon Stapelfaser	Baumwolle	Wolle	Naturseide	Gesamt	Rohwolle lt. Angabe des Internationalen Woll-Sekretariats	Reyon	Baumwolle	Wolle	Naturseide
	Millionen englische Pfund							Prozentuale Aufteilung			
1890	—	—	5975	1600	26	7601		—	79	21	—
1900	2	—	6975	1610	38	8625		—	81	19	—
1905	11	—	8050	1600	42	9703		—	83	17	—
1910	18	—	9500	1770	51	11339	3063	—	84	16	—
1911	19	—	11000	1750	54	12823	3063	—	86	14	—
1912	20	—	10450	1780	59	12309	3063	—	85	14	—
1913	25	—	10950	1730	60	12765	3063	—	86	14	—
1914	20	—	11975	1720	49	13764		—	87	13	—
1915	19	—	9000	1700	52	10771		—	84	16	—
1916	23	—	9075	1630	60	10788		—	84	15	1
1917	24	—	8825	1670	59	10578		—	83	16	1
1918	26	—	8950	1680	55	10711		—	83	16	1
1919	28	—	9600	1740	60	11428	2857	—	84	15	1
1920	33	—	9850	1780	46	11709	2857	—	84	15	1
1921	48	—	7250	1830	65	9193	2857	—	79	20	1
1922	74	—	8825	1820	70	10789	2857	1	81	17	1
1923	102	—	9125	1800	88	11115	2857	1	82	16	1
1924	139	—	11500	1920	97	13656	3382	1	84	14	1
1925	185	—	12800	2010	104	15099	3382	1	85	13	1
1926	212	—	13400	2140	111	15863	3382	1	85	13	1
1927	295	—	11200	2170	118	13783	3382	2	81	16	1
1928	361	—	12400	2250	129	15140	3382	2	82	15	1
1929	434	7	12600	2250	135	15426	3788	3	82	14	1
1930	451	6	12100	2210	130	14897	3788	3	81	15	1
1931	500	8	12700	2230	126	15564	3788	3	82	14	1
1932	517	17	11200	2200	116	14050	3788	4	80	15	1
1933	666	28	12500	2170	122	15486	3788	4	81	14	1
1934	771	52	11000	2120	125	14068	3773	6	78	15	1
1935	935	139	12600	2160	121	15955	3773	6	79	14	1
1936	1021	300	14700	2230	119	18370	3773	7	80	12	1
1937	1197	626	17600	2280	120	21823	3773	8	81	10	1
1938	998	930	13200	2350	109	17587	3773	11	75	13	1
1939	1149	1091	13060	2460	135	17895	4070	12	73	14	1
1940	1181	1282	13730	2500	130	18823	4208	13	73	13	1
1941	1251	1535	12245	2540	107	17678	4241	16	69	14	1
1942	1197	1452	12230	2490	80	17449	4118	15	70	14	1
1943	1152	1392	11720	2480	50	16794	4085	15	70	15	—
1944	1035	1053	11295	2360	30	15773	3879	13	72	15	—
1945	902	504	9505	2280	24	13215	3722	11	72	17	—
1946	1112	579	9630	2290	32	13643	3738	12	71	17	—
1947	1308	670	11105	2230	35	15348	3720	13	72	15	—
1948	1551	904	13050	2260	42	17807	3790	14	73	13	—
1949	1637	1063	14325	2320	43	19388	3832	14	74	12	—
1950	1929	1565	12290	2400	43	18227	3945	19	68	13	—
1951	2123	1906	15800	2420	41	22293		18	71	11	—
1952	1835	1750	15810	2500	51	21946		16,5	72	11,5	—

The Rohwolle column values are grouped as Fünfjahresdurchschnitt (five-year averages): 1910–1913 = 3063, 1919–1923 = 2857, 1924–1928 = 3382, 1929–1933 = 3788, 1934–1938 = 3773.

[1] Die Mengenangaben für die natürlichen Fasern beziehen sich auf das Saisonjahr, für Reyon bzw. Zellwolle (Stapelfaser) auf das Kalenderjahr und sind als angenäherte Zahlen anzusehen; bei der prozentualen Aufteilung wurden abgerundete Werte eingesetzt.

Tabelle 2. *Mengenangaben (in Tonnen umgerechnet).*

Land	Produktionsjahr												
	1940	1941	1942	1943	1944	1945	1946	1947	1948	1949	1950	1951	1952
USA. . . .	1814	6622	9707	15241	19504	20593	21954	24494	30844	44905	54431	63503	
Deutschland	181	499	590	726	1043		18	91	227	318	2722	5443	
Frankreich .							181	318	454	544	907	2268	3266
Italien . . .				45	59	36	45	136	181	272	726	1542	
Gr.-Brit. . .			227	454	454	454	454	454	680	2268	4536	6804	13608
Canada . .							726	998	1315	1588	2268	3175	
Holland . .													2994
Schweiz . .													2041
	1995	7121	10524	16466	21060	21083	23378	26491	33701	49895	65590	82735	

Diese Zahlen werden sich im Laufe der nächsten Jahre ganz beträchtlich erhöhen, da sich eine größere Zahl von zusätzlichen Produktionsanlagen im Bau oder in der Planung befinden.

Der Rahmen dieses Buchabteiles würde erheblich überschritten, wenn auf die durch die Erfindung der fabrikatorischen Herstellung von Reyon und Stapelfasern auf Basis regenerierter Cellulose bzw. Celluloseverbindungen geschaffenen Verhältnisse eingegangen würde. Doch dürfte heute schon feststehen, daß auch diese additiven Textilrohstoffe — auf längere Sicht gesehen — nicht in der Lage sind, die Versorgung der Erdbevölkerung mit ausreichender Bekleidung sicherzustellen. Denn letztlich nehmen alle bisherigen Textilrohstoffe ihren Ursprung aus dem Boden, der mehr und mehr benötigt werden wird, um die Ernährung der steigenden Bevölkerungszahl zu gewährleisten. Derjenige Teil der nutzbaren Bodenfläche, der zur Erzeugung von Nahrungsmitteln unbedingt erforderlich ist, kann nicht zum Anbau von beispielsweise Baumwolle oder mehr oder minder schnellwüchsigen Cellulosebildnern benutzt werden. Wenn sich nicht völlig überraschende, nach dem derzeitigen Stand der Erkenntnisse noch nicht vorauszusehende Momente ergeben, dürfte es kaum zweifelhaft sein, welchen Weg die Verhältnisse uns in vielleicht nicht allzuferner Zeit vorschreiben werden.

Von diesem dominierenden Gesichtspunkt aus betrachtet, stellt die Auffindung neuer, bodenunabhängiger Verfahren zur Herstellung von Textilrohstoffen einen nicht unwesentlichen Faktor dar. Volks- und völkerwirtschaftlich gesehen, reduzieren derartige Herstellungsmöglichkeiten die Sorge um die Ernährung zukünftiger Generationen. Wenn es zusätzlich gelingt, diesen neuen Fasern Eigenschaften zu verleihen, welche eine wünschenswerte Ergänzung derjenigen der natürlichen oder fabrikatorisch erzeugten Fasern besitzen, ergibt sich ein weiteres Moment, das von gewisser Bedeutung nicht nur in textil-technologischer Hinsicht sein kann.

Ein derartiger Textilrohstoff liegt unter anderem in den Fasern auf der Grundlage der Polyamide vor, deren hervorstechendste Eigenschaft auf ihrer von zur Zeit keinem anderen Textilmaterial erreichten Scheuer- und Abriebfestigkeit beruht, die eine beachtliche Erhöhung der Lebensdauer von textilen Erzeugnissen zur Folge hat.

Es könnte nun befürchtet werden, daß sich neue synthetische Textilrohstoffe mit solchen ausgeprägten Eigenschaften, wie sie die Polyamide besitzen, in Form einer Dauerschädigung auf die kommerziellen Belange der natürlichen Fasern bzw. den daraus hergestellten Erzeugnissen auswirken. Eine temporäre Berechtigung kann diesen Überlegungen nicht abgesprochen werden, doch wird dabei meist übersehen, daß die augenblicklichen Umweltverhältnisse nicht als normal anzusprechen sind. Bei einer Normalisierung der wirtschaftlichen Weltsituation ist mit einem nicht unbeträchtlichen Mehrverbrauch an Textilien zu rechnen, besonders dann, wenn die wirtschaftlich noch nicht hochentwickelten Gebiete an dem allgemeinen Aufschwung teilnehmen werden. In dem Augenblick, in welchem es gelingt, den Lebensstandard des Großteils der jetzigen Erdbevölkerung auch nur um einige wenige Stufen zu erhöhen, wird der Textilverbrauch je Kopf derart ansteigen, daß die heutigen Herstellungskapazitäten nicht mehr ausreichen werden. Effektiv liegen die Verhältnisse — vom bekleidungsmäßigen Standpunkt aus betrachtet — doch so, daß eben dieser größere Teil der Erdbevölkerung sich im Zustand einer nicht ausreichenden Versorgung befindet. Diese beachtliche Disproportion ergibt sich recht deutlich aus der Auswertung verschiedener Statistiken, aus denen sich für das Jahr 1950 je Kopf der Erdbevölkerung eine Gesamtproduktion von etwa 3,48 kg an Textilfasern errechnet. Dagegen belief sich der Verbrauch im gleichen Jahr in den USA. auf 18,16 kg je Kopf (Zivilverbrauch), der sich in 11,91 kg Baumwolle, 1,99 kg Schafwolle und 4,26 kg auf chemischem Wege hergestellte Textilrohstoffe unterteilt. Mit Ausnahme eines bestimmten Anteiles der Schafwolle wurden die anderen textilen Rohstoffe in den USA. fast völlig selbst erzeugt.

Wenngleich nicht anzunehmen ist, daß der sehr hohe Textilrohstoff-Verbrauch je Kopf der USA.-Bevölkerung in absehbarer Zeit als allgemeingültige Norm zu betrachten bzw. zu erreichen ist, so dürfte die Vermutung durchaus keine Utopie darstellen, daß in späteren Jahren die synthetischen Fasern als äußerst willkommene Textilrohstoffe angesehen werden, um auf Grund ihrer speziellen Eigenschaften zu helfen, den Gesamt-Textilbedarf als solchen decken zu können.

Wenn man zudem in Betracht zieht, daß die heutige Erzeugung an synthetischen Fasern nur einige Prozente derjenigen der natürlichen und der regenerierten Cellulosefasern bzw. deren Derivate beträgt, so dürfte wenig Grund vorhanden sein, von einem schädigenden Einbruch dieser neuen Fasern in das Gebiet der klassischen Textilrohstoffe zu sprechen. Und besonders dann nicht, wenn sich die Textilindustrie auf die durch die neue Entwicklung geschaffene unabänderliche Situation durch entsprechende Maßnahmen rechtzeitig umstellt[1].

An der Tatsache, daß die Polyamidfasern sich durch ihre außergewöhnlich gute Scheuerfestigkeit auszeichnen, kann man nicht vorübergehen; weil „Das Bessere der Feind des Guten ist", muß man versuchen, das Beste aus diesen nun einmal gegebenen Verhältnissen herauszuholen. Mit der Anführung dieses Sprichwortes soll keineswegs zum Ausdruck gebracht werden, daß die Polyamidfasern generell besser

---

[1] LAKE, G. K.: Text. Res. J. **22**, 138—143. — RAY, L. G.: Ibid. **22**, 144—151.

seien als andere; die Bemerkung bezieht sich lediglich auf die Scheuerfestigkeit und einige andere Daten, die in Spezialgebieten besonders zum Tragen kommen. Es muß daran festgehalten werden, daß es bis heute *effektiv keine Universalfaser gibt und vermutlich auch nie geben wird,* welche summarisch alle guten Eigenschaften der einzelnen natürlichen und auf chemischem Wege hergestellten Faserarten in sich vereinigt und die weniger wünschenswerten eliminiert. Diese Feststellung trifft nicht nur auf Polyamidfasern zu, sondern auf alle bisher erzeugten synthetischen Fasern.

Der heutige Stand der Entwicklung deutet darauf hin, daß diese synthetischen Fasern zukünftig zum großen Teil in Form der Beimischung zu den bisher verarbeiteten Fasern verwendet werden. Es kann sogar sein, daß die dem Verwendungszweck richtig angepaßte Beimischung zu dieser oder jener Art von klassischen Fasern in der Lage ist, deren Anwendungsmöglichkeiten in manchen textilen Gebieten zu erweitern, und auf diese Weise zu einer Erhöhung der Nachfrage beiträgt. Für Wolle dürfte diese Vermutung mit großer Wahrscheinlichkeit zutreffen, zumal deren Erzeugung unter Berücksichtigung anderer Faktoren kaum in nennenswerter Weise gesteigert werden kann. (Welt-Schafbestand in der Wollsaison 1938/39: etwa 750 Millionen; 1951/52 etwa 770 Millionen.) Im übrigen werden die Grundfasern, denen die Polyamidfasern beigemischt werden, von Land zu Land verschieden sein uud in Abhängigkeit stehen von wirtschaftlichen Erwägungen (Vorkommen usw.).

So werden denn diese neuen Fasern, deren Erzeugung in vielen Ländern aufgenommen worden oder im Entstehen begriffen ist, nicht nur dem Wissenschaftler, dem Hersteller und dem Textil-Technologen neue Erkenntnisse bringen, sondern auch dem Kaufmann neue Arbeitsgebiete zuweisen, da letzten Endes jede neue Erfindung oder Entdeckung mit ihrer Wirtschaftlichkeit steht und fällt.

Mit der Synthese der Polyamide, deren Hauptbedeutung zunächst im textilen Sektor liegt, ergab sich die Notwendigkeit, die bisher bekannten Methoden zur Erzeugung von Fäden und Fasern auf organischer Basis durch ein der Schmelzmöglichkeit der Polyamide angepaßtes Verfahren zu erweitern, eine Eigenschaft, welche bisher nur Glas als Faser-Rohstoff besaß. Bei der Herstellung von Fäden aus Cellulose als Grundstoff geht man zwangsläufig ausschließlich von Lösungen aus. Die Eliminierung der Cellulose aus diesen Lösungen in die gewünschte Fadenform erfolgte bekanntlich auf dem Wege

    a) der Ausfällung (z. B. Viscose- bzw. Kupferverbindungverfahren),

    b) der Verdunstung des Lösungsmittels (z. B. Acetatverfahren).

Diesen Verfahren ist gemeinsam, daß die Lösungen einen verhältnismäßig niedrigprozentigen Celluloseanteil besitzen. Diese Lösungsmittel müssen entfernt, neutralisiert oder verdampft und, soweit dieses möglich ist, aus wirtschaftlichen Gründen wiedergewonnen werden. Beide Faktoren erfordern entsprechend dimensionierte Apparaturen und Rückgewinnungsanlagen. Wenn es trotzdem gelungen ist, diese textilen Rohstoffe zu einem niedrigen Preis auf den Markt zu bringen, so ist dieses ausschließlich den Tatsachen zuzuschreiben, daß einerseits eine beträchtliche Senkung der Preise für Grundstoffe und Chemikalien erzielt worden ist, andererseits die Verfahren im Laufe der Zeit so rationell durchentwickelt wurden, daß mit dem geringsten Aufwand an z.B. Arbeitskräften, Materialien, Energiebedarf usw. ein Höchstmaß an Fäden und Fasern produziert werden kann. Einzelheiten dieser Verfahren nach dem neuesten Stand der Technik sind aus der Veröffentlichung von F. ENDRESS[1] zu entnehmen.

Im Gegensatz zu diesen Verfahren macht die Eigenschaft der Polyamide, einen gut definierten Schmelzpunkt zu besitzen, ihre Überführung in den gelösten Zustand überflüssig. Sofern man von der Fadenbildung einer anorganischen Substanz aus ihrem Schmelzfluß absieht (Glasfasern), sind die Polyamide die ersten organischen Verbindungen, welche es gestatten, einen textilen Rohstoff aus dem Schmelzfluß durch Auspressen aus geeigneten Düsen großtechnisch herzustellen.

In den von den Herren Prof. Dr. HOPFF und Dr. A. MÜLLER bearbeiteten ersten beiden Teilen dieses Buches sind bereits eingehende Darlegungen über den chemischen Aufbau der Polyamide, ihre Eigenschaften usw. niedergelegt. Bei der Schilderung der Herstellung und Verarbeitung von Polyamiden, die für den textilen Sektor bestimmt sind, werden demgemäß nur dann Ergänzungen gebracht, so weit diese wegen ihres Sondercharakters früher nicht erwähnt worden sind oder sich ein erneutes Eingehen im Zusammenhang mit anderen Faktoren als notwendig erweist.

Wenn in den folgenden Ausführungen von Nylon und PERLON gesprochen wird, so ist dabei zu berücksichtigen, daß das Wort *Nylon* bis zum jetzigen Zeitpunkt im wesentlichen als Gattungsbegriff für Kondensationsprodukte aus Dicarbonsäuren und Diaminen verwendet wird, PERLON dagegen ein gesetzlich geschütztes Wort- und Bildzeichen ist, welches textile Rohstoffe und Erzeugnisse auf Basis von Polymerisaten der ε-Aminocapronsäure, deren Derivate bzw. Homologe und aus Diisocyanaten und zweiwertigen Diolen umfaßt; letztere sind bekannter unter der Bezeichnung Polyurethane[2]. Zur Unterscheidung wurde früher häufig Perlon L für Produkte aus dem Lactam der ε-Aminocapronsäure, Perlon U für solche aus Polyurethanen und Perlon T für den Nylontyp in Deutschland verwendet. Die Benutzung der Worte Nylon bzw. PERLON ist in diesem Buchteil demgemäß nur so zu verstehen, daß damit die Bildungsweise des jeweiligen Polyamids aus Dicarbonsäuren und Diaminen einerseits und aus Aminocarbonsäuren bzw. Diisocyanaten und diprimären Alkoholen andererseits bezeichnet werden soll.

B. Herstellungstechnik.

Für die Verarbeitung der Polyamide zu endlosen Fäden und Drähten stehen mehrere Wege zur Verfügung, welche mit der Beherrschung der

---

[1] ENDRESS, FRIEDRICH: Die künstlichen Fasern. Sonderdruck aus Chemische Technologie, Sammelwerk, Bd. 3. München: Carl Hanser 1951. Ferner DIAMOND, CLAUDE: Die Herstellung neuzeitlicher Textilfasern. Ref. Kunstseide u. Zellwolle **25**, 390—391 (1947). Original: Rayon Text. Monthly **28**, 3, 49—52; 4, 60—62; 7, 53—54; 8, 59—60 (1947).

[2] BAYER, OTTO: Angew. Chem. **59A**, 257—272 (1947), DRP. 728981 vom 11. 11. 1937 (O. BAYER, RINKE, ZIEFKEN; ORTHNER, SCHILD).

Schmelz- und Spinnmethodik nacheinander entwickelt wurden. Vor der Überführung in den schmelzflüssigen Zustand erweist es sich bei einigen Verfahren als notwendig, die polymerisierten Produkte[1] in eine für den Schmelzvorgang geeignete Form zu bringen.

1. Fertigung von Vorprodukten.

a) Rundstäbe.

Auf die Herstellung der etwa 500 mm langen zylindrischen Polyamidstäbe mit einem Durchmesser von 10—35 mm braucht nur kurz eingegangen zu werden, weil das eigentliche Stabspinnverfahren keine technische Bedeutung erlangt hat; entweder polymerisiert man in entsprechend dimensionierten Rohren oder man läßt das geschmolzene Polymerisat in derartige Rohre oder Formen blasenfrei einfließen. Inhomogenitätsgefahr ist vorhanden (Blasen, Lunker, Kavernen), besonders während der Abkühlungsperiode.

b) Profilierte Bänder.

Das in Deutschland entwickelte Bandspinnverfahren benötigt zu seiner Durchführung genau profilierte Bänder mit einem Profil von z.B. 20×4 mm; es stellt eine brauchbarere Modifikation des Rundstabspinnverfahrens dar und beruht auf der Überlegung, die wirksame Fläche des Schmelzorgans durch Übergang von der zylindrischen auf eine viereckige Form zu vergrößern. Durch diese Maßnahme kann einerseits die Schmelzleistung je Zeiteinheit erhöht werden, andererseits liegt der Vorteil gegenüber den nur kurzen Rundstäben darin, daß sich diese Bänder in Form großer Rollen aufwickeln lassen. Dadurch entfällt die in kurzen Intervallen notwendige Ergänzung abgeschmolzener Stäbe durch neue. Eine einfache Berechnung möge die Verhältnisse erläutern: Ein Polyamidstab von 500 mm Länge und 30 mm Durchmesser besitzt ein Gewicht von rund 0,4 kg; die Herstellung profilierter Bänder mit einem Gewicht von 10 kg und höher bereitet dagegen technisch keine Schwierigkeiten, so daß ein derartiges Band die mehr als 20fache Spinndauer eines Stabes besitzt. Bei einem angenommenen Durchgang von 15 g Schmelzmasse je Minute durch die Spinndüse beträgt der 24stündige Verbrauch etwa 2 Bänder, während bei einem gleichhohen Polymerisatverbrauch 50 Rundstäbe erforderlich sind.

Die Herstellung derartiger Bänder[2] verläuft so, daß man die nach der Polymerisation anfallende Schmelze mit inertem Gas einer Dosierungspumpe zudrückt, gegebenenfalls unter Vor- oder Nachschaltung einer Filtration; diese Pumpe führt das Schmelzgut einer dem Bandprofil angepaßten Austrittsöffnung eines Rohres zu, aus welcher es in die zweckentsprechend ausgebildete Ausfräsung (Nut) eines sich mit

---

[1] Unter der allgemeinen Bezeichnung „Polymerisate, polymerisierte Produkte" usw. sollen lediglich der Einfachheit halber in diesem Buchteil makromolekulare Verbindungen vom Polyamid-Typ zusammengefaßt werden, unabhängig von der Art ihres Bildungsvorganges (Polyaddition, Polykondensation, Polymerisation).

[2] DRP. 757772, FP. 871056, Schweiz. P. 219221.

gleichmäßiger Geschwindigkeit drehenden, mit Kühl- und Heizeinrichtung versehenen Rades fließt. Gemäß Patentanspruch gelangt das sich in halberstarrtem Zustand befindliche Band auf ein zweites, sog. Abnahmerad, auf dem es Gelegenheit hat, sich weiterhin abzukühlen und die endgültige Form anzunehmen, in der es später versponnen wird. Dieses Gegenrad besitzt keine Ausfräsung und kann ebenfalls mit einer Einrichtung zur Beheizung oder Kühlung versehen sein; von hier aus gelangt das fertige Band über ein oder mehrere Umlenkorgane zu einer haspelähnlichen Vorrichtung, auf der es in Rollenform aufgewunden wird (s. Abb. 1). Bei Beherrschung aller Faktoren der Her-

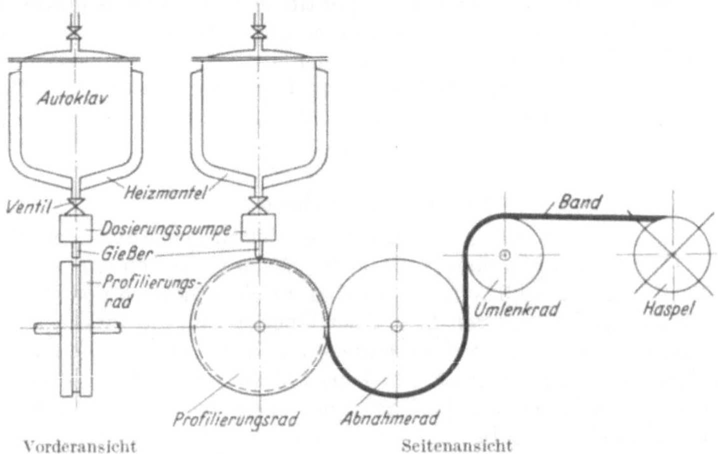

Abb. 1. Herstellung profilierter Bänder.

stellungstechnik gelingt es, nach diesem Verfahren einwandfrei profilierte Bänder zu erhalten, jedoch sind die Anforderungen an das Bedienungspersonal und die Präzision in apparativer und polymerisationstechnischer Hinsicht sehr hoch. Großtechnisch durchgeführt wurde es bisher nur bei den Polymerisaten auf Lactambasis, weil das Nylonpolymerisat im Bereich der Gießtemperaturen instabiler und sauerstoffempfindlicher ist. Immerhin ist es gelungen, für vergleichende Versuchszwecke durch geeignete Maßnahmen ebenfalls Bänder aus dem Nylonpolymerisat herzustellen. Zudem wirkt das im Lactampolymerisat neben anderen Begleitsubstanzen vorhandene Lactam als Flußmittel[1], dessen größerer Anteil vor der Überführung in die Bandform in bekannter Weise durch Anwendung von Vakuum entfernt werden kann, womit zugleich eine Erhöhung der Lösungsviscosität verbunden ist[2]. Von dieser gegebenen Möglichkeit machte man schon 1939 technisch Gebrauch. In dem angeführten französischen Patent macht CHAMBRET folgende Angaben:

---

[1] FP. 884075: „Les Lactames agissent comme fondant et facilitent le moulage" S. 2, Zeile 47ff.

[2] FP. 950243.

Tabelle 3.

Dauer der Vakuumbehandlung in Minuten	Viscosität		Dauer der Vakuumbehandlung in Minuten	Viscosität	
	Nylon	PERLON		Nylon	PERLON
0	0,6 —0,7	0,85	120		1,15—1,20
15	0,95—1,0		240		1,4 —1,45
30	1,0		480		1,65—1,7
60	1,05		960		1,75

Die Herstellung von Polyurethanbändern nach diesem Verfahren stößt auf Schwierigkeiten, da Polyurethane für Spinnzwecke kaum Begleitsubstanzen enthalten, die als Flußmittel wirken können und ähnlich wie das Nylonpolymerisat verhältnismäßig schnell erstarren.

Die Kontrolle der Bänder auf genaue Maßhaltigkeit kann bereits während der Herstellung erfolgen; nicht genau profilierte Stellen lassen sich durch Fräsen oder andere spanabhebende Maßnahmen beseitigen, wobei dem Materialverlust eine geringere Bedeutung zukommt als dem zeitlichen und apparativen Aufwand.

c) Unprofilierte Bänder und Schnitzel (chips).

Das Rostspinnverfahren beruht bekanntlich darauf, daß man das Polymerisat in geschnitzelter Form einer Schmelzvorrichtung zuführt. Schnitzel (chips) werden aus unprofilierten Bändern durch deren nachfolgende Zerkleinerung erhalten. Eine genaue Beschreibung liegt im amerikanischen Patent 2289774[1] vor, aus dem nähere Einzelheiten ersichtlich sind. Im Prinzip geht die Bandherstellung ähnlich vor sich wie bei der Fertigung profilierter Bänder, jedoch mit dem Unterschied, daß auf Maßhaltigkeit kein Wert gelegt zu werden braucht, da der nachfolgende Zerkleinerungsvorgang Bruchstücke von uneinheitlicher Größe hervorbringt. Das in dem Patent angegebene Aufsprühen von Wasser[1] auf das noch heiße Band bewirkt einmal eine schnellere Abkühlung, andererseits schützt die entstehende Dampfatmosphäre die Bandoberfläche vor oxydativen Einwirkungen. Eine Filtrationsvorrichtung hält mögliche Verunreinigungen des Polymerisates zurück, so daß die Schnitzel frei von unerwünschten Begleitsubstanzen dem Rostschmelzvorgang zugeführt werden. Während des Zerkleinerungsprozesses nachträglich in die Schnitzel gelangte Metallsplitter, beispielsweise aus den Schlag- oder Schneidorganen selbst herrührend, können unter Umständen auf elektromagnetischem Wege entfernt werden; sie stellen eine erhebliche Gefahr für die mit größter Präzision gearbeiteten und dementsprechend teuren Spinnpumpen dar. Da auch andere mechanische Beimengungen die gleiche Auswirkung haben, vollziehen sich sämtliche Arbeitsgänge unter Einhaltung der peinlichsten Sauberkeit, die eine der Grunderfordernisse bei der Herstellung von Polyamidfäden ist, besonders im Hinblick auf den Orientierungsvorgang, auf den in Position 5 später eingegangen werden wird. Abb. 1 und 2 sind eine schematische Darstellung der Fertigung von profilierten Bändern bzw. unprofilierten Bändern gemäß den angezogenen Patenten.

[1] Auch BP. 533306.

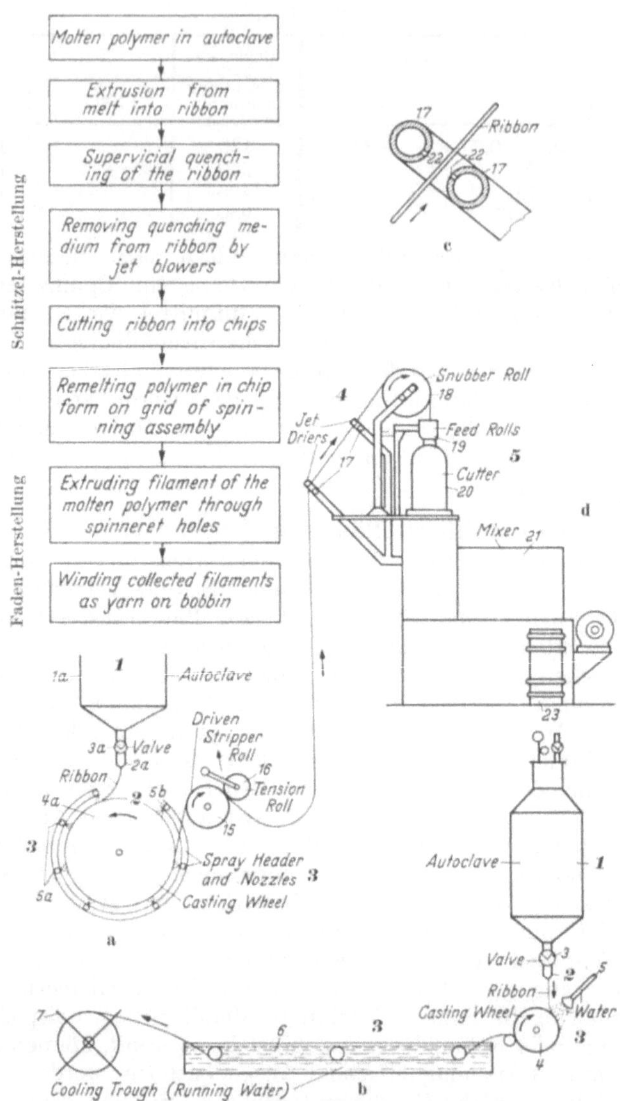

Herstellung unprofilierter Bänder und Schnitzel.

Abb. 2a—d. *1* Geschmolzenes Polymerisat im Autoklav. *2* Überführung aus dem Schmelzfluß in Bandform. *3* Abkühlung der Bandoberfläche. *4* Entfernung des Kühlmediums vom Band durch Anblasdüsen. *5* Überführung des Bandes in Schnitzel (chips).

Übersetzung der einzelnen Fachausdrücke:

Ribbon	= Band	Cooling trough	= Kühlwanne
Autoclave	= Autoklav	Running water	= fließendes Wasser
Valve	= Ventil	Jet Driers	= Düsentrockner
Casting wheel	= Gießrad	Snubber roll	= Ausgleichswalze
Tension roll	= Spannrolle	Feed rolls	= Zuführungswalzen
Spray header and nozzles	= Sprührohr und -düsen	Cutter	= Schneidvorrichtung
Driven stripper roll	= angetriebene Abstreiferrolle	Mixer	= Mischer

In Abb. 2 stellt b die Abkühlung des Bandes unter Benutzung einer Wasserrinne dar.

c gibt eine Trockeneinrichtung für das auf der Oberfläche des Bandes haftende Wasser wieder, das durch auf das Band strömende erwärmte Luft oder inerte Gase entfernt wird.

Die Temperatur des Bandes wird nicht unter 100°, jedoch nicht über 150° geführt, wodurch man erreicht, daß der Wassergehalt des Bandes verhältnismäßig niedrig gehalten wird. Temperaturen über 150° können Verfärbungen durch oxydative Einwirkungen herbeiführen.

Die Schnitzel aus dem Polymerisat des Caprolactams werden meist einer Wäsche mit heißem Wasser unterworfen, um die monomeren Bestandteile weitgehend zu entfernen. Der Auswaschprozeß wird in großen Behältern unter dauernder Bewegung der Waschflüssigkeit, gegebenenfalls auch der Schnitzel, durchgeführt. Das nach dem Ablassen des Waschwassers zurückbleibende Polymerisat wird wie üblich durch einen Schleuderprozeß von der Hauptmenge des anhaftenden Wassers oder durch einen starken Luftstrom befreit und anschließend getrocknet. Das in dem Waschwasser befindliche, extrahierte Lactam kann in etwa 60—80%iger Ausbeute als völlig reines Material wiedergewonnen und erneut eingesetzt werden.

Nach einem Patent der Inventa[1] läßt sich die Entlactamisierung der Schnitzel dadurch bewerkstelligen, daß man die Schnitzel bei Atmosphärendruck in rotierenden Trommeln einer Temperatur von etwa 180° unter gleichzeitiger Überleitung eines inerten Gasstromes aussetzt.

2. Vorbereitung des Rohmaterials.

Sofern die Schnitzel noch nicht ausreichend getrocknet sind oder während der Lagerung bzw. des Transportes Feuchtigkeit aufgenommen haben, ist eine Nachtrocknung erforderlich. Der Wassergehalt, mit dem sie versponnen werden, ist bei den einzelnen Herstellern von Polyamidfäden verschieden (0,05—0,3%) und richtet sich nach den örtlichen Spinn- und Verarbeitungsbedingungen. Am günstigsten soll sich bei Nylon ein Feuchtigkeitsgehalt von etwa 0,16% verhalten[2].

Der angestrebte Feuchtigkeitsgehalt wird beispielsweise durch Trocknung der Schnitzel in rotierenden, beheizten Vakuumtrommeln mit guter Gleichmäßigkeit erreicht. Man kann den Trockenprozeß mit einer gleichzeitigen Mischung verschiedener Autoklavenchargen verbinden, wenn diese Vermischung nicht bereits in anderen Herstellungsphasen vorgenommen wurde. Die Trocknung unter vermindertem Druck reduziert die Vergilbungsgefahr und die damit verbundenen möglichen Spinn- und Verstreckungsschwierigkeiten, erlaubt die Anwendung von sonst schädlichen höheren Temperaturen und verkürzt die Trocknung dadurch nicht unerheblich. Von der früher angewendeten Trocknung auf Horden in Schränken ist man bald abgekommen, da die Vorteile einer

---

[1] Schweizer P. 265206.
[2] AP. 2571975; BP. 653757; DP. 826615; FP. 974855.

Trocknung in einer beheizten Taumeltrommel[1] mit den schon angegebenen Möglichkeiten nicht übersehen werden konnten.

Bevor das Material in die Trommel gegeben wird, kann man es noch durch Siebung von Polyamidteilchen befreien, die als zu feinkörnig angesehen werden. Die Meinungen über die zulässige Schnitzelgröße sind geteilt und von verschiedenen Faktoren abhängig, auf die nicht näher eingegangen werden kann, da es sich um spezielle Fragen handelt, die von der apparativen Seite her bedingt sind. Die Aufbewahrung der Schnitzel geschieht in hermetisch abschließenden Großbehältern (Bunker) oder geeigneten Fässern.

Stellt man die Polyamidfäden nicht nach dem Aufschmelzverfahren unter Verwendung eines Rostes oder ähnlicher Schmelzeinrichtungen her, sondern verspinnt die Schmelze direkt nach der Polymerisation, so ergeben sich keine anderen Vorbedingungen als die in Teil I dargelegten, es sei denn, daß man die Schmelze zur Entfernung flüchtiger Bestandteile, zur Erhöhung des Polymerisationsgrades oder anderen Zwecken unter Vakuum setzt oder sie anderweitig behandelt. Diese Behandlung kann entweder im Polymerisationsaggregat selber oder in angeschlossenen Vorrichtungen[2] durchgeführt werden, wobei auf entsprechende Dichtigkeit zu achten ist, um das Einsaugen von Luft zu vermeiden, gegen deren Sauerstoffgehalt die Polyamidschmelzen mehr oder weniger stark empfindlich sind.

3. Verspinnung von Polyamiden.

Entwicklungsverfahren.

a) Verspinnung aus dem Autoklaven.

Dieses älteste Verfahren[3] wird direkt im Anschluß an den Kondensations- oder Polymerisationsvorgang ausgeführt, nachdem die Schmelze völlig entgast worden ist. Es können jedoch insofern Schwierigkeiten auftreten, daß bei zu großem Inhalt des Autoklaven die Verweilzeit der Schmelze in ihm zu lang ist, wodurch thermische Zersetzungen möglich sind. Weiterhin entfällt bei der Verspinnung aus dem Polymerisationsgefäß der Vorteil, Mischungen mehrerer Chargen vorzunehmen, einer Maßnahme, der man sich bei einem diskontinuierlichen Verfahren ungern begibt. In Parallele hierzu steht bei der Herstellung von Reyon und Zellwolle die Mischung von mehreren Kochern, die eine Vergleichmäßigung der zur Verspinnung kommenden Viscose und damit auch des Endproduktes herbeiführt. Die großtechnische Entwicklung der Polyamide zeigte, daß der Vorteil einer Mischungsmöglichkeit ins Gewicht fällt und daß Fertigprodukte mit einheitlichem Charakter bei Verwendung von Polymerisaten, welche unter Druck diskontinuierlich hergestellt worden sind, unter anderem dann zu erzielen sind, wenn man eine Anzahl von Chargen mischt. Die Unterschiede von Charge

---

[1] BP. 533 306.

[2] FP. 904 088 Abb. 6 c, S. 283 = D. Anm. B. 6108 (alte Nr. I. 73 659 vom 24. 11. 1942).

[3] AP. 2 130 948; 2 273 188.

zu Charge drücken sich weniger in der Verschiedenartigkeit der physikalischen Konstanten als in dem färberischen Verhalten aus, das seinerseits weitgehend abhängig ist von dem durch die Verstreckungsmöglichkeit bedingten Orientierungsgrad[1].

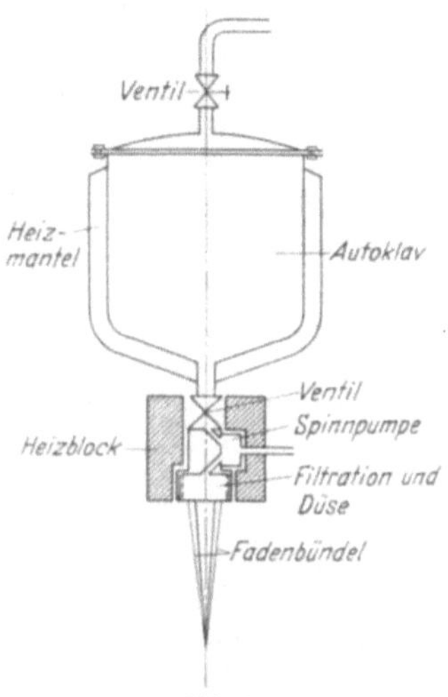

Abb. 3.
Spinnen aus dem Autoklaven.

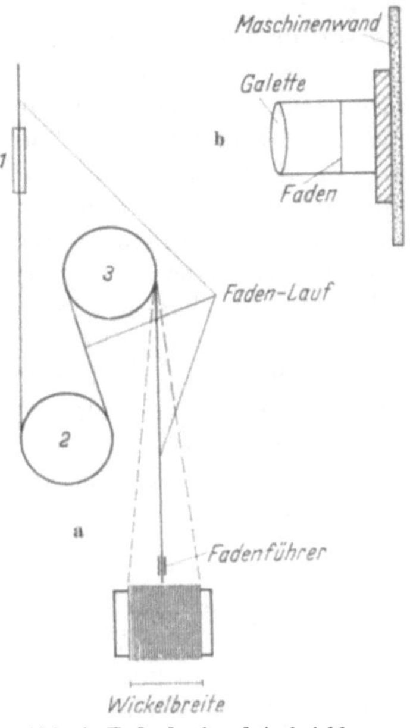

Abb. 4. Fadenlauf und Aufwicklung.
a: 1 = Präparations-Scheibe; 2 und 3 = Galetten.
b: Galette in Seitenansicht.

b) Stabspinnen.

Entwicklungsmäßig gesehen schließt sich an die Verspinnung aus dem Autoklaven das sog. Stabspinnen an[2]; das im Autoklaven erzeugte schmelzflüssige Polymerisat wird entweder in geeignete Rohre überführt oder die Polymerisation bereits in entsprechend dimensionierten Rohren vorgenommen. Es resultiert nach Abkühlung der Schmelzmasse ein Stab, der bei Beherrschung der Technik verhältnismäßig genaue Maße besitzt. Üblicherweise verwendet man Stäbe mit Längen von 300 bis 500 mm und einem Durchmesser von 15—30 mm, die in einem über den Schmelzpunkt des betreffenden Polyamids erwärmten Zylinder zum Schmelzen gebracht werden. An dem unteren Ende dieses Schmelzzylinders befindet sich eine Verschraubung, welche das Filtermaterial und die Düse enthält. Durch ein am entgegengesetzten Ende des Schmelzzylinders befindliches Räderwerk (paarige Anordnung), zwischen deren Räder der Stab durch die Umdrehung der Räder nach unten bewegt wird, ist es möglich, bei genauer Präzision aller für den Spinnvorgang benötigten mechanischen Teile in einer bestimmten Zeiteinheit jeweils eine bestimmte Menge des Polyamids abzuschmelzen und diese

[1] MUNDEN u. PALMER: J. Text. Inst. 41, 609—634 (1950).
[2] AP. 2253089; FP. 854674; DRP. 721687; AP. 2515136; FP. 873927; DRP. 757772; BP. 527532.

geschmolzene Masse durch den auf Grund des kontinuierlichen Vor-
schubes hervorgerufenen Druck laufend der Spinndüse zuzuführen.
Technisch hat dieses Verfahren nie eine Bedeutung erlangt, da diese Stäbe
trotz sorgfältigsten Arbeitens mehr oder minder zahlreiche und größen-
mäßig unterschiedliche Kavernen enthalten können, deren Bildung auf
verschiedenen Ursachen beruht. So werden beispielsweise unter anderem
beim Eingießen der Schmelzmasse in die Stabformen Luftbläschen mit-
gerissen, die bei der hohen Viscosität der Schmelze nachträglich nicht
mehr entweichen können; fernerhin können bei zu langer Verweilzeit
und hohen Temperaturen bestimmte Polymerisate durch Depolymerisation zur Gasentwicklung gebracht werden; ein weiterer Grund liegt
in der bei der Erstarrung der Polyamide auftretenden Kontraktion
(Volumenminderung). Für orientierende Vorversuche im Laboratorium
ist diese Methode jedoch brauchbar, sofern an die Qualität des Endproduktes keine Anforderungen gestellt werden, zumal sie einen recht
geringen apparativen Aufwand erfordert und bei einiger Übung die
Herstellung der Stäbe in Rohren einfach durchzuführen ist.

c) Bandspinnen.

Die Erkennung der bei dem Stabspinnen aufgetretenen Fehlerquellen
führte im Laufe der Weiterentwicklung dazu, von dem runden Querschnitt des Stabes zu einem viereckigen in Gestalt eines Bandes über-
zugehen. Dieses Verfahren[1] wurde in technischem Maßstab zu Beginn
der Fabrikation von PERLON-Fäden angewendet und führt hierbei
zu befriedigenden Resultaten, sofern bestimmte Vorbedingungen technischen Charakters erfüllt sind und das Band eine völlig einwandfreie
Profilierung aufweist.

Die Polymerisatbänder werden als Rollen von 5—10 kg Gewicht auf
ein auf dem oberen Teil der Spinnmaschine befindliches Ablaufgestell
gesetzt und rückläufig durch die Einzugwirkung des Walzenstuhls ab-
gehaspelt[2]. Das Band passiert dabei einen kleinen, zweipaarigen Walzen-
stuhl mit feinprofilierten Rädern, in denen es fest eingeklemmt und
durch die Umdrehung der Räder laufend dem Einführungsschlitz der
eigentlichen, auf bekannte Weise beheizten Schmelzkammer zugeführt
wird. In dieser Kammer, deren Querschnitt der Bandform unter Berücksichtigung des linearen Ausdehnungskoeffizienten des jeweiligen
Schmelzgutes angepaßt ist, erfolgt die Überführung von dem festen in
den schmelzflüssigen Zustand. Das durch die Räder des Walzenstuhls
kontinuierlich nachgeförderte Band wirkt dabei mit seinen noch nicht
plastischen Teil als Preßstempel und drückt die bereits geschmolzene
Masse laufend dem Düsenaggregat zu, aus dem sie schließlich als Faden
austritt. Das Prinzip ist also das gleiche wie bei dem Stabspinnverfahren,
es ist ihm jedoch in vielen Beziehungen überlegen, insbesondere können

---

[1] DRP. 757772; FP. 854674.

[2] Hierzu KLARE, H.: Ausführliche Beschreibung sämtlicher Spinnverfahren in
Faserforschung und Textiltechnik, Bd. 2, S. 1—9 und 131—140. 1951. — NUSS:
Textil-Praxis 7, 570—573 (1952).

Einschlüsse und Kavernen infolge der geringen Schichtdicke jederzeit gut erkannt und rechtzeitig entfernt werden. Auch dieses Verfahren arbeitet wie das Stabverfahren ohne Spinnpumpe.

d) Tauchschmelzspinnen.

Kurz eingegangen sei noch auf ein Verfahren, welches die Mischung mehrerer Bänder erlaubt, und der früheren IG. Farbenindustrie geschützt ist[1]. Dem Vorschlag entsprechend geht man so vor, daß man ein oder mehrere unprofilierte Bänder bereits geschmolzenem Polymerisat zuführt, das sich in einem beheizten, gegen den Zutritt von Sauerstoff gesicherten langen Schmelzzylinder befindet. Dieses geschmolzene Polymerisat, dessen Temperatur etwa 40—60° über seinem Schmelzpunkt liegt, fungiert also praktisch als Schmelzmedium für die in es laufend eingeführten Bänder; die Bänder können bei diesem Verfahren im Gegensatz zu der Bandspinnerei nicht als Stempel wirken, weshalb das geschmolzene Polymerisat mittels Spinnpumpe der Spinndüse zugeleitet werden muß, wobei eine gewisse Durchmischung stattfindet.

Zusammenfassung. All diesen Verfahren ist der Umstand gemeinsam, daß der apparative Aufwand für die Herstellung der Spinnschmelze verhältnismäßig gering ist; dem Bandspinnverfahren kann man sogar einen eleganten Charakter zusprechen, zumal man bei einigen der geschilderten Verfahren ohne Spinnpumpe arbeiten kann. Hinsichtlich der Titerlage führen diese Methoden jedoch nur so lange zu befriedigenden Resultaten wie sich der Gegendruck des Düsenaggregates nicht nennenswert ändert, sei es durch Erschöpfung des Filtermediums, sei es durch Verengung der Düsenbohrkanäle. Erhöht sich dieser Gegendruck auf eine bestimmte Größenordnung, dann läßt die Förderung nach und Titerabweichungen sind die unausbleibliche Folge. Aus diesem Grunde muß ein völlig homogenes, von jeder Verunreinigung freies Polymerisat zur Verspinnung gelangen, welches die Filtrationsschicht vor der eigentlichen Düse nicht oder nur unwesentlich belastet. Diese, in Verbindung mit anderen Faktoren sehr eng gefaßten Vorbedingungen sind bei einer großtechnischen Herstellung nicht immer und in jeder Hinsicht einzuhalten, weshalb diese Verfahren keine Daueranwendung in der Technik gefunden haben, zumindest nicht bei der Fertigung von Fäden, an deren Qualität höchste Ansprüche hinsichtlich Gleichmäßigkeit gestellt werden; andere Überlegungen, auf die nicht näher eingegangen werden kann, kommen noch hinzu.

Großtechnische Verfahren.

e) Rostspinnen.

Mehrere, zum Teil wesentliche Nachteile der bisher skizzierten, unter der Bezeichnung „Entwicklungsverfahren" aufgeführten Prozesse zur Verformung der Schmelze werden vermieden bei Anwendung des von

---

[1] DRP. 760828; FP. 878019.

Hopff-Müller-Wenger, Die Polyamide. 18b

Du Pont entwickelten Rostspinnens[1]. Vorweg sei bemerkt, daß dieses
Verfahren mit komplizierteren Einrichtungen arbeitet und demgemäß
höhere Investitionen und eine genauere Überwachung aller technischen
Einrichtungen erforderlich macht. Zwei Hauptgesichtspunkte sind es,
welche bei dieser diskontinuierlichen Arbeitsweise die Vorteile ohne
weiteres erkennen lassen:

1. Mischungsmöglichkeit jeglicher Zahl von Autoklavenchargen,
wodurch eine fast unbeschränkte Ausgleichungsmöglichkeit eventuell
unterschiedlicher Polymerisate gegeben ist.

2. Herstellung von Fäden jeglicher Feinheit und gleichbleibender
Qualität.

Um eine Mischung durchführen zu können, ist es nötig, das erstarrte
Polymerisat in eine Form zu bringen, die eine Vereinigung mehrerer

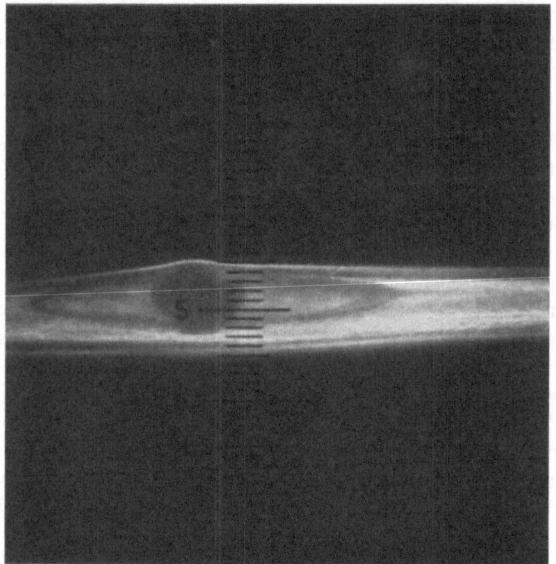

Abb. 5a. Eingeschlossene Gasblase vor der Behandlung.

Autoklavenchargen zu einer einheitlichen Spinncharge ermöglicht. Man
läßt demgemäß, wie auf S. 273 dieses Buches beschrieben, das erstarrte
unprofilierte Band[2] durch eine Zerkleinerungsmaschine laufen und erhält
dadurch sog. „Schnitzel", die vor oder nach der Trocknung in beliebiger
Weise gemischt werden können. Die Größe dieser Schnitzel betrug
früher etwa $3 \times 4 \times 5$ mm, variiert jedoch heute in den verschiedensten
Dimensionen, zumal sich die Befürchtungen hinsichtlich des Durchfallens
zu kleiner Schnitzel durch die Zwischenräume des eigentlichen Schmelz-
rostes als mehr oder minder gegenstandlos erwiesen haben, sofern man
bei der Erstbeschickung des Rostes sachgemäß vorgeht. Neben dem
Schmelzrost, der meist mit Diphyl oder Dowtherm (eutektisches Ge-

---

[1] AP. 2253176; 2217743.   [2] AP. 2289774.

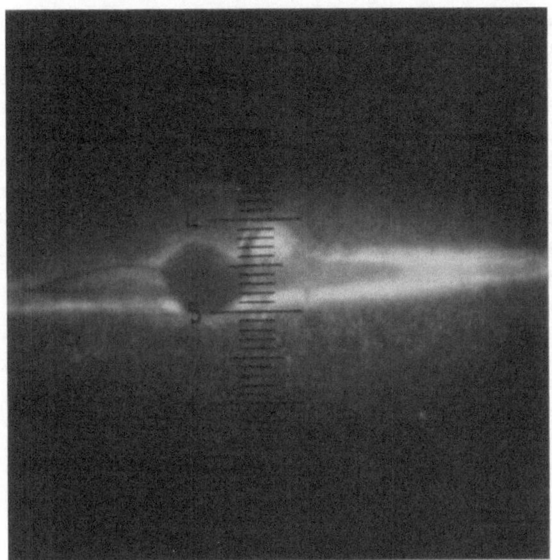

Abb. 5 b. 2 min nach der Behandlung.

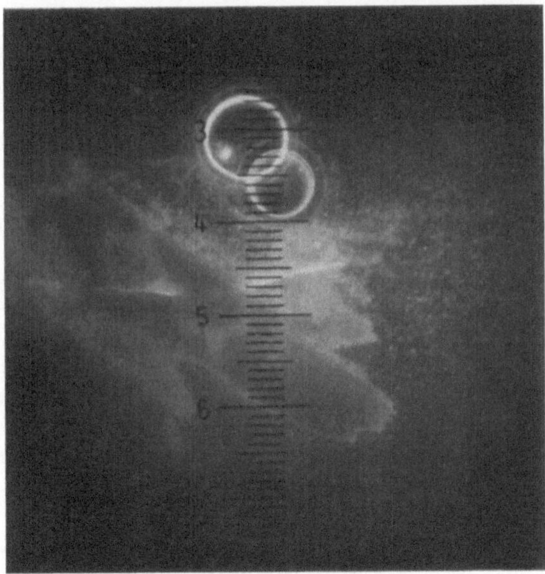

Abb. 5 c. 4 min nach der Behandlung.

misch von Diphenyl und Diphenyloxyd) beheizt wird, sind diese Spinn-
apparaturen mit Spinnpumpen ausgerüstet wie man sie typenmäßig bei
der Herstellung von Viscose-, Acetat- oder Kupfer-Reyon bzw. Zellwolle benutzt, nur daß ihre Ausführung den hohen Spinntemperaturen

usw. angepaßt ist. Es sind Zahnradpumpen aus chromhaltigem Stahl mit verschiedenen anderen Beimengungen[1], welche einen einwandfreien Lauf im Dauerbetrieb über einen längeren Zeitraum hinweg gewährleisten. Die Präzision dieser Pumpen ist außergewöhnlich hoch, zumal sie in der Lage sein müssen, eine einwandfreie Dosierung bei Drücken bis zu 100 Atm. zu garantieren. Bei der Nylonverspinnung werden zum Teil 2 Spezialpumpen[2] wegen der größeren Depolymerisationsneigung bei höheren Temperaturen benutzt, während man PERLON mit einer Pumpe verspinnen kann. Im AP. 2281767 wird die Zusammensetzung einer Legierung für Pumpenstähle wie folgt angegeben:

Eisen	83,85%
Chrom	12,00%
Cobalt	0,40%
Mangan	0,20%
Silicium	0,35%
Vanadium	0,85%
Molybdän	0,80%
Kohlenstoff . . .	1,55%
	100,00%

Stähle aus Legierungen mit anderen Zusammensetzungen können gleichfalls zur Herstellung von brauchbaren Pumpen Verwendung finden.

In den vorstehenden 3 Abbildungen ist das Verhalten von gashaltigen Einschlüssen in einem erstarrten Polyamidfaden, die durch thermische Zersetzung entstanden sind, in den einzelnen Stadien der Untersuchung festgehalten, wobei derart vorgegangen wurde, daß das Polyamid unter dem Mikroskop gelöst und der Vorgang photographisch aufgenommen wurde. Vergrößerung 140fach; ein Teilstrich entspricht $13\mu^3$.

Derartige gasförmige Einschlüsse werden bei einwandfreiem Arbeiten der Spezialpumpen so stark verdichtet, daß sie sich in der Schmelze lösen und den Spinnvorgang nicht mehr stören.

Die technische Weiterentwicklung führte dann zu dem Vorschlag[4], den Effekt des Doppelpumpensystems in einer einzigen Pumpe zu vereinigen, mit der es möglich ist, auch Nylon mit nur einer Pumpe blasenfrei zu verspinnen. Auf die Verwendung von Schneckenpumpen[5,6] soll an dieser Stelle nicht eingegangen werden, da sie zunächst nur für Spezialfälle vorgesehen sind, doch besteht durchaus die Möglichkeit, daß ihr Anwendungsbereich sich erweitern wird, wenn es gelingt, sie von der technischen Seite her als betriebssichere Aggregate auszubilden.

f) Kontinuierliches Verfahren (VK-Verfahren).

Dieses drucklos arbeitende Verfahren, das bisher nur bei PERLON großtechnisch angewendet wird, unterscheidet sich von allen bisher genannten Prozessen durch verschiedene Merkmale:

---

[1] AP. 2281767.   [2] AP. 2278875.
[3] Dr. Böhner, Badische Anilin- und Sodafabrik, Ludwigshafen a. Rh.
[4] AP. 2281767.   [5] AP. 2295942.   [6] It. P. 392938.

1. Polymerisation und Verspinnung gehen kontinuierlich in *einem einzigen* Arbeitsgang vor sich. Infolgedessen entfällt die bei allen anderen Verfahren (Autoklavenspinnerei ausgenommen) notwendige Überführung des primär hergestellten schmelzflüssigen Polymerisates in den festen Zustand (Stäbe, Bänder und Schnitzel) und deren erneutes Schmelzen in einer besonderen Spinnapparatur. Es werden also mindestens zwei Herstellungsphasen, nämlich Erstarrung der Schmelze und Wiederaufschmelzen des erstarrten Polymerisates, eingespart.

2. Die Polymerisation geht in *drucklosem* Zustand vor sich.

3. Bei genauer Einhaltung sämtlicher Polymerisationsbedingungen resultiert ein einheitliches Polymerisat, so daß die Notwendigkeit der Mischung wie beim Rostspinnen entfällt.

Dieser unter dem Namen VK-Verfahren (**V**ereinfachtes **K**ontinuierliches Verfahren) bekannte Herstellungsprozeß[1] wurde in großem Maßstab seiner Wirtschaftlichkeit wegen zuerst bei der Produktion von PERLON-Borsten und später von -Stapelfasern durchgeführt und dürfte bis heute die billigste Methode zur Gewinnung von Polymerisaten und Stapelfasern auf Polyamidbasis darstellen. Doch hat die Entwicklung gezeigt, daß dieses Verfahren nicht nur auf die obigen Produkte beschränkt ist, sondern daß es bei Beachtung gewisser Gesichtspunkte gelingt, endlose Fäden herzustellen, die sich einwandfrei verstrecken und weiterverarbeiten lassen.

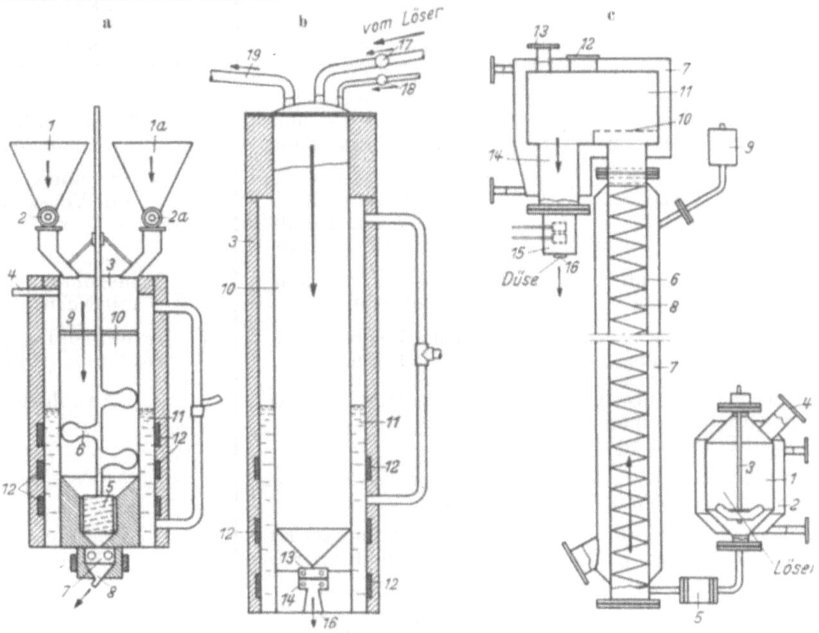

Abb. 6. VK-Verfahren.

----

[1] Ausführliche Angaben über das gesamte VK-Verfahren einschließlich zahlreicher Diagramme: H. Ludewig, Faserforschung und Textiltechnik, Bd. 2, S. 341 bis 351. 1951.

Abb. 6[1] zeigt verschiedene technische Möglichkeiten, mit denen die VK-Polymerisation von Caprolactam durchgeführt werden kann gemäß FP. 904088 vom 5. 5. 1944/25. 10. 1945, entsprechend der alten Deutschen Anmeldung I. 73653 vom 24. 11. 1942, jetzige Anmeldungs-Nr. B. 6108. In Fig. 6a und 6b bewegt sich das Polymerisat in der Richtung von oben nach unten, in Fig. 6c in umgekehrter Richtung. Die Zeichnungen stellen lediglich Ausführungsbeispiele dar, wobei Fig. 6c eine Form darstellt, die es gestattet, mit lactamarmen Polymerisaten zu arbeiten unter gegebenenfalls gleichzeitiger Erhöhung des Polymerisationsgrades durch Anwendung von Vakuum, wodurch die Polymerisationszeit außerordentlich abgekürzt wird. Durch dieses Prinzip dürfte es möglich sein, die Polymerisation und Verspinnung erheblich wirtschaftlicher zu gestalten. Selbstverständlich ist es auch möglich, die Entfernung des Lactams in einer angeschlossenen Vorrichtung an die Apparaturen entsprechend Fig. 6a oder 6b durchzuführen. Für die Entlactamisierung der Schmelze stehen auch noch andere Maßnahmen zur Verfügung.

Das nachfolgende Schema vermittelt einen Überblick der einzelnen Arbeitsgänge, die bei der Herstellung der endlosen Polyamidfäden erforderlich sind.

Tabelle 4.

	Rostschmelzverfahren			VK-Verfahren	
	Nylon		PERLON		PERLON
Phase	Technischer Vorgang	Phase	Technischer Vorgang	Phase	Technischer Vorgang
1	Diskontinuierliche Polymerisation und Schnitzelherstellung	1	Diskontinuierliche Polymerisation und Schnitzelherstellung	1	Kontinuierliche Polymerisation und Fadenbildung
2	Mischung und eventuell Trocknung der Schnitzel	2	Mischung und eventuell Entfernung des monomeren Anteils (naß oder trocken)	2	Verstreckung, eventuell mit Vorzwirnung
3	Aufschmelzen und Fadenbildung	3	Eventuell Trocknung der Schnitzel	3	Umspulung, eventuell mit Nachzwirnung
4	Verstreckung, eventuell mit Vorzwirnung	4	Aufschmelzen und Fadenbildung	4	eventuell Lactam-Extraktion mit Präparation
5	Umspulen, eventuell mit Nachzwirnung, und Präparation	5	Verstreckung, eventuell mit Vorzwirnung	5	Ausschleudern
6	Fixierung (gegebenenfalls)	6	Umspulen, eventuell mit Nachzwirnung	6	Trocknung
7	Ablieferungsaufmachung (Cones usw.)	7	eventuell Lactam-Extraktion und Präparation	7	Ablieferungsaufmachung (Cones usw.)
		8	Ausschleudern		
		9	Trocknung		
		10	Ablieferungsaufmachung (Cones usw.)		

[1] Seite 283.

Wie ersichtlich, erfordert die Erspinnung von PERLON nach dem Rostspinnverfahren gegenüber Nylon 2 bzw. 3 zusätzliche Arbeitsgänge infolge der Notwendigkeit, die Begleitsubstanzen zu entfernen, während das VK-Verfahren die gleiche Phasenzahl wie Nylon benötigt. Bei der Herstellung von Stapelfasern nach dem VK-Verfahren geht die Polymerisation und Fadenbildung in einem einzigen Arbeitsgang vor sich gegenüber den 3 Phasen bei Nylon bzw. 3—4 bei PERLON nach dem Rostschmelzverfahren. Bei Anwendung des Prinzips der von der Firma H. Zimmer, Offenbach a. M., entwickelten Schmelzspinnvorrichtung entfällt gegebenenfalls die Extraktion des Lactams aus den Fäden, wodurch zusätzlich eine Reduzierung der Zahl der Arbeitsgänge erreicht werden kann.

Da fernerhin das schon ältere Problem, die technischen Voraussetzungen für eine Verbindung des Verstreckungsvorganges mit der Umspulung bzw. Nachzwirnung zu schaffen, noch in Bearbeitung ist, besteht die weitere Möglichkeit, die Zahl der Arbeitsgänge reduzieren zu können. Ein nicht unbeträchtlicher Teil der verstreckten, endlosen Fäden kommt jedoch bereits direkt im Anschluß an den Streckprozeß auf den Streckspulen zum Verkauf, so daß die sich anschließenden rein textilen Arbeitsgänge — insbesondere bei Nylon — entfallen (kenntlich gemacht in der vorstehenden Übersicht durch die Querlinien).

Zusammenfassung. Für die Herstellung von Fäden, Fasern usw. aus Polyamidpolymerisaten stehen heute 2 großtechnisch gangbare Wege zur Verfügung:

1. Das Rostspinnverfahren, welches universellen Charakter besitzt, weil es praktisch die Verspinnung von in den schmelzflüssigen Zustand überführbarer Polymerisate bzw. organischer Verbindungen erlaubt. Hierbei wird das meist unter Anwendung von Druck hergestellte Polymerisationsprodukt in Schnitzelform — vorteilhaft nach Mischung mehrerer Polymerisationschargen — auf einem beheizten Rost wieder aufgeschmolzen und im gleichen Arbeitsgang den Spinnpumpen und Düsen zwecks Verformung zugeleitet.

2. Das VK-Verfahren, welches bis jetzt auf die Herstellung von verformten Produkten auf PERLON-Basis beschränkt ist. Es arbeitet drucklos und wirtschaftlicher als das Rostspinnverfahren, weil Polymerisation *und* Verspinnung in *einem einzigen Arbeitsgang* vor sich gehen können und der apparative Aufwand nicht unwesentlich geringer ist. Dieses Verfahren findet zur Zeit vornehmlich bei der Herstellung von PERLON-Stapelfasern Verwendung bzw. bei der Borsten-, Draht- oder Polymerisatfertigung.

4. Der Spinnprozeß.

a) Einfluß verschiedener Faktoren.

Qualitative Beschaffenheit der Schmelze.

Wie in den vorhergehenden Darlegungen bereits geschildert wurde, stehen für die Polyamidfadenbildung verschiedene Methoden zur Überführung des festen Polymerisates in den schmelzflüssigen Zustand zur

Verfügung, aus dem die Verformung vor sich geht. Hierzu selbst und im Zusammenhang mit dem nachfolgenden Verstreckungsprozeß sind eine ganze Reihe von Vorbedingungen zu erfüllen, auf die bereits gelegentlich hingewiesen wurde. Insbesondere spielt die Reinheit und Einheitlichkeit des Polymerisates eine beträchtliche Rolle.

Wenn beim Verspinnen von beispielsweise Viscoselösungen der Durchgang der Spinnlösung durch die feinen Düsenbohrkanäle, deren Durchmesser bis zu 50 μ heruntergehen kann, ein gewisses Kriterium für die Reinheit der Spinnlösung ist, so entfällt dieses Warnzeichen beim Schmelzspinnen der Polyamide, weil die untere Grenze der üblichen Düsenbohrungen bei etwa 150 μ liegt, sich jedoch meist in der Größenordnung von 200—250 μ bewegt. Fremdkörper bzw. ungelöste oder gequollene Partikelchen in einer Viscoselösung bringen den Faden bereits während des Spinnvorganges zum Abriß, während gleichgroße Teilchen — als inhomogene Schmelzebestandteile vorliegend — noch einwandfrei die gröberen Bohrungen der beim Polyamidspinnen verwendeten Düsenplatten passieren; sie wirken sich, allerdings als ein zu spät kommender deutlicher Hinweis, erst im Verlaufe des Streckprozesses aus.

Ähnlich wie bei der Viscose- und Acetatseideproduktion die Eigenschaften des Endproduktes bereits weitgehend durch die Spinnlösung vorausbestimmt werden (z.B. Polymerisationsgrad und andere Faktoren), sind auch bei der fabrikatorischen Herstellung von Polyamidfäden deren Eigenschaften zum großen Teil bedingt durch die Qualität des Polymerisates. In Teil I dieses Buches ist dargestellt, daß der Polymerisationsvorgang einer nach jeder Richtung hin genau zu befolgenden Verfahrenstechnik bedarf, ohne deren Einhaltung sich unerwartete und völlig unerwünschte Begleiterscheinungen einstellen. Die unter Fachleuten bekannte Tatsache, daß „gut polymerisiert halb gesponnen und verstreckt ist", hat nicht nur die Bedeutung eines Schlagwortes, sondern stellt ein unwiderlegliches Faktum dar, das wohl fast jedem Hersteller von Polyamidfäden hinlänglich bekannt geworden ist.

Nachstehend seien — vom verspinnungs- und verstreckungstechnischen Standpunkt aus betrachtet — aus der Vielzahl der Ursachen einige Beispiele angeführt, die nicht rohmaterialbedingt sind und die Qualität des Polymerisates beeinflussen können:

1. Die geringe Wärmeleitfähigkeit der Polyamide kann sich sowohl bei der Polymerisation wie auch bei dem Aufschmelzprozeß während des Spinnvorganges nachteilig auswirken. So besteht die Gefahr, daß bei ungenügender Wärmezufuhr während der Polymerisation die den Autoklavenwandungen zunächst liegenden Teile des monomeren Ausgangsmaterials schneller einem höheren Polymerisationsgrad zugeführt werden als die in der Mitte des Autoklaven befindlichen. Umgekehrt kann bei zu hoher Wandtemperatur eine Zersetzung mit zwangsläufiger Depolymerisation bereits gebildeter Ketten oder gegebenenfalls Vernetzung des Polymerisates eintreten, beides Vorgänge, die zu einer Uneinheitlichkeit des Polymerisates führen müssen; da sie aus dem fertigen Produkt nicht mehr entfernt werden können, tragen sie nicht selten zu Fadenbrüchen in der Streckerei bei. Die Ermittlung der für jedes

Polyamid optimalen Polymerisationsbedingungen, die in Abhängigkeit von der chemischen Konstitution des Ausgangsmaterials stehen, ist eine der Hauptaufgaben einer gut geleiteten Polymerisationsabteilung.

2. Über die Wahl des besten Kettenabbrechers bei der Autoklavenpolymerisation bzw. Reaktionsbeschleunigers bei der VK-Polymerisation ist eingehend im ersten Teil dieses Buches gesprochen worden. In diesem Abschnitt sei noch eine Ergänzung dahingehend gegeben, daß besonders beim VK-Verfahren die Höhe des Zusatzes des reaktionsbeschleunigenden bzw. kettenlängebestimmenden Mediums nicht nur abhängig ist von den Reaktionstemperaturen, sondern auch von der Reinheit des monomeren Ausgangsmaterials. Beispielsweise vermögen anorganische oder organische Körper, die im Rohmaterial vorhanden sind oder im Laufe des Lösevorganges unbeabsichtigterweise in den Reaktionsprozeß gelangen, diesen sowohl nach der negativen wie auch nach der positiven Richtung hin zu beeinflussen. Hieraus erklären sich die Meinungsverschiedenheiten, die manchmal über die optimale Höhe der Zusätze auftreten.

3. Verunreinigungen des Polymerisates, selbst Spuren mechanischen oder chemischen Charakters, stören erheblich alle nachfolgenden Verarbeitungsprozesse bis einschließlich Färberei, Ausrüstung usw.; nicht selten wird auch der Gebrauchswert der textilen Fertigerzeugnisse beeinträchtigt.

4. Dem Wassergehalt[1] der zur Verspinnung kommenden Polymerisate kommt eine nicht zu unterschätzende Bedeutung zu, die in Relation zu der Verweilzeit der Schmelze im flüssigen Zustand steht. Wassergehalte über 0,3% können sich schädlich auswirken, wenn man nicht von einem Material mit einem sehr hohen Polymerisationsgrad ausgeht. Im übrigen ist der optimale Wassergehalt von Polymerisat zu Polymerisat verschieden und richtet sich nach den angewandten Spinnbedingungen, die zum Teil graduelle Abweichungen bei den einzelnen Herstellern aufweisen können.

Ganz allgemein kann festgestellt werden, daß die Hersteller von Polyamidfasern den Polymerisationsprozeß auf die Spinnbedingungen abstimmen oder umgekehrt vorgehen. Es ergeben sich somit ähnliche Verhältnisse wie bei der Produktion von Reyon oder Acetatfäden, bei denen Spinnlösung und Verspinnung innerhalb jeder Fabrikation korrespondierend so aufeinander eingestellt sind, daß der beste Effekt erreicht wird.

5. Von besonderer Bedeutung ist die Fernhaltung von Sauerstoff[2]. Im schmelzflüssigen Zustand sind die Polymerisate äußerst empfindlich gegen oxydativ wirkende Substanzen, wobei der Temperaturfaktor eine ausschlaggebende Rolle spielt. Nylonschmelzen sind empfindlicher als die von PERLON und diese wiederum oxydativ leichter angreifbar als Polyurethan.

Im allgemeinen empfiehlt es sich, den Sauerstoffgehalt des Schutzgases so niedrig wie nur irgend möglich zu halten und ihn keineswegs

---

[1] AP. 2571975.

[2] AP. 2253176; AP. 2252689.

über 0,005% ansteigen zu lassen. Dieser Prozentsatz mag auf den ersten Blick als recht niedrig, beinahe im Spurenbereich liegend, erscheinen. Berücksichtigt man jedoch, daß zur Polymerisation zum Teil Autoklaven mit einem Fassungsvermögen bis zu einigen Kubikmetern verwendet werden, die normalerweise nur zur Hälfte mit der Schmelzmasse gefüllt sind, dann errechnet sich eine beachtliche Sauerstoffmenge, die bei den hohen Temperaturen mit dem in Bildung befindlichen Polymerisat reagiert und zu Verfärbungen und Vernetzungen führt. Insbesondere wird die Oberfläche der Schmelzmasse und das an den heißen Wänden befindliche Polymerisat oxydativ angegriffen. Derart verunreinigte Autoklaven müssen sofort aus dem Betrieb gezogen und einer zeitraubenden intensiven Reinigung unterworfen werden, da sich jeder verbliebene Rückstand unweigerlich der nachfolgenden Polymerisations-Charge mitteilt.

Ähnliche Verhältnisse liegen bei dem Rostspinnverfahren vor, sofern Stickstoff oder Kohlendioxyd als inertes Gas benutzt werden. Der über die Schmelzmasse im Rostspinnkopf kontinuierlich strömende Gasstrom führt im Laufe eines 24stündigen Arbeitstages nicht zu vernachlässigende Sauerstoffmengen mit sich und da die normale Laufzeit eines Rostes sich über Wochen erstreckt, ist die Oxydationsgefahr bei Sauerstoffgehalten über 0,005% als solche durchaus gegeben. Die eigentliche Gefahr beruht nicht so sehr auf einer Verkohlung einzelner Polymerisatpartikel, die schnell auf den Spinnspulen entdeckt wird, als vielmehr in einer visuell schlecht wahrnehmbaren Vernetzung, die frühestens bei der später vor sich gehenden Verstreckung bemerkbar wird. Da in einer Großfertigung die Produktion jeder einzelnen Spinnstelle nicht für sich gesammelt wird, kann durch anomales Spinngut einer einzigen Spinnstelle die mehrtägige Produktion der Gesamtanlage gefährdet werden.

b) Spinnaggregate.
Rostspinnapparatur.

Die Rostspinnapparatur setzt sich aus folgenden Aggregaten zusammen, die in ihrer Reihenfolge von oben nach unten aufgeführt sind:

1. Vorratsbehälter für Schnitzel mit einem Fassungsvermögen von 100 und mehr Kilogramm; Schüttgewicht der Schnitzel etwa 0,5—0,7 kg je nach Schnitzelgröße. Der Behälter ist luftdicht verschließbar und an Vakuum-, Druck- und Schutzgasleitungen angeschlossen;

2. vakuumdichter Abschlußhahn;

3. Fallrohr (Schleuse) mit Stutzen für inertes Gas und eingebautem Expansionskompensator;

4. Aufschmelzvorrichtung, bestehend aus

a) Heizmantel (Diphyl, Dowtherm oder Hochdruckdampf); er umkleidet den

b) Schmelzrost und den mit ihm verbundenen

c) Pumpen- und Düsenblock;

Schmelzrost: zylindrischer, nach unten konisch zulaufender Behälter oder Topf mit starr oder auswechselbar angebrachtem, als Spirale ausgebildetem Schmelzgitter aus einem mit einem Heizmittel durchströmten Rohr. Anschlüsse für Schutzgas.

Pumpen- und Düsenblock: Zylindrischer massiver Körper mit seitlichen Aussparungen zur Aufnahme der Pumpen; Kanäle für den Polymerisatdurchfluß und mit Gewinde versehener Ausbohrung zur Aufnahme des Düsenaggregates; Pumpenantrieb.

5. Kühlkammer; schmale, nach vorne offene, mit schwenkbaren Seitenklappen versehene Vorrichtung zur Abführung des Wärmeinhaltes der schmelzflüssigen Fäden durch Anblasen mit aus der Rückwand austretender Luft von etwa Raumtemperatur;

6. Fadenführer (bei Nylon);

7. Schacht, bei Nylon mit Dämpfeinrichtung versehen und beheizt;

8. Fadenführer;

9. Präparationsscheibe zum Auftrag der Spinnpräparation auf das Fadenbündel; bei PERLON vorgeschaltete Befeuchtungsscheibe; Fadenführer;

10. zwei Umlenkgaletten, von denen die zweite meist einen etwas größeren Durchmesser zur Erzielung einer leichten Fadenspannung besitzt;

11. Fadenführer und Changiervorrichtung;

12. Spinnspule und Antriebsvorrichtung.

Aus den Abbildungen bzw. Skizzen Nr. 4 (S. 277), 7 u. 8 (S. 290) sind Einzelheiten zu ersehen (s. auch AP. 2217743 und 2300083).

Zur Inbetriebnahme der Spinnvorrichtung wird der Schnitzelbehälter mit Polyamidschnitzeln bei geschlossenem Schnitzelhahn beschickt, anschließend hermetisch verschlossen und zur Entfernung des Luftsauerstoffs mehrmals evakuiert und mit gereinigtem Stickstoff oder einem anderen inerten Schutzgas gefüllt. Ebenso wird der unterhalb des Hahnes befindliche Teil der Apparatur mit einem Schutzgas durchgespült. Nach Öffnung des Hahnes fallen die Schnitzel durch die Schleuse (Fallrohr) direkt auf den beheizten Rost und werden dort aufgeschmolzen. In dem Umfange, wie sie abgeschmolzen werden, ergänzt sich laufend aus dem Vorratsbehälter das über dem Schmelzrost lagernde Polymerisat. Das Fallrohr endet kurz oberhalb des Rostes, um zu vermeiden, daß die Schnitzel mit dem oberen Teil des Schmelztopfes in Berührung kommen und dadurch Veranlassung zu der gefürchteten „Brückenbildung" geben.

Beim Arbeiten nach dem VK-Verfahren entfallen sämtliche Vorrichtungen und Arbeitsgänge von 1 bis einschließlich 4b. An ihre Stelle tritt das VK-Rohr, dessen Polymerisat kontinuierlich dem Pumpen- und Düsenblock zufließt oder bei nicht ausreichender statischer Höhe durch eine Pumpe zugeführt wird, besonders dann, wenn ein größeres VK-Rohr durch eine Ringleitung eine größere Zahl von Spinnstellen mit Polymerisat versorgt. Polyurethan-Verspinnung: DRP. 753158.

Etwa ab 1943 arbeitete man in einer PERLON-Anlage der früheren IG. teilweise mit offenem rohrförmigem Schnitzelbehälter, der im Gegenstrom mit einem Schutzgas durchspült wurde. Abb. 8 zeigt die technische Weiterentwicklung für die Verspinnung von Nylon gemäß

BP. 653757 mit amerikanischer Priorität vom 10. 5. 1947, wobei dem unter bestimmter Spannung stehenden Wasserdampf verschiedene Funktionen zufallen. Neben qualitativen Verbesserungen des Spinngutes bringt diese Methode eine Verbilligung der apparativen Teile und des Spinnvorganges (AP. 2571975; DBP. 826615).

Sobald das Polymerisat durch den Rost oder eine andere Aufschmelzvorrichtung in den schmelzflüssigen homogenen Zustand übergeführt ist, beginnt der eigentliche Spinnprozeß. Es ist eine Selbstverständlichkeit, daß man die Schmelze nur kurze Zeit in flüssigem Zustand beläßt, um thermische Zersetzungen zu vermeiden. Die Verweilzeit sollte nicht länger als 30—45 min

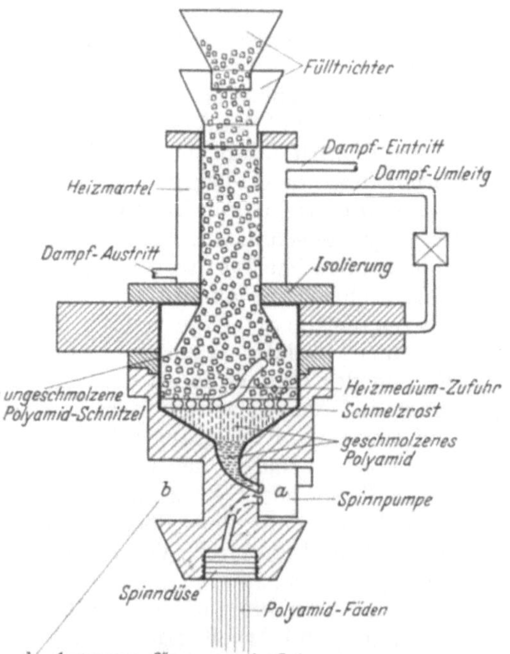

Abb. 7. Skizze einer Rostspinn-Apparatur.   Abb. 8. Rostschmelz-Vorrichtung (aus BP. 653757).

ausgedehnt werden; im Spinnkopf der Firma H. Zimmer, Offenbach, werden sehr geringe Verweilzeiten erreicht.

Spinnpumpen.

Zur Durchführung des Spinnprozesses werden im Prinzip die gleichen Elemente benutzt wie sie bei der Verspinnung von Viscose- oder Acetatseide Verwendung finden, natürlich mit der Einschränkung, daß die gesamten Aggregate wie Filter, Pumpe, Düse usw. in chemischer und physikalischer Hinsicht den Spinnbedingungen und Eigenschaften des jeweiligen Polymerisates angepaßt sind (Korrosionsbeständigkeit, Temperaturfaktor usw.). Die Spinnpumpen[1] sind den infolge der Zähigkeit der Schmelzmasse (500—1500 Poisen) auftretenden hohen Drucken durch entsprechende Steigerung der Präzision angepaßt; mit ihrer Herstellung beschäftigen sich Spezialfirmen. Wichtig ist die Beachtung des Ausdehnungskoeffizienten der Metall-Legierung dieser Pumpen (s. S. 282 und FP. 873009).

In manchen Fällen, so teilweise bei der Verspinnung des Nylonpolymerisates, macht man von der Verwendung zweier Spinnpumpen Gebrauch, wobei die erste Pumpe die Funktion einer Druckpumpe zwecks Verdichtung bzw. Lösung von gasförmigen Bestandteilen der Schmelzmasse übernimmt, während die zweite Pumpe als eigentliche Dosierpumpe direkt vor dem Sandfilter arbeitet[2]. Beide Pumpen werden in ihren Fördereigenschaften während des Spinnvorganges so aufeinander abgestimmt, daß der Dosierpumpe — gegebenenfalls unter Einschaltung eines Sicherheitsfaktors — immer genügend Schmelzmasse in einwandfreier, gasfreier Form zugeführt wird.

Filtration und Düsen.

Naturgemäß kommen die bisher üblichen Filterkombinationen (Textilien) aus Temperaturgründen nicht in Betracht; an die Stelle von Watte, Nessel, Batist und Molton treten Gewebe aus feinen Metalldrähten (bis zu 17000 Maschen/cm^2) und reinster Sand[3]. Infolge der hohen Drucke, welche bei der Verspinnung von Polyamiden auftreten können, ergab sich die Notwendigkeit der Umkonstruktion der bisher bekannten Düsenfassungen, welche ebenso wie der mit der Schmelzmasse in Berührung kommende Innenteil der Aufschmelzapparatur aus einem korrosionsbeständigen Stahl gefertigt sind. Die Fassung selbst besteht meist aus 3 Teilen: dem Halterungsring, dem Düsen- und Filtrationsträgerorgan und einer Innenverschraubung zur Fixierung der Düse und Filtrationsmedien im Trägerorgan. Die Abdichtung des Düsenaggregates gegen den Spinnkopf wird durch 2 Faktoren bewerkstelligt: die Innenverschraubung ist in ihrem oberen Teil mit einer Einfräsung versehen, in welcher ein Aluminiumring ruht, der gegen den Spinnkopf gepreßt wird; der notwendige Anpreßdruck wird dadurch erzielt, daß das Trägerorgan, welches lose auf dem in den Spinnkopf eingeschraubten Halterungsring ruht, nunmehr mit im Halterungsring angebrachten Schrauben nach oben gehoben und durch entsprechenden Druck die mit dem Dichtungsring versehene Innenverschraubung via Düsen- und Filtrationsträgerorgan angepreßt wird. Der Aufbau eines solchen Düsenaggregates sieht etwa folgendermaßen aus (Abb. 9):

---

[1] AP. 2281767. — Schneckenpumpe: AP. 2295942; BP. 550991; FP. 904649.
[2] AP. 2278875; DRP. 742867; BP. 535186, 536379/380, 556701.
[3] AP. 2266363; AP. 2266368.

1. Halterungsring mit äußeren Schraubengängen und Durchbohrungen für die Anpreßschrauben des eigentlichen Düsenorganes.

2. Düsen- und Filtrationsträgerorgan bestehend aus 2 Körpern,

a) Düsen- und Filtrationsmittel-Fassung,

b) Innenverschraubung mit Abdichtungsvorrichtung an ihrem oberen Ende.

Zu 2a. Die Düse ruht in ihrer eigentlichen Fassung auf einem vorspringenden Innenrand. Jeweils, mit Aluminiumringen abgedichtet, folgen eine Stützplatte oder ein Stützsieb, mehrere Lagen Metallgewebe aus korrosionsbeständigem Stahl, deren Maschenzahl 60—17000 Maschen je Quadratzentimeter beträgt. Mittels der Innenverschraubung werden diese Metallgewebelagen fest auf die Düsenplatte bzw. deren Widerlager gepreßt und dadurch die notwendige Dichtung gegen den hohen Spinndruck erzielt. Anschließend füllt man den Hohlraum mit mehreren Lagen verschiedenkörnigen Sandes und deckt zweckmäßig die oberste Lage mit einem Metallsieb ab.

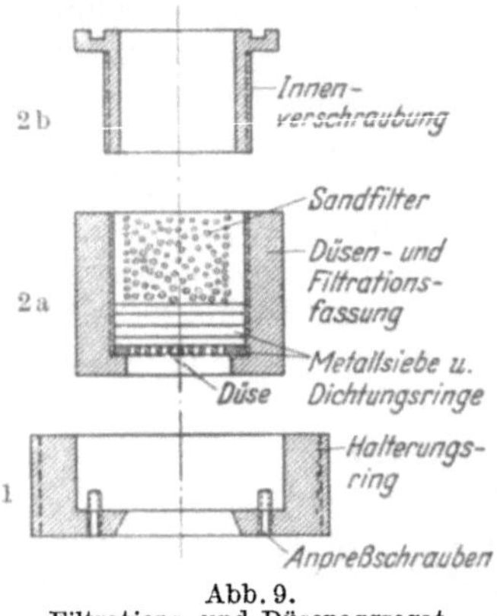

Abb. 9.
Filtrations- und Düsenaggregat.

Die Funktion des Sandes bzw. der Metallsiebe ist mehrfacher Art. Zunächst steht naturgemäß als Primärwirkung ein Filtrationseffekt im Vordergrund. Weiterhin hat der Sand die Aufgabe, eine gute Verteilung des Polymerisates zu bewirken und schließlich dient er als Füllmasse für den Hohlraum, verringert dadurch die Verweilzeit des geschmolzenen Polymerisates und reduziert somit die Depolymerisationsgefahr.

Neben dieser, eine unbedingt gleichmäßige Anpressung des Filteraggregates gewährleistende Ausführung ist es natürlich möglich, auch mit einfacheren Mitteln ähnliche Wirkungen zu erzielen, z. B. durch einfaches Einschrauben der Düsenfassung in den Spinn- bzw. Pumpenkopf.

Nach erfolgter Filtration tritt die Masse in die Spinndüse ein. Die übliche Form der sog. Hütchendüse wurde bei der Verspinnung von Polyamiden verlassen; an ihre Stelle ist eine robuste Edelstahlplatte (Stärke 3—10 mm) getreten, die in der Lage sein muß, den eventuell auftretenden Drucken in der Größenordnung bis zu 100 Atm. standzuhalten[1]. Es ergab sich demgemäß die Notwendigkeit, den Durchmesser, die Länge, die Ausführungsform des Bohrkanals und andere Faktoren zu modifizieren. Es gibt eine Reihe von Firmen, die den verschiedensten Wünschen nachkommen können und die über Erfahrungen auf diesem Sondergebiet verfügen (Bildfolge Abb.10). Da die Polyamidschmelze —im Gegensatz zu den Großverfahren der Reyon- und Zellwolleherstellung — keine Lösung eines verspinnbaren Stoffes in einem geeigneten Medium darstellt, sondern als 100%iger Spinnrohstoff vorliegt, sind die Präzisionsanforderungen an Spinnpumpe und Düse ganz andere als bei der

---

[1] AP. 2341555; AP. 2362277.

Verspinnung von Viscose- oder Acetatlösungen, besonders in Verbindung mit der hohen Viscosität der Schmelze und der ungefähr um eine Zehnerpotenz höheren Spinngeschwindigkeit gegenüber der Reyonherstellung auf Viscosebasis. Demgemäß besitzen die Bohrkanäle einen um das 3—4fachen größeren Durchmesser.

Man könnte aus diesem Grunde versucht sein anzunehmen, daß die

A   B (Außen-Seite)

Verstopfungsgefahr der Bohrkanäle auf ein Minimum reduziert ist, doch lehrt die Erfahrung, daß neue Momente, wie z. B. der Temperaturfaktor und die Empfindlichkeit der Schmelze gegen Sauerstoff und andere Umstände dafür sorgen, daß schwache und dünne Fäden nicht nur ein Objekt der Erinnerung bleiben. Mikroskopische Querschnittskontrollen sind daher im laufenden Betrieb nicht zu umgehen, besonders im Hinblick auf den späteren Verstreckungsvorgang. Bei Beachtung sämt-

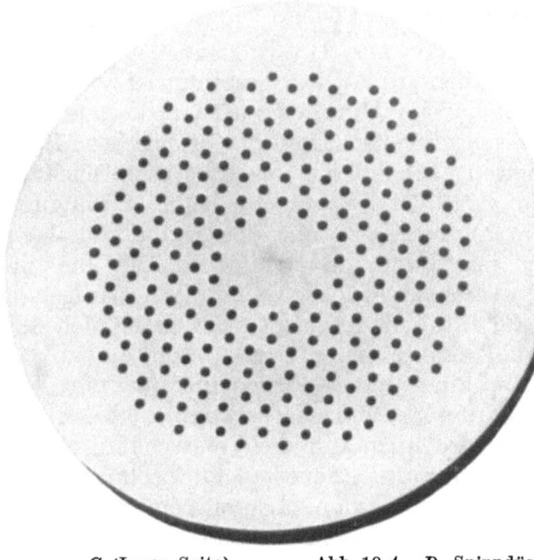

C (Innen-Seite)   Abb. 10 A—D. Spinndüsen.   D

licher Kautelen gelingt es jedoch, Düsenlaufzeiten zu erreichen, welche als durchaus zufriedenstellend im Vergleich zur Viscosespinnerei zu bezeichnen sind. Bringt man die Düsenlaufzeiten in Relation zu dem je Tag und Düse erzeugten Spinngut, so fällt der Vergleich eindeutig zugunsten der Polyamidspinnerei aus.

Die Bildfolge Abb. 10 gibt die Ausführung einiger Düsenplatten wieder; die Aufnahmen wurden von den Firmen W. C. Heraeus, Hanau und Werkstätten für Präzisionsmechanik G. Frey, Berlin-Britz (amerikanischer Sektor) zur Verfügung gestellt.

A stellt eine Form dar, wie sie zu Beginn der Polyamidspinnerei als sog. Wulstdüse verwendet wurde; bei dieser Art waren die Bohrkanäle in einer wulstförmigen Erhebung der Platte untergebracht bzw. als Einzelwülste ausgebildet. Es stellte sich jedoch mit zunehmender Beherrschung der Spinnmethodik heraus, daß ebene Platten — wie in B und C^1 dargestellt — in mancher Hinsicht Vorteile boten, so daß diese Ausführung heute zu den bevorzugten zählt.

D ist die Abbildung einer Düse wie sie bei der Herstellung von Reyon verwendet wird und erlaubt einen Größenvergleich, da C und D etwa in der gleichen Verkleinerung bildmäßig dargestellt worden sind.

Es muß erwähnt werden, daß der Spinnprozeß als solcher einen beachtlichen Einfluß auf die Qualität des Endproduktes hat und daß man durchaus in der Lage ist, aus einem guten Polymerisat durch eine weniger gute Durchführung des Spinnprozesses ein nicht befriedigendes Endprodukt herzustellen. Die Wahl der Spinntemperaturen, des Wassergehaltes der Schnitzel, der Bohrkanaldurchmesser, der Abzugsgeschwindigkeit und des Präparationsmittels sind einige Faktoren, mit denen man es in der Hand hat, die Qualität des Endproduktes während des Spinnvorganges weitgehend zu determinieren.

Erstarrung der Fäden.

Die Erstarrungsbedingungen der aus den Bohrkanälen der Düsenplatten austretenden Einzelfäden bzw. des gesamten Fadenbündels stellten anfangs ein Problem dar im Hinblick auf den Verstreckungsvorgang und einige physikalische Eigenschaften des orientierten Fadens. Durch systematische Arbeiten, besonders von amerikanischer Seite (Du Pont), gelang es, den Einfluß der verschiedenen Bedingungen, welchen der Übergang des Polymerisates aus der schmelzflüssigen in die feste Phase ausgesetzt sein kann, zu ermitteln. Die aus diesen Beobachtungen und Erkenntnissen gezogenen Schlußfolgerungen sind in einem Teil der Du Pont-Patente[2] niedergelegt. Sie lassen sich dahingehend zusammenfassen, daß eine gleichmäßige Abkühlung an sämtlichen Spinnstellen einer Maschine eine conditio sine qua non ist für ein in seinen Gesamteigenschaften gleichmäßiges Produkt. Nach Untersuchungen von anderer Seite wird nicht nur die Verstreckungsmöglichkeit, sondern auch das Farbstoffaufnahmevermögen beeinflußt, wenn die Erstarrungsbedingungen variiert werden. Hierzu gehört ebenso eine vorherige Klimatisierung des aus der Verteilungskammer austretenden

---

[1] Düsenplatten für die Polyamid-Stapelfaser-Herstellung.

[2] AP. 2273105, 2252684, 2484523; FP. 851437, Zusatz 50571; 980574; BP. 533304, 541238; DRP. 747592.

Luftstromes wie seine absolute Gleichmäßigkeit bezüglich Intensität, die für die einzelnen Fadenstärken in Abhängigkeit von der Spinntemperatur, der Spinngeschwindigkeit und anderen Faktoren steht. Der Sinn der gewollten Abkühlung besteht letzten Endes darin, durch eine Abschreckung eine langsame Rekristallisation zu vermeiden, die zu weniger gut verstreckbaren Fäden mit nicht ausreichenden textilen Eigenschaften führen kann. Bei Fäden mit feinem Einzeltiter genügt ein Anblasen durch Luft, während bei gröberen Haaren und Drähten meist ein Durchleiten durch Wasser notwendig ist[1], um den Wärmeinhalt schnell genug abzuführen. Bezüglich des Auftretens bzw. der Beobachtungen von Sphärolithen sei auf die Originalliteratur verwiesen[2].

Befeuchtung der Fäden.

Mit der Abführung der den Fäden während des Aufschmelzprozesses oder der Polymerisation zugeführten Wärmecalorien wäre der Spinnvorgang im wesentlichen abgeschlossen. Da die Fäden jedoch infolge der angewandten hohen Temperaturen praktisch wasserfrei sind, neigen sie zu einer rapiden Wasseraufnahme aus der sie umgebenden Luft, die mit einer Längung der Fäden verbunden ist. Diese tritt insbesondere auf den Spinnspulen auf, die infolge ihrer Rotation dauernd mit erheblichen Luftmengen in Berührung kommen. Die Längung der Fäden in Verbindung mit den Umdrehungen und dem Anpreßdruck der Spulen auf die Friktionswelle des Abzugsorganes bewirken ein Lockerwerden des auf den rotierenden Spulen befindlichen Spinngutes, das schließlich zu dessen Abrutschen von der Spinnspule führt. Um dieses zu verhindern, wird einmal dem Faden soviel Feuchtigkeit a priori zugeführt, wie er sie selbst aus der umgebenden Luft entnehmen würde und andererseits der Raum, in welchem die Aufwicklung der Fäden auf Spulen stattfindet, vollklimatisiert. Je nach dem versponnenen Polymerisat bewegt sich die relative Luftfeuchtigkeit zwischen 40—75%, während die Temperaturen in der Größenordnung von 20—25° liegen.

Die Applikation der Feuchtigkeit kann auf verschiedene Art erfolgen, sei es, daß man die Fäden durch einen mit Wasserdampf durchströmten Schacht[3] oder über rotierende Scheiben laufen läßt, welche in eine wäßrige Flüssigkeit mit ihrer unteren Kante tauchen; diese kann zusätzlich Netz- und/oder Präparationsmittel enthalten, um einen störungsfreien Ablauf der Fäden bei den nachfolgenden textilen Arbeitsgängen zu erzielen.

Einen anderen Weg schlägt ein Vorschlag ein, welcher in einer deutschen Anmeldung der Badischen Anilin- und Sodafabrik[4] beschrieben wird. Sein Hauptmerkmal ist eine Spinnpräparation für PERLON-

---

[1] AP. 2212772; AP. 2285552.

[2] CAROTHERS u. ARVIN: J. Am. Chem. Soc. **51**, 5260 (1929). — MARK, H.: High Polymers 1, 22. — LANGKAMMERER u. CATLIN: J. Pol. Sci. **3**, 305 (1948). — HERBST: Z. Elektrochem. **54**, 318 (1950) — JENCKEL u. WILSING: Ibid. **53**, 5 (1949). — GABLER: Naturwiss. **35**, 284 (1948). — BRENSCHEDE: Kolloid-Z. **114**, 35 (1949). — JENCKEL u. KLEIN: Ibid. **118**, 86 (1950). — FISHER, HOLLEMAN u. TURNBULL: J. Applied Phys. **19**, 775 (1948).

[3] AP. 2289860; BP. 533303; FP. 831437, Zusatz 50574.

[4] D. Anm. B. 7723.

Fäden, welche das Fadenbündel mit einem Film überzieht, der eine
schädigend wirkende Wasseraufnahme so lange verhindert, bis die Spulen
zur Verstreckung kommen. Dadurch ergibt sich die Möglichkeit, die
Klimatisierungskosten der Spinnerei und zum Teil auch der Textil-
abteilung reduzieren zu können.

Wie in den vorhergehenden Zeilen beschrieben, durchläuft das Fadenbündel auf dem Wege von der Düse zur Aufwickelspule einen Schacht.
Neben der Möglichkeit, den Faden in ihm zu befeuchten (Nylon), hat
dieser Schacht jedoch auch noch eine andere Funktion, die von der
Acetatseidenherstellung her bekannt ist. Auf ihrem bis zu 4 m be-
tragenden Weg würde in freier Luftstrecke durch unkontrollierbare
Luftströmungen im Spinnraum die Möglichkeit bestehen, daß die
Capillarfäden in Schwingungen geraten und sich dabei gegenseitig verkleben. Um diese Gefahrenquelle auszuschalten, umgibt man das Fadenbündel auf seinem Weg mit einem längeren Schacht, wobei natürlich
Sorge getragen werden muß, daß eine zu starke Kaminwirkung unter-
bleibt (Luftwirbel).

Aufspulung der Fäden.

Zur Aufwicklung benutzt man vorzugsweise die üblichen Spinnspulen, die so dimensioniert sind, daß sie ein Fassungsvermögen bis zu
mehreren Kilo haben. Für die Polyamidstapelfaser-Herstellung werden
zum Teil große Spulen oder Haspel[1] benutzt, die in ihrem Durchmesser
den hohen Abzugsgeschwindigkeiten angeglichen sind.

Die Spinngeschwindigkeiten bewegen sich in einer Größenordnung,
die bis zur Auffindung der technischen Verwertbarkeit der Polyamide
von keinem anderen Verfahren zur Herstellung von organischen Fäden
oder Fasern auf fabrikatorischem Wege erreicht wurden. Während
bei Beginn der Arbeiten 250 und 300 m[2] je min schon als hohe Spinngeschwindigkeiten angesehen wurden, überschreiten sie heute im Normal-
betrieb die 800 m-Grenze zum Teil nicht unwesentlich. Selbstverständlich muß den durch diese hohen Abzugsgeschwindigkeiten bedingten
Änderungen der Spinn-Verhältnisse durch Angleichung der Düsen
Rechnung getragen werden. Auch andere Faktoren müssen Berücksichtigung finden wie z.B. erschütterungsfreier Lauf sämtlicher mechanisch bewegten Teile, kritische Tourenzahl der Spinnspulen und
störungsfreies Arbeiten der Changiervorrichtung, welche mit einer Doppel-
hubzahl arbeitet, die früher für technisch nicht erreichbar angesehen
wurde und die nur durch eine Spezialkonstruktion zu erzielen ist. Das
gleiche trifft auf den Fadenführer zu, der meist in Form eines geschlitzten
Bleches verwendet wird und eine selbsttätige Einführung des laufenden
Fadens in den Führungsschlitz bewirkt.

Um dem Fadenbündel einen ruhigen Lauf zu ermöglichen, befinden
sich oberhalb der Aufwickelvorrichtung 1 oder 2 Galetten mit geringen
Durchmesserunterschieden, wodurch das Fadenbündel unter eine konstante Fadenspannung zu stehen kommt. Fernerhin dienen sie dazu,
um den Anspinnvorgang zu erleichtern und im Notfall Spinngut auf-

---

[1] DBP. 809935, 816581.   [2] AP. 2130523.

zunehmen, wenn man sich aus bestimmten Gründen nicht entschließen will, den Spinnvorgang für kurze Zeit ganz zu unterbrechen.

Neben den Galetten und Präparations- bzw. Befeuchtungsscheiben sind oberhalb der Aufwickelvorrichtung meist noch einige Fadenleitorgane wie Führer oder Rollen angebracht, mit denen man die tangentiale Berührung des laufenden Fadens mit den beiden genannten Scheiben regulieren kann.

Aus den Abbildungen bzw. Skizzen 4 u. 7 auf den S. 277 u. 290 sind zum Teil nähere Einzelheiten ersichtlich.

Abb. 11. Aufspulvorrichtung einer 16stelligen Spinnmaschine der Industrie-Werke Karlsruhe (IWK).

Die vorstehende Abbildung stellt die technische Ausführung des in den Skizzen 4 und 7 veranschaulichten Prinzips dar. *1* Befeuchtungs- bzw. Präparationsscheibe; *2* untere Umlenkgalette; *3* obere Umlenkgalette; *4* Spinnspulenträger.

5. Textiler Teil.

Die übliche textile Aufarbeitung von gesponnen Textilfäden wird auf Grund der im Abschnitt I dieses Buches behandelten besonderen Eigenschaften der Polyamide um den Verstreckungsvorgang[1] erweitert. Die sonstigen textilen Maßnahmen[2] wie Zwirn-, Haspel- und Cones-Prozeß stellen bekannte Arbeitsgänge dar, bei deren Durchführung den

---

[1] AP. 2071250.

[2] Darstellung der textilen Arbeitsgänge u. a., H. KLARE, Faserforschung und Textiltechnik, 1951. S. 219—233.

Sondereigenschaften der Polyamide Rechnung getragen werden muß,
wie z. B. Verhalten gegen Feuchtigkeit, Dehnungsverhältnisse (bedingt
durch den hohen Anteil an elastischer Dehnung des verstreckten Fadens),
elektrische Aufladungstendenz u. a. m.

a) Endlose Fäden.
Vorzwirnung.

Der Verstreckung ging in den ersten Jahren der Polyamid-Fäden-
herstellung eine sog. Vorzwirnung voraus. Dieser Arbeitsgang ist durch
die Beherrschung der Polymerisations- und Spinntechnik heute in vielen Anlagen überflüssig geworden, wodurch sich eine Reduzierung der
Fertigungskosten ergibt. Obgleich dieser Prozeß nur noch an einigen
Stellen durchgeführt wird, sei trotzdem auf ihn eingegangen und sei es
nur aus entwicklungsgeschichtlichen Gründen.

Die Aufgabe der Vorzwirnung, in deren Verlauf dem Faden ein Drall
von etwa 80 je Meter gegeben wird, besteht darin, die parallel nebeneinander liegenden Kapillarfäden durch Drehung so zu einem einheitlichen Fadenbündel zu vereinigen, daß dieses als Ganzes dem Verstreckungsprozeß unterworfen werden kann. Der Grund lag in dem
Umstand, daß in den Anfangszeiten sehr zahlreiche Fadenbrüche während der Verstreckung auftraten, deren Ursachen in Faserquerschnitts-
schwankungen, Ungleichmäßigkeiten im Polymerisat und Präparations-
fragen neben anderen Faktoren zu suchen waren. Wurden die Fadenbündel ungezwirnt verstreckt, dann hielten einzelne Capillarfäden die
Zugbeanspruchung nicht aus, rissen ab und wickelten sich um die Ver-
streckungsorgane, deren Entfernung an den laufenden Maschinen wegen Unfallgefahren nicht vorgenommen werden konnte. Diese Streck-
stelle fiel also aus und da weitere Abrisse an anderen Stellen folgten,
summierte sich die Zahl der stillgelegten Streckstellen in mehr oder
minder kurzer Zeit und beeinträchtigte deren Kapazität. Nach Einführung der Vorzwirnung gingen die Fadenabrisse stark zurück, wobei
man die Annahme machte, daß die im gezwirnten Fadenverband liegenden schwächeren Fäden usw. durch die sie umgebenden normalen Fäden
geschützt würden.

Praktisch war und bleibt es jedoch immer das Ziel einer gut geleiteten
Fabrikation, diesen Arbeitsgang auszuschalten. Eine geeignete Präparation mit leicht verklebenden Eigenschaften, die während des Spinnprozesses auf das Fadenbündel aufgebracht wird, trägt dazu bei, die
Verstreckung ohne Vorzwirnung zu erleichtern.

Während anfänglich die Vorzwirnung ein Arbeitsgang für sich war,
gingen später die Bestrebungen dahin, die beiden Prozesse miteinander
zu verbinden, sei es, daß man eine vertikale Anordnung der einzelnen
Organe suchte oder so vorging, daß man auf der einen Seite der Maschine
das Material vorzwirnte und den gezwirnten Faden kontinuierlich direkt
dem auf der anderen Maschinenseite befindlichen Streckorgan zuführte.

Die nachfolgende Abbildung gibt die Skizze einer Zwirnmaschine
wieder, auf der eine Vorzwirnung durchgeführt werden kann. Die Ab-

zugsgeschwindigkeit wird auf die normale Drallhöhe von etwa 80 Drehungen je Meter Faden abgestimmt, doch können auch niedrigere oder höhere Drehungen verwendet werden.

Der Vorzwirnprozeß entfällt jedoch, sobald die Spinntechnik einwandfrei beherrscht wird und die Polyamidfäden u. a. qualitativ in sich so homogen und von Verunreinigungen mechanischen und chemischen Charakters frei sind, daß der Verstreckungsvorgang störungsfrei vor sich geht. Während man früher 0,5—1 Fadenbruch je 100 000 m Streckgut für tragbar hielt, rechnet man heute mit den gleichen Zahlen je Kilogramm verstreckte Fäden, wobei zu berücksichtigen ist, daß sich infolge Verfeinerung der Titerlage die Meterzahl je Kilogramm nicht unwesentlich erhöht hat (1 kg Titer 30 = 300 000 m).

Vorzwirnung und Verstreckung werden in meist vollklimatisierten Räumen vorgenommen, und zwar unter Temperatur- und Feuchtigkeitsverhältnissen, unter denen die Verstreckung am günstigsten verläuft, sowohl in bezug auf die auftretenden Fadenbrüche wie auch auf die physikalischen und färberischen Eigenschaften des fertigen Fadens und die Prima-Ausbeute. Meist unterschreitet man nicht eine relative Raumfeuchtigkeit von 55%; Feuchtigkeiten über 75% können zur Abscheidung der Spinnpräparation am Streckstab und den Streckrollen führen; Temperatur-Bereich 20—25°.

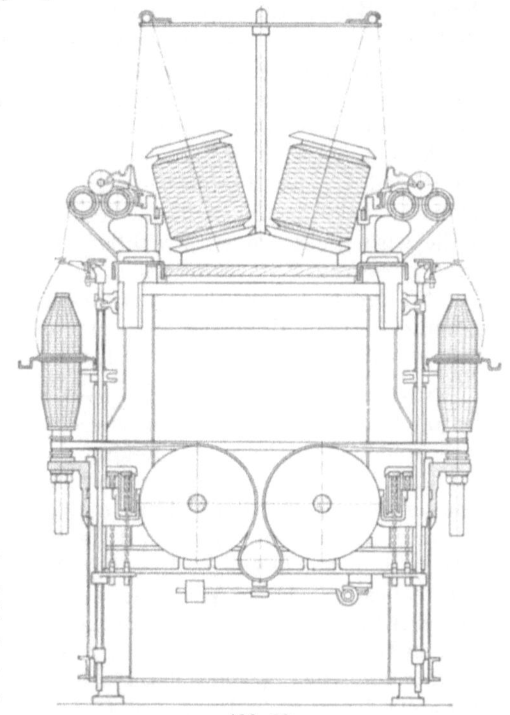

Abb. 12.
Vorzwirnmaschine der Firma Hamel G.m.b.H.,
Zwirnerei- und Spinnereimaschinen, Münster i. Westf.

Verstreckung (Orientierung).

Die genaue Einhaltung der Streckbedingungen, durch die eine Orientierung erzielt wird[1], ist ebenfalls eine der Voraussetzungen zur Erzielung eines Endproduktes mit gleichen Eigenschaften. Auch dem Nichtfachmann ist es bekannt, daß man manche Materialien, z.B. Holz, bei ganz bestimmten Feuchtigkeitsbedingungen gut formen kann. Auf den Verstreckungsvorgang der Polyamidfäden mit der ihnen eigentümlichen, verhältnismäßig geringen Wasseraufnahmefähigkeit übertragen, bedeutet

---

[1] AP. 2071250, 2130948, 2137235 (staggered pin); DRP. 739279; FP. 865018; BP. 461236, 543466, 578324.

dieses, daß Abweichungen von einem als optimal erkannten Feuchtigkeitswert unliebsame Überraschungen zeitigen können. Zieht man noch in Betracht, daß bei der ausgesprochen geringen Präparationsfreudigkeit der Polyamide dem Wasser zum großen Teil die Funktion eines „zwischenmolekularen" Gleitmittels obliegt (besonders beim Nylontyp; bei PERLON additiv die monomeren Bestandteile), so erkennt man die erhebliche Bedeutung eines gleichmäßigen und gleichbleibenden Feuchtigkeitsgehaltes vor und während der Verstreckung.

Andere Faktoren können gleichfalls einen reibungslosen Ablauf des Verstreckungsvorganges stören wie z. B. Fremdkörper in einem Capillarfaden, die bei entsprechender Größe den Faden eben an dieser Stelle reißen lassen, weil sie nicht die gleiche Verstreckbarkeit besitzen. An diesem Umstand ändert auch nichts die von den natürlichen textilen Rohstoffen kaum übertroffene Festigkeit der Polyamide, denn in diesem Falle wird nicht die Verstreckbarkeit des Polyamids, sondern die eines inkorporierten Fremdkörpers in Anspruch genommen, der die Homogenität der im ersten Abschnitt dieses Buches besprochenen, aneinandergereihten Polyamidketten stört, auf denen die verarbeitungstechnischen und sonstigen ansprechenden Eigenschaften der Polyamide beruhen.

Streckmaschine und Streckungsvorgang. Zur Durchführung der eigentlichen Verstreckung, die aus wirtschaftlichen Gründen meist mit einen sich kontinuierlich anschließenden Zwirnvorgang verbunden ist, stehen im Prinzip alle die aus dem textilen Sektor bekannten Möglichkeiten zur Verfügung, mit deren Hilfe es gelingt, durch einen, jeweils dem Material und dem gewünschten Effekt angepaßten Verzug ein Textilgut zu schaffen, welches gegenüber dem Ausgangsmaterial eine feinere Fadenstärke besitzt. Diese Wirkung — bereits in der Frühzeit der menschlichen Entwicklung erreicht durch manuelles Auszupfen von animalilischen Haaren oder pflanzlichen Fasern aus ungesponnenem Material — wird bekanntlich maschinell dadurch erzielt, daß ein oder mehrere Fäden, Bündel oder Bänder durch eine Rolle, Zylinder oder ein ähnliches Aggregat von einer kontinuierlich laufenden Zulieferungseinrichtung durch das Aggregat abgezogen werden, welches eine größere Geschwindigkeit besitzt als das Zulieferorgan. Bei der Verstreckung der Polyamidfäden kommen demgemäß keine prinzipiell neuen Methoden zur Anwendung. Es handelt sich vielmehr um eine Abwandlung von in der Textilindustrie bekannten Vorgängen unter Anpassung an die speziellen Eigenschaften der Polyamidfäden, die eine entsprechende Modifizierung der Aggregate bedingen. Neu war dagegen der Verstreckungsstab[1], der zwischen den beiden, die Verstreckung bewirkenden Zylindern angebracht ist und um den das zu verstreckende Material geschlungen wird, wodurch eine Fixierung des Streckpunktes erzielt wird, die bei entsprechender Wahl einer geeigneten Präparation eine gleichbleibende Verstreckung gewährleistet. Diese Festlegung des Streckpunktes ist von Bedeutung für die Gleichmäßigkeit der physikalischen Konstanten und auch für das färberische Verhalten des fertigen Textilgutes.

---

[1] AP. 2291873; FP. 865018; BP. 543466.

Aus der Abb. 13 sind die maschinellen Teile einer Streckzwirnmaschine ersichtlich einschließlich des Streckstabes, dessen Stärke in

Abb. 13. Ausschnitt aus einer Streckzwirnmaschine der Firma Zinser, Textilmaschinen G.m.b.H.,
Ebersbach a. d. Fils.

Abhängigkeit von dem Titer des Fadens, der Streckgeschwindigkeit und
anderen Faktoren zwischen 3—10 mm liegen kann; meistgebräuchlich

ist der 5 mm-Stab. Im Laufe der Entwicklung haben sich die Streckgeschwindigkeiten beachtlich erhöht, und zwar von 100 m je Minute über 200 auf nunmehr über 300 m, wobei unter der Streckgeschwindigkeit die Geschwindigkeit des auslaufenden, also des bereits verstreckten Fadens verstanden wird. Es liegt auf der Hand, daß dadurch eine merkliche Senkung der Gestehungskosten — besonders in Verbindung mit dem Fortfall des Vorzwirnprozesses — möglich gewesen ist, die zu einer Reduzierung der Verkaufspreise geführt hat, wodurch es beispielsweise in den USA. möglich war, textile Erzeugnisse aus Nylon weiten Käuferschichten zugänglich zu machen, was wiederum eine Erhöhung der Produktionskapazität zur Folge hatte und damit weiterhin zur Verbilligung beitrug.

Das Verstreckungsverhältnis steht normalerweise im Verhältnis 1:4, doch sind Abweichungen nach oben oder unten durchaus möglich. Sie hängen einerseits von der Reinheit der Ausgangsmaterialien, dem Polymerisat, dem Spinnprozeß und den Feuchtigkeits- und Präparationsbedingungen ab; andererseits steht der Verstreckungsgrad in Relation zu den gewünschten Eigenschaften des Endproduktes, die je nach den Verwendungszwecken variieren können wie z. B. hinsichtlich der Reiß-, Scheuer- und Knotenfestigkeit oder der Dehnung, um nur einige aus der Vielzahl zu nennen. Durch die eine oder andere Maßnahme, wie beispielsweise thermische Unterstützung des Verstreckungsprozesses zur Erzielung sehr hoher Festigkeiten bei niedrigen Dehnungen, lassen sich graduelle Änderungen der Eigenschaften herbeiführen. Eine Beeinflussung während des Streckvorganges, die auf eine *prinzipielle* Eigenschaftsänderung der Polyamidfäden hinzielt, läßt sich jedoch kaum durchführen. Während der Verstreckung sinkt der ursprüngliche Durchmesser des Fadens[1] etwa auf die Hälfte, auch hier abhängig von der Höhe des Verstreckungsgrades. Die dem ungestreckten Faden eigentümliche Dehnungsfähigkeit von etwa 400% wird durch die Verstreckung auf etwa 20—30% normalerweise reduziert, sofern die sog. Kaltverstreckung, also ohne thermische zusätzliche Unterstützung, angewendet wird. Dehnungen im Bereich unterhalb 15% erzielt man, indem man die Fäden — wie bereits bemerkt — kurzfristig höheren Temperaturen während des Verstreckungsvorganges aussetzt; die obere Temperaturgrenze liegt bei etwa 30—40° unterhalb des Schmelzpunktes[2], wobei allerdings die Fäden als solche diese Temperatur nicht unbedingt anzunehmen brauchen, da mit derartigen Zahlen meist die Temperatur des wärmeübertragenden Mediums angegeben wird. Cordseide, die niedere Dehnungen verlangt (etwa 10—15%), wird zweckmäßig heißverstreckt oder bereits kalt verstrecktes Material heiß nachverstreckt. Für die verschiedenen Abwandlungen zur Erzielung von Seiden mit niedrigen Dehnungen existieren eine ganze Reihe von Patenten und Anmeldungen, die aus der Patentzusammenstellung entnommen werden können.

Neben der Verwendung des Streckstabes (zum Teil Achat) existieren noch andere Methoden, um einen gleichmäßigen Streckeffekt zu erzielen.

---

[1] BLACK u. DOLE: J. Polym. Sci. **3**, 358 ff. (1948).

[2] BP. 521 946, 598 820; FP. 924 420; AP. 2 244 208, 2 509 740; DRP. 739 339; DBP. 863 702.

So kann man beispielsweise durch mehrmalige Umschlingung der Streck-rollen[1], die eine besondere konstruktive Ausbildung erfahren haben, ebenfalls zu guten Gleichmäßigkeiten gelangen, doch scheint der Streck-stab bis jetzt die einfachste Lösung darzustellen, mit der eine opti-male Wirkung erreicht wird. Zur Behebung von Fadenabrissen während des Streckprozesses sind eine Reihe von Vorrichtungen in der Patent-literatur angeführt, die über den Weg eines Spannungsausgleiches des ungestreckten Fadens vor seinem Auflaufen auf den Streckstab eine Verbesserung des Streckvorganges bewirken[2]. Es hat sich nunmehr er-geben, daß ein qualitativ hochwertiges Polymerisat, das spinntechnisch gut verformt ist, ohne Anwendung derartiger apparativer Hilfsmittel mit einem Minimum an Fadenbrüchen verstreckt werden kann, wobei Art und Auftrag der Präparation von Bedeutung ist.

Der Ablauf des Streckvorganges stellt praktisch *das* Kriterium dar, welches eine Beurteilung der in den vorangegangenen Produktionsab-schnitten bei der Herstellung der Polyamidfäden angewendeten Maßnah-men erlaubt. Da es nicht die Aufgabe dieses Buches ist, eine Gebrauchs-anweisung für die Herstellung von Polyamidfäden zu geben, sondern einen Überblick über den derzeitigen Stand der Verfahrenstechnik, der Eigenschaften und der Verwendungsmöglichkeiten von Fäden usw. zu vermitteln, kann auf alle Details nicht eingegangen werden.

Trotzdem seien einige Gründe angegeben, die ein nicht befriedigendes Verhalten während der Verstreckung verursachen können, um daran zu demonstrieren, wie sich Materialeigenschaften und Fehler in der Fabrika-tion auswirken können, die in überwiegender Mehrzahl beim Verstrecken in Erscheinung treten und zu entsprechenden Nachforschungen im In-teresse eines einwandfrei ablaufenden Herstellungsganges und der Er-zielung eines gleichmäßigen Endproduktes mit hohen Ausbeutezahlen Veranlassung geben.

Polymerisat:

Reinheit der Ausgangsmaterialien
Qualität des Polymerisates (Verunreinigungen usw.!)
Polymerisationsgrad (Höhe, Gleichmäßigkeit, Verteilungskurve)
Nach- oder Depolymerisationstendenz in Abhängigkeit vom Temperatur- und
    Zeitfaktor
Einfluß von Polymerisatzusätzen (Mattierungsmittel usw.)
Gehalt an niederpolymeren, nicht zur Fadenbildung befähigten Bestandteilen.

Spinnerei:

Schnitzelgröße
Wassergehalt der Schnitzel
Sauerstoffgehalt des Schutzgases und dessen Führung
Schmelzvorgang (Wärmeführung, Rostkonstruktion, Spinntemperatur, Abschmelz-
    leistung, Temperaturgleichmäßigkeit)
Verweilzeit in schmelzflüssigem Zustand[3]
Thermische Resistenz, Neigung zur Gasbildung
Pumpen (Präzision, Lässigkeit, Verhalten gegen Temperaturdifferenzen, Laufzeit)
Filtration und Verteilung (Filtermedien usw.)

---

[1] FP. 903821; DBP. 862043; Schwz. P. 291152.
[2] DP. 868043; FP. 880437; FP. 882901; DDRP. 2576.   [3] Schwz. P. 283375.

Düsenplatte (Bohrkanäle, Beschaffenheit des Kanalausgangs, Durchmesser, Verhältnis des Durchmessers zur Länge, Spritzgeschwindigkeit)
Verzugsverhältnisse an der Düse; Vorverstreckungen!
Düsentemperatur
Erstarrungsbedingungen; Rekristallisation, Sphärolithe
Befeuchtung des gebildeten Fadens
Präparation und Präparationsauftrag
Spinngeschwindigkeit
Form und Gleichmäßigkeit des Fadenquerschnittes
Auflaufspannung des Fadens auf die Spinnspule und Spannung zwischen den Galetten
Oberflächenbeschaffenheit der Galetten, Durchmesser
Fadenführer (Form, Beschaffenheit)
Changierung
Aufwickelvorrichtung (Prinzip usw., Wicklungsaufbau usw.)
Klimatisierung
Fadenbeschaffenheit (visuell: Glanz, Glätte, Einschlüsse)
Temperatur- und Feuchtigkeitseinflüsse auf das Spinngut.

Vorzwirnung, soweit noch notwendig:

Fadenablauf von der Spinnspule (Präparations- und Spulenaufbaufrage, Feuchtigkeit)
Vorverstreckung (Abzug, Fadenführung, Ringläufer, Ballon, Reibung)
Drallhöhe und Gleichmäßigkeit
Klimatisierung.

Neben den Fadenbrüchen beobachtet man manchmal Flusigkeit bzw. Haarigkeit der verstreckten Seide. Sie kann durch Fehler entstanden sein, von denen ein Teil in der vorstehenden Übersicht aufgeführt ist, doch besteht auch die Möglichkeit, daß beide Erscheinungen erst nach dem Streckvorgang gebildet werden, beispielsweise durch zu große Zwirnballons, welche an Maschinenteile oder — bei Abwesenheit von Separatoren — gegeneinander schlagen. Der Zustand der Zwirnringe bzw. der Läufer und deren Gewicht bzw. Form sind ebenfalls von Einfluß.

Wie bereits erwähnt, wird der Streckvorgang mit einem Zwirnprozeß gekuppelt unter Verwendung hochtouriger Spindeln (8000—12000 U je Minute), um dem Material einen entsprechenden Drall zu geben. Aufgewickelt wird auf Metall- oder Holzcopse, die so robust gebaut sind, daß sie der Kontraktion des Fadens ohne Formänderung widerstehen können. Das Gewicht des Streckgutes auf einem derartigen Aufnahmeorgan bewegt sich zwischen 200 und 500 g und steht zum Teil in Abhängigkeit vom Zwirnringdurchmesser, der Copslänge und dem Titer. Die Copsaufmachung stellt für einige Zweige der textilen Weiterverarbeitung die Ablieferungsform dar, insbesondere bei Nylon.

Die in den PERLON-Fäden während dieser notwendigen Verarbeitungsstufe noch vorhandenen monomeren Bestandteile wirken im Sinne eines Weichmachers und unterstützen den Verstreckungsvorgang unter der Voraussetzung, daß die monomeren Anteile nicht durch eine ungeeignete Präparation oder falsche klimatische Verhältnisse (z.B. zu hohe Feuchtigkeit) zum „Ausblühen" gebracht werden. Hierunter versteht man, daß die mono- oder niederpolymeren Anteile sich auf der

Oberfläche des Fadens ablagern, dadurch die Fadenglätte verändern (höhere Friktion) und die Streckbedingungen ungünstig beeinflussen. Bei nicht mattiertem Material geben Glanzunterschiede vor oder nach dem Verstrecken einen deutlichen Hinweis, ob eine derartige Abscheidung auf der Oberfläche stattgefunden hat. Hiervon streng getrennt zu halten sind selbstverständlich Glanzdifferenzen, welche durch unterschiedliche Verstreckungsgrade entstehen.

Nachzwirnen.

Durch diesen Vorgang wird der Seide ein höherer Drall gegeben. Hierfür werden Etagenzwirnmaschinen verwendet oder man bedient sich der Doppeldrahtspindel. Bei Nylon wird das Nachzwirnen im Gange der Herstellung der Polyamidseide nur noch wenig durchgeführt, meist für Sonderfertigungen. Die weiterverarbeitende Industrie hat diesen Arbeitsgang übernommen, zumal er auch mehr in das eigentliche Textilgebiet fällt. Aufnahmeorgan für die nachgezwirnte Seide sind Scheibenspulen oder zylindrische Kreuzspulen.

Die Fabrikation der PERLON-Fäden kombiniert den Nachzwirnprozeß mit einer Aufwicklung auf perforierten Metallspulen, auf denen die sog. Nachbehandlung, d.h. die Entfernung der mono- und niederpolymeren Anteile mittels Druckwäsche vorgenommen wird. Die Bauart einer derartigen Nachzwirnmaschine unterscheidet sich äußerlich kaum von derjenigen einer normalen Etagenmaschine. Bedeutung kommt der Changierbewegung zu, die so ausgebildet werden muß, daß genügend Waschwasser durch die Lagen hindurchgehen kann, um eine restlose Entfernung der monomeren Bestandteile zu ermöglichen. Deshalb werden wesentlich höhere Ansprüche an die *Präzision* der Changierung gestellt als an eine übliche Zwirnmaschine,die für die folgende Wäsche von Bedeutung hinsichtlich der durchgedrückten Wassermenge je Spule und Zeiteinheit ist. Normalerweise arbeitet man mit 6000—8000 Spindeltouren je Minute; es sind Bestrebungen im Gange, diese zu erhöhen. Der Abzug richtet sich nach der gewünschten Drallhöhe.

Umspulen, Fixieren, Schrumpfen.

Wird bei Nylon das Material nicht auf Cops an die weiterverarbeitende Industrie geliefert, so tritt an Stelle der bei PERLON üblichen Nachzwirnung und Wäsche gegebenenfalls ein Vorgang, in dessen Verlauf die Seide Gelegenheit zum Spannungsausgleich hat, wobei zugleich der Drall usw. fixiert wird[1]. Von den Copsen oder Scheibenspulen kann man die Fäden auf sog. Schrumpfspulen umspulen und diesen durch eine thermische Behandlung Gelegenheit geben, ihre innere Spannung auszugleichen, so daß die behandelten Fäden nur noch eine Restschrumpfung besitzen, die unter 1% liegt.

Es besteht auch die Möglichkeit, den Spannungsausgleich dadurch zu erzielen, daß man den von der Spule ablaufenden Faden durch eine beheizte Zone führt unter Abstimmung der Geschwindigkeiten von Liefer- und Abzugsorgan.

---

[1] AP. 2157117—119, 2199411, 2226529, 2251962; DRP. 710762, 727736.

Die Durchführung des Ausgleichs der inneren Spannungen im Gange
der Fadenherstellung war besonders im Anfang der Polyamidseide-
fabrikation notwendig, als die Textilindustrie (Ausrüstung usw.) noch
nicht über die heute vorhandenen apparativen Aggregate verfügte, um
die Gewebe- und Gewirkefixierung selber auszuführen. Zur Anwendung
kommen Temperaturen, die grundsätzlich höher liegen als diejenigen,
denen das Material bei der normalen späteren Verarbeitung, z.B. Färberei, unterworfen wird. Man kann auch wesentlich höhere Temperaturen
auf die Fäden einwirken lassen, unter der Voraussetzung, daß diese Einwirkung so kurzzeitig erfolgt, daß keine Schädigungen des Materials,
beispielsweise durch den Sauerstoff der Luft oder zu hohe Wärmegrade,
eintritt. Die neuere Entwicklung auf dem Gebiet der Heißfixierung von
Geweben[1] usw. dürfte maßgeblich bestimmt worden sein durch das
AP. 2365931 vom 13. 2. 1941/26. 12. 1944 (Du Pont, E. B. BENGER) wodurch sich die Fixierung in Form des endlosen Fadens zum Teil erübrigt.
Das Prinzip besteht darin, das zu fixierende Material sehr kurze Zeit
Temperaturen auszusetzen, die in der Nähe des Schmelzpunktes der
Fasern liegen. In Beispiel I des Patentes wird die Fixierung eines Nylon-
satins unter Anwendung von Druck (1 lb./square inch) im Verlauf von
6 sec bei einer Temperatur des Wärmeüberträgers von 240° beschrieben.
Grundsätzlich soll eine Temperatur von 190° nicht unterschritten werden; während die Behandlung des gleichen Satins bei einer Temperatur
des Wärmeüberträgers von 200° zu einem noch befriedigendem Resultat
führte, war das Ergebnis bei einer Temperatur von 150° nicht ausreichend
Der optimale Temperaturbereich für die Fixierung wird gemäß Patentanspruch mit 5—25° unterhalb des Schmelzpunktes angegeben. Beachtung ist der Gegenwart von Wasser zu schenken, wodurch bei ungünstigen Fixierungsbedingungen Schädigungen eintreten können infolge Erniedrigung des Schmelzpunktes.

Schlichten.

Mit dem Umspulprozeß wird für manche Polyamidseiden eine
Schlichtung verbunden. Die normalen, bisher in der Textilindustrie
verwendeten Schlichten sind nur in den seltensten Fällen benutzbar,
da sie auf hydrophile Textilrohstoffe abgestellt sind. Zur Verwendung
gelangen chemische Verbindungen in wäßriger Lösung, deren Basis
Polyvinylalkohol, Polyvinylacetat, Polymethacryl- und Polyacrylsäureester sind. Nachdem erkannt worden war, welche Rolle die elektro-
statischen Verhältnisse bei der Verarbeitung der Polyamidseiden spielen,
fügte man diesen Schlichten noch Körper bzw. Verbindungen zu, welche
der Aufladung entgegenwirken. So sind heute eine Reihe von Produkten
auf dem Markt, die die anfänglichen Verarbeitungsschwierigkeiten wesentlich reduziert haben.

Die Eigenschaften derartiger Schlichten[2] müssen auf den jeweiligen
Verwendungszweck abgestimmt sein, d.h. die Wirkerei stellt andere

---

[1] BP. 552097; 547034, 591687, 602262; 598808, 652545.
[2] AP. 2324601.

Ansprüche als die Weberei. Sonderfälle liegen vor, wenn es sich um
stark geschlichtetes Material handelt; Nylon wird auf Wunsch beispielsweise mit bis zu 4% Schlichtegehalt geliefert. Sofern nicht extreme
klimatische Verhältnisse während des Seidentransportes und bei der
Verarbeitung gegeben sind, kommt man mit dem üblichen normalen
Schlichteauftrag aus.

Nachbehandlung von PERLON-Fäden (Wäsche).

Der Gehalt an mono- und niederpolymeren Anteilen des verstreckten
Materials kann einen Waschprozeß erforderlich machen. Bewährt hat
sich bisher großtechnisch am besten eine Druckwäsche, deren Prinzip
bekannt ist. Als Waschmittel dient heißes, gegebenenfalls mit Netzmitteln versetztes Wasser, das durch die Perforierung der Spulen in
den Wickelkörper eindringt und die wasserlöslichen Anteile eliminiert.
Zur Raumersparnis werden jeweils 3—4 Spulen zu einem sog. Turm
übereinandergesetzt, selbstverständlich unter Verwendung von Dich-
tungsorganen, und dann durch einen Abschlußdeckel verschlossen. Mit
einem Druck von etwa 2—3 Atm. wird die ca. 95° heiße Waschflüssigkeit unter Umpumpen durch die bewickelten Spulen gepreßt. Die
früher notwendige Auswaschzeit von etwa $1^1/_2$ Std kann durch geeignete
Maßnahmen reduziert werden.

Nach Entfernung des Waschwassers erfolgt in der gleichen Apparatur eine Behandlung mit einer Präparationsflüssigkeit; zum Auftrag
auf die Fäden kommen wäßrige emulgierte Mineral- oder Pflanzenöle,
gebenenfalls unter Zusatz von geeigneten Emulgatoren, welche das
eventuell spätere Abziehen der Präparation (Färbung usw.) erleichtern.

Zur Entfernung überschüssigen Wassers und mono- und di- bzw.
trimerer Anteile, die noch in dem Spulenwickel verblieben sind, werden
die Spulen kurz abgeschleudert[1] und schließlich getrocknet. Durch
eine dem Trockenkanal angeschlossene Feuchtzone und Ausgleichsmög-
lichkeit in der Conerei wird der Wassergehalt auf etwa 5% gebracht.

Conerei.

Die Aufmachung auf Cones wird von einem Teil der Textilindustrie
bevorzugt. Im Hinblick auf den hohen Anteil der elastischen Dehnung
an der Gesamtdehnung muß — wie bei allen textilen Verarbeitungs-
vorgängen bei Polyamidfäden usw. — demgemäß mit sehr niedrigen
Fadenspannungen[2] gearbeitet werden, da sonst die fertige Spule nicht
von dem Coneskopf abzuziehen ist oder nachträglich die Wickelträger
und mit ihm der Wickel deformiert werden, was bis zur völligen Nicht-
verarbeitbarkeit des Materials gehen kann. Eine Vollklimatisierung der
Conerei ist ebenso erforderlich wie die Verwendung eines hydrophoben
Verpackungsmaterials. Das Conesgewicht bewegt sich von 0,3 kg an
aufwärts.

---

[1] DP. Anm. I. 74012.

[2] PIEPER: Text. Prax. **6**, 480 (1951): Fadenspannung allgemein nicht höher
als 0,1 g/Denier. — MILLARD: J. Text. Inst. **41**, P 643—646 (1950).

Hopff-Müller-Wenger, Die Polyamide.   20a

Die nachfolgende Abbildung stellt eine Ausführungsform einer Cones-maschine dar, wie sie von den Industriewerken Karlsruhe, System Voigt, hergestellt wird. Auf dieser Maschine kann sowohl vom Strang wie von der Spule bzw. vom Cops gearbeitet werden. Als Cones-Form wird vorzugsweise die sog. „pine-apple"-Wicklung benutzt (biconische coni-sche Kreuzspule).

Abb. 14. IWK-Kreuzspulmaschine. System „Voigt".

6. Polyamidstapelfasern.

Vorbemerkung.

Stapelfasern unterscheiden sich von den endlosen Fäden durch ihre genau festgelegte Länge, den sog. Stapel. Sie entsprechen in dieser Hinsicht den natürlichen Fasern wie etwa Wolle oder Baumwolle, deren Länge ein bestimmtes Maß nicht überschreitet. Ihre endgültige Ver-arbeitungsform ist diejenige des gedrehten Garnes, sei es gemischt mit anderen Faserarten, sei es als ein Garn, das für Spezialzwecke nur aus Polyamidfasern besteht. In der Regel wird es sich um die Verwendung als Mischgarn handeln; in ihm variiert der jeweilige Anteil der einzelnen Komponenten in Abhängigkeit von den Ansprüchen, die an die aus ihm hergestellten textilen Erzeugnisse gestellt werden.

Der Herstellung von Polyamidstapelfasern[1] wurde in Deutschland bereits von 1939 an besondere Aufmerksamkeit geschenkt, da ihr Wert für die textile Versorgung dieses Landes rechtzeitig in ihrer vollen Auswirkung erkannt worden war. Die in den Werken der ehemaligen IG. Farbenindustrie Berlin-Lichtenberg begonnenen und in Premnitz fortgeführten Entwicklungsarbeiten auf dem Gebiet der Polyamidstapelfasern führten schließlich zur Erstellung einer Fabrikationsanlage in Premnitz mit einer Kapazität von 15 tato, die jedoch nicht mehr zur Inbetriebnahme kam. In einer gut eingerichteten Versuchsanlage, verbunden mit einem entsprechend ausgerüsteten Textiltechnikum, wurden sämtliche fabrikatorischen Unterlagen für eine Großanlage unter Mitverwendung der in Berlin-Lichtenberg gesammelten Erkenntnisse und Erfahrungen erarbeitet; mit dem dort hergestellten Material und den aus ihnen in den Versuchs-Textilspinnereien Premnitz und Wolfen der früheren IG. gewonnenen textilen Erzeugnissen wurden laufend Verarbeitungsversuche und Gebrauchswertuntersuchungen angestellt, die wesentliche Einblicke in die technologischen Voraussetzungen und Verarbeitungsmaßnahmen brachten.

a) Herstellung.

Im Prinzip handelt es sich bis zum Verstreckungsprozeß einschließlich ebenfalls um die Herstellung eines endlosen Fadens in ungedralltem Zustand. Im Anschluß an die Verstreckung werden die Fäden durch eine Schneidvorrichtung in Stapelfasern von gewünschter Länge überführt.

Es besteht eine gewisse Analogie zu der Fabrikation von Stapelfasern auf Cellulosebasis (Zellwolle), die allerdings vom Spinnbeginn an bis zum Vorliegen der fertigen Faser kontinuierlich durchgeführt wird. Diese Möglichkeit ist bei den Polyamidfasern nicht gegeben, da keine den Spinngeschwindigkeiten von 500—1000 m korrespondierenden Verstreckungsgeschwindigkeiten von 2000—4000 m möglich sind. Sofern man nicht vorzieht, mit der Spinngeschwindigkeit erheblich herunterzugehen, um ein kontinuierliches Arbeitsverfahren zu betreiben, ist man gezwungen, den Spinnvorgang von der nachfolgenden Verarbeitung zu trennen. Es kommt noch hinzu, daß bei einer kontinuierlichen Arbeitsweise Störungen apparativer oder sonstiger Natur nach dem Spinnvorgang zwangsläufig zu einer Stillegung der Spinnerei führen würden, wenn keine Vorrichtungen zur anderweitigen Aufnahme des Spinngutes vorhanden sind. Diese und noch andere Gesichtspunkte lassen es daher angeraten sein, den Weg einer diskontinuierlichen Fabrikation zu beschreiten, der trotz scheinbarer Nachteile eine größere Sicherheit gewährleistet.

---

[1] Ausführliche Darstellung der Fabrikationsmethoden von Polyamidseide und -stapelfasern mit Angabe von Bäderkonzentrationen usw.: JENTGEN, H.: Reyon Synth., Zellwolle **29**, 9—21 (1951).

Spinnprozeß.

Großtechnisch werden 2 Verfahren angewendet, und zwar

a) das Rostspinnverfahren, vornehmlich bei Nylon,

b) das VK-Verfahren, im wesentlichen bei PERLON.

Da keine prinzipiellen Unterschiede gegenüber der Herstellung endloser Fäden bestehen, gilt für die Faserproduktion — abgesehen von kleinen Varianten — das gleiche wie in Position 3e und 3f dargelegt. In Anlehnung an die größere Düsenlochzahl bei der Zellwollefabrikation besitzen die wesentlich stärkeren Düsenplatten (etwa 10 mm) ebenfalls eine höhere Lochzahl. Dieser ist jedoch eine Grenze gesetzt durch die Höhe des abzuführenden Wärmeinhaltes der die Düse verlassenden Fäden (Abb. 10).

Es versteht sich von selbst, daß in apparativer Hinsicht Änderungen gegenüber der Herstellung endloser Fäden vorgenommen werden, welche

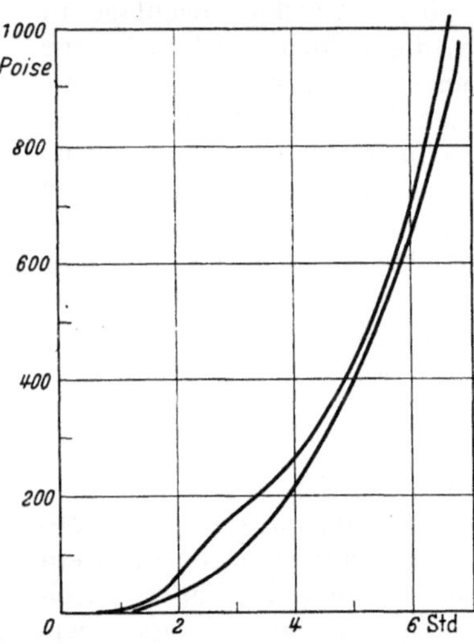

Abb. 15. VK-Verfahren. Caprolactampolymerisation bei 265° (Zusatz 5% AH-Salz). Schmelzviscosität in Abhängigkeit von der Zeit.

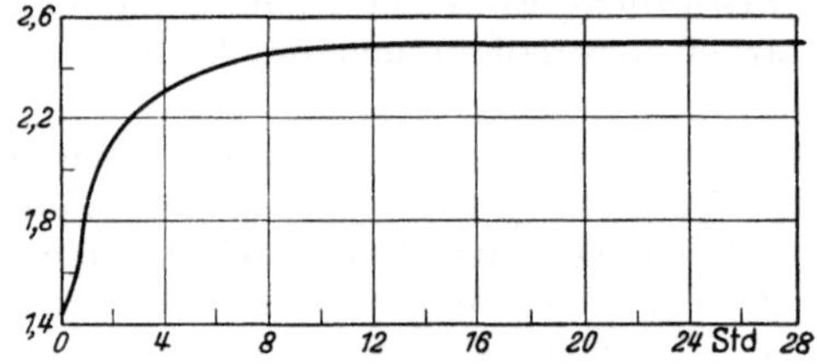

Abb. 16. Lösungsviscositäten $\left(\dfrac{\eta}{\eta_0}\right)$ in Abhängigkeit von der Polymerisationszeit.

unter anderem durch den höheren Titer je Spinneinheit bedingt sind, auf die hier nicht näher eingegangen werden kann; meist weisen die Maschinen eine einfachere Bauart auf, besonders dann, wenn die Fäden als Kabel anstatt auf übliche Spinnspulen auf größere oder haspelähnliche Vorrichtungen[1] aufgewickelt werden. Eine andere Lösung[2] zur Ablage der gesponnenen Fäden wird in der lagenweisen Sammlung in einer Zentrifuge gesehen, nach deren Füllung die einzelnen Lagen zusammengefaßt und als Kabel verstreckt werden.

Eine erhebliche Senkung der Investitions- und Betriebskosten wird bei dem VK-Verfahren erreicht, das die Versorgung einer größeren Spinnstellenzahl durch *ein* VK-Rohr erlaubt, dessen Kapazität durch Änderungen des Durchmessers bzw. anderer Faktoren variiert werden kann. Über die Vorteile bei der Fadenbildung nach dem VK-Verfahren ist bereits an anderer Stelle[3] eingegangen worden (Phaseneinsparung).

---

[1] DBP. 809935.

[2] DRP. 748926.

[3] Seite 284.

Wie in Teil I dieses Buches beschrieben, beträgt der Monomerengehalt eines VK-Polymerisates etwa 6—12%, abhängig von den jeweiligen Bedingungen. Bei entsprechender Lenkung des Spinnprozesses stört dieser Anteil den Vorgang nicht. Wiedergewinnungsmöglichkeit besteht im Verlauf der Nachbehandlung mit anschließender Konzentration des Waschwassers und Destillation. Die bei der Verspinnung freiwerdenden geringen Lactammengen können entweder vernachlässigt oder bei einer Fasergroßproduktion abgesaugt und der Wiederverwendung zugeführt werden.

Nach Auffindung des VK-Verfahrens setzten die Bestrebungen ein, den Spinnprozeß mit einem möglichst lactamarmen Polymerisat durchzuführen. In der Deutschen Anmeldung B. 6108 vom 24. 11. 1942 (alte Nr. I. 73 659 IV c/39 c)=FP. 904 088 Abb. 6, S. 283, wird ein Verfahren beschrieben, in welchem nach erfolgter kontinuierlicher Polymerisation die Schmelze in ein evakuierbares Sammelgefäß geleitet wird, das zur Entfernung von Wasser und anderen flüchtigen Reaktionsprodukten dient bei gleichzeitiger Erhöhung des Polymerisationsgrades.

Die Weiterverfolgung dieser Arbeitsrichtung und neuere Erkenntnisse führte dann im Laufe der Zeit zu einer Anzahl von Verfahren, nach denen es technisch möglich ist, den Lactamgehalt der Schmelze vor der Durchführung des Spinnvorganges merklich zu reduzieren, so daß es nicht unwahrscheinlich ist, zukünftig auch endlose Fäden nach dem VK-Verfahren großtechnisch herstellen zu können.

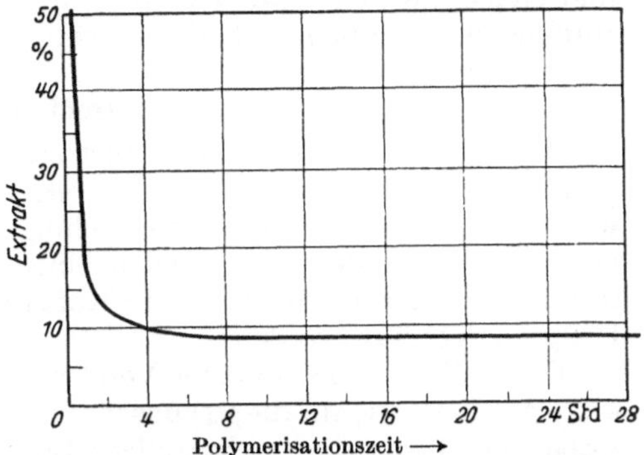

Abb. 17. Mit Wasser extrahierbare Anteile eines Caprolactampolymerisates. (Zusatz 5% AH-Salz, Polymerisationstemperatur 250°.)

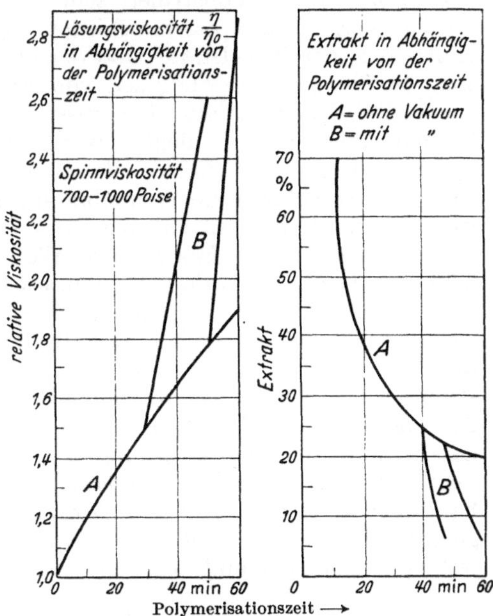

Abb. 18.
Caprolactampolymerisation (Zusatz 4,6% AH-Salz).
A = ohne Vakuum, Polymerisationstemperatur 260°;
B = mit Vakuum, Polymerisationstemperatur 260—280°.

Aus den von H. LUDEWIG[1] durchgeführten grundlegenden Arbeiten und Untersuchungen über die kontinuierliche Polymerisation von Lactam, die in den Jahren 1940 bis Anfang 1942 unternommen wurden, sind einige, auf den beiden vorhergehenden Seiten wiedergegebene Diagramme entnommen, aus denen verschiedene Einflüsse auf das Polymerisat ersichtlich sind.

Verstreckung.

Werden die aus der Düse austretenden Fäden auf Spulen aufgewickelt, so müssen sie vor der Verstreckung zu einem Kabel gefacht werden. Bei einer Haspelaufwickelung liegt dieses bereits als solches vor, da die aus den Spinnstellen einer oder mehrerer Maschinen austretenden Fadenbündel zu einem Kabel gesammelt und im Verband der Haspel zugeführt werden.

Dieses Kabel wird in einer Verstreckungsmaschine, die entsprechend kräftig gebaut ist, auf die gewünschte End-Dehnung der Faser verstreckt, wobei die durch die nachträgliche Schrumpfung bedingten Titer- und Dehnungsanstiege zu berücksichtigen sind. Im Prinzip bestehen diese Streckmaschinen aus einem System von Einzugs- und Abzugswalzen oder -rollen, die so konstruiert sein müssen, daß jeglicher Schlupf vermieden wird, wofür es verschiedene Lösungen gibt. Je nach dem Einzeltiter, der Kabelstärke und der gewünschten Enddehnung bewegt sich die Einzugsgeschwindigkeit von 20 m/min an aufwärts. Auch hier spielt die Fadenqualität eine ausschlaggebende Rolle und kann als bestimmender Faktor nicht nur für das Verstreckverhältnis als solches, sondern auch für die Verstreckungsgeschwindigkeit bezeichnet werden. Die gefürchtete Wickelbildung ist ein Maßstab für Fehler, die irgendwo im Laufe des Fabrikationsganges aufgetreten sind.

Im Gegensatz zu Fasern vom Wolltyp mit einem Einzeltiter von 3,75 und darüber erfordert der Baumwolletyp gegebenenfalls eine stärkere Verstreckung, die sog. Hochverstreckung, deren Ziel eine Dehnung ist, die nicht unwesentlich unterhalb der des Wolltyps liegt, z.B. wenn das Material in Mischung mit Baumwolle für technische Zwecke bestimmt ist. Diese Hochverstreckung stellt naturgemäß noch gesteigertere Anforderungen an die Qualität des Einzelfadens und an die Präzision der Apparaturen. Zur Erzielung von niedrigen Dehnungen unterstützt man die Verstreckung thermisch. Die angewandten Temperaturen hängen von verschiedenen Faktoren ab wie Polyamidtyp, Streckgeschwindigkeit, Intensität der Wärmeeinwirkung, Stärke und Verteilung des Kabels und liegen im Bereich über 100° (s. S. 302).

Faserschnitt.

Der Schneidvorgang läßt sich mit den gleichen Apparaturen bewerkstelligen, die auch bei der Herstellung der Zellwolle benutzt werden. Dem durch die spezifischen Elastizitätsverhältnisse bedingten Verhalten

---

[1] Nicht veröffentlichte Laboratoriumsberichte der PERLON-Fabrikations-Abteilung der ehemaligen IG. Siehe auch LUDEWIG, H.: Faserforschung und Textiltechnik, S. 341—355, 1951, in denen ausführliche Angaben über das gesamte VK-Verfahren gemacht werden, und Chem. Techn. 4, 11, 523—530 (1952).

der Polyamidfasern, sich um die Schneidmesser oder die Welle zu wickeln oder längere Fasern zu entfernen, kann durch entsprechende Änderung begegnet werden[1].

Die Zähigkeit der Polyamidfasern bewirkt jedoch einen schnellen Verschleiß der üblichen Messer, so daß meist Sonderstähle Verwendung finden, deren Schneide eine spezielle Ausbildung aufweist.

Die ausgeprägte Neigung der Polyamide, sich schnell elektrisch aufzuladen, macht es in Verbindung mit anderen Faktoren erforderlich, das Kabel vor dem Schnitt leicht anzufeuchten, sofern in den vorhergehenden Arbeitsgängen keine Befeuchtung stattgefunden hat. Weiterhin erleichtert ein Feuchtschnitt die Ablösung der Stapelbündel von den Schneidorganen und erhöht die Lebensdauer der Messer. Die Entfernung der geschnittenen Stapelbündel aus der Schneide erfolgt wie üblich meist durch einen Luftstrom.

Nachbehandlung.

Während die bisherigen Arbeitsgänge zur Herstellung von Nylon- oder PERLON-Stapelfasern im Prinzip nur wenig voneinander abweichen (die Einfachheit des VK-Verfahrens sei nicht berücksichtigt), ergibt sich für die Nachbehandlung die Notwendigkeit einer unterschiedlichen Verfahrenstechnik. Nach Durchführung der Kräuselung, des Faserschnittes und der Schlußpräparation liegt die Nylonstapelfaser als Fertigprodukt vor, sofern nicht durch zusätzliche Maßnahmen bestimmte Wirkungen erreicht werden sollen.

Für PERLON-Stapelfasern mit dem üblichen Lactamgehalt ist jedoch ein Waschprozeß zusätzlich erforderlich zur Entfernung der Begleitsubstanzen (Mono-, Di- und Trimere), womit ein Ausschrumpfen verbunden ist, das bei Festlegung des Spinntiters im Hinblick auf den endgültigen Verkaufstiter berücksichtigt wird. Der Gehalt an Begleitsubstanzen ist abhängig von dem Spinnverfahren; je nach Leitung der VK-Polymerisation beträgt dieser Anteil 6—12%. Geht man beim Rostspinnen von ausgewaschenen Schnitzeln mit einem Gehalt von etwa 0,5—1% aus, so steigt dieser im Spinngut auf etwa 2—5% an, und zwar in direkter Abhängigkeit von der Verweilzeit der Schmelze im Spinnkopf und der Temperatur; der Einfluß anderer Faktoren sei hier außer Betracht gelassen.

Die eigentliche Nachbehandlung kann kontinuierlich oder diskontinuierlich vor sich gehen. Wählt man den zuletzt genannten Weg, dann kann man sich z.B. der Tauchnachbehandlung in großen korbähnlichen Gebilden bedienen, die in die einzelnen Bäder eingetaucht werden. Auch eine Behandlung in Kufen oder Bottichen ist möglich, wenngleich sich dabei sehr leicht Faserzusammenballungen in Form von Nestern usw. bilden, die nachträglich schwer zu öffnen sind.

Die kontinuierliche Nachbehandlung lehnt sich zum Teil an die Zellwolleherstellung an und kann großtechnisch angewandt werden, zumal sie wesentlich wirtschaftlicher arbeitet, ein Faktum, das bei Poly-

---

[1] AP. 2232496 = DAnm. I. 69659.

amidfasern in kommerzieller Hinsicht im Vordergrund steht (Preise der Naturfasern!). Vollmechanisierte Methoden erfordern den geringsten Arbeitsaufwand und führen zu gleichmäßigen Endprodukten. Die entsprechenden Vorarbeiten in dieser Beziehung mit dem Ziel einer hochwertigen Stapelfaser wurden ebenfalls in den Entwicklungsabteilungen der früheren IG. Farbenindustrie AG. durchgeführt, auf denen zum großen Teil die jetzigen Anlagen zur Erzeugung von Polyamidstapelfasern beruhen.

Von der chemischen Seite her gesehen, richtet sich die Nachbehandlung danach, ob ein Wolle- oder Baumwolltyp vorliegt. Der höhere Einzeltiter des Wolltyps und die dadurch bedingte größere Steifheit der Fasern erfordert nach Entfernung der Begleitsubstanzen lediglich die Aufbringung einer geeigneten Präparation, die den Ablauf der textilen Weiterverarbeitung günstig beeinflussen soll, wobei die Neigung zur elektrischen Aufladung besonders berücksichtigt werden muß. Im Setamol WS liegt eine entsprechende Substanz[1] vor, die bisher den Anforderungen weitgehend entsprochen hat. Die Konzentration beträgt etwa 2%; als eigentliche Präparation haben sich unter anderem die Soromine bewährt, die in einer Badkonzentration von 0,02—0,03% angewendet werden. Auf den Einfluß der Temperatur und des Flottenverhältnisses braucht hier nicht näher eingegangen zu werden, da sie dem Fachmann allgemein bekannt sind, ebenso wie die Konstanthaltung des Gesamtbades. Die Höhe des Auftrages auf die Fasern richtet sich nach verschiedenen Eigenschaften wie Oberflächenbeschaffenheit, Kräuselung und Einzeltiter, um nur einige zu nennen.

Der Baumwolltyp verlangt eine andere Nachbehandlung, so weit sie die eigentliche Präparation auf der Faser betrifft[1]. Die Extraktion der Begleitsubstanzen erfolgt in der gleichen Weise, wobei man dem Waschwasser zweckmäßig Netzmittel wie Cyclanon oder Nekal BX zusetzt, welche gleichzeitig die im Lauf des Spinnprozesses aufgetragene Präparation abziehen, sofern dieses nicht schon vorher geschehen ist.

Die wichtigste Behandlung besteht jedoch bei diesem Feinfasertyp darin, daß die Fasern eine Versteifung erfahren, insbesondere um sie gut kardieren zu können. Die grundlegenden Arbeiten hierüber sind ebenfalls in den Werken der ehemaligen IG. geleistet worden; es bedurfte einer großen Zahl von Versuchsreihen, um das wirksame Prinzip zu ermitteln. Der konstitutionell ähnliche Aufbau der Polyamide und des Eiweißes führte dazu, einen dem Gerbprozeß angeglichenen Vorgang auf der Faser vorzunehmen. Vom Tannin[2] über die 5%igen „Tanigan"-Lösungen[3] führte der Weg zu dem heute angewendeten Basin-A-Produkten, mit denen man Versteifungseffekte erzielt, die in Verbindung mit anderen Faktoren eine mindestens gute Kardenpassage ermöglichen. Setamol WS wird im Laufe der Nachbehandlung in etwas niederer Konzentration als bei dem Wolltyp auf die Faser aufgebracht nebst der eigentlichen Präparation, die den jeweiligen späteren Ver-

---

[1] JENTGEN, H.: Reyon, Synth., Zellwolle **29**, 9—21 (1951) ausführliche Angaben.
[2] JENTGEN, H.: Reyon, Synth., Zellwolle **29**, 9—21 (1951).
[3] FP. 896554.

arbeitungsbedingungen angepaßt und von Fall zu Fall verschieden ist. Nach JENTGEN wird[1] Soromin nur in ganz geringen Mengen von 0,02 bis 0,05% angewandt, Setamol in einer Stärke von 1%, doch soll es sich vorteilhafter auswirken, wenn man die abgeschleuderte Faser mit 2—3 g Soromin je Kilogramm Faser bei 20% Feuchtigkeit schmälzt.

b) Kräuselung.

Die Kräuselmethodik der Fasern hängt von der Art der Kräuselung ab, welche der Faser erteilt werden soll. Im Prinzip stehen 5 Wege zur Verfügung, von denen die Zahnrad-[2] und die Stauchkräuselung am meisten gebräuchlich sind, weil sie den beständigsten und besten Effekt geben:

1. Heißwasserkräuselung,
2. Säurekräuselung,
3. Preßkräuselung,
4. Zahnradkräuselung,
5. Stauchkräuselung.

Heißwasserkräuselung.

Sie beruht auf dem Verhalten der Fasern, sich nach Entlastung der auf dem Kabel ruhenden Spannung nach dem Schnitt zu kontrahieren, wobei man dieses Bestreben dadurch unterstützt, daß man die gegebenenfalls heiß verstreckten Fasern nach dem Schnitt sofort in heißes Wasser fallen läßt[3]. Bei PERLON ist diese Heißwasserbehandlung mit einer Extraktion der mono-, di- und trimeren Bestandteile gekuppelt, wozu man sich — ähnlich wie bei der Zellwolleherstellung — der Passage der Stapelfasern durch Bäder oder Rinnen bedient. Das Verfahren eignet sich für Fasern, bei denen eine ausgesprochene Feinbogigkeit nicht erforderlich ist. Der Präparationsauftrag erfolgt im gleichen Bad oder nach vorheriger Abpressung des überschüssigen Wassers in einem nachgeschalteten Bad; das zuletzt genannte Verfahren vereinfacht die Wiedergewinnung des ausgewaschenen Lactams im ersten Bad.

Säurekräuselung.

Bei diesem Verfahren macht man von dem Verhalten der geschnittenen Fasern Gebrauch, daß sie sich beim Eintragen bzw. kurzfristigen Verbleiben in verdünnten Mineralsäuren ganz bestimmter Konzentrationen kräuseln[4]; auch organische Säuren können verwendet werden. Es resultiert eine recht ansprechende Kräuselung, wobei die Faseroberfläche leicht angeätzt wird, verbunden mit einer Reduzierung des Glanzes, die in manchen Fällen erwünscht ist, wenn man nicht von einem mattierten Polymerisat ausgeht. Die genaueste Einhaltung sämtlicher Bedingungen — insbesondere Temperatur und Konzentration der

---

[1] JENTGEN, H.: Reyon, Synth., Zellwolle **29**, 9—21 (1951).
[2] Siehe auch AP. 2197896, S. 2, Spalte 2, Zeilen 3—12.
[3] JENTGEN, H.: Reyon, Synth., Zellwolle **29**, 16 (1951).
[4] JENTGEN, H.: Reyon, Synth., Zellwolle **29**, 17 (1951).

verdünnten Schwefelsäure — ist oberstes Gebot, da sonst entweder der gewünschte Effekt nicht erreicht wird oder Faserschädigungen eintreten können, wobei sich Nylon etwas widerstandsfähiger als PERLON verhält, das bei dieser Behandlungsart unter Umständen noch die monomeren Bestandteile enthält. Der Dehnungsanstieg ist besonders stark ausgeprägt, so daß das Verfahren praktisch nur für Fasern vom Wolltyp Anwendung findet. Selbstverständlich muß dafür Sorge getragen werden daß sich an die Säurebehandlung sofort eine gegebenenfalls alkalische Wasserwäsche anschließt, um die Fasern nicht durch die bei der nachfolgenden Trocknung sich mehr und mehr konzentrierende Säure zu schädigen. Anschließend erfolgt der Auftrag der Präparation nebst Trocknung.

Neben der exakten Einhaltung der Säurekonzentration, die von H. JENTGEN mit maximal 26% angegeben wird, muß der Badtemperatur besondere Aufmerksamkeit gewidmet werden, da diese gleichfalls die Faserqualität beeinflußt. Weitere Faktoren, die Beachtung verdienen, scheinen Polymerisationsgrad, Orientierungshöhe und noch einige andere Eigenschaften der Faser zu sein.

Mechanische Kräuselung.

Preßkräuselung. Das Verfahren[1], welches als das älteste gelten kann, beruht darauf, daß man die geschnittenen Stapelfasern in eine Ballenpresse oder ein ähnlich gebautes Aggregat bringt und sie, gegebenenfalls in der Wärme in Gegenwart eines mild wirkenden Quellungsmittels, einem derartigen Druck aussetzt, daß die meist wirr[2] durcheinanderliegenden Fäden sich gegenseitig an den Kreuzungsstellen pressen und damit einen Kräuselungseffekt hervorrufen. Das Verfahren ist nicht kontinuierlich durchführbar; die Bogigkeit der Fasern reicht nicht aus für alle textilen Zwecke, so daß dieser Prozeß keine größere Anwendung gefunden hat. Zudem arbeiten die teilweise von der Herstellung der Zellwolle übernommenen Methoden wirtschaftlicher und erlauben größere Variationen des Kräuselungsgrades.

Zahnradkräuselung. Die durch dieses Verfahren bewirkte Kräuselung wird erzeugt durch die mechanische Einwirkung von zwei ineinandergreifenden Zahnrädern, durch welche die Fasern hindurchgeführt werden. Die Zähne dieser Räder sind so konstruiert, daß sie die einzelnen Fasern des Kabels wellenförmig verformen, ohne sie dabei nachhaltig zu schädigen. Zur Erzielung einer beständigen Kräuselung ist das Kräuselaggregat meist noch beheizt.

Durch zweckentsprechende Ausbildung der Zähne ist es möglich, den Charakter der Kräuselung zu variieren. Bekanntlich unterscheidet man verschiedene Kräuselungsgrade, die in Zusammenhang mit der Bogigkeit der Fasern stehen und unterteilt diese in die Gruppen Flach-Normal-, Hoch-, Über- und Ungleichbogigkeit; nach dieser Einteilung bestimmt man beispielsweise unter anderem die Feinheit der Wolle,

---

[1] AP. 2217113.
[2] DP. 868042.

indem man die Zahl der Kräuselungsbögen je Längeneinheit (meist Zoll oder cm) ermittelt; je höher diese Zahl ist, desto feiner gekräuselt ist die Wolle. Man kann zur Definition auch den Kräuselungsgrad heranziehen[1].

Die Kräuselung kann als gesonderter Arbeitsgang oder kontinuierlich im Anschluß an den Verstreckungsvorgang durchgeführt werden. Auch eine Fixierung der Kräuselung liegt im Bereich der technischen Möglichkeit, beispielsweise durch Einwirkung von Heißdampf oder Chemikalien, die vor oder nach dem Kräuselungsprozeß auf die Faser aufgebracht werden.

Stauchkräuselung[2]. Ebenso wie die Kräuselung mittels Zahnrädern ist auch dieser Weg von der Herstellung der Stapelfasern auf Cellulosebasis übernommen; diese Methode stellt die schonendste Kräuselungsmethode dar, wobei die plastische Verformbarkeit der Polyamide den mechanischen Kräuselungsmethoden zugute kommt. Der Vorgang geht so vor sich, daß die Fasern kontinuierlich durch Doppelwalzen oder Rollen der sog. Stauchkammer zugeführt werden, welche durch eine gewichtsbelastete, um ein Scharnier drehbare Klappe rückseitig verschlossen ist, während die entgegengesetzte Wand einen Einführungsschlitz besitzt, durch den das Kabel eintritt. Die Kammer füllt sich in dem Maße, in welchem das Kabel in sie laufend eingebracht wird. Das Kabel wirkt gleichsam als Stempel und preßt die bereits in der Kammer befindlichen Fasern wellenförmig zusammen; durch Beheizung der Kammer kann die Kräuselung noch intensiver ausgebildet werden. Übersteigt der Druck in der Kammer den Gegendruck der Verschlußklappe, dann öffnet sich diese für einen kurzen Augenblick, läßt den gekräuselten Inhalt hervorschnellen und schließt sich wieder unter dem Druck des Belastungsgewichtes, worauf dann der Vorgang wieder von neuem als kontinuierliches Arbeitsverfahren abläuft.

Wenn nicht besondere Verhältnisse vorliegen, sind die Zahnrad-, vorzugsweise die Stauchkräuselung zur Zeit die Methoden der Wahl in der Großtechnik. Beide Wege haben den Vorteil, bei Konstanz aller Fabrikationsbedingungen zu einer definierten und gleichmäßigen Faserkräuselung zu führen, welche eine der unerläßlichen Vorbedingungen für die textile Weiterverarbeitung zu Garnen ist; die zuerst genannten 3 Verfahren besitzen diesen Vorzug in diesem Umfange nicht.

Weitere Kräuselungsmöglichkeiten.

Der Vollständigkeit halber seien noch einige Möglichkeiten erwähnt, die vorgeschlagen worden sind, jedoch für sich allein bis heute kaum großtechnische Bedeutung erlangt haben dürften.

Die Neigung zum Kräuseln der Fäden kann bereits während des Schmelzspinnprozesses dadurch unterstützt werden, daß man die aus der Düse austretenden Fäden nicht dem üblichen Erstarrungsprozeß unterwirft, sondern diesen in 2 Stufen durchführt; die Temperatur der

---

[1] KOCH, P. A.: Text. Rdsch. **5**, 321 (1950).
[2] DRP. 741106.

ersten Zone liegt bei mindestens 50° und nicht höher als 10° unterhalb des Schmelzpunktes des Polyamids. Anschließend wird verstreckt und z.B. bei endlosen Fäden spannungslos getrocknet[1].

Ein anderer Weg befaßt sich ebenfalls von der spinntechnischen Seite her mit dem Problem der Herstellung gekräuselter Fasern. Es werden 2 Polymerisate mit voneinander abweichenden Eigenschaften gemeinsam, jedoch ohne gegenseitige homogene Mischung, aus *einer* Düse gesponnen. Das Verfahren ist mit einer Komplizierung der technischen Spinneinrichtung verbunden, da die Zuführung zweier Polymerisate unter gleichen Bedingungen technisch nicht ganz einfach zu lösen ist, wenn die Zusammensetzung der Einzelfädenkombination immer die gleiche sein soll, wovon letztlich der in dem Patent angegebene Kräuselungseffekt abhängig sein dürfte[2]. Auch gekräuselte endlose Fäden sollen sich nach dieser Anmeldung herstellen lassen.

Zu diesen Bestrebungen, durch spinntechnische Maßnahmen allein eine beständige, ausreichende Kräuselung zu erzielen, kommen die Arbeiten hinzu, das Spinngut im Gange der Verstreckung oder daran anschließend zu kräuseln.

Eine Anzahl dieser Vorschläge befaßt sich mit besonderen Streckmethoden bzw. einer thermischen Vor- oder Nachbehandlung der Fäden im Gange der Verstreckung[3]. Es ist nicht bekanntgeworden, ob diese Patente in nennenswertem Umfang Verwirklichung gefunden haben.

Endlose Fäden aus Polyamiden mit Wollcharakter werden unter Ausnutzung des hohen elastischen Anteiles an der Gesamtdehnung dadurch erhalten, daß man sie unter starker Spannung verstreckt und diese sofort nach Beendigung des eigentlichen Streckens in den völlig entspannten Zustand überführt. Es erscheint wenig wahrscheinlich, daß sich eine derartig erzeugte Kräuselung durch eine besondere Beständigkeit, Gleichmäßigkeit und Feinbogigkeit auszeichnet.

Ein anderer Vorschlag geht dahin, die der Quellung unterworfenen Fäden eines stärkeren Kabels in dünnere Kabel aufzuteilen und jedes für sich einem eigenen, von den anderen abweichenden Streckgrad zu unterziehen, wobei man sich Abzugsorgane bedient, deren Durchmesser sich ähnlich einer Stufenscheibe voneinander unterscheiden[4].

Eine Kräuselungsmethode, die ebenfalls zu einem gekräuselten endlosen Faden führt, besteht darin, daß man eine Anzahl von Einzelfäden zusammendreht, dieses gedrallte Material verstreckt, erneut drallt, an-

---

[1] AP. 2296202, DRP. 741057.

[2] Belg. P. 449231, Dän. P. 62871, FP. 891538.

[3] DRP. 752782, Belg. P. 426392, AP. 2174878, BP. 535379, Can. P. 461787, AP. 2249756, FP. 833755, DRP. (Österreich) 160896, Belg. P. 447540, It. P. 402318, Belg. P. 456261, FP. 886803, Schweiz. P. 232574, FP. 903984 (Polyurethan). He-BERLEIN: Schweiz. P. 228409, BP. 588329, FP. 904086, AP. 2177637, FP. 860239, Belg. P. 436377, It. P. 377231, DRP. 711682, FP. 896554, FP. 951507, Belg. P. 451515, FP. 906419, FP. 884938, Belg. P. 446808, It. P. 401930. Röhm & Haas, FP. 885500, Belg. P. 446937.

[4] ZKR-Th, Belg. P. 456260, FP. 904015.

quillt, spannungslos fixiert, zurückdrallt und endlich den Enddrall im entgegengesetzten Drehsinn aufbringt. Das Verfahren erscheint für die Herstellung von billigen textilen Massenerzeugnissen vorderhand nicht wirtschaftlich, hat jedoch in steigendem Maße Bedeutung erlangt für Spezialgarne, die in der weiterverarbeitenden Textilindustrie hergestellt werden[1] (z.B. „Helanca").

Der Vorschlag, Fasern durch Abfräsen von Polyamidbändern (bzw. diese entsprechend zu schneiden), zu erhalten, und ihnen nachträglich durch Prägung usw. eine Kräuselung zu applizieren, führt zu keinen Fasern von technologischer Bedeutung im Textilsektor, ganz abgesehen, daß er unwirtschaftlich ist (DRP. 746593).

Erwähnt sei noch ein Anspruch, nach welchem Stapelfasern dadurch erzeugt werden, daß man das verstreckte Kabel in Abständen, welche der gewünschten, späteren Stapellänge entsprechen, gegebenenfalls unter Druck so stark erwärmt, daß sie an diesen Stellen der Lunte beim späteren Verzug reißen. Die Gleichmäßigkeit der Stapellänge hängt naturgemäß davon ab, daß jede einzelne Capillarfaser an der gleichen Stelle des Bandes der gleichgroßen Einwirkung unterworfen wird.

7. Borsten, Drähte.

Vorbemerkung.

Diese Produkte waren in praxi die ersten, an denen man Erfahrungen bezüglich des Spinnvorganges, der Weiterverarbeitung (Streckprozeß, Formfestmachen usw.) und der speziellen Eigenschaften der Polyamide sammelte; die bei diesen Arbeiten entwickelte Methodik wurde in zweckentsprechender Weise für die Herstellung von endlosen Fäden und Stapelfasern modifiziert und weiterentwickelt.

a) Herstellung.

Spinnvorgang und Erstarrung der schmelzflüssigen Drähte.

Die Herstellung von Borsten oder Drähten geht im Prinzip nach den gleichen Gesichtspunkten vor sich, wie die der in den vorhergehenden Abschnitten besprochenen Fäden: Aus der schmelzflüssigen Phase wird mittels Gas-, Schnecken- oder Pumpendruck unter Verwendung von Ein- oder Mehrlochdüsen zunächst ein entsprechend starker Draht gesponnen, dessen Durchmesser etwa das Doppelte des verstreckten Drahtes beträgt. Während die erforderliche Abführung des Wärmeinhaltes der Fäden durch die Luft oder ein inertes Kühlgas bewirkt wird, reicht diese Art infolge des wesentlich größeren Querschnittes des Polyamiddrahtes nicht mehr aus, so daß man gezwungen ist, die Abführung seines Wärmeinhaltes mit einem geeigneten, nicht lösenden flüssigen Medium durchzuführen, das keine schädigenden Einflüsse auf das Polymerisat bzw. den erstarrten Draht ausüben darf[2].

---

[1] Du Pont, AP. 2197896, FP. 885500.
[2] AP. 2212772, DRP. 752536.

Spinngeschwindigkeit und Kühlstrecke sind weitgehend abhängig von der Stärke der Drähte; so sind dünne Drähte mit einem hohen Abzug und einer kurzen Kühlstrecke spinnbar, dicke Drähte umgekehrt. Der Hauptgesichtspunkt dieser Spinnerei liegt darin, den Wärmeinhalt der im richtigen Temperaturbereich liegenden schmelzflüssigen Drähte so schnell abzuführen, daß einerseits der Mantel und der Kern des Drahtes nicht zu lange in einem halberstarrten Zustand bleiben, andererseits aber die Abkühlung nicht so schroff durchgeführt wird, daß sich zu große Temperaturdifferenzen zwischen Mantel und Kern des Drahtes einstellen. Es ist zu bedenken, daß die Austrittstemperatur aus der Düse höher als 200°, meist über 250° C liegt, während das Kühlbad etwa Raum- oder wenig höhere Temperaturen besitzt. Über den Einfluß der Temperaturen geben Arbeiten unter anderem von G.-D. GRAVES und M. J. ALFTHAN[1] (Du Pont), dessen Ergebnisse z. B. auch im BP. 550 852 und FP. 917 428 niedergelegt sind, einen ausgezeichneten Aufschluß. Die dabei gewonnenen Erkenntnisse beschränken sich nicht nur auf die Form und Gleichmäßigkeit der erhaltenen Querschnitte, sondern aus ihnen lassen sich ganz allgemein weitgehende Rückschlüsse auf den Einfluß der bei der Überführung eines schmelzflüssigen Fadens in den festen Zustand vorliegenden Verhältnisse, das Verhalten des Fadens bei der Weiterverarbeitung und seine von den „Geburts"-Umständen abhängigen Eigenschaften ziehen. Des Interesses halber seien diese Beobachtungen nachstehend aufgeführt:

Zur Verspinnung kam ein Nylonpolymerisat:

Viscosität etwa 700 Poise; Temperatur des Polymerisates bei Eintritt in Wasser > 245° C; Durchmesser des Bohrkanals 2 mm; Entfernung der Düse von Wasseroberfläche 89 mm; Spinngeschwindigkeit 100 m/min; Monofil-Wässerung vor der Verstreckung: 1—3 Tage.

Durch Variation der Spinnbadtemperatur ergaben sich bei sonst gleichbleibenden Bedingungen prozentuale Abweichungen von der kreisrunden Querschnittsform des Drahtes gemäß den Angaben von M. J. ALFTHAN wie folgt:

Tabelle 5.

Kühlbadtemperatur in °C	Anfeuchtung in Wasser von 20° C in Tagen	Prozentuale Abweichung vom kreisrunden Querschnitt	Kühlbadtemperatur in °C	Anfeuchtung in Wasser von 20° C in Tagen	Prozentuale Abweichung vom kreisrunden Querschnitt
12	1	31,6	50	2	1,4
20	1	21,1	60	2	1,4
25	1	12,8	70	2	1,3
30	1	7,2		3	1,6
35	1	1,9	80	2	2,4
40	1	1,7		3	1,9
	2	2,9			

Der Einfluß der Temperaturen unter 35° C ist unverkennbar. Bemerkenswert ist die weitere Feststellung, daß Temperaturen oberhalb 45° zu einer Verschlechterung einiger physikalischer Eigenschaften führten.

---

[1] AP. 2 285 552.

Die Umlenkung des Drahtes im Bad geschieht wie üblich durch Stäbe oder besser durch Rollen. Die durch die heißen Drähte langsam aber merklich sich erhöhende Temperatur des Kühlbades wird entweder dadurch abgeführt, daß man für dauernden Zufluß von vortemperiertem Wasser sorgt und das erwärmte ablaufen läßt, oder mittels Kühlmantel oder Kühlschlangen die Temperatur auf der richtigen Höhe hält, die allerdings das Senken und Heben der in der Spinnwanne eventuell vorhandenen Stäbe bzw. Rollen beim Anspinnen usw. nicht behindern dürfen.

Das Abzugsorgan kann entweder zugleich das Aufwickelorgan sein, also Spule oder Haspel, oder wird diesem als sich mit konstanter Geschwindigkeit drehendem Walzenpaar vorgelagert. Da die Drähte auf Grund ihres gegenüber den eigentlichen Textilfäden größeren Durchmessers wesentlich weniger flexibel sind und durch mitgeschlepptes Wasser eine erhöhte Gleitfähigkeit besitzen, ist bei ihnen die Rutschgefahr und dadurch mögliche Durchmesserschwankungen erhöht. Ihr durch Anwendung geeigneter technischer Maßnahmen, wie z.B. Einbau von Abstreifern, Wahl des Umschlingungswinkels usw. zu begegnen, ist jeweils Angelegenheit der konstruktiven Gestaltung und abhängig von der Ausführung der apparativen Elemente, deren Endzweck darauf abgestimmt sein soll, einen Draht oder eine Borste mit einem runden Querschnitt von gleichmäßigem Durchmesser zu erzielen.

Verstreckung.

Die Verstreckung erfolgt ebenfalls nach den Prinzipien, die bei der Herstellung der Textilfäden auf Polyamidbasis angewendet werden; in apparativer Hinsicht[1] besteht eine gewisse Ähnlichkeit mit den Faserstreckmaschinen, zumal die aufzuwendenden Streckkräfte in einer ähnlichen Größenordnung liegen können. Aus wirtschaftlichen Gründen bevorzugt man — wie bereits angedeutet — die Verwendung von Mehrlochdüsen, deren Drähte gemeinsam oder getrennt auf ein Aufnahmeorgan aufgespult werden. Bei der Zerreißfestigkeit bzw. Tragkraft eines mittleren Drahtes von 0,3 bzw. 0,4 mm Durchmesser mit 3—7 kg addieren sich je nach Zahl der Drähte diese Kräfte. Wenn diese natürlich nicht im Ausmaß der Summe der Zerreißarbeit der Einzeldrähte zur Auswirkung kommen und die Verstreckungsarbeit als solche z.B. aus dem Kraft-Dehnungsdiagramm berechnet werden kann, so legt man die Maschinen von der konstruktiven Seite her doch so aus, daß sie eine genügende Kraftreserve besitzen.

Wesentlich erleichtert wird die Verstreckung dadurch, daß man die Drähte vor dem Verstrecken in Wasser einweicht[2]. Die Einweichzeit steht in Abhängigkeit von verschiedenen Faktoren wie Drahtdurchmesser, Hydrophilie, Gehalt an Weichmachern u.a.; sie kann bis zu 48 Std betragen.

---

[1] DRP. 742276.

[2] AP. 2137235.

Auch thermisch kann man die Verstreckung unterstützen gemäß BP. 550852 (Du Pont), indem man den Draht vor der Verstreckung auf eine Temperatur von 50—100° bringt und diese Temperatur während der Verstreckung beibehält. Diese Methode kann — unter geeigneter technischer Ausbildung der Streckaggregate — besonders bei der Verstreckung von Drähten mit größerem Durchmesser gute Dienste leisten.

Eine weitere apparative Streckmöglichkeit wird in der deutschen Patentanmeldung D. 91262 der Dynamit AG., vormals Alfred Nobel, Troisdorf, vom 19. 7. 1943 angegeben, bei der Drähte zwischen endlos laufenden Backen eingespannt werden, deren Geschwindigkeit entsprechend dem Streckungsgrad eingestellt wird. Diese interessante apparative Ausbildung zeichnet sich durch einen geringen spezifischen Anpreßdruck aus.

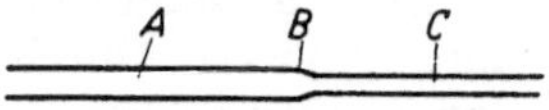

Abb. 19. Teleskop-Effekt. $A =$ unverstreckter Teil eines Polyamiddrahtes. $B =$ Teleskop-Effekt. $C =$ verstreckter Teil eines Polyamiddrahtes.

Zur Erzielung kreisrunder Drahtquerschnitte hat man die aus der Metalldrahtzieherei bekannte Verwendung von Ziehdüsen auf Polyamiddrähte übertragen[1]. Bei entsprechender Berücksichtigung des thermoplastischen Verhaltens der Polyamide und apparativer Anpassung erhält man zufriedenstellende Ergebnisse, sofern einige unerläßliche Vorbedingungen eingehalten werden; nach diesem Verfahren kann man die Verstreckung ein- oder mehrstufig vornehmen.

Während die bisherigen Verfahren diskontinuierlich durchgeführt werden — Unterbrechung nach der Polymerisation oder dem Spinnprozeß — erlaubt das VK-Verfahren entsprechend dem französischen Patent 902795 die Drahtherstellung von der Polymerisation bis einschließlich der Verstreckung.

Fixierung (Formfestmachen, Board-setting).

In Abhängigkeit von der späteren Verwendung macht sich in vielen Fällen eine Fixierung notwendig; diese kann als kontinuierliches oder diskontinuierliches Verfahren ausgeführt werden. Bei der Fertigung von endlosen Drähten, welche z.B. als Angelschnüre oder als Grundmaterial für Siebe Verwendung finden, kann man die Drähte beispielsweise kontinuierlich durch eine erhitzte Kammer mit anschließender Abkühlung laufen lassen, wobei die Temperatur während der Fixierung höher liegen muß als diejenige einer eventuell später auf sie einwirkenden (z.B. Färbung o. ä.). Es besteht fernerhin die Möglichkeit, die vorher zu einem Bündel gefachten Einzeldrähte nach der Fixierung einer automatisch arbeitenden Schneidvorrichtung zuzuführen, die entsprechende Längen abschneidet, insbesondere für die Verwendung in der Bürstenindustrie. Bei Drähten auf Basis/Lactam der ε-Aminocapronsäure erweist sich für manche Zwecke als notwendig, die monomeren Bestandteile durch einen Waschprozeß zu entfernen, der in der ersten Zeit mit dem „Board-setting"-Prozeß gekoppelt wurde.

---

[1] FP. 897719.

Bei der Nylon- und PERLON-Borstenherstellung arbeitete man ursprünglich so, daß die auf Spulen befindlichen verstreckten endlosen Drähte auf eine zweiarmige, kräftige, korrosionsbeständige Eisenhaspel (board) aufgewunden wurden; diese Aggregate unterwirft man dann einer ein- bis mehrstündigen Heißwasserbehandlung ($>85°$)[1], schreckt sie anschließend in kaltem Wasser ab und trocknet sie entweder in gespanntem oder entspanntem Zustand, d.h. in dem zuletzt genannten Fall nach dem Aufschneiden des Belages auf der einen Schmalseite des Haspels. Unter Berücksichtigung des Schrumpfes und des Schnittabfalls erhält man Bündel mit je 600 mm Länge, einer Abmessung, welche auf Grund ihrer vielseitigen Teilbarkeit der Bürstenindustrie eine besonders wirtschaftliche Verarbeitung — geringer Schnittabfall! — erlaubt.

Die anschließende Sortierung und Verpackung schließt den Fertigungsprozeß ab.

Endlose Drähte passieren eine Durchmesser-Kontrollvorrichtung, welche den Fadenlauf sofort unterbricht, sobald Ungleichmäßigkeiten auftreten. Die Aufmachung, in welcher die Drähte zur Ablieferung kommen, sind entsprechend dimensionierte Scheibenspulen, welche das Abrutschen der glatten Drähte bzw. Fäden verhindern.

Der Vollständigkeit halber sei noch die in der früheren deutschen Patentanmeldung D. 91261 aufgezeigte Möglichkeit erwähnt, nach der die Gewinnung von Drähten und Borsten aus Folien dadurch erfolgt, daß man aus Polyamidfolien borstenähnliche Gebilde herausschneidet. Dem Verfahren dürfte im Rahmen des gesamten Borstenverbrauches aus verschiedenen Gründen keine nennenswerte technische und wirtschaftliche Bedeutung zukommen.

Die vielseitigen Verwendungszwecke von Drähten und Borsten machten diese zu einem Arbeitsgebiet, auf dem intensiv gearbeitet wurde, zumal diese gröberen Fäden in vielen Fällen ein deutlich wahrnehmbareres Resultat der Versuche zeigen und zum Teil auch meßtechnisch besser zu verfolgen sind als die feinen Fäden bzw. Fasern, die für den eigentlichen Textilsektor bestimmt sind. Es ergab sich demgemäß von selbst, daß besonders anfänglich die Monofils zu den bevorzugten Prüf- und Entwicklungsobjekten zählten, woraus sich die zahlreichen Veröffentlichungen erklären, hervorgerufen durch die vielen Wünsche der Interessenten.

Sonderausführungen.

Der Endverbraucher stellt an Qualität und Spezialeigenschaften von Drähten und Borsten mannigfache Anforderungen, die zum größten Teil abgedeckt werden können.

Material mit Mattcharakter kann auf dem üblichen Weg zur Herbeiführung der Lichtbrechung erhalten werden, sei es, daß man den Grundsubstanzen vor der Polymerisation bereits Pigmente (Titandioxyd) zusetzt, oder daß man durch eine nachträgliche Behandlung chemischer

---

[1] AP. 2226529.

oder mechanischer Art der Oberfläche der Drähte usw. ein mehr oder
minder starkes rauhes Aussehen gibt.

Die Einverleibung von Pigmenten[1] ergibt ein opakes Material mit
glatter Oberfläche, während chemische[2] oder mechanische Behandlungen zu einer strukturellen Oberflächenveränderung führt, die eine
Erhöhung der Schiebefestigkeit herbeiführt oder bei Borsten für Pinsel
das Festhaltevermögen für Wasser, Farben, Lacke und Öle in der gewünschten Weise günstig beeinflußt. Eine mechanische Aufrauhung
läßt sich erzielen durch Vorbeiführen der Fäden an mehreren rotierenden,
paarweise senkrecht zueinander stehenden Schleifscheibensystemen; eine
andere Methode beruht auf der kurzen Einwirkung von mild lösenden
Bädern, durch welche die Drähte mit nachfolgendem Auswaschen der
überschüssigen, nur an der Oberfläche haftenden Behandlungsflüssigkeit
hindurchgeführt werden; ferner kann man auf den angequollenen Oberflächen der Drähte Substanzen wie $BaSO_4$ o. ä. niederschlagen oder die
Drähte der Einwirkung von Dämpfen siedender Flüssigkeiten, z.B.
Chlorhydrin, oder Gasen wie HCl unterwerfen.

Mit Ausnahme der Pigmentierung in der Schmelze können jedoch
alle derartigen Nachbehandlungen am verstreckten Draht zu einer mehr
oder minder ausgeprägten Festigkeitsreduzierung oder anderen Eigen-
schaftsänderungen führen, die von der Intensität der Oberflächenveränderung abhängen. Eine Ausnahme hiervon macht das in der Deutschen Anmeldung B. 1703 (BASF) beanspruchte Verfahren, nach dem
beispielsweise bei Tennissaiten eine Erhöhung der Elastizität und in
gewissem Sinne auch Verbesserung der Schiebefestigkeit und der Grif-
figkeit erzielt wird, indem man dem Monofil eine schraubenlinien-
förmige Drehung mit deren nachfolgender Fixierung auf bekannte Weise
verleiht.

Eine weitere Methode, die Flüssigkeitshaftung an Polyamidborsten
zu erhöhen, besteht darin, daß man den Drähten durch Riffelwalzen
eine wellige Struktur gibt. Das Verfahren ist leicht ausführbar und führt
bei schonender Ausführung zu keiner ins Gewicht fallenden Verschlechterung der Biegebeständigkeit, eine wichtige Borsteneigenschaft infolge
der Dauer-Biegebeanspruchung während des Streichvorganges.

Borsten und konische Schnüre.

Einen verhältnismäßig breiten Raum in der Patentliteratur nehmen
Verfahren ein, die sich mit der Herstellung von konisch zulaufenden
Drähten und Borsten beschäftigen. Der Grund hierfür liegt darin, daß
den normalen Polyamidborsten eine Eigenschaft fehlt, welche den
natürlichen Borsten eigentümlich ist, deren eines Ende spitz ausläuft
und meist mit einer sog. Fahne oder Feder versehen ist; man versteht
hierunter die feine Spaltung in 2 oder mehrere Capillarfäden, in deren
Zwischenräume sich das Streichgut kurzfristig einlagern kann und die
fernerhin einen unsichtbaren Pinselstrich des Streichgutes bewirken,

---

[1] AP. 2205722, AP. 2278878.
[2] AP. 2251508, DRP. 737950, FP. 877923, FP. 877926.

während glatt geschnittene Borsten eine deutliche Spur hinterlassen. Der naheliegende Gedanke, für Pinselzwecke Polyamidborsten mit feinerem Durchmesser zu verwenden, führt nicht zum Ziel, da diese eine geringere Steifheit besitzen, die für den Streichprozeß von Bedeutung ist. Bei Polierbürsten liegt eine ähnliche Fragestellung vor, da die Feinheit einer Politur ebenfalls wesentlich durch die Beschaffenheit des Borstenmaterials bedingt ist.

Die Aufrauhung der Borsten an den Pinselspitzen läßt sich in einfacher Weise durch einen Schleifprozeß bewerkstelligen, für den es verschiedene Ausführungsformen gibt.

Auch für Angelzwecke werden als Vorfach in steigendem Maße konisch sich verjüngende Leinen verwendet, deren Durchmesserunterschiede an den beiden Enden mindestens im Verhältnis 1:2 stehen soll.

Die beträchtlichen Mengen an Borsten und Angelleinen, die einerseits in der Pinsel- und Zahnbürstenindustrie und andererseits in der Berufs- und Sportfischerei verarbeitet werden, wobei der Verbraucher besonders die Fäulnisresistenz der Polyamide neben dem hohen elastischen Dehnungsanteil (Fischerei) schätzt, erklärt die Vielfältigkeit der Bemühungen, den Wünschen gerecht zu werden.

Noch zahlreicher sind die Methoden zur Erzeugung konischer Drähte, die, zum Teil modifiziert, von der Reyonherstellung übernommen und weiter ausgebaut worden sind. Es ist technisch möglich, durch Variierung der Spinnpumpenleistung bei gleichbleibender Abzugsgeschwindigkeit oder der Abzugsgeschwindigkeit bei konstanter Spinnpumpenförderleistung während des Spinnvorganges gewollte Durchmesserschwankungen zu erzielen, wobei man selbstverständlich hinsichtlich der Periodenlänge berücksichtigen muß, daß sich diese auf das etwa 4fache durch die Verstreckung erhöht. Die nach diesen Methoden erhaltenen konischen Drähte besitzen zum Teil eine sich über die ganze Länge erstreckende gleichmäßige Orientierung.

Hiervon abweichend ist der Weg, bei dem ein mit gleichmäßigem Durchmesser gesponnener Draht ungleichmäßig verstreckt wird, wobei das Einzugsorgan eine konstante Umlaufsgeschwindigkeit besitzt, während sich diejenige des Abzugsorganes, beispielsweise durch Anbringung von Nuten, ändert. Die Differenz der periodisch sich wiederholenden Abzugsgeschwindigkeit führt an den Stellen kleinerer Umlaufsgeschwindigkeit zu einem geringeren Verstreckungsgrad. Für die Verwendung in bestimmten Gebieten kann die schwächere Orientierung von Nachteil sein, wenn dadurch beispielsweise die Biegezahl, d.h. die Zahl der Biegungen um einen Biegepunkt bis zum Bruch, beeinträchtigt wird. Kommt es dagegen auf die Zerreißfestigkeit an, dann braucht diese nicht oder kaum höher zu sein als diejenige der dünnsten Stelle, ausgehend von der Tatsache, daß grundsätzlich die Zerreißfestigkeit einer eisernen Kette niemals höher ist als diejenige des schwächsten Gliedes.

Ein anderer Weg zur Erzielung konisch auslaufender Borsten und Schnüre wurde durch Anwendung spanabhebender Vorrichtungen gefunden, die eine Schwächung an periodisch wiederkehrenden Stellen oder eine gleichmäßig verlaufende Verjüngung (ähnlich der Peitschenherstellung) hervorrufen, an denen dann der Draht maschinell durchschnitten wird (zur Erzielung der gewünschten Länge).

Ein ähnlicher Effekt kann erreicht werden durch örtliche Erhitzung an bestimmten Stellen während des Streckvorganges, wobei die Drähte an diesen Stellen feiner ausgezogen werden und bei einer anschließenden stärkeren Zugkrafteinwirkung an diesen Stellen reißen.

Fernerhin wurde vorgeschlagen, Drähte von gleichmäßigem Durchmesser im kontinuierlichen Arbeitsgang der örtlichen Einwirkung von Medien auszusetzen, die einen Teil der Oberfläche aufzulösen vermögen; auch diese kann man an der chemisch angegriffenen Stelle zum Reißen bringen.

Technische Bedeutung scheinen jedoch im wesentlichen nur die Verfahren erlangt zu haben, die eine Beeinträchtigung der physikalischen Konstanten (Zerreißfestigkeit usw.) vermeiden, d.h. bei denen die Konizität auf spinn- oder streckentechnische bzw. spanabhebende Weise erzielt und die anfangs beschrieben worden sind. An den dünnsten Stellen erfolgt dann die beabsichtigte Trennung durch Riß oder Schnitt.

Nachbehandlung und Änderung von Eigenschaften.

Die Fixierung auf thermischem Wege wurde bereits geschildert; wird diese in Gegenwart von Wasser vorgenommen, so verbindet sich damit bei den Lactampolymerisaten die Entfernung der wasserlöslichen Anteile, die wiedergewonnen werden können, worauf später eingegangen werden wird.

Die Nachbehandlungen verschiedener Art verfolgen eine Änderung bestimmter, dem jeweiligen Verwendungszweck anzupassender Eigenschaften. So reicht die Hydrophobie des „66" Polymerisates (Hexamethylendiamin + Adipinsäure) in bestimmten Klimazonen nicht aus, um die Steifheit der Borsten in Zahnbürsten auf einem bestimmten Grad zu halten. Baut man statt Adipinsäure jedoch Sebacinsäure in das Molekül ein, so findet nur noch eine sehr geringe Wasseraufnahme statt, verbunden mit einer Steifheitserhöhung.

Die Reihenfolge der Steifheit der Borsten und Fäden aus den üblichen Polymerisaten verläuft vom Polyurethan über Nylon 66 zum PERLON. Es hat darum nicht an Versuchen gefehlt, diese Borsten zu versteifen, indem man sie z.B. mit einem Überzug von Polyurethan versehen hat. Tannin oder Gerbstoffe auf Basis Di- oder Polyoxysulfonen können ebenfalls versteifend wirken; durch Behandlung der Drähte usw. mit einer Polymethylmethacrylat und monomeres Methylmethacrylat enthaltenden Lösung und deren anschließender Polymerisation auf dem Draht lassen sich gleichfalls versteifende Effekte erzielen; eine Alkalibehandlung mit nachfolgender thermischer Einwirkung bei Temperaturen die 40—60° unter dem Schmelzpunkt liegen, führte ebenfalls zu steiferen Drähten.

Bei verschiedenen Verwendungsarten der Drähte wird die Stoßfestigkeit durch plötzlich auf die Drähte einwirkende Kräfte besonders beansprucht, z. B. bei Tennissaiten, Tauen, Wurfleinen, Angelschnüren usw. Durch Erhitzen in spannungslosem Zustand in Gegenwart von Wasserdampf bei höheren Temperaturen, durch wiederholte Einwirkung von Streckungskräften, die zwischen der elastischen und der Bruchdehnung liegen und durch Behandlung mit Phenollösungen unter Spannung gelingt es, die gewünschte Verbesserung zu erzielen.

Eine Verbesserung der Elastizität bzw. des Erholungsvermögens kann durch eine Behandlung der nicht oder unvollständig verstreckten Drähte mit Formaldehyd in Gegenwart eines Alkohols und eines sauren Katalysators erzielt werden. Der mögliche Reaktionsmechanismus wird auf S. 349 wiedergegeben.

Bei der Verwendung von Borsten in Besen und Pinseln (z. B. Benzin!) hat sich die ausgesprochene Tendenz zur elektrischen Aufladung als nachteilig herausgestellt. Die Aufladung kann unter extremen Umständen bis zur Funkenbildung führen; z. B. macht sie sich bei geringer Luftfeuchtigkeit dadurch beim Kehren unangenehm bemerkbar, daß es nicht gelingt, den im gleichen Sinne aufgeladenen Staub zusammenzufegen. Eine vollbefriedigende Erhöhung der Leitfähigkeit kann durch Einlagerung von Schwermetallen[1] bzw. deren Verbindungen in die Mantelschichten der Borsten und Drähte erzielt werden oder dadurch, daß man sie mit Naturborsten mischt. Der Effekt ist ein bleibender und unterscheidet sich dadurch von der Aufbringung von Schlichten mit antistatischen Eigenschaften, die bei Einwirkung von Wasser meist abgelöst werden.

Die Metallisierung von Drähten usw., d. h. beispielsweise eine Versilberung kann auf übliche Weise nach einer Vorbehandlung mit organischen Metallhalogeniden durchgeführt werden.

b) Verwendung.

Einige spezielle Eigenschaften der Polyamide haben schon frühzeitig dazu geführt, sie unter anderem auf dem Bürstengebiet, in der Fischerei und bei der Herstellung von Drahtgeweben zu verwenden. So unterschiedlich die Anforderungen an die Rohstoffe dieser Industrien sind, so bemerkenswert ist es, daß sie in weitem Umfange von den Polyamiden erfüllt werden können; dieses ist nur möglich, weil sich eine Vielzahl von Eigenschaften in den Polyamiden summiert, welche den verschiedensten Anforderungen auf diesem Sektor weitgehend gerecht werden kann.

Auf dem Borstengebiet kommt gegenüber einigen Naturborsten besonders die bis zum 20fachen höhere Abriebfestigkeit und die bis zu 2 Zehnerpotenzen größere Biegebeständigkeit zum Tragen, während bei den Drähten bzw. Angelschnüren die ausgezeichneten Festigkeiten und die durch nichts übertroffene Verrottungsbeständigkeit diejenigen Faktoren waren, welche ihre Einführung erleichterten. Über die gesamten Eigenschaften im Vergleich zu Naturborsten wurden zu Beginn der vierziger Jahre ausgedehnte Untersuchungen im Zellwolltechnikum der

---

[1] D. Anm. I. 74071 v. 13. 1. 1943 (IG.).

ehemaligen IG. durchgeführt, welche durch neuere Arbeiten wesentlich ergänzt wurden[1].

Es würde zu weit führen, die Verwendungsgebiete detailliert aufzuführen; ganz allgemein kann gesagt werden, daß bei richtiger Abstimmung auf den jeweiligen Sektor die Verwendungsmöglichkeit die Polyamiddrähte und -borsten nur geringfügige Einschränkungen kennt, die weniger von der Eigenschaftsseite her begrenzt sind als von dem preislichen Faktor, da die natürlichen Faserstoffe meistens billiger sind und bei vielen Erzeugnissen der Anschaffungspreis eine ausschlaggebende Rolle spielt, wenngleich sich im Endeffekt die Verwendung von Polyamidborsten für den Verbraucher doch wirtschaftlicher stellen würde. Am Beispiel eines Straßenbesens, der meist mit dem billigen Piassava besetzt ist, läßt sich leicht zeigen, daß hier eine Grenze gezogen ist, obgleich die Lebensdauer von Polyamidbesen nicht unwesentlich größer ist als es der Preisdifferenz entspricht.

Die von keinem anderen vergleichbaren natürlichen Material erreichte Beständigkeit gegen Fäulnisbakterien in Verbindung mit der absolut hohen Reißfestigkeit und elastischen Dehnung prädestinierten die Polyamiddrähte von Anfang an für Angel- und Fischereizwecke[2]. In der Tat liegen die Verhältnisse heute so, daß fast der gesamte Bedarf in Angelschnüren von den Polyamidmonofils abgedeckt wird und daß die früher in großem Umfang verwendeten Materialien wie Naturseide und Därme nur noch auf wenige Sondergebiete begrenzt sind, nachdem es gelungen ist, auch konisch zulaufende Schnüre in ausgezeichneter Qualität zu tragbaren Preisen auf den Markt zu bringen. Tennissaiten in geeigneter Ausführung aus Polyamiden sind ein bekannter Begriff geworden, zumal sie nur eine geringe Empfindlichkeit gegen Luftfeuchtigkeitsschwankungen zeigen. In der Metallweberei (Siebe) konnten die Polyamiddrähte auf Grund ihrer Korrosionsbeständigkeit ebenso Fuß fassen wie seit einiger Zeit als Schußmaterial bei der Herstellung von Förderbändern.

Die in den vorstehenden Zeilen angeführten Beispiele können nur einen kleinen Ausschnitt geben aus den vielseitigen Verwendungsmöglichkeiten, die nicht nur als solche diskutabel sind, sondern bereits seit einem Jahrzehnt in immer steigendem Umfange in die Praxis umgesetzt wurden. Ob es sich um Zahn-, Bade-, Haar-, Scheuer- oder technische Bürsten handelt, oder ob die Polyamide in Form endloser Haare oder Drähte mit einem Durchmesser von 0,05 bis zu 5 mm und mehr verwendet werden, allenthalben haben sie — unter Voraussetzung der richtigen Verarbeitung und der zweckentsprechenden Verwendung — bisher in keinem Falle die in sie gesetzten Erwartungen enttäuscht. Wo Fehlschläge aufgetreten sind, lag es nicht am Material, sondern daran, daß in Unkenntnis der Materie zu hohe Anforderungen gestellt wurden.

---

[1] MIEHLICH, W.: Melliand Textilber. **31**, 521—522 (1950).

[2] BRANDT, A. v.: Melliand Textilber. **32**, 660 (1951), Ref. — KLUST, G.: Melliand Textilber. **32**, 664 (1951), Ref.

Abschließend seien noch einige Zahlen genannt über die heute erreichbaren Festigkeiten. Die nachfolgende Tabelle 6 gibt diese Werte wieder, wobei bemerkt sei, daß die Tragfähigkeit zum Teil noch überschritten werden kann. Die Dehnungen variieren in einem weiten Bereich in Abhängigkeit von dem Verwendungszweck; als Normalwerte sind Zahlen von 25—35% anzusprechen, die jedoch durch thermische Unterstützung der Verstreckung mit den üblichen apparativen Einrichtungen erniedrigt werden können.

Die Gleichheit des Monofildurchmessers wird gewährleistet durch kontinuierlich arbeitende Meßvorrichtungen, welche den laufenden Faden kontrollieren.

Tabelle 6. *Erreichbare Festigkeit bzw. Tragkraft in kg von PERLON-Drähten.*

Durchmesser in mm	Festigkeit in kg	Durchmesser in mm	Festigkeit in kg
0,30	4	1,10	50— 60
0,40	7	1,20	56— 65
0,50	10—12	1,30	65— 75
0,60	16—18	1,40	78— 85
0,70	21—23	1,50	85— 93
0,80	28—30	1,60	100—110
0,90	35—38	1,70	110—130
1,00	40—45		

8. Aufarbeitung von Abfällen.

Neben den Erzeugnissen mit den gewünschten Eigenschaften fallen in jeder Fabrikation unvermeidlich Produkte an, die man mit Abfällen bezeichnet. Schon bei der Bandherstellung treten zu Anfang und Ende des Gießvorganges Polymerisatteile auf, die infolge thermischer Zersetzung blasigen Charakter besitzen; an sie schließen sich im Verlauf des weiteren Herstellungsprozesses von Fäden z.B. Abfälle an, welche beim Anspinnen einer Spinnstelle, während der Verstreckung und der weiteren textilen Operationen durch Fadenbruch usw. entstehen. Je nach den Fabrikationsverhältnissen können diese Abfälle bis zu 10% der Produktion betragen.

Bei der Verarbeitung von Caprolactam kommen additiv noch die durch das chemische Gleichgewicht bedingten mono- bis trimeren Anteile in Höhe von 8—12% hinzu.

An dieser Stelle sei noch kurz eine Überlegung eingeschaltet, die zwar nicht im direkten Zusammenhang mit der Abfallaufbereitung steht, jedoch auf die 8—12% mono- bzw. niederpolymeren Anteile Bezug hat, die früher erwähnt wurden, und deren Existenz hin und wieder zu einer nicht ganz stimmenden Berechnung bei wirtschaftlichen Vergleichen zwischen Nylon und PERLON führen kann. Es sei hierbei abgesehen von den normalen Verlusten, die im Autoklaven bei der Druckentspannung durch den Abgang von mit Wasserdampf flüchtigen Bestandteilen eintreten und die für beide Polymerisate in gleicher Höhe eingesetzt seien. Rein theoretisch werden jedoch infolge des Wasseraustrittes zwischen der Amin- und Carboxylgruppe etwa 116 kg des adipinsauren Hexamethylens zur Bildung von 100 kg Nylonpolyamid benötigt; bei der Polymerisation von Lactam tritt dagegen infolge der Ringöffnung kein derartiger Verlust auf; von den im Durchschnitt mit 10% anfallenden mono- bis trimeren Anteilen kann durch die nachfolgende Extraktion der Schnitzel und gegebenenfalls durch die Aufarbeitung der Nachbehandlungswaschwässer ein beachtlicher Prozentsatz in durchaus wirtschaftlicher Weise wiedergewonnen werden, wie dieses auch laufend von einem Teil der PERLON-Textilrohstoffe erzeugenden Werke durchgeführt wird; die Eindampfungs- und Destillationskosten stehen bei Auswahl geeigneter Apparaturen verhältnismäßig niedrig ein und sichern auf jeden Fall die Wirtschaftlichkeit der Rückgewinnung.

Die im Laufe der Herstellung von Polyamidseide, -fasern, -borsten usw. anfallenden eigentlichen Abfälle sind zu unterteilen in solche, die textil weiterverarbeitbar sind und solche, die auf keine Weise einem textilen Verwendungszweck mehr zugeführt werden können. Die zuerst genannte Art besteht meist aus verstrecktem Gut, das beispielsweise nach Passage eines Reißwolfes in bekannter Weise weiterverarbeitet werden kann. Während des Krieges hat man als Notmaßnahme auch unverstreckte Borstenabfälle zu Bürsten und Besen verarbeitet, doch ist diese Verwendungsart aufgegeben worden. Unverstrecktes Material (oder gegebenenfalls unbrauchbar gewordene Fertigerzeugnisse wie Strümpfe usw. unter *Voraussetzung der Wirtschaftlichkeit* der Wiederaufbereitung) wird technisch auf physikalischem oder chemischem Weg in das schmelzflüssige Polyamid oder in die Ausgangsmaterialien übergeführt, z.B. wie folgt:

Abfälle von sauberen PERLON-Borsten usw. werden in kleine Längen zerschnitten und können in einem für die Aufarbeitung derartiger Abfälle bestimmten VK-Rohr o. ä. direkt in den obersten Teil dieses VK-Rohres eingetragen werden, wo sie in der heißen Zone schmelzen und als Polymerisat versponnen werden.

Eine weitere Methode besteht darin, daß man Nylon- bzw. PERLON-Abfälle im Autoklaven mit Wasser versetzt[1], sie durch Wärmeeinwirkung aufschmilzt oder sie depolymerisiert und im gleichen Arbeitsgang wieder polymerisiert.

Schließlich besteht die Möglichkeit, daß man den Abfall in das eigentliche Ausgangsmaterial wie Caprolactam, Adipinsäure und Hexamethylendiamin zurückverwandelt, indem man ihn in der Wärme der sauren oder alkalischen Hydrolyse unterwirft[2].

Mit diesen Methoden befassen sich eine ganze Reihe von Patenten, aus deren Zahl die dieser Angelegenheit zukommende wirtschaftliche Bedeutung für den Hersteller von Textilrohstoffen auf Polyamidbasis ersichtlich ist und von denen ein Teil praktische Bedeutung hat. Alle diese Verfahren arbeiten jedoch nur dann mit Erfolg, wenn bestimmte

---

[1] AP. 2343174, 2348751, 2364387; FP. 926211.

[2] DP. 850746, 851195, 859649; FP. 909186, 912520, 926211, 926873, 992052; AP. 2407896.

Voraussetzungen erfüllt sind. Als oberster Gesichtspunkt steht natürlich die Wirtschaftlichkeit im Vordergrund, die durch die Relation der Aufarbeitungskosten und der Preise der normalen Ausgangsmaterialien gegeben ist.

Für die Aufarbeitung ist es unerläßlich, daß alle Abfälle in reiner Form des Polyamids vorliegen, d.h. sie müssen von Verunreinigungen und Begleitstoffen völlig frei sein. Ebenso wie es aus erklärlichen Gründen nicht angängig ist, daß andere Textilrohstoffe gegenwärtig sind, ist auch bei den meisten Verfahren die absolute Abwesenheit von Präparationsmitteln, Schlichten usw. notwendig, da sie zu Nebenreaktionen führen können. Demgemäß werden die Abfälle nach erfolgter Sortierung meist in Waschtrommeln oder ähnlichen Vorrichtungen einer intensiven Wäsche unterworfen, bis sämtliche Begleitsubstanzen eliminiert sind. Diese Sortierung erstreckt sich auch auf die Ausscheidung von oxydativ geschädigten Polymerisatanteilen, die gleichfalls einen guten Wirkungsgrad der Aufarbeitung bei manchen Verfahren beeinträchtigen können, bei der die Anwesenheit von Sauerstoff sowieso ausgeschlossen werden muß.

Der durch die Sperrigkeit mancher aufzuarbeitender Abfälle bedingten geringen Kapazitätsausnutzung der Aufbereitungsapparaturen (z.B. Borstenschnittabfälle) kann dadurch begegnet werden, daß man sie vor der Behandlung unter Wärme- und Druckeinwirkung in Gegenwart von Wasser (Dampf als inertes Medium) stark zusammenpreßt und die erhaltenen Tafeln nach geeigneter Zerkleinerung in dieser raumsparenden Form aufarbeitet[1].

Je nach der Aufarbeitungsmethode fallen die gewünschten Endprodukte in mehr oder minder reiner Form an; durch bekannte weitere Maßnahmen (Destillation usw.) lassen sie sich in den für eine erneute Überführung in Polyamide erforderlichen Zustand hoher Reinheit bringen.

Auf die Wiedergewinnungsmöglichkeiten des Lactams braucht nur kurz eingegangen zu werden, da entsprechende Hinweise bereits an einigen Stellen gegeben worden sind.

Die bei der Verspinnung freiwerdenden Lactammengen, die im wesentlichen temperaturabhängig sind, können durch eine unterhalb der Düse angebrachte Vorrichtung abgesaugt werden; die Wirtschaftlichkeit ist dann gegeben, wenn stark lactamhaltige Polymerisate versponnen werden. Zur Vermeidung von Verstopfungen der Absaugleitungen müssen diese durch geeignete Maßnahmen beheizt werden. Die gleiche Vorkehrung muß getroffen werden, wenn man beabsichtigt, dasjenige Lactam wiederzugewinnen, welches aus der Schmelze unterhalb des Rostes entsteht und durch den Stickstoffstrom abgeführt wird; einschränkend sei bemerkt, daß bei kurzer Verweilzeit der Schmelze im konischen Teil des Rostes nur wenig Lactam gebildet und in Freiheit gesetzt wird, so daß sich eine derartige Wiedergewinnung nicht lohnt.

---

[1] BP. 549969; DRP. 738779.

Wird das Lactam der Schmelze — sei es in der Schlußphase der
Polymerisation oder kurz vor dem Spinnprozeß — unter Anwendung
von Vakuum oder anderen Maßnahmen entzogen, dann bedient man
sich zur Auffangung der üblichen Methoden der chemischen Industrie.
Das auf die eine oder andere Weise wiedergewonnene Lactam liegt in
verhältnismäßig reiner Form vor, wird jedoch zweckmäßigerweise durch
Destillation gereinigt.

Die Aufarbeitung der Waschwässer aus der Extraktion der Schnitzel
bzw. der nach dem VK-Verfahren hergestellten Fasern geschieht durch
Verdampfung des Wassers mit anschließender Destillation der hoch-
konzentrierten Lactamlösung, die Ausbeuten in der Größenordnung bis
70% beim Vorliegen nicht verunreinigter Konzentrate liefert.

Ein weiterer Weg zur Wiedergewinnung führt über die Verwendung
von etwa 20% Alkali enthaltende Lösungen bei niederer Temperatur
(etwa 10°).

Bei der Aufarbeitung sehr verdünnter wäßriger Lactamlösungen muß
dem Umstand Rechnung getragen werden, daß Lactam mit Wasser-
dämpfen etwas flüchtig ist; handelt es sich dabei um reine Lactamlösungen, kann man so vorgehen, daß man diese zum Auswaschen der
Schnitzel bzw. der Fasern benutzt, sie dadurch anreichert und nach
dem oben beschriebenen Verfahren (Eindampfen, Vakuumdestillation)
wiedergewinnt.

Enthalten die verdünnten Lösungen jedoch Präparationsmittel, dann
ist die Aufarbeitung ungleich schwieriger und bis heute zum Teil mit
verhältnismäßig hohen Kosten verbunden; es scheint, daß bei einer
Großproduktion von PERLON-Fäden oder -fasern die Verwendung von
Ionenaustauschern auch nach der wirtschaftlichen Seite hin nicht aus-
sichtslos ist.

C. Eigenschaften der Polyamide in Form des textilen Rohstoffes.

Vorbemerkung[1].

Einige spezifische Eigenschaften der Polyamide erfordern ein näheres
Eingehen auf das dadurch bedingte Verhalten, insbesondere im Hinblick
auf die textile Verarbeitung der Polyamidfäden und -fasern, das im
Vordergrund der folgenden Darlegungen steht. Nur bei genauer Kenntnis und Beachtung dieser Eigenschaften ist es möglich, zu einwandfreien
textilen Erzeugnissen zu gelangen, die mit Textilien auf anderer Rohstoff-
basis in Wettbewerb treten können.

1. Physikalische Daten.

a) Wasseraufnahme.

Unter den in der verarbeitenden Textilindustrie üblichen Raum-
feuchtigkeitsbedingungen von etwa 50—70% nehmen die Polyamide
meist nicht mehr als 4,5% Wasser auf; im Vergleich zu den sonstigen
Textilrohstoffen ist dieser Betrag niedrig, wenngleich sich die neuesten

---

[1] Siehe auch GOLDSTEIN, Melliand Textilber. **32**, 900ff. (1951): „Chem. Konstitution und phys. Eigenschaften von synth. Fasern."

Fasern auf Basis Polyacrylnitril wie Orlon, PAN, Redon u. a. oder auf
Basis Polyglykolterephthalsäureester wie Dacron und Terylene durch ein
noch geringeres Wasseraufnahmevermögen auszeichnen. Bei den Polyamiden dürfte die Mittelstellung im wesentlichen bedingt sein durch die
Zahl der Methylengruppen, den molekularen Bau und die Abwesenheit
ausgesprochen hydrophil wirkender Gruppen wie sie beispielsweise die
Wolle besitzt, bei der neben diesem Unterscheidungsmerkmal die NH-
und CO-Gruppen nur durch ein Kohlenstoffatom getrennt sind; auf
andere Faktoren soll hier nicht eingegangen werden, da dieses zu weit
führen würde, doch können die angenommenen Konstitutionsskizzen
von Wolle und Polyamid eine anschauliche Vergleichsmöglichkeit bieten:

Polyamid (PERLON)[1]	Wolle	Naturseide

$$
\begin{array}{lll}
\text{HN} & \text{HN} & \text{HN} \\
\quad\text{CO} & \quad\text{CH—R} & \quad\text{CH—R} \\
\text{H}_2\text{C} & \text{OC} & \text{OC} \\
\quad\text{CH}_2 & \quad\text{NH} & \quad\text{NH} \\
\text{H}_2\text{C} \quad \text{Cystinbrücke—HC} & \text{R—HC} \\
\quad\text{CH}_2 & \quad\text{CO} & \quad\text{CO} \\
\text{H}_2\text{C} & \text{HN} & \text{HN} \\
\quad\text{NH} & \quad\text{CH—R} & \quad\text{CH—R} \\
\text{OC} & \text{OC} & \text{OC} \\
\quad\text{CH}_2 & & \quad\text{NH} \\
\text{H}_2\text{C} & & \text{R—HC}
\end{array}
$$

Bei der Überführung der Fäden oder Fasern in textile Erzeugnisse
ist demgemäß grundsätzlich darauf zu achten, daß die Feuchtigkeit der
Verarbeitungsräume so hoch gehalten wird, daß die Fasern keine Feuchtigkeit abgeben können, d. h. daß die auf den Fäden befindliche Feuchtigkeit im Gleichgewicht mit der sie umgebenden Luft von etwa 50—70%
relativer Feuchtigkeit bei Normaltemperatur steht. Die optimale Feuchtigkeit hängt bei den verschiedenen Prozessen von einer Anzahl von
Faktoren ab, die dem Textilverarbeiter bekannt sind, doch empfiehlt
es sich nicht, im allgemeinen unter 50—60% zu gehen.

Die nachfolgende Zusammenstellung, die Mittelwerte aus bekannten
Zahlen und zum Teil eigenen Untersuchungen darstellen, geben ein un-
gefähres Bild der Verhältnisse. Grundsätzlich ist bei derartigen Angaben
zu berücksichtigen, daß die Wasseraufnahme bei den Naturfasern und
auch zum Teil bei den fabrikatorisch hergestellten Fäden und Fasern
in Abhängigkeit von verschiedenen Faktoren steht, wie z. B. Wachstums-
bedingungen, Provenienz, *Vorbehandlungen* und anderen Umständen;
hieraus erklären sich die zum Teil nicht unbeträchtlich voneinander
abweichenden Zahlenwerte der Literatur; mit dieser Einschränkung ist
demgemäß auch die Tabelle 7 zu lesen.

RAY[2] hat die Feuchtigkeitsaufnahme einer Anzahl von Textilfasern
unter Hinzuziehung von Dacron und Orlon in Abhängigkeit von der

---

[1] BRILL, R.: Z. phys. Chem. (B) **53**, 61 (1943).
[2] Text. Res. J. **22**, 147 (1952). Siehe auch QUIG u. DENNISON: Canad. Text.
J. **69**, 9, 60—66, 69 (1952) und Ind. z. Eng. Chem. **44**, 2177 (1952).

Tabelle 7.

Material	Wasseraufnahme bei 65% relativer Feuchtigkeit und 20—25° C in %	Material	Wasseraufnahme bei 65% relativer Feuchtigkeit und 20—25° C in %
Acetat-Reyon	6—6,5	PERLON	4—4,5
Baumwolle	7,5—8,5	Viskose-Reyon . .	11—14
Naturseide	10—11	Schafwolle	13—17
Nylon	3,7—4,3		

relativen Feuchtigkeit in einem Schaubild zusammengefaßt, welches
nachstehend wiedergegeben ist:

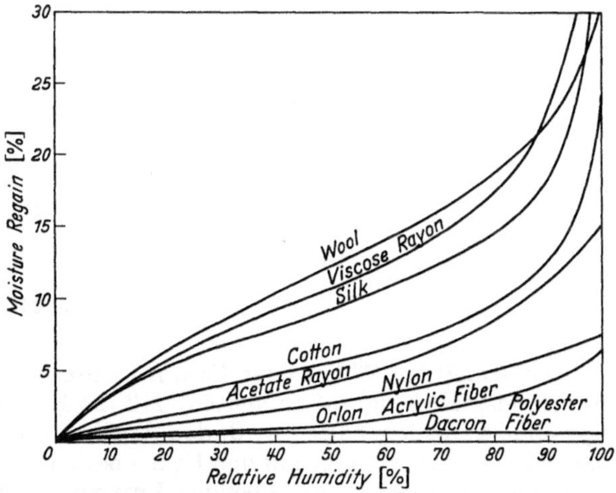

Abb. 20. Wasseraufnahme von natürlichen und synthetischen Fasern. Ordinate: Wasseraufnahme (%).
Abszisse: Relative Feuchtigkeit (%).

Kurvenbeschriftung von oben nach unten: Wolle; Viscose-Reyon; Naturseide; Baumwolle;
Acetat-Reyon; Nylon; Orlon (Polyacrylnitrilfaser); Dacron (Polyesterfaser).

Die niedrige Wasseraufnahme findet ihre Parallele in einen geringen
Quellvermögen, das ebenfalls von Vorbehandlungen abhängig ist wie
J. M. PRESTON[1] an Hand zahlreicher Versuche gezeigt hat; bereits die
Trockenbedingungen üben auf die Quellfähigkeit von Substanzen einen
unverkennbaren Einfluß aus, die PRESTON in Verbindung mit Vernet-
zungserscheinungen bringt.

Tabelle 8.

Material	Quellwert in %	Material	Quellwert in %
Acetat-Reyon	etwa 30	PERLON	etwa 13
Baumwolle	etwa 50	Viskose-Reyon . .	etwa 100
Naturseide	etwa 45	Schafwolle	etwa 45
Nylon	etwa 12		

[1] PRESTON: J. Soc. Dyers Colourists **67**, 169—176 (1951). Ref. Melliand Textilber. **32**, 556 (1951).

Die Wasseraufnahme von handelsüblichen PERLON-Fäden wird in etwa durch folgende Tabelle 9 wiedergegeben:

Tabelle 9.

Relative Feuchtigkeit in %:	10	20	30	40	50	60	65	70	80	90
H_2O-Aufnahme in %:	1	1,5	2	2,5	3	3,8	4,3	4,8	5,8	7,2

Nylon nimmt nach verschiedenen Angaben im Verhältnis zu PERLON etwas weniger Wasser auf, doch bewegt sich die Differenz in der Größenordnung von maximal 10% der Effektivwasseraufnahme von PERLON, ein Unterschied, der sich in verarbeitungstechnischer Hinsicht nur wenig auswirkt. Umgekehrt geben die Polyamidtextilien ihre Feuchtigkeit sehr schnell wieder ab, wodurch die Trockenzeit gegenüber den anderen Textilrohstoffen auf mindestens die Hälfte reduziert wird; bei leichten Geweben und Gewirken geht die Trocknung noch schneller vor sich.

Welchen Einfluß der eine oder andere Faktor auf die Geschwindigkeit der Wasseraufnahme bzw. auf die maximale Aufnahme ausübt, geht aus einer Reihe von Versuchen hervor, die in Zusammenhang mit anderen Fragen durchgeführt wurden. Die Oberflächenabhängigkeit im Verhältnis zur Masse zeigt nachstehende Zusammenstellung; Material PERLON-Draht:

Tabelle 10.

Konditionierzeit bei 22° und 65% relativer Feuchtigkeit	Feuchtigkeitsaufnahme in Gew.-%				
	Drahtstärke				
	100 μ	150 μ	200 μ	250 μ	350 μ
15 min	1,35	0,85	0,75	0,6	0,5
30 min	2,3	1,35	1,25	1,0	0,8
45 min	2,9	1,85	1,65	1,25	1,0
60 min	3,4	2,3	2,0	1,55	1,25
75 min	3,65	2,55	2,2	1,75	1,35
90 min	3,95	2,8	2,5	1,95	1,55

J. B. QUIG und R. W. DENNISON[1] geben in ihrer Publikation neben anderen interessanten Diagrammen eine tabellarische Zusammenstellung über die Längs- und Querquellung einer Anzahl von textilen Rohstoffen, die zum Teil auf früheren Arbeiten von MOREHEAD[2] fußen und aus der einige Daten auszugsweise wiedergegeben seien:

Tabelle 11.

Fibre	Longitudinal Swelling in %	Cross-Sectional Swelling in %
Cotton	1,1	20—26
Wool	1,2	22—26
Silk	1,3—1,7	19—20
Rayon	0,7—7,0	44—86

[1] QUIG, J. B., u. R. W. DENNISON: Canad. Text. J. **69**, 9, 60—66, 69 (1952). — Ind. Engng. Chem. **44**, 2178 (1952).

[2] MOREHEAD, F. F.: Text. Res. J. **17**, 96 (1947).

Eine Unterteilung der Faserarten in hydrophile und hydrophobe textile Rohstoffe zeigt deutlich die Position der neueren synthetischen Fasern an:

Tabelle 12.

Fibre	Water Sensitive (Hydrophilic) Cross-Sectional Swelling-Wet %	Regain % 65 % R. H., 70° F
Rayon		
Reg. Textile	± 65	13,5—14
High Tenacity	50	12,0
Fibre „G"[1]	37	12
Acetate.	8	6,0
Flax	47	12,0
Wool	26	16,0
Cotton	21	8,0
Vicara	19	13,0
Silk	19	11,0
	Water Insensitive (Hydrophobic)	
Orlon acrylic fibre.	5,1	1,0—2,0
Acrilan	± 5,0	1,0—2,0
Cyanamid X-51	—	1,0—2,0
Nylon	3,2	3,4
Dacron, Polyester Fibre	1,0	< 0,5
Dynel	—	< 0,5

Die verschiedenartigen Beobachtungen, welche bei der Quellung von Polyamidfäden gemacht worden sind, veranlaßten N. J. ABBOTT[2] zu einer Reihe von Untersuchungen, bei denen folgende Resultate erzielt wurden:

Tabelle 13.

Material	Längsquellung in %	Querquellung in %	Verhältnis
Nylon gestreckt	2,7	2,6	1:1
Nylon ungestreckt	6,9	1,9	3,6:1

Durch Bestimmung der Dichte wurde festgestellt, bzw. aus ihr geschlossen, daß das Wasser lediglich 25 % der Zwischenräume im amorphen Bereich beansprucht, bezogen auf vorher getrocknete Fäden. Demgemäß müssen auch noch andere Gebiete an der Wasseraufnahme beteiligt sein. Vermutlich kann auch eine Änderung der inneren Struktur der amorphen Bereiche durch den Orientierungsvorgang das Quellungsverhalten beeinflussen. KING[3] vermutet die Quellungsmittel-Hauptabsorption in den amorphen Bereichen. Interessant ist in diesem Zusammenhang eine Arbeit von J. M. PRESTON, M. V. NIMKAR und S. P. GUNDAVDA[4]

[1] Experimental Du Pont high tenacity fibre.

[2] ABBOTT, N. J.: J. Textile Inst. 41, 1/2, T 53 (1950). Ref. Rey. Syn. Z. 29, 82 (1951).

[3] KING: J. Soc. Dyers Colourists 66, 27 (1950).

[4] PRESTON, J. M., M. V. NIMKAR u. S. P. GUNDAVA: J. Soc. Dyers Colourists 67, 5, 169—176 (1951). Ref. Melliand Textilber. 1951, 556.

auf dem Cellulosegebiet, in der unter anderem auch die bekannte Erscheinung behandelt wird, daß das Quellungsvermögen einer Faser nach einer thermischen Einwirkung reduziert wird, d.h. also, daß die Vorbehandlung ein ausschlaggebender Faktor sein kann.

Eine weitere, für den Warenausfall bekanntlich wichtige Eigenschaft, zeigt sich in dem Schrumpfungsverhalten, das verständlicherweise infolge der grundsätzlichen Bedeutung Gegenstand zahlreicher Untersuchungen gewesen ist, besonders im Hinblick auf den Fixierungsvorgang, in dessen Verlauf die Ware einer thermischen Behandlung unterzogen wird, wobei die angewendeten Bedingungen je nach dem Verfahren differieren. Wie bereits a. a. O. bemerkt, sollten fertig ausgerüstete textile Erzeugnisse keinen höheren Schrumpf als 1% besitzen[1].

Tabelle 14. *Schrumpfung in kochendem Wasser nach* G. LOASBY[2].

Position		
	PERLON 30 den.	
1	Drall 350	4,09%
2	Drall 1200, Zwirnung fixiert	2,8%
3	Drall 1200, unbehandelt	11,0%
	Nylon 30 den.	
4	Drall 30	6—8%
5	Drall 1200, nicht geschlichtet . . .	2,4%
6	Drall 1200, Wirkfaden	3,1%
7	Drall, Faden vorbehandelt	0,2—0,8%

Aus der vorstehenden Zusammenstellung ist sehr deutlich der Einfluß der Vorbehandlung zu ersehen, denen die Fäden ausgesetzt waren; insbesondere zeigt der unter Pos. 7 angeführte, vermutlich thermofixierte Faden eine außerordentlich niedrige Schrumpfung, die jedem derart behandelten Material auf Polyamidbasis eigentümlich ist. In Wasser von Raumtemperatur liegt die Schrumpfung von verstreckten, in keiner Weise sonst irgendwie behandelten Fäden normalerweise in der Größenordnung bis etwa 8%, doch zeigt der unter Pos. 3 genannte Faden, daß in Abhängigkeit von weiteren Faktoren die Schrumpfung auch höhere Werte erreichen kann.

Für die weiterverarbeitende Industrie ist die Kenntnis dieser Verhältnisse unerläßlich, weshalb auch vor der Verarbeitung in jedem Fall entsprechende Untersuchungen angestellt werden sollten, um sich vor unliebsamen Überraschungen in bezug auf den Warenausfall zu schützen. Die Fixierung stellt eine wirksame Maßnahme dar, um eine nachfolgende Schrumpfung herabzusetzen oder aufzuheben.

FOURNÉ veröffentlichte[3] eine Zusammenstellung über die Höhe der Restschrumpfung einiger textiler synthetischer Rohstoffe, die unter verschiedenen Bedingungen fixiert wurden; die gefundenen Daten sind aus der Tabelle 15 ersichtlich:

[1] HEES, W.: Melliand Textilber. **32**, 215 (1951).
[2] LOASBY, G.: Reyon, Zellwolle u. a. Chemiefasern **30**, 13 (1952); s. auch SCHLÄPPI, F.: Text. Rdsch. **5**, 141 (1950).
[3] FOURNÉ: Textil-Praxis **7**, 649 (1952).

Tabelle 15.

Material	Restschrumpfwerte (naß) in %						
	Roh	Wasserfixierung		Dampffixierung		Trocken-Heißfixierung	
		°C	%	°C	%	°C	%
PERLON	12—14	98	6—8	130	0	190	0—1
Nylon	12—12	98	7—9	131	0—1	225	0—1
Nylon, vorgedämpft .	3—4	100	3,8—3	120	2,5	225	0—1
				131	0—1		
Terylene	15—17	100	2—4	120	1—2	234	0
				126	0—1		
Orlon	7—8	100	4—5	134	0—1	200	0—1

Die folgende Tabelle aus der gleichen Veröffentlichung von FOURNÉ gibt die optimalen Fixierungstemperaturen wieder:

Tabelle 16.

Material	in Wasser	in Sattdampf	Trocken-Heißfixierung	Einfrier-temperatur
PERLON	105°	130°	190°	65°
Nylon	98°	131°	225°	82°
Orlon, PAN	—	134°	etwa 200°	90°
Terylene	—	126°	234°	85°

Die vorgenannten Temperaturen sind als Mittelwerte zu betrachten, da sich Abweichungen ergeben können, welche von der Konstruktion, dem Quadratmetergewicht, der Dichte und anderen Faktoren des textilen Erzeugnisses abhängig sind.

b) Elektrische Aufladung.

Für die textile Verarbeitung ist von den sonstigen elektrischen Eigenschaften, die in den vorhergehenden Buchteilen eingehender behandelt worden sind, die Aufladung bzw. das Leitvermögen von Interesse. In gewisser Hinsicht trägt naturgemäß der geringe Wassergehalt dazu bei, die Ableitung nicht zu begünstigen, so daß bei Beginn der textilen Polyamidverarbeitung die Aufladungstendenz beinahe ein Problem darstellte, zumal damals noch nicht die antistatischen Präparationen zur Verfügung standen wie heute. Zunächst behalf man sich mit der von der Acetatreyonverarbeitung her bekannten Erhöhung der Raumfeuchtigkeit; feuchtigkeitsempfindliche Präparationen und Schlichten führten jedoch teilweise bei zu hoher Feuchtigkeit zu einem Schmieren des Materials. Die weiterhin vielfach vorgenommene Erdung der Textilmaschinen brachte nicht immer den erwarteten Erfolg, da man verschiedentlich zwar die Maschinen als solche gut erdete, dabei aber nicht berücksichtigte, daß beispielsweise der Ölfilm der Maschinenlager als guter Isolator wirkte; erst als man dazu überging, diejenigen Organe direkt zu erden, an denen durch Reibung des laufenden Fadens die

Aufladung wirklich entstand, stellten sich Besserungen ein. In der Zwischenzeit waren Schlichten und Präparationen entwickelt worden, die sich als wirksame Antistatica erwiesen, wenngleich der Effekt nur bis zur ersten Wäsche reichte. In den USA. wurden zahlreiche Arbeiten durchgeführt, die bis heute zu etwa 20 auf dem Markt erhältlichen antistatischen Präparationen geführt haben; in den übrigen, ebenfalls Polyamidfäden erzeugenden Ländern wurde in der gleichen Richtung gearbeitet, so daß dem Verarbeiter entsprechende Gegenmittel zur Verfügung stehen. Die derzeitigen Bemühungen gehen allgemein dahin, antistatische Verbindungen aufzufinden, die eine *Dauerwirkung* besitzen, also waschbeständig sind; es scheint, daß in dieser Hinsicht noch kein Produkt gefunden worden ist, das den Ansprüchen vollauf genügt. Die Frage ist insofern von einer gewissen Bedeutung, auch für andere synthetische Textilrohstoffe, weil sich die Aufladungsneigung nicht nur auf den eigentlichen Textilvorgang beschränkt, sondern diesen Materialien eigentümlich ist, die so weit gehen kann, daß sich bei Änderungen der statischen Aufladung der Luft Staubteilchen auf bevorzugte, der Reibung ausgesetzte Teile der Bekleidung niederschlagen.

Die Wirkung der Präparationen beruht entweder auf ihren hygroskopischen Eigenschaften, wodurch sie Feuchtigkeit aus der Luft anziehen oder auf ihrer elektrischen Leitfähigkeit. Eine andere Maßnahme, die allerdings nur bei der Verarbeitung ergriffen werden kann, besteht in der Ionisation der Luft über den Textilmaschinen bzw. den laufenden Fäden. Hochgespannter Wechsel- oder Gleichstrom bei geringer Stromstärke stellt das eine Prinzip dar, nach dem gearbeitet wird, während die andere Methode schwache Ausstrahlungen von Radium- oder Poloniumverbindungen benutzt, um durch erhöhte Leitfähigkeit der Luft die unangenehmen Aufladungen auf der Faser zu beseitigen. Es stehen demgemäß von dieser wie auch von der Präparationsseite her genügend Maßnahmen zur Verfügung, um eine einwandfreie Verarbeitung in bezug auf die statische Aufladung sicherzustellen.

Über das elektrische Verhalten von Polyamidtextilfäden sind eine Reihe von Untersuchungen durchgeführt, von denen die systematischen Prüfungen von RAUCH[1] an Perlonfäden zu erwähnen sind. Interessant ist weiterhin eine Arbeit von BAKER und YAGER[2], die bei ihren Arbeiten über die dielektrischen Erscheinungen an Nylon neben einer Temperaturabhängigkeit eine Keto-Enol-Desmotropie zur Diskussion stellen.

Die geringe Leitfähigkeit der Polyamide befähigt sie, auf bestimmten Gebieten als Isoliermaterial verwendet zu werden, insbesondere als äußerer Mantel, der sich durch seine Scheuerfestigkeit auszeichnet.

Mit dem Zusammenhang von Faserfeuchtigkeitsgehalt und Aufladung, beschäftigen sich KEGGIN, MORRIS und YUILL[3] im Laufe einer

---

[1] RAUCH: Melliand Textilber. **29**, 185—190 (1948). — HEIDE, K.: Faserforsch. u. Textiltechn. **2**, 391 (1951). — HAYEK, M., u. F. C. CHROMEY: Amer. Dyestuff Reporter **40**, 225 (1951). — LOPOZ, J. A., u. J. K. HEWSON: Amer. Dyestuff Reporter **41**, 105 (1952). — HEARLE, J. W. S.: J. Textile Inst. **43**, P 194 (1952).

[2] BAKER u. YAGER: J. Amer. Chem. Soc. **1942**, 2171—2177.

[3] KEGGIN, MORRIS u. YUILL: J. Textile Inst. **40**, T 702—714 (1949), Ref. Textil-Praxis **5**, 194 (1950).

Untersuchung, zu der verschiedene Fasern herangezogen wurden (Kardierung). Neben anderen interessanten Ergebnissen stellten die Autoren fest, daß die Aufladungshöhe von eiweißähnlich gebauten Fasern (Wolle, Polyamide) bei einer relativen Raumfeuchtigkeit von 60—70% etwa derjenigen entspricht, welche Fasern auf Cellulosebasis bei etwa 10% relative Feuchtigkeit besitzen. In Verbindung mit der bekannten Tatsache, daß die elektrische Leitfähigkeit von Baumwolle bei Erhöhung der relativen Raumfeuchte von 20 auf 60% [1] um mehr als das 1000fache zunimmt, ist der Einfluß des Feuchtigkeitsgehaltes auf Fasern, die wie die Polyamide als wenig hydrophil anzusprechen sind, unverkennbar. Die Auswirkungen beschränken sich daher nicht nur auf die eigentliche textile Verarbeitung, sondern unmittelbar auch auf die Trageigenschaften der aus den Polyamiden hergestellten textilen Erzeugnisse; auch dieser Gesichtspunkt ist einer der Gründe zu den Bestrebungen, die elektrische Leitfähigkeit der Polyamide so weit mit permanenter Wirkung zu erhöhen, daß sie den üblichen Textilrohstoffen gleichkommt.

c) Dehnungsverhältnisse.

Das Verhalten der Polyamidfasern in dehnungsmäßiger Hinsicht, welches von den üblichen Textilrohstoffen erheblich abweicht, ist diejenige Eigenschaft, an welche die Verarbeiter die meisten Konzessionen machen müssen; wenn diese Feststellung an den Anfang gestellt wird, so geschieht dieses im Hinblick auf das recht beachtliche Lehrgeld, das gezahlt worden ist, bis sich auch bei dem letzten Verarbeiter die Erkenntnis durchgesetzt hatte, daß die üblichen Arbeitsweisen bestimmter Abänderungen bedürfen.

Zwei Faktoren treten bei den Polyamidfäden besonders hervor:

1. Der elastische Anteil der Gesamtdehnung liegt in einer Größenordnung, die bei den sonstigen Textilrohstoffen nicht bekannt ist,

2. der Elastizitätsmodul besitzt einen außerordentlich niedrigen Wert, besonders im Bereich kleiner Spannungskräfte.

Die Schlußfolgerung für die verarbeitende Industrie ergab sich von selbst: Durchführung sämtlicher textiler Arbeitsgänge unter Anwendung der geringstmöglichen Spannung. Über diese Verhältnisse sind außerordentlich zahlreiche Untersuchungen angestellt worden, sowohl von industrieller wie auch wissenschaftlicher Seite. Das Ergebnis läßt sich zusammenfassen in der Feststellung, grundsätzlich Spannungen zu vermeiden, die über 0,15 g/den. liegen. Von 0,15 g/den. können bereits merkliche Verformungen (Längenänderungen) auftreten; selbstverständlich besitzen auch andere, in der Textilindustrie bekannte Faktoren wie Feuchtigkeitsgehalt, Drallhöhe usw. bzw. die Kombination mehrerer Begleitumstände ihre Bedeutung, doch empfiehlt es sich nicht, die vorstehend angegebenen Grenzen zu überschreiten, es sei denn, daß man bestimmte Effekte des Gewebecharakters erreichen will. Da dieses jedoch normalerweise die Ausnahme bildet, ist es für manche textilen Erzeugnisse zur Erzielung eines einwandfreien Warenbildes angebracht,

---

[1] SLATER: J. Textile Inst. **16**, P 57 (1925).

mit der Fadenspannung so weit herunterzugehen wie es es eben verarbeitungsmäßig noch tragbar ist.

Dieser Forderung schließt sich die weitere Notwendigkeit an, die Spannung sämtlicher Fäden in der gleichen Größe zu halten, die nur durch äußerst genau arbeitende Fadenleit- und Bremsorgane erzielt werden kann. Hierzu hat PIEPER[1] in Deutschland sehr instruktive Hinweise veröffentlicht, welche für die verarbeitende Textilindustrie sehr wertvoll sind. Aus diesen Veröffentlichungen seien 2 Diagramme angeführt, welche die Verhältnisse recht anschaulich demonstrieren und für den textilen Verarbeiter all das beinhalten, was für den Warenausfall von der Dehnungsseite her ausschlaggebend ist. Aus dem Schaubild ist unverkennbar der Einfluß geringer Kräfte auf den Anfangsverlauf der

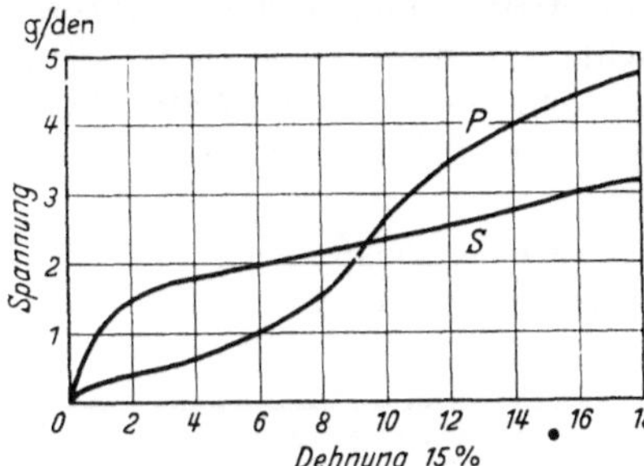
Abb. 21. Spannungs-Dehnungskurve.

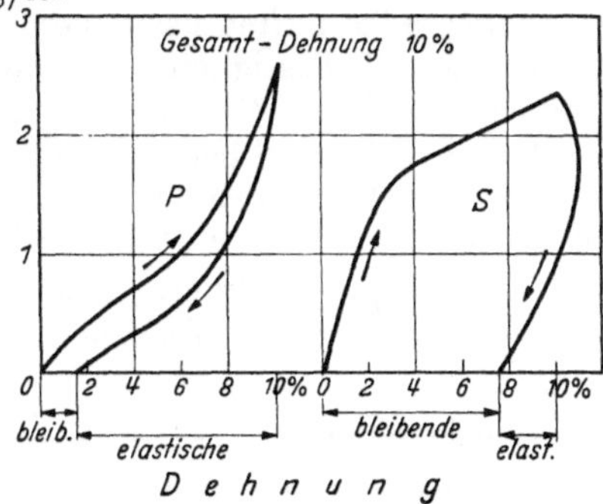
Abb. 22. Hysteresiskurven PERLON/Naturseide.

PERLON-Kurve zu ersehen. Die vergleichende Hysteresiskurven von Naturseide (*S*) und PERLON (*P*) des vorstehenden Schaubildes demonstrieren die Elastizitätsverhältnisse in anschaulicher Weise, welche ebenfalls bei der Verarbeitung zu berücksichtigen sind.

Daß bei richtiger Einhaltung der Verarbeitungsbedingungen ein ausgezeichneter Warenausfall erreicht werden kann, stellen die Spitzenerzeugnisse der Polyamidtextilwaren unter Beweis, der nur durch die gleiche Präzision erreicht wird wie sie auch bei der Herstellung der eigentlichen Fäden vor Augen geführt worden ist. Die vorliegenden Verhältnisse sind an sich bereits bei den allerersten Verarbeitungsversuchen erkannt worden; ohne diese Erkenntnis der Prüf- und Entwicklungsabteilungen wäre es unter anderem beispielsweise nicht möglich gewesen, die sehr eng begrenzte Luftdurchlässigkeit der Fallschirmgewebe einzuhalten, doch kamen diese Erfahrungen damals einem nur sehr kleinen Teil der Verarbeiter aus verständlichen Gründen zugute.

Die Elastizitäts- und Dehnungseigenschaften der Polyamidfäden sind bedingt durch den Molekülbau[2], insbesondere durch die Methylengruppen und zwischenmolekularen Bindungskräfte. Die Erscheinungen, die damit in Zusammenhang stehen, sind Gegenstand zahlreicher und vielseitiger Untersuchungen, unter denen in Deutschland die Arbeiten

[1] PIEPER: Textil-Praxis **6**, 34ff. (1951).
[2] MARK, H.: Ind. Engng. Chem. **44**, 2110 (1952).

von Böhringer[1] zu den umfangreichsten zählen und die mit einer ausgezeichneten Systematik durchgeführt wurden; sie vermitteln einen umfassenden Einblick in die den Textiltechnologen besonders interessierenden Verhältnisse.

Aus den zahlreichen Schaubildern dieser Arbeiten von Böhringer, die in der Originalveröffentlichung eingesehen werden können, sind deutlich die vielseitigen Einflüsse verschiedener Faktoren auf die physikalischen Daten der Polyamidfäden auf Basis des Lactam-Polymerisates der -Aminocapronsäure erkennbar, welche auch zum größten Teil auf den Nylontyp übertragbar sind, da beide Polyamide keine prinzipiellen Unterschiede aufweisen. Es würde zu weit führen, diese Kurven im einzelnen zu besprechen, doch sei besonders auf den Einfluß des Orientierungsgrades aufmerksam gemacht, der die Eigenschaften nicht nur in bezug auf Festigkeit, Dehnung, Elastizität und andere Faktoren, sondern auch in färberischer Hinsicht bestimmt. Die Elastizitätsverhältnisse fanden bereits in den Anfängen der Polyamid-Patentliteratur Erwähnung; so findet G. P. Hoff[2] die nachfolgenden Werte, deren Elastizitätsgrad G ermittelt wird nach

$$G = \frac{\text{gedehnte Länge — Länge nach der Entspannung}}{\text{gedehnte Länge — ursprüngliche Länge}}$$

Tabelle 17.

Material	Elastizitätsgrad nach dem Strecken um				
	3%	6%	9%	12%	15%
Normal-Reyon . .	50,7	35	24,4	21,6	16,6
Nylon	100,0	100,0	93,5	88,7	82,6

In Verbindung hiermit wurde die prozentuale bleibende Dehnung gemäß

$$\frac{\text{Länge nach der Entspannung — ursprüngliche Länge}}{\text{ursprüngliche Länge}} \times 100$$

festgestellt.

Tabelle 18.

Material	Prozentuale bleibende Dehnung nach dem Strecken um				
	3%	6%	9%	12%	15%
Normal-Reyon . .	1,5	4	6,6	9,5	12,5
Nylon	0	0	0,6	1,4	2,6

Von weiteren Publikationen auf diesem Gebiet verdient neben der Arbeit von Meredith[3] eine Veröffentlichung von G. Susich und St. Backer[4] und eine zusammenfassende Betrachtung der Arbeiten dieser Autoren Beachtung[5], die in einer ausgedehnten und sehr detail-

---

[1] Böhringer: Faserforsch. u. Textiltechn. **1952**, 381—390.
[2] AP. 2273200 = DRP. 739938 v. 25. 10. 1939.
[3] Meredith: J. Textile Inst. **36**, T 147—164 (1945).
[4] Susich, G., u. St. Backer: Text. Res. J. **21**, 482—509 (1951).
[5] Text. Recorder **1951**, 79, ohne Autor: The elastic recovery of textile fibers.

lierten Untersuchung an einer Vielzahl von textilen Rohstoffen die
Kraft-Dehnungsverhältnisse in bezug auf ihr Erholungsvermögen geprüft haben; aus dem reichhaltigen Material ist das folgende Schaubild
entnommen, das neben recht guten Vergleichsmöglichkeiten einen
schnellen Überblick erlaubt:

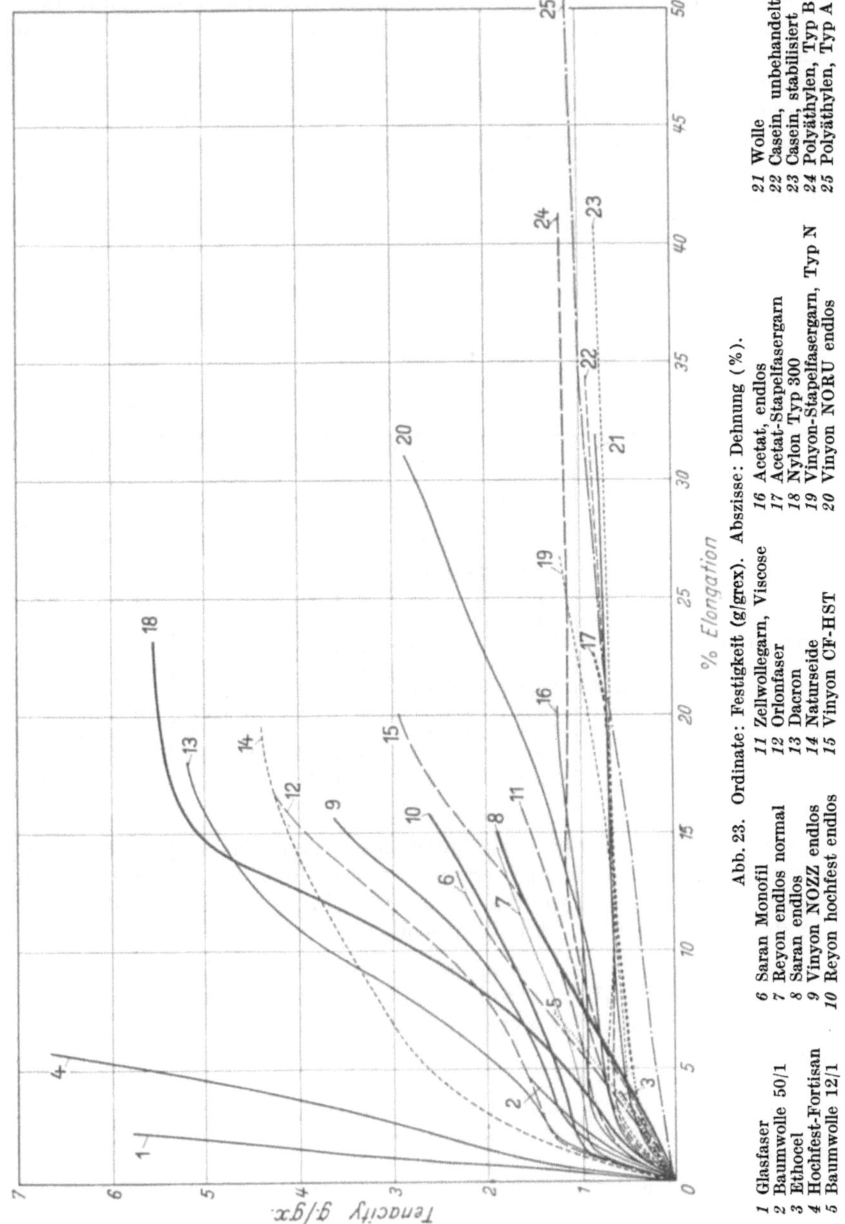

Abb. 23. Ordinate: Festigkeit (g/grex). Abszisse: Dehnung (%).

1 Glasfaser	6 Saran Monofil	11 Zellwollegarn, Viscose
2 Baumwolle 50/1	7 Reyon endlos normal	12 Orlonfaser
3 Ethocel	8 Saran endlos	13 Dacron
4 Hochfest-Fortisan	9 Vinyon NOZZ endlos	14 Naturseide
5 Baumwolle 12/1	10 Reyon hochfest endlos	15 Vinyon CF-HST

16 Acetat, endlos	21 Wolle	
17 Acetat-Stapelfasergarn	22 Casein, unbehandelt	
18 Nylon Typ 300	23 Casein, stabilisiert	
19 Vinyon-Stapelfasergarn, Typ N	24 Polyäthylen, Typ B	
20 Vinyon NORU endlos	25 Polyäthylen, Typ A	

Die Verfasser beschäftigen sich an Hand einer von ihnen modifizierten Untersuchungsmethode mit einer Erscheinung, die man schon im Anfang der Polyamidfädenentwicklung feststellte und die in Deutschland mit dem scherzhaften, jedoch zutreffenden Ausdruck der „verschlafenen Elastizität" bezeichnet wurde. Das Hauptgewicht liegt in der Aufteilung des Erholungsvermögens in 2 Komponenten: die sofortige[1] und die verzögerte Erholung nach vorhergehender Zugbeanspruchung. Dieses Verhalten hat nicht nur von der rein wissenschaftlichen, sondern vornehmlich von der praktischen Seite her ein reges Interesse gefunden, ist es doch ein ausschlaggebender Faktor für den Warenausfall; besonders beim Nähvorgang führt ein langsames Erholungsvermögen zum Auftreten von welligen Säumen, die das Gewebe je nach der aufgewendeten Spannung usw. an diesen Stellen zusammenziehen. Der Zeitfaktor bzw. die Erholungsgeschwindigkeit wird in den Mittelpunkt der Arbeit gestellt und seine Bedeutung an Hand zahlreicher Daten und Auswertungen dargelegt, von denen zu Vergleichszwecken einige Werte herausgezogen und angeführt seien; Bedeutung der Abkürzungen: S = sofortige Erholung; V = verzögerte Erholung; B = bleibende Dehnung.

Tabelle 19[2].

Material	Festigkeit in g/grex	Bruchdehnung in %	Prozentuales Verhältnis zur Gesamtdehnung bei								
			50% Bruchlast			50% Bruchdehnung			Fadenbruch		
			S	V	B	S	V	B	S	V	B
Glasseide	5,81	2,3	78	19	3	78	19	3	72	22	6
Baumwollgarn .	1,56	4,6	63	35	2	60	34	6	44	32	24
Fortisan	6,68	5,8	50	34	16	48	37	15	44	28	28
Reyonnormal . .	1,89	14,7	50	42	8	26	27	47	19	20	61
Acetat	1,23	20,5	74	26	0	26	32	42	14	16	70
Orlon	4,19	16,6	30	47	23	30	45	25	21	37	42
Dacron	5,17	18,2	33	52	15	28	50	22	18	37	45
Nylon, Type 300 .	5,52	23,3	29	67	4	27	67	6	18	54	28
Naturseide . . .	4,39	19,9	47	42	11	25	33	42	16	20	64
Wollgarn	0,81	31,9	64	34	2	28	50	22	16	44	40

Aus den Daten geht ganz eindeutig hervor, daß das Polyamidmaterial hinsichtlich des Anteils an verzögerter Erholung an der Spitze liegt, jedoch auch in bezug auf das Gesamterholungsvermögen, sofern man von der Glasseide und dem Baumwollgarn absieht.

Von weiterem Interesse ist eine vergleichende Zusammenstellung aus der gleichen Arbeit, die sich mit dem Verhalten von Fäden auf Basis Polyacrylnitril, Polyterephthalsäureglykolester und Polyamid befaßt:

---

[1] MARK: Text. Res. J. **1946**, 361—368. — DILLON: Text. Res. J. **1947**, 207 bis 212. — BESTE u. HOFFMAN: Text. Res. J. **1950**, 441—453. und Melliand Textilber. **33**, 241—243 (1952).

[2] SUSICH, G., u. ST. BACKER: Text. Res. J. **1951**, 496.

Tabelle 20[1].

	Orlon	Dacron	Nylon
1. Festigkeit in g/grex	4,19	5,17	5,52
2. Gesamtdehnung in %	16,6	18,2	23,3
3. Dehnungskomponenten:			
a) Effektivwerte in % der ursprünglichen Länge			
Sofortige Erholung	3,7	3,1	4,2
Verzögerte Erholung	5,9	6,6	12,6
Gesamterholung	9,6	9,7	16,8
Bleibende Dehnung	7,0	8,5	6,5
b) Bezugswerte in % der effektiven Gesamtdehnung			
Sofortige Erholung	22	17	18
Verzögerte Erholung	36	36	54
Gesamterholung	58	53	72
Bleibende Dehnung	42	47	28
c) Bezugswerte in % der effektiven Gesamterholung			
Sofortige Erholung	39	32	25
Verzögerte Erholung	61	68	75

Diese Tabelle zeigt in Verbindung mit weiteren, in der Original-
arbeit enthaltenen graphischen Auswertungen wiederum, daß die Polyamidfäden von sämtlichen neuen Textilrohstoffen das höchste elastische
Verhalten besitzen, eine Eigenschaft, die für viele Verwendungszwecke
— zusammen mit der hohen Reiß- und Scheuerfestigkeit — wünschenswert, jedoch bei der textilen Verarbeitung ebenso in Rechnung zu setzen
ist wie für die richtige Auswahl der Gebiete, in denen die Polyamidfäden
Verwendung finden sollen.

In einer Arbeit hat RAY[2] die mögliche Kristallgitterstruktur von
Orlon, Dacron und Nylon zur Diskussion gestellt, die das elastischere
Verhalten von Polyamidfäden erklären können; des allgemeinen Inter-
esses wegen seien sie nachstehend wiedergegeben (s. Schema S. 346).

Entsprechend diesen Überlegungen kann der langgestreckte Poly-
amidverband mit relativ wenigen Brückenbindungen bestimmten De-
formationskräften einen geringeren Widerstand entgegensetzen als derjenige des Orlons, der eine gewisse Starrheit besitzt infolge der Vielzahl
der Brücken, auch wenn die Einzelbindungskräfte als solche weniger
stark ausgeprägt sind. Bei Dacron bzw. Terylene wird vermutlich die
Größe des Benzolkernes und seine Raumausfüllung ein gegenseitiges
Gleiten der vicinalen Ketten erschweren. Für Wolle und Naturseide
dürften in übertragenem Sinne ähnliche Verhältnisse anzunehmen sein,
da einmal die brückenbildungsfähigen Elemente wesentlich näher an-
einanderliegen als bei den Polyamiden, andererseits aber die Seitenketten
bei der Naturseide und bei der Wolle die zusätzlichen Cystinquerver-
bindungen die Beweglichkeit reduzieren. Umgekehrt wird durch die
Vielzahl der Brückenbindungen die Tendenz zur Rückkehr aus dem

---

[1] SUSICH, G., u. ST. BACKER: Text. Res. J. **21**, 502 (1951).
[2] RAY: Text. Res. J. **22**, 144—151 (1952).

Nylon:

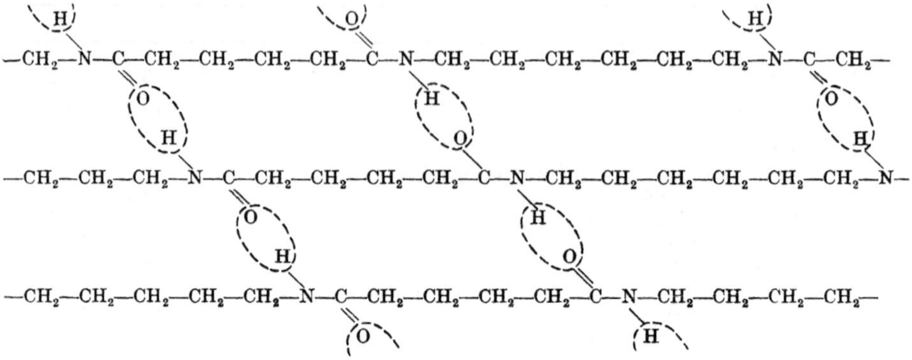

Orlon:

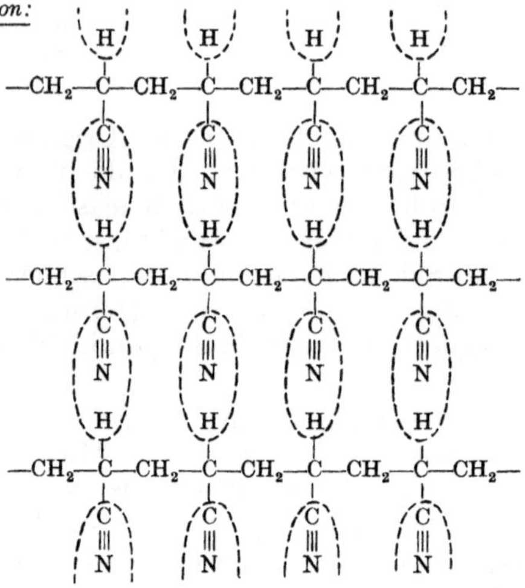

Dacron, Terylene:

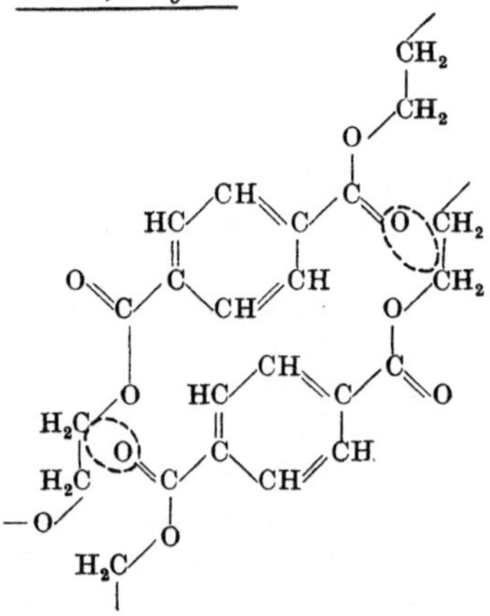

In den obigen Skizzen sollen die punktierten Linien andeutungsweise die Bindungskräfte (Wasserstoff-Brücken usw.) veranschaulichen, die zwischen den molekularen Bausteinen der Makromoleküle wirksam sind.

temporär labilen in den stabilen Zustand ausgeprägter sein, so daß sich diese Fasern im Gegensatz zu den Polyamiden schneller erholen können.

Da bei den Polyamiden diese günstigen Verhältnisse nicht so ausgeprägt sind, ist es verständlich, daß die Rückführung in den stabilen Zustand einen größeren Zeitraum beansprucht, sofern man diesen Vorgang nicht dadurch unterstützt, daß man durch Lockerung des Gefüges eine Beweglichkeitserhöhung auslöst bzw. herbeiführt, die durch quellend wirkende oder thermische Maßnahmen durchgeführt werden kann; hierzu zählt in der Praxis der Waschprozeß als mögliche Kombination beider

Wege; die Empfehlung Polyamidstrümpfe täglich zu waschen, liegt in dieser Richtung.

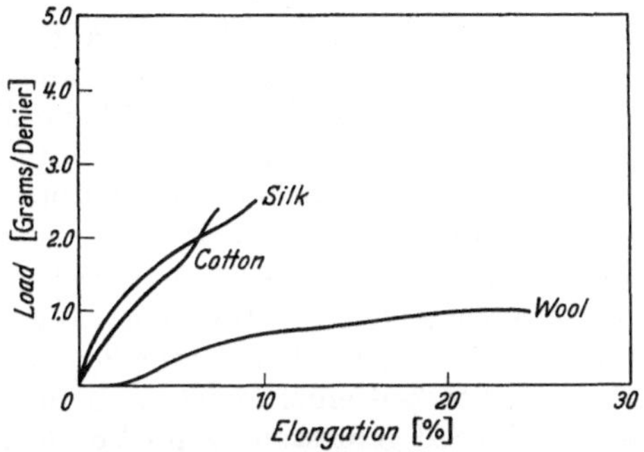

Abb. 24. Kraft-Dehnungskurven von natürlichen Fasern. Ordinate: Last (g/Denier). Abszisse: Dehnung (%). Kurvenbeschriftung von links nach rechts: Baumwolle; Naturseide; Wolle.

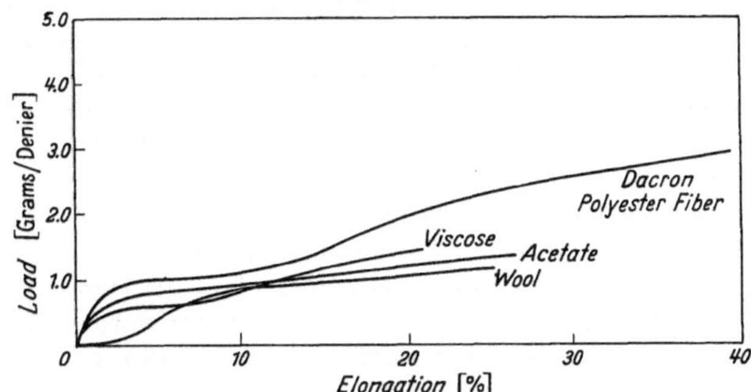

Abb. 25. Kraft-Dehnungskurven von „Woll-ähnlichen" Fasern. Ordinate: Last (g/Denier). Abszisse: Dehnung (%). Kurvenbeschriftung von oben nach unten: Dacron (Polyesterfaser); Viscose-Reyon; Acetat-Reyon; Wolle.

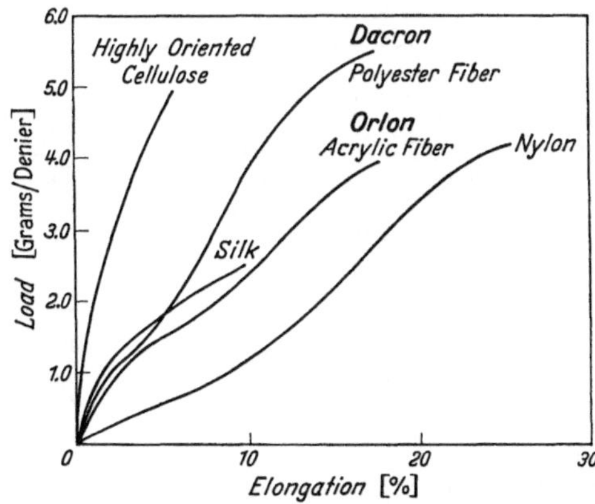

Abb. 26. Kraft-Dehnungskurven von „Naturseide-ähnlichen" Fasern. Ordinate: Last (g/Denier). Abszisse: Dehnung (%). Kurvenbeschriftung von links nach rechts: Stark orientierte Cellulose; Naturseide; Dacron (Polyesterfaser); Orlon (Polyacrylnitrilfaser); Nylon.

Die bereits angezogene Arbeit von RAY enthält einige Kraft-Dehnungsdiagramme, die des allgemeinen Interesses wegen in den vorstehenden Abb. 24, 25 und 26 wiedergegeben sind.

Der Autor läßt es sich angelegen sein, den charakteristischen Kurvenverlauf natürlicher Textilfasern mit demjenigen auf fabrikatorischem Wege erzeugten darzulegen, wobei diese in Wolle-ähnliche und Naturseide-ähnliche entsprechend dem Kurvenverlauf unterteilt werden; die Polyamidfasern dürften im wesentlichen zur Gruppe der Naturseide-ähnlichen textilen Rohstoffe zu rechnen sein.

Instruktiv sind die Versuche, die N. J. ABBOTT[1] über die Erholung von Nylonfäden unter verschiedenen Bedingungen angestellt hat. Fäden wurden 30 sec, 10 min, 2 und 24 Std lang unter Einhaltung der gleichen Temperatur und Luftfeuchtigkeit einer konstanten Belastung ausgesetzt und die Erholung nach 24 Std gemessen. Zum Vergleich wurden Fäden der gleichen Versuchsreihen 15 min in Wasser von 21° gelegt, oder Dampf von 121° oder 5 min lang einer trockenen Wärmeeinwirkung von etwa 170° ausgesetzt; in einem weiteren Versuch wurden gleiche Fäden der Einwirkung einer 1%igen wäßrigen m-Kresollösung während 5 Std bei 21° ausgesetzt und dann mit Alkohol und Wasser nachbehandelt. Bei all diesen Versuchen ergab sich als Resultat, daß eine ausreichende Erholung vor sich gegangen war, daß mit anderen Worten durch Maßnahmen, welche eine Lockerung des Gefüges herbeiführen, die Rückführung in den ursprünglichen Dehnungszustand unterstützt werden kann.

In der bereits angeführten Arbeit von BESTE und HOFFMAN (Pioneering Research Section, Technical Division, Rayon Department, E. I. Du Pont de Nemours & Co.) machen die Verfasser darauf aufmerksam, daß der Elastizitätsmodul stark abhängig ist von der *Vorgeschichte* des Untersuchungsmaterials; so wurden z. B. die höchsten Werte bei den

Tabelle 21.

Faserart	Modul (g/den. für 100% Dehnung)
Polyvinylidenchlorid	$7 \pm 0,2$
Caseinfaser, gehärtet	$18 \pm 0,6$
Polyterephthalsäureglykolester (Stapel)	20
Nylon (Strumpfseide)	$20 \pm 0,3$
Wolle, Kammzug 64's	$21 \pm 0,4$
Wolle, 64's aus Streichgarngewebe	18—25
Polyacrylnitril (Stapel)	34
Baumwolle, gekämmt	$35 \pm 3,9$
Wolle 50/56's	$37 \pm 1,3$
Baumwolle aus Reifengarn	$40 \pm 3,7$
Rayon, Viskose Du Pont	$54 \pm 2,6$
Cordura	$65 \pm 2,8$
Japanische Naturseide	$73 \pm 4,1$
Polyacrylnitril	$83 \pm 2,8$
Polyterephthalsäureglykolester, endlos	$86 \pm 1,5$
Ramie	169 ± 13

---

[1] Text. Res. J. **21**, 227—234 (1951).

nichtbehandelten Kontrollproben gefunden, während die niedrigsten Daten bei Gewebefäden auftraten, die bereits gefärbt oder gekocht waren. Es wird deshalb empfohlen, das Material vor der Untersuchung grundsätzlich 45 min mit Wasser zu kochen, dem ein Netzmittel zugefügt ist. Einige Daten aus dieser Arbeit seien in Tabelle 21 angeführt.

Eine Beeinflussung des elastischen Verhaltens, das bis zu einem kautschukartigen Charakter gehen kann, läßt sich durch eine Behandlung mit Formaldehyd erzielen. Die Arbeiten auf diesem Gebiet sind außerordentlich zahlreich, wobei in Abhängigkeit von der eigentlichen Durchführung der Reaktion die verschiedenartigsten Wirkungen erzielt werden, die in der Erhöhung des Steifheitsgrades zuerst wohl von COFFMANN[1] beschrieben worden ist. Aus der folgenden Darstellung sind 2 Reaktionen ersichtlich:

$$
\begin{array}{ccccc}
 & 1. & & 2. & \\
| & & | & & \\
CH_2 & & CH_2 & & CH_2 \\
| & \xrightarrow{+\;HCHO} & | & & | \\
NH & & N\!-\!CH_2OH; & NH+HCHO+HN & \rightarrow \\
| & & | & & | \\
CO & & CO & & CO \\
| & & | & & | \\
CH_2 & & CH_2 & & CH_2 \\
| & & | & & |
\end{array}
$$

Die Vernetzung kann sowohl an nicht gestrecktem wie auch an orientiertem Material durchgeführt werden[2]. Ungestreckte Polyamidfäden zeigen eine Erhöhung der Elastizität, während durch Variation der Behandlung von gestreckten Fäden oder textilen Erzeugnissen die Lichtbeständigkeit, das Erholungsvermögen, Knitterfestigkeit, Weichheit, Fall, Hitzebeständigkeit und das Färbevermögen verbessert werden können. Ebenfalls ist es möglich, die Löslichkeit herabzusetzen oder den Schmelzpunkt zu erhöhen; die Vielseitigkeit der möglichen Auswirkungen, welche durch die vorstehende Aufzählung nicht erschöpft ist, liegt auf der Hand.

Die Dehnungseigenschaften der Polyamidfäden hatten sich besonders ungünstig bei Cordeinlagen für Reifen ausgewirkt, weil die Einlage im Gebrauch des Reifens dauernd größere Dimensionen annahm. Trotz starker Dehnungsreduzierung gelang es mit den üblichen Mitteln nicht, auf Dehnungen unter 11—14% herunterzukommen. Erst die Anwendung höherer Temperaturen brachte eine wesentliche Verbesserung; aus den verschiedenen Verfahren sei das Patent der Dunlop Rubber Co. Ltd[3]. angeführt, nach welchem das Nylonmaterial dehnungsmäßig auf etwa die halbe Bruchfestigkeit beansprucht und in diesem Zustand fixiert wird. Durch Variierung der Dampftemperatur und der Behandlungszeit wurden bei einem Nyloncord (2/4/210) bei einer Belastung von 4,5 kg die nachfolgenden Daten erreicht:

<hr>

[1] AP. 2177637.
[2] AP. 2430953, 2441085; BP. 565066, BP. 582520; FP. 919319; AP. 2540726.
[3] BP. 647289.

Tabelle 22.

Dampf- temperatur °C	Behandlungs- zeit	% Dehnung bei 4,5 kg Belastung
—	—	11,1 unbehandelt
120°	3 sec	9,0
140°	1 min	8,5
145°	3 min	7,6

Für eine diskontinuierliche Arbeitsweise wird als Beispiel angegeben, den obengenannten Cord unter einer Belastung von 4,5 kg auf eine Spule aufzuwinden, und den unter Spannung stehenden Cord 20 min lang bei 150° mit Dampf zu behandeln. Zur Erleichterung der Fixierung und Erhöhung der Gummifreundlichkeit kann der Cord vor der Behandlung noch mit einem in der Wärme härtbaren Kondensationsprodukt auf Basis Rescorcin-Formaldehyd in Form einer Lösung versehen werden; die Dehnung eines derart behandelten Cordes beträgt bei 4,5 kg Belastung 6,4%.

d) Zerreißfestigkeit.

Auf die durch den Bau der Moleküle bedingte hohe Trockenfestigkeit[1] der Polyamidfäden ist bereits an anderen Stellen hingewiesen worden. Doch möge ein Faktor nicht unerwähnt bleiben, dem zwar keine grundsätzliche Bedeutung wie den dipolaren Kräften zukommt, der aber einen zusätzlichen Effekt bewirken kann: Der kreisrunde Faserquerschnitt, welcher günstige Voraussetzungen für gute Festigkeitseigenschaften mit sich bringt.

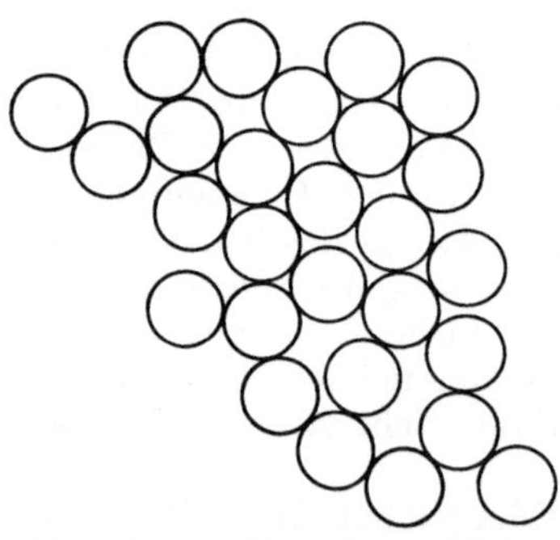

Abb. 27. Querschnitte von Polyamidfäden.

Da im Molekül keine Gruppierungen vorhanden sind, die bei Befeuchtung durch Quellung eine nennenswerte Lockerung des Gefüges und dadurch eine Schwächung der die einzelnen Moleküle verankernden Kräfte herbeiführen können, unterscheidet sich die Naß- von der Trockenfestigkeit nur gering; sie beträgt im Mittel etwa 80—90% der Trockenfestigkeit und liegt damit an der Spitze der Textilfasern, nur noch übertroffen von Baumwolle, deren Naßfestigkeit bekanntlich etwas höher liegt als ihre Festigkeit in trockenem Zustand.

Die nachstehende Tabelle 23 soll einen vergleichenden Überblick über die Festigkeitseigenschaften von einigen Textilfasern vermitteln, wobei jedoch ausdrücklich — wie bereits früher bemerkt — darauf hingewiesen sei, daß diese Werte nicht als Absolutzahlen zu betrachten sind, da sie von den jeweiligen Formungsbedingungen usw. abhängig sind.

[1] MARK, H.: Ind. Engng. Chem. **44**, 2110 (1952).

Tabelle 23.

Fasermaterial	g/den.	RKm	Naßfestigkeit in % der Trockenfestigkeit	Dehnung	
				trocken	naß
Acetat	1,3	15	50—65	23	30
Baumwolle . . .	2—5,5	22—50	90—105	5—8	9
PVC, norm. . . .	1,7	19	100	35	38
spez. . . .	3	30—35	100	20	20
Polyacrylnitril . .	3,0—5	33—55	100	15—35	15—35
Polyamid	4,5—7,5	50—80	80—90	15—40	20—50
Reyon	1,5—2	17—22	50—60	20—25	30
Naturseide . . .	2,5—4	27—45	80—85	15—20	20—25
Wolle	1,35	15	80	35	

Nach RAY[1] liegen die Festigkeiten und Dehnungen von Baumwolle, Naturseide, Wolle und den synthetischen Fasern wie folgt:

Tabelle 24.

Material	Festigkeit in g je Denier	Dehnung in %
Nylon (regular)	4,5—5,0	25—18
Nylon (high-tenacity)	6,5—7,7	20—14
Nylon (staple)	3,8—4,5	37—25
Dacron polyester fiber (5600)	4,4—5,0	22—18
Dacron polyester fiber (5400)	3,0—3,9	40—25
Orlon acrylic fiber (type 81)	4,7—5,2	17—15
Orlon acrylic fiber (type 41)	2,0—2,5	45—20
Viscose (regular)	1,5—2,4	30—15
Viscose (high-tenacity)	2,4—4,6	20— 9
Acele acetate rayon	1,3—1,5	30—23
Wool	1,0—1,7	35—25
Cotton	2,0—5,0	7—3
Silk	2,2—4,6	25—10

Die Polyamide unterscheiden sich bekanntlich von einem Teil der auf chemischem Wege hergestellten Textilrohstoffe durch die Fähigkeit, die Festigkeit je nach Lenkung des Orientierungsvorganges beeinflussen zu können, ohne daß in jedem Fall andere Eigenschaften eine merkliche Beeinträchtigung erfahren. Für die normale textile Verwendung sind Reißfestigkeiten in der Größenordnung von 4—5 g/den. völlig ausreichend, die durch die übliche „Kaltverstreckung" erreicht werden, wobei diese Bezeichnung insofern einer Einschränkung bedarf, als die während des Streckvorganges zwangsläufig auftretende Eigenwärmetönung nicht zum Ausdruck gebracht wird. Unterstützt man den Streckvorgang durch Wärmezufuhr, gegebenenfalls in Gegenwart eines quellend wirkenden Mediums wie Heißwasser oder Dampf, so läßt sich die Orientierung noch weiter treiben, die zu Festigkeitswerten von 7 g/den. und höher führen kann. Es liegen hier fabrikatorisch ähnliche Verhältnisse vor wie bei

---

[1] RAY: Text. Res. J. **22**, 147 (1952).

der Herstellung beispielsweise von hochfestem Cord-Reyon auf Cellulose-
basis (Viskose), dessen Festigkeitserhöhung ebenfalls auf thermischen
Wege erreicht werden kann. Die Anwendung von Wärme stellt also im
Prinzip nichts anderes als eine Übertragung eines Vorganges dar, der
bei anderen Textilrohstoffen schon seit einiger Zeit zum Stande der
Technik gehört.

Die Verwendung von Fäden mit derartig hohen Werten beschränkt
sich jedoch auf Gebiete, bei denen diese Höchstwerte effektiv zum
Tragen kommen, wie z. B. bei Seilen für Schleppzwecke usw.

Die Anwendung höherer Temperaturen bewirkt die schon bekannte
graduelle Lockerung der Bindungskräfte, welche eine größere Beweglichkeit der Ketten zur Folge hat und einen höheren Orientierungsgrad
erreichen läßt. Hierbei ist jedoch zu beachten, daß das Material später
keinen Beanspruchungen unterworfen wird, welche diese Hochorien-
tierung teilweise wieder rückgängig machen können, wie z. B. wesentlich
über der maximalen Verstreckungstemperatur liegende Wärmeeinflüsse.
Mit der Erhöhung der Festigkeit über den Normalwert ist meist eine
Dehnungsreduzierung verbunden, welche jedoch nicht diejenigen Auswirkungen zeigt wie beispielsweise bei hochverstreckten Fasern auf
Cellulosebasis, zumal das elastische Verhalten als solches weitgehend
erhalten bleibt. Bei der Herstellung von endlosen Polyamidfäden für
den Reifensektor (Cord) steigt die Festigkeit zwangsläufig mit der auf
thermischem Wege erreichten Dehnungsreduzierung an, wodurch sich
der Vorteil ergibt, mit dünneren Gewebeeinlagen auszukommen.

Temperatureinfluß.

Der Temperatureinfluß auf die Festigkeit der Polyamide in orientiertem Zustand ist Gegenstand zahlreicher Arbeiten gewesen; diese
Untersuchungen waren für die Wissenschaft wie für die Praxis von gleicher Bedeutung. An erster Stelle sind BRILL[1], FUL-
LER, BAKER und PAPE[2] zu nennen, die sich frühzeitig mit diesen Problemen beschäftigen. In der Praxis kann in gewissen Verwendungsbereichen das tem-
peraturabhängige Verhalten von Bedeutung sein; Textilien für den Bekleidungssektor werden mit Ausnahme des kurzzeitigen Wasch- und Bügelprozesses kontinuierlich auf sie einwirkenden höheren Temperaturen

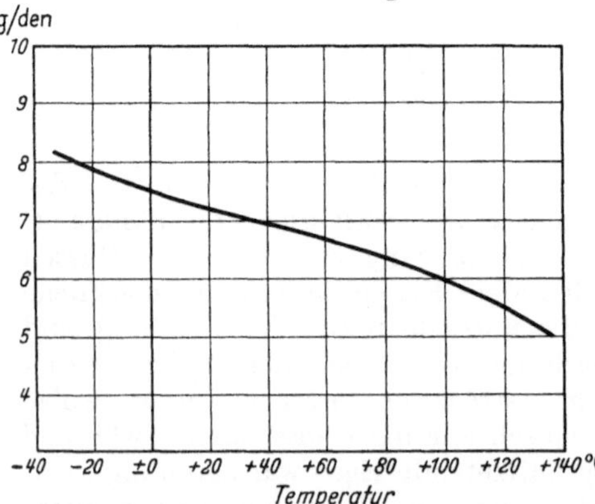

Abb. 28. Einfluß verschiedener Temperaturen auf
die Reißfestigkeit.

nicht ausgesetzt, wobei es sich beim Bügeln empfiehlt, entweder die üblichen regulierbaren elektrischen bzw. Dampfbügeleisen zu verwenden

[1] BRILL: J. prakt. Chem. 169, 49—64 (1941).
[2] FULLER, BAKER u. PAPE: J. Amer. Chem. Soc. 62, 3275—3281 (1940).

oder durch Bedecken des Textilerzeugnisses mit einem angefeuchteten Baumwollgewebe schädigende Temperaturen zu vermeiden so wie es die Hausfrau und die Konfektion bei Wollgeweben usw. von alters her gewohnt sind. Anders liegen die Verhältnisse bei der industriellen bzw. technischen Verwendungszwecken, bei denen höhere Temperaturgebiete wohl erreicht werden, so z.B. bei Antriebsriemen für Fallhämmer, bei Filtergeweben für erwärmte Gase, Kabelumspinnungen usw. Über die Einwirkung von verschiedenen Temperaturen auf Nylon unterrichtet das vorstehende Schaubild, das aus einer Mitteilung von Du Pont stammt[1] (Abb. 28).

Laboratoriumsversuche, über die HÜNLICH[2] berichtet, mit 30-Deniers Nylonseide, führten bei der thermischen Behandlung zu folgenden Resultaten:

Tabelle 25.

Temperatur in °C	Behandlungszeit	Reißfestigkeit in % bezogen auf unbehandeltes Material	Dehnung in % bezogen auf unbehandeltes Material
100°	7 Tage	95	110
150°	15 min	78	73
	30 min	73	69
	60 min	69	68
	300 min	66	65
	600 min	61	62
200°	60 min	40	50
	120 min	27	44
	180 min	100	
	unter Ausschluß von O_2		
65°	12 Monate bei Luftzutritt und Lichtausschluß	etwa 80	
	4 Monate wie vorstehend	kein nennenswerter Einfluß	
100° (Dampf)	6 Tage	kein nennenswerter Einfluß	

HEES[3] hat das Verhalten von Nylon und Perlon bei verschiedenen Temperaturgraden untersucht und kam dabei zu den in Tabelle 26 aufgeführten Zahlen (Temperatur in °C):

Tabelle 26.

	PERLON	Nylon
Maximale Bügeltemperatur . .	150	205
Beginn der Plastizität	160	220
Erweichungspunkt	170	235
Fixierungsoptimum	190	225
Wärmefestigkeit = 0	195	240
Schmelzpunkt	215	250

Zur Erhöhung der Wärmebeständigkeit sind eine Reihe von Maßnahmen vorgeschlagen worden.

---

[1] Rayon a. Synth. Text. **31**, 7, 64 (1950).
[2] HÜNLICH, R. H.: Rayon Synth. u. a. Chfs. **30**, 122—132 (1952).
[3] HEES: Melliand Textilber. **32**, 54 (1951).

So führt z. B. eine Behandlung von Nylongeweben mit Chinonen[1] zu einer Erhöhung der Wärmebeständigkeit.

Den gleichen Effekt beansprucht ein Verfahren, das mit verschiedenen Phosphorsäuren bzw. deren Salzen oder organischen Verbindungen in 0,1—20%iger Lösung arbeitet, z. B. NaH_2PO_2 [2].

Eine Behandlung mit Polyoxyphenolen (Resorcin, Brenzcatechin usw.) erhöht die Wärmebeständigkeit bekanntlich ganz beträchtlich; diese Verbindungen können auch schon vor der Polymerisation zugegeben werden. Einer allgemeineren Anwendung stehen Verfärbungstendenzen bzw. Möglichkeiten hierzu entgegen, doch können diese Erscheinungen in bestimmten Spezialgebieten tragbar sein.

Andere Bemühungen bewegten sich in der Richtung, eine Erhöhung des Schmelzpunktes[3] durch Umsetzung mit Diisocyanaten herbeizuführen oder durch die schon früher beschriebenen Vernetzungsmaßnahmen mittels HCHO[4] die Schmelzfähigkeit zu reduzieren bzw. aufzuheben.

Bei der Einwirkung von trockener Wärme längen sich die im Handel befindlichen, für den normalen Verbrauch bestimmten Polyamiddrähte usw. um etwa 1—1,2% bei einer Temperatur von 100°.

Auf sonstige Eigenschaften der Polyamide, die mit der Wärmeeinwirkung zusammenhängen, ist im 1. und 2. Teil bereits eingegangen.

Dasselbe gilt für die elektrischen Eigenschaften, so daß sich ein Eingehen erübrigt.

Ein umgekehrtes Bild ergibt sich erwartungsgemäß bei der Einwirkung von Kälte; es findet gleichsam eine Verdichtung der aneinanderliegenden Moleküle statt, welche die Beweglichkeit der Kettenglieder bremst und die Auswirkung der bindenden Kräfte positiv beeinflußt. Hierzu einige Daten, die gleichfalls aus der ausgezogenen Du Pont-Veröffentlichung entnommen sind.

Die folgende Zusammenstellung ist der gleichen Literaturstelle entnommen:

Tabelle 27. *Temperatureinfluß auf verschiedene Daten.*

Temperatur in Celsius	− 34,5	+ 25	+ 85	+ 135
Festigkeit (gm/den.)	8,2	7,1	6,2	5,0
Dehnung in %	10,5	12	—	—
Last für 1% Dehnung	0,68	0,42	—	—
Stoßfestigkeit (gm cm/den.)	15,1	13,8	Konstant bis 170°	

Geprüft wurde Nylon endlos, hochfest 70 den. mit 23 Einzelfäden.

Beim Behandeln mit Trockeneis (Sublimationstemperatur etwa − 80°) zeigten Nylonfäden (Normalware und hochfestes Material) keinen Festigkeitsverlust und nur einen geringfügigen Dehnungsrückgang. Ein Tau, das in einer weiteren Versuchsserie über einen Zeitraum von 6 Std

[1] AP. 2597163, MICHAELS u. MACHLIS, 25. 11. 1949/20. 5. 1952.
[2] AP. 2510777, Du Pont, GRAY, 30. 12. 1946/6. 6. 1950.
[3] DAn. I 68130, I. G. LUDEWIG.
[4] AP. 2177637, Du Pont, COFFMAN.

einer Temperatur von —40° ausgesetzt worden war, wies nach der Angabe von Du Pont keine Festigkeitsverluste auf, nachdem es wieder auf Normaltemperatur gebracht worden war.

Kurz eingegangen sei noch auf den Einfluß des Polymerisationsgrades auf die Festigkeit. Die Verhältnisse liegen ähnlich wie bei anderen technisch hergestellten Fasern. Es ist zunächst ein bestimmter Polymerisationsgrad erforderlich, der überhaupt eine Fadenbildung ermöglicht. Schon in den ersten Veröffentlichungen bzw. Patenten von Carothers wird darauf hingewiesen, daß die „intrinsic viscosity" mindestens 0,4 betragen müsse. Mit zunehmendem Polymerisationsgrad erhöhen sich die physikalischen Daten der Festigkeiten in ihren verschiedenen Ausdrucksformen (Zerreiß-, Biege-, Stoß- und andere Festigkeiten)[1],

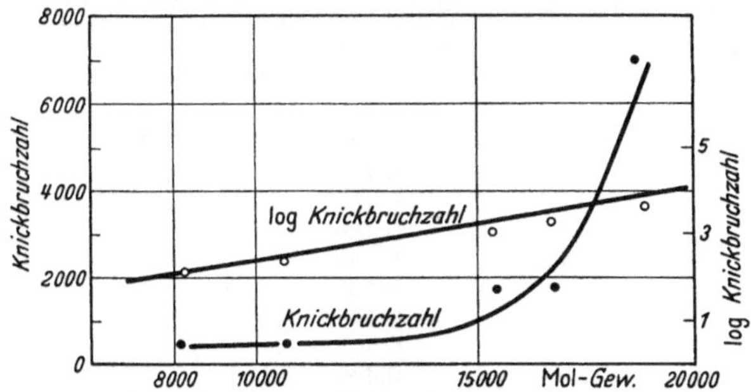

Abb. 29. Abhängigkeit der Knickbruchzahl vom Molekulargewicht.

um zunächst einem für die technische Verarbeitung günstigen Molgewicht von etwa 10000—20000 zuzustreben (Mittelwert der im Polymerisat vorliegenden verschiedenen Polymerisationsgrade); der erreichbare maximale Endwert kann höher liegen, womit jedoch meist eine Erschwerung der Verarbeitungsbedingungen verbunden ist.

Aus den zahlreichen Arbeiten[2] über die Bestimmung des Molekulargewichtes sei die Veröffentlichung von Loepelmann erwähnt[3], „Molekulargewicht und Viskosität von Polyaminosäuren". Die Bestimmung des Molekulargewichtes erfolgt durch konduktometrische Titration der Endgruppen; die Ergebnisse dieser Untersuchungen führen zu Mittelwerten zwischen den von Staudinger und Matthes früher gefundenen Zahlen.

Die vorstehende graphische Darstellung aus der angeführten Untersuchung von Staudinger und Schnell „Über die Gültigkeit der Viskositätsgesetze bei Polyaminocarbonsäuren" (324. Mitteilung) zeigt deutlich die Abhängigkeit der Knickbruchfestigkeit vom Molekulargewicht; auch andere Eigenschaften stehen in Relation zur Höhe des Molekulargewichtes. Bei der Auswertung der Kurven ist zu berücksichtigen, daß eine sehr hohe Vorlast, nämlich 25% der Reißfestigkeit, zur Anwendung kam, wofür die Autoren folgende Begründung angeben:

---

[1] Staudinger u. Schnell: Makromolekulare Chem. 1, 58 (1947).

[2] Siehe Teil I.

[3] Loepelmann: Faserforsch. u. Textiltechn. 3, 381—390 (1952). — Shadan Basu: J. Polymer Sci. 5, 735—736 (1950).

„Diese außergewöhnlich hohe Belastung mußte angewandt werden, da bei der üblichen Belastung von 0,5 g die höhermolekularen Polyamide sehr hohe Knickbruchzahlen aufweisen. So war z. B. bei einer Faser vom Molekulargewicht 22000 nach 300000 Knickungen von 10 eingespannten Fasern noch keine gerissen.“

An einem Monofil aus dem Polymerisat von Sebacinsäure mit Hexamethylendiamin untersuchte CATLIN[1] die Knotenstoßfestigkeit in Abhängigkeit vom Molekulargewicht, ausgedrückt durch die Viskosität der Schmelze in Poisen bei 285° und kam dabei zu folgenden Werten:

Tabelle 28.

Nr.	Viskosität	Durchmesserverhältnis von verstrecktem zu unverstrecktem Material	Knotenstoßfestigkeit in inch/pounds
1	470	0,450	18
2	660	0,465	18
3		0,486	46
4	950	0,458	38
5		0,466	48
6	980	0,443	19
7		0,453	25
8	1000	0,450	32
9	1600	0,462	52
10	1700	0,460	47
11	3700	0,460	49

Aus dieser Tabelle ist neben dem Einfluß des Molekulargewichtes deutlich die Wirkung des Verstreckungsgrades ersichtlich, die durch das Durchmesserverhältnis wiedergegeben ist. Der Vergleich von 1 und 8 zeigt den Einfluß des Molekulargewichtes, ebenfalls 2 und 9 bzw. 4 und 10, während 2 und 3, 4 und 5 oder 6 und 7 die Auswirkung des Verstreckungsgrades demonstrieren. Hierbei sei an die Diagramme von BÖHRINGER[2] erinnert, die ebenfalls die Auswirkungen des Verstreckungsverhältnisses zeigen. Ähnliche Resultate wurden bei eigenen Versuchen an Monofils aus dem Lactam-Polymerisat gefunden, besonders im Hinblick auf die Verwendung in bestimmten Gebieten, in denen eine plötzliche Stoßbeanspruchung eintreten kann.

e) Scheuerfestigkeit.

Mit den Polyamidfasern ist der Industrie ein Material in die Hand gegeben worden, dessen Reißfestigkeiten auf dem Textilgebiet praktisch nur für Spezialfälle von Bedeutung ist. Die normale Kleidung wird kaum auf Reißfestigkeit beansprucht, denn sonst müßte Wolle ein schlechter textiler Rohstoff sein, weil ihre Reißfestigkeit verhältnismäßig tief liegt. Viel stärker sind die Reibungs- und Scheuerungseinflüsse, welche die Gewebe bzw. Gewirke zerstören, so daß der Wider-

---

[1] BP. 549452 vom 19. 5. 1941/23. 11. 1945.
[2] Faserforsch. u. Textiltechn. **2**, 358—362 (1952).

stand gegen derartige Beanspruchungen ein wesentlich geeigneteres Kriterium für den Gebrauchswert darstellt. Die früher in Textilkreisen dominierende Beurteilung einer Faser auf Grund ihrer Reißfestigkeit hat viel an Boden verloren.

Bei den ersten Versuchen, die mit Polyamidfäden durchgeführt wurden, stellte es sich heraus, daß sie neben der sehr guten Zerreißfestigkeit noch eine andere außergewöhnliche Eigenschaft in Form einer bisher bei Textilrohstoffen nicht gekannten Resistenz gegen Abrieb besaßen. Diese Erscheinung war um so überraschender als beispielsweise Eiweißfasern auf Caseinbasis sich entgegengesetzt verhielten. Untersuchungen in den verschiedensten Laboratorien ergaben nie gekannte Scheuerwerte; ebenso zeigten die Ergebnisse der Praxis erstaunliche Resultate, sowohl für den Hersteller wie auch für den Konsumenten textiler Erzeugnisse. Der auf dem Strumpfgebiet einmalig vorhandene Siegeszug der Polyamidfäden legt in allererster Linie Zeugnis ab für die hohe Scheuerresistenz; so ist denn zu verstehen, daß diese hervorragende Eigenschaft bei den Verbrauchern auf starken Widerhall gestoßen ist.

Durch Beimischungen zu anderen Textilfasern wird deren Gebrauchswert zum Teil ganz erheblich gesteigert; systematische Untersuchungen in den Textilprüf- und Entwicklungsabteilungen der ehemaligen I. G. Farbenindustrie in Wolfen von 1939 ab beschäftigten sich mit dem Einfluß der Beimischungshöhe. Ein geringer Teil dieser damaligen Ergebnisse wurde zusammengestellt[1] und der Öffentlichkeit bekannt gemacht. Es kann aus diesen Praxisversuchen soviel geschlossen werden, daß bereits geringe Polyamidbeimischungen den Verschleiß reduzieren und daß ein 20%iger Anteil meist mit einer Verdoppelung der Tragdauer verbunden ist, wobei diese Schätzung die untere Grenze darstellen dürfte. Voraussetzung hierfür ist naturgemäß, die optimalen Garn- und Gewebekonstruktionen und Verarbeitungsbedingungen zu ermitteln und einzuhalten, wobei auf die Eigenschaften der einzelnen Komponenten Rücksicht zu nehmen ist[2].

Die Scheuerfestigkeit, welche früher auf die Packungsdichte zurückgeführt wurde, scheint jedoch im wesentlichen durch die gleichen Kräfte bedingt zu sein, welche auch die anderen günstigen textilen Eigenschaften der Polyamide verursachen und auf die früher eingegangen wurde: Orientierung und die durch sie geschaffenen Verhältnisse. Es ist nicht von der Hand zu weisen, daß neben diesen auch die Kombination von elastischem Verhalten, völlig rundem Querschnitt der Fäden, Oberflächenglätte und anderen, eventuell heute noch unbekannten Faktoren dazu beiträgt, diese hervorragende Eigenschaft additiv günstig zu beeinflussen.

Nimmt man die Scheuer- und Biegefestigkeiten der Polyamide mit dem Faktor 100 an, so kann man die entsprechenden Zahlen für die gebräuchlichen Fasern etwa wie folgt ansetzen:

---

[1] ENDER u. WENGER: Textil-Praxis **3**, 108ff. (1951).

[2] Siehe SCHIEFER, H. F.: Melliand Textilber. **32**, 125—126, 188—192 (1951). — ZART, A.: Scheuerprüfgerät für Borsten. Melliand Textilber. **32**, 766 (1951). — SCHIEFER u. WERNTZ: Text. Res. J. **22**, 1—12 (1952). — Textil-Praxis **7**, 57—63 (1952).

Tabelle 29.

Material	Scheuerfestigkeit	Biegefestigkeit
Baumwolle	10	10—15
Viskose-Stapelfaser . .	2	1
Wolle	5	10

Diese für die *Einzelfasern* ungefähr geltenden Relationen lassen jedoch keine Übertragung auf das Verhalten von Geweben oder Gewirken zu, da im Faserverband der textilen Erzeugnisse gänzlich andere Verhältnisse vorliegen. Zudem muß nachdrücklich betont werden, daß die Scheuerteste in den einzelnen Laboratorien apparate- und durchführungsmäßig zum Teil stark voneinander abweichen, ganz abgesehen davon, daß die zu prüfenden Gewebe oder Gewirke unterschiedlichen Charakter besitzen. Immerhin sind eine Reihe von brauchbaren Apparaten und Methoden vorhanden, die als solche Vergleichsmessungen erlauben, sofern man unter jeweils gleichen Bedingungen arbeitet.

In Ermangelung geeigneter, den wirklichen, beim Tragen von Kleidungsstücken auftretenden Beanspruchungen entsprechenden Prüfmethoden bediente man sich frühzeitig für die Beurteilung der Scheuerfestigkeit im wesentlichen der Ergebnisse der praktischen Tragversuche, die auch heute noch als definitiver Test gelten. Veröffentlichungen aus den Anfangsjahren der Polyamidtextilien sind verhältnismäßig wenig vorhanden, zumal die Kriegsverhältnisse derartige Publikationen nicht angeraten erscheinen ließen.

Von neueren Untersuchungen sei auf die ausführlichen Arbeiten von MILLARD und THORNTON hingewiesen, die F. MILLARD auf der Jahrestagung des „Textile Institute" in Edinburgh 1952 vorgetragen hat[1]; die Prüfungen an den verschiedenen Mischgarnen und textilen Erzeugnissen sind mit den üblichen Einschränkungen für diese Testmethode insofern vergleichbar, als eine große Anzahl von Untersuchungen unter gleichen Bedingungen durchgeführt wurden. Diesen Arbeiten sind die nachfolgenden Tabellen entnommen, aus denen zumindest die allgemeine Richtung des Einflusses der prozentualen Beimischung erkennbar ist.

Tabelle 30.
Mischgarn Wolle/Nylon. (ET 3; 65 mm), Drall 470 je m.

Effektierter Nylongehalt in %	0	9	13	15,3	21,6	100
Scheuerzahlen	21410	68000	121500	152740	137610	797700
	33100	73860	140280	157680	170490	894470
	46200	74790	151196	159300	199000	909560
Mittelwert . . .	33570	72216	137658	156573	169033	867043
Verhältnis . .	1:	2,15	4,10	4,67	5,04	25,8

[1] MILLARD, F., u. P. THORNTON: J. Textile Inst. **43**, 8, P 413—477 (1952).

Tabelle 31.

Viskose-Stapelfaser/Nylon. (ET 3; 36 mm)/(ET 3; 38 mm), Warengewicht etwa 163 g/m².

Nylongehalt in %	0	10	20	40	60	80	100
Scheuerzahlen:							
a) Martindale							
Mittelwert . .	1660	3350	3370	8490	15600	26000	29980
Verhältnis . .	1	2,02	2,03	5,11	9,39	15,7	18,1
b) Ring-wear							
Mittelwert . .	330	470	610	880	1210	2490	2810
Verhältnis . .	1:	1,42	1,85	2,67	3,67	7,55	8,52

Tabelle 32.

Baumwolle/Nylon. Bänder; Kette: Nylon endlos; Schuß: Testgarn: Baumwolle 36 mm, Nylon 38 mm, ET 3.

Nylongehalt in %	0	17	33	50	67	83	100
Garn Zwirn							
Faktor: 2,5/2,99	1100	1510	2010	1350	1640	3830	4990
Verhältnis . . .	1	1,37	1,82	1,2	1,49	3,5	4,5
Garn Zwirn							
Faktor: 4,5/4,99	860	—	—	1020	2150	3180	4640
Verhältnis . . .	1:	—	—	1,19	2,5	3,7	5,4

Interessant sind weitere Versuchsergebnisse der Autoren, die sich mit der Abhängigkeit der Scheuerfestigkeit von der Höhe des Dralls und des Nylonanteils eines Wolle-Nylon-Mischgarnes befassen, geprüft an Wirkware (Ring-Wear-Test):

Tabelle 33.

Nylongehalt in %	Drehung je m	Scheuerzahl	Verhältnis	Drehung je m	Scheuerzahl	Verhältnis	Drehung je m	Scheuerzahl	Verhältnis	Drehung je m	Scheuerzahl	Verhältnis
0	40	1510	1:	60	1270	1:	80	2290	1:	100	2860	1:
5		2150	1,43		2690	2,12		3290	1,44		3450	1,35
10		2840	1,88		4210	3,24		4440	1,94		4700	2,18
20		5850	3,87		4630	3,64		7230	3,16		7060	3,29
30		5410	3,59		5550	4,36		7470	3,26		8880	3,58
100		7830	5,19		11140	8,7		15080	6,58		26345	7,44

Es wird davon Abstand genommen, eine Auswertung dieser Ergebnisse durchzuführen, da die Zahlen für sich selbst sprechen. Abschließend seien noch Originalkurvenbilder aus der gleichen Untersuchungsreihe wiedergegeben, die gleichsam die hauptsächlichen Resultate zusammenfassen und bestimmte Beziehungen deutlich sichtbar machen:

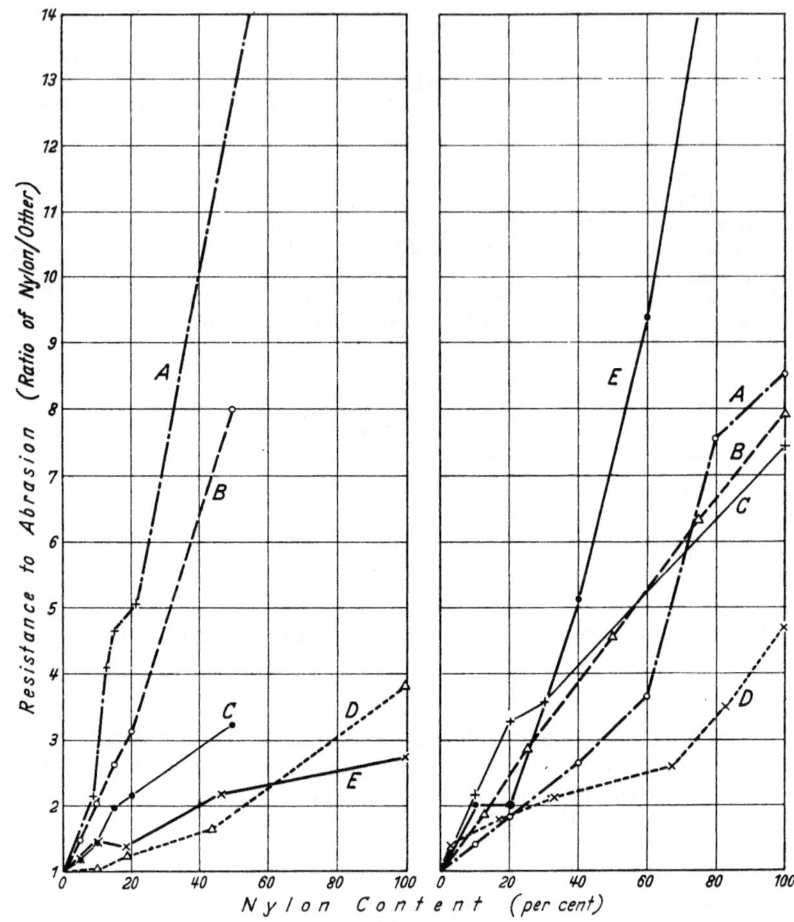

Abb. 30.
Scheuerbeständigkeit in Abhängigkeit vom prozentualen Nylonanteil verschiedener Gespinste.

Linkes Schaubild:

Ordinate: Scheuerbeständigkeit (Verhältnis von Nylon zu anderen Gespinsten).
Abszisse: Nylonanteil (%).
A = Wolle/Nylon (tr. Kammgarnspinn.) Ring-Wear
B = Wolle/Nylon (Streichgarnspinn.) ungewalkt. Townend
C = Wolle/Nylon (Streichgarnspinn.) gewalkt. Townend
D = Wolle/Nylon (Streichgarnspinn.) 3 Denier-Nylon
E = Wolle/Nylon (Streichgarnspinn.) 1,5 Denier-Nylon

Rechtes Schaubild:

Ordinate: wie nebenstehend.

Abszisse: wie nebenstehend.
A = Zellwolle/Nylon (Baumwollspinn.) Ring-Wear
B = Wolle/Nylon (tr. Kammgarnspinn.) Townend und Mardsen-Smedley
C = Wolle/Nylon (geschm. Streichgarnspinn.) Wirkware
D = Baumwolle/Nylon (Baumwollspinn.) Ring-Wear
E = Zellwolle/Nylon (Baumwollspinn.) Martindale

Auf der gleichen Tagung wurde eine Arbeit von Dennison und Leach „Blends containing the new man-made fibers"[1] vorgetragen,

---

[1] Dennison u. Leach: J. Textile Inst. **43**, 6, P 473—495 (1952).

welche sich unter anderem auch mit der Scheuerfestigkeit von Mischgarnen befaßt (Stoll Wet Flex Test) und die der Vollständigkeit halber gleichfalls angeführt sei, zumal die Zusammenstellung gute Vergleichsmöglichkeiten verschiedener Textilrohstoffe in Mischungen und Reinform bietet:

Tabelle 34.

Material	Prozentuale Zusammensetzung	Vergleichszahl	Material	Prozentuale Zusammensetzung	Vergleichszahl
Acetat	100	52	Orlon	100	330
Wolle (Handelsware)	100	90	Wolle/Dacron	50:50	800
Reyon.	100	94	Reyon/Dacron	50:50	996
Acetat/Reyon,			Acetat/Dacron	50:50	1290
harzbehandelt . .	50:50	170	Dacron . . .	100	1570
Wolle (Versuchsware)	100	225	Reyon/Nylon.	50:50	2360
Wolle/Orlon	50:50	290	Nylon . . .	100	2520

Auch aus dieser Zusammenstellung geht hervor, daß die Polyamidfasern die höchste Resistenz gegen mechanische Beanspruchung besitzen. Obgleich alle Stellen, die sich mit derartigen bzw. ähnlichen Untersuchungen befassen, mit Recht davor warnen, die Ergebnisse zu überschätzen, so gestatten die Resultate doch, bestimmte Linien zu erkennen. Letzten Endes bleibt dem praktischen Gebrauch das definitive Urteil vorbehalten, doch sind diese Testmethoden für den textilen Verarbeiter ein nicht ungeeignetes Hilfsmittel zur Ermittlung von Daten für neue textile Konstruktionen bzw. Hinweise, ob diese Aussicht auf Erfolg besitzen.

Wie stark auch noch andere Faktoren die Scheuerfestigkeit beeinflussen, geht aus ausgedehnten Versuchen von STANLEY BACKER und SEAMAN J. TANENHAUS[1] hervor, welche die beiden Autoren in dem Quartermaster Research Laboratory durchgeführt haben. Sie kamen zu stark voneinander abweichenden Scheuerfestigkeiten bei Änderung der Gewebekonstruktion und Beibehaltung des gleichen Garnmaterials.

f) Beständigkeit gegen Lichteinflüsse.

Zunächst muß streng unterschieden werden zwischen Polyamidfäden, die mattiert bzw. nicht mattiert sind; bei mattierten Fäden, zu deren Glanzminderung Titandioxyd verwendet wird, tritt der Festigkeitsverlust wesentlich schneller ein als bei nichtmattierten Fäden; diese Erscheinung ist bei Fasern auf Cellulosebasis schon seit längerer Zeit bekannt und wiederholt sich bei den Polyamiden, sofern man dem Titandioxyd z. B. keine dreiwertigen Chromverbindungen als Lichtschutzmittel beigibt.

Nichtmattierte Polyamide besitzen eine Lichtbeständigkeit, die etwa derjenigen der Fasern auf Cellulosebasis entspricht. Wesentlich werden sie übertroffen von der Polyacrylnitrilfaser, die heute als der lichtbeständigste textile Rohstoff neueren Datums bezeichnet werden kann. Die

---

[1] R. S. Z. 1952, 274. Original: STANLEY BACKER u. SEAMAN J. TANENHAUS, Text. Res. J. **21**, 9, 635—54 (1951).

nicht ganz befriedigende Lichtbeständigkeit der Polyamide wurde schon
in der ersten Entwicklungszeit erkannt, aus der eine Reihe von Patenten
stammen, die sich mit ihrer Verbesserung befassen[1]. Insbesondere bewirkt der Zusatz von Kupfer- bzw. Chrom- und Manganverbindungen
eine bemerkenswerte Steigerung[2]; gewisse Chromfarbstoffe besitzen eine
Lichtschutzwirkung, während andere Farbstoffklassen eine Beschleunigung der Faserschädigung durch Lichteinwirkung hervorrufen. DERSON,
HEADFIELD und WOOD fanden bei Behandlung von 100 g Nylon, die
0,2% Titandioxyd enthielten, mit einem Bad aus:

$$\left.\begin{array}{l} \text{4000 Teilen Wasser} \\ \text{4 Teilen Ameisensäure} \\ \text{0,05 Teilen Kaliumbichromat} \end{array}\right\} p_H \text{ nicht } < 2{,}5$$

bei 85° (45 min) und Reduktion mit Natriumthiosulfat (1 Teil) nach
intensivem Spülprozeß folgenden Festigkeitsabfall im Vergleich zu un-
behandeltem Material:

a) unbehandelt: Festigkeitsabfall 80%,
b) behandelt nach BP. 649481: Festigkeitsabfall 26%.

Beide Materialien wurden während des Frühlings und des Sommers
4 Monate der natürlichen Lichteinwirkung ausgesetzt.

Weiterhin läßt sich nach COFFMAN und STEVENSON eine Erhöhung
der Lichtbeständigkeit erzielen durch Imprägnierung mit harzbildenden
Komponenten wie z.B. Catechin und Formaldehyd in Gegenwart eines
sauren Katalysators.

F. SCHLÄPPI[3] gibt den Einfluß einer 16wöchigen direkten Sonnen-
licht-Bestrahlung in Wilmington, Del., USA. auf Festigkeiten und Dehnungen verschiedener textiler Rohstoffe wie folgt wieder:

Tabelle 35.

	Material							
	Seide	Nylon mattiert	Glas-fasern	Nylon nicht mattiert	Leinen	Reyon	Baum-wolle	Orlon
Festigkeitsverlust in %	85	50	37	23	23	20	18	3
Dehnungsverlust in %	82	60	—	25	24	21	21	—

Nichtmattiertes Nylonmaterial verhält sich nach diesen Untersuchungen also
ähnlich wie Fasern auf Cellulosebasis.

Nach EGERTON[4] sind es unter anderem oxydative Einflüsse, welche
durch die Lichteinwirkung ausgelöst werden und die Schädigung herbei-

---

[1] FP. 955259, Soc. Rhod., Lardy; FP. 965244, Soc. Rhod., Overbaugh,
23. 4. 1948/6. 9. 1950, am. Prior. 25. 8. 1947.
[2] BP. 649481, ICI, 8. 4. 1948/24. 1. 1951. FP. 993632, ICI.
[3] Text. Rdsch. (St. Gallen) 5, 135—141 (1950).
[4] EGERTON: J. Soc. Dyers Colourists 64, 43—48, 336—341 (1948). — Text.
Res. J. 18, 659—669 (1948).

führen. SIPPEL[1] beschäftigt sich gleichfalls in mehreren Arbeiten ausführlich mit dieser Frage und kommt auf Grund eingehender mathematisch-physikalischer Ableitungen und seiner durchgeführten Versuche an einigen Faserarten zu neuen, interessanten Schlüssen bezüglich der Wirkung der Lichtquanten. Demnach werden die Photonen bzw. ihre Energie, die auf nicht lichtempfindliche Grundmolekülbindungen treffen, zu den lichtempfindlichen geleitet. Der Autor sieht Möglichkeiten zur Lichtbeständigkeitsverbesserung unter anderem in der Behandlung mit Verbindungen, die in den amorphen Teil der Faser eindringen können und in quellungsfördernden Zusätzen. Weiterhin lassen sich Schlußfolgerungen ziehen, welche die Anzahl der licht- bzw. zugempfindlichen Bindungen in Relation bringen zur Geschwindigkeit der Abnahme von Festigkeit und Polymerisationsgrad. Vergleichende Untersuchungen von DEAN, FLEMING und O'CONNOR[2] an Baumwolle und anderen Textilrohstoffen führten zu dem Ergebnis, daß die Bestrahlung mittels Lichtbogen in nicht allen Fällen konform geht mit der Einwirkung der Sonnenbelichtung bzw. Bewetterung, so daß unbedingt Vorsicht am Platze ist bezüglich des Wertes derartiger Schnelltestmethoden. Die nachfolgende Abb. 31 gibt einen Teil der Ergebnisse wieder; auf der Ordinate sind die Festigkeitsverluste eingetragen. $A =$ natürliche sechswöchentliche Bewetterung; $C =$ zehnstündige, trockene unfiltrierte Lichtbogenbestrahlung; Syn(1) = Polyamidmaterial, Syn(2) = Polyacrylnitril, Syn(3) = Vinyliden:

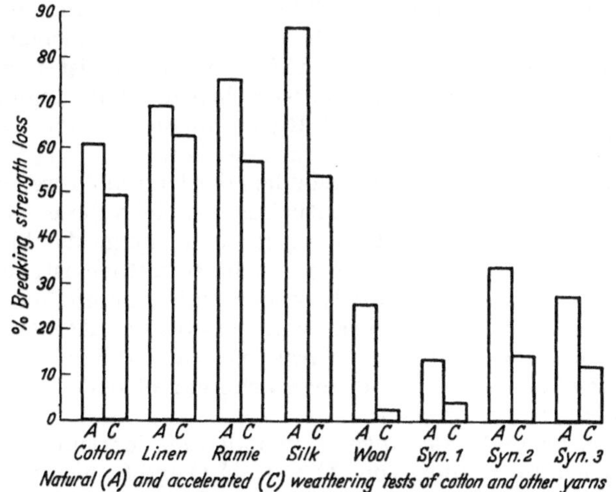

Abb. 31. Natürliche (A) und beschleunigte (C) Bewetterungsteste von Baumwolle und anderen Textilmaterialien. Ordinate: Festigkeitsverlust. Abszisse: Materialbezeichnung von links nach rechts: Baumwolle; Leinen; Ramie; Naturseide; Wolle; Synth. 1: Polyamid-Material; Synth. 2: Polyacrylnitril-Material; Synth. 3: Vinyliden-Material.

[1] SIPPEL: Kolloid-Z. **112**, 80 (1949); **113**, 74; **114**, 122 (1949). — Melliand Textilber. **30**, 577 (1949); **32**, 205 (1951); **1952**, 645. — Textil-Praxis **7**, 220 (1952). — Faserforsch. u. Textiltechn. **3**, 412 (1952).

[2] DEAN, FLEMING u. O'CONNOR: Text. Res. J. **21**, 9, 609—616 (1952).

Mit ähnlichen Untersuchungen beschäftigt sich H. J. Henk[1]; nach diesen Arbeiten beschleunigen Dispersionsfarbstoffe den durch Belichtung hervorgerufenen Abbau bei Nylon. Interessant sind die Zeiten, die zu einem 50%igen Festigkeitsverlust einiger Faserarten benötigt werden bei UV-Bestrahlung.

Tabelle 36.

Material	Bestrahlungs-zeit	Material	Bestrahlungs-zeit
Naturseide, erschwert . .	2 Std	Wolle	11 Std
Rohseide	6 Std	Wolle, chromiert . .	22 Std
Jute	8 Std	Viskose-Reyon . . .	23 Std
Baumwolle, amerikanisch	10 Std	Flachs	28 Std

Nach dieser Arbeit werden durch Licht von mehr als 4000 Å die Schädigungen hervorgerufen, wobei Intensität und Art von Faktoren wie Material, Luftfeuchtigkeit, Temperatur, Farbstoffen und anderen Komponenten abhängig sind, je nachdem sie das Licht stärker oder schwächer aufnehmen bzw. als Photosensibilatoren wirken oder gegebenenfalls selber in schädigende Substanzen umgewandelt werden. Als Sensibilatoren sollen nach Henk verschiedene Küpen-, basische und substantive Farbstoffe, insbesondere einige aus der Anthrachinonreihe wirken wie auch Kobalt- und Uranverbindungen, während Diazofarbstoffe bei verschiedenen Faserarten die Lichtempfindlichkeit reduzieren. Ferner wird darauf hingewiesen, daß bei Fadeometerprüfungen die Temperaturen höher liegen können als bei direkter Sonneneinstrahlung, während umgekehrt die relative Luftfeuchtigkeit meist nicht wesentlich über 10% liegt. Demgemäß entsprechen diese Bedingungen nicht den effektiven Einflüssen, so daß Rückschlüsse auf normale örtliche Verhältnisse nicht ohne weiteres zu ziehen sind.

Aus den Veröffentlichungen, besonders der letzten Jahre, ist das rege Interesse und die Bedeutung zu entnehmen, welche dieser Materie beigemessen wird. Wenngleich die Fragestellung infolge der klimatischen Bedingungen für die gemäßigte Zone nicht so aktuell ist, kann dieses Verhalten die Verwendung von Polyamiden für bestimmte Verwendungen beeinträchtigen. In einer Arbeit von Reinhart, Achhammer und Kline[2] werden UV-Strahlung, Wärme und atmosphärische Einflüsse auf Nylonfilme untersucht, wobei unter anderem folgende Veränderungen als möglich angeführt werden:

a) Spaltung der C–N-Bindungen, verbunden mit Verkleinerung des Polyamidmoleküls unter Bildung von CO, CO_2, H_2O und Kohlenwasserstoffen.

b) Änderung der molekularen Orientierung und des Kristallisationsgrades infolge Beeinflussung der Wasserstoffbrücken, Sekundärbindungen und Dipolumlagerungen.

c) Verlust von fest haftendem Wasser bzw. Lösungsmitteln.

[1] Henk, H. J.: Melliand Textilber. **33**, 488 (1952).

[2] Reinhart, Achhammer u. Kline: Dyer, Text. Printer, Bleacher, Finisher **106**, 833 (1951). Ref. Melliand Textilber. **33**, 896 (1952). — Hasselstrom, Coles, Balmer, Hannigan, Keeler u. Brown: Text. Res. J. **22**, 742—748 (1952).

Nach Ansicht der Autoren ist die Carbonylgruppe als Ausgangspunkt der Schädigung anzusehen, zu deren Schutz sie die Einführung von Alkyl- oder Phenylgruppen am Stickstoff durch Substitution für wirksam halten.

Als Gegenmaßnahme wird der Zusatz bzw. Überzug von Stoffen empfohlen, welche UV-Strahlung absorbieren.

Laut FP. 965244[1] wird eine Verbesserung erzielt durch Zugabe von Hydrochinon oder Polyphenolen.

Verbindungen vom Typ des Salols, Resorcin-, Hydrochinon- und Brenzcatechinmonobenzoats sollen gleichfalls als Lichtschutzmittel dienen[2].

Der Einfluß von wechselnden Luftfeuchtebedingungen scheint gering zu sein wie Versuche von verschiedenen Seiten zeigen. Eigene Versuche, die innerhalb des Fabrikgeländes ab Ausgang September 1951 in nicht allzu weiter Entfernung von einem Kesselhaus und Stickoxyde abgebenden Fabrikationsanlagen mit Polyamiddrähten auf Lactambasis durchgeführt wurden, hatten folgende Ergebnisse:

Tabelle 37.

	Drahtdurchmesser in mm	
	0,15	0,40
Festigkeit in kg vor Bewetterung	1,16	6,7
Festigkeit in kg nach 1 Monat	1,09	6,72
Festigkeit in kg nach 2 Monaten	1,11	6,48
Festigkeit in kg nach 4 Monaten	1,05	6,10

Der Bewetterungsversuch wurde mit nicht mattiertem Material durchgeführt, das sich bekanntlich günstiger verhält als mit Titandioxyd delustriertes Material. Außerdem dürften verschiedene andere Faktoren, wie z. B. der Polymerisationsgrad und die polymer-homologe Verteilung nicht ganz ohne Einfluß auf die Beständigkeit gegen Witterungseinflüsse sein, ganz abgesehen von den Auswirkungen der natürlichen Bestrahlung, mit der sich unter anderen A. SIPPEL eingehend befaßt hat[3].

In einer ausgedehnten Arbeit beschäftigen sich W. WEGNER und ELIS. LUYKEN[4] mit dem Witterungseinfluß auf verschiedene Textilrohstoffe und kommen zu dem Schluß, daß die Festigkeit der untersuchten Materialien in Abhängigkeit stehen von der Jahreszeit, der Temperatur und Luftdruckänderung, wobei die Autoren feststellen, daß die beiden zuletzt genannten Faktoren einen gleichsinnigen Einfluß ausüben.

ACHHAMMER[5] befaßt sich mit dem Abbau von polymerisierten Verbindungen und zieht zur Untersuchung unter anderem die Methoden

<hr>

[1] Soc. Rhod., S. C. Overbaugh 23. 4. 1948/6. 9. 1950.
[2] Ind. Engng. Chem. **135**, 1585—1591 (1951).
[3] Siehe S. 363.
[4] WEGENER, W., u. ELIS. LUYKEN: Melliand Textilber. **33**, 767, 876 (1952).
[5] ACHHAMMER: Analyt. Chem. **24**, 12, 1925—1930 (1952); 20 Lit.-Angaben.

der Infrarot-, Ultraviolett- und Massenspektroskopie heran. Ergebnisse, welche den Einfluß von höheren Temperaturen für sich oder in Kom-

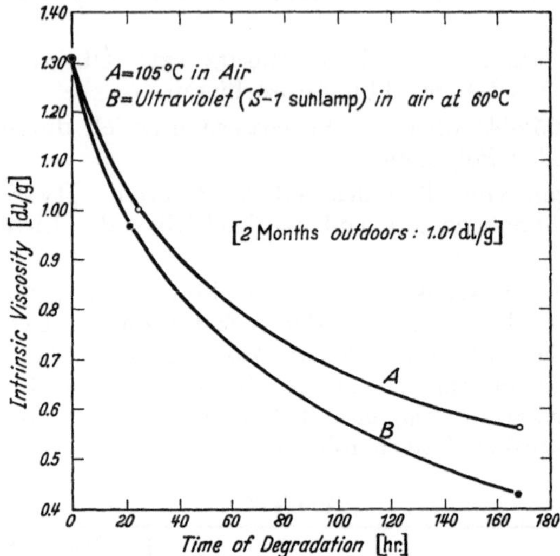

Abb. 32. Auswirkung von Abbaubedingungen auf die Intrinsic-Viscosität eines Polyamids. Ordinate: Intrinsic-Viscosität, dl/g. Abszisse: Dauer des Abbaues (Std). Diagrammbeschriftung von oben nach unten: A = 105° C in Luft; B = Ultraviolett (S-1-Lampe) in Luft bei 60° C. [2 Monate Außenatmosphäre: 1,01 dl/g.]

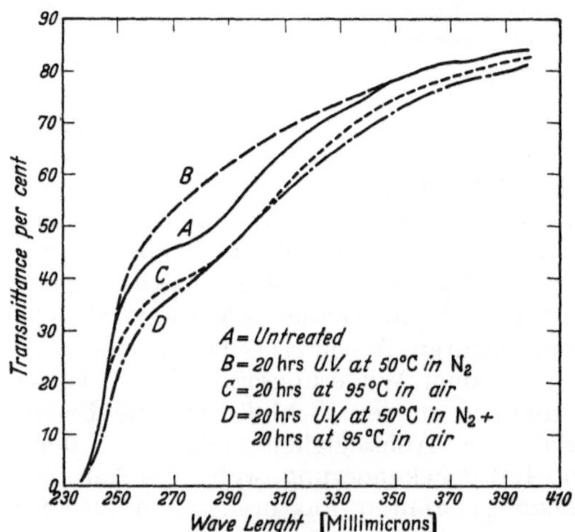

Abb. 33. Ultraviolettspektrum eines Polyamids. Ordinate: Durchlässigkeit (%). Abszisse: Wellenlänge (mμ). Kurvenbeschriftung von oben nach unten: A = unbehandelt; B = 20 Std UV bei 50° in Stickstoff; C = 20 Std bei 95° in Luft; D = 20 Std UV bei 50° in Stickstoff und 20 Std bei 95° in Luft.

bination mit einer Ultraviolettbestrahlnng darlegen, sind in den vorstehenden, der oben erwähnten Arbeit entnommenen Diagrammen enthalten.

Über die Schutzwirkung von Manganverbindungen gibt die nachfolgende Tabelle 38 Aufschluß[1]:

Tabelle 38.

Prüfungsmaterial	Zugesetztes Lichtschutzmittel	Prozentuale Änderung der	
		Reiß-festigkeit	Bruch-dehnung
Kunstseide aus polymerem Caprolactam	Manganchlorid	— 1.84	— 0,38
desgl.	Mangannitrat	—16,30	—20,50
„	Manganformiat	— 17,60	—20,20
„	Manganacetat	— 20,10	— 5,50
„	Manganstearat	— 6,90	—12,50
„	ohne Zusatz	—82,00	—85,00
Naturseide, entbastet	—	morsch	nicht mehr prüfbar
Acetatkunstseide (Aceta) glänzend . . .	—	— 6,10	— 4,80

Belichtung: im Freien unter Glas nach Süden vom 3. August bis 4. November. Menge des zugesetzten Lichtschutzmittels: 1/400 Mol bezogen auf 1 Mol Caprolactam.

In diesem Patent wird zur Erzielung einer möglichst guten Lichtbeständigkeit empfohlen, die fertigen Gebilde zur Entfernung löslicher Verunreinigungen mit Wasser oder noch besser mit verdünntem Alkali, insbesondere Ammoniak, gründlich zu waschen, ein Hinweis, der grundsätzlich für alle Behandlungen von Polyamiden gilt, die irgendwie mit der Einwirkung von Säuren oder Säurebildnern in Zusammenhang stehen.

O. NEWSOME[2] behandelte Nylon mit verschiedenen natürlichen und synthetischen Farbstoffen, das dann unter Glas 166, 248 und 352 Std in Jamaica und in Leeds 48 Std der Einwirkung des Sonnenlichts unterworfen wurde. Die kurz zusammengefaßten Ergebnisse gehen dahin, daß ungefärbtes Nylonmaterial nach einer Belichtungszeit von 166 Std einen Festigkeitsabfall von 56% aufwies, während das mit Blauholz, Multaminschwarz B und Solochromschwarz WDFA gefärbte Material nur 9—20% an Festigkeit verlor. Daß der Verlust nicht durch thermische Einflüsse verursacht war, konnte dadurch unter Beweis gestellt werden, daß 100 Std lang auf etwa 65° erwärmtes Nylon bei Ausschluß der Sonneneinwirkung nur eine Festigkeitseinbuße von etwa 1% erlitt. NEWSOME schließt aus diesen und vergleichenden Versuchen von mit Bichromat behandeltem Nylon, daß die Schutzwirkung auf der Gegenwart von Chrom beruht. Eine gleich gute Schutzwirkung wurde durch eine halbstündige Behandlung bei 95° mit einer 2,5—5%igen Tanninlösung erzielt.

g) Spezifisches Gewicht.

Die Polyamide besitzen von allen textilen Rohstoffen mit etwa 1,14 das niedrigste spezifische Gewicht; zum Vergleich einige Daten:

---

[1] DRP. 737943, I. G., vom 4. 2. 1941/1. 7. 1943.
[2] NEWSOME, O.: J. Soc. Dyers. Colourists **66**, 277—280 (1950).

Tabelle 39.

Polyamide	1,13—1,14	Polyvinylchlorid . .	1,35—1,4
Polyacrylnitril . . .	1,18—1,19	Terylene, Dacron .	1,38—1,39
Naturseide, rein . .	1,30—1,37	Cellulosefasern . .	1,47—1,55
Schafwolle	1,30—1,32	Glasfasern	2,4—2,7
Acetat	1,30—1,32		

Bei der textilen Verarbeitung muß diesen Verschiedenheiten, deren Differenz zwischen den Polyamid- und Cellulosefasern z. B. bis 35% beträgt, Rechnung getragen werden, insbesondere im Hinblick auf die Fülligkeit der textilen Erzeugnisse; auch bei Mischgarnen können differierende spezifische Gewichte der Komponenten von Einfluß auf den Garncharakter sein. Auf die zwangsläufig geringeren Gewichte von textilen Erzeugnissen, Seilen usw. im Vergleich zu anderen textilen Rohstoffen unter der Voraussetzung der gleichen Konstruktion braucht nicht näher eingegangen zu werden. Die hohe Festigkeit erlaubt meist noch eine zusätzliche Gewichtsreduzierung bei Erzeugnissen, die nicht ausschließlich auf Reißfestigkeit beansprucht werden.

2. Beständigkeit gegen Mikroorganismen und Insekten.

Gegenüber den sonstigen textilen Rohstoffen zeichnen sich die Polyamidfasern durch ihre praktische Unangreifbarkeit aus. Selbst unter schärfsten Prüfbestimmungen ist der Abfall der physikalischen Konstanten im Vergleich zu anderen Textilien als belanglos zu betrachten. Besonders deutlich tritt diese günstige Eigenschaft in der Praxis bei Netzen in der Hochseefischerei zutage. Auch in schlammigem Brackwasser lagernde Fischreusen zeigten eine Lebensdauer, die bisher nur noch von solchen aus Polyvinylchloridfasern übertroffen wurde.

Das gleiche Verhalten zeigen die Polyamide gegen normalen Insektenbefall. Gegenteilige Beobachtungen ergaben, daß ein Angriff nur dann stattfindet, wenn bestimmte Präparationen bzw. Waschmittel verwendet worden waren; es liegt hier ein Analogiefall zu anderen Textilrohstoffen vor, die ebenfalls von bestimmten Insektenarten nur bei Anwesenheit von gewissen Verbindungstypen (Avivagemitteln usw.) befallen werden, wobei aber nur diese als verwertbare Nahrungsquelle zu betrachten sind.

In neuerer Zeit durchgeführte Untersuchungen[1] über den Einfluß von Mikroorganismen der menschlichen Haut auf verschiedene Textilfasern ergaben keine Schädigungen von PERLON.

3. Chemische Resistenz.

In chemischer Hinsicht vereinen die Polyamide einen Teil derjenigen Eigenschaften, welche die einzelnen klassischen Textilrohstoffe besitzen. Mit aller Deutlichkeit sei auch an dieser Stelle zum Ausdruck gebracht, daß die Polyamide in chemischer Hinsicht nun nicht als *der* Rohstoff

---

[1] DACHTLER, HILDEGARD: Melliand Textilber. **33**, 997 (1952).

anzusehen sind, der in idealer Weise lediglich die guten Eigenschaften der herkömmlichen Textilfasern in sich vereinigt; das, was in der Einleitung für die textiltechnologischen Verhältnisse gesagt worden ist, gilt auch in übertragenem Sinne für das chemische Verhalten.

Der eine oder andere chemische Prozeß — als Beispiel sei das Bleichen angeführt — erübrigt sich von selbst, da das Polyamidmaterial normalerweise in einem reinweißen Farbton anfällt. Wenn sich trotzdem eine Aufhellung nicht umgehen läßt, so z.B. beim Vorliegen von Mischgespinsten, welche auf einen einheitlichen Farbton abgestimmt werden müssen, genügt meist eine schwachsaure Natriumchloritbleiche, um dem Mischgespinst den gewünschten Weißgehalt zu geben. Generell kann festgestellt werden, daß sich die Polyamidfasern gegen alle in der Textiltechnik und im Haushalt üblicherweise verwendeten Reinigungsmittel völlig resistent verhalten; ausgenommen hiervon sind jedoch die sog. „Selbsttätigen Waschmittel" aus bekannten Gründen. Empfohlen werden meist Feinwaschmittel, die auch für Naturseide oder Wolle Verwendung finden[1]. Öfteres Waschen verbessert nicht selten den Griff und verschönt das Aussehen, weil das Lichtbrechungsvermögen erhöht wird und die Ware dadurch einen dezenteren Glanz erhält.

In der nachstehenden tabellarischen Zusammenstellung, deren Daten im wesentlichen einer Du Pont-Mitteilung über das chemische Verhalten von Nylon entnommen worden sind[2] und die größtenteils für die Fasern auf Lactambasis Gültigkeit besitzen, ist der Versuch unternommen, ein einigermaßen vollständiges Bild bezüglich des chemischen Verhaltens zu geben.

Tabelle 40. *Chemisches Verhalten von Nylon.*

Beständig gegen Verbindungstypen wie:

Aldehyde	Fette und Öle
Alkohole	Ketone
Alkalien	Kohlenwasserstoffe, aliphatisch und aromatisch
Äther	Reinigungsmittel, chemische
Chlorkohlenwasserstoffe	Seifen und Netzmittel
Ester	Wasser incl. Seewasser

Keine nennenswerten Festigkeitsverluste bei Behandlung mit:

10% NaOH bei 95° C/185° F in 16 Std
10% KOH bei 65° C/150° F in 3 Std
19% K_2CO_3 bei 43° C/77° F in 2 Monaten
10% NaCN bei Raumtemperatur in 7 Tagen
    Seewasser (Florida) in 30 Tagen
 3% HCOOH bei 100° C/212° F in 3 Std
 3% $CH_3 \cdot COOH$ bei 100° C/212° F in 3 Std
 3% $HO \cdot CH_2 \cdot COOH$ bei 100° C/212° F in 3 Std
    CCl_2F_2 (Freon-12") bei Raumtemperatur in 8 Tagen
    $CCl_4 \cdot C_2H_2Cl_4$ bei Raumtemperatur in 60 Std
    Baumwollsamenöl bei 82° C/180° F in 5 Tagen.

---

[1] Siehe auch Waschhinweise des PERLON-Warenzeichenverbandes, Frankfurt a. M., Steinlestraße 34.

[2] Off. Tech. Service Bulletin of the Nylon Division of E. I. du Pont de Nemours & Co., Inc., Rayon a. Synth. Text. **31**, 5, 91 (1950). — Amer. Dyestuff Reporter. **40**, 312 (1951). Ref. Melliand Textilber. **33**, 5, 471 (1952).

Schädigungen möglich:

Anorganische Chloride mit leicht beweglichem Anion

Bleichbäder in Abhängigkeit von verschiedenen Faktoren wie Zeit, Konzentration, Temperatur, p_H-Wert usw.

Chloride der Salzbildner der 2. und 3. Gruppe des periodischen Systems in alkoholischer Lösung, besonders Methanol

Phenole und phenolartige Verbindungen (Kresol usw.) in kaltem Zustand bei mittleren Konzentrationen, sowie deren Chlorderivate

Sauerstoff bei höherer Temperatur, sowie Wasserstoffsuperoxyd entwickelnde Verbindungen bei Temperaturen oberhalb etwa 50° C

Säuren, anorganische verdünnt kalt, organische verdünnt warm.

Polyamidlösungsmittel.

Äthylenchlorhydrin, heiß
Äthylenglykol, heiß
Benzylalkohol, heiß
Calciumchloridlösungen konzentriert in Alkoholen und kochendem Eisessig
Chlorierte Alkohole und Aldehyde wie Trichloräthylalkohol, Chloralhydrat (3 Chloratome!)
Chlorwasserstoff in alkoholischer Lösung z.B. Methanol
Phenole, Kresole, deren Chlorsubstitutionsprodukte usw., Dioxybenzole
Säuren, kalt: Mineralsäuren konzentriert, Ameisensäure konzentriert und Halogen-Essigsäuren. (Eine 3%ige Oxalsäure führt nach 3stündiger Einwirkung bei 100° C zu einem Festigkeitsverlust von etwa 35%)
Lactame, z.B. ε-Aminocapronsäurelactam.

Quellmittel.

20%	Ameisensäure in Wasser
	Essigsäure
2%	Essigsäure in Methanol
20%	Chloressigsäure in Wasser
100%	Milchsäure
2%	Benzoesäure in Methanol
2%	p-Oxybenzoesäure in Methanol
20%	Benzolsulfosäure in Wasser
2%	Adipinsäure in Methanol
	gesättigte Borsäure in Methanol
20%	Phosphorsäure in Wasser bzw. Methanol
2%	Phenol in Wasser
2%	m-Kresol in Wasser
2%	m-Kresol in Methanol
100%	Glykol
20%	Chloralhydrat in Wasser
	Lithiumbromid in Methanol
	Zinkchlorid in Wasser
	Anilin in Wasser
	Verdünnte Lactamlösungen.

Die Polyamidfasern auf Basis des Lactams der ε-Aminocapronsäure zeigen im Vergleich zu dem Nylontyp eine sich graduell auswirkende leicht geringere Beständigkeit gegen einige konzentriertere Lösungsmittel wie starke Mineralsäuren usw., worauf eine Analysenmethode beruht. Erwartungsgemäß sind sie demgemäß auch um einen allerdings geringen Betrag quellfreudiger, der vielleicht aber gerade ausreichen kann, um in färberischer Hinsicht noch zur Auswirkung zu kommen (neben anderen Faktoren).

Für den normalen textilen Verwendungszweck können diese kleinen Unterschiede außer Betracht gelassen werden. Die Gründe für dieses Verhalten erscheinen noch nicht hinreichend geklärt, doch mag der durch die Anwesenheit von sechs CH_2-Gruppen im Nylonmolekül gleichsam stärker betonte paraffinische Charakter als eine der möglichen Ursachen angesehen werden können.

Nur ein Bruchteil der in der vorstehend aufgeführten Tabelle genannten Verbindungen usw. wird je im normalen textilen Verwendungsbereich mit den Polyamiden in Berührung kommen, abgesehen von Spezialzwecken, beispielsweise Säurefiltration, für die man jedoch Geweben aus Polyvinylchloriden oder Polyacrylnitrilen den Vorzug geben sollte.

In den praktischen Bereich der Widerstandsfähigkeit gegen Säuren fällt auch die Resistenz gegen Schweiß, gegen den die Polyamide fast völlig unempfindlich sind. Die gefürchteten Stoffschädigungen in den Achsel-, Schritt- und Rückenpartien entfallen besonders dann völlig, wenn man die Kleidungsstücke täglich kurz durchwäscht, zumal bei einwandfrei fixiertem Material damit keine Formänderung verbunden ist, ein Bügelprozeß sich praktisch als nicht erforderlich herausstellt und die Trocknung außerordentlich rasch vor sich geht, worauf bereits a. a. O. hingewiesen worden ist.

BRENNECKE[1] hat die Waschbarkeit vollsynthetischer Fasern einer Untersuchung unterzogen, insbesondere Nylon und PERLON, und kommt dabei zu dem Ergebnis, daß der Festigkeitsverlust nach 50 Wäschen bei fixiertem Material praktisch unbedeutend ist.

D. Textile Verarbeitung.

Vorbemerkung.

Detaildarlegungen dieses umfassenden Gebietes sind im Rahmen dieses Buches nicht möglich, so daß nur ein Überblick in großen Zügen gegeben werden kann.

Prinzipiell lassen sich die textilen Rohstoffe auf Polyamidbasis auf alle textilen Fertigerzeugnisse verarbeiten. Die spezifischen Eigenschaften der Polyamide, wie geringer Elastizitätsmodul, hohe elastische Dehnung, Fadenglätte, geringe Wasseraufnahme verbunden mit der Neigung zu elektrischen Aufladungen, bedingen in dem einen oder anderen Fall besondere Maßnahmen, doch sind für die Verarbeitung keine speziellen Textilmaschinen notwendig bis auf den durch die erforderliche Fixierung zusätzliche Arbeitsgang, der in apparativer Hinsicht keine Probleme mehr stellt.

Ähnlich wie die anderen, auf chemischem Weg hergestellten Textilrohstoffe bieten die Polyamide dem Verarbeiter den Vorteil, in einem Zustand zur Auslieferung zu kommen, der keine mechanische Reinigung oder Farbaufhellung durch Bleichen notwendig macht; hierdurch unterscheiden sie sich von den meisten natürlichen Fasern.

---

[1] BRENNECKE: Melliand Textilber. **33**, 946ff. (1952).

Hopff-Müller-Wenger, Die Polyamide. 24a

Seitens der Faserhersteller werden die Textilrohstoffe auf Polyamidbasis mit einer Präparation versehen, welche die Überführung in textile Erzeugnisse oder deren Zwischenprodukte erleichtert. Wie bei allen anderen Fäden und Fasern ist es jedoch nicht möglich, all den vielen textilen Verarbeitungsbedingungen durch eine einzige Präparation Rechnung zu tragen, so daß z.B. das Schlichten meist von den Verarbeitern selber durchgeführt wird, sofern die von einem Teil der Faserhersteller aufgebrachten Schlichten und Präparationen nicht ausreichen, um den gewünschten Effekt zu erzielen.

Im übrigen sei auf die verschiedenen Mitteilungen der Firmen aufmerksam gemacht, welche textile Rohstoffe auf Polyamidbasis herstellen[1] und die zum Teil durch laufend erscheinende Informationen den Verarbeiter über den neuesten Stand unterrichten, zusätzlich zu der üblichen Kundenberatung durch spezialisierte Fachkräfte.

Die Titerprogramme der Hersteller von Polyamidfäden und Stapelfasern sind den Anforderungen der Verbraucher angepaßt und bewegen sich bei den endlosen Fäden von 12 bis 300 und mehr Deniers. Die feineren Stärken wie 12, 15 und 20 Deniers werden meist als monofile Fäden hergestellt und finden fast ausschließlich Verwendung im Strumpfsektor. Als Einzeltiter werden bei den Multifils 3 bis 4 Deniers bevorzugt, doch sind Abweichungen nach oben und unten für Spezialzwecke keine Seltenheiten.

Im Stapelfasergebiet reicht die Skala der Einzeltiter von 1,2 bis über 20 Deniers; entsprechend den Feinheiten ergeben sich die Verwendungsgebiete wie z.B. Baumwoll- oder Wollsektor; für Teppiche, ein Gebiet, das besonders im Ausland gepflegt wird, kommen die stärkeren Einzeltiter ab 10 Denier und höher in Frage. Hinsichtlich der Baumwolltype (E.T. 1,2 und >) scheint eine beachtliche Ausweitung im Bereich der Möglichkeit zu liegen.

Endlose Fäden und Stapelfasern werden im Bekleidungsgebiet fast ausschließlich in der mattierten Form verarbeitet. Im technischen Sektor nimmt man meist von einer Mattierung Abstand (z.B. Cordmaterial, Drähte und zum großen Teil auch Polyamidborsten).

Spinnfärbungen haben sich wegen der beim Schmelzspinnen herrschenden Temperaturen über 200° bisher großtechnisch nicht durchführen lassen.

1. Vorbereitung des Textilgutes.

Die Lagerung usw. wird unter den für hochwertiges Spinngut bekannten Bedingungen durchgeführt; manche Verarbeiter sind dazu über-

---

[1] In Westdeutschland: Bobingen AG. für Textilfaser, Bobingen bei Augsburg; Deutsche Rhodiaceta AG., Freiburg i. Br.; Farbenfabriken Bayer AG., Werk Dormagen am Niederrhein; Kunstseidefabrik Rottweil AG., Rottweil am Neckar; Phrix AG., Hamburg; Spinnstoffabrik Berlin-Zehlendorf; Vereinigte Glanzstoff-fabriken, Wuppertal-E.; Badische Anilin- und Sodafabrik, Ludwigshafen a. Rh. (nur Hersteller der Ausgangsmaterialien bzw. Polymerisate, mit Technikumsanlagen und Laboratorien für die Verspinnung usw.).

gegangen, die Aufbewahrung in klimatisierten Räumen, zumindest einige Zeit vor der eigentlichen Verarbeitung vorzunehmen, wodurch Ungleichmäßigkeiten beim Fadenablauf unterbunden werden können.

Von einigen Polyamidherstellern kommt das Material mit einer auf den jeweiligen Verwendungszweck abgestimmten Präparation, Avivage usw. zur Auslieferung. Sofern das Material lediglich mit einer Grundpräparation versehen ist, macht sich beispielsweise für den Webprozeß ein Schlichteauftrag notwendig, wenn das Material mit einem normalen Drall versehen ist; bei hochgedrallten Fäden erübrigt sich in vielen Fällen eine Schlichtung, deren untere Grenze mit 400 Drehungen je Meter genannt wird.

2. Schlichten.

Aus verschiedenen Gründen mag sich jedoch eine Schlichte als notwendig erweisen. Versuche für geeignete Produkte sind in erheblichem Ausmaß durchgeführt worden, bedingt durch den Umstand, daß ein großer Teil der üblichen Schlichten für Baumwolle, Zellwolle, Wolle usw. keinen ausreichenden Effekt infolge der geringen Hydrophilie und Haftung an der glatten Fadenoberfläche ergab.

Vorwiegend sind es 3 Verbindungstypen, die als Grundlage der meist gebräuchlichen Schlichten dienen:

1. Polyacrylsäure,
2. Polymethacrylsäure,
3. Polyvinylalkohol (bzw. teilweis verseifte Polyvinylacetate).

Diese wäßrigen Lösungen usw. werden mit verschiedenen Zusätzen versehen wie Borsäure, Chloriden der Erdalkalien, Mineralölen, Dispergiermitteln, je nach dem Verwendungszweck.

Bekannte Schlichten in Deutschland sind z.B. Rohagit SL 222 (Röhm & Haas), Vinarol supra (Höchst), T-8 (BASF) u. a. Sie werden meist in 5—8%iger Stärke bei 50—70° angewendet und geben den Fäden einen ausreichenden Schluß. Die Anwendung ist natürlich von den jeweiligen örtlichen Verarbeitungsbedingungen abhängig. Ein zu hoher Feuchtigkeitsgehalt der Raumluft kann zum Schmieren führen, so daß die optimalen Bedingungen von Fall zu Fall ermittelt werden müssen. Nähere Einzelheiten sind aus der bekannten Fachliteratur wie „Melliand", „Reyon, Synthetica" und „Textil-Praxis" des Inlandes sowie sehr zahlreich in ausländischen Publikationen ersichtlich, aus der nur ein kleiner Teil angeführt werden kann[1].

---

[1] Kunstseide u. Zellwolle **25**, 376 (1943—47). — T xtil-Praxis **6**, 446 (1952) (Joh. A. Schulze). — Textil-Praxis 8, 607 (1952) (H. Schaaf). — Rayon a. Synth. Text. **30**, 8, 68—69 (1949); **31**, 9, 119—120 (1950). Ref. Melliand Textilber. **32**, 1, 93; 1, 53; 7, 58, 60 (1951) (Borghetti u. Bernard); **33**, 7, 390 (1952). — Amer. Dyestuff Reporter **40**, 20, 649—652 (1951) (Cook). AP. 2566149 Du Pont, Strain, vom 7. 1.8. 1948/28. 1951. BP. 585173. 615185 Loasby u. Munden. 656728 ICI. von 27. 2. 1948/29, 8. 1951 (unter Verwendung von Tannin). 659380 Aickin u. Munden, vom 13. 10. 1949/24. 10. 1951. FP. 970299 Soc. Rhod. vom 11. 8. 1948.

Verschiedene Schlichtezusammensetzungen wirken unter Umständen nach längerer Zeit korrodierend auf die apparativen Teile ein. Von Interesse ist eine Arbeit von Langston[1], in deren Verlauf festgestellt wurde, daß Natriumalginat die Haftung von Schlichten (Polymethacrylsäure) auf Nylon verbessert.

In gewissen Fällen scheint geschlichtetes Material bei längerer, unsachgemäßer Aufbewahrung zu Schimmelbildung geführt zu haben, weshalb Lagerung bei 25° C und einer nicht 60—70% übersteigenden relativen Feuchtigkeit empfohlen wird.

Die Aufgabe einer Schlichte[2] besteht unter anderem darin, dem Faden gute Laufeigenschaften zu geben, das fertige textile Erzeugnis vor der Bildung von Zugstellen und ungleichmäßigen Warenausfall zu schützen und die Neigung zum Rollen der Kanten weitgehendst zu unterbinden. Die Schlichte muß fernerhin von dem Faden schnell und gut aufgenommen werden, die Einzelfäden einwandfrei zusammenhalten ohne den Gesamtfaden mit anderen zu verkleben, beim Lauf über Fadenführer, Nadeln usw. auf dem Faden haften bleiben und diese Leitorgane usw. nicht durch Ablagerungen verschmutzen, keine korrodierenden Einflüsse ausüben und schließlich leicht und einwandfrei entfernbar sein, um nachfolgende Behandlungen, wie z.B. das Färben nicht zu stören.

3. Wirkerei.

Sowohl auf dem Gebiet der Strumpf- wie der Rund- und Kettstuhlwirkerei liegen die ältesten Erfahrungen vor. Die anfänglichen Schwierigkeiten wurden verhältnismäßig rasch überwunden. Bemerkenswert ist, daß die Verarbeitung von PERLON in Deutschland ohne eine Spezialstrumpfschlichte vorgenommen wurde; die damals verwendete normale Präparation von seiten der Hersteller ermöglichte einen einwandfreien Ablauf vom Cones, konnte nicht abschiefern und ergab ein gutes Maschenbild. Der gleiche Effekt wurde in der übrigen Wirkerei erzielt. Auf die zu beobachtenden Vorbedingungen (Fadenspannung usw.) ist bereits in einem vorhergehenden Abschnitt (Dehnung und Elastizitätseigenschaften) eingegangen worden.

Die folgenden 4 Abbildungen, die freundlicherweise von der Strumpfwirkerei Gerhard Bahner & Co., Lauingen a. d. Donau, überlassen wurden, stellen Arbeitsgänge aus der Herstellung des Bi-Strumpfes dar.

Kurz eingegangen sei noch auf gekreppte Polyamidfäden, deren Herstellung nach dem Verfahren der Firma Heberlein & Co., Wattwyl (Schweiz) durch Anwendung verschiedener Drallrichtungen vorgenommen werden kann oder nach dem Dorgin-Prozeß[3], der im Prinzip darin

---

[1] Langston: Text. Res. J. **33**, 111—116 (1952).
[2] Spanagel, E. W.: AP. 2324601.
[3] Campbell, J.: Mod. Textiles **33**, 2, 32, 33, 48 (1952).

besteht, zusammengezwirnte Naturseide- und Nylonfäden in spannungslosem Zustand in einem Bad zu kochen, wobei die Naturseide schrumpft, während Nylon unter der Kontraktionswirkung einen kreppartigen Charakter annimmt; nach einer thermischen Fixierung wird die Naturseide durch eine heiße soda-alkalische Behandlung herausgelöst und anschließend neutralisiert.

Abb. 34a. PERLON-Cones, in einer Konditioniervorrichtung auf einer Strumpfwirkmaschine (Cotton-Maschine) befindlich.

Abb. 34b. Teilansicht einer Strumpfwirkmaschine; in der rechten oberen Ecke ist die Konditioniervorrichtung mit Cones sichtbar. Das Bild gibt die Anfangsphasen einer Strumpfherstellung wieder: Der Rand und ein Teil der oberen Strumpfpartie ist fertiggestellt.

Abb. 34c. Einzelansicht aus einer Strumpfwirkmaschine: Die gesamte Strumpflänge ist fertiggestellt und — im Vordergrund sichtbar — auf einem Aufnahmeorgan aufgewickelt; das Bild gibt den Moment wieder, in welchem die Fersenpartie hergestellt wird.

Abb. 34d. Fixierungsapparatur (Thermosetting) für Strümpfe; ein Teil der Strümpfe befindet sich auf den Strumpfformen in bzw. neben der geöffneten Apparatur.

4. Weberei.

a) Endlose Fäden.

Durch die kriegsverwendungsmäßig verursachte Dringlichkeit (Fallschirme) ergaben sich zwangsläufig sehr intensive webereitechnische Entwicklungsarbeiten. Das Schlichteproblem und die durch die elektrische Aufladung hervorgerufenen Begleiterscheinungen traten in den

Vordergrund, verbunden mit der Notwendigkeit der Gewebefixierung. Die hochgestellten Forderungen nach einer gleichmäßigen Luftdurchlässigkeit brachten frühzeitig die Verarbeiter praktisch mit allen Fragen in Berührung, die zu einer einwandfreien Fertigware führen. Die damals gesammelten Erfahrungen, gewonnen bei der Verarbeitung auf den üblichen Textilmaschinen, sind die Grundlagen des heutigen hohen Standes der Verarbeitungstechnik. Vom Schärgatter ab bis zum Webstuhl lernte man unter anderen den eminenten Einfluß der textilen Vorbereitungsmaßnahmen, der Fadenspannung, ihre Kontrolle und die mit äußerster Sorgfalt und Schonung durchzuführenden weiteren Arbeitsbedingungen kennen. An den Grundelementen der technischen Einrichtungen der Weberei hat sich nichts wesentliches geändert, sofern man von besser ausgebildeten Fadenleit- und Spannungsorganen absieht, wobei die unerläßliche absolute Gleichmäßigkeit in den verschiedenen Verarbeitungsphasen einen der Hauptfaktoren darstellt. Bei PERLON konnten anfängliche Schwierigkeiten — hervorgerufen durch Ablagerungen mono- und niederpolymerer Bestandteile an Fadenführern, Bremsen, Riet usw. — durch eine Verbesserung des Auswaschprozesses bald behoben werden. Die Verwendung der T-8-Schlichte brachte weitere Vorteile mit sich, so daß die schließlich erzielte Qualität der Fallschirmgewebe in Deutschland mit derjenigen der Nylonschirme zumindest auf gleicher Stufe stand.

Der Tendenz zur elektrischen Aufladung wurde zuerst durch Beachtung der Feuchtigkeitsverhältnisse und Erdung der Maschinen Rechnung getragen; T-8 milderte die Aufladungsneigung gleichfalls. Die besten Erfolge wurden und werden auch heute noch bekanntlich erzielt mit völlig flusenfreiem Material, so daß sich Ausputzarbeiten nach jeder Richtuug hin lohnen, da die hohe Festigkeit der Polyamidfäden den Gesamtfaden nicht zum Reißen bringt und dadurch Spannungen auftreten. Die Empfindlichkeit gegen Spannungsunterschiede führte in der neueren apparativen Entwicklung dazu, daß beim Schären sämtliche Einzelfäden auf gleicher Spannung durch Einbau entsprechender Organe gehalten werden. Beim eigentlichen Webvorgang ist ebenfalls eine völlig gleichmäßige, niedrige Spannung aller Kettfäden Vorbedingung eines guten Warenausfalles. Die gleichen Voraussetzungen gelten für das Schußmaterial (Kannettierung), da ungleichmäßige Fadenspannung zu boldrigem Gewebe führt. Im Prinzip gehen eben sämtliche Forderungen darauf hinaus, alle textilen Vorgänge auf die durch die Elastizitätsverhältnisse gegebenen Bedingungen abzustimmen und zwar derart, daß jegliche Ungleichmäßigkeiten der einzelnen Fäden untereinander ausgeschlossen sind.

b) Garne aus Stapelfaser.

Auf Grund der angespannten Faserrohstoffsituation und der ausgezeichneten Scheuerbeständigkeit wurde in Deutschland der Stapelfaser besondere Aufmerksamkeit zugewendet. Demgemäß setzten bereits zu Anfang des Jahres 1940 intensive Arbeiten auf diesem Gebiet ein, wobei sofort die Verarbeitungsschwierigkeiten beim Kardieren infolge des niedrigen Elastizitätsmoduls, der dadurch hervorgerufenen verhältnismäßig geringen Fasersteifheit, und der elektrischen Aufladung in Erscheinung traten.

Sofern man vom Baumwolltyp absieht, geht heute die Verarbeitung bei entsprechender Anpassung an die Fasereigenschaften normal vor sich. Das hauptsächliche Verwendungsgebiet liegt auf dem Gebiet der Mischgespinste mit einer Beimischungshöhe von 15—30%. In diesem Bereich haben sich bisher keine grundsätzlichen Änderungen der für die Garnherstellung der sonstigen Fasern üblichen Bedingungen als notwendig erwiesen, zumal der mögliche Einfluß durch die Anwesenheit der höherprozentigen Hauptkomponente zum Teil weitgehend überlagert wird. Voraussetzung ist jedoch in jedem Falle, daß eine völlig einwandfreie Mischung der beiden oder mehrerer Komponenten durchgeführt wird, da von dieser Homogenität ein wesentlicher Teil der Verarbeitungsfähigkeit und der Garngleichmäßigkeit abhängt. Im Prinzip sind dieses alles schon längst bekannte Faktoren, denen jedoch bei der Verarbeitung dieses neuen textilen Rohstoffes auf Grund seiner spezifischen Eigenschaften eine besondere Bedeutung zukommt.

Da die neueren Faserfertigungen zum Teil mit einer antistatischen Präparation versehen und auch die optimalen Feuchtigkeitsverhältnisse im Gange der Verarbeitung für die einzelnen Mischgarne bekannt sind, treten bei der Verarbeitung des Wolltyps (ET 3, 3,75 und höher) heute kaum noch Schwierigkeiten grundsätzlicher Art auf. Die Messung der statischen Aufladung geschieht nach bekannten Methoden. Erwähnt sei eine in Melliands Textilberichten[1] referierte Prüfung, nach der man die aufgeladenen Fasern in ein Faraday-Gefäß bringt und mißt. Als Anwendungsmöglichkeit wird auf die Überwachung bei der Verarbeitung (z. B. Wanderdeckelkarden) hingewiesen.

In den letzten Jahren sind eine größere Zahl von Publikationen auf diesem Sektor erschienen, von denen einige angeführt seien[2]. Interessant sind dabei Verarbeitungen mit verschiedener Stapellänge der einzelnen Komponenten[3]; in Verbindung mit anderen Faktoren bietet sich vielleicht auf diesem Wege die Möglichkeit, die Neigung zu dem sog. „Herausarbeiten" der Faser (pilling) aus dem Verband zu reduzieren.

Über den Einfluß der Drallhöhe auf Dehnungserscheinungen berichtet MILLARD[4]; hierbei wurden folgende Werte gefunden:

Tabelle 41.

Belastung g/den.	Dehnung bei 65% relativer Feuchtigkeit in %; Drehungen je m		Belastung g/den.	Dehnung bei 65% relativer Feuchtigkeit in %; Drehungen je m	
	30	1400		30	1400
0,1	0,25	0,4	0,4	1,0	1,65
0,2	0,50	0,75	0,5	1,3	2,2
0,3	0,75	1,15	1,0	2,6	5,1

[1] Melliand Textilber. **33**, 1140 (1952), Original Text. Rec. **69**, 829, 899 (1952).

[2] MILLARD: J. Textile Inst. **42**, T 385ff., T 168—180, P 125—131 (1951). — NUDING, H.: Rayon, Synth. u. a. Chfs. **30**, 478—486 (1952). — GARNER: Text. Merc. **125**, 3253, 231—235 (1951).

[3] TOWNEND u. MARSDEN-SMIDLEY: J. Textile Inst. **41**, 5, T 178—191 (1950). Ref. Textil-Praxis **5**, 670 (1950).

[4] MILLARD: J. Textile Inst. **41**, 8, P 643—649 (1950). Ref. Textil-Praxis **5**, 798 (1950). — ALEXANDER u. STURLEY: J. Textile Inst. **43**, P 1—18 (1952). Ref. Textil-Praxis **7**, 739 (1952).

Die Walkfähigkeit der Polyamide ist sehr gering; durch entsprechende Vorbehandlung[1] läßt sie sich in günstigem Sinne beeinflussen; nach dieser Anmeldung wird ein dünnes Vlies unter einer der nachstehenden Bedingungen behandelt (Teller- oder Schüttelwalke):

a) 10—40 min mit einer Ameisensäurelösung vom p_H 3,2 bei 30°.

b) Zweimal je 10 min mit einer 0,05—0,3%igen Schwefelsäurelösung vom p_H 2—1,5, wobei die Temperatur auf etwa 50° ansteigt.

c) 10—40 min mit einer Lösung von 2 g saurem Natriumpyrophosphat und 1,5 g des Natriumsalzes des Oleinsarkosins pro Liter.

Anschließend muß sehr gut gespült werden, um einen Abbau durch Hydrolyse zu verhindern.

Immerhin haben die Polyamide die Eigenschaft, als Beimischung zu Wolle die Biegetüchtigkeit von Filzen usw. beachtlich zu erhöhen; der Beimischungshöhe ist eine Grenze gesetzt, die bei etwa 15—25% liegen dürfte. Ein Mindest-Polyamidanteil von 10% sollte jedoch nicht unterschritten werden, um — wie praktische Versuche in größerem Umfange gezeigt haben — eine ins Gewicht fallende Erhöhung der Biegezahlen zu erreichen.

E. Untersuchungen.

Abgesehen von den üblichen, rein textilen Prüfungen der physikalischen Konstanten[2] wie Festigkeit, Dehnung, Schrumpfung und Querschnitt — um nur einige zu nennen — handelt es sich meist darum, den Gehalt von Mischgespinsten an Polyamiden und anderen textilen Rohstoffen zu ermitteln. Hierzu macht man von dem Verhalten der verschiedenen Faserarten gegenüber Lösungsmitteln bzw. deren Konzentrationen Gebrauch. So hat LUDEWIG[3] gefunden, daß sich Nylon in heißer, PERLON in kalter 4,2 n-Salzsäure löst. Die quantitative Zusammensetzung kann durch Hydrolyse mit Salzsäure und Wasserdampfdestillation des Diamins nach Zugabe von Alkali in vorgelegte Salzsäure bestimmt werden.

Beispielsweise wird nach A. MÜLLER (SVF, Basel, 6, 128ff., 1951) PERLON von 60%iger Ameisensäure bei 57° sofort gelöst, während Nylon zwar schrumpft, aber nicht gelöst wird.

CLASPER und HASLAM[4] hydrolisieren Nylon durch 20stündiges Kochen mit einer 7%igen Salzsäurelösung.

ZILL[5] hat eine Methode zur Bestimmung von Mischgespinsten verschiedener synthetischer Faserzusammensetzungen ausgearbeitet, die auf dem Verhalten gegenüber Lösungsmitteln beruht („Zillo-Test"); die Fasern werden in 7 Gruppen eingeteilt (Polyvinylchloride, Acetylcellulosen, Polyamide, Mischpolymere wie Dynel und Acrilan, PAN und Orlon, Dacron und Triacetatcellulosen). Für jede Gruppe wird ein ganz

---

[1] DP.-Anm. B 6325 vom 16. 6. 1942, BASF.
[2] SATLOW, G.: Melliand Textilber. **33**, 126ff. (1952) spezielle Prüfverfahren. — KOCH, P. A.: Bruchverdrehungswinkel. Text. Rdsch. **3**, 111—116 (1951).
[3] LUDEWIG: Faserforsch. u. Textiltechn. **3**, 354—356 (1952).
[4] CLASPER u. HASLAM: Analyst **74**, 224 (1949); **76**, 33—40 (1951). — Z. analyt. Chem. **131**, 470 (1950). Ref. MTB **33**, 100 (1952).
[5] ZILL: Melliand Textilber. **33**, 453—454 (1952).

bestimmtes Lösungsmittel bzw. -gemisch verwendet, das durch Zusatz eines hochchlorierten Alkohols die Lösefähigkeit erhöht.

ROBERTS und FISHER[1] schlagen einen systematischen Trennungsgang nach folgendem Behandlungsschema vor, das allgemein und leicht anwendbar ist unter Anwendung von

80% Aceton	= Acetat
100% Aceton	= Dynel
Natriumhypochlorit, 3,3% aktives Chlor	= Wolle
90—99% Ameisensäure	= Nylon
Konzentrierte Salzsäure	= Viskose (Reyon)
70% Schwefelsäure	= Baumwolle
Ammonium-Rhodanid	= Orlon (Polyacrylnitril)
40% Natronlauge	= Dacron (Glykol-Terephtalsäure)

H. W. WOLF[2] bestimmt die Zusammensetzung von Fasergemischen, bestehend aus Wolle, Nylon, Orlon und Dacron durch Behandlung mit Natriumhypochlorit zur Entfernung von Wolle, mit 40%iger Natronlauge zur Entfernung des Dacrons und mit konzentrierter Ameisensäure zur Entfernung von Nylon; als Rückstand verbleibt Orlon.

Mit der Identifizierung von Textilmaterialien beschäftigt sich eine längere Arbeit[3], in der auch die physikalischen Methoden wie Dichte, Querschnitte usw. enthalten sind.

Zur Unterscheidung der Synthesefasern unter sich und von anderen Fasern werden von ULRICH[4] Querschnittsbilder, Eigenfarbe, Brennproben, spezifisches Gewicht, trockene Destillation, Lumineszenz im filtrierten UV-Licht, Nachweis von Atomen bzw. Atomgruppen (Chlor, Stickstoff usw.), Verseifung, Farbreaktion herangezogen; Nylon und PERLON werden bestimmt durch ihr Verhalten gegen Ameisensäure bei verschiedenen Konzentrationen bzw. Temperaturen.

In den Faserstoff-Tabellen hat P. A. KOCH sämtliche Methoden zur Erkennung und Unterscheidung der verschiedenen Arten von chemischen Faserstoffen in übersichtlicher Weise zusammengestellt. Textil-Rundschau St. Gallen, 1951, S. 273—277.

FORD und ROFF[5] zieht zur Untersuchung synthetischer Fasern ihre Thermoplastizität (Mikrobrenner), die Beilsteinprobe (Kupferdraht) und die Bestimmung des Stickstoffgehaltes heran. Die Unterteilung geschieht in mehreren Gruppen, von denen einige angeführt seien.

1. Celluloseacetat, Polystyrol, Polyäthylen, Polyvinylalkohol, Polyäthylenglykolterephtalat, Glas;

2. Polyvinylchlorid, Polyvinylidenchlorid;

3. Polyacrylnitril, Polyamide, Polyurethan;

4. Mischpolymerisate aus Vinylchlorid und Polyacrylnitril.

Nähere Einzelheiten sind aus den Originalarbeiten zu ersehen.

---

[1] ROBERTS u. FISHER: Text. Res. J. **33**, 509—512 (1952).

[2] WOLF, H. W.: Amer. Dyestuff Reporter **40**, 9, P 273 (1951). — BENNETT, R. D.: Canad. Text. J. **66**, 11, 58—59 (1949).

[3] J. Textile Inst. **42**, 26—110 (1951) (Standardisation).

[4] ULRICH: Textil-Praxis **7**, 150—154, 211—215 (1952).

[5] FORD u. ROFF: Dyer, Text. Printer, Bleacher, Finisher **107**, 211 (1952). Ref. Melliand Textilber. **33**, 1065 (1952).

Über die papyrographische Bestimmung von Adipinsäure berichtet BROWN[1]; während n-Butanol, gesättigt 21,5 n-Ammoniak keine guten Resultate zeitigte, brachte die Verwendung eines besser geeigneten Lösungsmittels in Form von 90 Teilen Alkohol, 5 Teilen 1,5 n-Ammoniak und 5 Teile Wasser eine deutliche Verbesserung.

Weiterhin sei noch auf die photoelektrische Prüfungsmethode hingewiesen, über die DE HAUSS[2] berichtet, indem man die Spektralkurven der eigentlichen Fasern mit denjenigen in Mischungen vergleicht, wodurch es möglich ist, den Prozentgehalt zu ermitteln. Man geht so vor, daß man die Faserproben mit einem bestimmten Reagens färbt und die Spektralkurven mit einem Photokolorimeter ermittelt. Das hierfür verwendete DREAPER-Reagens besteht aus einer Mischung von 50 cm³ Bleiacetat (4 g/Liter), 30 cm³ Natronlauge (Ätznatron 6,6 g/Liter) und 2 g in etwas Alkohol gelöster Pikrinsäure, die schließlich auf 100 cm³ aufgefüllt wird.

Das vorerwähnte Reagens erteilt den einzelnen Textilrohstoffen folgende Färbungen:

Naturseide . . .	gelb	Wolle	schwarz
Nylon.	rosa	Cellulosefasern . .	ungefärbt
PERLON	rosa		

Mlle JAFFLIN[3] nimmt die Trennung von Naturseide und Nylon mit Kupferäthylendiamin vor, welches die Naturseide löst. A. N. J. HEYN identifiziert u. a. Fasern an Hand von 49 Röntgendiagrammen[4].

F. Färben.
a) Allgemeines.

Der im ersten Teil dieses Buches gezeigte Aufbau der Makromoleküle läßt deutlich eine Verwandtschaft zu den Eiweißverbindungen erkennen, insbesondere findet man eine unverkennbare Analogie zu der Naturseide. Wolle unterscheidet sich im wesentlichen außer den Seitenketten durch die Schwefelbrücken, die den Polyamiden völlig fehlen. Jedoch sind es nicht diese Unterschiede allein, welche zu einem differierenden Verhalten in färberischer Beziehung führen. Man weiß heute, daß eine gewisse Bedeutung den amorphen Bereichen der Polyamidfasern als Farbstoffträger zukommt. Je höher demgemäß der Verstreckungsgrad gewählt wird[5], um so geringer wird die Farbstoffaufnahme sein, worauf es letzlich auch zurückzuführen ist, daß sich die Polyamidstapelfasern leichter färben lassen als die endlosen Fäden, da diese zum Teil nur die Hälfte der Dehnung der Stapelfasern besitzen. Bei hochverstreckten Polyamidseiden, wie sie beispielsweise im Cordmaterial vorliegen, kann demgemäß nur eine geringe Farbstoffaffinität erwartet werden; praktisch hängt also ein Teil der Anfärbbarkeit vom Orientierungsgrad und

---

[1] BROWN: Nature (Lond.) **166**, 66 (1950); **167**, 441 (1951). Polyamid- und Polyurethan-Papyrographie. — ZAHN, H. WOLF u. WOLLEMANN: Melliand Textilber. **32**, 317, 927 (1951).

[2] HAUSS, DE: Reyon, Zellwolle u. a. Chemiefasern **30**, 22, 248 (1952).

[3] Mlle JAFFLIN: Bull. Inst. France **13**, 19 (1949). Ref. Text. Rdsch. **5**, 252 (1950).

[4] Rayon a. Synth. Text. **31**, 9, 39—43; 10, 42—46 (1950).

[5] MUNDEN u. PALMER: J. Textile Inst. **41**, 609 (1950).

anderen physikalischen Faserunterschieden[1] ab, denen die Polyamide unterworfen werden.

Ein weiterer Grund liegt gegebenenfalls vor in der prozentualen Verteilungskurve von lang-, mittel- und kurzkettigen Molekülen im Polymerisat. Es ist mit einer gewissen Wahrscheinlichkeit anzunehmen, daß diese Verteilungskurve, deren Ermittlung bisher eine zeitraubende Untersuchungsmethode erforderte, bei Nylon in einem engeren Bereich liegt als bei PERLON. Dieses könnte bedeuten, daß der färbbare Anteil im PERLON größer und damit eine bessere Affinität gegeben ist.

Die durch die Konstitution der Polyamide bedingte geringere Wasseraufnahmefähigkeit im Vergleich zu Wolle und Naturseide ist fernerhin eine der Ursachen, welche einer leichten Durchfärbung im Wege steht. Während bei diesen beiden Naturfasern die —CO- und —NH-Gruppen nur durch ein C-Atom getrennt sind, welches mit mehr oder minder ausgeprägten hydrophilen Gruppierungen besetzt ist, folgen diese beiden Gruppen in den Polyamiden erst in längeren Abständen aufeinander und zwar ohne Substitution von Wasserstoffatomen durch Gruppen, welche die Wasseraufnahme irgendwie begünstigen. Demgemäß resultiert auch eine im Vergleich zu sonstigen textilen Rohstoffen — abgesehen von ähnlich gebauten Produkten — recht geringe Quellfähigkeit, welche nur noch von den Fasern der Vinyl- bzw. aromatische Kerne enthaltenden Typen (Polyvinylchlorid, PAN, Orlon, Dacron/Terylene) übertroffen wird, die dann auch erwartungsgemäß ein gesteigertes negatives Farbstoffaufnahmevermögen besitzen. Versuche, auf chemischem Wege eine Verbesserung durch Änderung des Polyamidcharakters zu erzielen, sind bisher ohne Erfolg geblieben, sofern die Beibehaltung der sonstigen Eigenschaften gefordert wird.

Von Interesse ist in diesem Zusammenhang das AP. 2339237 (Du Pont, BRUBAKER) vom 11. 4. 1941, welches die Herstellung einer Spinnmasse aus 2 Komponenten behandelt, deren eine ein übliches Polymerisat ist, während die andere aus einem Polymerisationsprodukt besteht, das noch bis zu 20% mit Wasser extrahierbare Bestandteile enthält. Durch das Zusammenschmelzen der beiden Polymerisate resultiert ein

Tabelle 42.

Polyhexamethylen-Adipamid-Anteil	Polytriglykol-Adipamid-Anteil	Wasseraufnahme in %, gesättigt bei 25°	Gewichtsverlust bei Extraktion mit Wasser	Schmelzpunkt °C
100	0	9	0	247
99,5	0,5	9,1	0	247
99	1	9,1	0,1	246
98	2	9,9	0	245
96	4	10,1	0,5	244
92	8	10,7	0,6	242
80	20	13,7	1,2	244
65	35	21,1	2,2	242
50	50	38,6	4,5	240
0	100		100,0	160

[1] THOMAS u. FARIS: Amer. Dyestuff Reporter **37**, 1, P 21—29 (1948).

Produkt, dessen Farbstoff-Aufnahmevermögen je nach Art der Komponente und Farbstoffklasse zum Teil um das 2—7fache gesteigert wird. Die wesentlich größere Hydrophilie derartiger Produkte, zusammengestellt aus den dem Patent entnommenen Angaben (Tabelle 42), dürfte begünstigend im Sinne einer höheren Farbstoffaffinität wirken.

Auf die weiteren Eigenschaften von Fäden und textilen Erzeugnissen aus diesen Produkten, wie z.B. wesentlich erhöhte Schrumpfung und Knitter-Erholung sei nicht näher an dieser Stelle eingegangen.

Analogiefälle aus anderen Gebieten lassen weiter den Schluß zu, daß die Zahl der Methylengruppen nicht ohne Einfluß auf das Aufnahmevermögen ist. Wenn auch beim Nylon- wie beim PERLON-Typ deren Summe in jedem Bauglied 10 beträgt, so kann die Verteilung als solche $(6+4$ bzw. $5+5)$ vielleicht doch die Affinität beeinflussen, wenngleich es sich dabei nur um eine graduelle Wirkung handeln wird.

Aus der Erkenntnis, daß sich hochverstreckte Fäden wesentlich schlechter anfärben, zog man dann den Schluß, durch Quellung oder partielle Desorientierung die Farbstoffaffinität zu erhöhen, sei es durch Einwirkung von schwach lösend wirkenden Säuren oder aromatischen Oxyverbindungen. Vor ähnliche Probleme, wie sie bei der textilen Verarbeitung der Polyamide auftraten, sahen sich daher auch die Färber gestellt, als dieser damals neue textile Rohstoff auf dem Markte erschien. Der Umstand, daß Nylon und PERLON von 2 Unternehmen hergestellt wurden, die zugleich Farbstoffhersteller waren und somit über umfassende Forschungs-, Prüf- und anwendungstechnische Einrichtungen verfügten, erleichterte damals den Färbereien ihre Arbeit insofern, daß bereits beim Erscheinen der Polyamidfasern auf dem Markt den Färbern gut ausgearbeitete Rezepturen zur Verfügung gestellt werden konnten, wie sie dem damaligen Stand entsprachen. So wurden denn während des Krieges, wenig beachtet von der Umwelt, beachtliche wissenschaftliche Arbeiten auf diesem Gebiet geleistet, deren Ergebnisse erst später zutage traten. Selbstverständlich blieben diese Arbeiten nicht nur auf diese Firmen beschränkt, denn auch von der Seite der Färber wurden Erkenntnisse gesammelt, und da zwischen Färbern und Farbstoffherstellern von jeher ein enger Kontakt bestand, wirkten sich dieses Verhältnis auf die Gesamtbearbeitung des Gebietes günstig aus.

In der Zwischenzeit ist die Entwicklung auf dem Farbstoffgebiet nicht stehen geblieben und heute stehen Farbstoffe zur Verfügung, die gut egalisierende Eigenschaften besitzen wie z.B. die von der früheren I.G. Farbenindustrie in Ludwigshafen in mehrjähriger Arbeit entwickelten Vialonechtfarbstoffe, denen sich ähnliche Typen an anderen Herstellungsstätten anschlossen (z.B. Capracyl/Du Pont).

b) Vorbedingungen für den Färbeprozeß.

Abgesehen von der Forderung einer permanenten Gleichmäßigkeit, die an das Rohmaterial wie z.B. endlose Fäden, Fasern usw. gestellt werden müssen, kommt es im wesentlichen darauf an, daß bei der vorhergehenden Verarbeitung zu Garnen, Geweben und Gewirken das

Material nicht irgendwie geschädigt wird, sei es im eigentlichen textil-technologischen Sinne wie beispielsweise durch unterschiedliche oder zu starke Faden- bzw. Garnspannungen — worauf bereits a. a. O. hinge-wiesen wurde —, oder auch in Form von Verschmutzungen durch Öl oder andere Faktoren. Die früher zahlreichen Anfragen nach geeigneten Entfernungsmitteln, Stellungnahmen hierzu und Veröffentlichungen[1], denen man in der Fachliteratur und auf Fachversammlungen begegnete, lassen deutlich erkennen, daß diese Materie der ausrüstenden Industrie erhebliche Sorge bereitet haben muß. Auch hier lautet das oberste Gebot, daß bei der textilen Verarbeitung die gleiche Sorgfalt und Sauber-keit herrschen muß wie bei der Faserherstellung. Ist eine derartige Ware erst einmal durch den Fixierungsprozeß hindurchgegangen, dann gibt es kaum noch einen Weg, den Schaden zu beheben; der Färber steht vor einer praktisch unlösbaren Aufgabe, die nicht in seinen Bereich fällt.

c) Saure Wollfarbstoffe.

Die nächstliegenden Farbstoffe, denen man sich auf Grund des an-genähert ähnlichen, proteinartigen chemischen Aufbaues der Polyamide mit der Naturseide und der Wolle zuwandte, waren naturgemäß saure Wollfarbstoffe. Es stellte sich jedoch bald heraus, daß die Verhältnisse nicht ohne weiteres auf die Polyamide zu übertragen waren. Augenfällig war sofort, daß die Farbtiefe in sehr vielen Fällen an die der Wolle nicht heranreichte. Im Verlauf weiterer, mit dieser Erscheinung zusammen-hängenden Beobachtungen und systematisch durchgeführten Unter-suchungen ergab sich die überraschende Feststellung, daß bestimmte Farbstoffe dieser Gruppe in der Lage sind, andere gleichsam zu „ver-drängen".

Über diese, während des Krieges durchgeführten Arbeiten berichtete ANACKER[2] (Verhalten von Perlon zu sauren Farbstoffen). Das unter anderem in dieser Veröffentlichung angeführte Beispiel des Verhaltens von Anthralangelb G + Anthralanblau G mit dem Resultat, daß das auf PERLON gut egalisierend wirkende Gelb bei verstärkter Zugabe des Blau nicht zu einem tieferen Grün, sondern schließlich zu dem Blauton selber führt, legt diese Verhältnisse sehr instruktiv dar, die noch weiter an dem Beispiel von Alizarinsaphirol B und Echtrot AV dokumentiert werden: Aus einem mit Alizarinsaphirol B gefärbten PERLON-Strang wird bei der Überfärbung mit Echtrot AV das Blau restlos verdrängt, und im Nachzug mit Wolle stellte man fest, daß sich das gesamte Blau auf der Wolle befindet; Mischungen beider Farbstoffe ergeben das gleiche Verhalten.

Diese grundlegenden Beobachtungen und andere Untersuchungen lösten verständlicherweise ein erhebliches Interesse aus, das zu zahl-reichen Arbeiten auf diesem Gebiet geführt hat. Daß Mono- im Vergleich zu Disulfosäuren stärker aufziehen, daß jedoch andererseits das Verhalten keine Funktion der Zahl der Sulfogruppen zu sein braucht, wird von

---

[1] BRENNECKE u. a.: Melliand Textilber. **33**, 946—950 (1952).
[2] ANACKER: Melliand Textilber. **29**, 348 ff. (1948).

ANACKER betont und der Hinweis ausgesprochen, daß einmal die Molekülgröße und zum anderen der Dissoziations- bzw. Hydrolysationsgrad der salzartigen Verbindung zwischen der Farbsäure und der sekundären Aminogruppe des Polyamidmoleküls bei der Beurteilung derartiger nicht zu erwartender Erscheinungen in Rechnung zu stellen sind.

Die von der Wolle abweichende Farbtiefe kann unter anderem bedingt sein durch den nicht so stark ausgeprägten amphoteren Charakter der Polyamide wie derjenige der Wolle und durch das niedrigere Säureäquivalent der Polyamide, das man z. B. mit n/10-Schwefelsäure bei einem Flottenverhältnis von 1:50 bestimmen kann; das Säurebindungsvermögen von Nylon bzw. PERLON beträgt nur 5 bzw. 10% desjenigen der Wolle, woraus sich ein Teil des Verhaltens erklären läßt, ebenso wie der Umstand, daß sich PERLON günstiger als Nylon gegenüber sauren Wollfarbstoffen verhält. Nach R. H. PETERS[1] hängen die färberischen Eigenschaften, insbesondere bei Verwendung von anionischen Farbstoffen, von der Zahl der Amino-Endgruppen ab.

Auf diese Erscheinungen wurde in Deutschland in einer Reihe von Publikationen, insbesondere ELÖD[2], eingegangen, die in den Fachkreisen auf großes Interesse gestoßen sind, zumal sich die Arbeiten auf eine breite Basis gründen und einen guten Einblick auf manche bisher ungelösten Fragen vermitteln.

Hingewiesen sei noch auf ein Verfahren von SHARKEY[3], nach welchem die Farbstoffe zur Erzielung gleichmäßiger Färbungen nur in sehr niedrigen Konzentrationen (max. 0,005%) zur Anwendung kommen und laufend in kleinen Mengen bis zur gewünschten Farbtiefe nachgesetzt werden.

d) Dispersionsfarbstoffe.

Die Entwicklung auf dem Polyamidgebiet führte bekanntlich vom endlosen Faden zu den Stapelfasern. Die ersten Anwendungen — Borsten außer Betracht gelassen — erstreckten sich auf das Strumpfgebiet. Gut egalisierende Farbstoffe waren notwendig; die damals noch in den Kinderschuhen steckende Fadenherstellungs- und Verarbeitungstechnik kannte noch nicht die bis ins kleinste gehende Feinheiten, so daß sämtliche am Rohmaterial nicht erkennbaren Fehler am gefärbten Material sehr deutlich in Erscheinung traten. Von der Acetatseide her kannte man bereits das gute Egalisiervermögen der Dispersionsfarbstoffe, das sie auch bei den Polyamiden zeigten, weshalb sie in Färberkreisen im Zusammenhang mit der einfachen Färbeweise zu einer gern verarbeiteten Farbstoffklasse geworden sind.

---

[1] J. Soc. Dyers Col. **61**, 95ff. (1945).

[2] ELÖD u. SCHACHOWSKOY: Melliand Textilber. **23**, 437 (1942); **29**, 179ff., 335ff., 759ff. (1950). — MACGREW u. K. SCHNEIDER: J. Amer. Chem. Soc. **72**, 6, 2547ff. (1950). — Du Pont, SHARKEY: AP. 2499787, 4. 3. 1946/7. 3. 1950, Am. Dyest. Rep. **39**, 12, 389 (1950). Ref. Melliand Textilber. **1951**, 413.

[3] AP. 2499782 (Du Pont). — Dyer, Text. Printer **105**, 3, 185, 187, 188 (1951).

Im Gegensatz zu den sauren Wollfarbstoffen besitzen die Dispersionsfarbstoffe keinerlei Gruppen, die sie zu einer Salzbildung bei den Polyamiden befähigen. Die Färbung kann also nur dadurch zustande kommen, daß vermutlich die amorphen Bereiche das bevorzugte Gebiet der Einlagerung darstellen, d. h. gegebenenfalls über Restvalenzen der nicht orientierten Teile. Die geringere Licht- und Naßechtheit der Färbungen von Dispersionsfarbstoffen auf den Polyamiden spricht für das Vorhandensein keiner starken Bindungskräfte und keiner echten chemischen Bindungen, womit andererseits wieder das gute Egalisierungsvermögen erklärt werden kann. Für diese Annahme spricht fernerhin das Verhalten, streifig herausgekommener Ware durch längere Einwirkung des Färbebades noch zufriedenstellend egalisieren zu können. Der Farbstoff kann demgemäß nur in einer „labilen" Form mit dem Polyamidmolekül in Verbindung stehen, die einen gegenseitigen Ausgleich nach Erzielung eines gewissen Sättigungsgrades an einer Stelle bzw. Abgabe an noch nicht ausreichend beladene Gruppierungen möglich macht. Die Verhältnisse sind jedoch keineswegs als geklärt zu bezeichnen; als feststehend zu betrachten ist, daß

1. die Polyamide in vielen Fällen eine geringere Affinität zu den Dispersionsfarbstoffen als Acetatseide zeigen,

2. die Naßechtheit nicht sehr hoch ist, jedoch bei richtiger Auswahl für die in Frage kommenden textilen Erzeugnisse ausreicht.

Um Mißerfolge zu vermeiden, sind die Farbstoffhersteller in manchen Fällen dazu übergegangen, die für die Polyamidfärberei geeigneten Farbstoffe dieser Klasse unter besonderen Bezeichnungen auf den Markt zu bringen.

Der Vollständigkeit halber sei auf die Untersuchungen von VICKERSTAFF[1] hingewiesen; während man bisher glaubte, daß Acetatseide als Lösungsmittel für die Dispersionsfarbstoffe wirkt, machen es die Ergebnisse der Arbeiten des vorgenannten Autors sehr wahrscheinlich, daß diese Annahme nicht mehr zutrifft und an ihrerStelle kolloidchemische Faktoren in den Vordergrund der Überlegungen zu stellen sind (Adsorption und/bzw. Diffusion).

e) Küpenfarbstoffe.

Die ausgezeichneten Resultate mit dieser Klasse, die mit Fasern auf Cellulose- und Wollbasis vorliegen, konnten in diesem Umfange nicht bei den Polyamiden erzielt werden. Einer der Gründe wird vermutlich mit dem geringen Quellungsvermögen der Polyamide in Zusammenhang stehen, das dem Ablauf der verschiedenen chemischen Vorgänge während des Färbeprozesses im Wege stehen dürfte. Die Notwendigkeit der Anwendung höherer Temperaturen läßt sich zum Teil dadurch erklären, daß erst bei diesen Bedingungen der Reaktionsmechanismus ablaufen kann bzw. die Geschwindigkeiten erreicht werden, die bei Cellulose und Wolle bereits bei niedrigeren Wärmebereichen vor sich gehen können. Da neben der größeren Hydrophilie der beiden natürlichen Fasern auch

---

[1] VICKERSTAFF: The Physical Chemistry of Dyeing. London: Oliver & Boyd 1950.

ihre Packungsdichte als nicht so hoch anzunehmen ist wie die der meist stark orientierten Polyamide, stehen den oxydativen Vorgängen bei Cellulose und Wolle geringere Hindernisse im Wege.

Als weiteres Moment soll der p_H-Wert nicht außer Betracht gelassen werden[1]. Es ist bekannt, daß die Polyamide eine wesentlich größere Resistenz gegen alkalische Medien besitzen als gegen Säuren, mit denen sie beispielsweise in Form der Wollfarbstoffe zu salzähnlichen Verbindungen zusammentreten können. Die Küpenfarbstoffe werden jedoch meist in alkalischer Lösung bzw. Dispersion über ihre durch alkalische Reduktionsmittel erhaltenen Leukoverbindungen zur Umsetzung gebracht. Der annähernd neutrale Charakter der Cellulosefasern bzw. das amphotere Verhalten von Wolle und Naturseide wird einer alkalischen Behandlung — schon von der Quellungsseite her — weniger Widerstand entgegensetzen. Die ausgesprochene Neigung von Cellulose, in alkalischen Medien zu quellen, die bei Temperaturen von etwa $-10°$ C sogar zu einer, wenn auch geringen, Lösbarkeit führt, kommt naturgemäß einem Färbevorgang, der unter alkalischen Bedingungen abläuft, entgegen. Die dadurch hervorgerufene Lockerung des Gefüges unterstützt ebenso ein leichteres Eindringen der Leukoverbindung wie eine während oder nach dem Oxydationsvorgang mögliche Agglomeration der vermutlich durch adsorptive Kräfte fixierten Farbstoffpartikelchen. Da dieses Quellvermögen in der für Cellulose bzw. für natürliche Proteinfasern zutreffenden Form den Polyamiden abgeht, kann mit einiger Wahrscheinlichkeit angenommen werden, daß hierin eine der Ursachen für die beobachteten Abweichungen vorliegt. Hierfür spricht auch das Verhalten von mit Küpenfarbstoffen gefärbten Polyamiden bei nachträglicher Behandlung, die eine quellende Wirkung auf Polyamide ausüben: z.B. Einwirken von gespanntem Dampf oder phenolhaltigen Bädern. Sobald nämlich bei den Polyamiden der durch eine Quellung hervorgerufene Effekt der Gefügelockerung eingetreten und die Beweglichkeit der Farbstoffpartikel ermöglicht ist, findet ein ähnlicher Vorgang wie bei Cellulose usw. statt, zum Ausdruck kommend in einer verbesserten Lichtechtheit[2].

Mit Arbeiten über Küpenfärbungen hat sich in Deutschland besonders J. MÜLLER befaßt[3], die in einer Reihe von Publikationen niedergelegt wurden; Vordämpfen der Ware erhöht die Affinität, vermutlich eine Auflockerung bewirkend, die das Quellvermögen erhöht. Polyurethanfasern zeigen nach seinen Untersuchungen über Polyamidfasern bezüglich des Verhaltens gegen Küpenfarbstoffe ein etwas ungünstigeres Bild; dies würde parallel gehen mit dem niedrigeren Wasseraufnahme- bzw. Quellvermögen[4].

---

[1] NIEDERHAUSER: Textil-Rdsch. **4**, 400ff. (1949), Abhängigkeit der Färbungen von Polyamiden vom p_H-Wert. — AP. 2541839.

[2] SPEISER: Am. Dyest. Rep. **41**, 349—350 (1952), Indigosole.

[3] MÜLLER, J.: Melliand Textilber. **30**, 106—110, 147—152, 199—201 (1949); **31**, 564—569 (1950).

[4] ELÖD u. FRÖHLICH: Melliand Textilber. **31**, 759ff. (1950), (positiver Einfluß des Dampfes). — W. G. PARKS: Am. Dyest. Rep. **40**, 14—29 (1951).

Inwieweit dem von verschiedenen Seiten angenommenen reduzierenden Einfluß der Polyamide auf die Küpenfarbstoffe Bedeutung zukommt, kann mit absoluter Sicherheit heute noch nicht definitiv entschieden werden; systematische Untersuchungen erweisen sich als notwendig; vermutlich wird nicht *ein* Grund allein verantwortlich zu machen sein.

Bei den hohen Temperaturen, welche beim Färben der Polyamidfasern mit Küpenfarbstoffen eingehalten werden müssen, können bei manchen Farbstoffen, besonders bei einigen Blaumarken, die bekannten Erscheinungen der „Überreduktion" auftreten. Derartige Störungen lassen sich leicht durch Mitverwendung von Natriumnitrit im Färbebad[1] vermeiden.

Die angedeuteten Abweichungen zwingen auch bei den Küpenfarbstoffen zu einer Auswahl geeigneter Marken; mit diesen lassen sich jedoch Färbungen mit hohen Echtheiten und guter Egalität herstellen. Daher werden von den Farbstoffherstellern auch für diese Klasse Spezialsortimente empfohlen, in denen meist Färbetemperaturen über 80° genannt werden mit gegebenenfalls notwendigen Hinweisen bezüglich besonders zu beachtender Färbevorschriften[2]. Bestimmte Indanthrenfarbstoffe haben sich in vielen Fällen als brauchbar erwiesen, selbst bei großen Chargen nach dem Packsystem, wenngleich es trotz Vorliegens vieler Echtheiten nicht möglich war, den mit ihnen gefärbten Polyamidfasererzeugnissen das bekannte Indanthrenzeichen zuzuerkennen, weil die Prüfungen, ob sie den dafür geltenden Vorschriften in allen Eigenschaften genügen, noch nicht abgeschlossen sind.

f) Chromfarbstoffe.

Die Bedeutung dieser Klasse ist für Polyamidfasern im Steigen begriffen im Hinblick auf ihre Echtheitseigenschaften (Licht, Wärme) und die Fähigkeit, Mischgarn aus Wolle und Polyamidfasern gut herauszubringen[3]. Da die Färbungen bei einem p_H unter 7 durchgeführt werden und die Polyamide in diesem Gebiet färberisch günstig ansprechbar sind, war neben der Metallkomplex-bildenden Fähigkeit und anderen Faktoren zu erwarten, daß diese Klasse sich vorteilhaft einsetzen lassen würde.

Nachchromier- und Metachromfarbstoffe erfordern zur Vermeidung von möglichen Faserschädigungen, unter anderem hervorgerufen durch nicht umgesetztes Bichromat, eine Nachbehandlung mit reduzierend wirkenden Agenzien wie Thiosulfaten u. a. Bei Beachtung der Arbeitsvorschriften treten keine auf oxydativer Basis beruhende Depolymerisationserscheinungen auf.

[1] MECCO, I. M.: Am. Cyanamid, AP. 2548545 vom 30. 11. 1949/10. 4. 1951.

[2] CARTER, NEAL u. WESTMORELAND: Am. Dyest. Rep. **39**, P 773—776 (1950), Tannin-Behandlung. — WEIDMAN: Ibid. **40**, 416—421 (1951), Standfast-Verfahren.

[3] HADFIELD u. SHARNEY: J. Soc. Dyers Col. **64**, 12, 381—386 (1948), Ref. Textil-Praxis **4**, 246 (1949). — HALL, A. J.: Text. Merc. Argus. 78—79, März (1949). — DOUGLAS, G. T.: Can. Text. J. **67**, 47—51 (1951). — FLUSS: Textil-Praxis **7**, 534 (1952).

Am günstigsten scheinen sich Chromkomplexfarbstoffe zu verhalten, die sich in der Mehrzahl ihrer Vertreter durch einfache Anwendung, gutes Egalisierungsvermögen, sehr gute Licht- und Naßechtheiten auszeichnen. Dem Färber sind sie unter dem Namen Neolan- und Palatinechtfarbstoffe[1] bekannt, die auch ein betriebssicheres Ton-in-Ton-Färben bei Mischgespinsten auf Basis Wolle/Polyamidfasern erlauben. Es ist damit zu rechnen, daß sich die Anwendung dieser Farbstoffe in dem Maße steigert wie sich die Echtheitsansprüche an gefärbte Polyamidfasern erhöhen werden.

g) Substantive (Direkt-) Farbstoffe.

Diese Klasse hat bisher nicht die überragende Bedeutung erlangt[2], die sie auf dem Gebiet der Cellulosefasern besitzt, obgleich die Mischgespinste mit Polyamiden einen starken Anreiz für ihre Verwendung bieten sollten. Ihr Egalisiervermögen auf den Polyamiden ist nicht besonders stark ausgeprägt und wird bereits von den sauren Wollfarbstoffen übertroffen. Auch hier ist der p_H-Wert der Flotte allein ausschlaggebend für das Egalisieren; im allgemeinen wird mit Bädern mit einem p_H nahe bei 7 gearbeitet. Jedoch läßt sich selbst in diesem Gebiet keine Einheitlichkeit des Verhaltens erkennen, so daß eigentlich nur gewisse Farbnuancen herangezogen werden, die sich unter bestimmten Bedingungen auch zur Färbung von Cellulose-Polyamidfasermischungen verwenden lassen. Man zieht es jedoch aus Gründen der größeren Sicherheit des Färbeverfahrens häufig vor, derartige Mischgespinste mit Mischungen aus Dispersions- und substantiven Farbstoffen zu färben. Hierfür verwendet man solche substantiven Farbstoffe, welche die Polyamidfaser in Gegenwart bestimmter reservierend wirkender Hilfsmittel überhaupt nicht oder nur schwach anfärben. Dadurch kann ein Ton-in-Ton-Färben der beiden Faserarten im gleichen, neutral oder schwach alkalisch eingestellten Färbebad erreicht werden und die große Unsicherheit bei Verwendung der für Polyamide geeigneten substantiven Farbstoffe vermieden werden, die darin besteht, daß diese Farbstoffe bei Temperaturen zwischen 90 und 100° eine starke Abhängigkeit des Aufziehvermögens von der Temperatur aufweisen, die ein gutes Ton-in-Ton-Färben erschwert.

Kurz hingewiesen sei noch auf dichromatische Erscheinungen, die in stärkerem Ausmaß beobachtet werden können.

h) Naphthol- und Schwefelfarbstoffe.

Beide Farbstofftypen sind bisher nur wenig verwendet worden, insbesondere Schwefelfarbstoffe; sie müssen bekanntlich aus sehr hoch konzentrierten und daher stark alkalischen Farbflotten gefärbt werden,

---

[1] ANACKER: Melliand Textilber. **30**, 256ff. (1949). — AP. 2520106; BP. 631073.

[2] BOULTON, J.: J. Soc. Dyers Col. **62**, 65—84 (1946). — DOUGLAS, G. T.: J. Soc. Dyers Col. **67**, 133 (1951). — WHITTAKER, C. M.: Ibid. **67**, 307 (1951). "This only followed what is obvious with all the new synthetic fibres, that they must first be swollen to take up some classes of dyes in reasonable quantities." — WHITTAKER u. WILCOCK: BP. 547844. — FISHER u. WHEATLY: BP. 655276.

welche bei den Polyamidfasern in färberischer Hinsicht nicht die gleiche
Wirkung besitzen wie bei anderen Fasern. Inwieweit die Farbstoffe der
Naphtholreihe zu größerer Bedeutung kommen werden, läßt sich heute
noch nicht voraussehen. Vielleicht gelingt es, auf anderen Wegen, durch
neue oder geeignete Modifizierungen der bisherigen Färbeverfahren die
Verwendungsmöglichkeiten zu verbreitern.

i) Vialonechtfarbstoffe.

Aus chronologischen Gründen sei auf diese neue Gruppe als letzte
eingegangen; sie kam im Laufe des Jahres 1951 auf den Markt. Aus
ihrer Vorgeschichte sei lediglich des allgemeinen Interesses wegen kurz
erwähnt, daß die Entwicklung dieser Farbstoffe mit den bei dem Auf-
kommen der Polyamidfasern zu überwindenden färberischen Schwierigkeiten mit den bisherigen Farbstoffen in Zusammenhang steht. Die bei
der BASF vorgenommenen Arbeiten, für diese neuen textilen Rohstoffe
eine Farbstoffreihe zu entwickeln, welche auf das spezielle färberische
Verhalten der Polyamide abgestimmt war, führten nach sich über Jahre
erstreckenden Untersuchungen zu den Vialonechtfarbstoffen, welche erstmalig eine ganze Reihe von Einzelvorzügen der bisherigen Farbstoffklassen bei betriebssicherer und leicht durchzuführender Färbetechnik
in sich vereinigten. Es war überraschend, daß es gelang, all die vielseitigen Anforderungen, die in den verschiedensten Beziehungen an
einen derartigen, beinahe universellen Charakter aufweisenden Farbstoff
gestellt werden, schließlich weitgehend zu erfüllen.

Ausgehend von dem guten Egalisiervermögen der Dispersionsfarbstoffe als Basis eines derartigen Farbstoffes, suchte man nach einem
Farbstoff, der die ausgezeichneten Echtheitseigenschaften der chromhaltigen Farbstoffe mit dem sehr guten Aufziehvermögen der Dispersionsfarbstoffe verband.

Sie liegen heute vor als metallhaltige, zum Teil schwer-wasserlösliche
Verbindungen vom Typ der Acetatfarbstoffe, der entsprechend den
zu erzielenden Effekten modifiziert worden ist. Das ursprünglich nicht
voll befriedigende Egalisiervermögen konnte durch die Auffindung eines
Färbereihilfsmittels (Uniperol PN der BASF) so gesteigert werden, daß
das Egalisierungsvermögen den Farbstoffen für Acetatreyon in nichts
nachsteht und bei einigen Farbstoffen dieser neuen Klasse so weit geht,
daß sich bereits gefärbte Polyamidseide trotz der sehr guten Naßechtheiten dieser Färbungen mit ungefärbtem Material in einer wäßrigen
Lösung von Uniperol PN fast gänzlich ausgleicht. Der derzeitige Stand
dieser neuen Farbstoffe läßt sich durch ihre breite Anwendbarkeit bei
sehr guten bis ausgezeichneten Echtheitseigenschaften definieren; sie
sprechen fast ausschließlich auf die Polyamide an. Wolle nimmt sie
gleichfalls auf, doch erscheinen die bisherigen Erfahrungen — vor allem
hinsichtlich der Erzielung egaler Färbungen auch bei Kombinationen —
noch nicht genügend ausreichend, um diese Farbstoffe für Wollfärbungen
jetzt schon empfehlen zu können.

Es ist auch nicht zu erwarten, daß ein auf eine Sondergruppe von
Textilfasern abgestimmter Farbstoff das gleiche Verhalten gegenüber

anderen Textilrohstoffen mit von ihm abweichenden chemischen oder morphologischen Merkmalen zeigt. Die bisher erzielten Ergebnisse in der Färbereipraxis lassen die Möglichkeit eines breiteren Anwendungsbereiches für textile Erzeugnisse auf Polyamidbasis usw. als nicht ausgeschlossen erscheinen, da auch die Resistenz der Vialonechtfarbstoffe gegen die erhebliche Hitzeeinwirkung während des Fixierungsprozesses bemerkenswert hoch ist.

j) Färbung von Strümpfen.

Einen breiten Raum in den Veröffentlichungen nimmt das Färben[1] von Strümpfen ein; sie waren die ersten textilen Erzeugnisse, bei denen die endlosen Polyamidfäden in größerem Umfang Verwendung fanden. An ihnen lernte man unfreiwillig die Schrumpftendenz der Polyamide während des Färbevorganges kennen, so daß man zunächst gezwungen war, die Strümpfe um etwa eine Nummer größer zu wirken als die gewünschte Endgröße. Die bevorzugten Farbstoffe sind die gut egalisierenden Dispersionsfarbstoffe. Die Neigung zur Zugstellenbildung (snags) macht eine besonders sorgfältige Behandlung während der Färbung notwendig. Man ist deshalb mehr und mehr dazu übergegangen, den Färbevorgang tunlichst unter Ausschluß mechanischer Einflüsse vorzunehmen, wozu die Industrie entsprechende apparative Einrichtungen entwickelt hat[2].

Die Vorfixierung bei Temperaturen, die um etwa 20° höher als die der Färbung liegen, hat sich bisher als sicherste Methode bewiesen, um eine Deformierung der Strümpfe während des Färbens zu verhindern. Einen von dieser Methode abweichenden erfolgreichen Weg geht die British Schuster Ltd.[3], nach dem sämtliche während der vorhergehenden Herstellungsphasen eventuell eingetretenen Deformationen durch eine Plastifizierung (Nyloplast) bei höheren Temperaturen ausgeglichen werden können.

Praktisch liegen die Verhältnisse heute so, daß das Färben von Strümpfen auf Polyamidbasis sowohl von der färberischen wie auch von der apparativen Seite aus als gelöst angesehen werden kann.

k) Färbung von Mischgespinsten.

Mischgespinste bedeuten verständlicherweise für den Färber weitere Komplikationen, besonders beim Vorliegen von Melangen, die aus mehr als 2 Komponenten bestehen. Bei der Schilderung der einzelnen Farbstoffgruppen ist zum Teil auf die Eignung für die Färbung von Mischgespinsten hingewiesen worden. Die Zahl der Publikationen legt Zeugnis

---

[1] Koch jr., J.: Am. Dyest. Rep. **40**, 531—535 (1951), Vordämpfung, Ref. Textil-Praxis **7**, 167 (1952). — Schwinekoper: Mell. Masche 1952, 100. — Karafiat: Melliand Textilber. **33**, 314—317 (1952). — Turck, de: Text. World **99**, 12, 114 (1949). — Text. Rdsch. **5**, 166 (1950).

[2] Zum Beispiel Lint: Hängepacksystem Then, Melliand Textilber. **31**, 115, 273 (1950). — Burbridge: Brit. Rayon u. Silk **26**, 301, 60—62 (1949).

[3] BP. 651704, British Schuster Ltd., Heldmaier, vom 2. 11. 1949/7. 2. 1951; Burbridge: Brit. Rayon u. Silk **26**, 301, 60—62 (1949).

ab für die Bedeutung dieser Angelegenheit, von denen nur einige genannt seien[1]. Während auf dem Gebiet der Wolle/Polyamidkombination in vielen Fällen keine ausgesprochen unüberbrückbaren Schwierigkeiten vorliegen, können sich diese bei den Cellulose/Polyamidgespinsten nicht unwesentlich erhöhen, besonders dann, wenn es sich um eine Ton-in-Ton-Färbung handelt; die jeweilige Nuance und deren Tiefe ist ebenso bei der Färbung von Einfluß wie unter anderem der p_H-Wert, die Badtemperatur und die Aufziehgeschwindigkeiten der einzelnen Farbstoffe, die aufeinander abzustimmen sind. Es kommt noch hinzu, daß manche Farbstoffe auf der einen Komponente gute Echtheitseigenschaften aufweisen, dagegen bei der anderen nicht an das normale Maß heranreichen.

Sofern man nicht selber Versuche durchführen will, die allerdings meist sehr zeitraubend und unter Umständen kostspielig sind, empfiehlt es sich, auf die von den Farbstoffherstellern ausgearbeiteten Zusammenstellungen zurückzugreifen, in welchen die Erfahrungen der langjährigen Arbeiten gesammelt sind. Die Anforderungen an das gefärbte Material sind so mannigfaltig, daß eine Universalrezeptur von keiner Seite gegeben werden kann und jede Färbung für sich individuell behandelt werden muß.

l) Neuere Färbetechnik.

Interessant sind einige Arbeiten über Variationen des Färbeprozesses, die im wesentlichen verursacht bzw. befördert wurden durch das färberische Verhalten der Polyamide. So hat man vorgeschlagen, Färbungen in organischen Lösungsmitteln bei Temperaturen über 100° vorzunehmen[2]. Auch kann man durch eine geeignete Beschallung den Färbevorgang abkürzen[3]. Neue Färbetechniken sind in der Entwicklung begriffen[4], deren Bedeutung heute noch nicht abzusehen ist, die bei entsprechender Ausarbeitung dem heute üblichen Färbevorgang ein anderes Gepräge geben können.

Über diese Methoden berichtet eingehend G. EVANS[5] in einem Vortrag vor der Society of Dyers and Colourists; sie seien kurz angeführt:

1. Dämpferverfahren (ähnlicher Prozeß in Deutschland bekannt unter der Bezeichnung „Naßdampfverfahren"),

---

[1] HEES: Melliand Textilber. **31**, 496—501 (1950). — ENDER: Ibid. **32**, 780 bis 784 (1951). — NEUBERT: Ibid. **33**, 708—713 (1952). — BROWN: Text. J. **30**, P 166 (1939), Ref. Melliand Textilber. **20**, 670 (1939). — GRUNDY: J. Soc. Dyers. Col. **67**, 7—17 (1951). — HADFIELD: Dyer, Text. Printer **104**, 621 (1950), Ref. Melliand Textilber. **32**, 412 (1951). — LUTTRINGHAUS: Am. Dyest. Rep. **40**, P 436—438 (1951), Ref. Melliand Textilber. **33**, 180 (1952). — HUG: Am. Dyest. Rep. **38**, 61—62 (1949), Ref. Melliand Textilber. **30**, 608 (1949). — FRÜH: Rey. Synth. Chfs. **30**, 175—180 (1952) (Ton-in-Ton). — BLAU: Kunstseide u. Zellwolle **28**, 396—397 (1950). — WOJATSCHEK: Ibid. **27**, 291 (1949). — HAYNN: Textil-Praxis **6**, 66—71 (1952). — BLACK, R. P. S.: Can. Text. J. **1949**, 8, 44—46. — THUMMEL: S. V. F. **1950**, 58—59.

[2] DRP. 738763, Soc. Rhod. vom 20. 11. 1941/20. 7. 1943, franz. Priorität 28. 8. 1941.

[3] RATH, H.: Textil-Praxis **5**, 596 (1950).

[4] Mod. Text. Mag. **33**, 74, 112 (1952). — RATH, J.: Melliand Textilber. **33**, 1029—1032, 1107—1109 (1952).

[5] EVANS: J. Soc. Dyers Col. **67**, 631—635 (1951).

2. Standfast-Flüssigmetallverfahren[1],
3. Heißölverfahren[2],
4. Uxbridge-Hochtemperaturverfahren[3],
5. Thermosolverfahren[4].

Bezüglich der Wirkung des Ultraschalles auf den färberischen Vorgang kommt H. Rath und Merk[5] an Hand zahlreicher Beobachtungen zu der Schlußfolgerung, daß die Aufziehgeschwindigkeit in dem Frequenzbereich von 22—175 kHz unabhängig von der Frequenz ist, dagegen mit steigender Schallintensität erhöht wird. Eine allgemeinere Verwendung des Ultraschalles wird von den Autoren nur dann für möglich gehalten, wenn Schallgeräte auf den Markt kommen, die eine einfachere Bauart mit ausreichendem Wirkungsgrad verbinden, weil die jetzigen Hörschallgeräte keine genügende Leistung aufweisen.

m) Verschiedenes.

Die Reservierung von Polyamidfäden läßt sich mit den bekannten Katanolmarken O, ON, W und L durchführen, deren Vorzug es nach A. J. Hall ist, die Waschechtheit zu erhöhen, wenn bereits gefärbte Fasern mit ihnen behandelt werden[6].

Ein anderer Weg behandelt die Fasern usw. mit Natriumpyrophosphat, Tannin, Essigsäure, Brechweinstein und Zinnchlorür enthaltende Bäder[7] oder geht den bekannten Weg der schwefelhaltigen Phenole[8]. Das Prinzip all dieser Verbindungen beruht im wesentlichen darauf, daß sie schneller bzw. intensiver auf die Fasern aufziehen als Farbstoffe.

Die Erschwerung von Polyamidtextilien wird zwar sehr selten durchgeführt; die Behandlung erfolgt zunächst mit Quellmitteln, anschließend mit Zinnchloridlösung und Dinatriumphosphat[9].

Um die an und für sich gegenüber Fasern auf Cellulosegrundlage vorhandene geringe Brennbarkeit textiler Erzeugnisse auf Polyamidbasis noch weiter zu reduzieren, behandelt man sie mit Thioharnstoff und Formaldehyd[10]. Das Bedrucken kann mit einer Anzahl von Farbstoffen aus fast allen Klassen durchgeführt werden[11,12].

---

[1] Boardman: J. Soc. Dyers Col. **66**, 397—405 (1950). — Weidman: Am. Dyest. Rep. **40**, 416 (1951), Ref. Melliand Textilber. **33**, 179 (1952). — Nestelberger: Melliand Textilber. **32**, 955 (1951).

[2] Williams, S. H.: Am. Dyest. Rep. **40**, P 461—468 (1951).

[3] Roy: Ibid. **41**, P 35—38 (1952). — Drigvers, L.: Ibid. **41**, P 533—538 (1952).

[4] Du Pont: Techn. Bull. **5**, Nr. 2, 82, Juni 1949.

[5] Rath, H., u. Merk: Melliand Textilber. **33**, 211, 311, 859 (1952).

[6] Hall, A. J.: Text. Mercury Argus **123**, Nr. 3202, 255—258 (1950), Ref. Kunstseide u. Zellwolle **28**, 490 (1950), Schweiz. P. 283401; AP. 2533100, 2554881.

[7] Am. Dyest. Rep. **38**, 592 (1949).

[8] AP. 2533100, BP. 640421, FP. 964667 Sandoz, Flügel, Hemmi, Hofer und Mikula, Schweiz. Prior. v. 16. 4. 1947.

[9] DRP. 842374 v. 9. 2. 1942. Ref. Melliand Textilber. **26**, 138 (1946).

[10] Axtmann u. Sweet: Text. World **101**, 3, 130—131 (1951), Ref. Melliand Textilber. **32**, 663 (1951).

[11] Saville: Am. Dyest. Rep. **38**, 19, 673 (1949), Ref. Melliand Textilber. **30**, 608 (1949) u. Textil-Praxis **5**, 82 (1950). — Shaw, W.: J. Soc. Dyers Col. **67**, 602—603 (1951). — Meunier: Am. Dyest. Rep. **31**, 232 ff. (1942). — McLean: Ibid. **40**, 501—503 (1951). — Kuch: Textil-Praxis **7**, 638—641 (1952).

[12] BP. 646742, 642837 (SVF 1951, 187), 624457; Schweiz. P. 265818.

Eine umfassende Patent-Zusammenstellung über das Färben von Polyamidfasern usw. liegt vor in „Die neuzeitlichen Textilvererdlungs-Verfahren der Kunstfasern", von F. WEBER und A. MARTINA, Springer-Verlag, Wien 1951. Weitere geschlossene Darstellungen finden sich in:

VICKERSTAFF: Physical Chemistry of Dyeing. London: Oliver & Boyd 1950.

WHITTAKER u. WILCOCK: Dyeing with Coal Tar Dyestuffs. London: Balliere, Tindall & Co. 1949.

DISERENS: Die neuesten Fortschritte in der Anwendung der Farbstoffe, 2. Auflage Basel: Birkhäuser 1949.

Aus den zahlreichen Publikationen der Fachzeitschriften seien folgende Angaben gemacht, die jedoch nur einen Teil umfassen, da gemäß der Bemerkung im Vorwort nicht alle Literatur bisher zugänglich gewesen ist:

Deutscher Färberkalender:
1952 (56) 63 ff., SCHWINEKÖPER; 69 ff., NEUBERT; 80 ff., FUSS.

Deutsches Textilgewerbe:
1951 (13) 474 ff., L. MÜLLER.

Kunstseide und Zellwolle (bis 1950), bzw. Reyon, Synthetia, Zellwolle (1951) und Reyon, Synthetica und andere Chemiefasern
1947 (25) 267, HABER; 361, MEUNIER und SAVILLE.
1949 (27) 289, WOJATSCHEK.
1950 (28) 484; 490, Ref. Text. Mercury and Argus 123, Nr. 3202, 255, HALL.
1951 (29) 122, Ref. Text. Mercury and Argus, 123, Nr. 3179, 71; 213, 484.
1952 (30) 175, FRÜH; 286, HAPPE (Bedeutung der Wasserstoffbrücken). 531, 578, 638, DIERKES.

Melliand Textilberichte:
1940 (21) 36 Ref. Amer. Dyestuff Reporter 1939 (28), 582, STOTT 367, Ref. J. Soc. Dyers Colourists 1939 (55), 400, G. WHITE.
1942 (23) 437, ELÖD u. SCHACHOWSKOY.
1943 (24) 409, Ref. Text. Manufacturer 1943, 8, 22, 269 WHITTAKER.
1944 (25) 309, ELÖD.
1947 (28) 200, KÖSTER.
1948 (29) 348, ANACKER.
1949 (30) 103, ELÖD und FRÖHLICH; 106, 147, 199, J. MÜLLER; 256, ANACKER; 608, Ref. Amer. Dyestuff Reporter; 1949 (38), 661, HUG; 608, SAVILLE.
1950 (31) 115 WELTZIEN; Ref. Amer. Dyestuff Reporter 1949 (38) 747, TURNBULL.
1950 (31) 179, 759, ELÖD und FRÖHLICH; 496, HEES.
1951 (32) 542, HEES; 779, SCHLEICHER; 780, ENDER; 959, LINT Färbeapparatur für Strümpfe; 413, Ref. Amer. Dyestuff Reporter 1950 (39) 12, 389; 814, Ref.
1952 (33) 211, H. RATH (Ultraschall); 314, 1033, KARAFIAT; 1029 u. 1107, J. RATH (Moderne amerk. Färbemethoden); 708, NEUBERT.

Melliand Masche:
1952 (2) 100, SCHWINEKÖPER.

Textil Praxis:
1949 (4) 390, KÖSTER (Polyurethan); 404, 462, FRÜH.
1951 (6) 66, HAYNN; 815, H. J. PALMER; 915, Ref.
1952 (7) 534, FLUSS; 650, KÖSTER.

      ndschau (St. Gallen), (TRG):
1948 (3) 312, THOMMEN.
1949 (4) 400, NIEDERHAUSER.
1950 (5) 135, SCHLÄPFI.

American Dyestuff Reporter:
1939 (28) 582, STOTT.
1940 (29) 646: acid, premetallized and chrome dyes.
1941 (30) 439, CARBONE.
1946 (35) 51, SAVILLE.

1948 (37) 21, Thomas und Faris, 166, Fidell, Royer und Millson.
1949 (38) 747, Turnbull; 592 (Reservierung); 661, Hug; 673, Saville.
1950 (39) 12, 389.
1951 (40) 531, John Koch jr. (Strümpfe); 14—29, W. G. Parks.
    (40) P 122, G. T. Douglas; 599, Etchells.
    (40) P 598—601 Etchells; P 682, Choqueth.

Bulletin de l'Institute de France:
1951, 29—38, M. T. Vickerstaff.

Can. Textile Journal:
1952, 6, 53, 57, 63, Fidell.

Dyer, Textile Printer, Bleacher and Finisher:
1942 (88) 53, Rose.
1944 (92) 240, Naylor.
1950 (104) 621 (Auszug aus Vortrag R. Hadfield).
1951 (105) 185.

Journal American Chemical Society:
1950 (72) 2547, Fr. McGrew und A. K. Schneider; 2553, Remington und
    Gladding.

Journal of the Society of Dyers and Colourists:
1943 (59) 69, Whittaker.
1944 (60) 205, Grundy.
1945 (61) 95, Peters; 122, McGregor; 193, G. Skinner und T. Vickerstaff.
1946 (62) 65, Boulton.
1947 (63) 388, Carlene, Fern und Vickerstaff.
1948 (64) 336, Egerton; 381, Hadfield und Sharing.
1951 (67) 7, Grundy (Mischgewebe); 609, Palmer; 133—137, G. T. Douglas.

Journal of the Textile Institute:
1950 (41) P 609, Munden und Palmer.

G. Patentübersicht.

Polymerisation.

AP. 2071250	3. 7. 1931/16. 2. 1937	
AP. 2071253	2. 1. 1935/16. 2. 1937	Du Pont, Carothers, Grundpatente.
AP. 2130523	2. 1. 1935/20. 9. 1938	
BP. 461237		
DP. 745684		
749747		
FP. 790521		

AP. 2165253   13. 10. 1936/11. 7. 1939, Du Pont, Graves: Verwendung korrosionsbeständiger Apparaturen (versilbert, Tantal, chromhaltige Stähle z. B. folgender Zusammensetzung: etwa 18% Chrom, 8% Nickel, 0,2% Kohlenstoff, 74% Eisen). Schutzgas soll weniger als 0,03% Sauerstoff enthalten.

FP. 871387   5. 5. 1941/22. 4. 1942, IG., Friederich und Schlack, deutsche Prio-
885789   9. 9. 1942/24. 9. 1943 rität vom 16. 12. 1938 und 19. 11. 1941: kontinuierliche Polymerisation unter Anwendung von Druck und Vakuum.

AP. 2241322   9. 2. 1939/6. 5. 1941, Du Pont, Hanford: Lactampolymerisation in Gegenwart von mindestens 0,1 Mol Wasser je Mol Lactam unter Druck.

AP. 2241321   20. 7. 1938/6. 5. 1941, IG., Schlack, deutsche Priorität vom
DP. 748253   10. 6. 1938/23. 3. 1944: Lactampolymerisations- usw. -Grundpatent.

AP. 2361717 12. 9. 1940/31. 10. 1944, Du Pont, Taylor: Kontinuierliche Druckpolymerisation von Polyamiden in Rohren unter Verwendung von Hochdruckpumpen (bis 70 at und >).

FP. 904088 5. 5. 1944/25. 10. 1945, IG., deutsche Priorität vom 24. 11. 1942 (= I 73659, neu B 6108): Kontinuierliche druck- und vakuumlose Polymerisation von Lactam, sog. VK-Verfahren.

DAnm. I 78223 19. 9. 1944, IG., Spencker, Wasserdampfschleier über dem Inhalt des VK-Rohres zum Schutz gegen Sauerstoff, bewirkt durch Eintropfen von Wasser in das Rohr oder Lactamzugabe mit geringem Wassergehalt.

FP. 980573 9. 2. 1949/15. 5. 1951, Rhodiacéta, Hull, amerikanische Priorität vom 1. 5. 1948: Kontinuierliche Druckpolymerisation von Polyamidbildnern unter Anwendung eines Expansionsrohres mit steigendem Durchmesser in Fließrichtung und Transport der Schmelze mittels beispielsweise einer Schnecke o. ä.

FP. 994244 31. 8. 1949/14. 11. 1951, Svid, narodni podnik, tschechische Pri
BP. 664311 orität vom 11. 9. 1948 bzw. 11. 5. 1949: Kontinuierliche Polymerisation oder Polykondensation in wäßriger oder wäßrigalkoholischer Lösung in geschlossenem, mit Rückflußkühler versehenem Aggregat; automatische Niveauregelung.

AP. 2562796 3. 8. 1948/31. 7. 1951, American Enka, Theodoor Koch: Kontinuierliche Polymerisation von Lactam durch Zusatz von bereits polymerisiertem Lactam mit einer Intrinsicviscosität von mindestens 0,4 und in Gegenwart von weniger als 1 Mol Wasser auf 50 Mol Lactam. Holländische Priorität vom 28. 11. 1947.

AP. 2562797 28. 6. 1949/31. 7. 1951, American Enka, Theodoor Koch: Kontinuierliche Lactampolymerisation in Gegenwart von 0,5—5% Ameisensäure; Beispiel: 100 g Lactam, 4 g HCOOH (98%ig), 20 Std, 255°. Holländische Priorität vom 12. 3. 1948.

Zusätze zu Polymerisaten.

AP. 2130948 9. 4. 1937/20. 9. 1938, Du Pont, Carothers: Titandioxyd als Mattierungsmittel für Nylon erwähnt.

AP. 2214442 4. 9. 1936/10. 9. 1940, Du Pont, Spanagel: Schmelzpunktsernied
BP. 501527 rigung des Polymerisates durch Zugabe von organischen Sub
DP. 740348 stanzen mit hohem Siedepunkt, z. B. Phenole usw.
FP. 790521 (Zusatz 48742)

AP. 2205722 4. 11. 1936/25. 6. 1940, Du Pont, Graves: Mattierung durch Zu
BP. 504714 gabe von Titandioxyd, Bariumsulfat usw. mit einer Teilchen
FP. 827798 größe < 5 µ (Angabe weiterer Verfahren zur Mattierung fertiger Gebilde durch mechanisch oder chemisch bewirkte Oberflächenänderung).

AP. 2278878 10. 9. 1940/7. 4. 1942, Du Pont, Hoff: Zugabe von Mattierungsmitteln zur partiell polymerisierten Masse.

AP. 2341759 13. 5. 1942/15. 2. 1944, Du Pont, Catlin: Zugabe von beispielsweise Ruß in Gegenwart von Schutzkolloiden zu einer nicht polymerisierten Lösung.

AP. 2345533 11. 1. 1941/28. 3. 1944, Du Pont, Graves: Mattierung durch Um
FP. 925324 hüllung von transparenten Polyamidschnitzeln mit feinem Pigmentpuder oder einer Pigmentdispersion in einer alkoholisch-wäßrigen Mischpolymerisatlösung.

BP. 569170 26. 7. 1943/10. 5. 1945, ICI, Cockbain, Moilliet, Todd: Gefärbte Polyamide durch Zugabe von einem in einem linearen Polyester dispergierten Farbpigment zu Nylonschmelzen.

BP. 576647 — 29. 3. 1944/10. 4. 1946, amerikanische Priorität vom 31. 3. 1943, ICI: Mattierung mit nicht mehr als 0,05% Titandioxyd für Fäden unter 20 Deniers.

AP. 2551702 — 17. 5. 1947/8. 5. 1951, Bata, narodni podnik, Prochazka, deutsche Priorität vom 28. 7. 1943: Polymerisation von Lactam in Gegenwart von 1—5% Milchsäure.

SzP. 263292 — 18. 6. 1947/11. 11. 1949 Svit, narodni podnik: Zusatz von Stoffen, beispielsweise Kohlenwasserstoffen, welche die Viscosität der Schmelze zur Erleichterung des Spinnprozesses erniedrigen.

AP. 2264293 — 29. 9. 1938/2. 12. 1941, Du Pont, Brubaker: Zusatz von Aminoalkoholen, z.B. Äthanolamin, zu der zu polymerisierenden Substanz zur Verbesserung der färberischen Eigenschaften (vorzugsweise 0,3—0,5 Mol-%).

FP. 955259
SzP. 230080 — 21. 3. 1941/9. 1. 1950, Soc. Rhodiacéta: Reduzierung der Belichtungsschäden durch Zugabe von Mangansalzen, gegebenenfalls vor der Polymerisation.

BP. 577313
FP. 957389 — 14. 11. 1941/29. 5. 1946, ICI: Mattierung von Textilgut durch Imprägnierung mit der wäßrigen Lösung eines kationaktiven Oberflächenmittels und nachfolgender Behandlung mit Polymerisationsprodukten bei 40—70°.

Band- und Schnitzelherstellung.

AP. 2289774
BP. 533306 — 9. 8. 1938 und 30. 6. 1939/14. 7. 1942, Du Pont, Graves: Überführung des Polymerisates mittels Schlitzdüsen in Bandform unter gleichzeitiger Kühlung und Verwendung eines Rades als erstes Aufnahmeorgan, Entfernung des an der Bandoberfläche haftenden Wassers durch einen Warmluftstrom o. ä. und Zerkleinerung des Bandes in einer Schneide zu sog. „Schnitzeln (Chips)".

DP. 757772
FP. 871056
SzP. 219221 — 21. 12. 1939, IG., Rodenacker: Herstellung *profilierter* Bänder für das Bandspinnverfahren mittels eines temperierbaren Gießrades, das eine Ausfräsung zur Formgebung des Bandes besitzt und eines Gegenrades mit glatter Oberfläche nebst sich anschließendem Aufnahmeorgan (z.B. Haspel) für das gebildete profilierte Band.

DP. 752783 — 27. 10. 1942, VGF, Stöckly: Herstellung von Polymerisatkugeln o. ä. an Stelle von Schnitzeln (chips) unter Verwendung einer brausenartigen Lochdüse; Verfestigung erfolgt in einem gekühlten, mit Schutzgas gefülltem Schacht.

Verspinnung von Polyamiden.
Allgemeine Methoden.

AP. 2130948 — 9. 4. 1937/20. 9. 1938, Du Pont, Carothers: Befaßt sich mit sämtlichen Verspinnungsmöglichkeiten von Polyamiden und stellt eine Zusammenfassung dar: s. auch AP. 2071250, 2071251, 2071253, 2130523, 2174527; BP. 461236, 461237, 474999, 495790; DP. 739279, 745684, 749747; FP. 790521 einschließlich Zusätzen.
a) Naßspinnen in phenolischer, ameisensaurer usw. Lösung in alkalische Bäder; dieser Weg wird als besonders geeignet für die Herstellung von Stapelfasern wegen gezahnter Querschnitte angesehen.
b) Trockenspinnen; Lösungsmittel: Ameisensäure. Temperatur des Spinnkopfes 20—110°, des Schachtes 65—120°.
c) Schmelzspinnen in eine feuchte Atmosphäre zur Vermeidung der elektrischen Aufladung der Fäden.
d) Sprühspinnen; Schmelzmasse wird verdüst und durch einen inerten Gasstrom zu feinen Fäden ausgezogen.

AP. 2190770   16. 4. 1936/20. 2. 1940, Du Pont, Carothers: Hinweis auf Möglichkeit, Polyamide in Lösungen mit Cellulosederivaten zu verspinnen.

AP. 2273188   12. 4. 1939/17. 2. 1942, Du Pont, Graves: Direktspinnen aus dem
DP. 740273   Autoklaven unter Zwischenschaltung einer Druck- und Vakuumkammer zwischen Ventil und Spinndüse zur Vermeidung einer Blasenbildung.

AP. 2295942   2. 8. 1940/15. 9. 1942, Du Pont, Fields: Verspinnung von ge-
BP. 550991   schmolzenem Polymerisat unter Verwendung einer Schrauben-
ItP. 393142   pumpe (Schnecke), deren Ansaugöffnung wesentlich größer ist als der Ausgang, so daß Blasen infolge der Drucksteigerung komprimiert werden; das Verfahren ist vorzugsweise für die Herstellung gröberer geformter Gebilde wie Drähte usw. bestimmt.

HollP. 118551   IG: Vorpolymerisation von Polyurethan in einer Schneckenpresse, Auspolymerisation auf einem Rost mit anschließender Verspinnung.

AP. 2437685   15. 2. 1944/16. 3. 1948, Henry Dreyfus, mit britischer Priorität vom
2437686   4. 1. 1943 und 24. 11. 1943: Aufschmelzen des Polymerisates u. a.
2437687   in inerten Flüssigkeiten und anschließende Verspinnung.
BP. 565489
599670

599668   Anführung weiterer Methoden zur Verspinnung.
FP. 957992
957993

BP. 574956   31. 12. 1943/6. 2. 1946, ICI: Verfahren zur Erhöhung der Schmelzspinngeschwindigkeiten auf über 915 m/min durch Verwendung eines Mischpolymerisates von Hexamethylendiamin, Adipinsäure und Sebacinsäure.

FP. 990726   16. 12. 1948/13. 6. 1951, Bata, mit CSR-Priorität vom 16. 12. 1947: Verfahren zur Herstellung von Hohlfasern auf Polyamidbasis.

BP. 599671   19. 9. 1940/1. 4. 1948, British Celanese, Moncrieff, Sammons, Wheatley: Erleichterung des Schmelzspinnens von Polyamiden durch Zugabe einer Substanz zur Erniedrigung des Schmelzpunktes.

FP. 920222   10. 1. 1946/1947, Du Pont: Vorrichtung zum störungsfreien Verspinnen von schmelzflüssigen Massen mittels einer Schneckenpresse (Druckmesser und Ausschaltungsvorrichtung bei Überschreitung einer bestimmten Druckhöhe).

Stab- und Bandspinnen.

AP. 2253089   18. 2. 1939/19. 8. 1941, Du Pont/Nydegger: Verspinnen von in
BP. 527532   Stabform gebrachten Polyamiden.
FP. 853329

DP. 721687   3. 2. 1939/12. 6. 1942, IG., Friederich: Stabspinnen mit Walzen-
FP. 873927   stuhl, zwei Rollenpaaren und besonderer Vorrichtung zum störungsfreien Nachsetzen der Stäbe.

DP. 757772   21. 12. 1939.

FP. 854674   15. 2. 1939/22. 4. 1940, IG., Fink und Rodenacker: Stab- und Bandverspinnung.

DP. 760828   11. 1. 1941, IG., Rodenacker: Tauchschmelzspinnen unter Verwendung nicht profilierter Bänder, die in bereits geschmolzenes Polymerisat mit ihrem unteren Ende eintauchen, dort abgeschmolzen und gegebenenfalls durch ein durch die Abschmelzleistung gesteuertes Organ nachgefördert werden; Verwendung von Spinnpumpen notwendig.

AP. 2515136 18. 7. 1947/11. 7. 1950, Wingfoot Corp., Pigott: Abschmelzen von Stäben mittels Strahlungswärme.

Rostspinnen.

AP. 2253176
BP. 533306
533307
DP. 752214
FP. 851437

9. 8. 1938/19. 8. 1941, Du Pont, Graves: Aufschmelzen von Polymerisatschnitzel auf einem geheizten Rost verschiedener Ausführungsformen unter Ausschluß von Sauerstoff. Rosttemperatur nicht höher als 40° oberhalb des Schmelzpunktes.

AP. 2217743
FP. 924419

28. 3. 1939/15. 10. 1940, Du Pont, Greenewalt: Vereinigung von Schmelz-, Spinn- und Heizmantel zu einer Einheit mit Auswechselmöglichkeit.

AP. 2300083 4. 5. 1940/27. 10. 1942, Du Pont, Worthington: Schnitzelvorratsbehälter, Schleuse mit Schutzring über dem Rost.

AP. 2571975
BP. 653757
DP. 826615
FP. 974855

10. 5. 1947/16. 10. 1951, Du Pont, Waltz: Schmelzspinnen ohne inertes Gas in Gegenwart eines konstanten Wasserdampfdruckes; durch konstanten Feuchtigkeitsgehalt der Schmelze wird eine Vergleichmäßigung der Festigkeit, des Verstreckungsvorganges und des Farbstoffaufnahmevermögens erreicht.

BP. 581390 13. 2. 1945/10. 10. 1946, ICI: Schmelzspinnen unter Verwendung eines inerten Gasstromes mit einer Temperatur nicht unter 100°, der durch bzw. über die geschmolzene Masse und die festen Polyamidschnitzel hindurchgeht.

Spinnpumpen.

AP. 2278875
BP. 535186
DP. 742867

29. 9. 1938/7. 4. 1942, Du Pont, Graves: Doppelpumpenaggregat, Druck zwischen den beiden Pumpen mindestens 3,5, normalerweise 35 Atmosphären.

AP. 2281767
BP. 550852
FP. 917428

12. 7. 1940/5. 5. 1942, Du Pont, Heckert: Einpumpensystem, bogenförmige Aussparungen der Mittelplatte. Legierungsangaben.

FP. 873009
ItP. 392004

11. 6. 1941/6. 6. 1942, IG., Legierungsangaben.

BP. 556701 6. 7. 1942/18. 10. 1943 mit amerikanischer Priorität vom 5. 7. 1941, Du Pont; Zahnradpumpe.

FP. 924527 27. 3. 1946/7. 8. 1947, Du Pont: Zahnradpumpe zur Auflösung von blasenhaltigen viscosen Flüssigkeiten, Einpumpensystem mit Sichel bzw. Kanal.

Filtration der Schmelze.

AP. 2266363
2266368
BP. 536379
536380
FP. 851437
ItP 378637
HolP. 55019

10. 11. 1938/16. 12. 1941, Du Pont, Graves; Alfthan, Heckert, Hull: Filteraggregat, bestehend aus drei Einzelteilen, vier Sandschichten und Metallsieben. Die Sandkörnung nimmt ab in Fließrichtung der Schmelze. Verwendet werden Körnungen, die unter Verwendung folgender Siebe ausgesiebt werden: 100—150, 45—100, 35—65 und 20—65 Maschen. Der Widerstand der Packung ist mindestens dem des Düsenbodens gleich und beträgt etwa 500—1500 lbs/sq. in. (35—105 Atm.).

Spinndüsen bzw. -platten.

AP. 2211946 12. 5. 1938/20. 8. 1940, Du Pont, Graves: Kegelstumpfförmige Düse (mit Wulst).

AP. 2252689
BP. 528455
DP. 744892
10. 3. 1938/19. 8. 1941, Du Pont, Bradshaw: Vorrichtung zur Vermeidung eines unruhigen Fadenlaufes in Düsennähe und der dadurch verursachten Düsenverschmutzung durch Anbringung eines mit einem inerten Gas durchströmten Schirmzylinders unterhalb der Düsenoberfläche, wodurch eine Verspinnung in eine sauerstofffreie Atmosphäre erreicht wird. Die Düsenoberfläche wird gegebenenfalls mit einem dünnen Film eines polymerisierten Kohlenwasserstoffes überzogen, z.B. Styrol oder Isobutylen.

AP. 2273638
24. 3. 1939/17. 2. 1942, Du Pont, Graves, Merill: Erleichterung des Spinnprozesses durch Aufbringen eines dünnen Filmes auf die Außenseite der Düse, z.B. Polyisobutylen mit einem Molekulargewicht von 2000—100000.

AP. 2341555
2362277
12. 12. 1941/15. 2. 1944 ⎫
7. 7. 1942/7. 11. 1944 ⎬ Baker & Co., Newark; Spinndüsen für das Schmelzspinnen aus einer Stahllegierung mit einem Chromgehalt nicht unter 14 und nicht über 20%. Der Bohrkanal setzt sich aus einem weiten zylindrischen und einem sich daran anschließenden konischen Teil zusammen, der in einen engen zylindrischen Ausgangskanal übergeht. Die Einhaltung bestimmter Dimensionen dieser Teile wird beansprucht neben einer Plattenstärke von 0,06—0,4 Zoll.

FP. 873039
12.6.1941/2.3.1942, IG.: Drehdüse zur Herstellung von gezwirnten endlosen Fäden.

AP. 2474885
15. 5. 1948/5. 7. 1949, Du Pont, Blomquist: Eine Folie mit einer Stärke von 0,0001—0,1 Zoll wird auf die Rückseite der Düse gelegt zur Erzielung eines guten Anspinnens. Berechnung der Folienstärke nach der Formel:

$$\text{Stärke} = \frac{\text{Druck} \times \text{Lochdurchmesser}}{\text{Folienfestigkeit bei gegebener Temperatur}}.$$

DBP. 808872
1. 10. 1948/31. 8. 1950, Deutsche Gold- und Silberscheideanstalt, Holzmann: Spinndüse aus einem Nichteisenmetall mit Edelsteineinsätzen.

DBP. 837436
FP. 993600
mit holländischer Priorität vom 9. 8. 1949/23. 11. 1950, N.V. Onderzoekingsinstituut, Th. Koch: Aufbringen eines dünnen Filmes aus organischen Siliciumverbindungen auf die Düsenaußenfläche zur Erzielung eines besseren Spinnvorganges.

FP. 991911
31. 5. 1949/27. 6. 1950, Elite Sdruzene Tovarny Puncoch und Zavody Pre Chemicku Vyrobu mit CSR-Priorität vom 1. 6. 1948: Schmelzspinnen von Polyamiden unter Verwendung einer Spinndüse mit konisch erweiterten Bohrkanälen zur Vermeidung der Gasblasenbildung; Einpumpensystem.

Wärmeabführung (Anblaskammer, Abkühlbad usw.).

AP. 2212772
BP. 491111
501197
DRP. 752536
FP. 824538
ÖstP. 160641
15. 2. 1937/27. 8. 1940, Du Pont, Graves: Schnelles Abkühlen von Monofils in nichtlösenden kalten Flüssigkeiten, z.B. in Wasser, Alkoholen usw., wobei ein nachheriges Einweichen der Monofils die Verstreckung erleichtert.

AP. 2285552
BP. 550852
FP. 917428
25. 7. 1940/9. 6. 1942, Du Pont, Alfthan: Abschreckung der Monofils usw. in Kühlbädern mit einer Temperatur von vorzugsweise 35—40°.

AP. 2252684
DRP. 744892
747592
BP. 541238
1. 11. 1938/19. 8. 1941, Du Pont, Babcock: Der gasförmige Kühlstrom läuft von der Düse ab gleichgerichtet mit dem Fadenlauf bis zur Erstarrung der Fäden.

AP. 2273105 *BP. 533304* *FP. 851437* *Zusatz 50571*	9. 8. 1938/17. 2. 1942, Du Pont, Heckert: Abkühlung der aus der Düse austretenden schmelzflüssigen Fäden in einer nach einer Seite hin offenen Kammer, an deren Rückseite ein gasförmiges Kühlmedium austritt, welches auf die vertikal laufenden Fäden senkrecht auftrifft und deren Wärme abführt. Besondere Anordnung der Düsenbohrungen, so daß jeder Capillarfaden direkt von dem Kühlstrom getroffen wird.
BP. 541238	17 4. 1940/19. 11. 1941, H. Dreyfus: Abkühlung von Fäden in einer inerten Gaszone.
FP. 927334	24. 5. 1946/27. 10. 1947 mit amerikanischer Priorität vom 4. 6. 1941, Du Pont, Hull: Wärmeabführung durch einen, dem Fadenlauf gleichgerichteten flüssigen Kühlstrom, z. B. Wasser.
FP. 980574 *BP. 661991* *SchwzP. 269471*	9. 2. 1949/27. 12. 1950, Soc. Rhodiacéta, mit amerikanischer Priorität vom 26. 5. 1948, Du Pont, M. H. Pohl: Herstellung von gleichmäßigen Fäden mit feinem Einzeltiter durch Zusammenfassen der Capillarfäden bereits in der Kühlkammer, wesentliche Verbesserung der färberischen Eigenschaften.
FP. 991912	31. 5. 1949/27. 6. 1950, Elite Sdruzene Tovarny Puncoch und Zavody Pre Chemicku Vyrobu mit CSR-Priorität vom 1. 6. 1948 und 30. 7. 1948: Abkühlung von Polyamidfäden direkt nach dem Austritt aus der Düse durch Benutzung einer dem vertikalen Fadenlauf angepaßten gebogenen Rinne unter Verwendung einer nichtlösenden Flüssigkeit (Wasser usw.) als Kühlmedium.

Befeuchtungsschacht.

AP. 2289860 *BP. 533303* *FP. 851437* *Zusatz 50574* *HollP. 54872* *ItP. 378902*	Du Pont, Babcock, 9. 8. 1938/14. 7. 1942; isoliertes, beheiztes Rohr von etwa 2000—3000 mm Länge, durch welches kontinuierlich ein schwacher Dampfstrom entgegen dem Fadenlauf strömt, der die elektrische Aufladung der Fäden und das Abrutschen der Wickel von den Spulen verhindert; Temperatur des Befeuchtungsdampfes mindestens 65° C, 90% relative Feuchte, Kontaktzeit des Fadens mindestens 0,04 sec; Vorspannung vor der Aufwicklung.

Verstreckung.

Der Streckprozeß als solcher ist ein in der Textilfaserindustrie seit langer Zeit bekannter Vorgang, der zur Verfeinerung der Garne usw. angewendet wird. Auf die durch eine Streckung der Polyamide hervorgerufene besondere Wirkung (Orientierung) wird in den Grundpatenten von Carothers hingewiesen, so z. B. in AP. 2071250, in welchem bereits eine Ausführungsform angegeben wird: „stuggered pin in a zig-zag fashion and other means." Weitere Hinweise in AP. 2071251 und 2071253. Die für die Verstreckung der Polyamide modifizierten Ausführungsformen oder Einflüsse auf Eigenschaften sind in den folgenden Patenten enthalten.

AP. 2130523	Du Pont, Carothers: In Beispiel IX wird der Vorgang einer partiellen Verstreckung sofort im Anschluß an den Spinnprozeß beschrieben (Spinngeschwindigkeit 80 feet/min, Verstreckungsgeschwindigkeit 190 feet/min, Verstreckung = 138%; Nachverstreckung auf insgesamt 338%).
AP. 2137235 *BP. 504344* *FP. 824548*	15. 2. 1937/22. 11. 1938, Du Pont, Carothers: Erleichterung des Streckprozesses durch Anfeuchten des Streckgutes (soaking, wetting) usw.
AP. 2244208 *BP. 521946* *DRP. 730339*	22. 10. 1937/3. 6. 1941, Du Pont, Miles: Verstreckung unter Anwendung von Druck (z. B. Walzen), um ein Fließen des zu orientierenden Materials zu erzielen.

A P. 2 291 873 *B P. 543 466* *F P. 865 018*	14. 7. 1939/4. 8. 1942, Du Pont, Brubaker: Verwendung einer Ziehdüse oder eines Stabes (z. B. Achat) zur Fixierung des Streckpunktes durch ein- oder mehrmalige Umschlingung des Fadens um den Stab; "…and restricting the movement of the draw point to a small fixed distance not exceeding one-half inch along the length of the filament."
DRP. 742 276	22. 5. 1940/14. 10. 1943, IG., Friederich, Rodenacker: Verstreckungsvorrichtung für endlose Gebilde; der Faden usw. durchläuft eine Klemmstelle zwischen zwei Walzen, eine Umschlingungswalze, eine freie Strecke, eine Umschlingungswalze und wiederum eine Klemmstelle zwischen zwei Walzen. Besonders für stärkere Fäden, Monofils und Kabel geeignet.
F P. 865 018 *B P. 543 466*	17. 4. 1940/10. 2. 1941, Du Pont: Verstreckung mittels Ziehdüsen usw.
F P. 917 428	14. 11. 1945/1946, Du Pont: Verstreckung bei höheren Temperaturen, z. B. 50—100°.
B P. 578 324	29. 4. 1943/3. 7. 1946, Du Pont: Verstreckung unter Erwärmung des Streckgutes; betrifft „tapered filaments".
F P. 897 719 *Belg P. 452 092*	31. 8. 1943/29. 3. 1945, Bata: Kaltverstreckung mittels Ziehdüse (Monofils usw.).
F P. 903 821	27. 4. 1944/18. 10. 1945, Phrix: Verstreckungsvorrichtung ohne Verwendung eines Streckstabes; mehrfach gekreuzte Fadenumschlingungen auf Galettenpaar.
F P. 903 791	24. 6. 1944/15. 10. 1945, Phrix: Vorrichtung mechanischer Art zur Stillegung einzelner Streckstellen an einer in Betrieb befindlichen Streckmaschine.
DRP. 816 581	10. 12. 1944/16. 8. 1951, Vereinigte Glanzstoffabriken, Jasicek: Verstreckung im Anschluß an den Spinnprozeß durch allmählich sich konisch erweiternde Fadenspeichervorrichtung.
F P. 924 420	25. 3. 1946/5. 8. 1947, Du Pont: Heißverstreckung bei Temperaturen von mindestens 80°, jedoch niedriger als der Schmelzpunkt und anschließende Abschreckung (besonders für Cordseide).
A P. 2 484 523 *F P. 927 335*	4. 1. 1945/11. 10. 1949, Du Pont, McClellan: Herstellung von Fäden, bestehend aus dem Gemisch eines Polykondensationsproduktes von z. B. Hexamethylendiamin und Sebacinsäure (80 Teile) und Formaldehydharz (20 Teile) mit sehr feinem Einzeltiter durch Verstreckung bei Temperaturen, die zwischen dem Pseudo- und dem effektiven Schmelzpunkt liegen, nach entsprechender Vorbehandlung des Materials; Definition des Pseudoschmelzpunktes und seine Auswirkungen (Normalschmelzpunkt beispielsweise 185°, Pseudoschmelzpunkt 72°).
F P. 880 437	24. 2. 1942/28. 12. 1942, IG.: Verbesserung des Streckvorganges durch eine Vorrichtung, bei welcher der Streckpunkt mit Hilfe eines Bremsorganes auf eine um eine Achse drehbare Vorrichtung verlegt wird, wobei die Fadenspannung durch Einstellung eines Gewichtes reguliert wird.
F P. 882 901	5. 6. 1942/8. 3. 1943, IG., K. Wolf, Schotzky: Verbesserung des Streckvorganges durch eine Vorrichtung, bei welcher der Streckpunkt auf ein Bremsorgan verlegt ist, das einen gleichbleibenden Zug auf den Faden ausübt.
A P. 2 278 888	2. 11. 1938/7. 4. 1942, Du Pont, Lewis: Erzielung von unterschiedlichem Farbstoffaufnahmevermögen durch laufende Variation des Verstreckungsverhältnisses.

BP. 573081 *FP. 918951*	12. 10. 1942/6. 11. 1945, Du Pont, mit amerikanišcher Priorität vom 13. 10. 1941: Verbesserung einiger physikalischer Eigenschaften von Polyamidfäden, z. B. Elastizitätsmodul, thermischer Dehnungskoeffizient usw. durch Behandlung bei Temperaturen $>120°$, jedoch unterhalb des Schmelzpunktes in einem inerten Medium, beispielsweise Woodsches Metall.
BP. 655928	23. 11. 1949/8. 8. 1951, British Nylon Spinners, Bulleid: Vorrichtung und Verfahren zur Vereinfachung des Streckaggregates für den Orientierungsprozeß (einachsiges Lieferzylinder- und Streckwalzensystem).
BP. 598820	12. 9. 1945/26. 2. 1948, Du Pont, mit amerikanischer Priorität vom 15. 9. 1944: Verfahren zur Verbesserung der Eigenschaften von Polyamidfäden, z. B. Erhöhung der Festigkeit und des Elastizitätsmoduls durch Verstreckung in einer beheizten Zone mit nachfolgender gleichmäßiger Abkühlung zur Erzielung eines gleichbleibenden Effektes (betrifft insbesondere Cord mit niedriger Dehnung).

Fixierung usw. (Formfestmachen).

AP. 2157117—19 *BP. 504344* *524953* *530833* *CanP. 461654* *DRP. 737329* *752638*	15. 2. 1937/9. 5. 1939; 28. 6. 1938/9. 5. 1939; 28. 6. 1938/9. 5. 1939, Du Pont, Miles; Heckert; Miles: Formfestmachen durch Behandlung mit Wasser von 85—100° oder Sattdampf von 100—200°, gegebenenfalls in Gegenwart eines löslichen Sulfits, z. B. Na_2SO_3.
AP. 2226529	10. 11. 1937/31. 12. 1940, Du Pont, Austin: Fixierung unter Spannung („board-setting") bei mindestens 85° in Gegenwart von Nichtlösern bzw. Dampf.
AP. 2238098 *BP. 520323* *ItP. 375120*	28. 7. 1938/15. 4. 1941, Du Pont, Bradshaw: Herstellung und Formfestmachen von Plüschen, Mohairs, Samt, Teppichen, Pelzimitationen aus Polyamiden mit Quellmitteln, Dampf und Alkoholen.
AP. 2199411 *BP. 536177* *DRP. 727736* *FP. 833756* *(Zusatz 50322)* *ItP. 379243*	1. 11. 1938/7. 5. 1940, Du Pont, Lewis: Reines „thermo-setting" in Abwesenheit eines quellenden Mediums und kontinuierliche Reduzierung der Schrumpftendenz z. B. von 11% auf maximal 1,5% durch Überleiten eines Fadens usw. über eine auf 100° erwärmte Heizschiene od. ä.; für 45 Deniers wird eine Belastung von 3 g angegeben; Länge der Heizschiene 98 mm.
AP. 2289377 *ItP. 378578* *GriP. 9127*	26. 8. 1938/14. 7. 1942, Du Pont, Miles: Fixierung durch vorherige Behandlung mit einem organischen, nicht lösenden Quellmittel, z. B. Methanol, Benzylalkohol usw. und anschließendem Erwärmen auf mindestens 65° unter Beibehaltung der Dimensionen.
FP. 879247	11. 2. 1942/17. 2. 1943, IG., deutsche Priorität vom 5. 11. 1938: Spannungsloses Ausschrumpfen in zwei Stufen z. B. für Strumpfseide; erste Stufe Wasser oder ein anderer Nichtlöser von 40°, trocknen; zweite Stufe bei 90°; Zweistufenverfahren soll zu einer geringeren Schrumpfung führen.
FP. 912471	22. 6. 1942/9. 8. 1946, Soc. Rhodiacéta: Nachbehandlung von Geweben durch Passage zwischen beheizten Flächen.
BP. 598808	11. 9. 1945/26. 2. 1948, British Schuster Company, Ltd.: Kontinuierliche Ausgestaltung des „preboarding" oder „plasticising" durch Anwendung des endlosen Bandprinzips.

AP. 2477156   12. 4. 1946/26. 7. 1949, Du Pont, Waltz: Nähfadenfixierung durch Vorbehandlung mit einer 0,2—2 %igen HCHO-Lösung, Trocknung auf etwa 5 % Feuchtigkeit, Heißverstreckung um 10—30 % bei 190—215°, abkühlen auf mindestens 5° unterhalb der Strecktemperatur unter Beibehaltung der Spannung. HCHO-Gehalt des Fadens 0,1—0,3 %.

BP. 631456   14. 6. 1946/16. 11. 1949, Wolsey Ltd., Alexander, Burrows, Smith:
FP. 947877   Maschenfixierung durch Einwirkung eines heißen Luftstromes auf den laufenden Faden unter Spannung.

BP. 652545   24. 8. 1948/28. 2. 1951, Fair Lawn Finishing Co. mit amerikani-
DBP.-Anm.-p. scher Priorität vom 9. 12. 1947 und 14. 7. 1948: Vorrichtung und
12499 vom   Verfahren zur Wärmebehandlung; das Gut wird kontinuierlich,
1. 10. 1948   gegebenenfalls unter Spannung, einem Gasstrom von hoher Ge-
FP. 970982   schwindigkeit (120—1200 m/min) und bestimmter Temperatur (149—260°, bei Polyamiden 205—246°) in seiner ganzen Breite kurzfristig (etwa 1—10 sec) ausgesetzt; die das Gewebe tragende Fläche od. ä. kann ebenfalls erhitzt werden; nach der Passage durch die Fixierungszone wird das Textilgut abgekühlt; Gewebedurchgangsgeschwindigkeit 33—132 m/min.

DRP. 759423   19. 11. 1940, IG. (Du Pont mit amerikanischer Priorität vom 24. 11. 1939): „preboarding"-Vorrichtung mit vorzugsweise heißem Dampf.

DRP. 710762   14. 9. 1939/14. 10. 1941, Du Pont, Sommaripa, amerikanische Priorität vom 21. 9. 1938: Formfestmachen durch Behandlung mit kochendem Wasser.

AP. 2251962   25. 8. 1938/12. 8. 1941, Du Pont, Sommaripa: Reduzierung der
DRP. 710762   Lebendigkeit (Kringeln) von Nähseide durch zwirntechnische
FP. 843633   Maßnahmen und Behandlung mit nichtlösenden heißen Quell-
CanP. 398823 mitteln (z.B. kochendes Wasser) zur Fixierung.
ItP. 365695

BP. 547034   4. 2. 1941/26. 8. 1942 ⎫ Paramount Textile Mashinery Co.,
BP. 591687   6. 10. 1944/10. 9. 1947 ⎬ Stevens: Vorrichtungen für die Fixierung.
BP. 602262   6. 3. 1945/2. 6. 1948 ⎭

AP. 2365931   13. 2. 1941/26. 12. 1944, Du Pont, E. B. Benger: Heißfixierung, gegebenenfalls unter Druck (Kalander usw.) z.B. 1 lb./sq. inch, 6 sec Behandlungszeit; mindestens 190°.

FP. 951370   6. 8. 1947/24. 10. 1949, Soc. Rhod., mit amerikanischer Priorität vom 30. 7. 1941 (Du Pont-Miles): Verfahren zur spannungslosen Drallfixierung von Nylonfäden zwecks Verbesserung der textilen Verarbeitung durch Behandlung bei erhöhten Temperaturen und Luftfeuchtigkeiten im Strang oder auf Schrumpfspulen (Hinweis auf AP. 2130948, = FP. 883756, AP. 2157119, FP. 843633).

BP. 642658   17. 3. 1947/6. 9. 1950, The Clark Thread Comp., mit amerikanischer Priorität vom 12. 4. 1946: Verfahren zur Herstellung von Nähfäden aus thermoplastischen Grundstoffen unter Berücksichtigung einer besonderen Zwirnkonstruktion (Ausdrall gemäß Formel

$$3{,}55 \sqrt{\frac{5315}{D \times Y}},$$

wobei D = Denier des Grundfadens und Y = Zahl der Grundfäden ist). Verbesserung der Nachbehandlung (Drallfixierung durch spannungsloses Kochen) mit nachfolgender Behandlung in Dampf von etwa 120° unter Spannung oder umgekehrt.

BP. 625 096   17. 9. 1945/22. 6. 1949, Industrial Rayon Corp. mit amerikanischer Priorität vom 26. 4. 1944: Verfahren zur Verminderung des Kringelns von gezwirntem Material (Drallberuhigung) aus nichtmetallischen, organischen oder anorganischen Grundstoffen im elektrischen Hochfrequenzfeld.

BP. 631 448   2. 7. 1945/3. 11. 1949, E. B. Bates: Kontinuierliche Fixierung von Textilgut aus Polyamiden (Strümpfe usw.) auf elektrisch beheizten Formen bei Temperaturen von mindestens 100° in einer Feuchtkammer, vorzugsweise bei 110—127°.

Cord.

AP 2341423
AP. 2509740
2509741
BP. 561344
DRP. 739938
FP. 941663
13. 10. 1941/8. 2. 1944; 3. 11. 1942; 26. 10. 1943/30. 5. 1950, Du Pont, Catlin, Miles: Vorrichtung und Verfahren zur Verbesserung der Stoßfestigkeit und des Wärmeausdehnungsvermögens von Nylonfäden durch Behandlung der unter mindestens 1 g/den. Spannung stehenden Fäden mit Wasser oder alkoholischen oder wäßrigen Lösungen von Phenol (3—9%), so daß eine 5—25%ige Gewichtszunahme eintritt mit anschließender Entfernung des Quellmittels unter Beibehaltung der Spannung; kombiniert mit zusätzlicher Verstreckung um mindestens 0,5% der ursprünglichen Länge, Herabsetzung des Wärmeausdehnungsfaktors von 0,35 auf 0,09. — Heißbehandlung über 100° unter Spannung.

BP. 616549
FP. 945689
26. 4. 1946/2. 2. 1949, Dunlop: Reduzierung der Dehnung von Nyloncordfäden durch Imprägnierung der Fäden mit einem löslichen Harz, z.B. auf Basis Phenol und Formaldehyd, und Verstreckung.

AP. 2402021   26. 4. 1943/11. 6. 1946, Goodrich, Compton: Verbesserung der Gummifreundlichkeit durch Behandlung mit einem Lösungsmittel, z.B. Phenol, Resorcin, Ameisensäure usw., das auch Nylon enthalten kann und anschließende Entfernung des Lösungsmittels durch Polyamidnichtlöser, z.B. Wasser oder Alkohol. Erzielbare Haftfestigkeitssteigerung für Kautschuk infolge Oberflächenaufrauhung bis zu 600%.

BP. 598820   15. 9. 1944/10. 3. 1948, Du Pont: Verstreckung.

FP. 930473   10. 7. 1946/1947, Du Pont, mit amerikanischer Priorität vom 16. 5. 1939: Verfahren und Vorrichtung zur Herstellung von Nyloncord mit niedrigem thermischen Dehnungskoeffizienten und Quellwert durch trockene thermische Behandlung über 100° und maximal 5° unterhalb des Erweichungspunktes unter Spannung mit entsprechender Behandlungszeit.

FP. 919131   27. 2. 1942/18. 12. 1945, Du Pont: Verbesserung der Stoßfestigkeit orientierter Polyamidfäden durch Behandlung dieser Fäden mit heißen Nichtlösern, z.B. Wasser oder Wasserdampf unter Ermöglichung eines Schrumpfes, bis die Stoßfestigkeit um mindestens 25% erhöht und die Bruchfestigkeit um höchstens 30% zurückgegangen ist bei Dehnungen nicht über 50%.

FP. 919133   18. 12. 1945/1946, Du Pont: Polyamidfäden mit erhöhter Stoßfestigkeit und vermindertem Ermüdungsfaktor durch Behandlung in einem phenolhaltigen, nichtlösenden Medium bei mindestens 70° unter geeigneten Bedingungen.

Behandlung mit Formaldehyd (Vernetzungen usw.).

A P. 2 177 637
BelgP. 436 377
BP. 534 698
DRP. 711 682
FP. 860 239
ItP. 377 231

14. 8. 1938/31. 10. 1939, Du Pont, Coffman: Verbesserung von verschiedenen Eigenschaften wie Erholungsvermögen, Reduzierung der Steifheit, Reduzierung des Elastizitätsmoduls von 0,43 auf 0,15 trocken und von 0,17 auf 0,07 naß, Erhöhung der Kräuselungsbeständigkeit und der Lichtbeständigkeit: Festigkeitsabfall nach 120 Std Lichtbogenbestrahlung 30%, bewirkt durch Behandlung der vorzugsweise verstreckten Fäden mit Verbindungen, die Formaldehyd enthalten bzw. Formaldehyd abspalten in wäßriger, alkoholischer usw. Lösung mit einem nicht wesentlich unter 3 liegenden p_H-Wert; anschließend Erwärmung auf 100 bis 150°. Reduktion des Wasseraufnahmevermögens bis zu 50%.

A P. 2 430 953
BP. 608 335

20. 2. 1945/16. 11. 1947, Du Pont, Schneider: Vernetzung durch Behandlung von ungestreckten Fäden bei 40—130° mit Formaldehyd und einem Alkohol in Gegenwart einer sauerstoffhaltigen Säure als Katalysator ($p_H < 3$), bis 1—20% der gesamten Amidgruppen in N-Alkoxymethylgruppen übergeführt sind; anschließend kalt verstrecken, mit einer Säure behandeln, deren Ionisationskonstante bei 1×10^{-6} und höher liegt und Erhitzen bis zur Erreichung des gewünschten Vernetzungsgrades: HCHO = Paraformaldehyd, Alkohol = Methanol, Katalysator = Oxalsäure, Temperatur = 50—100°. Als Ergebnis einer derartigen Behandlung werden unter anderem erreicht: Erhöhung des Schmelzpunktes, weicher Griff, besserer Fall, Reduzierung der Löslichkeit, Erhöhung der Farbstoffaffinität usw.

A P. 2 441 085

20. 2. 1945/4. 5. 1948, Du Pont, Schneider: Erhöhung der Elastizität durch Behandlung ungestreckter Fäden bei vorzugsweise 50—90° mit z. B. einer 20%igen Paraformaldehydlösung ($p_H < 3$), einem aliphatischen Alkohol und einem sauerstoffhaltigen Katalysator (beispielsweise Maleinsäure), bis das Behandlungsgut quillt und eine 30—55%ige Alkoxymethylierung der Carbonamidgruppen eingetreten ist; Mindestaufnahme 4%.

A P. 2 540 726

3. 12. 1946/6. 2. 1951, Du Pont, Graham und Schupp: Formaldehydbehandlung von textilen Erzeugnissen, unter Spannung bzw. in fixierter Form bereits vorliegend; sehr genaue Beschreibung des technischen Vorganges. Das Verfahren führt nach Angabe des Patentes zu einer ausgezeichneten Kombination zahlreicher textiler Eigenschaften, die in den vorstehenden Patenten aufgezählt sind.

A P. 2 477 156

12. 4. 1946/26. 7. 1949, Du Pont, Waltz: Hitzebeständigere Nähfäden mit hoher Festigkeit und niedriger Dehnung durch Vorbehandlung des Fadens mit einer Formaldehydlösung, Trocknung, Heißverstreckung und Auskühlung unter Spannung; HCHO-Gehalt des so behandelten Fadens etwa 0,1—0,3%.

BP. 565 066
A P. 2 425 334
FP. 919 718

18. 1. 1943/8. 11. 1944, ICI, McCreath: Vernetzung von z. B. unverstrecktem Material, bis Fäden usw. nicht mehr höher als 75% verstreckt werden können durch Behandlung mit einer mindestens 20%igen wäßrigen Formaldehydlösung (p_H 3 und <) in Gegenwart eines Katalysators, z. B. NH_4Cl, Entfernung der überschüssigen Behandlungsflüssigkeit und Erwärmung auf 100—150°.

BP. 582 520
A P. 2 434 247
FP. 490 917

15. 8. 1944/4. 12. 1946, ICI, Lewis, McCreath und Reynolds: Vernetzung durch Behandlung unverstreckter Fäden in Gegenwart eines sauren Katalysators mit dampfförmigem Formaldehyd und Methanol 5—60 min bei 80—150° (vorzugsweise 10—30 min bei 100—120°), bis eine Gewichtszunahme von 4% erfolgt ist. Die Behandlung in der Dampfphase reduziert die durch Quellung bewirkte Oberflächenbeeinflussung. Ergebnis: Elastisches Material usw.

FP. 919319   28. 12. 1945/1946, mit britischer Priorität vom 29. 9. 1944 bzw.
18. 9. 1945, ICI, Lewis und Lessar: Erhöhung der Elastizität von
ganz oder teilweise verstreckten Polyamidfäden durch Behandlung
mit einer 5%igen wäßrigen Phenollösung (40°, 10 min), wodurch
eine Desorientierung und eine Schrumpfung von ungefähr 50%
eintritt. Anschließend Einwirkung von Methylalkohol (gegebenenfalls in Dampfform) und Formaldehyddampf in Gegenwart eines
sauren Katalysators; Behandlungsdaten: vorzugsweise Temperaturen zwischen 100 und 120°, 10—30 min.

FP. 906212   1. 8. 1944/27. 12. 1945, deutsche Anmeldung vom 2. 3. 1943.
884938   12. 8. 1942/31. 8. 1943, deutsche Priorität vom 16. 8. 1941.
ZKR/Th: Veredlung von gegebenenfalls mit Formaldehyd bei
niederer Temperatur oder in sonstiger Weise vorbehandelten
Fäden usw. durch Behandlung mit Chinonen oder ähnlichen Verbindungen in Gegenwart von Oxydantien, wie z. B. Per-Oxyden,
-Säuren oder -Salzen oder Luftsauerstoff in Gegenwart von
Katalysatoren. Erhöhung von Festigkeit, Zähigkeit und Steifheit; Verbesserung der Koch-, Kräuselungs-, Biege- und Scheuerbeständigkeit.

Weitere Patente, die sich mit Methylolverbindungen beschäftigen:

DRP. 748840   15. 12. 1940/20. 4. 1944.
FP. 885940   (IG.), 16. 9. 1942/29. 3. 1943.
879697   (Kalle), 25. 2. 1942/2. 3. 1943.
896059   (IG.), 30. 6. 1943/12. 2. 1945.
951510   (IG., Schlack), 21. 6. 1944/27. 10. 1949.

BP. 582517   13. 5. 1944/4. 12. 1946 ⎫ ICI: Verfahren zur Herstellung von
582518   15. 5. 1944/14. 12. 1946. ⎭
elastischem Textilgut durch Behandlung mit Alkohol, Formaldehyd oder Diisocyanat und einem Katalysator.

AP. 2514550   14. 2. 1948/11. 7. 1950, Celanese Corp. of America, McFarlane,
Moos: Behandlung von Polyurethanen und Polycarbamiden mit
Formaldehyd von hohem p_H in der Wärme; Resultat: Erhöhung
des Schmelzpunktes bis auf 300°, der Farbstoffaffinität, der
Elastizität auf 400%, der Wasseraufnahme, Verbesserung des
Griffes usw.

BP. 582522   29. 9. 1944/4. 12. 1946, Lewis, Loasby: Elastisches Textilgut aus
Polyamidfäden durch Behandlung mit Formaldehyd, Alkohol und
einem sauren Katalysator.

Nachbehandlungen verschiedener Art.

a) Oberflächenänderung bzw. Mattierung.

AP. 2251508   4. 8. 1938/5. 8. 1941, Du Pont, Watson: Behandlung mit Sulfuryl-
BP. 543125   chlorid, Phosphortrichlorid usw., gegebenenfalls in Form von
Lösungen in inerten Flüssigkeiten, z. B. Tetrachlorkohlenstoff,
Benzin usw.; ebenfalls 27,5%ige Schwefelsäure, 57%ige Ameisen-
säure; Behandlungszeit von 1 sec bis 20 min.

FP. 877923   19. 12. 1941/21. 9. 1942 (deutsche Anmeldung I 68530/531 vom
877926   20./21. 12. 1940): IG., Ludewig, Wenger: Behandlung mit verschiedenen Mitteln, wie methanolischer Calciumchloridlösung und
anschließender Wässerung; siedender Dichlorhydrindampf; Chloralhydrat; 17,5%iger Schwefelsäure und anschließender Barium-
chloridlösung.

FP. 870736   10. 3. 1941/22. 12. 1941, IG., Hubert, Ludewig: Einwirkung von
DRP. 737950   z. B. alkoholischen Calciumchloridlösungen mit nachfolgender
Wasserbehandlung.

BP. 550489	4. 7. 1941/20. 1. 1943, ICI (Du Pont): Überziehen des Materials mit Kautschuk oder Harzen, die nicht in dem gleichen Maß verstreckbar sind wie das Polyamid.
DRP. 740771	18. 4. 1942, IG.: Mattierung durch Harnstoffabkömmlinge.
AP. 2455983	31. 10. 1944/14. 12. 1948, Celanese Corp. of America, H. Dreyfus (britische Priorität vom 10. 3. 1941): Behandlung mit z. B. Essigsäureanhydrid, Sulfurylchlorid usw.
FP. 894870 *BelgP. 450470*	22. 5. 1943/20. 3. 1944, ZKR (Gl) mit deutscher Priorität vom 23. 5. 1942: Behandlung mit Lösungen oder Dispersionen, die bei der Koagulierung oder Fixierung Gase abgeben; Bad: 1% ammoniakalische Caseinlösung und 2% Ammoniumcarbonat.
FP. 896067	6. 7. 1942/17. 4. 1944, ZKR (Z), deutsche Anmeldung Z. 27172; Behandlung mit z. B. Ameisensäure oder einer etwa 5% enthaltenden 80%igen Milchsäure und Eintragen in kochendes Wasser.
BP. 554572	5. 2. 1942/11. 7. 1943, United States Rubber Co., McKay: Behandlung mit wäßrigen Gummidispersionen zur Verhütung von Laufmaschen und Verbesserung der Trageigenschaften usw.
BP. 577313 *FP. 957389*	Anmeldung vom 14. 11. 1941/14. 5. 1946, ICI: Mattierung durch Imprägnierung mit der wäßrigen Lösung eines kationaktiven Oberflächenmittels und daran anschließend Behandlung mit polymerisierten Verbindungen bei 40—70° (Pyridinbromid/Polystyrol).

b) Versteifung.

AP. 2292905 *BP. 535263* *FP. 860535* *SchwzP. 214381*	6. 7. 1939/11. 8. 1942, Du Pont, A. F. Smith: Versteifung von Monofils usw. mit einer Lösung von Polymethylmetacrylat in monomeren Methylmetacrylat.
AP. 2333914 *BP. 559676*	2. 7. 1940/9. 9. 1943, Du Pont, Berchet: Verbesserung der Steifheit, Hitzebeständigkeit und Hydrophobie durch Behandlung mit Verbindungen, welche die Gruppen —N=C=O oder —N=C=S enthalten; Eintauchen in heiße Lösungen von Diisocyanaten.
FP. 884732 *BelgP. 446549*	4. 8. 1942/3. 5. 1943, IG., deutsche Anmeldung I 70192 vom 5. 8. 1941: Versteifung durch Polyurethan, gelöst in Ameisensäure, Dichlorhydrin od. ä. und Auftrag dieser Lösung auf das Gut.
BP. 576102 *FP. 920728*	18. 12. 1942/3. 4. 1946, ICI, Leben: Behandlung mit einem alkalisch kondensierten, einstufigen Phenolformaldehydharz und Trocknung bei 120°.
BelgP. 450415	30. 4. 1943, Phrix, deutsche Anmeldung vom 15. 6. 1942: Behandlung mit Gerbstoffen, gegebenenfalls nach Vorbehandlung mit heißem Wasser oder Dampf.
FP. 896554 *BelgP. 451515*	16. 7. 1943/2. 5. 1944, IG., Müller, Schlack, Zetzsche, deutsche Anmeldung I 72756 vom 17. 7. 1942: Behandlung mit Polyhydroxylverbindungen, z. B. Gerbstoffen wie Tannin usw.
FP. 903847	28. 4. 1944/1945, IG., deutsche Anmeldung I 74355 vom 17. 2. 1943: Behandlung mit Lösungen, die bei der Verdampfung des Lösungsmittels einen festen, aber biegsamen Film bilden, z. B. Polyvinylalkohol, Polyacrylverbindungen usw.
FP. 951505	13. 6. 1944/1949, IG., deutsche Anmeldung I 65767 vom 7. 10. 1939: Behandlung mit gerbend wirkenden Mitteln.
FP. 951507	14. 6. 1944/1949, IG., deutsche Anmeldung I 74282 vom 9. 2. 1943: Behandlung mit sulfosäurefreien aromatischen Di- oder Polyoxysulfonen, z. B. 4.4′-Dioxydiphenylsulfon.

AP. 2406453 8. 3. 1944/27. 8. 1946, ICI, Charlton, Jarrett, Walker; britische Priorität vom 15. 2. 1943: Versteifung durch Auftrag polymerisierbarer Verbindungen.

FP. 904937 9. 6. 1944/1945, IG., deutsche Anmeldung I 75377 vom 26.6.1943: Behandlung durch Erwärmen auf Temperaturen über 120°, vorzugsweise 40—60° unterhalb des Schmelzpunktes nach einer gegebenenfalls alkalischen Vorbehandlung. Erhöhung des Elastizitätsmoduls um etwa 70% (von 0,3 auf 0,5, gemessen bei 50% relativer Feuchtigkeit).

BP. 584985 23. 10. 1944/28. 1. 1947, Du Pont, mit amerikanischer Priorität vom 25. 10. 1943: Verfahren zur Fixierung von Phenolformaldehydharzen in Borsten, die den Polyamiden in einer Menge von 5—30 Gew.-% vor dem Schmelzspinnprozeß zugesetzt sind; dadurch wird ein Herauslösen durch Lacke oder Lösungsmittel vermieden. Verbesserung des Biegewinkels durch Behandlung mit wäßrigen 5—10%igen alkalischen Lösungen unter Spannung bei Temperaturen > 85°.

c) Kräuselung.

DRP. 741106 12. 11. 1938/16. 9. 1943, IG., Esselmann, Kößlinger, Saffert: Stauchkräuselungsverfahren, allgemein anwendbar unter äußerster Schonung der textilen Rohstoffe.

AP. 2217113 29. 9. 1938/8. 10. 1940, Du Pont, Hardy: Zusammenpressen von
BP. 535140 kardierten Faservliesen unter Erhitzen in Gegenwart von milden
DRP. 742818 Quellungsmitteln bei erhöhten Temperaturen (>100°).

DRP. 746593 4. 2. 1939/13. 1. 1944, IG.: Fasern durch Feinschnitt von Folien mit anschließender Prägung oder Stauchung, gegebenenfalls fachen und drallen.

SchwzP. 228409 30. 8. 1941/31. 8. 1943, Heberlein u. Co.: Aus der Düse austretende,
FP. 894252 noch plastische Fäden werden gedrallt, fixiert und zurückgedrallt.

FP. 898365 29. 9. 1943/3. 7. 1944, Phrix: Kräuselung von unvollständig kalt verstreckten Fäden durch heiße Riffelwalzen.

AP. 2251508 4. 8. 1939/5. 8. 1941, Du Pont, Watson: Behandlung mit verdünnten anorganischen Säuren unter Beachtung der Konzentrationsverhältnisse.

DRP. 737950 11. 11. 1939/1. 7. 1943, IG., Hubert, Ludewig: Behandlung mit
FP. 870736 z.B. alkoholischer Calciumchloridlösung und anschließend mit Wasser.

AP. 2296202 19. 3. 1940/15. 9. 1942, Du Pont, Hardy: Durch spinntechnische
DRP. 741057 Maßnahmen: langsames Abkühlen der die Düse verlassenden Fäden in einer Heißzone, deren Temperatur bis 25° unterhalb des Schmelzpunktes des Polyamides liegt; Bildung uneinheitlicher Kristalle.

BP. 558297 26. 6. 1942/12. 1. 1944, ICI, amerikanische Priorität vom 27. 6. 1941: Fäden werden in einem Winkel von mindestens 45° über eine Kante unter Spannung geführt; nach Aufhebung der Spannung kräuselt der Faden, verbunden mit Querschnittsänderung.

FP. 886803 15. 10. 1942/19. 7. 1943, IG., deutsche Anmeldung I 70879 vom
SchwzP. 232574 15. 11. 1941: Behandlung mit wäßrigen oder methanolischen Lösungen von z.B. Erdalkalisalzen, die ein Lösungs- oder zumindest ein starkes Quellvermögen gegenüber den Polyamiden besitzen.

FP. 891538
BelgP. 449231 — 25. 2. 1943/11. 12. 1943, ZKR (Th), deutsche Anmeldung T 56979 vom 7. 2. 1942: Durch Verspinnung von Polyamiden, die ein verschiedenes Schrumpfvermögen besitzen, aus *einer* Düse.

FP. 904015
BelgP. 456260 — 5. 5. 1944/1945, ZKR (Th), deutsche Anmeldung T 58076 vom 7. 10. 1942: Durch Variation des Verstreckungsgrades.

FP. 904016 — 5. 5. 1944/1945, ZKR (Th), deutsche Anmeldung T 58194 vom 29. 10. 1942: Behandlung von vorgequollenem Material mit organischen oder anorganischen Säuren, in denen Salze enthalten sind.

FP. 903984 — 5. 5. 1944/1945, IG., deutsche Anmeldung I 73614: Kräuselung von Fäden usw. auf Polyurethanbasis mit Säuren oder Säurehalogeniden.

BelgP. 451516 — 17. 7. 1943/August 1943, IG., Krumbein, deutsche Anmeldung I 72767 vom 18. 7. 1942: Resorcin- und anschließende Formaldehydbehandlung.

FP. 896554 — 16. 7. 1943/2. 5. 1944, IG., Müller, Schlack, Zetzsche, deutsche Anmeldung I 72756 vom 17. 7. 1942: Tanninbehandlung und andere gerbend wirkende Verbindungen.

FP. 904086 — 5. 5. 1944/1945, ZKR (Th), deutsche Anmeldung T 58569 vom 14. 1. 1943: Behandlung vor der Kräuselung mit Sulfiten, Bisulfiten oder Gerbstoffen.

FP. 904018 — 5. 5. 1944/1945, IG., deutsche Anmeldung I 73677 vom 26. 11. 1942: Behandlung mit heißen bzw. kochenden Lösungen von in Wasser bei Raumtemperatur nur mäßig bis schwer löslichen Carbonsäuren, gegebenenfalls in Gegenwart von zur Neutralisation nicht ausreichenden Basen.

FP. 896067 — 30. 6. 1943/17. 4. 1944, ZKR (Z), deutsche Anmeldung Z 27172 vom 6. 7. 1942: Unverstrecktes Material mit verdünnter Ameisensäure etwa 1 min kochend behandeln und verstrecken; oder verstrecktes Kabel mit Milchsäure bei 50° behandeln, spülen und in heißes Wasser eintragen.

BP. 640582 — 3. 12. 1947/26. 7. 1950, ICI, mit amerikanischer Priorität vom 3. 12. 1946: Erzeugung einer wollähnlichen Kräuselung durch Behandlung eines Nylonfadens bei einer Temperatur, die 10—50° unterhalb seines Erweichungspunktes liegt, beispielsweise 150°.

d) Borsten, Drähte.

AP. 2226529 — 10. 11. 1937/31. 12. 1940, Du Pont, Austin: Fixierung unter Spannung unter Verwendung von heißem (mindestens 85°) bzw. kochendem Wasser auf einer beispielsweise zweiarmigen Haspel, sog. „board-setting".

BP. 549452 — 19. 5. 1941/2. 12. 1942, Du Pont, mit amerikanischer Priorität vom 3. 4. 1940: Erhöhung der Stoßfestigkeit durch thermische Feuchtbehandlung unter Druck.

DRP. 742276 — 21. 5. 1940/14. 10. 1943, IG., Friederich, Rodenacker: Streckmaschine für Polyamiddrähte.

FP. 902795 — 18. 3. 1944/22. 12. 1944, IG., deutsche Anmeldung I 74611 vom 19. 3. 1943: Kontinuierliche Herstellung ab Polymerisation (VK-Verfahren) bis einschließlich Verstreckung (gegebenenfalls mit Schnitt).

FP. 968885 — 7. 7. 1948/8. 12. 1950, Soc. Rhodiacéta, Lapairy, Montelescaut: Borsten und Monofils mit einer Schraubenlinie aufweisenden Oberfläche durch Drallung von thermisch nicht vorbehandeltem, verstrecktem Gut und Fixierung des Dralles durch Kochen in Wasser, in den Beispielen wird ein Drall von 400—600 je Meter angegeben.

BP. 558896	22. 7. 1942/9. 2. 1944 mit amerikanischer Priorität vom 22. 7. 1941, ICI: Verbesserung der Verarbeitungseigenschaften von Nylonborsten durch Behandlung mit höheren Alkoholen (wäßrige Dispersionen oder Lösungen von C_{12}—C_{18}-Alkoholen in organischen Lösungsmitteln, z.B. Hexan, Octan usw.).
BP. 568150	5. 7. 1943/5. 4. 1945 (Canada 6. 7. 1942), ICI: Überziehen von Borsten mit einer wäßrigen Lösung eines Polyäthylenoxydes.
FP. 984662	13. 4. 1949/9. 7. 1951 (Italien 29. 4. 1948), Societa Elettrochimica del Toce: Borsten mit geteilter Spitze, beispielsweise mittels einer schnell rotierenden, mit V-förmigen Nadeln besetzten Scheibe (etwa 100/cm²; 2800 U/min.).
FP. 982337 *BP. 645159*	4. 3. 1949/8. 6. 1951, ICI, Lipscomb, mit britischer Priorität vom 8. 3. 1948: Verfahren und Vorrichtung zur Herstellung von konischen Drähten durch mechanische Maßnahmen (Abschaben), wie z.B. Schneidrad mit 10000 U/min.
AP. 2559080	10. 4. 1948/3. 7. 1951, MacAllister: Verfahren zur Herstellung konisch verlaufender Drähte und Schnüre auf chemischem Wege durch Oberflächenätzung mit variabler Verweilzeit in dem sauren Ätzmittel bei etwa 60°.
AP. 2423182 *FP. 921687* *BP. 578238*	29. 4. 1943/1. 7. 1947, Du Pont ⎫ Verfahren und Vorrichtung zur 22. 1. 1946/1947 ⎬ Herstellung von Fäden mit sich regelmäßig verjüngendem Durchmesser unter Spannung und mäßiger Wärmeeinwirkung (Streckweg beträgt mindestens die 5fache Länge der periodisch wiederkehrenden Durchmesseränderung, Streckdauer mindestens 2 sec).
FP. 921705	2. 2. 1946/1947, Du Pont: Herstellung von konischen Fäden unter Verwendung einer Schneckenpresse und Variation der Spinngeschwindigkeit.
AP. 2292905 *BP. 535263* *FP. 860535* *ItP. 378878*	6. 7. 1939/11. 8. 1942, Du Pont, A. F. Smith: Erzeugung sich konisch verjüngender Fäden durch Abzugsvariation während des Spinnprozesses.
BP. 554203	22. 12. 1941/7. 5. 1943, British Nylon Spinners: Verwendung von Rollen mit Vertiefungen zur Erzeugung abweichender Durchmesser.
FP. 925980	24. 4. 1946/1947, ICI, mit britischer Priorität vom 17. 5. 1943: Herstellung konischer Fäden durch variierende Streckgeschwindigkeit.
ItP. 389134	mit amerikanischer Priorität vom 9. 4. 1940, Du Pont: Verwendung von Angelgeräten.

Schlichten, Präparationen, Imprägnierungen.

Die verschiedenen Eigenschaften der Polyamide wie beispielsweise glatte Oberfläche, geringes Wasseraufnahmevermögen und dadurch bedingte Neigung zur elektrischen Aufladung, der geringe Elastizitätsmodul usw. machten vielseitige Arbeiten auf dem Gebiete der Präparationsmittel usw. notwendig, da die bisher verwendeten Kompositionen zur Beeinflussung des Fadenlaufes und anderer Vorgänge bzw. Eigenschaften fast alle abgestimmt waren auf textile Rohstoffe, welche wesentlich hydrophiler sind und dadurch der Applikation von Lösungen, Dispersionen und Emulsionen leichter zugänglich sind; eine Ausnahme hiervon macht Acetatcellulose. Die anfänglichen Schwierigkeiten bei der Verarbeitung von

textilen Rohstoffen auf Polyamidbasis und die im Laufe der Zeit gewonnenen
Erkenntnisse führten zu zahlreichen Anmeldungen, von denen ein Teil nachstehend aufgeführt wird.

BP. 553303 21. 9. 1940/26. 5. 1943, Du Pont mit amerikanischer Priorität vom,
23. 12. 1939: Wäßrige Komposition aus 3—12% einer Hydroxylgruppen enthaltenden Polyvinylverbindung und, hierauf bezogen,
5—25% Borsäure und 5—30% eines Polyäthylenoxydes.

AP. 2324601 21. 9. 1940/20. 7. 1943, Du Pont, Spanagel: Wie vorstehend, je
BP. 554268 doch ohne Polyäthylenoxyd; leicht entfernbar durch heißes
Wasser.

AP. 2278902 13. 12. 1940/7. 4. 1942, Du Pont, Spanagel: Schlichte besteht im
wesentlichen aus Wasser und teilweise hydrolysiertem Polyvinylacetat. Eine Minute nach dem Auftrag auf den Faden enthält
die Schlichte noch etwa 50% Wasser.

AP. 2317728 6. 12. 1941/27. 4. 1943, Du Pont, Bristol: Schlichten unter Ver
BP. 656728 wendung von Tannin.

BP. 560084 26. 5. 1942/29. 3. 1944, Du Pont, mit amerikanischer Priorität
vom 14. 2. 1941: Wäßrige Flüssigkeiten, die filmbildende Substanzen enthalten, wie z.B. ganz oder teilweise verseifte Vinylpolymere.

AP. 2216406 29. 9. 1938/1. 10. 1940, Du Pont, Austin: Imprägnierung mit der
wäßrigen Lösung (z.B. 2% bei 40°, 15 min) einer quaternären
Methylpyridinverbindung (beispielsweise salzsaures Salz des
Stearinsäureamids); Wärmebehandlung des Materials in einem
Heizaggregat bei etwa 150°.

BP. 552318 5. 8. 1941/14. 4. 1943, Du Pont, mit amerikanischer Priorität vom
3. 8. 1940: Wasserfestmachen durch Behandlung mit wäßrigen
Dispersionen von höheren aliphatischen Kohlenwasserstoffen.

BP. 576102 18. 12. 1942/19. 3. 1946, ICI: Hydrophobierung durch Behandlung
mit einem Phenolformaldehydharz mit anschließender Trocknung
bei 120°. Die Wasseraufnahme eines derartig behandelten Materials sinkt von 4,2 auf 2,4%.

AP. 2408654 18. 4. 1942/1. 10. 1946, Du Pont, Kirk: Schlichte, deren wirksamer Bestandteil ein Kieselsäuresol ist; dient auch zum Versteifen und Erschweren.

BP. 564027 6. 11. 1942/20. 9. 1944, ICI, Bessieres: Schlichte auf Caseinbasis
für Nylon usw.

FP. 913955 19. 4 1943/1946, Soc. Rhod. Kunstharzschlichten aus Kondensationsprodukten von Aceton und Formaldehyd.

BP. 582641 28. 7. 1944/4. 12. 1946, ICI, mit amerikanischer Priorität vom
29. 7. 1943: Nylonschlichte in Form einer wäßrigen Lösung oder
Dispersion eines hydrolysierten Polyvinylharzes (1—50%) und
Bariumchlorid; vorzugsweise 15—35% $BaCl_2$, bezogen auf die
Schlichtesubstanz.

BP. 564737 28. 12. 1942/25. 10. 1944, Lister & Co., Allied Colloids Ltd., Garner, Holroyd, Longley, Gill: Verfahren zur Verbesserung des
Schlichtens nichtcellulosehaltiger linearpolymerer Produkte durch
Behandlung mit wäßrigen, feinst-dispergierten wasserunlöslichen
Wachsen, Ölen und Casein.

AP. 2406749 4. 8. 1943/3. 9. 1946, Du Pont, Dittmar: Schlichte mit einem nach
BP. 585173 träglich geringen Wasseraufnahmevermögen aus Polyvinylchlorid,
Polyalkylmetacrylat, Polyacrylnitril zur Verhinderung des Klebrigwerdens bei höherer Luftfeuchtigkeit, wie z.B. wie bei Schlichten gemäß AP. 2324601.

AP. 2300074	21. 9. 1940/27. 10. 1942, Du Pont, Strain: Vorbehandlung eines Garnes mit Gerbsäure und anschließend Auftrag einer Schlichte, bestehend aus einem wasserlöslichen, Hydroxylgruppen enthaltendem Polyvinylharz, Borsäure und Polyäthylenoxyd.
BP. 563725	8. 1. 1943/28. 8. 1944, British Nylon Spinners, Loasby, Jackson: Elektrische Aufladung bei der Nylon- oder Acetatcelluloseverarbeitung läßt sich reduzieren durch Behandlung der Fäden usw. mit einer wäßrigen Emulsion oder Lösung, die aus 2—10% eines Mineralöles und aus dem Kondensationsprodukt von Äthylenoxyd und einem hochmolekularen Fettalkohol besteht; beispielsweise 6,5% Weißöl, 4% des Kondensationsproduktes aus 1 Teil Cetylalkohol und 4 Teilen Äthylenoxyd, und schließlich 89,5% Wasser.
BP. 665914	1. 9. 1948/6. 2. 1952, Wakefield & Co.: Behandlung mit einem Antistaticum in Form von glykolischen Emulsionen von Estern der Essigsäure; gegebenenfalls Zugabe von Ölen.
AP. 2438909	8. 1. 1945/6. 4. 1948, Du Pont, Gresham: Nylonschlichte auf Basis von Polymerisationsprodukten von Formalen, z.B. Alkyloxalkylformaldehydacetalen und Dicarbonsäureestern.
AP. 2457224	3. 7. 1945/28. 12. 1948, Du Pont, Gresham: Polymerisationsprodukte cyclischer Acetale mit Derivaten des Äthylenglykols in Gegenwart saurer Katalysatoren.
AP. 2448571	18. 7. 1945/9. 7. 1948, Celanese Corp. of America, Balch, Irma McCormick: Schlichtebasis z.B. Casein Alkylolamine (Triäthanolamin).
AP. 2516267	16. 10. 1946/25. 7. 1950, Celanese Corp. of America, Sitzler, Balch: Schlichten auf der Grundlage von wasserlöslichen niederen Cellulosefettsäureestern und Harnstoff als Weichmacher.
AP. 2576915	29. 4. 1948/4. 12. 1951, Monsanto, Barrett: 2—10%ige, leicht warmwasser-lösliche Schlichten mit gleicher Elastizität wie die Polyamide aus einem Gemisch von: 1. Alkalisalzen von Mischpolymerisaten aus Maleinsäure (-Anhydrid), Fumarsäure, deren Monoalkylestern bzw. Gemischen mit Styrol bzw. dessen Substitutionsprodukten und 2. Polyoxyalkylglykolen der Formel $HO-(ROR)-OH$ ($R =$ Äthylen- oder Propylenrest, $n = 3-9^n$) in Mengen von vorzugsweise 60—80% vom Gewicht der Alkalisalze (bevorzugt Tetra- bis Hexaoxäthylenglykol). Schlichtetemperatur etwa 55—65°, abquetschen und anschließende Trocknung bei 65—95°.
AP. 2566149	7. 1. 1948/28. 8. 1951, Du Pont, Strain: Heißwasserlösliche Polymetacrylsäure in Verbindung mit einem sulfonierten Laurylalkohol.
FP. 923847	14. 3. 1946/1947, Du Pont: Mit Wasser leicht entfernbare Schlichte aus hydrolysiertem Polyvinylharz und 5—25% seines Gewichtes an Borsäure; gegebenenfalls Tanninbehandlung.
FP. 936219	20. 11. 1946/1948, Monsanto: Wäßrige Lösung eines Polyamins und eines Ammoniumsalzes eines Mischpolymerisates aus Styrol und Maleinsäureanhydrids.
FP. 939425	20. 11. 1946/1948, Monsanto: Schlichtebasis: Ammonium- Natrium- oder Kaliumsalz eines Mischpolymerisates aus Styrol und Maleinsäureanhydrid.
FP. 941668	17. 6. 1946/2. 9. 1948, Monsanto, mit amerikanischer Priorität vom 24. 8. 1944: Hydrophobierung von Fasern und Geweben durch Behandlung mit wäßrigen Dispersionen von N,N′-Diacyldiaminomethan und z.B. Dimethylolharnstoff.

FP. 948923   6. 12. 1946/24. 2. 1949, Comp. Française Thomson-Houston, Pat-
                 node, Norton, mit amerikanischer Priorität vom 16. 11. 1940:
                 Hydrophobierung durch Auftrag von sauerstoffhaltigen organi-
                 schen Siliciumverbindungen, z. B. Dimethylsiliciumoxyd.

FP. 986656   2. 12. 1943/3. 8. 1951, Colombes-Goodrich: Verbesserung der Haft-
                 festigkeit von Kautschuk auf z. B. Cordfäden durch Behandlung
                 mit Chlor-Kautschuklösungen in Kohlenwasserstoffen oder chlo-
                 rierten Kohlenwasserstoffen.

Entfernung mono- bzw. niederpolymerer Anteile oder sonstiger Begleitstoffe.

In den Grundpatenten von Carothers, z. B. AP. 2071250, 2130523 usw. finden
sich eine Reihe von Hinweisen, die sich beispielsweise mit der Anwendung von
reduziertem Druck mit dem Ziel der Erhöhung des Molekulargewichtes und der
Entfernung von flüchtigen Anteilen befassen; detaillierte Angaben von weiteren
Bearbeitern dieser Materie finden sich in einer Anzahl von Patenten, aus denen die
nachfolgenden gewählt wurden.

AP. 2172374   9. 11. 1937/12. 9. 1939, Du Pont, Flory: Herstellung von Poly-
DRP. 757294   amiden unter Bedingungen, unter denen Begleitsubstanzen ent-
BP. 520263   fernt werden können.

DRP. 766120   18. 6. 1941/30. 5. 1942/1. 3. 1943, IG., Hopff, Ufer: Extraktion von
FP. 882461   Schnitzeln mit Wasser, gegebenenfalls in Gegenwart geringer
                 Mengen eines Reduktionsmittels (z. B. 0,05—1 % Hydrosulfit) oder
                 mit niedrig siedenden organischen Lösungsmitteln, beispielsweise
                 Methanol.

HolP. 68988   2. 3. 1949/16. 10. 1951, N.V. Onderzoekingsinstituut, Koch: Extrak-
                 tion von niedermolekularen Anteilen mittels verschiedener Lö-
                 sungsmittel, z. B. Toluol und Wasser, bis Gehalt unter 2 % sinkt.

FP. 956159   7. 2. 1944/18. 7. 1949, Phrix: Lactamentfernung aus dem Poly-
                 merisat durch Wäsche bzw. Destillation.

SchwzP. 265206 20. 8. 1949/30. 11. 1949, Inventa: Entfernung von Lactam aus
                 dem Polymerisat durch Erhitzen in einem inerten Gasstrom auf
                 130—200°, gegebenenfalls Hochfrequenz- oder Ultrarotheizung.

SchwzP. 265842 7. 11. 1949/31. 12. 1949, Inventa, mit holländischer Priorität vom
                 29. 1. 1949: Lactamextraktion aus wäßrigen Lösungen.

Aufarbeitung von Abfallprodukten.

DRP. 738779   11. 6. 1940/29. 5. 1941, Du Pont, Alfthan: Verdichtung von sper-
BP. 549969   rigen Abfällen mittels Druck bei Temperaturen über 100°; Be-
                 feuchtung mit Wasser soweit, daß sich das Polyamid mit der
                 Atmosphäre (25° und 50 % relative Feuchte) im Gleichgewicht
                 befindet usw.

AP. 2343174   2. 8. 1940/29. 2. 1944, Du Pont, Edison, Heckert
2348751   2. 8. 1940/16. 5. 1944, Du Pont, Peterson
2364387   23. 7. 1941/5. 12. 1944, Du Pont, Peterson

FP. 951369   Depolymerisation von Nylon unter Einfluß von Wärme und
                 Wasser, Entfernung des Wassers und Repolymerisation gegebenen-
                 falls in Gegenwart von Stabilisatoren, Pigmenten usw.

AP. 2407896   29. 6. 1943/17. 9. 1946, Du Pont, Myers: Hydrolyse bei 75—140°
                 mittels Mineralsäuren, Abfiltration der Dicarbonsäure, Neutrali-
                 sation des Filtrates mit Kalk und Abdestillation des Diamins.

DBP. 850746 — 17. 12. 1944/31. 7. 1952, BASF, Schlack: Behandlung von durch Basen verunreinigten Lactamen (z.B. durch Spaltung), die in geschmolzenem oder gelöstem Zustand vorliegen, mit konzentrierten sauren Salzlösungen, gegebenenfalls unter vorhergehendem Einleiten von CO_2 oder SO_2. Abtrennung des Lactams durch Schleudern oder Abscheidung.

DBP. 851195 — 20. 4. 1944/31. 7. 1952, BASF, Schlack: Thermische Spaltung in Gegenwart von alkalischen oder sauren Beschleunigern und Behandlung des Rohlactams mit gegebenenfalls überhitztem Wasserdampf vor der Rektifikation. Destillation des durch eine alkalische Spaltung erhaltenen Lactams über einer nichtflüchtigen Säure, insbesondere Phosphorsäure (etwa 0,5—3 %).

DBP. 851194 — 14. 9. 1944/31. 7. 1952, BASF: Aufarbeitung von bei der Schnitzelextraktion anfallenden dimeren, trimeren usw. Lactamen in gelöstem Zustand und in Gegenwart von sauren oder alkalischen Spaltmitteln bei Temperaturen über 200°.

FP. 926211 — 2. 5. 1946/25. 9. 1947, Soc. Rhod., Chambret, Guillard: Aufspaltung von Polyurethan mit Wasser unter Druck, Trennung von Diol und Diamin durch Destillation. Ausbeuten: Diamin 85 %, Diol 81 %.

FP. 909186 — 29. 4. 1944/1. 5. 1946, ZKR: Depolymerisation mit Schwefelsäure bei 100—120°, Verdünnen auf einen H_2SO_4-Gehalt von 10—20 %, Zugabe von Eisensulfat, Filtration und die gebildete ε-Aminocapronsäure in Freiheit setzen.

FP. 912520 — 31. 8. 1944/12. 8. 1946, Soc. Rhod., Chambret: Aufarbeitung mit 40—50 %iger Schwefelsäure.

FP. 926873
SchwzP. 260574 — 14. 5. 1946/14. 10. 1947, Soc. Rhod., Chambret, Joly, Wersinger: Alkalische Depolymerisation unter Druck in der Wärme in Gegenwart von Wasser, Trennung der Komponenten durch Extraktion, Destillation und Kristallisation.

FP. 992052 — 9. 8. 1949/15. 10. 1951, Soc. Rhod., Chambret: Depolymerisation zu Lactam durch Behandlung mit starken Säuren (HCl, H_3PO_4 usw.) in der Wärme und kontinuierliche Abdestillation des Lactams.

FP. 896883 — 30. 7. 1943/25. 5. 1944, IG.: Wiedergewinnung von Lactam aus Lösungen durch Behandlung mit in Wasser schwer- oder unlöslichen ein- oder mehrwertigen Phenolverbindungen, das Gemisch durch Destillation trennen oder es mit Wasserdampf und anschließend mit starker Lauge behandeln.

Nachtrag (nicht geordnet nach Sachgebieten).

BP. 634422 — 19. 12. 1947/22. 3. 1950, ICI: *Schiebefestigkeit*, Verbesserung durch Behandlung mit in Phenolen gelöstem Nylon.

BP. 639893 — 30. 12. 1947/5. 7. 1950, ICI, = AP. 2510777 vom 30. 12. 1946: *Hitze- und Lichtbeständigkeit*, Behandlung mit Verbindungen der unterphosphorigen Säure.

BP. 649481
FP. 993632 — 7. 7. 1949/24. 1. 1951, ICI, Desson, Hadfield, Wood: *Lichtbeständigkeit*, Verbesserung durch Behandlung mit Chromverbindungen und anschließender Reduktion. Festigkeitsverlust nach 4monatiger Tageslichtexponierung 26 % gegenüber 80 % bei nicht behandeltem Material unter den gewählten Versuchsbedingungen.

BP. 640421 — 14. 4. 1948/19. 7. 1950, Sandoz, mit schweizerischer Priorität vom 16. 4. 1947: *Reservierung*, Behandlung mit heißen wäßrigen alkalischen Lösungen von schwefelhaltigen Phenolen oder deren Abkömmlingen, die keine färbenden Eigenschaften besitzen.

BP. 552015 15. 8. 1941/31. 3. 1943, Courtaulds Ltd., Whittaker, Thomas, Wilcock: *Reservierung*, Behandlung mit sauren wäßrigen Lösungen organischer Verbindungen, die eine oder mehrere Sulfosäuregruppen enthalten.

BP. 639274 29. 10. 1947/10. 5. 1950, ICI: *Packaging* (Packung bzw. Ein- oder Verpacken) von Nylon.

FP. 940863 14. 3. 1944/14. 6. 1948, Soc. per Azioni Lavorazione Materie Plastiche mit italienischer Priorität vom 25. 2. 1943: *Ummantelung*, Polyamidfäden werden unter Verwendung von Polyvinylchlorid, Kautschuk, Celluloseacetat usw. mit einem Mantel versehen.

BP. 571566 14. 10. 1943/12. 9. 1945, British Nylon Spinners: *Kabelumspinnung*, Verwendung von ungezwirnten Nylonfäden für Kabelumspinnungen.

BP. 633082 13. 11. 1946/21. 12. 1949, Firestone Tire and Rubber Co., mit amerikanischer Priorität vom 20. 7. 1946: *Verschweißen*, Verfahren und Vorrichtung zum Schweißen von organischen thermoplastischen Drähten usw. in einem elektrischen Hochfrequenzfeld.

FP. 990955 19. 7. 1949/13. 6. 1951, S. A. Torcitura di Borgomanero mit italienischer Priorität vom 20. 7. 1948: *Mischgespinste*, Verfahren zur Herstellung von hochwertigen Mischgespinsten aus Naturseide und Polyamiden mit nachfolgender Fixierung.

FP. 951374 6. 8. 1947/24. 10. 1949, Soc. Rhod., mit amerikanischer Priorität vom 6. 4. 1940 (Du Pont-Clawson): *Monofilstrümpfe*, Stärke 5 bis 30 Deniers, Festigkeit von mindestens 2 g/den. und einem Elastizitätsmodul, der 0,6 nicht überschreitet.

BP. 626419 4. 7. 1947/14. 7. 1949, ICI und Hardacre: *Mustereffekte*, auf gefärbtem Nylontextilgut durch teilweise oder völlige Entfernung des Farbstoffes unter Benutzung des Verdrängungsprinzipes auf Grund der Affinitätsverschiedenheit bzw. Molgröße.

AP. 2424124 20. 3. 1947/15. 7. 1947, Seemuller: *Mustereffekte*, auf Gewirken usw. durch Prägung bzw. Änderung des Abstandes der einzelnen Fäden und sofortige Effektfixierung mittels Hitze, gegebenenfalls vor dem „preboarding"-Prozeß.

Sachverzeichnis.